普通高等教育“十四五”规划教材

应用型本科食品科学与工程类专业系列教材

食品微生物检验

Food Microbiological Examination

魏明奎　王永霞　岳晓禹　主编

郝　林　主审

中国农业大学出版社

·北京·

内容简介

本教材共11章，主要介绍与食品微生物检验相关的基础知识、技术和方法。内容包括绪论、食品微生物检验室及配置、食品微生物污染与腐败变质、食品微生物检验样品的采集与处理、食品微生物检验的基本原理与技术、菌落总数和大肠菌群的测定、常见致病菌检验、真菌及其毒素的检验、常见食品的微生物检验、食品微生物其他检验项目、食品微生物检验新技术。

本教材既可以作为应用型本科院校食品质量与安全、食品科学与工程等相关专业本科生的教材或教学参考书，也可供食品检验及相关行业的专业技术人员参考。

图书在版编目（CIP）数据

食品微生物检验 / 魏明奎，王永霞，岳晓禹主编. -- 北京：中国农业大学出版社，2021.12（2024.5重印）

ISBN 978-7-5655-2678-7

Ⅰ.①食… Ⅱ.①魏… ②王… ③岳… Ⅲ.①食品微生物—食品检验 Ⅳ.①TS207.4

中国版本图书馆CIP数据核字（2021）第259496号

书　　名 食品微生物检验
作　　者 魏明奎　王永霞　岳晓禹　主编

策划编辑 梁爱荣　赵　中　　**责任编辑** 杜　琴　魏　巍　洪重光　梁爱荣
封面设计 郑　川
出版发行 中国农业大学出版社
社　　址 北京市海淀区圆明园西路2号　　**邮政编码** 100193
电　　话 发行部 010-62733489，1190　　读者服务部 010-62732336
编辑部 010-62732617，2618　　出　版　部 010-62733440
网　　址 http://www.caupress.cn　　**E-mail** cbsszs @ cau.edu.cn
经　　销 新华书店
印　　刷 北京鑫丰华彩印有限公司
版　　次 2022年1月第1版　2024年5月第2次印刷
规　　格 210 mm×285 mm　16开本　19.75印张　555千字
定　　价 69.00元

应用型本科食品科学与工程类专业系列教材
编审指导委员会委员

（按姓氏拼音排序）

编审人员

主　　编　魏明奎　王永霞　岳晓禹

副 主 编　胡亚平　计红芳　刘贵巧

编　　者　（按姓氏笔画排序）

王永霞（河北工程大学）
文英会（河南牧业经济学院）
计红芳（河南科技学院）
刘贵巧（河北工程大学）
李素杰（河南华英集团）
杨玲玲（信阳农林学院）
辛　婷（河南牧业经济学院）
陈威风（河南牧业经济学院）
岳晓禹（河南牧业经济学院）
胡亚平（湖南农业大学）
胡海霞（内蒙古农业大学）
姜兴旭（信阳农林学院）
魏明奎（信阳农林学院）

主　审　郝　林（山西农业大学）

出版说明

随着世界人口增长、社会经济发展、生存环境改变，人类对食品供给、营养、健康、安全、美味、方便的关注不断加深。食品消费在现代社会早已成为经济发展、文明程度提高的主要标志。从全球看，食品工业已经超过了汽车、航空、信息等行业成为世界上的第一大产业。预计未来 20 年里，世界人口每年将增加超过 7300 万，对食品的需求量势必剧增。食品产业已经成为民生产业、健康产业、国民经济支柱产业，在可预期的未来更是朝阳产业。

在我国，食品消费是人生存权的最根本保障，食品工业的发展直接关系到人民生活、社会稳定和国家安全，在国民经济中的地位和作用日益突出。食品工业在发展我国经济、保障人们健康、提高人民生活水平方面发挥了越来越重要的作用。随着新时代我国工业化、城镇化建设和发展特别是全面建成小康社会带来的巨大的消费市场需求，食品产业的发展潜力巨大。

展望未来食品科学技术和相关产业的发展，有专家指出，食品营养健康的突破，将成为食品发展的新引擎；食品物性科学的进展，将成为食品制造的新源泉；食品危害物发现与控制的成果，将成为安全主动保障的新支撑；绿色制造技术的突破，将成为食品工业可持续发展的新驱动；食品加工智能化装备的革命，将成为食品工业升级的新动能；食品全链条技术的融合，将成为食品产业的新模式。

随着工农业的快速发展，环境污染的加剧，食品中各种化学性、生物性、物理性危害的风险不同程度地存在或增大，影响着人民群众的身体健康与生命安全以及国家的经济发展与社会稳定；同时，各种与食物有关的慢性疾病不断增长，对食品的营养、品质和安全提出了更高的要求。

鉴于以上食品科学与行业的发展状况，我国对食品科学与工程类的人才需求量必将不断增加，对食品类人才素质、知识、能力结构的要求必将不断提高，对食品类人才培养的层次与类型必将发生相应变化。

2015 年教育部　国家发展改革委　财政部发布《关于引导部分地方普通本科高校向应用型转变的指导意见》（教育部　国家发展改革委　财政部 2015 年 10 月 21 日 教发〔2015〕7 号。以下简称《转型指导意见》）。《转型指导意见》提出，培养应用型人才，确立应用型的类型定位和培养应用型技术技能型人才的职责使命，根据所服务区域、行业的发展需求，找准切入点、创新点、增长点。抓住新产业、新业态和新技术发展机遇，以服务新产业、新业态、新技术为突破口，形成一批服务产业转型升级和先进技术转移应用特色鲜明的应用技术大学、学院。建立紧密对接产业链、创新链的专业体系。按需重组人才培养结构和流程，围绕产业链、创新链调整专业设置，形成特色专业集群。通过改造传统专业、设立复合型新专业、建立课程超市等方式，大幅度提高复合型技术技能人才培养比重。创新应用型技术技能型人才培养模式，建立以提高实践能力为引领的人才培养流程和产教融合、协同育人的人才培养模式，实现专业链与产业链、课程内容与职业标准、教学过程与生产过程对接。

为了贯彻落实《转型指导意见》精神，更好地推动应用型高校建设进程，充分发挥教材在教育教学中的基础性作用，近年来中国农业大学出版社就全国高等教育食品科学类专业教材出版和使用情况深入相关院校和教学一线调查研究，先后 3 次召开教学研讨会，总计有 400 余人次近 200 名食品院校专家和老师参加。在深入学习《转型指导意见》《普通高等学校本科专业类教学质量国家标准》（以下简称《教学质量国家标准》）和《工程教育认证标准》（包括《通用标准》和食品科学与工程类专业《补充标准》）的基础上，出版社和相关院校达成高度共识，决定建设一套服务于全国应用型本科院校教学的食品科学与工程类专业系列教材，并拟定了具体建设计划。

历时4年，“应用型本科食品科学与工程类专业系列教材”终于与大家见面了。本系列教材具有以下几个特点：

1. 充分体现《转型指导意见》精神。坚持应用型的准确类型定位和培养应用型技术技能型人才的职责使命。教材的编写坚持以“四个转变”为指导，即把办学思路真正转到服务地方经济社会发展上来，转到产教融合、校企合作上来，转到培养应用型技术技能型人才上来，转到增强学生就业创业能力上来。强化“一个认识”，即知识是基础、能力是根本、思维是关键。坚持“三个对接”，即专业链与产业链对接、课程内容与职业标准对接、教学过程与生产过程对接，实现教材内容由学科学术体系向生产实际需要的突破和从“重理论、轻实践”向以提高实践能力为主转变。教材出版创新，要做到“两个突破”，即编写队伍突破清一色院校教师的格局，教材形态突破清一色的文本形式。

2. 以《教学质量国家标准》为依据。2018年1月《普通高等学校本科专业类教学质量国家标准》正式公布（以下简称《标准》）。此套教材编写团队认真对照《标准》，以教材内容和要求不少于和低于《标准》规定为基本要求，全面体现《标准》提出的“专业培养目标”和“知识体系”，教学学时数适当高于《标准》规定，并在教材中以“学习目的和要求”“学习重点”“学习难点”等专栏标注细化体现《标准》各项要求。

3. 充分体现《工程教育认证标准》有关精神和要求。整套教材编写融入教学反向设计的理念以及教学质量持续改进的理念，体现以学生为中心，以培养目标和毕业要求为导向，以保证课程教学效果为目标，审核确定每一门课程在整个教学体系中的地位与作用，细化教材内容和教学要求。

4. 整套教材遵循专业教学与思政教学同向同行。坚持以立德树人贯穿教学全过程，结合食品专业特点和课程重点将思想政治教育功能有机融合，通过专业课程教学培养学生树立正确的人生观、世界观和价值观，达到合力培养社会主义事业建设者和接班人的目的。

5. 在新形态教材建设上努力做出探索。按课程内容教学需要，按有益于学生学习、有益于教师教学的要求，将纸质主教材、教学资源、教学形式、在线课程等统筹规划，制定新形态教材建设工作计划，有力推动信息技术与教育教学深度融合，实现从形式的改变转变为方法的变革，从技术辅助手段转变为交织交融，从简单结合物理变化转变为发生化学反应。

6. 系列教材编写体例坚持因课制宜的原则，不做统一要求。与生产实际关系比较密切的课程教材倡导以项目式、案例式为主，坚持问题导向、生产导向、流程导向；基础理论课程教材，提倡紧密联系生产实践并为后续应用型课程打基础。各类教材均在引导式、讨论式教学方面做出新的尝试。

希望“应用型本科食品科学与工程类专业系列教材”的推出对推进全国本科院校应用型转型工作起到积极作用。毕竟是“转型”实践的初次探索，此套系列教材一定会存在许多缺点和不足，恳请广大师生在教材使用过程中及时将有关意见和建议反馈给我们，以便及时修正，并在修订时进一步提高质量。

中国农业大学出版社
2020年2月

前　言

习近平总书记在党的二十大报告中指出，深入实施人才强国战略。培养造就大批德才兼备的高素质人才，是国家和民族长远发展大计。加快建设国家战略人才力量，努力培养造就更多大师、战略科学家、一流科技领军人才和创新团队、青年科技人才、卓越工程师、大国工匠、高技能人才。

随着改革的不断深入，我国高等教育发展迅猛，一个适应中国特色社会主义新时代的高等教育体系正在形成，相应地，其教材规划建设工作也在不断加强，以适应高等教育发展的需要。

为了贯彻落实《关于地方本科高校转型发展的指导意见》精神，通过教材建设推进落实《普通高等学校本科专业类教学质量国家标准》和《工程教育认证标准》，进一步推进食品科学与工程类专业应用型本科教育教学改革，为提升教育教学质量作出应有贡献，中国农业大学出版社组织全国相关高校编写并出版了一套具有创新性、体现以学生为中心、符合产教融合教学要求、能够满足应用型本科教学、基本覆盖食品科学与工程类专业核心课程（包括专业基础课程、专业核心课程）教学的系列教材。

本书由6所本科院校工作在食品微生物检验教学科研一线的、具有丰富教学经验的教师，以及食品企业生产一线的专业技术人员共同编写而成。本书共11章，主要介绍与食品微生物检验相关的基础知识、技术和方法。

本书力求突出应用型人才培养特色，适应行业需要，既注重基本理论和基本知识的系统性和应用性，又突出重点、实用性和创新性。本书侧重食品微生物检验的基本技能、常用检验技术和相关新技术的学习与应用，注重学生动手能力、创新能力及应用能力的培养。

本书由魏明奎、王永霞、岳晓禹担任主编，胡亚平、计红芳、刘贵巧担任副主编。参加编写人员及编写分工是：魏明奎编写第1章及附录，并负责全书统稿工作；计红芳编写第2章；刘贵巧编写第3章；王永霞编写第4章及附录；胡亚平编写第5章；胡海霞编写第6章、第8章；文英会、李素杰、陈威风编写第7章；岳晓禹、陈威风编写第9章；辛婷编写第10章；姜兴旭、杨玲玲编写第11章。本书由郝林主审。

在本书的编写过程中，我们参考了大量文献，但由于篇幅所限，有些参考文献及作者未能一一列出，在此对这些作者表示衷心的感谢，同时也表示深深的歉意。虽然各位编者倾注了大量心血，但限于编者的水平和能力，书中难免有错漏与不妥之处，真诚期望广大师生、读者和同行批评指正。

编　者

2024 年 5 月

目　录

HAPTER 1

第1章 绪论

【教学目的和要求】

1. 掌握食品微生物检验的含义、食品微生物检验的范围及指标。
2. 掌握食品微生物检验的意义及基本程序。
3. 了解食品微生物检验方法的发展。

自然界中存在着大量的微生物，有些微生物对人类是有益的，有些微生物对人类是有害的。有害的食品微生物是指能引起食品变质的腐败菌和致人畜患病的致病菌。其中致病菌是指那些引起人体食物中毒或具有传染性的食源性疾病微生物。对有益的微生物我们应充分研究、开发和利用，对有害的微生物我们应加以研究、检测、预防和控制。微生物造成的食品污染是引起食品安全问题的重要因素，食品一旦出现严重的微生物污染，就会危及人民身体健康，影响食品企业声誉，甚至影响社会的稳定和发展。改革开放以来，伴随着中国特色社会主义经济的飞速发展，食品产业也在不断发展壮大，人们的生活水平得到显著的提高，但食品质量与安全问题也时有发生，引起人们的普遍关注。因此，食品安全检验及控制技术也越来越多的受到社会和政府的重视，各种食品微生物检验新技术也在不断地涌现，相关工作人员努力防范食品安全问题的发生。

食品质量与安全专业学生应掌握食品质量安全的基本检验技术，主要包括理化检验、微生物检验、动植物检验检疫、食品毒理检验等。其中食品微生物检验技术是食品安全检验技术的重要组成部分，为食品质量与安全及相关专业的主干课程。

民以食为天，食品行业在我国经济社会发展中具有特殊的重要地位。食品安全问题涉及全人类和全社会，因此培养有关食品安全方面的技术人才十分重要。

1.1 食品微生物检验概述

1.1.1 食品微生物检验的概念与特点

食品微生物检验是应用微生物学的理论与方法，研究外界环境和食品中微生物的种类、数量、性质、活动规律、对人和动物健康的影响及其检验方法与指标的一门学科，也是近年来形成的微生物学的一个分支学科。微生物与食品的关系复杂，既包括有利的、可利用的一面，也包括有害的一面。食品微生物检验，侧重有害方面，重点研究食品的微生物污染、检测范围、卫生指标、检验方法等。

食品微生物检验具有以下几个特点：

（1）研究范围广　一方面，食品种类繁多，来源复杂，不同的食品又有不同的生产加工工艺、贮藏、运输和销售渠道；另一方面，食品中的微生物种类繁多，有致病性的病原微生物，有能引起食品腐败变质的微生物，还有许多对人类生命活动有益的微生物（如发酵微生物、生产酶的微生物、食用菌等）。因而，本学科具有研究范围广的特点。

（2）涉及学科多　食品微生物检验不仅与微生物学的相关学科有关，还涉及物理、化学、生物学、生物化学等学科。

（3）应用性强　通过食品微生物检验，可以判断食品加工环境及食品卫生状况，对食品污染的途径做出正确的评价，为各项卫生管理工作提供依据，为预防食物污染和人类食物中毒提供切实可行的措施。对提高产品质量，保障食品安全，保证出口顺畅，避免经济损失等都具有重要意义。

1.1.2 食品微生物检验的范围

食品微生物检验的范围包括以下几个方面：

（1）生产环境的检验　包括生产车间用水、空气、地面、墙壁、操作台等。

（2）原辅料的检验　包括动植物食品原料、添加剂等原料和辅料。

（3）食品生产、流通的检验　包括食品加工过程、贮藏、销售等环节的检验；从业人员的健康及卫生状况、加工工具、运输车辆、包装材料的检验等。

（4）食品的检验　包括对出厂食品、可疑食品及导致人员食物中毒食品的检验。

1.1.3 食品微生物检验的指标

食品在食用前的各个环节中，被微生物污染往往是不可避免的。食品微生物检验的指标是根据食品卫生的要求，从微生物学的角度，对各种食品提出的具体指标要求。我国颁布的食品微生物检验指标主要有菌落总数、大肠菌群和致病菌三项。

（1）菌落总数　是指食品检样经过处理，在一定条件下培养后所得1 g或1 mL或1 cm^2检样中所含细菌菌落的总数。它可以反应食品的新鲜度、被细菌污染的程度和食品生产的卫生状况等。因此它是判断食品卫生质量的重要依据之一。

(2) 大肠菌群　包括大肠杆菌和产气杆菌的一些中间类型的细菌。这些细菌是人及温血动物肠道内的常居菌，随大便排出体外。如果食品中大肠菌群数越多，说明食品受粪便污染的程度越大。故以大肠菌群作为粪便污染食品的卫生指标来评价食品的卫生质量，具有广泛的意义。

(3) 致病菌　即能够引起人们发病的细菌。食品中不允许有致病菌存在，这是食品卫生质量指标中必不可少的标准之一。致病菌种类繁多，加之食品的加工、贮藏条件各异，因此食品被致病菌污染的情况各不相同。如何检验食品中的致病菌，只有根据不同食品可能污染的情况来做针对性的检查。对不同的食品，应选择一定的参考菌进行检验。例如，海产品以副溶血性弧菌作为参考菌群；蛋与蛋制品以沙门氏菌、金黄色葡萄球菌、变形杆菌等作为参考菌群；米、面类食品以蜡样芽孢杆菌、变形杆菌等作为参考菌群；罐头食品以耐热性芽孢杆菌作为参考菌群等。

(4) 霉菌及其毒素　我国还没有制定食品卫生检验霉菌的具体指标。鉴于有很多霉菌能够产生毒素，引起疾病，故应该对产毒霉菌进行检验。例如，曲霉属的黄曲霉、寄生曲霉等，青霉属的橘青霉、岛青霉等，镰刀霉属的串珠镰刀霉、禾谷镰刀霉等。

(5) 其他指标　微生物指标还应包括病毒，如肝炎病毒、朊病毒、猪瘟病毒、鸡新城疫病毒、马立克氏病毒、狂犬病毒、口蹄疫病毒、猪水泡病毒等与人类健康有直接关系的病毒微生物。在一定场合下，这些也是食品微生物检验的指标。

另外，从食品检验的角度考虑，寄生虫也被很多学者列为微生物检验的指标。

1.1.4 食品微生物检验的意义

食品中丰富的营养成分为微生物的生长、繁殖提供充足的物质基础，是微生物良好的培养基，所以微生物污染食品后很容易生长繁殖造成食品变质，失去其应有的营养成分。更重要的是，一旦人们食用了被微生物污染的食物，会出现各种急性或慢性中毒症状，甚至有致癌、致畸、致突变作用的远期效应。因此，食品在食用之前必须对其进行食品微生物学检验，它是确保食品质量和食品安全的重要手段，也是食品卫生标准中的一个重要内容，还是食品监测必不可少的重要组成部分。其重要意义如下：

(1) 它是衡量食品卫生质量的重要指标之一，也是判定被检食品能否食用的科学依据之一。

(2) 通过食品微生物检验，可以判断食品加工环境及食品卫生环境是否合规，能够对食品被细菌污染的程度做出正确评价，为各项卫生管理工作提供科学依据，为防治传染病和食物中毒提供有效措施。

(3) 食品微生物检验坚持贯彻"预防为主"的卫生方针，可以有效地防止或者减少食物中毒、人畜共患病的发生，保障人民的身体健康。同时，它对提高产品质量、避免经济损失、保证出口等方面也具有政治上和经济上的重要意义。

1.2 食品微生物检验的基本要求

1.2.1 检验室的基本要求

食品微生物检验室在选址时，要求周围环境条件良好，尽量避开容易污染以及嘈杂的环境。显微镜使用和检验操作光线要充足，因此检验室的窗户应尽量朝南，室内的照明灯要有足够的亮度。

食品微生物检验室应保持整洁，工作台和地面要便于清洁。为了防止蚊蝇等，检验室要安装纱窗。检验室的设备和辅助用具要根据工作顺序、清洁与污染的情况进行安排，否则会引起交叉污染。检验室要与准备室分开，两室的地面材料和墙面材料应便于冲洗，桌面最好铺有胶皮垫或其他防震易清洗的材料。检验室还应安装空调设备，建造无菌室。检验操作必须在无菌室内的超净工作台上进行。所有的培养物、被污染的玻璃器皿及阳性的检验标本，都必须用消毒水浸泡过夜或煮沸，甚至高压蒸汽灭菌等方法处理后再清洗。

1.2.2 检验人员的基本要求

食品微生物检验工作对保证食品质量、预测和控制疾病流行及临床诊断治疗都有重要作用，因此检验人员必须要有高度事业心和强烈责任感。食品微生物检验工作非常烦琐，工作量大，但也绝不能敷衍了事，必须严格按照有关规定操作执行。如检验沙门氏菌不能不做增菌培养；分离用的培养基要保证每份样品都能单独进行平板培养等。

食品微生物检验工作技术性很强，检验人员必须具有扎实的基础理论和专业知识，以及熟练的检验技术，要善于在实践中发现问题、解决问题，不断提高自己的技术水平。作为一名好的检验人员，要及时了解和掌握新的技术和方法，应用先进的技术提高检验工作效率。

1.2.3 检验程序的基本要求

食品微生物检验人员必须按照检验方法所规定的检验程序进行操作，这是食品微生物检验人员应遵循的基本原则，也是检验结果准确的基本保证。只有遵守检验程序，检验结果才能准确可靠，才能符合国家标准，否则检验结果无效。

1.3 食品微生物检验的基本程序

1.3.1 检验前准备

(1) 准备好所需的各种仪器，如冰箱、恒温水浴箱、显微镜等。

(2) 使用的各种玻璃仪器，如吸管、平皿、广口瓶、试管等均需要刷洗干净，经高压蒸汽(121 ℃，20 min）或干法（160～170 ℃，2 h）灭菌，冷却后送无菌室备用。

(3) 准备好检验所需的各种试剂、药品，做好普通琼脂培养基或其他选择性培养基，根据需要分装试管或灭菌后倾注平板，保存在 46 ℃的水浴中或保存在 4 ℃的冰箱中备用。

(4) 无菌室灭菌，如用紫外灯法灭菌，时间不应少于 45 min，关灯 30 min 后方可进入工作；如用超净工作台，需提前 30 min 开机。必要时进行无菌室的空气检验，把琼脂平板暴露在空气中 15 min，培养后每个平板上不得检测出超过 15 个菌落。

(5) 检验人员的工作衣、帽、鞋、口罩等灭菌后备用。工作人员进入无菌室后，实验没完成前不得随便出入无菌室。

1.3.2 样品的采集与处理

在食品微生物的检验中，样品的采集是极为重要的一个步骤。所采集的样品必须具有代表性，这就要求检验人员不但要掌握正确的采样方法，而且要了解食品加工的批号、原料的来源、加工方法、保藏条件、运输、销售中的各环节，以及销售人员的责任心和卫生知识水平等。样品可分为大样、中样、小样 3 种。大样指一整批样；中样是从样品各部分抽取的混合样，一般为 200 g；小样又称为检样，一般以 25 g 为准，用于检验。样品的种类不同，采样的数量及方法也不一样。

取样及样品处理是任何检验工作中最重要的步骤，从检验结果的准确性来说，检验室收到的样品是否具有代表性及其状态如何是关键问题。如果取样没有代表性或对样品的处理不当，得出的检验结果可能毫无意义。所以，设计一种科学的取样方案及采取正确的样品制备方法是非常必要的。

1. 样品的采集

采用什么样的取样方案主要取决于检验的目的，例如，用一般的食品卫生学微生物检验去判定一批食品合格与否，查找导致人畜食物中毒的病原微生物，鉴定畜禽产品中是否含有人畜共患病病原体等。目的不同，取样方案和方法也有所不同。

1）食品卫生学微生物检验的取样方案

目前国内外使用的取样方案多种多样，如一批产品取若干个样后混合在一起检验，按百分比抽样，按食品的危害程度不同抽样，按数理统计的方法决定抽样个数等。不管采取何种方案，对抽样代表性的要求是一致的。最好对整批产品的单位包装进行编号，实行随机抽样。下面列举当今世界上较为常见的几种取样方案。

(1) ICMSF 的取样方案　国际食品微生物规范委员会（简称 ICMSF）的取样方案是依据事先

对食品进行的危害程度划分来确定的，将所有食品分成三种危害度。Ⅰ类危害：老人和婴幼儿食品及在食用前可能会增加危害的食品；Ⅱ类危害：立即食用的食品，在食用前危害基本不变；Ⅲ类危害：食用前经加热处理，危害减小的食品。另外，又将检验指标对食品卫生的重要程度分为一般、中等和严重三档，根据以上危害度的分类，又将取样方案分成二级法和三级法。

①二级法：设定取样数 n，指标值 m，超过指标值 m 的样品数为 c，只要 $c>0$，就判定整批产品不合格。

②三级法：设定取样数 n，指标值 m，附加指标值 M，介于 m 与 M 之间的样品数 c。只要有一个样品值超过 M 或 c 规定的数就判整批产品不合格。

（2）美国 FDA 的取样方案　美国食品药品监督管理局（FDA）的取样方案与 ICMSF 的取样方案基本一致，所不同的是严重指标菌所取的 15 个、30 个、60 个样可以分别混合，混合的样品量最大不超过 375 g。也就是说所取的样品每个为 100 g，从中取出 25 g，然后将 15 个 25 g 混合成一个 375 g 样品，混匀后再取 25 g 作为试样检验，剩余样品妥善保存备用。

（3）FAO 的取样方案　1979 年版联合国粮食及农业组织（FAO）食品与营养报告中的食品质量控制手册的微生物学分析中，具体列举了各种食品的微生物限量标准，按照 ICMSF 的取样方案来进行判定。

我国食品卫生微生物学检验取样方案主要采用 ICMSF 方案。

2）食物中毒微生物检验的取样

当怀疑人或畜发生食物中毒时，应及时收集可疑食品或餐具物、粪便或血液等。

3）人畜共患病病原微生物检验的取样

当怀疑某一动物产品可能带有人畜共患病病原体时，应结合相关知识，采取病原体最集中、最易检出的组织或体液送实验室检验。

4）不同食品微生物检验的采样

按照上述采样方案，能采取最小包装的食品就尽可能地采取完整的小包装，按无菌操作进行。不同类型的食品应采用不同的工具和方法：

（1）液体食品　充分混匀，用无菌操作开启包装，用无菌注射器抽取，注入无菌容器中。

（2）固体样品　大块整体食品应用无菌刀具和镊子从不同部位割取，割取时应兼顾表面与深部，注意样品的代表性。小块大包装食品应从不同部位切取样品，放入无菌容器。

（3）冷冻食品　大包装小块冷冻食品按小块个体采取，大块冷冻食品可以用无菌刀从不同部位削取样品，或用无菌小手锯从冻块上锯取样品，也可以用无菌钻头钻取碎屑状样品，放入无菌盛样容器。

固体食品、冷冻食品的取样还应注意检验目的，若需检验食品污染情况，可取表层样品；若需检验其品质情况，应取深部样品。

（4）生产工序监测采样　若需检验食品生产过程污染情况时进行生产工序监测采样。

①车间用水：自来水样从车间各水龙头上采取冷却水；汤料等从车间容器不同部位用 100 mL 无菌注射器抽取。

②车间台面、用具及加工人员手部的卫生监测：用 5 cm^2 无菌采样板及 5 支无菌棉签擦拭采集 25 cm^2 区域（若所采集的表面干燥，则用无菌稀释液湿润棉签后擦拭；若表面有水，则用干棉签擦拭），擦拭后立即将棉签头用无菌剪刀剪入盛样容器。

③车间空气采样：使用直接沉降法，将 5 个直径 90 mm 的普通营养琼脂平板分别置于车间的四角和中部，打开平皿盖 5 min，然后盖盖送检。

2. 样品处理

样品处理应在无菌室内进行，若是冷冻样品必须事先在原容器中解冻，温度为 2～5 ℃时，不超过 18 h，或温度为 45 ℃时，不超过 15 min。

一般固体食品的样品处理方法有以下几种：①捣碎均质法；②剪碎振摇法；③研磨法；④整粒振摇法；⑤胃蠕动均质法。另外还有液体食品的样品处理和罐头食品的样品处理，详情参阅第 4 章。

1.3.3　样品的送检与检验

（1）采集好的样品应及时送到食品微生物检

验室，越快越好，一般不应超过 3 h。如果路途遥远，可将不需要冷冻的样品保持在 1～5 ℃的环境中，勿使冻结，以免细菌遭受破坏；若需要保持冷冻状态，则需要保存在泡沫隔热箱内（箱内有干冰可维持在 0 ℃以下），应防止反复冰冻和溶解。

（2）样品送检时，必须认真填写申请单，以供检验人员参考。

（3）检验人员接到送检单后，应立即登记，填写序号，并按检验要求放在冰箱或冰盒中，并积极做好检验的准备。

（4）食品微生物检验室必须备有专用冰箱存放样品，一般阳性样品发出报告后 3 d（特殊情况可适当延长）方能处理样品；进口食品的阳性样品，需保存 6 个月才能处理。每种指标都有 1 种或几种检验方法，应根据不同的食品、不同的检验目的选择恰当的检验方法。本书重点介绍的是几种常规的检验方法，主要参考现行国家标准。但除了国家标准外，国内尚有行业标准（如出口食品微生物检验方法），国外尚有国际标准（如 FAO 标准、WHO 标准等）和每个食品进口国的标准（如美国 FDA 标准、日本厚生省标准、欧盟标准等）。总之，应根据食品的消费去向选择相应的检验方法。

1.3.4 结果报告

样品检验完毕后，检验人员应及时填写报告单，签名后送主管人核章，以示生效，并立即交给食品卫生监督人员处理。

1.4 食品微生物检验技术的现状和发展趋势

1.4.1 食品微生物检验技术的现状

新中国成立以来，尤其是改革开放以来，伴随着中国特色社会主义经济的飞速发展，我国食品进出口量不断增加，食品的种类日益丰富，人们的生活水平不断提高。对食品质量的要求日益严格，食品安全问题也越来越引起人们的重视。食品行业已成为与人们日常生活关系最密切的行业。由于我国人口众多，食品需求量极大，食品卫生安全管控的压力也非常大。近年来，一些恶性的食品安全事件不断被曝光，使公众产生了非常大的恐慌和担忧。这些都给食品微生物检验提出了更高的要求。为此，国家对食品安全工作也越发关心和重视，不断修订完善有关法规制度，加大食品安全宣传和监督监管处罚力度，加强食品卫生安全检测技术研发和培训等，使得食品微生物检测技术得到了快速发展和应用，也不断研究推出了一些新的检测食品微生物的方法和技术。目前，我国各地的食品化验室及卫生防疫机构，常规的微生物检验方法如标准平皿菌落计数法、大肠菌群检验法和某些病原菌的检验方法等都能得到很好的应用。新的现代食品微生物的检验技术和方法也在不断地得到应用和推广。

食品微生物检验技术发展到今天的水平，经历了从传统检验技术向现代检验技术的发展过程。传统食品检验技术主要包括显微技术、染色技术、培养计数技术。现代新型食品检验技术主要包括分子生物学技术（核酸探针技术、聚合酶链式反应技术、PCR 技术和核酸杂交技术的综合应用、基因芯片技术）、免疫学技术（荧光抗体检测技术、免疫酶技术、免疫磁性分离技术）、仪器分析技术（电阻电导检测器检验法、微型全自动荧光酶标分析仪检验法、全自动微生物分析系统检验法、ATP 生物发光法）、代谢学技术（电阻抗技术、微热量计技术、放射测量技术、接触酶测定技术）等。

传统的食品微生物检验技术是现代食品微生物检验技术的基础。传统的检验技术在很多方面存在着不足和需要改进的地方。一般而言，它们都存在不同程度的试验周期长、准确性不高、自动化程度低等缺点。如培养计数法，检测细菌总数需要 2 d，酵母和霉菌需 3～5 d，费时、费力，难以满足一些特定条件下的检测要求，如食品卫生检测需要及时数据。总之，传统的食品微生物检验方法存在操作烦琐、费时、卫生指导反馈慢的缺点，给食品生产和流通带来一定的影响。近些年来，随着计算机、光学、分子生物学的发展，食品微生物检测方法得到长足发展。现代的食品微生物检验技术具有简便、灵敏、快速、特异、劳动强度低和部分或全自动检测的优点。

随着分子生物学和微电子技术的飞速发展，新方法的不断涌现，微生物检验技术由细胞水平向分子水平迈进，并向仪器化、自动化、标准化方向发展，提高了食品微生物检验工作的高效性、准确性和可靠性。

微生物检验的发展大致经历了五个发展阶段。

(1) 致病菌检测阶段 19 世纪末至 20 世纪初，在巴斯德（Pasteur）和科赫（Koch）光辉业绩的影响下，国际上形成了寻找病原微生物的热潮。

(2) 指示菌检测阶段 从样品中直接检测目的病原微生物有一定难度，因为样品中环境小，病原微生物数量少，种类多，生物学性状多样，进行病原微生物检验和鉴定比较复杂，因此，需要寻找某些带有指示性的微生物。指示菌（或称指标菌）是在常规安全卫生监测中，用以指示检品（检验样品）卫生状况及安全性的指示性微生物。常规检验指示菌的目的，主要是以安全卫生指示菌在检品中存在与否以及数量的多少为依据，对照国家卫生标准，对检品的饮用、食用或使用的安全性做出评价。指示菌可分为如下三种类型：

①第一种类型的指示菌是为了评价食品样品的一般卫生质量、污染程度以及安全性。最常用的是菌落总数、霉菌数和酵母菌数。

②第二种类型是特指粪便污染的指示菌，主要指大肠菌群，其他还有肠球菌、亚硫酸盐还原梭菌等。它们的检出标志着检品受过人畜粪便的污染，而且有肠道病原微生物存在的可能性。

③第三种类型是其他指示菌，包括某些特定环境不能检出的菌类，如特定菌、某些致病菌或其他指示性微生物。这些指示菌在不同的样品中有不同的指示意义。

(3) 微生态制剂检测阶段 20 世纪末，市场上出现了以乳酸菌、双歧杆菌为主的各种微生态制剂（以调节生态平衡为目的），检验其菌株的特性和数量就成了食品微生物检验的一项重要内容。

(4) 分子生物学技术的应用阶段 1953 年，沃森（Watson）和克里克（Crick）发现了 DNA 双螺旋结构，为现代分子生物学奠定了基础，从而给整个生物学乃至整个人类社会带来了一场革命，对生物的研究在细胞和分子水平上统一起来。微生物学家、生物化学家和工程技术人员密切合作，使现代食品微生物检测技术在快速酶促反应及代谢产物的检测、免疫学方法检测抗原或抗体、分子生物学技术检测食源性病原菌和微生物检测的自动化系统等方面得到了迅速发展，这也是食品微生物检验的未来发展趋势。

(5) 快速检测技术的应用阶段 20 世纪 80 年代以来，由于一系列食品原料的化学污染、畜牧业中抗生素的应用、基因工程技术的应用，使食品污染导致的食源性疾病呈上升趋势，食品安全问题被全世界关注，食品快速检测方法便应运而生。

食品快速检测方法要求：实验准备简化，使用的试剂少，配制好的试剂保存期长；样品前处理简单，对操作人员要求低；分析方法简单、准确和快速。化学比色分析方法、酶联免疫法（ELISA）和免疫胶体金试纸检测方法是目前比较成熟的快速检测方法。随着食品安全相关检测仪器的进步，食品安全检测器的出现，一些新的快速检测技术得以应用。如各种生物芯片、传感器和色谱质谱检测仪等，这些技术的加入为快速检测提供了更广阔的发展空间。由于受多种因素的制约和影响，各种现代食品微生物检测技术的应用现状也不尽相同，而且各有其局限。

①食源性病原菌免疫学检测技术的应用：目前这种微生物的检测技术在食品安全检测中应用的较为广泛，因为这种技术存在着成本低廉且使用性较强的优点。这种技术主要是用来进行食品中大肠杆菌、沙门氏菌等病原菌的检验，判断其数量等是否符合相关规定，从而保证食品安全。

②PCR 技术的应用：目前，PCR 技术具有很多的应用，这是因为它的灵敏度以及特异性都很高，在进行食品中特异性病原菌的检测时，具有很强的优势。这种技术主要是用来对食品中各种病菌的检验。例如，检测人员就曾利用该技术十

分简便地检测出食品中的大肠埃希氏菌。这种技术对食品安全的检测具有很重要的意义。

③核酸探针技术的应用：这种微生物检测技术具有快速、敏感、特异性强的优势，但也有一定的不适用性，因为这种检测技术成本高，技术难度也较大。这就限制了该技术的使用范围，只能在相应的实验室应用该技术进行检测。这种技术主要是用来进行金黄色葡萄球菌、大肠杆菌等病菌的检验，并且这种检验方法在进行单增李斯特菌的检验时不需要考虑样本纯度。

④生物传感器检测技术的应用：很多微生物都会给食品安全带来威胁，如腐败菌在其分解食品时，会产生大量的有毒物质，对人体产生危害。而利用生物传感器检测技术可以进行一些腐败菌的数量检测，例如枯草芽孢杆菌等。此外，也能进行病原菌的检测，例如李斯特菌等，它能检测出细菌毒素、真菌毒素以及藻类毒素，应用十分广阔。

⑤生物芯片技术的应用：生物芯片技术检测效率很高，并且检测起来方便快捷。它能够在短短几个小时内就得出检测结果，并且通常一次检测能够检测出多种潜在病菌。然而，这种检测方式整个过程难度相对较大，因此，目前还没有在食品安全领域有较大的推广。

随着科学技术的不断发展，我国食品微生物检测技术有了很大的提升。但随着食品行业的不断发展，更多新的问题也在不断出现，对食品微生物检测技术的应用也提出了更高的要求和期望。食品微生物检测的方法虽然也越来越多，但各种方法都有其优缺点，食品安全检测工作者需要根据实际情况选择合适的检测方法，以保证检测的准确、快速和经济。

1.4.2 食品微生物检验技术的发展趋势

展望食品微生物检测技术发展的未来，在制度建设方面应向更加规范化、制度化、标准化、国产化、国际化方向发展，应不断完善相关法律法规，不断建立健全各项国家标准与规范以及行业、企业标准和规范。还要更加注重与国际及出口国家的相关法规、检测标准的对接和融合。

在食品微生物检测技术和方法建设方面应更加趋向仪器化、自动化、快速准确化、经济简易化方向发展。为适应社会、行业发展的需要，食品微生物检验方法必须向自动化检验和快速检验的方向发展，其趋势是灵敏度高、特异性强、重复性大、快速、简易和经济等，以提高食品微生物检验工作的高效性、准确性和可靠性，提高我国食品安全检测技术的整体水平，让食品安全检测更好地为人民的食品安全把好关，为百姓的身体健康保驾护航。

我国目前的微生物检测技术及其应用虽然已经达到较高水平，然而并不是完美无瑕的，还有很多值得改善的地方。相关机构和技术人员应重视食品微生物检测技术的研发及应用，不断创新，让其更加广泛地应用到食品安全检测中，更好地适应我国和国际食品行业发展的需要。相信，我国未来的食品微生物检测技术一定能发展得越来越好，食品安全工作一定会达到国际一流水平。

复习思考题

1. 什么是食品微生物检验？
2. 我国制定的食品微生物检验主要指标有哪些？
3. 食品微生物检验的意义有哪些？
4. 展望食品微生物检验方法的发展趋势。

CHAPTER 2

第2章 食品微生物检验室及配置

【教学目的和要求】

1. 深刻理解食品微生物检验室及配置的相关知识，如微生物检验室设计的基本要求、无菌操作等实验操作技术要求、食品微生物检验室常用的仪器与设备，以及常用的玻璃器皿等。

2. 遵守实验室规章制度及工作规则，掌握微生物基础实践技能，即掌握实验现象观察技能、常用实验仪器与设备使用方法、各种常规实验的规范化操作技能、实验结果描述与分析能力以及实验报告编写等各种综合实验技能。

3. 能够创新地进行一定程度的研究性学习与探索性实验。

2.1 食品微生物检验室

实验室建设是进行食品微生物学检验的前提条件，实验室建设的主要目标是为微生物学试验提供一个安全、规范、方便、适宜的场所。实验室的设施和环境条件是非常重要的一个子系统，必须事先精心策划实施。

实验室应制定仪器配备管理使用制度，药品管理使用制度，玻璃器皿管理使用制度，并根据安全制度和环境条件的要求，工作人员应严格掌握，认真执行。进入实验室必须穿工作服，进入无菌室换无菌衣、帽、鞋，戴好口罩，严格执行安全操作规程。实验室内物品摆放整齐，试剂定期检查并有明晰标签，仪器定期检查、保养、检修，严禁在冰箱内存放和加工私人食品。非实验室人员不得随意进入实验室。

实验室内要经常保持清洁卫生，每天上下班应进行清扫整理，桌柜等表面应每天用消毒液擦拭，保持无尘，杜绝污染。实验室应具有优良的采光条件和照明设备。实验室工作台面应保持水平和无渗漏，墙壁和地面应当光滑和容易清洗。实验室布局要合理，一般实验室应有准备间和无菌室，无菌室应有良好的通风条件，如安装空调设备及过滤设备，无菌室内空气测试应基本达到无菌。严禁利用实验室作会议室及其他文娱活动和学习场所。

2.1.1 食品微生物检验室的建立

实验室的生物安全越来越受到重视。我国政府部门颁布并实施了相关法规、管理条例和标准，如《生物安全实验室建筑技术规范》（GB 50346—2011）、《实验室 生物安全通用要求》（GB 19489—2008）、《病原微生物实验室生物安全通用准则》（WS 233—2017）和《病原微生物实验室生物安全管理条例》等，这些标准和条例成为微生物实验室生物安全管理工作的有力保障和依据。

1. 微生物实验室的选址

依据实验室所处理感染性食品致病微生物的生物危险程度，可把食品微生物实验室分为与致病微生物的生物危险程度相对应的四个级别，其中一级对生物安全隔离的要求最低，四级最高。不同级别食品微生物实验室的规划建设和配套环境设施不同。食品微生物实验室的设施建设和环境应符合 GB 19489—2008、GB 50346—2011 等标准的要求。

食品微生物实验室的选址应考虑和周围环境的关系，应选择在清洁安静、光线充足、通风良好的场所，远离生活区、商业街、交通要道，企业的实验室要设置在距离生产车间较近但又有一定距离的地方。一级和二级生物安全食品微生物实验室可共用普通建筑物，宜设在建筑物的一端或一侧，与建筑物其他部分可相通，但应有控制进出的门和防止昆虫、啮齿动物入内的设置。三级生物安全实验室也可共用普通建筑物，但应自成一区，宜设在建筑物的一端或一侧，与建筑物其他部分以密封门分开。四级生物安全实验室应建造在独立的建筑物内，也可以和其他较低级别的食品微生物实验室共用建筑物。该实验室应远离公共场所和居住建筑，其间应设置隔离带，主实验室离外部建筑物距离应不小于外部建筑物高度的 1.5 倍。

2. 实验室的设计

实验室的设计应以获得可靠的微生物检验结果为重要依据。实验室应具有进行微生物检测所需的检测设施（专用于微生物检测和相关活动）及辅助设施（如大门、走廊、管理区、样品室、清洁间、贮存室、文档室等）。食品微生物实验室平面布局设计参考图，如图 2-1 所示。特殊设备要在特定环境下放置和操作。实验室的工作人员应多参与实验室布局设计中的一些决策，其意见会最终影响到其工作环境和工作条件。可以由实验室人员草拟一个平面布局图，注明各区域的名称、功能和所需面积，以及对结构、层高、通风、给排水、供电、网络、门窗、墙面、地面、顶棚等各方面的特殊需求。

1）实验室布局

实验室规模和生物安全等级不同，布局设计也不同。食品微生物实验室应自成一体，工作区域特别是需要在无菌条件工作的区域都应该有控制出入的门，在出入门口设置明显的禁止或限制无

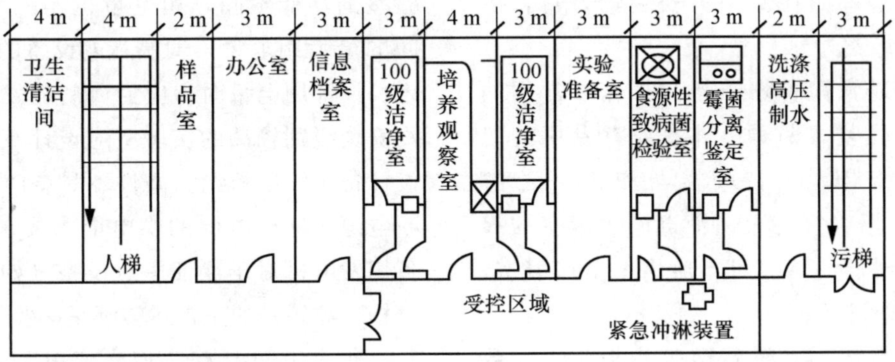

图 2-1　食品微生物实验室平面布局设计参考图（外廊式 7.5 m×40 m=300 m^2）

关人员进入的标识，并对该区域进行有效的控制、监测和记录。实验室总体布局和各区域的安排应符合实验流程，尽量减少往返或迂回，降低潜在的对样本的污染和对人员与环境的危害，采取措施将实验区域和非实验区域隔离开来。

食品微生物实验室的房屋一般是位于建筑物的一端或一侧，由多套房间组成。根据不同的用途，可分为贮藏室、准备室、洗涤室、灭菌室、无菌室、恒温培养室、普通实验室，房间之间相互隔离。如都安置在一个大实验室内，则无菌操作区与清洗、消毒灭菌区应分别位于两端，而准备室和贮藏室应位于两区中间。此外，要考虑设计办公室、接待室、实验数据处理室等。

（1）准备室　用于配制试剂和样品处理等。室内设有试剂柜、存放器具或材料的专柜、实验台、电炉、冰箱、上下水道、电源等。实验台与细菌操作室要求相同，设置通风橱以满足加热、消化、干燥、烧灼和化学处理等工作需要。

（2）培养基制备室　是制作、配制微生物培养所需培养基及检验用试剂的场所，其主要设备应为边台与药品柜。边台上要放置电炉，用以熔化煮沸培养基时用；边台材料要耐高热、耐酸碱；药品柜分门别类存放一些一般药品及试剂；危险、易腐、易燃、有毒、有害药品单独设保险柜存放；边台上要放天平，用以称取药品。

（3）灭菌室　主要用于培养基的灭菌和各种器具的灭菌，室内应备有高压蒸汽灭菌器、烘箱等灭菌设备及设施。

（4）无菌室　也称接种室，是系统接种、纯化菌种等无菌操作的专用实验室。在微生物检验工作中，菌种的接种移植是一项主要操作，这项操作的特点就是要保证菌种纯种，防止杂菌的污染。在一般环境的空气中，由于存在许多尘埃和杂菌，很易造成污染，对接种工作干扰很大。

①无菌室的设置：无菌室应根据既经济又科学的原则来设置。无菌室应有内、外两间，内间是无菌室，外间是缓冲室。房间容积不宜过大，以便于空气灭菌。无菌室内容积小而严密，使用一段时间后，室内温度很高，故应设置通气窗。通气窗应设置在内室进门处的顶棚上（即离工作台最远的位置），最好为双层结构，外层为百叶窗，内层可用抽板式扇窗。通气窗可在内室使用后、灭菌前开启，以流通空气。有条件的可安装恒温恒湿机。

②无菌室内的灭菌消毒：熏蒸是无菌室内彻底灭菌的措施。当无菌室使用时间较长、污染比较严重时，应进行熏蒸灭菌，可用甲醛、硫黄或乳酸熏蒸，也可喷雾灭菌。在每次使用无菌室前进行灭菌消毒，喷雾可促使空气中微粒及微生物沉降，防止桌面、地面上的尘土飞扬，并有杀菌作用，例如用 5%石炭酸溶液喷雾，还可用紫外线照射，在每次使用无菌室前进行上述操作。紫外线有较好的杀菌效果，通常应开启紫外灯照射 30～60 min。

（5）培养室　应该有内、外两间，内室是培养室，外室是缓冲室。房间容积不宜大，以利于空气灭菌，内室面积应在 14 m^2 左右，外室面积在 6 m^2 左右，高以 2.5 m 左右为宜，都应有天花板。分隔内、外室的墙壁上部应设带空气过滤装置的通风口。为满足微生物对温度的需要，需安装恒温恒湿机。内外室都应在室中央安装紫外灯，以供灭菌用。

培养室内室通常配备培养架和摇床。常用的摇床有旋转式和往复式两种。外室应有专用的工作服、鞋、帽、口罩、手持喷雾器和75%乙醇（酒精）棉球等。培养室的灭菌消毒同无菌室的灭菌消毒措施。小规模的培养可不启用恒温培养室，而在恒温培养箱中进行。

（6）普通实验室　是进行微生物观察、计数和生理生化测定工作的场所。室内的陈设因工作侧重点不同有很大的差异。一般均配备试验台、显微镜、柜子、凳子。实验台要足以容纳日常使用的用具及药品等。

（7）洗涤室　用于洗刷器皿等。使用过的器皿已被微生物污染，有时还会存在病原微生物，因此，在条件允许的情况下，最好设置洗涤室。室内应备有加热器、蒸锅，以及洗刷器皿用的盆、桶等，还应有各种瓶刷、去污粉、肥皂、洗衣粉等，室内安装有通风装置或换气扇，有条件的单位还可在该室内安装小型蒸馏水装置，以生产供日常检验用的蒸馏水。

2）实验室的开间、进深和层高

实验室的开间主要取决于实验人员活动以及工程管网布置的必需尺寸。实验室的进深关系到实验台的长度、实验室的面积、采光通风、结构布置等方面的问题，一般为5～7 m。实验室开间和层高的确定可能会受到实验室建筑结构的制约，在可能的情况下，要尽量使得实验室在摆放了实验台和仪器设备后，还为实验人员的正常工作留有充足的活动空间。在一般情况下，实验台间的距离要达到1.5～1.8 m，至少也要达到1.25 m，这样两边的实验台都可以进行工作。中央实验台与墙壁的距离要达0.9 m以上。实验室的层高一般为3.6～3.8 m，净高2.6～3 m。无菌室的净高要比一般实验室低一些。

3）实验室的供电

电源应有足够的容量，使其能承受实验室所有设备同时启动的用电负荷，根据仪器要求，安装稳压系统、接地电阻等安全保护装置。每个实验室的功能不同，用电量也不一样，计算每个房间的最大用电量，对高耗电设备的供电予以特殊考虑。设计用电量时，应为以后的发展留有余量。生物安全级别较高的实验室应设计双路独立供电，或设计备用发电机组。条件不具备时，可以另设不间断电源，这种电源的供电能力要求不少于45 min。备用发电机对于保证主要设备（如培养箱、生物安全柜、冰箱）的正常运转都是必要的。

每个房间要有三相交流电和单相交流电，最好设置一个总电源开关箱，嵌装在室内靠近走廊一面的墙内。这样不仅便于从走廊引线，也便于控制检修。每一个实验台都要设置一定数量的电源插座。这些插座应有开关控制和保险设备，以防发生短路时影响整个实验室的正常供电。插座设置应远离水盆和煤气。保证实验室内所有活动的充足照明，避免不必要的反光和闪光。为实验室配备应急照明，以保证人员安全离开实验室。因为实验室可能会有腐蚀性气体，所以宜选择铜芯电线。

4）实验室的给排水

实验室必须保证充足供水，以满足实验用水、消防用水的需要。实验室每个房间都应设置洗手池。对实验室的日最大用水量和小时最大用水量都应有一个计算。设计时据此确定水管规格。实验用水的水质除一般要求外，还需要软化水或蒸馏水，应设置专门装置解决。出于安全的考虑，实验室应设置紧急沐浴器和冲眼设备。需要用水的场所应安装水龙头和耐化学腐蚀的下水道，需要严格防潮的场所不应有出水口。实验室的排水设计应保证排水的通畅。对于酸性水和碱性水应予以中和后排放，对于微生物性污水应妥善处理达到排放标准后再排放。

5）实验室的通风

有温湿度要求的实验场所应安装空调、除湿机，需要低温保存的物品应配备冰箱、冰柜。实验室应有足够的通风橱，所有会产生毒气的操作都应在通风橱内进行。风机的抽风力应达到良好排气效果，同时可设计自然通风，安装排风扇，以保持换气和通风。

6）实验室的橱柜

实验台、通风橱和试剂架等是实验室必不可少的橱柜。实验台是实验室活动的中心。一般实验台的高度为85 cm，边台宽度为75 cm，中央台宽度为150 cm。实验台应坚固，能承受预期的质量并符合使用要求。实验台表面应能防水、耐热、耐有机溶剂、耐酸碱，并能抵挡用于工作台面及设施消毒的其他化学物质的腐蚀。实验台用密实无孔的材料制作，不应有裂缝，不应有暴露的接头缝隙或其他缺陷，因为在这些地方微生物可能会滋生。实验台应配备有足够的气源、真空吸引器、压缩空气、电、蒸馏水、冷热自来水等。有些实验室设备（如水浴锅、振荡器等），严禁与显微镜和分析天平等精密设备放在同一个工作台上。天平台应设计有防震装置。

试剂架应设计有平开门或推拉门，搁板的边缘设有突缘，防止试剂不慎跌落。设置在实验台上的试剂架不宜过宽，宽度以能够并列放置两个中型试剂瓶（500 mL）为宜，通常为30 cm左右。

微生物实验室宜用净化通风橱。通风橱的台面和内部挡板以及风机和风管均应由耐腐蚀材料制成。每个通风橱都应有自己独立的供气、供水、压缩空气和供电系统。许多微生物实验室的墙面空间也是被利用起来的，即在一面墙空间加上搁架，并封装起来形成橱柜，提供一个防尘环境，用来存放培养基、化学药品和其他材料等，并安装玻璃门。除了在拿放东西时，其余时间这些门都应一直保持关闭状态。

7）其他

实验室应安装通信网络系统，使实验室运用计算机程序实现流程控制、数据传递、信息共享、统计分析等信息化管理。实验室应配备安全防护设施和抢救药品，所有工作人员应掌握消防器材的使用方法，以便能在发生紧急事故时，尽可能减少人身伤害和财产损失。应定期检查重要设施和物品的有效性，试验烟雾自动报警器的感应是否灵敏，喷淋装置能否正常供水，灭火器材是否有效，防护用具和抢救药品是否补充及时，并在有效期内。

2.1.2 无菌室的建设及基本要求

无菌室是微生物检测的重要场所与最基本的设施，它是微生物检测质量保证的重要物质基础。无菌室内的工作台，不论是什么材质、什么用途，都要求表面光滑和台面水平。在内室和外室各安装一个紫外灯（多为30 W）。内室的紫外灯应安装在经常工作的座位正上方，离地面2 m，外室的紫外灯可安装在外室中央。外室应有专用的工作服、鞋、帽、口罩、手持喷雾器和5%石炭酸溶液等。内室应有酒精灯、常用接种工具、不锈钢制的刀、剪子、镊子、75%酒精棉球、工业酒精、载玻片、特种蜡笔、记录本、铅笔、标签纸、胶水、废物筐等。无菌室的建设和使用管理要做到以下几点。

1. 无菌室要符合规范要求

无菌室应采光良好，避免潮湿，远离厕所及污染区。面积一般不超过10 m^2，不小于5 m^2，高度不超过2.4 m。最小内间面积2 m×2.5 m＝5 m^2，外间面积1 m×2 m＝2 m^2，高以2.5 m以下为宜，都应有天花板。由1～2个缓冲间、操作间组成（操作间和缓冲间的门不应直对），内间应设拉门，以减少空气的波动，门应设在离工作台最远的位置上；外间的门最好也用拉门，要设在距内间最远的位置上。操作间和缓冲间之间应具备灭菌功能的样品传递箱。在缓冲间内应有洗手盆、毛巾、无菌衣裤放置架及挂钩、拖鞋等，不应放置培养箱和其他杂物。无菌室内应六面光滑平整，能耐受清洗消毒。墙壁与地面、天花板连接处应呈凹弧形，无缝隙，不留死角。操作间内不应安装下水道。操作间应具有空气除菌过滤的单向流空气装置，操作区洁净度100级或放置同等级别的超净工作台，室内温度控制在18～26 ℃，相对湿度为45%～65%。缓冲间及操作室内均应设置能达到空气消毒效果的紫外灯或其他适宜的消毒装置，空气洁净级别不同的相邻房间之间的静压差应大于5 Pa，无菌室与室外大气的静压差大于10 Pa。无菌室内的照明灯应嵌装在天花板内，室内光照应分布均匀，光照度不低于300 lx。缓冲间和操作间所设置的紫外灯（2～2.5 W/m^3）应定期检查辐射强度，要求在操作面上达40 μW/m^2。不符合要求的紫外灯应及时更换。

2. 建立使用登记制度

微生物检验室都要建立使用登记制度。在登记册中可设置以下项目内容：使用日期、时间、使用人、设备运行状况、温度、湿度、洁净度状态（沉降菌数、浮游菌数、尘埃粒子数）、报修原因、报修结果、清洁工作（台面、地面、墙面、天花板、传递窗、门把手）、消毒液名称等。

3. 建立使用标准操作规范并严格管理

（1）实验前要求　每次实验前应开启净化系统至少 1 h 以上，同时开启净化台和紫外灯。

（2）物品进入无菌室基本要求　凡进入无菌室的物品必须先在第一缓冲间对其外部表面用消毒剂消毒，再经缓冲间、传递窗 1 h 以上，及无菌空气吹干后送入无菌室。注意带纤维、易发尘物品不得带进净化实验室。无菌室内固定物品不得任意搬出。

（3）人员进入无菌室要求　实验人员进入无菌室不得化妆，戴手表、戒指等首饰；不得吃东西、嚼口香糖。应清洁手后进入第一缓冲间更衣，同时换上消毒隔离拖鞋，脱去外衣，用消毒液消毒双手后，戴上无菌手套，换上无菌连衣帽（不得让头发、衣服等暴露在外面），戴上无菌口罩。然后，换或是再戴上第二副无菌手套，在进入第二缓冲间时，换第二双消毒隔离拖鞋。再经风淋室 30 s 风淋后进入无菌室。

（4）温湿度观察要求　观察温度计、湿度计上显示的温湿度是否在规定的范围内，并作为实验原始数据记录在案。如发现问题应及时寻找原因，及时报修并报告实验室主管，将报修原因和结果记录归档。

（5）沉降菌落计数与浮游菌测定要求　在每次实验同时，对操作室和层流台做微生物沉降菌落计数，将结果记录在使用登记本上，并作为实验环境原始数据记录在实验报告上。每周 1 次，或在无菌检查等必要时，或在每次实验同时对操作室和净化台进行浮游菌测定时，将结果记录在使用登记本上，并作为实验环境原始数据记录在实验报告上。

（6）消毒要求　无菌室每周和每次操作前用 0.1%新洁尔灭溶液或 2%甲酚液或其他适宜消毒液［常用消毒剂的品种有：5～20 倍稀释的碘伏水溶液、0.1%新洁尔灭溶液、1∶50 的 84 消毒液、75%乙醇溶液、3%碘酒溶液、5%石炭酸溶液、2%戊二醛水溶液、尼泊金乙醇消毒液（处方：对羟基苯甲酸甲酯 21.5 g，对羟基苯甲酸丙酯 8.6 g，75%乙醇 10 mL）等］进行消毒。所用的消毒剂品种要进行有效性验证方可使用，并定期更换消毒剂的品种。擦拭操作台及可能污染的死角，方法是用无菌纱布浸渍消毒溶液清洁超净台的整个内表面、顶面，及缓冲间的地板、传递窗、门把手。清洁消毒程序应从内向外，从高洁净区到低洁净区，逐步向外退出洁净区域，然后开启无菌空气过滤器及紫外灯杀菌 1～2 h，以杀灭存留微生物。在每次操作完毕后，同样用上述消毒溶液擦拭工作台面，除去室内湿气，用紫外灯杀菌 30 min。

（7）其他要求　如遇停电，应立即停止实验，离开无菌室，关闭所有电闸。重新进入无菌室前至少开启机房运转 1 h 以上。

4. 洁净度检查的要求与方法

无菌室在消毒处理后，无菌试验前及操作过程中需要检查空气中菌落数，以此来判断无菌室是否达到规定的洁净度，常用沉降菌和浮游菌检测方法。

（1）沉降菌检测方法及标准　以无菌方式将 3 个营养琼脂平板带入无菌操作室，在操作区台面左、中、右各放 1 个。打开平板盖，在空气中暴露 30 min 后将平板盖好，置 32.5 ℃±2.5 ℃培养 48 h，取出检查，3 个平板上生长的菌落数平均小于 1 个。

（2）浮游菌检测方法及标准　用专门的采样器，一般采用狭缝式或离心式采样器，并配有流量计和定时器，严格按仪器说明书的要求操作并定时校检。采样器和培养皿进入被测房间前先用消毒剂灭菌，使用的培养基为营养琼脂培养基或药典认可的其他培养基。使用时，先开动真空泵抽气，时间不少于 5 min，调节流量、转盘、转速。关闭真空泵，放入培养皿，盖上采样器盖子后调节缝隙高度。置采样口采样点后，依次开启采样器、真空泵，转动定时器，根据采样量设定采样时间。全部采样结束后，将培养皿置于 32.5 ℃±2.5 ℃培养 48 h，取出检查，浮游菌落数平均不得超过 5 个/m^3。每批培养基应选定 3 只培养皿做对照培养。

无菌操作台面或超净工作台还应定期检测其悬浮粒子，应达到 100 级（一般用尘埃粒子计数仪）检测，并根据无菌状况必要时置换过滤器。

5. 定期更换新的紫外灯管，更换净化系统的初效、中效、高效头

定期（至少每年 1 次）更换新的紫外灯管，以确保紫外灯管灭菌持续有效，并同时在使用登记本上做好更换记录，定期归档保存。至少 2 年 1 次，或按洁净度验证实际情况，定期更换初效、中效、高效头，以确保净化系统的功能持续有效，并同时在使用登记本上做好更换记录，定期归档保存。

6. 使用过程中应尽可能减少人员的走动或活动

平时实验室内应尽可能减少人员的走动或活动，同向无菌室的门要关闭或安装自动闭门器，使其保持关闭状态。

7. 洁净度不符合规定时立即停止使用

发现洁净度不符合规定时，应立即停止使用，寻找原因，彻底清洁，洁净度必须验证符合规定后，才再使用，并同时将情况记录在无菌室使用登记本上，定期归档保存。

8. 对进入的外来人员或维修人员进行指导和监督

非微生物室检验人员不得进入无菌室，对必须进入的外来人员或维修人员要进行指导和监督。

9. 无菌室的日常管理

建立安全卫生值日制度，一旦发现通风系统、墙壁、天花板、地面、门窗等设施有损坏现象，要及时报告并采取相应的修复措施，并保存记录及时归档。从无菌室环境中检测到的微生物应能鉴别至属或种，保留鉴别实验原始记录及菌种，作为无菌生产、检查无菌室环境质量、消毒剂有效性评估及污染源调查的依据，并且也为阳性结果的调查提供第一手资料。

2.1.3 食品微生物检验室操作技术要求

食品微生物检验室工作人员，必须有严格的无菌观念，许多试验要求在无菌条件下进行。一是防止试验操作中人为污染样品；二是保证工作人员安全，防止检出的致病菌由操作不当造成个人污染。

1. 接种操作要求

（1）接种细菌时必须穿工作服，戴工作帽。

（2）接种食品样品时，必须穿戴专用的工作服、帽及拖鞋，这些防护衣帽应放在无菌室缓冲间，工作前经紫外线消毒后使用。

（3）接种食品样品时，应在进无菌室前用肥皂洗手，然后用 75%酒精棉球将手擦干净。

（4）进行接种所用的吸管、平皿及培养基等必须经消毒灭菌，打开包装未使用完的器皿，不能放置后再使用，金属用具应高压灭菌或用 95%酒精点燃烧灼 3 次后使用。

（5）从包装中取出吸管时，吸管尖部不能触及外露部位，使用吸管接种至试管或平皿时，吸管尖不得触及试管或平皿边缘。

（6）接种样品、转种微生物必须在酒精灯前操作，从包装中取出的吸管及打开的试管塞都要通过火焰消毒。

（7）接种环和针在接种微生物前应经火焰烧灼全部金属丝，必要时还要烧灼至环和针与杆的连接处，接种结核菌和烈性菌的接种环应先在沸水中煮沸 5 min，再经火焰烧灼。

（8）吸管吸取菌液或样品时，应用相应的橡皮头吸取，不得直接用口吸。

2. 无菌间使用要求

（1）处理和接种食品标本时，进入无菌间操作，不得随意出入，如需要传递物品，可通过小窗传递。

（2）无菌间内应保持清洁，工作后进行消毒，擦拭工作台面，不得存放与实验无关的物品。

（3）无菌间使用前后应将门关紧，打开紫外灯，如采用室内悬吊紫外灯消毒时，需 30 W 紫外灯，距离在 1 m 处，照射时间不少于 30 min。使用紫外灯，应注意不得直接在紫外线下操作，以免引起身体损伤，灯管每隔两周需用酒精棉球轻轻擦拭，除去上面灰尘和油垢，以减少对紫外线穿透的影响。

（4）在无菌间内如需要安装空调时，则应有过滤装置。

3. 消毒灭菌要求

微生物检测用的玻璃器皿、金属用具、培养基、被污染和接种的培养物等，必须经灭菌后方能使用，压力蒸汽灭菌锅灭菌温度与时间见表2-1。

表 2-1　压力蒸汽灭菌锅灭菌温度与时间　min

物品	灭菌温度/℃	
	115	121
含糖类等不耐热培养基	15～20	—
染菌培养物	—	30
器械、器皿	—	30

灭菌后的物品，按正常情况已属无菌，从灭菌器中取出后应仔细检查放置，以免再度污染。物品取出后，随即检查包装的完整性，若有破坏或棉塞脱掉，不可作为无菌物品使用。取出的物品，如包装有明显的水渍，不可作为无菌物品使用。培养基或试剂等，应检查是否达到灭菌后的色泽或状态，未达到者应废弃。启闭式容器，在取出时应将筛孔关闭。取出的物品掉落在地或误放不洁之处，或沾有水液，均视为受到污染，不可作为无菌物品使用。取出的合格灭菌物品，应存放于贮藏室或防尘柜内，严禁与未灭菌物品混放。凡属合格物品，应标有灭菌日期及有效期限。每批灭菌处理完成后，记录灭菌品名称、数量、温度、时间、操作者。

4. 有毒有菌污物处理要求

微生物实验所用实验器材、培养物等未经消毒处理，一律不得带出实验室。经培养的污染材料及废弃物应放在严密的容器或铁丝筐内，并集中存放在指定地点，待统一进行高压灭菌。经微生物污染的培养物，必须经 121 ℃ 高压灭菌 30 min。染菌后的吸管，使用后应放入 5%石炭酸液中，最少浸泡 24 h（消毒液体不得低于浸泡的高度），再经 121 ℃高压灭菌 30 min。涂片染色冲洗的液体，一般可直接冲入下水道，烈性菌的冲洗液必须冲在烧杯中，经高压灭菌后方可倒入下水道。做试验用的玻片或平皿，必须高压灭菌后洗涤。打碎的培养物，立即用 5%石炭酸溶液喷洒和浸泡被污染部位，浸泡 0.5 h 后再擦拭干净。污染的工作服或进行烈性试验所穿戴的工作服、帽、口罩等，应放入专用消毒袋内，经高压灭菌后方能洗涤。

5. 培养基制备要求

培养基制备的质量将直接影响微生物生长。因为各种微生物对其营养要求不完全相同，培养目的也不同，各种培养基制备要求如下：

（1）根据培养基配方的成分按量称取，然后溶于蒸馏水中，在使用前对应用的试剂药品进行质量检验。

（2）测定及调节 pH。pH 测定要在培养基凉至室温时进行，因在热或冷的情况下，其 pH 有一定差异。当测定好时，按计算量加入碱或酸混匀后，应再测试一次。培养基 pH 一定要准确，否则会影响微生物的生长并影响结果的观察。但需要注意，高压灭菌可影响一些培养基的 pH 降低或升高，故不宜灭菌压力过高或次数过多，以免影响培养基的质量。指示剂、去氧胆酸钠等一般在调完 pH 后再加入。

（3）培养基需要保持澄清，便于观察细菌的生长情况。因此培养基加热煮沸后，可用脱脂棉花或绒布过滤，以除去沉淀物，必要时可用鸡蛋白澄清处理，所用琼脂要预先洗净晒干后使用，避免因琼脂含杂质而影响透明度。

（4）盛装培养基不宜用铁、铜等容器，使用洗净的中性硬质玻璃容器为好。

（5）培养基的灭菌既要达到完全灭菌目的，又要注意不因加热而降低其营养价值，一般 121 ℃高压灭菌 15 min 即可，如为含有不耐高热物质（如糖类、血清、明胶等）的培养基，则应采用低温灭菌或间歇法灭菌，一些不能加热的试剂如亚碲酸钾、卵黄、TTC、抗生素等，待基础琼脂高压灭菌后，冷却凉至 50 ℃左右再加入。

（6）每批培养基制备好后，应做无菌生长试验及所检菌株生长试验。如果是生化培养基，使用标准菌株接种培养，观察生化反应结果，应呈正常反应，培养基不应贮存过久，必要时可置 4 ℃冰箱存放。

（7）目前各种干燥培养基较多，每批需用标准菌株进行生长试验或生化反应观察，各种培养基用相应菌株生长试验良好后方可应用。新购进的或存放过久的干燥培养基，在配制时也应测pH，使用时需要根据产品说明书中要求的用量和方法进行。

（8）制备的每批培养基所用化学试剂、灭菌情况及菌株生长试验结果，制作人员等应做好记录，以备查询。

6. 样品采集及处理要求

（1）所采集的检验样品一定要具有代表性，采样时应首先对该批食品原料、加工、运输、贮藏方法及条件、周围环境卫生状况等进行详细调查，检查是否有污染源存在。

（2）根据食品的种类及数量，采样数量及方法应按标准检验方法的要求进行。

（3）采样应注意无菌操作，容器必须灭菌，避免环境中微生物污染，容器不得使用煤酚皂溶液，用新洁尔灭、乙醇等消毒药物灭菌，更不能使用含有此类消毒药物或抗生素类药物，以避免杀死样品中的微生物，所用剪刀、刀、药匙等用具也需要灭菌后方可应用。

（4）样品采集后应立即送往检验室进行检验，送检过程一般不超过 3 h，如路程较远，可保存在 1～5 ℃环境中，如需冷冻者，则应在冻存状态下送检。

（5）检验室收到样品后，进行登记（样品名称、送检单位、数量、日期、编号等），观察样品的外观，如果发现有下列情况之一者，可拒绝检验。

①样品经过特殊高压、煮沸或其他方法杀菌者，失去代表原食品检验意义者。

②瓶、袋装食品已启开者，熟肉及其制品、熟禽等食品已拆碎不完整者，即失去原食品形状者（食物中毒样品除外）。

③按规定采样数量不足者。

对送检符合要求的样品，检验室收到后，应立即进行检验，如果条件不具备，应置于 4 ℃冰箱存放，然后进行检验。

（6）样品检验时，根据其不同性状，进行适当处理。

①液体样品接种时，应充分混合均匀，按量吸取接种。

②固体样品用灭菌刀、剪刀获取其不同部位共 25 g，置于 225 mL 灭菌生理盐水或其他溶液中，用均质器搅碎混匀后，按量吸取接种。

③瓶、袋装食品应用灭菌操作启开，根据性状选择上述方法处理后接种。

7. 样品检验、记录和报告的要求

（1）检验室收到样品后，检验员首先进行外观检验，及时按照国家标准检验方法进行检验，检验过程中要认真、负责、严格地进行无菌操作，避免环境中微生物污染。

（2）样品检验过程中所用方法、出现的现象和结果等均要用文字写出试验记录，以作为对结果分析、判定的依据，记录要求详细、清楚、真实、客观，不得涂改和伪造。

2.2　食品微生物检验室常用仪器与设备

2.2.1　显微镜

显微镜是由一个或几个透镜组合成的一种光学仪器，用于放大微小物体，使人的肉眼可见。显微镜分光学显微镜和电子显微镜。光学显微镜是在 1590 年由荷兰的詹森父子首创。现在的光学显微镜可把物体放大 1600 倍，分辨的最小极限达 0.2 μm。

光学显微镜的种类很多，除普通类型外还包括：①暗视野显微镜，它具有暗视野聚光镜，可使照明的光束不从中央部分射入，而从四周射向标本；②荧光显微镜，它以紫外线为光源，使被照射的物体发出荧光。

电子显微镜是于 1931 年在德国柏林由克诺尔和罗斯卡首先装配完成的。这种显微镜用高速电子束代替光束，电子流的波长比光波短很多，所以电子显微镜的放大倍数可达 80 万倍，分辨的最小极限达 0.2 nm。1965 年开始使用的扫描电子显微镜更可使人看到物体表面的微小结构。

1. 普通光学显微镜

普通光学显微镜成像原理：当把待观察物体

放在光学显微镜的物镜焦点外侧靠近焦点处时，在物镜后所成的实像恰在目镜焦点内测靠近焦点处，经目镜再次放大成一虚像。因此，通过光学显微镜观察到的是经过两次放大后的倒立虚像。光学显微镜（图 2-2）的构造主要分为两部分：机械部分和光学部分。

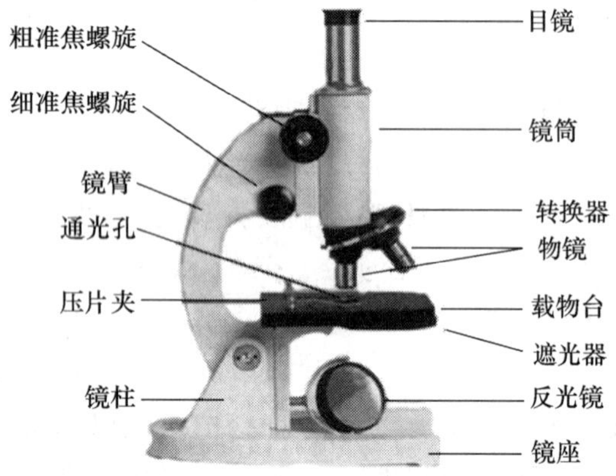

图 2-2　普通光学显微镜

1）机械部分

（1）镜座　显微镜的底座，用以支持整个镜体。

（2）镜柱　镜座上面直立的部分，用以连接镜座和镜臂。

（3）镜臂　一端连于镜柱，一端连于镜筒，是取放显微镜时手握的部位。

（4）镜筒　连在镜臂的前上方，镜筒上端装有目镜，下端装有物镜转换器。

（5）物镜转换器（旋转器）　位于棱镜壳的下方，可自由转动，盘上有 3～4 个圆孔，是安装物镜的部位，转动转换器可以调换不同倍数的物镜，当听到碰叩声后方可进行观察，此时物镜光轴恰好对准通光孔中心，光路接通。

（6）载物台（镜台）　位于镜筒下方，形状有方形、圆形两种，用以放置玻片标本，中央有一通光孔，载物台上装有压片夹，用以夹持玻片标本，载物台下有推进器调节轮，可使玻片标本左右、前后移动。

（7）调节器　是位于镜柱上的大小两种螺旋，调节时使载物台上下移动。

①粗调节器（粗准焦螺旋）：粗调节器又称大螺旋，移动时可使物镜进行快速和较大幅度的升降，所以能迅速调节物镜和标本之间的距离，使物像呈现于视野中，通常在使用低倍镜时，先用粗调节器迅速找到物像。

②细调节器（细准焦螺旋）：细调节器又称小螺旋，移动时可使物镜缓慢地升降，多在运用于高倍镜使用时，从而得到更清晰的物像，并借以观察标本的不同层次和不同深度的结构。

2）光学部分

（1）目镜　位于镜筒的上端，通常备有 2～3 个，上面刻有“5×”“10×”“15×”符号以表示其放大倍数，一般装的是“10×”的目镜。

（2）物镜　位于镜筒下端的物镜转换器上，一般有 3～4 个，其中最短的刻有“4×”符号的为低倍镜，较长的刻有“40×”符号的为高倍镜，最长的刻有“100×”符号的为油镜，在高倍镜和油镜上还常加有一圈不同颜色的线以示区别。

显微镜的放大倍数是物镜的放大倍数与目镜的放大倍数的乘积，如物镜为“10×”，目镜为“10×”，其放大倍数为 10×10=100。

（3）光源　显微镜所用的光源有自然光和电光源两种。对采用自然光的显微镜，其光源系统只有一个反光镜。反光镜位于镜座上面，可作 360°转动，有平、凹两面，其作用是将光线反射到聚光器上，再经通光孔照明标本。凹面聚光作用强，适于光线较弱时使用。平面聚光作用弱，适于光线较强时使用。

现代显微镜多用电光源进行照明，其光源系统由光源灯电路、光源灯、透镜、反射镜、聚光镜等组成，整个光源照明系统安装在灯座内。光源灯一般使用钨灯或卤钨灯，灯的功率从十几瓦到数十瓦不等。光源灯所使用的电压通常为 12 V 以下的低电压，并要求电压可调，以改变光线的亮度。光源灯的电路部分通常都设有光亮调节器，通过调节光亮调节器，可以很方便地改变投照在标本上光的亮度。

（4）聚光器（集光器）　位于载物台下方的聚光器架上，由聚光镜和光圈组成，其作用是把光线集中到所要观察的标本上。

①聚光镜：由一片或数片透镜组成，起汇聚光线的作用，加强对标本的照明，并使光线射入

物镜内，镜柱旁有一调节螺旋，转动它可升降聚光器，以调节视野中光亮度的强弱。

②光圈（可变光栅）：在聚光镜下方，由十几张金属薄片组成，其外侧伸出一柄，推动它可调节开孔的大小，以调节光亮。

2. 电子显微镜

电子显微镜是根据电子光学原理，用电子束和电子透镜代替光束和光学透镜，使物体的细微结构在非常高的放大倍数下成像的。电子显微镜（图 2-3）由镜筒、真空系统和电源柜三部分组成。镜筒主要有电子枪、电子透镜、样品架、荧光屏和照相结构等部件，这些部件通常是自上而下地装配成一个柱体；真空系统由机械真空泵、扩散泵和真空阀门等构成，并通过抽气管道与镜筒相连接；电源柜由高压发生器、励磁电流稳流器和各种调节控制单元组成。

电子透镜是电子显微镜镜筒中最重要的部件，有一个对称于镜筒轴线的空间电场或磁场使电子轨迹向轴线弯曲以形成聚焦，其作用与玻璃凸透镜使光束聚焦的作用相似。现代电子显微镜大多采用电磁透镜，由很稳定的直流励磁电流经带极靴的线圈产生的强磁场使电子聚焦。

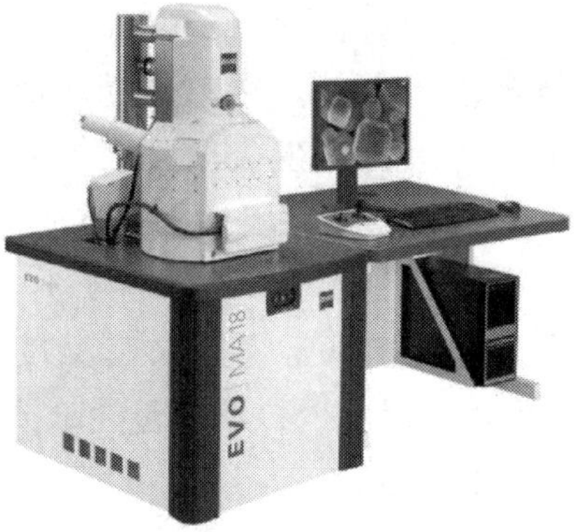

图 2-3 电子显微镜

电子枪是由钨丝热阴极、栅极和阳极构成的部件。它能发射并形成速度均匀的电子束，加速电压的稳定度要求不低于万分之一。

3. 普通光学显微镜使用注意事项

（1）拿显微镜要做到“一握、一托、镜直身”，取用过程中应避免碰撞。

（2）显微镜为精密、贵重仪器，应细心爱护，不得随意拆卸。发现故障，应及时向实验室负责人提出，以便检查修理。

（3）用显微镜观察的水浸标本片应盖上载玻片。

（4）临时标本片制好后，必须用吸水纸吸净载玻片外面的试液，方可置载物台上观察，严防酸、碱等试液腐蚀镜头和载物台。

（5）下降镜筒时，宜慢忌快，一定要注意物镜与标本片之间的距离，谨防损坏镜头。在整个调焦过程中，动作要慢。

（6）从高倍物镜和油镜下取出标本时，必须先提升镜筒，将镜筒转离通光孔后，方可取出。

（7）保持清洁，一切光学部件，尤其是物镜和目镜镜头，禁止用手触摸。

（8）使用完毕，各个附件要清点整齐，做好记录，归还原位，置于通风干燥处。

2.2.2 培养箱

恒温培养箱（图 2-4）供医疗卫生、医药工业、生物化学和农业科学等研究和工业生产部门作细菌培养、育种、发酵及其他恒温实验用。培养箱内部为不锈钢板，并有多层可以移动并可调节高度的不锈钢搁板。外门打开后，内有钢化玻璃门，便于观察培养箱内部情况。培养箱内装有微型风扇，可以保证培养箱内温度的均匀性。

图 2-4 恒温培养箱

1. 工作原理

恒温培养箱一般用于好氧微生物的培养，目前多采用温度显示调节仪自动控温，微计算机温度控制系统，具有定、计时功能，加热方式可分为气套式加热（电热）和水套式加热两种，两种加热系统都精确可靠。水套式加热是通过一个独立的水套层包围内部的箱体来维持温度恒定的，优点体现在水的比热容较大，当遇到断电时，水套式系统就可以比较长时间的保持培养箱内的温度准确性和稳定性，有利于实验环境不太稳定（如有用电限制或经常停电）的用户选用。气套式加热与水套式加热相比，具有加热快，温度恢复比水套式迅速的特点，特别有利于短期培养以及需要箱门频繁开关取放样的培养。

2. 操作方法

首先检查随机配件是否齐全，接通电源，把所需要培养的物品放在工作室内，然后打开电源开关，指示灯亮，设定好所需要的工作温度，此时指示灯亮，开始加热。当达到设定温度时，红灯亮，加热停止。低于设定温度时绿灯亮，又开始加热。使用温度保持在设定温度范围内，温度误差为±0.5 ℃，数显采用按码式设定温度，最高设定温度为 99.9 ℃。使用时培养箱必须接地，以确保安全。

3. 注意事项

（1）培养箱使用的是工作电压为 220 V，频率为 50 Hz 的交流电。它使用前必须注意所用电源电压是否与所规定的电压相符，并将电源插座接地极按规定进行有效接地。

（2）通电使用时，切忌用手接触培养箱左侧空间的电器部分或用湿布擦抹及用水冲洗。

（3）电源线不可缠绕在金属物上，不可放置在高温或潮湿的地方，防止橡胶老化漏电。

（4）培养物放置在箱内不宜过挤，保持空气流动畅通，保持箱内受热均匀。内室底板靠近电热器，故不宜放置培养物。应将风顶活门适当旋开，以利调节箱内温度。

（5）当培养箱放入菌种和培养物时，应勤观察，发生异常情况立即切断电源，避免不必要的损失。

（6）非必要时，不得打开温度控制仪，以防损坏。

（7）每次使用完毕后，须将电源切断，经常保持箱内外清洁。

2.2.3 干燥箱

干燥箱箱体外壳一般由薄钢板制成，箱体内有供放置试品的工作室，工作室内有试品搁板，试品可置于其上进行干燥，如试品较大，可抽去搁板。工作室与箱体外壳间有相当厚度的保温层，以硅棉或珍珠岩作保温材料，箱门中间有玻璃观察窗，用以观察工作室内的情况（图 2-5）。

图 2-5 干燥箱

干燥箱电热器装于箱体内工作室下部，共分两组，即高温和低温，并有指示灯指示。绿灯亮表示电热器工作，箱体在加热，红灯亮表示加热停止。

1. 工作原理

干热灭菌时将灭菌物品置于电热鼓风干燥箱内，通电加热，利用高温使微生物细胞内的蛋白质凝固变性而达到灭菌的目的。细胞内的蛋白质凝固性与其含水量有关，在菌体受热时，环境和细胞内含水量越大，则蛋白质凝固就越快，反之含水量越小，凝固越慢。因此，与湿热灭菌相比，干热灭菌所需温度更高（160～170 ℃），时间更长（2 h 左右）。电热鼓风干燥箱灭菌温度不能超过 180 ℃，否则，干燥箱内器皿的包扎纸或棉塞就会烤焦，甚至引起燃烧。

2. 操作方法

使用前的准备：

（1）将干燥箱安放在室内干燥的地面或工作台面处，不必使用其他固定装置。

（2）应在供电线路中安装闸刀或空气开关一只，供干燥箱专用，并用比电源线横截面大一倍的导线作接地线。

（3）通电前，先检查干燥箱的电气性能，并注意是否有断路或漏电现象。

（4）一切准备就绪后可放入试品，关上箱门，必要时可旋开排气阀，空隙 10 mm 左右。

通电后的使用：

（5）接通电源，开启加热开关，将温度设定拨盘拨至所需的工作温度值。将温度“设定—测量”开关置于“设定”，调节温度设定旋钮至所需工作温度后，将“设定—测量”开关置于“测量”，此时箱内开始升温，绿灯亮。

（6）当温度升至所需工作温度时，绿灯熄灭，再进行微调至绿灯复亮，指示灯交替明灭处即为恒温点，此时便可再把旋钮作微调至绿灯熄灭处令其恒温（很可能在恒温时，温度仍继续上升，这是由于余热影响，此现象约半小时即会稳定）。当工作室内温度稳定时（即所谓“恒温状态”）则可将控温器再稍作调整，以提高温度控制的精确度。

（7）干燥箱恒温时，工作温度若小于 150 ℃，应关闭高温开关，只留一组电热器工作，以免功率过大，影响恒温精度。

（8）温度达到后，可根据试验需要，做一定时间的恒温控制（W 型干燥箱可设定恒温工作时间），在此过程中，可由控温器自动控温而不需人工管理。

3. 注意事项

（1）干燥箱一般为非防爆型，故腐蚀性及易燃性物品禁止放入箱内干燥，以免爆炸。

（2）使用干燥箱时，供电电压一定要与干燥箱额定工作电压相符，以免损坏箱内电子器件。切勿任意拆卸机件，以免损坏箱内电气线路。

（3）干燥箱使用环境温度不得高于 45 ℃。

（4）干燥箱如发生故障，检修时应先切断电源，由熟悉电子仪器的电工修理。

（5）切勿把干燥箱放置在含酸、含碱的腐蚀性环境中，以免损坏电子部件。

（6）搬动时，尽量小心轻放，避免剧烈震动后造成内部电气线路节点松动。

（7）注意保护干燥箱外表漆面，否则，不但影响箱体外形美观，而且更重要的是会缩短箱体的寿命。

2.2.4　高压蒸汽灭菌器

高压蒸汽灭菌器是利用饱和压力蒸汽对物品进行迅速而可靠的消毒灭菌设备，适用于医疗卫生、科研、农业等单位。高压蒸汽灭菌器按照样式和大小，分为手提式高压蒸汽灭菌器、立式高压蒸汽灭菌器、卧式高压蒸汽灭菌器等，可对医疗器械、敷料、玻璃器皿、溶液培养基等进行消毒灭菌。高压蒸汽灭菌器的控制应用自动控制技术，能精确地控制灭菌温度及时间，以数字显示，整个灭菌过程全自动控制，操作方便，减少了操作失误，灭菌效果好。每锅耗电 7～9 kW·h，环境温升小于 2 ℃（图 2-6）。

图 2-6　高压蒸汽灭菌器

1. 工作原理

在微生物实验教学和科学研究中，高压蒸汽灭菌法是应用最普遍、效果最好的一种湿热灭菌方法。高压蒸汽灭菌是在密闭的高压蒸汽灭菌器中进行的。将待灭菌的物体放置在盛有适量水的高压蒸汽灭菌器内，打开排气阀，将水加热煮沸产生蒸汽，把灭菌器内部原有的冷空气彻底驱尽后关闭排气阀，使灭菌器密闭，再继续加热就会使锅内的蒸汽压逐渐上升，导致菌体蛋白质凝固变性而达到灭菌目的。一般要求温度应达到 121 ℃（压力为 0.1 MPa），时间 20 min，即可达到良好的灭菌效果。也可采用在较低的温度（115 ℃，0.075 MPa）下维持 35 min 的方法。

湿热灭菌法比干热灭菌法更有效。在相同温度下，湿热的灭菌效力比干热灭菌好的原因是：①热蒸汽对细胞成分的破坏作用更强。水分子的存在更易使蛋白质变性凝固，随蛋白质含水量增加，所需凝固温度会降低。②热蒸汽比热空气穿透力强，能更加有效地杀灭微生物。③蒸汽存在潜热，当水由气态转变为液态时可放出大量热量，故可迅速提高灭菌物体的温度，增加灭菌效力。

在使用高压蒸汽灭菌器灭菌时，灭菌器内冷空气的排除程度极为重要，因为空气的膨胀压大于水蒸气的膨胀压，所以当水蒸气中含有空气时，压力表所显示的压力是水蒸气压力和部分空气压力的总和，不是水蒸气的实际压力，它所对应的温度与灭菌器内的温度是不一致的。在同一压力下的实际温度，含空气的蒸汽低于饱和蒸汽。若不将灭菌器内的空气排除干净，就达不到灭菌所需的实际温度，便会造成灭菌不彻底，灭菌后仍有杂菌污染。因此必须将灭菌器内的冷空气完全排除，才能达到彻底灭菌的目的。

2. 操作方法

（1）加水　首先将内层灭菌桶取出，再向外层锅内加入适量的水，使水面与三角搁架相平为宜。

（2）装物　放回灭菌桶，并装入待灭菌物品。注意不要装得太挤，以免妨碍蒸汽流通而影响灭菌效果。锥形瓶与试管口端均不要与桶壁接触，以免冷凝水淋湿包装纸而浸湿棉塞。

（3）加盖　将盖上的排气软管插入内层灭菌桶的排气槽内，再以两两对称的方式同时旋紧相对的两个螺栓，使螺栓松紧一致，勿漏气。

（4）排气、升压、保压　接通电源，并同时打开排气阀，使水沸腾以排除锅内的冷空气。待冷空气完全排尽后，关上排气阀，让锅内的温度随蒸汽压力增加而逐渐上升。当锅内压力升到所需压力时，控制热源，维持压力至所需时间。灭菌条件为：0.1 MPa，121 ℃，20 min；0.075 MPa，115 ℃，35 min。

（5）降压　时间达到要求后，切断电源停止加热，待压力降至接近“0”时，打开排气阀，旋松螺栓，打开盖子，取出灭菌物品。若压力未降到“0”时，过早打开排气阀，容器内压力下降速度比锅内慢，将使得容器内液体冲出容器之外，造成棉塞沾染培养基而发生污染。

（6）取物、无菌检查　将取出的灭菌培养基放入 37 ℃恒温箱培养 24 h，若无杂菌生长，即证明是无菌的。

3. 注意事项

（1）待灭菌的物品放置不宜过紧，否则降低灭菌效果。切勿忘记加水，同时水量不可过少，以防灭菌锅烧干而引起炸裂事故。

（2）必须将冷空气充分排出，否则锅内温度达不到规定温度，影响灭菌效果。

（3）高压灭菌完毕后，不可强行放气减压，须待灭菌器内压力自然降至与大气压相等后才可开盖，否则就会因锅内压力突然下降，使容器内的培养基由于内外压力不平衡而冲出烧瓶口或试管口，造成棉塞沾染培养基而发生污染，甚至灼伤操作者。另外，瓶装液体进行高压蒸汽灭菌时，瓶塞应插通气针头，以平衡气压，否则瓶内液体会剧烈沸腾，冲掉瓶塞外溢甚至导致容器爆裂。

（4）为防止冷凝水进入试管或试剂瓶，应在装培养基的试管或试剂瓶的棉塞上包上油纸或牛皮纸。

（5）为了确保灭菌可靠，应定期检查灭菌效果。常用的检测方法是将硫黄粉末（熔点为 121 ℃）或安息香酸（熔点为 120 ℃）置于试管内，然后进行灭菌实验。若上述物质熔化，说明高压蒸汽灭菌锅内的温度已达要求，灭菌的效果是可靠的。也可将检测灭菌锅效果的专用胶纸（其上有温度敏感指示剂）贴于待灭菌的物品外包装上，如胶纸上指示剂变色，亦说明灭菌效果可靠。

2.2.5　超净工作台

超净工作台（图 2-7）是为实验室工作提供无菌操作环境的设施，能在局部造成高洁净度的工作环境。超净工作台由工作台、过滤器、风机、静压箱和支撑体等组成，采用过滤空气使工作台操作区达到净化除菌的目的。室内空气经预过滤器和高效过滤除尘后以垂直或水平层流状态通过工作台的操作区，因为空气没有涡流，所以任何一点灰尘或附着在灰尘上的杂菌都能被除去，不易向别处扩散和转移。操作区应保持无菌状态。

1. 工作原理

超净工作台工作原理：在特定的空间内，室内空气经初效过滤器初滤，由小型离心风机压入静压箱，再经空气高效过滤器二级过滤，从空气

图 2-7　超净工作台

高效过滤器出风面吹出的净气流具有一定的和均匀的断面风速，可以将工作区原来的空气排出，将尘埃颗粒和生物颗粒带走，以形成无菌的高洁净的工作环境（无菌风从工作台顶部吹入，从工作台底部吹出）。超净工作台顶置的紫外灯，利用适当波长的紫外线破坏微生物机体细胞中的DNA（脱氧核糖核酸）或RNA（核糖核酸）的分子结构，造成生长性细胞死亡和（或）再生性细胞死亡，达到杀菌消毒的效果。

2. 操作方法

（1）使用前清空超净工作台内杂物，用消毒试剂（75%乙醇或来苏水）棉球彻底擦拭工作台面。然后放入酒精灯、接种环、试管架、无菌斜面、培养皿等必需物品。

（2）在开始接种等操作前，用喷壶向工作空间喷洒消毒试剂（75%乙醇或来苏水），进行消毒处理。关闭超净工作台的前玻璃，打开紫外灯，开启工作台风机。杀菌消毒处理时间20～30 min即可。风机速度不宜过大，以防空气流动，增加污染机会。消毒处理完毕后，关闭紫外灯，打开照明灯。

（3）实验操作前应用肥皂将手洗净，待干燥后再用消毒试剂（75%乙醇）擦拭双手进行消毒处理。

（4）将工作台的前玻璃上抬约20 cm（不影响操作即可），点燃酒精灯，开始在工作台内进行接种等实验操作。操作最好在中央位置进行，操作完的物品应及时从超净工作台内取出，避免堆积过多造成内部空间污染。

（5）操作完成后，需要按照前述方法对超净工作台进行彻底的消毒处理，然后关闭电源。

3. 注意事项

（1）对新安装的或长期未使用的工作台，使用前必须对工作台和周围环境先用超净真空吸尘器或用不产生纤维的工具进行清洁，再采用药物灭菌法或紫外线灭菌法进行灭菌处理。

（2）操作区内不允许存放不必要的物品，保持工作区的洁净气流不受干扰。

（3）操作区内尽量避免明显扰乱气流的动作。

（4）操作区的使用温度不可以超过60 ℃。

（5）根据环境的洁净程度，可定期（一般2～3个月）将粗滤布（涤纶无纺布）拆下清洗或给予更换。

（6）定期（一般为一周）对周围环境进行灭菌工作，同时经常用纱布蘸乙醇或丙酮等有机溶剂将紫外灯表面擦干净，保持表面清洁，否则会影响杀菌效果。

（7）当加大风机电压已不能使风速达到0.32 m/s时，必须更换高效空气过滤器。

（8）更换过滤器时，可打开顶盖，更换时应注意过滤器上的箭头标志，箭头指向即层流气流向。

（9）更换高效过滤器后，应用尘埃粒子计数器检查四周边框密封是否良好，调节风机电压，使操作区平均风速保持在0.32～0.48 m/s，再用尘埃粒子计数器检查洁净度。

2.2.6　恒温水浴锅

恒温水浴锅（箱）广泛应用于干燥、浓缩、蒸馏、浸渍化学试剂、浸渍生物制品等，也可用于水浴恒温加热和其他温度试验，是实验室常用的必备工具。

恒温水浴锅内水平放置有不锈钢管状加热器，水槽的内部放置有带孔的铝制搁板，上盖配有不同口径的组合套圈，可适应不同口径的烧瓶。水浴锅左侧有放水管，右侧是电气箱，电气箱前面板上装有温度控制仪表、电源开关（图2-8）。电气箱内有电热管和传感器，温度控制系统采用了优质电子元件，控温灵敏，性能可靠，使用方便。

图 2-8 恒温水浴锅

1. 工作原理

恒温水浴锅的工作原理：传感器将水槽内水的温度转换为电阻值，经过集成放大器的放大比较后，输出控制信号，有效地控制电热管的平均加热功率，使水槽内的水保持恒温。

2. 操作方法

（1）恒温水浴锅应放在固定平台上，先将排水口的胶管夹紧，再将清水注入水浴箱体内（为缩短升温时间，亦可加入热水）。

（2）接通电源，显示“OFF”的指示灯亮，旋转温度调节旋钮至设定的温度（顺时针升温，逆时针降温），水开始被加热，指示灯“ON”亮；当温度上升到设定温度时，指示灯“OFF”亮，开始保持恒温。

（3）水浴恒温后，将装有待恒温物品的容器放于水浴中。

（4）恒温时，为了保证加热效果，可在恒温容器与箱体接触的部位用硬纸板封严，恒温容器中的物品应低于水浴锅的恒温水浴面。

（5）使用完毕后，取出恒温容器，关闭电源，排出箱体内的水，并做好仪器使用记录。

3. 注意事项

（1）恒温水浴锅所接电源电压应为 220 V，电源插座应采用三孔插座，并必须安装接地线。

（2）加水之前切勿接通电源，在使用过程中，水位必须高于不锈钢搁板，切勿无水或水位低于搁板加热，否则会损坏加热管。

（3）如恒温控制失灵，将控制器上的银接点用细砂布擦亮即可工作。

（4）注水时，不可让水流入控制箱内，以防发生触电，使用后箱内水应及时放净，并将箱体擦拭干净，保持清洁，以利于延长使用寿命。

（5）最好用纯净水，以避免产生水垢。

2.2.7 离心机

离心机是利用离心力分散液体与固体颗粒（或液体与液体）混合物中各组分的一种分离机械（图 2-9）。离心机主要用于将悬浮液中的固体颗粒与液体分开。或将乳浊液中两种密度不同又互不相溶的液体分开。例如，从牛奶中分离出奶油，排出湿固体中的液体。特殊的超速管式分离机还可分离不同密度的气体混合物。利用不同密度或粒度的固体颗粒在液体中沉降速度不同的特点，有的沉降离心机还可对固体颗粒按密度或粒度进行分级。

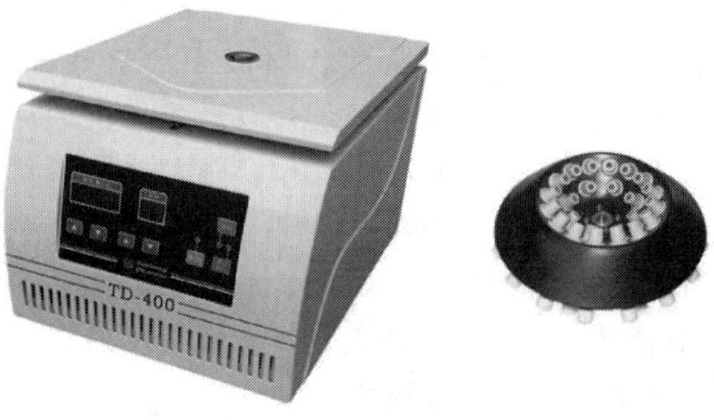

图 2-9 离心机

1. 工作原理

离心机的工作原理：当含有细小颗粒的悬浮液静置不动时，由重力场的作用引起悬浮的颗粒逐渐下沉。粒子越重，下沉越快，反之密度比液体小的粒子就会上浮。微粒在重力场下移动的速度与微粒的大小、形态和密度有关，还与重力场的强度及液体的黏度有关。此外，物质在介质中沉降时还伴随有扩散现象，扩散是无条件的、绝对的。扩散与物质的质量成反比，颗粒越小扩散越严重，而沉降是相对的、有条件的，要受到外力才能运动。沉降与物体质量成正比，颗粒越大沉降越快。对小于几微米的微粒如病毒或蛋白质等，它们在溶液中成胶体或半胶体状态，仅仅靠重力是不可能观察到沉降过程的。因为颗粒越小沉降越慢，而扩散现象则越明显，所以需要利用离心机转子高速旋转产生的强大的离心力，加快液体中颗粒的沉降速度，把样品中不同沉降系数的物质分离开。

2. 操作方法

(1) 将样品等量放置在试管内，并将其对称放入转头。

(2) 拧紧转轴螺母，盖好盖门，将仪器接上电源后，实测速度指示灯亮，数码显示“00000”，表示仪器已接通电源。

(3) 按运转键启动仪器，仪器按出厂设定的参数工作，数码显示实际转速和温度；若需制冷，按制冷开关键，温度数码显示腔内实际温度。

(4) 若需调整仪器的运行参数，设定运转时间和运转速度，可按功能键，使相应的指示灯点亮，数码显示该参数值，数码中有一位数字在闪烁，此时可用“上下左右”键相结合调整该参数至需要的值，并按记忆键确认贮存。

(5) 仪器运行过程中数码显示转速，当需要查看其他参数时，可按功能键，使该参数的指示灯点亮，数码显示该数值。当仪器到达设定的时间或中途停机，停机过程中数码显示转速，属正常现象。

3. 注意事项

(1) 为确保安全和离心效果，仪器必须放置在坚固水平的台面上，工程塑料盖门上不得放置任何物品，样品必须对称放置并在开机前确保已拧紧螺母。

(2) 应经常检查转头及实验用离心管是否有裂纹、老化等现象，若有应及时更换。

(3) 实验完毕后，需要将仪器擦拭干净，以防腐蚀。

(4) 机刷长度小于 6 mm 时，必须及时更换。

(5) 在离心机未停稳的情况下不得打开盖门。

(6) 仪器必须有可靠接地。

(7) 该仪器如在电压不稳定地区使用，应增设稳压器，以保证仪器发挥最佳性能。

(8) 插上电源，打开电源开关，仪器控制系统的数码管显示相关文字，请按停止键，速度数码管显示“OPEN”，驱动电子门锁动作，盖门自动微抬，这时可用手打开盖门，如盖门不能自动微抬，3 s 内必须用手把盖门打开，超过 3 s 电子门锁又自动锁门。若开启盖门，必须按面板上的停止键，数码显示“OPEN”，才能打开盖门。

2.2.8 恒温振荡器

恒温振荡器是一种温度可控的恒温培养箱（或水浴槽）和振荡器相结合的生化仪器，它是培养好氧微生物的小型试验设备或作为种子扩大培养之用的设备。根据加热方式不同，可分为气浴式［图 2-10（a）］和水浴式［图 2-10（b）］两种。现在主流产品多为微计算机控制，通过液晶显示屏显示转速、温度、振荡方式等各项参数。转速范围上限不超过 300 r/min，温控范围上限一般不超过 50 ℃。振荡方式可分为回旋振荡（水平面上 360°旋转振荡）和往复式振荡两种。

1. 工作原理

恒温振荡器的工作原理：通过振荡方式将空气中的氧气溶入培养液中，为好氧微生物的培养提供充足的氧气。

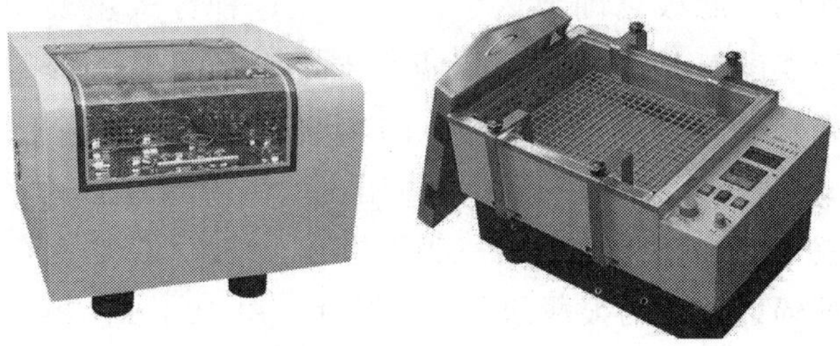

(a) (b)

图 2-10 恒温振荡器

(a) 气浴式恒温振荡器；(b) 水浴式恒温振荡器

2. 操作方法

(1) 将接种好的锥形瓶装入恒温培养振荡器万能弹簧瓶架上。为了使仪器工作时平衡性能好，避免产生较大的振动，装瓶时应将所有瓶位布满，各瓶的培养液应大致相等。若培养瓶数不足，可将锥形瓶对称放置或装入其他等量溶液的瓶布满空位。

(2) 接通电源，选择“设定”模式通过按键或旋钮设定培养所需转速、温度、振荡方式、时间等各项参数。微生物摇瓶培养一般选择回旋振荡方式，转速一般控制在 100～150 r/min，温度一般控制在 30～37 ℃。

(3) 选择“测量”模式，开启振荡按钮，开始振荡培养。此时显示的温度为箱内实际温度和转速。

(4) 培养结束，取出锥形瓶，关闭电源并清理机器，不能留有水滴、污物。

3. 注意事项

（1）整机应放置在较牢固的工作台面上或平整干燥的地面上，环境应整洁不潮湿，通风良好。

（2）严禁在正常工作的时候移动机器。

（3）使用时必须接地，确保安全。

2.2.9 细菌滤过器

滤过除菌是用细菌滤过器（图 2-11）机械地去除液体或空气中细菌的方法。常用于加热易被破坏，且不能用化学方法处理的液体或气体（如抗生素、维生素、血清、酶、蛋白质等以及含这类物质的培养基和被污染的空气）的灭菌。过滤除菌有三种类型：第一种最早是在一个容器的两层滤板中间填充棉花、玻璃纤维或石棉，灭菌后空气通过它就可以达到除菌的目的。后来改进为在两层滤板之间放入多层滤纸，这种方式主要用于发酵工业。第二种是滤膜器，它是由醋酸纤维素或硝酸纤维素制成的具有微孔（0.22～0.45 μm）的膜，灭菌后使用，液体培养基通过它就可将细菌除去。第三种是核孔滤器，它是由用核辐射处理的很薄的聚碳酸胶片（厚 10 μm）再经化学蚀刻而成。

药品生产中采用的除菌滤膜孔径一般不超过 0.22 μm。过滤器不得对被过滤成分有吸附作用，也不能释放物质，不得有纤维脱落，禁用含石棉的过滤器。滤器和滤膜在使用前应进行洁净处理，并用高压蒸汽进行灭菌。更换品种和批次应先清洗滤器，再更换滤膜。

2.2.10 全自动微生物检测仪

全自动微生物检测仪作为一种快速、准确、方便的鉴定仪器，在实际工作中也为微生物检验工作的仪器化、电脑智能化提供了一个很好的范例和发展方向。20 世纪 70 年代以来，诞生的微生物数码分类鉴定法集数学、信息、电子和自动分析等技术于一体，可将已知菌从科鉴定到属、群、种和亚种或生物型，并可对不同来源的标本进行针对性的鉴定，该方法具有标准化、商品化、简易化、微量化和系统化等特点。

全自动微生物检测仪包括微生物总数快速测定仪、ISO-GRID 检测系统等。

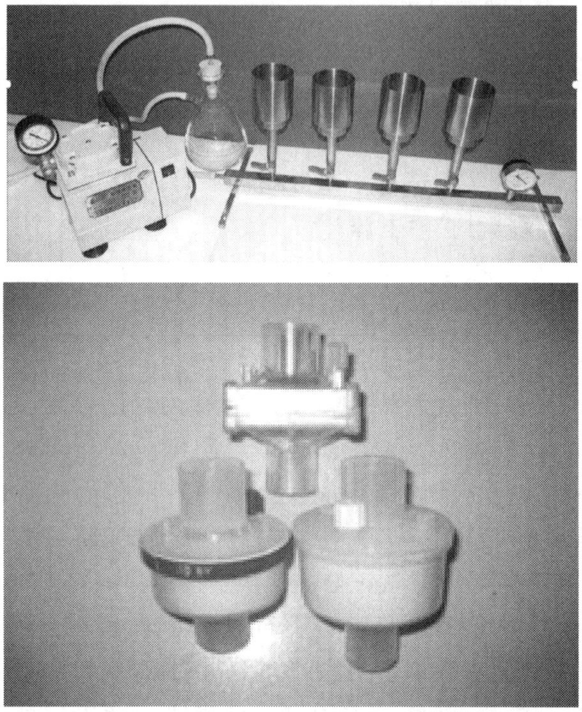

图 2-11 细菌滤过器

1. 微生物总数快速测定仪（ATP 荧光检测仪）

微生物总数快速测定仪是专门设计用于快速检测微生物数量的测定仪器（图 2-12）。它简单实用，能快速和方便地得到微生物的增长水平，及时采取有效措施控制微生物的繁殖，这样就可以防止由微生物大量繁殖而引发的一系列问题。

ATP-虫荧光素酶发光体系用于分析从微生物中提取的 ATP，为在数分钟内检测微生物提供了一种简便而灵敏的方法。近几年来，这一技术在发达国家已越来越多地用于微生物快速检测。国内在这方面的研究报道较少，更没有广泛的实际应用。其主要原因在于对这一技术的具体方法缺乏研究，若采用了不恰当的萃取剂和不合适的微生物 ATP 萃取方法，将致使测量结果不理想。在对 ATP 技术中非微生物 ATP 的清除以及微生物 ATP 萃取方法进行实验观察后，结果表明：利用生物发光 ATP 技术快速检测微生物时，必须对非微生物 ATP 进行有选择地萃取和水解，同时必须选择合适的微生物 ATP 萃取剂和萃取方法，否则可能得出错误的结果。

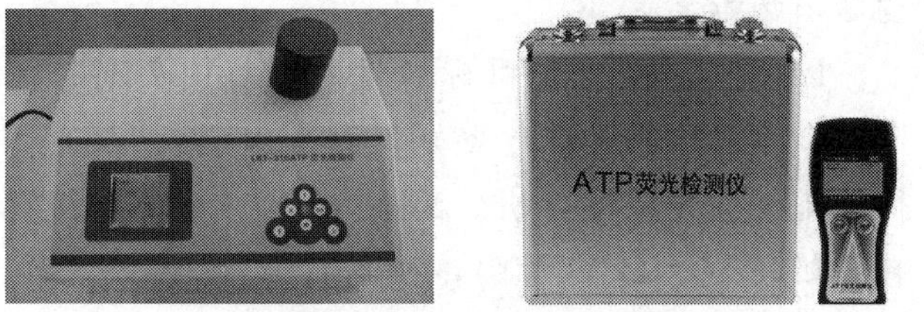

图 2-12　ATP 荧光检测仪

1）工作原理

ATP 是一种存在于所有活细胞体内的化学物质，它是微生物能量的主要载体。ATP 的量和细胞体的活性、种类和数量呈一定的比例关系。ATP 可以和虫荧光素相互作用而发出生物光，光的强度和微生物的数量呈一定的比例关系。通过检测生物光的强度来反映出微生物的数量。

ATP 为代谢提供能量来源，是微生物不可缺少的物质。如果样品中污染了微生物，用有机溶剂等专用试剂溶菌后，ATP 就被释放。利用 ATP-荧光反应可测出 ATP 的含量。发光仪可读出发光强度，再通过配套的软件，可将发光强度换算成微生物的数量。

2）结构组成

ATP 荧光检测仪包括样品过滤膜、ATP-生物荧光反应器、荧光增强及数据处理系统。将整个待测样品（而非从样品中抽取几毫升，这样有助于提高检测的代表性）用 600 孔疏水分隔的过滤膜过滤，然后将膜温育一段时间（检测酵母时可不经温育直接检测），向膜上喷上溶菌试剂，再向膜上喷荧光素/荧光素酶。理论上说，每个菌落单元（CFU）都会形成一个荧光斑。荧光增强系统则将每个微菌落发出的荧光加以成千倍的增强并用偶联的照相机记录下荧光图像。随后自动图像处理器会分析荧光强度等数据，并由此计算出微生物的数量。附带的软件会记录图像和数据，存档以待进一步的分析。

3）操作步骤

（1）非微生物 ATP 的清除　取 1 mL 样液，加入不同浓度的 TritonX-100 和 apyrase（Sigma Chemical Co.）混合液 1 mL，在室温下放置 10 min。

（2）指示菌 ATP 的提取　采用氯仿释放法提取 ATP。在经 5 h 孵育的指示菌测试管中，每支加入 1 mL 细菌悬液，再加入 0.3 mL 氯仿试剂，置沸水浴中煮沸 8 min，并不断振摇，煮沸结束后立即在冷水中制冷，离心，沉淀。本底测定管用同样的方法同时处理。

（3）利用生物发光（Bioluminescene，BL）测定　取 0.2 mL ATP 提取液置于 BC 测定管中，在 TD4000 发光光度计内测定 BL 发光峰值（CPS）。测定参数：温度 25 ℃，时程 10 s，萤火虫荧光素-荧光素酶试剂 0.1 mL。

（4）结果判定　按本底管 BL 峰值进行判定。

4）仪器特点

①高灵敏度，采用 ATP 荧光法，对 ATP 的检出下限可达 pmol 级。直接检测微生物的检出下限为 10^4 CFU/mL。为提高灵敏度，在测定荧光前将样品温育以使微生物增殖一段时间（15 min 至 24 h 不等，要依据样品和测量仪器的情况而定）往往是必须的。理论上说经过温育灵敏度可显著提高。②重现性好，快速简便。1 min 内可得到结果，而传统的测试方法要等 2～7 d 才出结果。③仪器小巧，性能卓越，使用方便，不需专门培训，检测的范围广，可准确检测出细菌、真菌和藻类的数量，如铁细菌、氮硝化细菌、军团菌、硫酸盐还原菌、酵母菌等，适用于实验室和现场检测，广泛应用于食品检验、卫生防疫、工业水处理等领域。微生物总数快速测定仪（ATP 技术）检测与传统测试技术检测的比较见表 2-2。

表 2-2　微生物快速检测仪（ATP 技术）检测与传统检测技术检测的比较

微生物种类	ATP 技术，1 min 出结果	传统测试技术，浸片法，2～3 d 出结果
好氧菌	√	√
铁细菌	√	×
氮硝化细菌	√	×
军团菌	√	×
硫酸盐还原菌	√	×
酵母菌	√	√
藻类	√	×

2. ISO-GRID 检测系统

ISO-GRID 检测系统是一种基于疏水性网膜（HGMF）的过滤系统。该系统通过使用含有

1600 个小方格的滤膜，来对微生物进行检测或计数。

①稀释的样品通过 5 μm 的不锈钢预过滤器过滤，过滤掉可能引起微生物分析误差的样品残渣颗粒。②样品通过疏水的滤膜过滤。③将滤膜放在特异性的琼脂培养板上培养，以检测目标微生物。④在膜上检测目标微生物，并记录阳性区域的数量。滤膜不会染上琼脂培养基的颜色，从而很容易地区别微生物，并进行鉴别和记数。

此方法的优点是快速简便，重复性好，适用于沙门氏菌、酵母菌、霉菌、大肠杆菌及大肠菌群的检测和计数。

2.2.11 全自动酶联免疫荧光检测仪

美国麦道保健系统公司制造了一种称为 Vitek-AMS 的微生物自动检测系统，最大特点在于同微生物检测应用的传统方法有着明显的变革，它无须经过微生物分离培养和纯化过程，就能直接从样品中检出特殊的微生物种类和菌群来。麦道公司在 VitekAMS 原有的基础上，又推出了微生物自动检测系统的第二代产品，即 Vitek 免疫诊断检测系统（VIDAS），它是集固相吸附、酶联免疫、荧光检测和乳胶凝集试验诸方法优点于一体的综合性检测系统，即全自动酶联免疫荧光检测仪（图 2-13）。

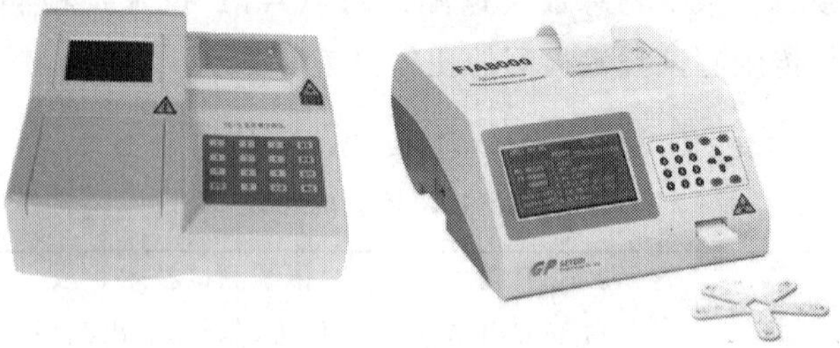

图 2-13 全自动酶联免疫荧光检测仪

1. 基本原理

VIDAS 全自动免疫分析仪是用荧光分析技术通过固相吸附器，用已知抗体来捕捉目标生物体，然后以带荧光的酶联抗体再次结合，经充分冲洗，通过激发光源检测，即能自动读出发光的阳性标本。其优点是检测灵敏度高，速度快，可以在 24～48 h 的时间内快速鉴定大肠杆菌 O157：H7、单核增生李斯特菌、沙门氏菌，空肠弯曲菌和葡萄球菌肠毒素等。

以免疫技术捕获目标微生物，应用荧光技术进行全自动检测。抗原鉴别是基于 VIDAS 仪器进行的酶联荧光免疫分析。Mini-VIDAS 检测系统具有灵敏度高，特异性强，操作简单方便等优点。这种 Mini-VIDAS 全自动荧光酶标免疫测试系统采用 ELFA 技术的检测原理，ELFA 与荧光读数相结合。抗原（细菌、蛋白）的检测采用一种夹心技术，包被针上有抗体包被，与所测得的荧光标本中的抗原含量成正比。它由电脑控制，自动完成全部分析过程。底物与荧光物质结合，荧光强弱与标本中被测物浓度相关。因为同时作标本对照，所以系统本身自动消除由标本产生的非特异荧光。经扫描后读数与标准比较计算出标本值，根据临界判断结果并自动打印报告单。

像吸液管的装置是固相容器（SPR），在分析中既作为固相又作为吸液器。SPR 包被有高特异的单克隆抗体混合物。将一定量的增菌肉汤加入试剂条，肉汤中的混合物在特定时间内循环于 SPR 内外。如果有抗原存在则与包被在 SPR 内的单克隆抗体结合，其他没有结合上的就被冲洗掉。结合有碱性磷酸酶的抗体在 SPR 内外循环与结合在 SPR 内壁上的抗原结合，最后的冲洗步骤将没有结合的接合剂冲洗掉。底物 4-甲基伞形磷酸酮被 SPR 壁上的酶转换成荧光产物 4-甲基伞形酮，荧光强度由光学扫描器测定。实验结果由计算机自动分析，产生基于荧光测试的试验值，与标准相比较后，打印出每一个被测样品的阳性或阴性结果。

2. 系统特点

①结果准确：应用免疫夹心方法，对每个标本做两次免疫反应，大大提高检测的特异性，从而保证检测结果的可靠性。特大固相吸附表面积，提高免疫捕获的数量，增加灵敏度，比可见光方法高出 1000 倍。②检测速度快：上机检测时间 40～70 min。③检测项目多：可检测包括艾滋病、衣原体在内的人血清免疫项目，人致病性寄生虫、病毒项目，激素类以及其他免疫项目共四十多项；同时可以检测常见的致病微生物，如李斯特属、单核增生李斯特菌、弯曲菌属、大肠杆菌 O157

(SN/T 0973—2010 进出口肉、肉制品及其他食品中肠出血性大肠杆菌 O157：H7 检测方法中就采用该仪器)、沙门氏菌属、葡萄球菌肠毒素检测、沙门氏菌免疫浓缩、大肠杆菌 O157 免疫浓缩八项。④稳定性高：试剂有效期长，14 d 内只需要做一次质控。⑤特异性强：标本不需分离出目标微生物即可上机检测。⑥使用灵活：独立运行的检测仓可随机进行样品的检测，可在不同的检测仓检测相同或不同的项目，也可在同一检测仓检测相同或不同的项目。⑦避免交叉污染：没有采样针，避免标本之间交叉污染；样品不与仪器接触，仪器内没有抽吸样品的管路，杜绝标本对环境的污染。⑧全自动化，操作简便：所有免疫试剂都已配制成可直接使用的形式。标本加入试剂条启动仪器后，便可自动完成全部检测过程并自动打印报告。

2.3 常用的玻璃器皿

2.3.1 常用玻璃器材的种类及用途

微生物实验室所用的玻璃器皿，大多是培养、接种、鉴定微生物用的，为了排除自然界中微生物的干扰，事先要进行消毒和灭菌。为此，对玻璃器皿的质量和洗涤方法都有一定的要求。首先，实验室所用的玻璃器皿应采用钾玻璃（又名硬质玻璃、中性玻璃），其优点是硬度高，膨胀系数小，能耐热。普通钠玻璃不能耐热耐压，与水接触后易放出碱性物质，故除载玻片外，一般不采用。实验室中常用的玻璃器皿是试管、培养皿、三角瓶、移液管、发酵管、注射器、载玻片和盖玻片等。

1. 试管（test tube）

常用的试管规格有三种：

（1）大试管　规格为 18 mm×180 mm，多用于盛倒培养皿用培养基和稀释用无菌水；需要大量菌体时，亦可制备琼脂斜面培养基。

（2）中试管　规格为（13～15）mm×（100～150）mm，多用于盛液体培养基或制备琼脂斜面，亦可用于病毒等的稀释和血清学实验。

（3）小试管　规格为（10～12）mm×100 mm，一般用于微生物的生理生化实验。

不同规格试管的用途，没有严格的划分，其使用均以方便工作、节省材料为原则。

微生物实验室所用的玻璃试管，管壁应比化学实验室所用的试管壁厚，这样在塞棉塞时管口才不易破损，而且要求管口没有翻边。否则，自然界的微生物容易从棉塞与管口的缝隙间进入试管而造成污染。另外，现在有的试管不用棉塞塞口，而用铝质或塑料制的试管帽，若用翻口试管也不便于加盖试管帽。有的实验要求尽量减少试管中水分的蒸发，则需要使用螺口试管，盖以螺口胶木或塑料帽。

各种试管及试管帽如图 2-14 所示。

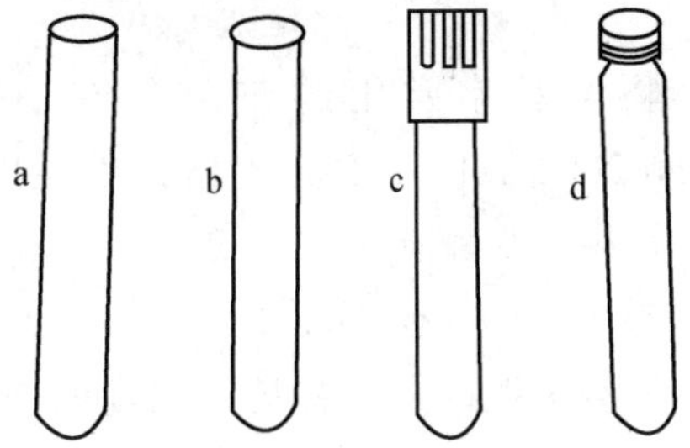

图 2-14　各种试管及试管帽

a. 无翻口试管；b. 翻口试管；c. 有试管帽试管；d 螺口试管

2. 杜汉氏管（Durham tube）

进行细菌的糖发酵实验、观察培养基内产气情况时，一般在发酵试管内再放置一倒置的小试管（约 6 mm×36 mm，如图 2-15 所示），此小试管即为杜汉氏管，又称发酵小套管。

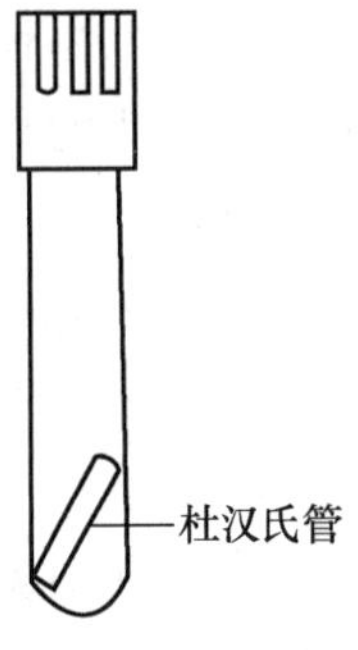

图 2-15　杜汉氏管

3. 培养皿（petri dish）

培养皿是 Petri 创造的一种分离微生物的玻璃器皿，如图 2-16 所示。常用培养皿的皿底直径 90 mm，皿盖高 15 mm。除此之外，还有 60 mm×

10 mm 和 120 mm×20 mm 等规格。培养皿一般为玻璃器皿，但因特殊需要，例如，测定抗生素生物效价时，培养皿不能倒置培养，需要使用陶质皿盖，陶质皿盖能吸收水分，可保持培养基表面干燥。

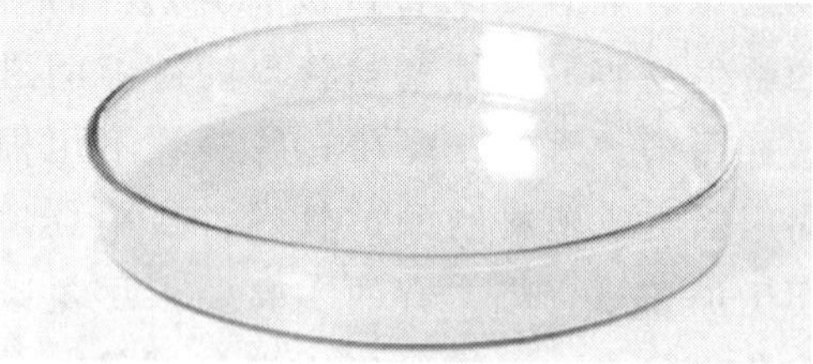

图 2-16　培养皿

4. 三角瓶（erlenmeyer flask）与烧杯（beaker）

微生物实验室常用的三角瓶有 100，250，300，500，2000 mL 等不同规格，主要用于盛无菌水、培养基及发酵液等。

常用玻璃烧杯有 20，50，100，250，500，1000 mL 等不同规格，也有具有刻度的搪瓷烧杯。烧杯主要用于称量药品和配制培养基。

5. 吸管（又称移液管，pipette）

（1）玻璃吸管（glass pipette）　微生物实验室常用 1，2，5，10 mL 刻度的玻璃吸管（图 2-17）。与化学实验室所用的吸管不同，其刻度指示的容量往往包括管尖的液体体积，有时也称“吹出”吸管，使用时要将吸管内所吸液体全部吹尽，吸取的容量才算准确。

除有刻度的吸管外还常用不计量的毛细吸管，又称滴管。它们用来吸取动物体液和离心上清液以及滴加少量抗原、抗体等。

（2）活塞吸管（piston pipette）　是 20 世纪 70 年代末才开始生产和应用的新型吸管，近年来国内亦日益广泛地应用于免疫学、分子生物学等科学实验中，主要用来吸取微量液体，故又称微量吸液器。其外形和结构如图 2-18 所示。活塞吸管的结构除塑料外壳外，主要部件有按钮、弹簧、活塞和可装卸的吸嘴。按动按钮，弹簧使活塞上下移动，从而吸进和排出液体。其特点是容量固定、准确，使用时不用观察刻度，操作方便迅速。国内生产的活塞吸管分普通型和精制型。普通型的每个活塞吸管都有一种固定的容量，分别为 5，10，20，25，50，100，200，500，1000 μL；精制型每个活塞吸管在一定范围内可调节几个容量，例如在 5～25 μL 范围内可调节 5，10，15，20，25 μL 五个不同量，使用时可按需要调节。使用完毕后，只调换吸嘴或将吸嘴洗净、消毒后再用。

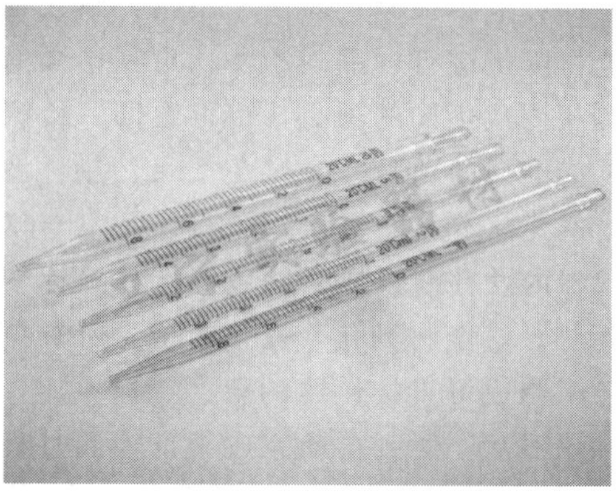

图 2-17　玻璃吸管

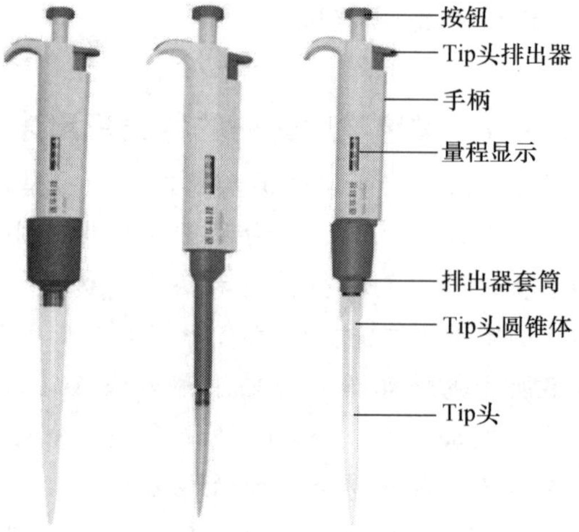

图 2-18　活塞吸管的外形

6. 注射器（injector）

注射器的规格有 1，2，5，10，20，50 mL 等不同容量。向动物体内注射抗原可根据需要选用 1，2，5 mL 注射器，而抽取动物心脏血或采取绵羊静脉血选用 10，20，50 mL 注射器。

滴加微量样品时，常用微量注射器。微量注射器有 10，20，50，100 μL 等不同规格，一般在免疫学或纸层析等相关实验中使用。

7. 载玻片（alide）与盖玻片（cover slip）

常用的载玻片大小为 75 mm×25 mm，厚度为 1～1.3 mm，主要用于微生物涂片、染色和形态观察。常用的盖玻片为 18 mm×18 mm 和 24 mm×24 mm。除普通载玻片外，还有用于微室培养和悬滴观察用的凹玻片（图 2-19），即在玻片上有一个或两个圆形凹窝。

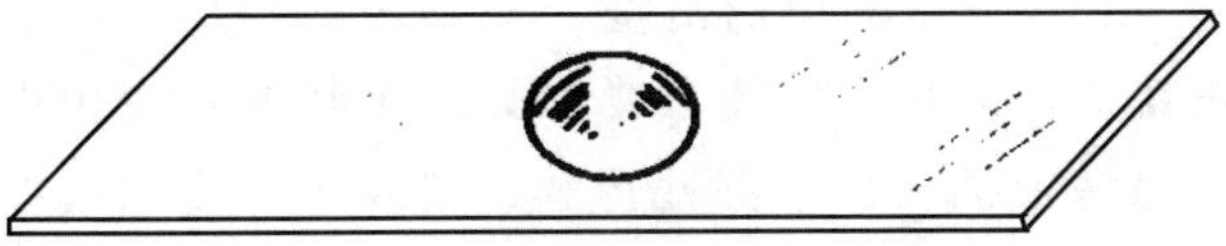

图 2-19　凹玻片

8. 双层瓶（double bottle）

双层瓶由内外两个玻璃瓶组成（图 2-20），内层为小的上粗下细的圆柱瓶，用于盛放香柏油，供油镜观察微生物时使用。外层为锥形瓶，用于盛放二甲苯，清洁油镜时使用。

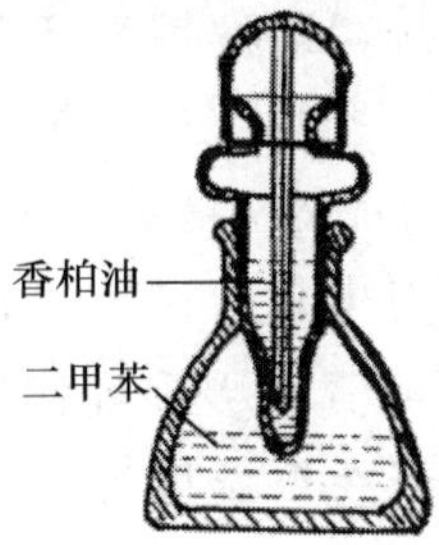

图 2-20　双层瓶

9. 滴瓶（dropper bottle）

滴瓶的规格大小不等，分棕色和无色两种，用来盛各种染色剂、试剂和生理盐水等（图 2-21）。

图 2-21　滴瓶

10. 接种工具（inoculating tool）

接种工具有接种环（inoculating loop）、接种针（inoculating needle）、接种钩（inoculating hook）、接种铲（inoculating shovel）、涂布器（spreader）等。制造环、针、钩、铲的金属可用铂或镍，原则是软硬适度，能经受火焰反复烧灼，又易冷却。接种细菌和酵母菌常用接种环或接种针，其铂丝或镍丝的直径以 0.5 mm 为适当，环的内径约为 2 mm，环面应平整。接种不易与培养基分离的微生物，如放线菌和真菌，有时用接种钩或接种铲，其金属直径要求粗一些，约 1 mm。用涂布法在琼脂平板上分离单个菌落时需用涂布棒。涂布棒是玻璃棒或金属棒弯曲而成的，或将棒的一端烧红后压扁制成。

2.3.2　玻璃器皿的清洁法

清洁的玻璃器皿是得到正确实验结果的先决条件。进行微生物学实验前，必须清除器皿上的灰尘、油垢和无机盐等物质，保证不妨碍实验的正确结果。玻璃器皿的清洗应根据实验目的、器皿的种类、盛放的物品、洗涤剂的类别和洁净程度等不同而有所不同。

1. 玻璃器皿的清洁

（1）新玻璃器皿的洗涤　新购置的玻璃器皿含游离碱较多，应先在 2%的盐酸溶液或洗涤液内浸泡数小时，然后再用水冲洗干净。

（2）使用过的玻璃器皿的洗涤方法　试管、培养皿、三角瓶、烧杯等可用试管刷、瓶刷或海绵沾上肥皂、洗衣粉或去污粉等洗涤剂刷洗，以除去黏附在皿壁上的灰尘或污垢，然后用自来水充分冲洗干净。热的肥皂水去污能力更强，能有效地洗去器皿上的油垢。用去污粉或洗衣粉刷洗之后较难冲洗干净附在器壁上的微小粒子，故要用水多次充分冲洗或用稀盐酸溶液摇洗一次，再用水冲洗，然后倒置于铁丝框内或洗涤架上，在室内晾干。

清洗含有琼脂培养基的玻璃器皿要先刮去培养基，然后洗涤。如果琼脂培养基已经干涸，可将器皿放在水中蒸煮，使琼脂熔化后趁热倒出，然后用清水洗涤，并用刷子刷其内壁，以除去壁上的灰尘或污垢。带菌的器皿洗涤前应先在 2%来苏儿溶液或 0.25%新洁尔灭消毒液内浸泡 24 h，或煮沸 0.5 h，再用清水洗涤。带菌的培养物应先进行 121 ℃高压蒸汽灭菌 20～30 min，然后趁热将培养物倒去，再用热的洗洁精水进行洗涤，用水冲洗。带菌的移液管和毛细吸管，应立即放入 5%的石炭酸溶液中浸泡数小时，先灭菌，然后再用水冲洗。有些实验还需要蒸馏水进一步冲洗。盛有液体或固体培养物的器皿，应先将培养物倒进废液缸中，然后洗涤。不要将培养物直接倒入洗涤槽，否则会阻塞下水道。

判断玻璃器皿是否洗涤干净：洗涤后若水能在内壁上均匀分布成一薄层，且不出现水珠，表示油垢完全洗净；若器皿壁上挂有水珠，应用洗涤液浸泡数小时，然后再用自来水冲洗干净。盛放一般培养基用的器皿经上述方法洗涤后即可使用。如果器皿要盛放精确配制的化学试剂或药品，则在用自来水洗涤后，还需用蒸馏水淋洗三次，晾干或烘干后备用。

（3）玻璃吸管的清洗　吸过血液、血清、糖溶液或染料溶液等的玻璃吸管（包括毛细吸管），使用后应立即投入盛有自来水的量筒或标本瓶内，免得干燥后难以冲洗干净。量筒或标本瓶底部应垫以脱脂棉花，否则吸管投入时容易破损。待实验完毕，再集中冲洗。若吸管顶部塞有棉花，则冲洗前先将吸管尖端与装在水龙头上的橡皮管连接，用水将棉花冲出，然后再装入吸管自动洗涤器内冲洗；没有吸管自动洗涤器的实验室可用冲出棉花的办法多冲洗片刻，必要时再用蒸馏水淋洗。洗干净后，放搪瓷盘中晾干，若要加速干燥，可放烘箱内烘干。

吸过含有微生物的吸管亦应立即投入盛有2%来苏儿溶液或0.25%新洁尔灭消毒液的量筒或标本瓶内，24 h后方可取出冲洗。

吸管内壁若有油垢，同样应先在洗涤液内浸泡数小时，然后再行冲洗。

（4）载玻片与盖玻片的清洗　新载玻片和盖玻片应先在2%的盐酸溶液中浸泡1 h，然后用自来水冲洗2～3次，用蒸馏水换洗2～3次，洗后烘干、冷却或浸于95%酒精中保存备用。

用过的载玻片与盖玻片，如滴有香柏油，要先用皱纹纸擦去或浸在二甲苯内摇晃几次，使油垢溶解，再在肥皂水中煮沸5～10 min，用软布或脱脂棉花擦拭，立即用自来水冲洗，然后在稀洗涤液中浸泡0.5～2 h，自来水冲去洗涤液，最后再用蒸馏水换洗数次，待干后浸于95%乙醇中保存备用，使用时在火焰上烧去乙醇。用此法洗涤和保存的载玻片和盖玻片清洁透亮，没有水珠。

检查过活菌的载玻片或盖玻片应先在2%来苏儿溶液或0.25%新洁尔灭溶液中浸泡24 h，然后按上述方法洗涤与保存。

（5）光学玻璃的清洗　光学玻璃多用于仪器的镜头、镜片、棱镜、玻片等，在制造和使用中容易沾上油污、水湿性污物、指纹等，影响成像及透光率。清洗光学玻璃，应根据污垢的特点，不同结构选用不同的清洗剂、清洗工具及清洗方法。

清洗镀有增透膜的镜头，如照相机、幻灯机、显微镜的镜头，可用30%乙醇和70%乙醚配制清洗剂清洗。清洗时应用软毛刷或棉球蘸少量清洗剂，从镜头中心向外做圆周运动。切忌将镜头浸泡在清洗剂中清洗，清洗镜头不得用力擦拭，否则会划伤增透膜，损坏镜头。清洗棱镜、平面镜的方法，可依照清洗镜头的方法进行。

光学玻璃表面生霉后，光线在其表面发生散射，使成像模糊不清，严重者将使仪器报废。生霉原因是霉菌孢子在温湿度适宜和有营养物时生长形成霉斑。消除霉斑可用0.1%～0.5%的乙基含氢二氯硅烷与无水乙醇配制的清洗剂清洗，潮湿天气还需要掺入少量的乙醚，或用环氧丙烷、稀氨水等清洗。使用上述清洗剂也能清洗光学玻璃上的油脂性雾、水湿性雾和油水混合性雾，其清洗方法与清洗镜头方法相似。

（6）细胞培养级玻璃器皿的洗涤　细胞培养对所用玻璃器皿要求较高，除需要通过上述步骤进行清洗外，还必须再进行如下操作。

①用洗涤剂充分浸泡24～48 h；

②用自来水充分冲洗；

③用去离子水冲洗3次；

④重蒸馏水冲洗3次；

⑤倒置60 ℃烘干；

⑥用硫酸纸包扎，160 ℃干热灭菌3 h。

2. 洗涤剂的种类及应用

（1）水　是最主要的洗涤剂，但只能洗去可溶解在水中的污物，不溶于水的污物，如油、蜡等，必须用其他方法处理以后，再用水洗。要求比较洁净的器皿，清水洗过之后还需用蒸馏水洗。

(2) 肥皂　是很好的去污剂。一般肥皂的碱性并不十分强，不会损伤器皿和皮肤，所以洗涤时常用肥皂。使用方法多用湿刷子（试管刷、瓶刷）沾肥皂刷洗容器，再用水洗去肥皂。热的肥皂水（5%）去污能力更强，对器皿上的油脂很有效。油脂很重的器皿，应先用纸将油层擦去，然后用肥皂水清洗，清洗时还可以加热煮沸。

(3) 去污粉　内含有碳酸钠、碳酸镁等，有起泡沫和除油污的作用，有时也加一些食盐、硼砂等，以增加摩擦。用时将器皿润湿，将去污粉涂在污点上，用布或刷子擦拭，再用水冲洗去污粉。一般玻璃器皿、搪瓷器皿等都可以使用去污粉。

(4) 洗衣粉　目前我国生产的洗衣粉主要成分是烷基苯磺酸钠，为阴离子表面活性剂。在水中能解离成带有憎水基的阴离子。其去污能力主要是洗衣粉在水溶液中能降低水的表面张力，并发生润湿、乳化、分散和起泡等作用的结果。洗衣粉去污能力强，特别能有效去除油污。用洗衣粉擦拭过的玻璃器皿要充分用自来水漂洗，以除净残存的微粒。

(5) 洗涤液　通常用的洗涤液是含重铬酸钾（或重铬酸钠）的硫酸溶液，是一种强氧化剂，去污能力很强，实验室常用它来洗去玻璃和瓷质器皿上的有机物质。切不可用于金属器皿。

①洗涤液的配制。铬酸洗液是实验室中最常用的玻璃仪器洗涤液。

铬酸洗液配置操作步骤（方法一）：

a. 取 100 mL 工业硫酸置于烧杯中，小心加热。b. 缓慢加入 5 g 重铬酸钾粉末，边搅拌边加入。c. 待重铬酸钾完全溶解后冷却至室温备用。

铬酸洗液配置操作步骤（方法二）：

a. 称取 5 g 重铬酸钾粉末，置于 250 mL 烧杯中。b. 加水 5 mL，并尽量使其溶解。c. 缓慢加入 100 mL 浓硫酸，边搅拌边加入，冷却至室温备用。

②洗涤液使用时的注意事项。在通常情况下，这些洗涤液可以反复使用，主要用于去除应用常规方法很难去除的污垢。为了确保洗涤效果，使用时应当注意如下事项：

a. 使用前必须先将待洗涤的玻璃器皿用清水清洗干净，去除肥皂液、去污粉或各种废液，而后再使用洗涤剂清洗玻璃器皿。b. 如果仪器上沾有凡士林等应当先用软纸擦拭，再用乙醇、乙醚等有机溶剂擦净，最后再使用洗涤剂。c. 玻璃器皿投入洗涤剂之前应尽量干燥，避免稀释洗涤液；如果需要加快洗涤速度，可以将洗涤液加热至 40～50 ℃。d. 将待洗涤玻璃器皿先按有无油污或洗涤难易等不同进行分类，而后分别进行洗涤。e. 盛洗涤液的容器应始终加盖，以防氧化变质。f. 器皿上有大量的有机质时，不可直接加洗涤液，应尽可能先行清除，再用洗涤液，否则会使洗涤液很快失效。g. 用洗涤液洗过的器皿，应立即用水冲洗至无色为止。h. 洗涤液有强腐蚀性，溅于桌椅上，应立即用水洗或是用湿布擦去。衣服及皮肤上沾有洗涤液，应立即用水洗，然后用苏打（碳酸钠）水或氨液洗。i. 洗涤液仅限于玻璃和瓷质器皿的清洗，不适用于金属和塑料器皿。

(6) 浓硫酸与强碱液　器皿上如沾有煤膏、焦油及树脂类物质，可用浓硫酸或 40% 氢氧化钠溶液浸洗，处理所需时间随所沾物质的性质而定，一般只需 5～10 min，有的需数小时。

(7) 硫酸及发烟硝酸混合物　适用于特别油污、肮脏的玻璃器皿。

(8) 氢氧化钠（钾）乙醇溶液　把约 1 L 95% 的乙醇加到含 120 g 氢氧化钠（钾）的 120 mL 水溶液中，就成为一种去污力很强的洗涤剂，玻璃磨口长期暴露在这种洗液中易被损坏。

(9) 有机溶剂　有时洗涤浓重的油脂及其他不溶于水也不溶于酸或碱的物质，需要用特定的有机溶剂。常用有机溶剂有汽油、丙酮、乙醇、苯、二甲苯及松节油等，可根据具体情况选用。

(10) 高锰酸钾的碱性溶液　少量高锰酸钾溶于 100～200 g/L 的氢氧化钠溶液中。适于洗涤带油污的玻璃器皿，但余留的二氧化锰沉淀物需要用盐酸或盐酸加过氧化氢洗去。

(11) 磷酸三钠溶液　将 57 g 磷酸三钠、28 g 油酸钠（又称十八烯酸钠）溶于 470 mL 水中。为除去玻璃器皿上的碳质残渣，可将器皿在此溶液里浸泡几分钟，然后用刷子除去残渣。100～

150 g/L 的氢氧化钠（钾）溶液也有同样作用。

（12）10 g/L 乙二胺四乙酸（EDTA）的 20 g/L 氢氧化钠溶液　用此溶液浸泡洗净的玻璃器皿，能除去容器表面吸附的一些微量金属离子。加热煮沸可洗去玻璃器皿内壁的白色沉淀。

（13）盐酸乙醇溶液　1 份盐酸和 2 份乙醇的混合物，用以洗涤有机试剂染色的器皿。

（14）质量分数为 5%的草酸溶液　可用于去除高锰酸钾的痕迹。

（15）质量分数为 30%的硝酸　可用于洗涤 CO_2 测定仪及微量滴管。

（16）尿素洗涤剂　用于洗涤盛装蛋白质类制品以及血样的容器。

3. 清洁工作注意事项

（1）任何的洗涤清洁方法，都不应对玻璃器皿有所损伤。因此不能使用对玻璃有腐蚀作用的化学药剂，也不能使用比玻璃硬度更大的物品来擦拭玻璃器皿。

（2）用过的器皿应立即清洗，有时放置时间太久会增加清洗的难度，并且随时清洗还可以提高器皿的使用频率。

（3）含有对人体有传染性或者是属于植物检疫范围内的微生物试管、培养皿及其他容器，应该先浸泡在消毒液内（如 5%石炭酸溶液）或者是蒸煮灭菌后再进行清洗。

（4）盛过有毒物品的器皿，不要再与其他器皿混在一起放置。

（5）难以清洗的器皿不要与易清洗的器皿放置在一起，以免增加洗涤的麻烦。有油的器皿不要与无油的器皿放置在一起，否则会使原本无油的器皿沾上油污，浪费清洗所用的药剂和洗涤时间。

（6）强酸、强碱以及其他氧化物和有挥发性的有毒物品，都不能倒在洗涤槽内，必须倒在废液缸内。

（7）用过的升汞溶液，切勿装在铝锅等金属器皿中，以免引起金属的腐蚀。

（8）盛过液体培养物的器皿，应先将培养物倒在废液缸中，然后再进行清洗。切勿将培养物尤其是琼脂培养物倒入洗涤槽中，否则会逐渐阻塞下水道。

2.3.3 玻璃器皿的灭菌

1. 玻璃器皿的灭菌方法

1）干热灭菌

虽然干热灭菌不如湿热灭菌的效果明显，但它适用于以下几种情况。

（1）酒精灯灼烧灭菌　用于对不易被火焰烧坏的接种针、接种环和金属仪器的灭菌。对接触性病菌灭菌时，要有带罩的灭菌器或特殊的灭菌装置以有效防止污染物的溅出。

（2）酒精浸泡后灼烧　常用于对手术刀和钳等的灭菌，灭菌的器具无须烧到通红，灼烧后的器具不必再灭菌。

（3）鼓风干燥箱　鼓风干燥箱通过电或气体加热保持温度，并由热控装置控制温度。它可以对试管、培养皿、细颈瓶、移液管等玻璃器皿及研钵等陶瓷制品进行灭菌。需灭菌的玻璃培养皿和移液管可以放入铜合金或不锈钢的容器中，然后放入干燥箱中灭菌，操作十分方便。玻璃器皿灭菌前都要先干燥。干燥箱也可用于对密封容器中的干燥物质（如白垩）和保藏菌种的矿物油的灭菌。待灭菌的容器应在开机前放入干燥箱，摆放时注意不要太挤，留出空气流动的空间。灭菌时从温度达到 160 ℃时起应保持 2 h。灭菌后，待温度接近室温时再开启箱门，防止玻璃器皿爆裂。

灭菌的效果可以用灭菌监视器检测。例如Ⅲ型（绿点）布朗灭菌器控制管（布朗健康中心，Leicester，UK），监视器应监测灭菌材料中最不易加热到的部分。

2）湿热灭菌

（1）沸水浴　煮沸 5～10 min 对杀灭无芽孢细菌十分有效，但多数的细菌孢子仍能存活。当不需要彻底灭菌（培养基中含有很多选择性药品）或没有更好的灭菌方法时，采用这种方法十分有效。如果用过的物品和器械不能接触高温，则要用无菌水灭菌。否则时间长了会在器具表面形成一层钙盐膜。

（2）郭霍氏（Koch）蒸汽消毒　是在常压、接近 100 ℃的温度下，对培养基和牛奶、糖等在

100 ℃以上时有效成分易被破坏的产品进行灭菌的方法。蒸汽灭菌有两种方式：一种是100 ℃持续灭菌90 min；另一种是连续3 d，每天在100 ℃下加热30 min，加热后的培养基要保存在所需的培养环境中。第二种方式中第一次升温首先杀死了营养体，在升温间隔当中芽孢繁殖生成的营养体，又将在随后的加热操作步骤中被杀死。

（3）高压灭菌　是培养基灭菌最有效的方式，它能对所有在高温下不分解的培养基进行灭菌。它还适于对玻璃器皿、仪器和标准菌株及其他污染物洗涤前的灭菌。高压锅内部的实际温度取决于蒸汽的压力。高压灭菌常采用的纯饱和蒸汽压为103.4 Pa，在121 ℃灭菌15～30 min。固定温度下的灭菌时间取决于以下因素：

①放入的灭菌物质和污染物的特性。脱水培养基在生产过程中所受到的污染很小，但耐热的芽孢，如芽孢杆菌可能在培养基中大量存活，使得培养基只有在合适的温度下才能彻底的灭菌。尤其是当培养基被用作嗜热菌研究时，很容易灭菌不彻底。为此很多生产厂商专门生产了低芽孢含量计数的培养基。

②容器的体积和壁的厚度。穿透500 mL装满培养基的平底烧瓶所需的热量是100 mL装满同样培养基平底烧瓶的2倍。加热装满同样容量的水、稀释液和营养肉汤的厚壁烧瓶所需时间比加热装满同样物质的薄壁烧瓶的时间要长一倍。

③内容物的特性。琼脂的热穿透时间比水短1倍。

上述因素不可能完全概括灭菌的全过程，一部分原因是因为有些热穿透发生在排气的过程中和气压到达需要值的时刻。高压灭菌锅的性能越好，对上述提到的因素就能解决得越好，高压灭菌也就越有效。用孢子悬液、孢子条带（从Oxoid或其他生产脱水培养基的企业获得）、游动热电偶（少数高压锅使用）或化学指示剂的安瓿瓶（如布朗试管，英国布朗健康中心提供）都可以监控高压灭菌的效果。

高压灭菌前要确保高压锅中的所有冷空气已经排空，因为冷空气和蒸汽混合的压力要比压力表指示的压力偏低，而且冷空气的存在会影响蒸汽的穿透力，造成高压锅内部加热的不平衡。如果因为排气不彻底，有1/3的冷空气未被排出，则在103 kPa时，锅内的实际温度只能达到115 ℃。若排出蒸汽没有温度指示时，可将排出的气体通过装有凉水的容器进行检查。一些人工操作的高压锅（尤其是那些与主蒸汽源相连接的），如果在高压前冷空气因下沉而未排干净，则在整个过程中都不会被排掉。

2. 玻璃器皿的包扎

为了使实验用玻璃器皿，如培养皿、吸管、试管和三角瓶等在灭菌后仍然可以保持无菌状态，避免被空气中的微生物或尘埃所污染，以利于微生物的纯培养，各种玻璃器皿均需包扎处理。

（1）培养皿的包扎操作步骤

①将洗净烘干后的培养皿以每10套叠在一起，用牢固的硫酸纸或牛皮纸卷成一个筒形。

②用棉绳捆扎，以免散开，然后进行干热灭菌处理。

③在干热灭菌结束后，静置至室温，并存放无菌室内备用。

（2）吸管的包扎操作步骤

①将洗净烘干后的吸管在吸口的一端用尖头镊子或针塞入少许脱脂棉，以防止菌体误入吸口中，或口中的微生物进入吸管中，从而进入培养物造成微生物污染。

②塞入的棉花以不露出吸管口为宜，如有少量棉花露出吸管口，可用酒精灯的火焰烧掉。

③每支吸管用一条宽4～5 cm的纸条，以45 ℃左右的角度螺旋形卷起来，吸管的尖端在头部，吸管的另一端用剩余的纸条折叠打结，以不散开为度。

④在纸卷上注明已包扎吸管的容量和规格，然后将若干个吸管扎成一束，置于干热灭菌箱中进行灭菌处理。

⑤经过干热灭菌处理过的吸管必须在无菌室内才能打开使用。

（3）试管和三角瓶的包扎操作步骤

①用普通棉花做成棉花塞。棉花塞制成标准为紧贴玻璃内壁，无皱纹和缝隙，松紧适宜，长度不少于管口直径的2倍，约2/3塞进管口为宜。

②将若干个试管用棉线包扎，并用硫酸纸或牛皮纸在外部包裹并扎紧。

③三角瓶每个需单独包扎塞上棉花塞，并用硫酸纸或牛皮纸在外部包裹并扎紧。

复习思考题

1. 食品微生物检验实验室选址应该考虑哪些因素？
2. 无菌室的操作原则有哪些？
3. 无菌操作进行微生物接种应该注意什么？谈谈你的实验体会。
4. 培养基制备的要求及配制时注意事项有哪些？
5. 有毒有菌污物处理要求是什么？
6. 观察细菌时为何使用油镜？它与干燥系物镜使用方法有何不同？使用时注意哪些问题？
7. 为什么在使用高倍镜及油镜时应特别注意避免粗调节螺旋的误操作？显微镜的放大倍数如何计算？
8. 高压蒸汽灭菌开始之前，为什么要将锅内冷空气排尽？
9. 高压蒸汽灭菌为什么比干热灭菌要求温度低、时间短？
10. 简述离心机与恒温振荡器使用注意事项。
11. 简述试列举常用玻璃器材的种类及主要用途。
12. 简述玻璃器皿洗涤剂的种类及应用范围。
13. 常用玻璃器皿的洗涤方法有哪些？
14. 比较玻璃器皿的干热灭菌与湿热灭菌方法的异同点。
15. 简述移液管和培养皿包扎的注意事项。

CHAPTER 3

第3章 食品微生物污染与腐败变质

【教学目的和要求】

1. 理解并掌握食品微生物污染来源、途径、食品腐败变质的概念、特征、机制及影响因素和防控措施。
2. 理解并掌握常见食品中主要腐败微生物、致病微生物种类及有害微生物的控制技术。
3. 培养学生立足实际、发现问题、独立思考、解决问题的能力。使学生能够正确分析并解决现实生产中出现的食品腐败问题。

“国以民为本，民以食为天，食以安为先”，食品安全与人们的生活息息相关，党和政府非常重视食品安全，已经从食品的源头做起，贯穿食品的整个生产、加工过程，在法律法规的制定、标准的执行等多方面采取措施，以保证食品的安全。影响食品安全的因素是多方面的，包括食品中人工合成物质的添加、环境污染、食品腐败变质、食源性疾病等，其中由微生物引起的食品腐败及食物中毒对食品安全影响最大。因此，本章节从微生物学角度对食品微生物污染的来源、途径、危害、影响因素及控制措施等多方面进行阐述，以帮助同学们更好地学习理解和掌握食品腐败微生物、病原微生物的检验及控制技术。

微生物个体微小，适应性强，分布在我们生活的各个角落，自然界中大多数种类的微生物是有益的，但也有一些种类例外。我们可以通过以下案例来了解。

案例：某牛肉罐头厂发现一批次罐头产品杀菌结束时，产品外观正常，保温结束时，所有罐头内容物呈现黑色，并散发出臭鸡蛋气味，把罐头内容物进行微生物分离鉴定，结果分离出微生物，鉴定并验证其为致黑梭状芽孢杆菌。（牛肉罐头加工流程：牛肉切块、预煮、装罐、配汁、排气、封罐、杀菌、产品检验。）

显而易见，这是一起由微生物引起的食品腐败事件，这起事件中腐败微生物来源于哪里？怎样减少类似事件发生？带着这些疑问，我们开始本章节内容的学习。

3.1 食品微生物污染的来源与途径

食品微生物污染是指食品在原料生产、加工、贮藏、运输、销售等过程中被微生物及其毒素污染，使食品的卫生质量下降或对人体健康造成不同程度的危害。

3.1.1 食品微生物污染的来源

1. 土壤

土壤富含有机质、矿物质等营养成分，透气性好，pH 为 3.5～10.5，温度变化范围为 10～30 ℃，因此土壤被称为微生物的大本营，在这里有数量众多的细菌（10^8个/g）、放线菌（10^7 个/g）、霉菌（10^6个/g）、酵母菌（10^5个/g）、藻类（10^4个/g）、原生动物（10^3 个/g），其中腐生性的微生物主要有枯草芽孢杆菌、巨大芽孢杆菌、假单孢菌、产碱杆菌、毛霉、曲霉、根霉、酵母等，它们是引起果蔬、肉类、蛋类等食品腐败的主要微生物，土壤中也会存在少量的寄生、兼性寄生的微生物，如炭疽杆菌、肉毒梭菌、沙门氏菌等，它们污染食品会造成食源性传染病或食物中毒。

2. 空气

与土壤相比，空气中没有足够的营养，受紫外线照射，湿度小。因此，空气中存在的微生物主要有细菌的芽孢、霉菌与酵母的孢子，以及抗性较强的微球菌属、葡萄球菌属、四联球菌属中的一些细菌。多数病原微生物在空气中易死亡，但结核分枝杆菌、肺炎双球菌、链球菌、葡萄球菌、炭疽芽孢杆菌等可存活一段时间。空气中微生物的种类与数量受环境洁净度、人事活动、空气流动等多方面的影响。因此，食品生产企业车间的空气洁净度直接影响产品的卫生质量。

3. 水

无论是淡水还是海水，水源地微生物种类及数量都是水产品腐败菌及病原菌的主要来源。

淡水中的地下水，如矿泉水、深井水含有较少的微生物，淡水中的地表水又分为无污染的清水型和污染的腐败型 2 种类型，存在于清水型水源地的微生物自养型种类居多，主要微生物种类有硫细菌、铁细菌、衣细菌、蓝细菌等，被污染的腐败型水源地主要微生物种类有芽孢杆菌属、梭状芽孢杆菌属、假单胞菌属等细菌以及一些分解有机质能力强的真菌。一些种类的病原菌也可以在水中短时间的存在，如伤寒沙门菌、痢疾志贺氏菌、霍乱弧菌、副溶血性弧菌、诺如病毒、甲肝病毒等。

海水中生活的微生物主要是嗜盐菌，以细菌为主，主要有假单胞菌属、无色杆菌属、不动杆菌属、黄杆菌属、噬胞菌属、小球菌属、芽孢杆菌属等。海水中出现的致病菌主要为弧菌属，如副溶血弧菌，常引起水产品的食物中毒。

4. 昆虫、人和动植物

苍蝇、蚊子等昆虫的体表，以及健康人和动

物的体表、消化道、上呼吸道等部位均存在一定数量的微生物。当人和动物患病时，患病个体会产生大量病原微生物，并排出体外，如沙门氏菌、大肠杆菌等，当它们接触食品时，会造成食品污染。

植物体的病原微生物，虽然对人和动物无感染性，但有些植物病原微生物的代谢产物却具有毒性，能引起人类的食物中毒，应引起注意。另外，植物体多来源于土壤，有可能携带来源于土壤的腐败微生物或病原微生物。

5. 加工设备、用具及包装材料

在食品加工过程中，物料残留于设备、管道、用具中，尤其是残留时间长时，会使微生物大量繁殖，污染食品。食品的包装材料和容器，在制造和运输过程中带有灰尘和微生物，如果处理不好，也会污染食品。

6. 原料、辅料

食品加工的原料、辅料，如肉、蛋、奶、果蔬等鲜品上也会存在大量的微生物，有些还会存在病原菌，它们也是食品微生物污染的一个主要来源。

3.1.2　食品微生物污染的途径

不同来源的微生物主要通过 2 条途径污染食品，即内源性污染与外源性污染。

1. 内源性污染

内源性污染是指作为食品原料的动植物体在其生活过程中，由于本身带有的微生物而造成食品的污染，这种污染包括健康生物体表、体内存在的一些正常菌群和生物体由于疾病造成的组织和器官中存在病原微生物。如奶牛患乳腺炎，导致牛奶中带有金黄色葡萄球菌；小麦生长期间患赤霉病，导致小麦面粉带有赤霉菌；梨在花期被黑心病病菌侵入，导致收获后的梨带有该菌。上述都属于内源性污染。

2. 外源性污染

外源性污染是指食品在生产、加工、运输、贮藏、销售、食用等过程中，通过水、空气、人、动物、机械设备及用具等造成的食品微生物污染。如牛奶在挤奶过程中，容器内含有大量微生物将会导致牛奶中微生物数量过高。

3.2　常见食品的微生物污染

3.2.1　鲜乳微生物污染

1. 内源性污染

健康的乳牛在其乳房内的乳汁中普遍含有 $5\times10^2\sim5\times10^3$ CFU/mL 细菌。乳房中的正常菌群主要是小球菌属和链球菌属的细菌，其次是棒状杆菌属和乳杆菌属的细菌。患病的奶牛会带有金黄色葡萄球菌、化脓棒状杆菌、大肠埃希氏菌、结核分枝杆菌、布鲁氏菌、炭疽杆菌、口蹄疫病毒等一种或几种致病菌，这些病原微生物可通过鲜乳引起食源性疾病的发生。

2. 外源性污染

牛舍环境，挤奶过程，奶制品加工、运输、贮存等过程中都容易被外界环境污染，导致鲜乳微生物污染。

3.2.2　畜、禽肉微生物污染

1. 内源性污染

畜禽肉中微生物污染来源主要有三个方面：①有些畜、禽腔道及体表的正常菌群是条件致病菌，在特定的条件下侵入生物体组织，造成组织带菌；②畜、禽生长期间患病，导致机体带致病菌，如炭疽杆菌、布鲁氏菌、李氏杆菌、产鼻疽分枝杆菌、结核分枝杆菌、猪丹毒杆菌等细菌，以及口蹄疫病毒、狂犬病病毒、水泡性口炎病毒等病毒。③畜、禽正常菌群中具有致腐作用的微生物，尤其是肠道微生物的存在导致组织带菌，如枯草杆菌、巨大芽孢杆菌、变形杆菌、青霉菌、曲霉菌、假丝酵母、红酵母等。

2. 外源性污染

畜、禽在宰杀、放血、脱毛、去皮及内脏、分割、储运、销售等环节造成的微生物污染。

畜、禽肉中常见的有害微生物见表 3-1，它们是引起肉类腐败、人畜食物中毒等不良反应的主要微生物，尤其是其中的致病菌，国家食品卫生标准要求不得检出。

3.2.3　鲜蛋微生物污染

1. 内源性污染

在一般情况下，健康的新鲜禽蛋内部是无菌的，

表 3-1 畜、禽肉类中常见的有害微生物

致腐微生物	细菌	假单胞菌属、产碱菌属、微球菌属、变形杆菌属、梭状芽孢杆菌属、埃希氏菌属、乳杆菌属、链球菌属、明串珠菌属、枯草芽孢杆菌、巨大芽孢杆菌、变形杆菌属、肠球菌属等
	真菌	青霉属、曲霉属、根霉属、枝霉属、地霉属等 假丝酵母属、红酵母属、亚罗酵母属、球拟酵母属等
致病微生物	人畜共患病的病原微生物	细菌：炭疽杆菌、布鲁氏菌、李氏杆菌、鼻疽杆菌、土拉热杆菌、结核分枝杆菌、猪丹毒杆菌、黄杆菌属等 病毒：口蹄疫病毒、狂犬病病毒、水疱性口炎病毒等
	主要感染畜禽的病原微生物	细菌：多杀性巴氏杆菌、坏死杆菌等 病毒：猪瘟病毒、兔病毒性出血症病毒、鸡新城疫病毒、鸡传染性支气管炎病毒、鸡传染性法氏囊病病毒、鸡马立克氏病病毒、鸭瘟病毒等
食物中毒微生物	条件产毒细菌	变形杆菌、蜡样芽孢杆菌等
	产毒细菌	沙门氏菌、志贺氏菌、致病性大肠杆菌、链球菌、空肠弯曲菌、小肠结肠炎耶尔森氏菌等
	真菌毒素	麦角菌、赤霉菌、黄曲霉、黄绿青霉、毛青霉、冰岛青霉等

（引自：魏明奎，段鸿斌．食品微生物检验技术．2009.）

原因有三点：①新鲜的蛋壳表面有一层胶状物，这种胶状物与蛋壳内膜构成一道屏障，可以阻挡微生物侵入。②蛋内有溶菌酶等抑菌物质。③新产的蛋，其内容物的 pH 一周内会上升到 9.4～9.7，高 pH 不利于微生物生长。

鲜蛋的微生物污染：①患病个体病原菌通过血液循环侵入卵巢和输卵管，在蛋形成过程中进入蛋黄或蛋白中。如雏鸡白痢沙门氏菌、鸡败血霉形体、禽白血病病毒、减蛋综合征病毒和禽关节炎病毒等。②禽类泄殖腔内含有一定数量的正常菌群，当蛋从泄殖腔（40～42 ℃）排出体外时，由外界空气的冷却作用，引起蛋内收缩，附着在蛋壳上或空气中的微生物，随着空气穿过蛋壳而进入蛋内。

2. 外源性污染

鲜蛋外源性污染包括以下两种：

①蛋壳上有许多大小为 4～40 μm 的气孔，外界环境中的微生物可通过气孔进入蛋内，特别是贮藏期长或经过洗涤的蛋，在高温、潮湿的条件下，环境中的微生物更容易通过渗透作用侵入蛋内。所以禽舍的卫生状况、鲜蛋的包装材料、蛋壳的完整性以及鲜蛋存放环境的温湿度等因素直接影响蛋内微生物的数量。

②禽蛋类型、禽蛋存放环境以及禽舍卫生状况都影响蛋壳表面微生物的种类及数量。因为蛋壳表面存在数量很多的微生物，所以，鲜蛋腐败的是多种微生物共同作用的结果，在侵入蛋壳过程中，有时候一种微生物对另一种微生物的侵入还具有协同促进作用，如蛋壳上的大肠杆菌对金黄色葡萄球菌的侵入具有促进作用。

3. 微生物的种类

①致腐微生物：对禽蛋有致腐作用的微生物主要有荧光假单胞菌、变形杆菌、产碱类杆菌、产气杆菌、枯草杆菌、微球菌、毛霉菌、青霉菌、曲霉菌、白地霉、交链孢霉、芽枝霉和分枝霉等。

②病原微生物：对畜禽或人有害的病原微生物主要有沙门氏菌、禽结核杆菌、绿脓杆菌、大肠杆菌、葡萄球菌、禽白血病病毒、减蛋综合征病毒、包涵体性肝炎病毒、禽关节炎病毒、鸡传染性贫血病毒、小鹅瘟病毒、鸭瘟病毒等。

3.2.4 新鲜果蔬微生物污染

1. 内源性污染

在一般情况下，健康果蔬的内部组织应是无

菌的，但有时外观看上去是正常的果蔬，其内部组织中也可能有微生物存在，例如有人从苹果、樱桃等组织内部分离出酵母菌，从番茄组织中分离出酵母菌和假单胞菌属的细菌。这些微生物是在果蔬开花期侵入并生存于果实内部。此外，植物病原微生物可在果蔬生长过程中通过根、茎、叶、花、果实等不同途径侵入组织内部。

2. 外源性污染

果蔬表面直接接触外界环境，因而会污染大量微生物，其中除大量的腐生微生物外，还有植物病原菌，以及来自人畜粪便的肠道致病菌和寄生虫卵。在果蔬的采摘、运输、加工过程中外界微生物也会污染果蔬。

3. 微生物的种类

水果中富含多种矿物质、维生素、蛋白质、脂肪及糖分等，有较高的水分活度，但其 pH 较低，所以微生物以酵母菌、霉菌居多。蔬菜中的营养成分及 pH 适宜，细菌、酵母菌、霉菌等微生物生长繁殖。导致果蔬变质的微生物见图 3-1、图 3-2。除了腐败微生物以外，果蔬还可能被其他来源（土壤、水、空气）的病原微生物污染，如沙门氏菌、金黄色葡萄球菌、志贺氏菌、单增李斯特氏菌、致病性大肠杆菌等。因此果蔬产品，尤其是鲜切制品，除了考虑食品的保鲜期外，一定注意不能被产毒微生物及病原微生物污染。

由图 3-1、图 3-2 可见，导致蔬菜变质的细菌主要为假单胞菌属与欧文氏菌属，此外还有黄单胞菌属、棒状杆菌属、芽孢杆菌属、梭状芽孢杆菌属。侵染水果的大多数微生物为霉菌及酵母，除图中所列霉菌以外，橘青霉、杨梅轮帚霉、尖孢镰刀菌等也会导致水果的腐败，其中青霉属是主要的腐败菌。

3.2.5 罐头食品微生物污染

根据《食品安全国家标准　罐头食品》（GB 7098—2015）规定，罐头就是指以食用菌、畜禽

- 导致蔬菜变质的微生物
  - 细菌
    - 欧文菌属：胡萝卜、烟草、黄瓜、茄子、番茄、辣椒、大白菜、甘蓝 、马铃薯
    - 假单胞菌属：大多数蔬菜
  - 真菌
    - 互隔交链孢霉：马铃薯
    - 扩展青霉：番茄
    - 黑根霉：番茄
    - 疫霉属：茄子、番茄、马铃薯
    - 刺盘孢霉属：洋葱
    - 交链孢霉属：番茄
    - 镰刀菌属：番茄、黄瓜、洋葱
    - 灰葡萄孢霉：白菜

图 3-1　侵染蔬菜的微生物及其侵染的蔬菜种类

- 导致水果变质的微生物
  - 青霉属
    - 白边青霉：柑橘类
    - 指状青霉：柑橘类水果
    - 扩展青霉：苹果
  - 黑根霉：桃、梨
  - 苹果枯腐病霉：苹果、葡萄
  - 镰刀菌属：苹果
  - 交链孢霉属：柑橘、苹果
  - 黑曲霉：苹果、梨、桃、石榴
  - 苹果褐腐病核盘孢霉：苹果
  - 灰绿葡萄孢霉：葡萄、梨、草莓等
  - 链格孢属：苹果、梨
  - 酵母菌属：蔷薇色酵母属、掷孢酵母属和梅奇酵母属与丝状真菌混合侵染水果

图 3-2　侵染水果的主要微生物及其侵染水果类型

肉、蔬菜、水果、水产动物为原料，经加工处理、装罐、密封、杀菌等工序加工而成的商业无菌的罐装食品。根据罐头食品制成以后pH的不同，罐头食品可分为低酸性罐头：pH 5.3以上，如鱼、肉、乳、豆等；中酸性罐头：pH 4.5～5.3，如蔬菜、瓜类等；酸性罐头：pH 3.7～4.5，如水果制品；高酸性罐头：pH 3.7以下，如酸菜、果酱等。

1. 内源性污染

罐头食品的原料在生长期间带菌导致的罐头食品污染。

2. 外源性污染

罐头产品在生产、加工、贮存过程中，由环境中微生物污染导致的罐头食品腐败变质。

3. 微生物的种类

①腐败性微生物：原材料不同，引起罐头食品腐败的微生物种类也不同，引起肉类罐头腐败的微生物源主要是细菌、酵母、霉菌。其中，细菌有梭状芽孢杆菌属、假单胞菌属、芽孢杆菌属、肠杆菌属的一些种类；酵母有解脂假丝酵母、红酵母等；霉菌有曲霉菌、根霉菌、青霉菌、毛霉菌等。引起水果类罐头腐败的主要是芽孢杆菌属和梭菌属的一些嗜热型微生物。

②病原微生物：肉毒梭菌、蜡样芽孢杆菌等。

3.2.6 鱼类微生物污染

影响鱼类品质的最主要因素是微生物的活动，但水产品中所含的微生物只有部分微生物参与腐败过程。这些产生腐败臭味和代谢产物的微生物，就是该产品的特定腐败菌。

1. 内源性污染

鱼的内源性微生物污染主要来自以下几个方面：①鱼在生长期间患病，导致鱼类产品带有病原微生物。②鱼体表、鱼鳃、肠道存在的微生物，一些是鱼类的致腐微生物与病原微生物。③鱼生长、保存的水体环境中含有的微生物。

2. 外源性污染

在鱼的捕获、去鳞、解剖、清洗、包装、运输、销售过程中，外界环境微生物通过多种途径污染鱼类。

3. 微生物的种类

①病原微生物：主要是副溶血弧菌、沙门氏菌、单增李斯特菌、金黄色葡萄球菌、霍乱弧菌、嗜水气单胞菌等。

②致腐微生物：海水鱼主要致腐微生物有假单胞菌属、无色杆菌属、黄杆菌属、摩氏杆菌属、腐败希瓦氏菌属等。淡水鱼主要致腐微生物有产碱杆菌属、气单胞菌属、短杆菌属、芽孢杆菌、肠杆菌属、变形杆菌属等。

鱼类主要腐败微生物特性见表3-2。

3.3 食品腐败变质

3.3.1 食品腐败变质的概念

食品腐败变质是指食品由于内外因素的影响，食品原有性状发生改变，甚至产生有毒、有害物质，降低或者丧失其原有食用价值和商品价值的过程。

3.3.2 影响食品腐败变质的因素

食品腐败与食品本身的性质、食品所处的环境条件，以及食品上存在的微生物种类与数量有关。食品本身的性质、食品所处的环境条件影响导致食品腐败微生物的种类及数量，进而影响食品的腐败。

1. 食品基质特性

（1）食品营养组成　常见食品的主要营养组成见表3-3。由表3-3可以看出，食品含有大量的水分及蛋白质、糖类、脂肪等营养成分，是微生物天然的培养基。因此，微生物很容易在这些食品上生长繁殖，导致这些食品腐败变质。但不同的食品在营养成分组成上存在很大差异，比如肉类、鱼类的蛋白质含量分别为50%～70%、70%～95%，这些食品的营养组成以蛋白质为主；又如水果、蔬菜碳水化合物含量分别为85%～97%、50%～85%，它们的营养成分以碳水化合物为主。食品营养组成的差异，导致各类食品腐败变质的优势微生物的种类及功能不同。因此，在鱼类、肉类食品上生长繁殖，并引起其腐败变质的优势菌是一些分解蛋白质能力比较强的微生物，如变形杆菌、青霉菌、假单胞菌等；果蔬及其制品含碳水化合物较多，它易污染曲霉属、根霉属、乳酸菌、酵母菌等对碳水化合物分解能力

表 3-2　鱼类主要腐败细菌的特性

微生物种类	个体形状	革兰氏染色结果	生化特性	对氧反应	污染来源
希瓦氏菌属：腐败性微生物，代表菌株腐败希瓦氏菌	杆状	G^-	产生 H_2S、耐低温、呼吸系统多样性。*torT*，*cysM*，*trxB* 是其主要的与腐败相关基因，二酮哌嗪（DKP）群体感应（QS）信号分子调节其生物膜形成和腐败基因表达	兼性厌氧	分布广泛
假单胞菌属：鱼类的主要腐败性微生物，代表菌为荧光假单胞菌	直，或稍弯的杆状	G^-	呼吸代谢，不分解糖类，可产色素	严格好氧	土壤、水、各种植物体
弧菌属：腐败性微生物，一些种类可引起食物中毒代表菌，如副溶血弧菌，霍乱弧菌	形状短小，弯曲弧状	G^-	分解葡萄糖，产酸不产气，氧化酶阳性，赖氨酸脱羧酶阳性，精氨酸水解酶阴性，嗜碱，耐盐，不耐酸	需氧或兼性厌氧	水中
气单胞菌属：腐败性微生物，有些种类是动物、人的致病菌，代表菌为嗜水气单胞菌	杆状到近球状	G^-	最适生长温度为 30 ℃。氧化酶、接触酶阳性，分解糖类产气或不产气	兼性厌氧	水源、土壤等
黄杆菌属：腐败性微生物	菌体短杆状	G^-	多数无动力，分解葡萄糖、果糖、麦芽糖，不分解木糖和蔗糖，接触酶、氧化酶、磷酸酶均阳性。	严格好氧	土壤、水、人鼻黏膜、肠道
变形菌属：腐败性微生物，引起食物中毒，代表菌为普通变形杆菌	菌体呈杆状，可形成丝状、球杆状个体	G^-	分解葡萄糖，产酸产气，个别菌株分解乳糖，多数能产生吲哚，硫化氢阳性，苯丙氨酸脱氢酶阳性，脲酶阳性	兼性厌氧	土壤、污水、垃圾、人和动物的肠道
肠杆菌属：腐败菌，有些种类是条件致病菌	杆状	G^-	分解葡萄糖产酸产气	兼性厌氧	土壤、水、肠道等

（引自：万云洋．原核微生物资源和分类学词典．2017．）

表 3-3　常见食品的主要营养组成　　%

食品种类	蛋白质	碳水化合物	脂肪
水果	2～8	85～97	0～3
蔬菜	15～30	50～85	0～5
鱼	70～95	0.1～7	5～30
禽	50～70	0.1～1	30～50
蛋	51	3	46
肉	35～50	0.2～2	50～65
乳	29	38	31

（引自：贾洪锋．食品微生物．2015．）

强的微生物而变质；脂肪含量较高的食品，如一些油脂，易受到黄曲霉和假单胞杆菌等分解脂肪能力很强的微生物的污染而发生酸败。在某一类食品上，除了优势菌外，还存在其他微生物，它们共同作用，导致食品的腐败变质。

（2）食品 pH　食品的 pH 通过影响微生物细胞膜上电荷的性质进而影响其物质代谢，因此食品 pH 也是制约微生物生长、影响食品腐败变质的重要因素之一。

根据制成以后食品的 pH，将食品划分为酸性食品和非酸性食品两大类：pH 在 4.5 以上的食品称为非酸性食品；pH 在 4.5 以下的食品称为酸性食品。动物性食品的 pH 一般为 5～7，蔬菜类食品的 pH 为 5～6，它们均属于非酸性食品；水果的 pH 为 2～5，属于酸性食品。但个别食品也有例外，如蔬菜类的番茄 pH 为 4.2～4.3，属于酸性食品；水果类的香蕉 pH 为 4.5～4.7，属于非酸性食品。常见各类食品及其 pH 见表 3-4。

表 3-4　主要食品的 pH

非酸性食品				酸性食品	
食品名称	pH	食品名称	pH	食品名称	pH
奶酪	4.9～5.9	卷心菜	5.4～6.0	苹果	2.9～3.3
牛奶	6.5～6.7	芹菜	5.7～6.0	橘子	3.6～4.3
鱼肉	6.6～6.8	茄子	4.5	番茄	4.2～4.3
鸡肉	6.2～6.4	洋葱	5.3～5.8	葡萄	3.4～4.5
猪肉	5.3～6.9	菠菜	5.5～6.0	柠檬	1.8～2.0
羊肉	5.4～6.7	青刀豆	4.6～6.5	橙子	3.6～4.3
牛肉	5.1～6.2	马铃薯	5.3～5.6	葡萄柚	3.0

（引自：J M Jay 等．现代食品微生物学．2008）

一般细菌最适生长的 pH 是 7.2～7.4，pH 为 3.3～4.0 以下时只有个别耐酸细菌，如乳杆菌属尚能生长。霉菌最适生长的 pH 为 4.0～5.8，酵母菌最适合 pH 为 5.0～6.0，环境 pH 过高或过低都会影响微生物的生长。因此，非酸性食品的腐败变质绝大多数由细菌造成，酸性食品的腐败变质大多数由酵母和霉菌造成。食品的 pH 对腐败微生物有选择性，由此我们知道，pH 过高的松花蛋与 pH 过低的食醋，更有利于食品保藏。

腐败微生物在食品上生长，分解基质，产生代谢产物，也会影响食品基质本身 pH 的变化，当微生物分解蛋白质类食品时，产生氨气，造成基质 pH 升高。如果一种食品既含糖类物质，又含蛋白类物质，微生物先利用糖类物质，产酸，然后再利用蛋白质物质产氨，因此其 pH 变化表现为先降低，后升高。当食品中酸或碱积累到一定量时，又会抑制食品中腐败微生物的生长。

(3) 食品的水分含量　食品内水的存在形式主要有两种，即结合水与游离水，游离水与食品腐败直接相关，食品游离水的含量常用水分活度值（A_w 值）表示，即食品在密闭容器内的水蒸气压与在相同温度条件下的纯水蒸气压的比值，用公式表示为：$A_w=P/P_0$，其中 P_0 表示纯水的水蒸气压，P 表示食品的水蒸气压，因此，食品的 A_w 值为 0～1。不同种类的食品水分活度值不同，新鲜果蔬的 A_w 值为 0.67～0.99，鲜肉的 A_w 值为 0.92～0.99，鲜蛋的 A_w 值为 0.97，面粉的 A_w 值为 0.67～0.87，果酱的 A_w 值为 0.75～0.85。

水也是微生物生长发育必不可少的因素，不同微生物生长对基质水分活度要求也存在差异，多数细菌、酵母、霉菌生长要求的 A_w 值分别为 0.90～0.99，0.88～0.94，0.73～0.94，也有一些微生物对水分活度的要求相对较低，如干性霉菌的 A_w 值为 0.65，耐高渗酵母的 A_w 值为 0.60，耐盐细菌的 A_w 值为 0.75。由此可以看出，食品水分活度值的不同影响其腐败变质的微生物种类。鲜肉、新鲜果蔬、鲜蛋 A_w 值较高，大多数的霉菌、酵母、细菌都可以生长，因此，更容易腐败变质。面粉、果酱的 A_w 值相对较低，大多数细菌在此不能生长，这也是食品干制、糖渍保藏，可延长保存期的原理之一。

(4) 食品的渗透压　微生物生长需要一定的渗透压，一般微生物适宜在 0.85%～0.9%食盐浓度下生长，过高、过低的渗透压对微生物生长都不利，如将微生物置于低渗溶液中，菌体会吸水膨胀，甚至细胞破裂；若置于高渗溶液中，菌体则发生脱水，造成质壁分离，甚至死亡。在日常生活或生产中，我们经常在食品中添加食盐或糖，造成食品的高渗环境，以抑制食品中腐败微生物的生长，延长食品的保鲜期。在食盐添加量达到 3%时，大多数腐败性细菌的生长速度被抑制，尤其是肠杆菌属的一些种类；当食盐添加量达到 8%时，沙门氏菌、大肠杆菌、肉毒杆菌生长被抑制；当食盐添加量达到 12%时，变形杆菌、乳酸菌及一些种类的酵母被抑制。但也有一些微生物对食盐有较强的抗性，如在 5%～10%食盐浓度下，假单胞菌属、弧菌属、无色杆菌属、八叠球菌属、芽孢杆菌属和小球菌属的一些种类可以生长，在 20%～30%食盐浓度下，盐杆菌、小球菌可以生长。糖的浓度同样影响微生物的生长，当糖浓度为 1%～10%时，促进微生物生长；当糖浓度达到 50%时，抑制大多数细菌的生长；当糖浓度达到 75%及以上时，霉菌生长被抑制。但也有一些微生物可以耐受高浓度的糖，如肠膜明串珠菌、鲁氏酵母菌、蜂蜜酵母菌、异常汉逊氏酵母菌等，它们常常会引起糖浆、果酱、浓缩果汁等食品的变质。霉菌中的灰绿曲霉、葡萄曲霉、咖啡色串孢霉、乳卵孢霉及芽枝霉属和青霉属等也能引起高渗透压食品变质。

高浓度的食盐、糖虽然可以保藏食品，但研究发现这类食品对人体健康不利，因此，传统方法在不断革新。如目前一些腌制食品开始采用低盐、低糖加巴氏消毒等一些综合防腐方法来达到保藏食品的目的。

2. 引起食品腐败的主要微生物种类

食品腐败主要由微生物造成。食品腐败的过程即食品中的营养成分被分解的过程。在众多的微生物种类中，细菌是蛋白质类食品致腐的主要微生物，其次是霉菌和酵母，酵母对蛋白质的分解能力较弱，只能使凝固的蛋白质缓慢水解。

分解脂肪的微生物主要是霉菌，其次是细菌和酵母菌，分解脂肪能力比较强的如曲霉菌、荧光假单胞菌、解脂假丝酵母等，解脂假丝酵母不分解糖类，但分解脂肪和蛋白质的能力却很强，是酵母中少有的分解脂肪的种类。

能够分解碳水化合物的微生物主要是酵母菌，其次是霉菌和细菌。蔗糖、有机酸是酵母菌很好的碳源，但它们大多数不能利用淀粉，只有拟内孢霉属可以利用多糖；极少数酵母菌如脆壁酵母菌能分解果胶；能够分解碳水化合物的细菌主要有芽孢杆菌属、八叠球菌属、梭状芽孢杆菌属、欧文氏菌属等。几乎全部霉菌都具有分解淀粉的能力，能够分解纤维素的霉菌常见的有青霉属、曲霉属、木霉属等；分解果胶能力强的霉菌有曲霉属、毛霉属、蜡叶芽枝霉等。分解主要营养物质的微生物种类见图 3-3。

3. 环境条件

（1）环境温度　根据环境温度的高低分类，微生物可分为低温型微生物、中温型微生物和高温型微生物。食品生产的原料，如小麦、大米以及猪肉、羊肉等都生长在中温环境，因此，原材料上固有的微生物造成的食品腐败多为中温型微生物。当食品存放于 20～30 ℃环境时，腐败微生物会迅速繁殖，短时间内造成食品的腐败变质。当食品存放于低温环境时（温度低于其最低生长温度），微生物的生长代谢被抑制，低温程度不同，抑制作用强度也不同。因此，低温可以延长食品的保鲜期。

目前采用低温保藏食品的方法有三种：冷藏、冰温保藏、冷冻保藏。冷藏温度一般为 0～4 ℃，但个别水果，如香蕉，0～4 ℃低温贮藏会产生冷害，因此，保藏温度为 15 ℃左右。冰温保藏的是指食品从 0 ℃开始到生物体冻结温度为止的温域保藏，它能显著抑制食品及其腐败微生物的代谢作用，保持食品外观以及营养等方面的品质，不同食品冰温保藏温度不同，各类食品冰点温度见表 3-5。冷冻保藏是指食品在－18 ℃以下低温环境保藏，细菌、霉菌与酵母菌耐冷冻低温的能力不同，一般认为，－18 ℃可抑制细菌、霉菌与酵母菌的生长，但由于微生物具有一定的适应性，在 5 ℃左右或更低的温度（甚至－20 ℃以下）下仍有少数微生物能生长繁殖，它们是冷藏、冷冻食品变质的主要微生物，包括假单胞杆菌属、黄杆菌属、无色杆菌属等革兰氏阴性无芽孢杆菌，小球菌属、乳杆菌属、小杆菌属、芽孢杆菌属和梭状芽孢杆菌属等革兰氏阳性细菌，假丝酵母属、隐球酵母属、圆酵母属、丝孢酵母属等酵母菌，青霉属、芽枝霉属、葡萄孢属和毛霉属等霉菌。

- 微生物
  - 分解蛋白质
    - 细菌：芽孢杆菌属、梭状芽孢杆菌属、假单胞菌属、变形杆菌属
    - 霉菌：青霉属、毛霉属、曲霉属
    - 酵母：啤酒酵母属、毕赤氏酵母属、汉逊氏酵母属
  - 分解脂肪
    - 细菌：假单胞菌属、无色杆菌属、黄杆菌属、产碱杆菌属、芽孢杆菌属
    - 霉菌：曲霉属、白地霉、根霉和芽枝霉属等
    - 酵母菌：解脂假丝酵母
  - 分解碳水化合物
    - 细菌：芽孢杆菌属、八叠球菌属和梭状芽孢杆菌属等
    - 霉菌：青霉属、曲霉属、木霉属、毛霉属、蜡叶芽枝霉等
    - 酵母：拟内孢霉属、脆壁酵母等

图 3-3　分解主要营养物质的微生物种类

表 3-5 常见食品的冰点 ℃

食品名称	冰点	食品名称	冰点
生菜	−0.4	番茄	−0.9
菜花	−1.1	洋梨	−2～−1
橙子	−2.2	柿子	−2.1
柠檬	−2.2	香蕉	−3.4
牛肉	−1.7～−0.6	鱼肉	−2～−0.6
牛奶	−0.5	蛋白	−0.45
蛋黄	−0.65	奶酪	−8.3
洋白菜	−2～−1.3	奶油	−2.2

（引自：孙天利．冰温保鲜技术对牛肉品质的影响研究．2013.）

当食品处于高温环境中（高于食品中微生物的最高生长温度），微生物体内的酶、蛋白质、脂质很容易发生变性失活，细胞膜也易受到破坏，导致细胞死亡。温度越高，微生物死亡率也越高，所以常利用高温进行消毒、灭菌。为了保持食品的营养口感、食品杀菌的方式多采用巴氏消毒、高温瞬时灭菌，如牛奶采用 72～95 ℃，处理 15～30 s。引起高温处理后食品变质的多是一些高温型微生物或嗜热微生物，它们能在 45 ℃以上温度条件下生存。和其他微生物相比，嗜热微生物的生长曲线独特，延滞期、对数期都非常短，进入稳定期后，迅速死亡。嗜热微生物主要有嗜热脂肪芽孢杆菌、凝结芽孢杆菌、肉毒梭菌、嗜热解糖梭状芽孢杆菌、致黑梭状芽孢杆菌、链球菌属和乳杆菌属中的嗜热链球菌、嗜热乳杆菌、纯黄丝衣霉等，它们常引起罐头、果汁、鲜奶等需高温处理食品的腐败变质。

（2）环境气体状况　食品所处环境的气体组成与导致食品腐败的微生物间有着密切的关系，在氧气充足的环境中，好氧及兼性好氧微生物进行呼吸作用，分解基质，导致食品腐败。在氧气不足的环境中，兼性厌氧微生物是食品变质的主要种类。在严格厌氧环境下，兼性厌氧微生物及厌氧微生物是引起食品腐败的主要微生物。引起食品腐败的好氧细菌主要有假单胞菌属、产碱菌属，以及枯草芽孢杆菌、巨大芽孢杆菌等菌株。兼性厌氧的细菌有蜡样芽孢杆菌、大肠杆菌、变形杆菌、乳杆菌、金黄色葡萄球菌等。厌氧细菌主要有腐败梭状芽孢杆菌、溶组织梭状芽孢杆菌、肉毒杆菌及一些乳酸菌等。在一般情况下，好氧微生物导致的食品腐败速度大于厌氧及兼性厌氧微生物。另外，不同氧含量会影响微生物的代谢途径，导致腐败的食品产生不同的气味。因此生产上我们经常采用气调方式，在食品保藏环境中充入氮气、二氧化碳等气体，以调节环境中的氧气含量，抑制好氧菌的生长，或者采用真空包装，将环境中的氧气彻底排除来延长食品的保鲜期。采用哪种保鲜方法以及填充气体的种类及比例取决于引起食品腐败的微生物种类及食品的性质。

（3）环境空气相对湿度　食品所处环境中的空气相对湿度对食品及腐败性微生物也有极大的影响，尤其是未包装的食品。如果空气相对湿度过大，再遇上高温，细菌、真菌就会在食品表面大量繁殖，加速食品腐败过程；如果环境空气相对湿度过低，食品中微生物生长会被抑制，但会造成食品中的大量水分在短时间内蒸发损失，也会影响食品的品质。因此，应针对食品的性质，灵活控制食品所处空间的相对湿度。

由以上内容我们可以看出，食品的腐败变质是一个复杂的过程，它是食品基质、食品所处的环境条件以及食品中存在的微生物相互作用的结果。

3.3.3 食品腐败变质的过程

食品腐败变质的过程即食品组成成分的分解及新物质的形成过程。该过程包括食品中蛋白质的分解、脂肪的分解、碳水化合物的分解以及食品中有毒、有害物质的形成。

1. 蛋白质分解

肉、蛋、奶、豆制品等这些高蛋白食品，被微生物污染后，首先在微生物分泌的蛋白酶的作用下被分解为多肽，然后多肽在肽酶的作用下继续被分解为氨基酸，氨基酸经过脱羧基、脱氨基、脱硫等作用进一步被分解成相应的氨、胺类、有机酸和各种碳氢化合物。如甘氨酸被分解后形成甲胺，鸟氨酸被分解后形成腐胺，精氨酸被分解后形成色胺，进一步被分解成吲哚。含硫氨基酸被分解为硫化氢、氨、异硫醇等。微生物种类不同，它们分解氨基酸的方式不同，分解终产物也不同。

微生物分解氨基酸的主要方式如下：

(1) 脱氨基　氨基酸氧化脱氨基形成酮酸和铵盐。

$$2RCH(NH_3^+)COO^- + O_2 \longrightarrow 2RC(=O)—COO^- + 2NH_4^+$$

氨基酸还原脱氨基形成饱和脂肪酸和氨气。

$$RCH_2CHNH_2COOH + H_2 \longrightarrow RCH_2CH_2COOH + NH_3$$

氨基酸直接脱氨基形成烯酸与氨气。

$$RCH_2CHNH_2COOH \longrightarrow RCH=CHCOOH + NH_3$$

(2) 脱羧基　甘氨酸脱羧形成甲胺。

$$CH_3NH_2COOH \longrightarrow CH_3NH_2 + CO_2$$

鸟氨酸脱羧形成腐胺。

$$CH_2NH_2(CH_2)_2CHNH_2COOH \longrightarrow CH_2NH_2(CH_2)_2CH_2NH_2 + CO_2$$

精氨酸脱羧形成尸胺。

$$CH_2NH_2(CH_2)_3CHNH_2COOH \longrightarrow CH_2NH_2(CH_2)_3CH_2NH_2 + CO_2$$

色氨酸脱羧形成吲哚。

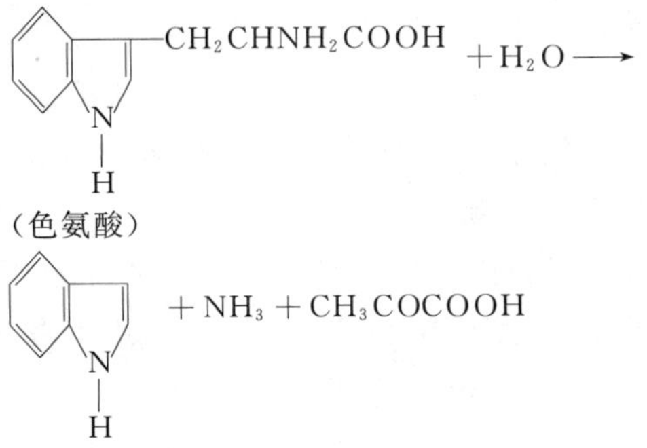

(色氨酸)　(吲哚，无色)

(3) 含硫氨基酸分解，产生硫化氢。

$$胱氨酸 \longrightarrow 2CH_3COOH + 2HCOOH + 2NH_3 + 2H_2S$$

评价蛋白类食品是否变质的常用指标有总挥发性碱基氮、pH等。总挥发性碱基氮(TVB-N)是指肉、鱼等蛋白类样品浸液在弱碱性环境下，能与水蒸气一起蒸馏出来的总氮量，主要是氨和胺类(三甲胺和二甲胺)。蛋白质分解产氨气会使pH升高，因此pH变化也是检测食品腐败的一个指标。

K 值也常作为食品腐败的一个检测指标，尤其是鱼类产品，多用于鱼类新鲜度的早期鉴定。*K* 值是指ATP分解的肌苷(HxR)和次黄嘌呤(Hx)等产物的量占ATP以及其分解产物(ATP+ADP+AMP+IMP+HxP+Hx)的百分比，$K \leqslant 20\%$，表示水产品比较新鲜；$K \geqslant 40\%$时，表示水产品开始腐败。

2. 脂肪分解

由微生物引起脂肪类物质发生的变质称为酸败，脂肪发生变质的特征是产生酸和刺激性的“油哈”气味。其分解过程为脂肪在解脂酶的作用下分解成甘油和脂肪酸。脂肪酸也可再分解成具有特殊气味的醛类和醛酸，即所谓的“油哈”气味。这就是食用油脂和含脂肪丰富的食品发生酸败后气味改变的主要原因。

评价脂肪腐败的指标主要有酸价、碘价(值)、凝固点(熔点)、比重、折光指数、皂化价等。其中酸价影响最明显，酸价是表示脂肪中游离脂肪酸含量的一个指标，是指中和1 g化学物质(脂肪)所需的氢氧化钾(KOH)的质量，以mg计。

3. 碳水化合物分解

食品中的碳水化合物包括纤维素、半纤维素、淀粉、双糖、单糖等物质。小麦、玉米、大米及其加工产品，其主要成分为淀粉，果蔬及其加工产品主要成分为纤维素、半纤维素、糖类、果胶。淀粉食品被微生物污染后，微生物会分泌淀粉酶，将其降解为葡萄糖；富含纤维素的果蔬类食品也会在微生物分泌的纤维素酶的作用下将其分解为葡萄糖；果胶在微生物分泌的酶的作用下被分解为半乳糖醛酸。葡萄糖在无氧条件下可以被厌氧、兼性厌氧微生物分解，形成多种发酵产物。例如，乳酸细菌可以将葡萄糖还原为乳酸。酵母菌将葡萄糖的降解产物丙酮酸脱羧形成乙醛，再由乙醛还原形成乙醇。丁酸弧菌属、真杆菌属和羧状芽孢杆菌属的一些种，如丁酸羧菌、克氏羧菌等，通过将葡萄糖的降解产物丙酮酸脱羧形成乙酰-CoA，然后2个乙酰-CoA缩合为乙酰乙酰CoA，再经过多个步骤形成丁酸。多种肠道细菌可以将丙酮酸转化为包括甲酸、乙酸、乳酸、琥珀酸、乙醇、丙三醇、2，3-丁二醇、3-羟丁酮等多种有机酸和醇的混合酸。在好氧条件下，微生物可以将葡萄糖彻底氧化分解为水及二氧化碳。碳水化合物的种类不同，分解他们的微生物不同，环境不同，代谢过程各异，终产物也不相同。

果胶质是构成高等植物细胞间质的主要物质，果胶物质分解是果蔬类食品腐败组织松散的主要原因。碳水化合物降解过程如下：

天然果胶质（原果胶）$\xrightarrow{\text{原果胶酶}}$水溶性果胶$\xrightarrow{\text{果胶甲酯水解酶}}$果胶酸$\xrightarrow{\text{果胶酸酶}}$

半乳糖醛酸
- 好氧：二氧化碳、水
- 厌氧：醇、醛、酮

天然纤维素$\xrightarrow{\text{C1 酶}}$水合非结晶纤维素$\xrightarrow{\text{Cx 酶}}$纤维二糖＋葡萄糖$\xrightarrow{\text{纤维二糖酶}}$葡萄糖淀粉

$\xrightarrow{\text{淀粉-1，4-葡萄糖糖苷酶，淀粉-1，6-葡萄糖糖苷酶}}$

葡萄糖
- 好氧：二氧化碳、水
- 厌氧
  - $\xrightarrow{\text{乙醇发酵（酵母菌）}}$乙醇、二氧化碳
  - $\xrightarrow{\text{正型乳酸发酵}}$乳酸
  - $\xrightarrow{\text{异型乳酸发酵}}$乳酸、乙醇、二氧化碳
  - $\xrightarrow{\text{丁酸发酵}}$丁酸
  - $\xrightarrow{\text{混合酸发酵}}$甲酸、乙酸、乳酸、琥珀酸、$CO_2$、$H_2$、甘油等

由以上内容可以看出，含碳水化合物食品的腐败变质，一般导致食品酸度增加，有时伴随有气体产生，并带有醇、酸、醛类等特有的味道。由微生物引起糖类物质发生的变质也称为发酵或酵解。

4. 有毒物质形成

微生物污染食品后，不仅导致食品的腐败变质，使其失去营养价值及商品价值，一些种类的微生物还会产生有毒物质，人食用后，引起食物中毒。这类物质主要有真菌毒素、细菌毒素，另外，一些微生物分解食品基质也会产生有毒物质。粮食、果蔬制品容易携带真菌毒素，常见的真菌毒素有黄绿青霉产生的神经毒素，这种毒素急性中毒引起神经、呼吸麻痹、抽搐，慢性中毒引起溶血性贫血；橘青霉产生的橘青霉素，危害肾脏；黄曲霉产生的黄曲霉毒素具有强烈的致癌作用。细菌毒素引起的食物中毒是食物中毒的主要类型，毒性较强的细菌毒素有肉毒杆菌产生的肉毒杆菌素，其毒性相当于等量氰化钾的1万倍，食品被土壤污染容易携带此菌。金黄色葡萄球菌产生的肠毒素是一类较常见的细菌毒素，它引起的食物中毒表现为患者的中上腹部疼痛、恶心、呕吐，同时伴有头晕、头痛、腹泻、发冷或低烧症状，病情严重可引起外周循环衰竭和虚脱。还有一类是微生物分解食品基质产生的代谢产物，如硫化氢、组织胺等，也会引起食物中毒。

3.3.4 食品腐败变质的特征

食品腐败变质后在外观特征、内部结构、气味、口味等方面均表现出与正常状态不同的一些变化，了解这些变化有利于人们及早发现腐败现象，减少食品由腐败造成的损失。食品腐败后常出现以下几种腐败特征。

（1）色泽改变　一些腐败变质的食品表现出食品色泽的改变，究其原因，有多种因素：①微生物本身带有颜色，它在食品表面大量聚集，导致食品原有颜色发生改变。例如，水果被黑曲霉、青霉感染，水果表面出现黑色（黑曲霉孢子颜色）、蓝绿色（青霉孢子颜色）斑块；链格孢霉、枝孢霉、蠕孢霉等具有暗色菌丝和黑褐色孢子，小麦在收割后遇到阴雨天气，这些霉菌就会在小麦表面大量繁殖，使麦粒变灰暗，麦胚部呈黑褐色。②腐败微生物分解基质，形成的中间代谢产物与食品成分发生显色反应，使食品呈现新的颜色。例如，细菌分解肉制品产生硫化氢，硫化氢与肌肉组织中的血红蛋白结合形成绿色的硫化氢血红蛋白，使肉呈现暗绿色的斑点。③微生物代谢产物带有颜色或者微生物分解了食品本身所带色素，导致食品变色等。

（2）出现异味　气味是食品固有的属性，腐败变质的食品会出现气味的改变，这种改变一般伴随着食品挥发性成分的变化。例如，酒被醋酸杆菌氧化为醋，表现为酒味的降低，酸味的产生；梳状细菌会导致啤酒的变质，它在生长过程中，

会生成大量的乙酸、丙酸，以及少量的乳酸、琥珀酸等物质，使啤酒呈现异味；被霉菌污染的食品会带有霉味；鸡蛋被微生物分解产生硫化氢、氨气，散发臭味、氨味；乳酸菌和酵母菌在肉中生长时，会产生挥发性有机酸，使肉带酸味；放线菌产生泥土味；蛋白质被细菌分解产生硫化氢、硫醇、吲哚、粪臭素、氨和胺类等异味化合物，而呈现异臭味。

因此，食品原有气味的改变是我们识别食品腐败的一方面。研究人员已经开发出通过识别气味鉴别食品腐败的方法，例如，使用带有嗅探装置的气质联用设备与电子鼻结合，通过识别食品腐败过程中产生的特征物质来鉴别食品是否腐败，这些方法能够在不影响食品原有性质的状态下，及早发现食品的腐败，降低食品由腐败造成的损失。

(3) 口味变化　食品变质的另外一个特征就是食品口味或滋味的改变。口味也是食品的一种固有属性，由食物的营养组成及物理状态所决定，食品腐败后，其营养物质被分解，导致食品营养成分及物理状态发生改变，反映到口感上，出现口味的变化。例如，消毒后的乳制品被大肠杆菌、微球菌等分解后会产生苦味；小麦被链格孢霉、枝孢霉、蠕孢霉感染后，面粉会发黑，食用时面条发黏。果汁的特征风味由其中的酒石酸、柠檬酸、苹果酸等有机酸的种类与含量决定，当果汁被微生物分解，果汁中有机酸的种类和含量会发生改变，如解酒石酸杆菌、琥珀酸杆菌等分解果汁中的酒石酸，葡萄孢霉等分解柠檬酸产生二氧化碳和乙酸，乳酸杆菌、明串珠菌等分解苹果酸产生乳酸和丁二酸，个别霉菌如灰绿葡萄孢霉分解苹果酸等，都会改变果汁的原有味道。还有一种情况如微生物在代谢过程中产生有机酸，使果汁口味改变，如黑根霉在代谢过程中合成苹果酸。曲霉属、青霉属、毛霉属、葡萄孢霉属、丛霉属和镰刀霉属等合成柠檬酸，也会改变果汁中有机酸的组成，改变果汁风味。一些由片球菌造成的啤酒腐败，会生成双乙酰，使啤酒口味变差。

(4) 组织松散、状态改变　食品不同，导致其腐败的微生物种类不同，食品腐败后呈现的物理状态也不同。果蔬类食品含有较多的果胶质、纤维素，这些食品中的果胶质、纤维素等成分被微生物分解后，食品出现组织松软，变形，严重的还会出现细胞内容物外溢，液体渗出等现象；鱼、肉类等食品，被微生物污染后，结缔组织、肌肉组织被分解，鱼、肉等呈现肌肉松弛、弹性差，腐败严重的还会出现组织解体；液态食品，如酱油、醋、酒等食品变质后，则会出现浮膜，液体浑浊、沉淀，食品变稠等现象。例如，果汁被雪白丝衣霉、宛氏拟青霉污染，污染初期由于果胶酶的作用，果汁澄清，污染后期，菌丝大量生长，果汁变浑浊。又如，浓缩果汁被鲁氏酵母、蜂蜜酵母等微生物污染，污染初期果汁中糖含量较高，酵母浮于果汁表面；污染后期，果汁中的糖被酵母利用，糖浓度降低，酵母沉淀到果汁底部。奶与奶制品被微生物污染，腐败后物理状态也会发生改变，如鲜奶污染乳酸菌，奶中出现蛋白质凝块，酸奶被分解蛋白质的芽孢杆菌污染，会出现质地松散以及大量乳清析出等现象。

3.3.5 常见食品的腐败变质

1. 肉类腐败变质

生鲜肉腐败是一个涉及多种特定微生物相互作用并受多种因素影响的复杂的微生物生态现象。畜禽被屠宰后，生命体合成 ATP 的能力丧失，神经与激素的调节作用终止，表皮组织失去对外界微生物的抵御能力。因此，在这些因素与微生物的共同作用下，鲜肉食品会出现腐败变质。

细菌吸附鲜肉表面的过程可分为两个阶段：第一个阶段是可逆吸附阶段，即细菌与鲜肉表面微弱结合，此时用水洗可将其除掉。第二个阶段为不可逆吸附阶段，细菌紧密地吸附在鲜肉表面，而不能被水洗掉，吸附的细菌数量随时间的延长而增加，随着贮存时间的延长，微生物在肉表面大量繁殖，出现一些特征性的现象。肉的种类不同，污染的微生物不同，腐败程度不同，呈现的腐败特征也不同，主要有以下几种腐败特征。

(1) 发黏　乳酸菌、假单胞菌、热杀索丝菌、酵母等单细胞腐败微生物在鲜肉表面生长形成时，肉表面会出现发黏、拉丝等现象，出现此特征时，鲜肉微生物数量已经达到 10^7 个/cm^2。

（2）变色　在有氧贮藏条件下，微生物的大量繁殖会使肉表面的氧分压有所降低，而利于褐色高铁肌红蛋白的形成，从而使肉色变暗。魏斯氏菌、明串珠菌、肠球菌、乳酸杆菌及希瓦氏菌属微生物分解肉类中的含硫氨基酸产生硫化氢，硫化氢与肌肉组织中的血红蛋白形成绿色的硫化氢血红蛋白，形成暗绿色的斑点。

（3）霉斑　肉类被霉菌污染，肉表面会出现霉斑，霉菌种类不同，霉斑形状及颜色也不同。如感染美丽枝霉，肉会出现羽毛状的丝状物；感染青霉、白地霉、霉菌产生孢子后，肉会产生具蓝绿色、白色霉斑。

（4）气味改变　脂肪腐败可产生酸败气味，乳酸菌和酵母菌在肉上生长时，会产生挥发性有机酸，使肉有酸味。放线菌产生泥土味。霉菌能使肉产生霉味，蛋白质被细菌分解产生硫化氢、硫醇、吲哚、粪臭素、氨和胺类等异味化合物，而呈现异臭味。

（5）骨腐败　牛、羊、猪臀部肌肉容易出现，肉表面颜色正常，切开有酸臭味，骨头周围肌肉为褐色，骨膜下有黏液，这是被严格厌氧的梭状芽孢杆菌污染所致。

2. 鲜乳腐败变质

鲜乳在室温贮藏过程中微生物会出现一个交替变化的过程，鲜乳的pH也出现先降低后升高的变化，这些变化与微生物种类直接相关，根据这个规律性变化我们把鲜乳腐败变质分为几个时期，分别为抑菌期、乳酸链球菌期、乳酸杆菌期、真菌期、胨化细菌期（图3-4）。

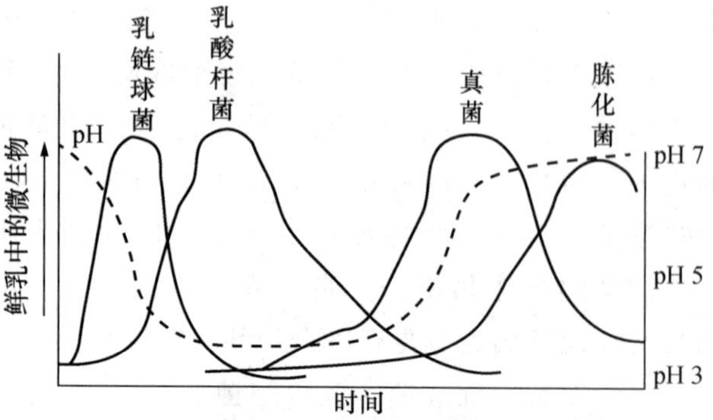

图3-4　鲜乳腐败过程中微生物的变化规律

（引自：贾洪锋．食品微生物．2015.）

（1）抑菌期　新鲜乳液中含有来自母体的抑菌物质，如溶菌酶、乳铁蛋白、免疫球蛋白等物质，它们可以在12～36 h内抑制鲜乳中微生物的生长，因此鲜乳中微生物的数量较少。

（2）乳酸链球菌期　抑菌期结束后，鲜乳中的多种微生物如乳酸链球菌、乳酸杆菌、大肠杆菌和一些蛋白质分解菌开始生长，此时乳酸链球菌生长占优势，利用糖类产生乳酸，使乳液pH降低，不耐酸的细菌生长被抑制。

（3）乳酸杆菌期　随着鲜乳pH逐渐降低，乳酸链球菌活力逐渐减弱，而乳酸杆菌的活动逐渐增强。当pH下降至4.5时，乳酸链球菌被抑制，乳酸杆菌继续生长，分解乳糖产酸，导致乳液中出现大量乳凝块，并有很多乳清析出，此时耐酸的真菌、酵母开始生长，但优势菌为乳酸杆菌。

（4）真菌期　当pH继续下降至3.5～3.0时，乳杆菌等细菌被抑制或死亡，耐酸能力强的酵母和霉菌利用乳酸及其他有机酸生长，随着有机酸的减少，乳液的pH逐渐上升，并接近中性。鲜乳中的酵母如脆壁酵母、拟圆酵母等，导致牛乳出现凝块、分层、产气、表面结膜或赋予酵母味等不良风味。鲜乳中的霉菌，如乳卵孢霉、黑丛梗孢霉、蜡叶芽枝霉、乳酪青霉、灰绿曲霉、黑曲霉等分解有机酸，有的种类还会导致鲜乳中出现真菌毒素。

（5）胨化细菌期　是指在微生物的作用下，鲜乳中的蛋白质凝块逐渐消失的时期，具有此功能的细菌称为胨化细菌。乳中常见的胨化细菌有枯草芽孢杆菌、地衣芽孢杆菌、蜡状芽孢杆菌、荧光假单胞菌、腐败假单胞菌等，它们可以产生蛋白酶。

随着真菌期的结束，鲜乳中的乳糖被大量消耗，此时，鲜乳的pH近中性，蛋白质、脂肪含量很高，非常适合胨化细菌、脂肪分解菌、产碱菌等微生物的生长。因此，此时鲜乳中大量的乳凝块被分解，鲜乳还会出现产气、变色、发黏等现象，并散发出腐败臭味。

脂肪分解菌主要是一些革兰氏阴性的无芽孢杆菌，如假单胞菌属、无色杆菌属。产碱菌主要有粪产碱杆菌、熟乳产碱杆菌等，它们能分解乳中的有机酸、碳酸盐和其他物质，使鲜乳的 pH 上升，同时还使鲜乳变得黏稠。产气菌主要有一些醋酸菌，它们能分解碳水化合物产生酪酸、CO_2 和 H_2。

鲜乳中有时会带有病原菌，如患结核或布氏杆菌病的乳牛分泌的乳中会有结核杆菌或布氏杆菌，患乳房炎的乳牛分泌的乳中会有金黄色葡萄球菌。其他可能出现的致病菌还包括链球菌属、弯曲杆菌属、沙门氏菌属、李斯特氏菌属、大肠埃希氏菌属中的一些微生物。

3. 禽蛋腐败变质

物理、化学、生物因素均可引起禽蛋的腐败变质，其中微生物是主要因素，侵染鲜蛋的微生物种类不同，侵染时期不同，鲜蛋表现出不同的腐败症状。

（1）散黄蛋　蛋黄膜被分解而使蛋黄散乱，并与蛋白逐渐混合在一起，这种现象是变质的初期现象。

（2）泻黄蛋　散黄蛋进一步被微生物分解，产生硫化氢、氨、粪臭素等蛋白分解产物，蛋液变成灰绿色的稀薄液，并伴有大量恶臭气味。

（3）酸败蛋　有时蛋液变质产生硫化氢而产生酸臭味，蛋液变红、变稠，呈浆状或有凝块出现。

（4）黏壳蛋　毛霉属、曲霉属、芽枝霉属、分枝孢霉属的一些微生物污染鲜蛋，腐败程度不同，症状也不同，主要腐败现象有三类：一类是霉菌可在蛋壳表面或进入内侧生长，形成深色霉斑，仅壳外发霉，内部正常，称为壳外霉蛋；第二类是壳外和壳膜内壁有霉点，蛋液内无霉点和霉气味，品质无变化，称为轻度霉蛋；第三类是蛋表面有霉点，透视时内部也有黑点，打开后壳膜及蛋液内均有霉点，并带有霉气味，称为重度霉蛋。

4. 果蔬的腐败变质

新鲜的果蔬表皮及表皮外覆盖的蜡质层可防止微生物侵入，使果蔬在相当长的一段时间内免遭微生物的污染。当这层防护屏障受到机械损伤或昆虫的刺伤时，微生物便会从伤口侵入其内部，进行生长繁殖，造成果蔬腐烂变质。这些微生物主要是霉菌、酵母菌和少数的细菌。霉菌首先在果蔬表皮损伤处，生长繁殖，然后侵入果蔬组织，首先破坏植物细胞壁的纤维素，然后进一步分解细胞的果胶质、蛋白质、淀粉、有机酸、糖类等物质，植物细胞壁被破坏后，酵母菌和细菌开始大量生长繁殖，使果蔬内的营养物质进一步被分解。新鲜果蔬组织内的酶仍然活动，在贮藏期间，这些酶与造成果蔬变质的其他环境因素有一定的协同作用。

果蔬种类不同，侵染的微生物不同，腐败的症状也各不相同，一般表现出组织表面出现斑点、组织软化、凹陷、变形、浆液状乃至水液状，甚至全部腐烂，同时伴有酸味、醇香味、腐烂味、霉味等气味。还有外观正常，切开后种子部分褐变、腐烂。果蔬变质后，口感变差，还会出现苦味等不良味道。常见微生物侵染果蔬后的主要症状见表 3-6。

表 3-6　常见微生物侵染果蔬后的主要症状

微生物种类	症状
链格孢属	果蔬组织先在组织表面出现病斑，呈褐色、黑色、扁平或塌陷状，严重者病斑部位腐烂，腐烂可深入果蔬内部组织
葡萄孢属	侵染早期病斑呈水浸状，慢慢变为淡褐色，菌丝由表层到内部扩展迅速，若贮藏空间湿度大，果蔬腐败，腐烂部位表面出现淡灰色或浅灰褐色霉层
青霉属	初期组织表面出现白色斑块，内部组织褐变，后期组织表面呈现蓝绿色、淡绿色或橄榄绿色等，青霉种类不同，颜色也不同，最后全果腐烂。腐败组织散发出难闻的气味
镰刀菌属	镰刀菌属微生物侵染不同食品，表现出的症状略有不同，侵染马铃薯后，受害组织最初为淡褐色，以后变成深褐色，随着腐烂区域扩大，表皮皱缩、凹陷，出现淡白色、粉红色或黄色霉斑。镰刀菌属微生物侵染质地脆嫩的蔬菜，如番茄、黄瓜后，出现软腐，表层菌丝呈粉色
欧氏杆菌属	植物组织感染初期，组织出现水浸状斑点，后斑点部位进一步蔓延，整个叶片甚至整棵（个）果蔬软腐，腐败组织呈褐色，有的渗出汁液，产生难闻的气味
假单胞杆菌属	与欧氏杆菌属侵染相似

（引自：吴祖芳．现代食品微生物学．2017.）

5. 罐头食品腐败变质

化学或物理因素可引起罐头食品的变质，如罐头内的酸性食品与罐头金属容器发生化学反应产生氢气；罐内装的食品过多时，压迫罐头形成胀罐，加热后更加明显；排气不充分，罐内有过多的气体残存，受热后胀罐。但罐藏食品胀罐绝大多数是由微生物生长繁殖造成的。

微生物引起的罐头食品的变质有以下几种类型：

（1）胀听（罐） 有的罐头腐败变质后，盖子出现外凸的现象，这种罐头食品的腐败变质统称为胀听。引起罐头食品胀听腐败的主要微生物种类见图 3-5。

（2）平酸 罐头食品发生腐败，而罐头外观正常，盖和底不发生膨胀，这是由于腐败过程产酸不产气的缘故。导致罐头平酸腐败的微生物我们称之为平酸菌。常见的种类多为细菌，主要有嗜热脂肪芽孢杆菌、蜡状芽孢杆菌、巨大芽孢杆菌、枯草芽孢杆菌等。腐败是由罐头杀菌不彻底，或罐体杀菌后二次污染，环境内的微生物进入罐体所致。如地衣芽孢杆菌、枯草芽孢杆菌引起的黄桃罐头腐败，罐内食品组织解体，罐内 pH 未改变；地衣芽孢杆菌、成团泛菌等引起的草莓罐头腐败变质，罐内食品组织解体，pH 降低；枯草芽孢杆菌、地衣芽孢杆菌、短小芽孢杆菌、蜡样芽孢杆菌等引起的软包装笋片组织腐烂变糊等，阴沟肠杆菌引起的八宝粥罐头腐败变质也属于平酸腐败。

（3）黑变 罐头内容物中的蛋白质被微生物分解产生硫化氢，硫化氢与罐壁铁反应生成硫化铁黑色沉淀，导致罐头食品发黑并有臭味。这种罐头外观一般保持正常或出现轻微膨胀。导致黑变的微生物多为致黑梭状芽孢杆菌。厌氧嗜热芽孢杆菌，生长适温为 55 ℃，该菌分解糖的能力较弱，分解含硫氨基酸产生硫化氢能力强，常引起豆类、玉米、谷类和鱼类罐头食品的腐败变质。

（4）发霉 罐头内容物上出现霉斑。有一些霉菌，尤其是其有性孢子或无性孢子耐热力比较强，罐头食品杀菌后，不能将其灭活，待温度适宜时，在罐头食品内生长，形成霉斑。例如，纯黄丝衣霉菌能分解果胶，形成耐热的子囊孢子，在氧气充足的情况下生长繁殖，产生二氧化碳，造成罐头胀听，并形成霉斑，这种腐败多由杀菌时罐头真空度不够，残留气体造成。

6. 鱼腐败变质

刚死亡的鱼，外表光亮度好，鱼体表有一层黏液，眼球饱满，肉按压后弹性好，鳃鲜红。随着存放时间的延长，微生物大量繁殖，当存在于鱼表面细菌数量达到 $10^3 \sim 10^8$ 个/cm^2 时，鱼体表面发生浑浊，鱼鳞脱落，微生物进一步侵入内部组织；当存在于消化道内的细菌数量达到 $10^3 \sim 10^6$ 个/cm^2 时，在微生物及酶的作用下，鱼肠壁溃烂，微生物突破肠壁侵入肌肉组织。同时，鱼鳃部位细菌大量繁殖，并通过鳃进入内部组织。因此，随着贮藏时间的延长，鱼体表面黏液层消失，眼球凹陷，组织弹性降低，并散发腐臭味，进入组织内部的微生物进一步分解蛋白质、脂肪等营养物质，鱼体出现肌肉组织松散、解体，并有大量渗出液流出等现象。蛋白质分解产物有三甲胺、吲哚、粪臭素、硫化氢、组织胺等异味化合物。卵磷脂分解成胆碱、脂肪酸磷酸、磷酸甘油酯。胆碱又会分解成有毒的神经碱和腐磷脂等物质，嘌呤碱分解为尿囊素，进而生成氨、二氧化碳等，释放出难闻的气味。但鱼种类不同，鱼体上存在的微生物种类也不同，在整个腐败过程中，鱼肉在内源蛋白酶、脂肪酶及微生物产生的降解酶共同作用下，鱼肉腐败变质。

鉴别鱼类新鲜度最常用的是感官鉴别法，此外还可通过测定挥发性盐基氮、菌落总数、pH 等化学、生物方法鉴别。马艳君发现，新鲜淡水鱼（草鱼、鳙鱼、鲫鱼）特征性气味主要为一些醛类和醇类物质，其中已醛和 1-辛烯-3-醇贡献值较大；淡水鱼腐败特征性气味主要为庚醛、已醇、异戊醇、5-甲基-3-庚醇、2-甲基环戊醇、异丁酸、乙酸、乙酸乙酯、二甲基二硫化物、2-甲酸组胺、三甲胺，其中 2-甲酸组胺和三甲胺是腐败臭气的主要来源，因此也可以通过挥发性成分鉴别鱼的新鲜度。近年来出现的基因芯片法、多重荧光定量 PCR 法可以在短时间内鉴别多种腐败微生物，为食品腐败的早期鉴别提供可能。

- 微生物
  - 细菌
    - 产芽孢
      - 高温型厌氧不产硫化氢菌（TA 菌）：嗜热解糖梭状芽孢杆菌引起中、低酸性罐头胀听
      - 中温型
        - 需氧芽孢杆菌：如多黏芽孢杆菌，引起胀听，多因杀菌过程真空度不够造成
        - 厌氧芽孢杆菌
          - 如丁酸细菌，在酸性或中酸性罐头内利用糖进行丁酸发酵
          - 如魏氏梭菌、生孢梭菌及肉毒梭菌，分解蛋白质引起胀听
    - 不产芽孢：大肠杆菌，链球菌，如嗜热链球菌、乳链球菌和粪链球菌等
  - 酵母：常见于果酱、果汁、水果罐头、甜炼乳、糖浆等含糖量高的罐头，由漏罐或杀菌不够造成
  - 霉菌：如丝衣霉菌在厌氧环境中产生二氧化碳，分解水果罐头组织，引起胀听

图 3-5　罐头食品胀听腐败的主要微生物种类

3.4　食品微生物污染的危害及控制

食品被微生物污染，可导致食品的腐败变质，同时，携带的致病微生物可引起食源性疾病。在食品中出现的病原菌主要有两大类：一类具有传染性，会导致人和动物出现食源性传染病；另一类不具有传染性，但大量菌体或其产生的毒素进入人体会引发食物中毒。

3.4.1　食品微生物污染的危害

1. 食品的腐败变质

食品被微生物污染会携带腐败菌及病原菌，腐败菌会造成食品的腐败变质，使食品出现变色、变味、组织状态改变等现象，轻则缩短食品的货架期，重则产生有毒、有害物质，消费者食用后造成食物中毒，不仅会造成巨大的经济损失，还会危害人体健康。

2. 食物中毒

食物中毒是指食用了被有毒、有害物质污染的食品或者食用了含有毒、有害物质后，出现的急性、亚急性疾病。根据有毒、有害物质的来源，食物中毒又分为动物性食物中毒（食用来源于动物的毒素造成的食物中毒）、植物性食物中毒（食用来源于植物的毒素造成的食物中毒）、微生物性食物中毒（食用含有微生物活菌或其产生的毒素造成的食物中毒）、化学性食物中毒（食用含有有毒化学物质的食物造成的食物中毒，如食用肉中亚硝酸盐超标造成的食物中毒）等。微生物性食物中毒，根据微生物的种类又细分为细菌性食物中毒、真菌性食物中毒等，真菌性食物中毒又分为霉菌性食物中毒以及大型真菌（毒蘑菇）引起的食物中毒。王晓晔等报道，2017 年突发公共卫生事件报告管理信息系统数据显示，当年全国食物中毒事件 348 起，累计报告病例 7 389 例，死亡 140 例，其中细菌性食物中毒事件占整体事件的 31.61%，细菌性食物中毒占中毒人数的 57.6%，沙门氏菌、副溶血弧菌、金黄色葡萄球菌是主要的致病因素。真菌性食物中毒引起死亡人数最多，占整体死亡人数的 60.71%。植物性食物中毒，以四季豆引起的食物中毒最多。化学性食物中毒中，以亚硝酸盐引起的食物中毒事件涉及人数最多。因此，了解食物中毒的相关内容，可防患未然。

食物中毒的特点：①潜伏期短，食用含有有毒物质或有害生物的食品后，在 0.5～24 h 后相继出现中毒症状，呈集体性暴发；②食物中毒的事件与食用某种食物直接相关，进食者得病，不进食者不得病，当停食该种食物后，发病即可控制；③同一中毒事件中，所有中毒个体都有相同或相似的中毒症状；④食物中毒不同于食源性传染病，虽然发病率高，但不传染。

（1）细菌性食物中毒　指由于人进食了带有细菌活体或其毒素的食物，而发生食物中毒的现象。细菌性食物中毒病原菌种类多，发生率较高，死亡率低，季节性明显，以 5—10 月发生较多，其中最常见的病原菌有沙门氏菌、金黄色葡萄球菌、蜡样芽孢杆菌、副溶血弧菌等。

根据中毒的机制，细菌性食物中毒常分为 3 种类型。①感染型食物中毒：由食物携带的活菌体引发的食物中毒。如沙门氏菌引发的食物中毒，病原菌进入人体肠道后，在肠道繁殖，附着在肠黏膜，并侵入肠道，引起肠道炎症反应。这种类型的食物中毒一般食品中带菌量较高。②毒素型食物中毒：细菌产生毒素，由进食含有细菌毒素的食物导致的食物中毒，如肉毒梭菌产生的肉毒

毒素，金黄色葡萄球菌、变形杆菌、蜡样芽孢杆菌、空肠弯曲菌、大肠杆菌等产生的肠毒素等都会引起这类食物中毒。虽然许多细菌都产生肠毒素，但因细菌种类不同，其肠毒素的结构、功能、特性也存在差异。③混合型食物中毒：由菌体及其产生的毒素共同作用造成的食物中毒。在细菌感染的过程中，除菌体及其产生的毒素作用外，菌体的侵染、附着结构、菌体产生的相关酶类对细菌引发的食物中毒都起到了一定的作用。

（2）霉菌性食物中毒　是指由于人进食了带有霉菌毒素的食物，而发生食物中毒的现象。霉菌引发的食物中毒，主要是霉菌产生的代谢产物对生物体具有毒害作用，霉菌种类多样，其产生的毒素也各不相同，还存在多种霉菌产生同一种毒素和一种霉菌产生多种毒素的现象。霉菌产毒具有一定的条件要求，在温度为 20～30 ℃，相对湿度为 80%～90%，氧气充足，粮食含水量 17%～19%，有利于多数霉菌产毒；当条件不能满足时，霉菌不产毒，或产毒量较少。这些特性为降低直至消除食品中某一种真菌毒素提供了可能。常见霉菌毒素及其危害见表 3-7。

（3）毒蘑菇引起的食物中毒　其发生率高，死亡率高，主要原因是有些毒蘑菇与可食用的蘑菇在形态上难以辨别，采食者以经验判断，易造成失误，引发食物中毒。

根据毒素的种类及临床症状，将由毒蘑菇引起的食物中毒分为 5 个类型：①肠胃炎毒素：该类食物中毒发病率高，死亡率低，主要表现为肠胃炎症状。产生该毒素的蘑菇种类主要有白林地菇、双环林地菇、辣乳菇、绒白乳菇、红乳菇、粗糙乳菇、毒赤褶菇、毒红菇、喇叭菌等。②溶血毒素：中毒后主要出现溶血症状。产生该毒素的蘑菇种类主要为鹿花菌、赭鹿花菌。③神经致幻毒素：这类毒素作用于人的神经系统，中毒后出现幻觉。产生该毒素的蘑菇种类主要有橙黄鹅膏、蛤蟆菌、裸盖伞等。④肝肾损伤毒素：这类毒素损伤人的肝脏，它引起的食物中毒死亡率高。产生该毒素的蘑菇种类主要有毒鹅膏菌等。⑤光过敏毒素：这类毒素使中毒患者光照后的皮肤出现过敏反应。产生该毒素的蘑菇种类主要有胶陀螺。

3. 食源性传染病

食源性传染病是指通过食物传播的或由进食食物所造成的传染性疾病。这类病害的特点是以食物为传播媒介，病害存在人与人传染，呈暴发式流行，患病人数多，危害大。在所有微生物中细菌、病毒引发的食源性疾病占比较大。

1988 年，某市市民食用了被甲肝病毒感染的毛蚶，引发了甲肝大流行，造成 30 多万人发病，经济损失约达 5 亿元。在该起食源性疾病中，甲肝病毒的来源是毛蚶，人食用带病毒毛蚶发病，病毒在人与人之间传染。

表 3-7　常见霉菌毒素及其危害

霉菌毒素种类	产生菌	危害
黄曲霉毒素	寄生曲霉、黄曲霉	靶器官是肝脏，抑制肝细胞中 RNA 合成，影响蛋白质、脂肪、线粒体、酶等的合成与代谢。此外还有致突变、致癌作用
黄绿青霉毒素	黄绿青霉	靶器官是中枢神经，中毒后造成中枢神经、心脏等全身麻痹，影响呼吸代谢
橘青霉毒素	橘青霉、暗绿青霉、黄绿青霉、扩展青霉、点青霉等	靶器官是肾脏，中毒后肾脏肿大，肾小管扩张，上皮细胞坏死
岛青霉毒素	岛青霉	靶器官是肝脏，中毒后导致肝萎缩、纤维化、硬化，甚至肝癌
丁烯酸内酯（镰刀菌毒素）	三线镰刀菌、梨孢镰刀菌等	能够引起动物肝组织、心肌细胞等组织及细胞的脂质过氧化作用，对器官组织造成毒害
交链孢霉毒素	交链孢霉	由四种毒素组成，分别是交链孢霉酚、交链孢霉烯、交链孢霉甲基醚、细偶氮酸，毒性低，一般不会引发急性中毒，但交链孢霉酚、交链孢霉甲基醚，长期累积有致突变作用
杂色曲霉毒素	杂色曲霉、构巢曲霉	可导致动物肝、肾、皮肤、肺等多种器官癌症

3.4.2 食品有害微生物控制技术

控制食品中有害微生物，首先要减少内源性污染，保证原材料安全；其次要对食品生产、运输、贮藏等各个环节严加管理，降低外源性污染；最后是采取合理的杀菌、抑菌方式，在保证产品食用品质的基础上做到尽可能降低食品中微生物活体数量，同时创造不适合微生物生长、代谢及产毒的环境条件，使微生物生长、代谢速度降到最低，不产毒或少产毒。常采用的杀菌、抑菌控制有害微生物技术有以下几种。

1. 低温控制有害微生物技术

低温控制有害微生物技术是指借助于低温技术，降低食品温度，利用低温抑制或降低微生物的代谢活动、组织内源酶的活力及相关化学反应的速率，以阻止或延缓食品腐败的一种方法，常用的有低温无冻结控制技术、冷冻控制技术及冰鲜控制技术等。低温无冻结控制技术是指将食品温度降低到0 ℃以上，10 ℃以下，并维持这种状态的一种低温控制方法；冷冻控制技术是指使食品温度降低到−18 ℃以下，并维持这种状态的一种低温控制方法；冰鲜控制技术是指使食品温度降低到0 ℃至组织冻结点之间的温度范围，食品组织处于将冻结而又未冻结状态的一种低温控制方法。低温控制有害微生物技术，广泛地应用于果蔬、肉类、鱼类、蛋、奶等食品的保藏。

2. 干制控制有害微生物技术

多数细菌、酵母菌、霉菌生长要求的 A_w 值分别为0.90～0.99，0.88～0.94，0.73～0.94。干制的目的是将食品的 A_w 值降低到微生物生长的限度以下，使微生物因为缺水不能生长。干制后的食品水分含量降低，其内原酶失活或活力降低，有利于食品的保藏。干制可以采用自然干制或人工干制的方法，据报道，食品的 A_w 值由0.80～0.85降低到0.72，食品的保藏期可由几天延长到2～3个月；一般认为食品的 A_w 值在0.64～0.70及以下，是食品安全贮藏的防霉含水量。干制后食品咀嚼性、韧性、风味等食用特性也会发生改变，赋予食品新的口感。

3. 罐藏杀菌控制有害微生物技术

罐藏是采用高温杀菌与气调抑菌相结合的一种控制微生物生长、繁殖的技术，食品原料不同，罐头杀菌方式也不相同，如秀珍菇软包装罐头，原料经过清洗、热烫、配汤汁、装袋、真空密封、杀菌（100 ℃保持20 min），成品符合国家标准（刘金等，2018）；又如羊肉罐头，原料经过切丁、预煮、配料、炖肉、包装（充氮气、抽真空）、杀菌（5 min内羊肉温度达到100 ℃，保持5 min；2 min内温度上升到110 ℃，保持30 min；2 min内温度上升到121 ℃，保持10 min），产品达到商业无菌状态（师帅，2017）。至于采用什么样的杀菌方式，罐头食品真空度保持多少，与原材料的初始带菌量、微生物的种类、材料的性质有关，一般pH≥4.5的肉制品，要保证食品中的肉毒梭菌彻底灭活，常采用高于100 ℃的杀菌方式；pH≤4.5的果蔬类食品，其腐败菌以酵母菌、霉菌为主，一般采用常压100 ℃的杀菌方式。

4. 利用高渗环境控制有害微生物技术

利用高渗环境控制有害微生物技术是指通过向食品中添加高浓度糖、盐等物质，创造高渗环境，利用高于微生物生长上限的高渗透压抑制食品中微生物生长、繁殖及酶活力，延长食品货架期的一种方法。腊肉、咸菜等食品是利用高浓度的盐造成高渗环境，抑制微生物的生长，如北京冬菜采用7%食盐腌制，天津冬菜用12%食盐腌制，四川冬菜用13%食盐腌制。当食品中盐浓度达到13%时，冬菜中的假单胞菌、节杆菌、肠杆菌、沙门氏菌等均被抑制，乳杆菌、芽孢杆菌数量增加，乳杆菌产生乳酸，降低环境pH，对食品防腐也有一定作用。果酱、果脯、蜜饯等食品是使用高浓度的糖创造高渗条件，抑制微生物生长。

5. 高温杀菌控制有害微生物技术

高温杀菌控制有害微生物技术是指通过热处理将食品中的有害菌消灭或减少到能使食品长期保藏所允许的最低限度，同时灭活酶或抑制组织酶活性的一种方法。常用方法有流通蒸汽处理、煮沸、烘烤、油炸等常压高温消毒法、高压加热灭菌法以及超高温瞬时灭菌法等。食品材料不同，保鲜目的不同，使用的高温杀菌控制有害微生物的方法也不同。例如，鲜乳消毒的时间和温度以消灭结核分枝杆菌为指标，常用的方法有低温长时间消毒法（62～65 ℃，30 min），高温短时间消毒法（72～75 ℃，15～30 s），高温瞬时消毒法（80～90 ℃，10～15 s）。消毒后的鲜乳只能短时间保藏，乳中残存的耐热芽孢杆菌、肠球菌、链球菌、微球菌属的一些种类还会造成消毒乳的变质。鲜乳灭菌通常将鲜乳首先在75～85 ℃高温环境下预热4～6 min，然后将鲜乳通过130～150 ℃高温区1～3 s，以彻底杀灭微生物，然后无菌灌装，经过这种处理的灭菌鲜乳可以较长时间保藏。

6. 保鲜剂控制有害微生物技术

保鲜剂是指具有抑菌、杀菌或抗氧化作用的物质。例如，SO_2使用浓度为0.1%～0.2%时，对好氧性细菌、霉菌具有强烈的抑制作用，但此浓度对酵母菌无显著影响；使用浓度为0.3%时，对酵母菌有抑制作用。因此，0.1%～0.2%浓度的SO_2常用于葡萄酒酿造，用于抑制霉菌、细菌生长。山梨酸及其钾盐是果汁、调味品等食品中常用的防腐剂，它对酵母菌、霉菌、好氧性细菌有抑制作用，对厌氧性芽孢杆菌及乳杆菌无效。苯甲酸及其钠盐常用于汽水、蜜饯、面酱等食品的保鲜，它对细菌有较强的抑制作用，对霉菌抑制作用差。羟基苯甲酸酯对常见细菌金黄色葡萄球菌、沙门氏菌、霉菌及酵母菌均有明显的抑制作用。丙酸盐常用于饼干、面包食品的防霉，它对细菌、酵母菌无明显抑制作用，对霉菌抑制效果较好。这些保鲜剂已经广泛应用于食品加工及保藏，以抑制食品有害微生物的生长。除了传统的保鲜剂外，新的保鲜剂不断地被发现，如Nisin、姜黄、虎杖、艾叶、丁香等的提取物，以及植物乳杆菌产生的细菌素等，可用于食品的防腐剂种类在不断增加。

7. 辐射控制有害微生物技术

辐射控制有害微生物技术是指利用辐射源（通常为^{60}Co或^{137}Cs），放出的射线辐射食品，食品中的微生物受电离射线照射后死亡，从而控制食品中有害微生物的一种技术。辐照杀菌不仅能杀死组织表面微生物，还对组织内部微生物具有比较明显的杀菌效果，这项技术广泛应用于肉类、果蔬、鱼类食品有害微生物的控制。

随着新技术的发展，越来越多的单一新技术及综合防控技术应用到食品有害微生物的控制当中，如超高压灭菌技术、超声波杀菌技术、栅栏技术等。

相信随着法律法规不断健全，人们安全意识不断提高，在操作方法的规范以及新技术的应用等多方面的协同作用下，由微生物污染造成的食品腐败及食源性疾病事件将大幅度降低，以保障消费者舌尖上的安全。

复习思考题

1. 简述以下基本概念：食品腐败、内源性污染、外源性污染、食物中毒、食源性疾病。

2. 简述从哪些方面鉴定食品的腐败变质。

3. 食品腐败变质的影响因素有哪些？

4. 试述食品保藏方法有哪些？每一种保藏方法的微生物学原理是什么？

5. 鲜乳腐败过程中微生物的变化规律是什么？如何控制鲜乳的微生物腐败？

6. 鲜肉腐败过程中主要致腐微生物和可能出现的病原微生物有哪些？

7. 鲜蛋腐败过程中主要致腐微生物和可能出现的病原微生物有哪些？

8. 新鲜果蔬腐败过程中主要致腐微生物和可能出现的病原微生物有哪些？

9. 查阅文献，设计实验方案证明一种微生物是否具有致腐能力。

10. 细菌、真菌性食物中毒的特点是什么？

11. 某高校学生校外餐馆就餐，在食用相同食物0.5～3.5 h后，6名同学相继出现恶心、呕吐、腹泻等症状，无发烧现象，当晚同时在该餐馆就餐的还有5名同学，他们与另6名同学食用的食物不同，就餐后没有出现呕吐、腹泻等症状。试分析该事件是否属于食物中毒事件？

HAPTER 4

第4章 食品微生物检验样品的采集与处理

【教学目的和要求】

1. 了解饮用水的卫生标准，掌握水样、空气及土壤样品的采集与处理方法。
2. 了解食品生产工具采样前的准备工作，掌握不同加工表面的采样方法。
3. 掌握食品微生物检验样品的采集原则，熟悉常见食品微生物检样样品的采集与处理方法。
4. 了解国际上常见的食品微生物检验样品的取样方法，掌握ICMSF采样原则和取样方案。

4.1 水样的采集与处理

食品加工业是用水型工业之一，水在各类食品生产中不仅是制品加工中重要的成分，而且也用于加工设备、设施和器具的清洗和消毒。水质的优劣对食品质量安全至关重要，对加工用水进行质量控制，尤其是卫生控制，是生产过程控制的重要环节。

各水体营养物水平、酸碱度、渗透压、温度等有一定的差异，各水域中含有的微生物种类和数量也各不相同。因此，对水进行微生物学的检验，特别是肠道细菌的检验，在保证人们饮水和食用安全及控制传染病上有着重要意义。

4.1.1 饮用水的卫生标准

为保障人类饮水卫生、安全。饮用水应满足以下几点要求：①流行病学上安全，没有传染病的危害，水中不含病原微生物、病毒、寄生虫卵等，没有传播疾病的危险；②毒理学上可靠，水中不含有毒物质，或者有毒物质的浓度在近期或长期饮用过程中不会产生毒害作用；③生理学上有益无害，水质成分或化学组成，适合人体生理需要，有必要的营养物质；④感官上良好，水的外观和物理特性不会使人有不愉快的感觉，没有臭味。

生活饮用水、包装饮用水和饮用天然矿泉水的微生物标准见表 4-1、表 4-2 和表 4-3。

表 4-1 生活饮用水微生物指标

指标	限值
菌落总数/（CFU/mL）	100
大肠菌群/（MPN/100 mL 或 CFU/100 mL）	不得检出
耐热大肠菌群/（MPN/100 mL 或 CFU/100 mL）	不得检出
大肠埃希氏菌/（MPN/100 mL 或 CFU/100 mL）	不得检出

表 4-2 包装饮用水微生物限量

项目	采样方法及限量			检验方法
	n	*c*	*m*	
大肠菌群/（CFU/100 mL）	5	0	0	GB 4789.3—2016 平板计数法
铜绿假单胞菌/（CFU/250 mL）	5	0	0	GB 8538—2016

表 4-3 饮用天然矿泉水微生物限量

项目	采样方案及限量			检验方法
	n	*c*	*m*	
大肠菌群/（MPN/100 mL 或 CFU/100 mL）	5	0	0	GB 8538—2016
粪链球菌/(CFU/250 mL)	5	0	0	
铜绿假单胞菌/（CFU/250 mL）	5	0	0	
产气荚膜梭菌/（CFU/50 mL）	5	0	0	

4.1.2 水样的采集与处理

采样前应根据水质检验目的和任务制定采样计划，内容包括：采样目的、检验指标、采样时间、采样地点、采样方法、采样频率、采样数量、采样容器与清洗、采样体积、样品保存方法、样品标签、现场测定项目、采样质量控制、运输工具与条件等。

生活饮用水、包装饮用水和饮用天然矿泉水因种类、形式不同，水样采集和处理方式也有所不同。

1. 生活饮用水的采集

同一水源、同一时间采集几类检测指标的水样时，应优先采集供微生物学指标检测的水样。采样容器用自来水和清洗剂洗涤，并用自来水彻底冲洗后用质量分数为 10%的盐酸溶液浸泡过夜，然后依次用自来水、蒸馏水洗净。采样容器采样前两周内用热力灭菌或干热灭菌。采样时应直接采集，不得用水样涮洗已灭菌的采样瓶。

（1）水源水　指集中式供应水源地的原水，采样点通常应选择汲水处。河流、湖泊可以直接汲水的场合，可用适当的容器如水桶采样。在湖泊、水库等地采集具有一定深度的水时，可用直立式采水器。这类装置的采水原理是在下沉过程中水从采样器中流过，当达到预定深度时容器自动闭合而汲取水样。对于自喷的泉水可在涌口处直接采样。采集不自喷泉水时，应将停滞在抽水管中的水汲出，新水更替后再进行采样。从井水采集水样，应在充分抽汲后进行，以保证水样的代表性。

(2) 出厂水　是指集中式供水单位水处理工艺过程完成的水。出厂水的采样点应设在出厂进入输送管道前。

(3) 末梢水　是指出厂水经输水管网输送至终端（用户水龙头）处的水。末梢水的采集应注意采样时间，夜间可能析出可沉淀于管道的附着物，取样时应打开水龙头流水数分钟，排出沉积物。采集用于微生物学指标检验的样品前应对水龙头进行消毒。

(4) 二次供水　是指集中式供水在入户之前经贮存、加压和消毒或深度处理，通过管道或容器输送给用户的供水方式。二次供水的采集，应包括水箱（或蓄水池）的进水、出水以及末梢水。

(5) 分散式供水　是指用户直接从水源取水，未经任何设施或仅有简易设施的供水方式，分散式供水的采集应根据实际情况确定。

各种水样均取样 0.5 L，每 125 mL 水样加入 0.1 mg 硫代硫酸钠除去残留次氯酸，水样保存时间不超过 4 h。

2. 包装饮用水的采集

包装饮用水指密封于符合食品安全标准和相关标准的包装容器中，可供直接饮用的水，包括饮用纯净水和其他饮用水。独立包装小于或等于 1000 mL 的包装水，取相同批次的包装。独立包装大于 1000 mL 的包装水，应在采样前摇动或用无菌棒搅拌液体，使其达到均质后采集适量样品。

3. 饮用天然矿泉水的采集

饮用天然矿泉水是指从地下深处自然涌出或经钻井采集的，含有一定量的矿物质、微量元素或其他成分，在一定区域未受污染并采取预防措施避免污染的水。

本法适用于各类饮用天然矿泉水水源——抽水井、自流井、泉水等水样。用于盛装微生物检验试样的容器最好采用 500 mL 具塞广口瓶，样瓶洗净后将头部和颈部用铝箔或牛皮纸等防潮纸扎好，置于干燥箱经 160 ℃干热灭菌 2 h 或 121 ℃高压蒸汽灭菌 15 min。取样时应缓缓使水流入采样瓶中，采样时瓶口要留有一定的空间，采好后立即盖好瓶塞，用纱布缠紧瓶口，最后用石蜡将口严密封固。天然泉点的采样，应选择尽量靠近主泉口集中冒泡处或泉的主流处，在流动但又不湍急的水中采样。喷泉或自流井的采样，可在涌水处使用清洁导管将主流导出一部分收集。钻孔的采样，应注意先经一定时间抽水，抽出相当于井筒贮水体积 2～3 倍的水量之后再收集。

取平行水样时，必须在相同条件下同时采集，容器材料也应相同。采集后的水样需要冷藏，并在 6 h 内尽快检测。

4.1.3 水样的检验

水样的微生物指标见表 4-1、表 4-2 和表 4-3，水中不得含有病原微生物。

1. 水中菌落总数的测定

水样在营养琼脂上有氧条件下 37 ℃培养 48 h 后，1 mL 水样所含菌落的总数。

(1) 生活饮用水

①以无菌操作方法用吸管吸取 1 mL 充分混匀的水样，注入灭菌平皿中，倾注约 15 mL 已融化并冷却到 45 ℃左右的营养琼脂培养基，并立即旋摇平皿，使水样与培养基充分摇匀。每次检验时应进行一平行接种，同时另用一个平皿只倾注营养琼脂培养基作为空白对照。

②待冷却凝固后，翻转平皿，使底面向上，置于 36 ℃±1 ℃培养箱内 48 h，进行菌落计数，即水样 1 mL 中的菌落总数。

(2) 水源水

①以无菌操作方法用吸管吸取 1 mL 充分混匀的水样，注入盛有 9 mL 灭菌生理盐水的试管中，混匀成 1∶10 稀释液。

②吸取 1 mL 1∶10 的稀释液注入盛有 9 mL 灭菌生理盐水的试管中，混匀成 1∶100 稀释液，按同法依次稀释成 1∶100，1∶1000 稀释液等备

用。如此递增稀释一次，必须更换一支 1 mL 灭菌吸管。

③用灭菌吸管取未稀释的水样和 2～3 个适宜稀释度的水样 1 mL，分别注入灭菌平皿内。以下操作同生活饮用水的检验步骤。

2. 水中总大肠菌群的测定

1）多管发酵法

(1) 乳糖发酵试验　取 10 mL 水样接种到 10 mL 双料乳糖蛋白胨培养液中，取 1 mL 水样接种到 10 mL 单料乳糖蛋白胨培养液中，另取 1 mL 水样注入 9 mL 灭菌生理盐水中，再将 0.1 mL 水样，注入 10 mL 单料乳糖蛋白胨培养液中，每一稀释度接种 5 管。

检验水源水时，如污染较严重，应加大稀释度，可接种 1，0.1，0.01 mL 甚至 0.1，0.01，0.001 mL，每个稀释度接种 5 管，每个水样共接种 15 管。接种 1 mL 以下水样时，必须作 10 倍递增稀释后，取 1 mL 接种，每递增稀释一次，换用 1 支 1 mL 灭菌刻度吸管。

将接种管置 36 ℃±1 ℃培养箱内，培养 24～26 h，如所有乳糖蛋白胨培养管都不可产气产酸，则可报告为总大肠菌群阴性，如有产酸产气者，则按下列步骤进行。

(2) 分离培养　将产酸产气的发酵管分别接种在伊红-亚甲蓝琼脂平板上，于 36 ℃±1 ℃培养箱内培养 18～24 h，观察菌落形态，挑取符合下列特征的菌落进行革兰氏染色、镜检和证实试验；深紫黑色、具有金属光泽的菌落，紫黑色、不带或略带金属光泽的菌落，淡紫红色、中心较深的菌落。

(3) 证实试验　经上述染色镜检，确定为革兰氏阴性无芽孢杆菌，同时接种乳糖蛋白胨培养液，置 36 ℃±1 ℃培养箱中培养 24～26 h，有产酸产气者，即证实总大肠菌群存在。

(4) 结果报告　根据证实为总大肠菌群阳性的管数，查 MPN 检索表，报告每 100 mL 水样中的总大肠菌群最可能数（MPN）。5 管法见表 4-4，15 管法结果见表 4-5。稀释样品查表后所得结果应乘以稀释倍数。若所有乳糖发酵管均为阴性时，可报告总大肠菌群未检出。

表 4-4　用 5 份 10 mL 水样时各种阳性和阴性结果组合时的最可能数（MPN）

5 个 10 mL 管中阳性管数	最可能数（MPN）
0	<2.2
1	2.2
2	5.1
3	9.2
4	16.0
5	>16

2）滤膜法

滤膜法是指用孔径为 0.45 μm 的微孔滤膜过滤水样，将滤膜贴在添加乳糖的选择性培养基上 37 ℃培养 24 h，能形成特征性菌落的需氧和兼性厌氧的革兰氏阴性无芽孢杆菌以检测水中总大肠菌群的方法。

(1) 准备工作　将滤膜放入烧杯中，加入蒸馏水，置于沸水浴中煮沸灭菌 3 次，每次 15 min。前两次煮沸后需更换水洗涤 2～3 次，以除去残留溶剂。滤器用点燃的酒精棉球火焰灭菌，也可用蒸汽灭菌器 103.43 kPa 高压灭菌 20 min。

(2) 过滤水样　用无菌镊子夹取灭菌滤膜边缘部分，将粗糙面向上，贴放在已灭菌的滤床上，固定好滤器，将 100 mL 水样（如水样含菌数较多，可减少过滤水样量，或将水样稀释）注入滤器中，打开滤器阀门，在 -5.07×10^4 Pa（负 0.5 大气压）下抽滤。

(3) 培养　水样滤完后，再抽气约 5 s，关上滤器阀门，取下滤器，用灭菌镊子夹取滤膜边缘部分，移放在品红亚硫酸钠培养基上，滤膜截留细菌面向上，滤膜应与培养基完全贴紧，两者间不得留有气泡，然后将平皿倒置，放入 37 ℃恒温箱内培养 24～26 h。

(4) 结果观察与报告　挑取符合下列特征的菌落进行革兰氏染色、镜检：紫红色、具有金属光泽的菌落；深红色、不带或略带金属光泽的菌落；淡红色、中心色较深的菌落。

①凡革兰氏染色结果为阴性的无芽孢杆菌，再接种乳糖蛋白胨培养液，于 37 ℃培养 24 h，有产酸产气者，则判定为总大肠菌群阳性。

表 4-5　总大肠菌群 MPN 检索表

接种量/mL			总大肠菌群/(MPN/100 mL)	接种量/mL			总大肠菌群/(MPN/100 mL)
10	1	0.1		10	1	0.1	
0	0	0	<2	1	0	0	2
0	0	1	2	1	0	1	4
0	0	2	4	1	0	2	6
0	0	3	5	1	0	3	8
0	0	4	7	1	0	4	10
0	0	5	9	1	0	5	12
0	1	0	2	1	1	0	4
0	1	1	4	1	1	1	6
0	1	2	6	1	1	2	8
0	1	3	7	1	1	3	10
0	1	4	9	1	1	4	12
0	1	5	11	1	1	5	14
0	2	0	4	1	2	0	6
0	2	1	6	1	2	1	8
0	2	2	7	1	2	2	10
0	2	3	9	1	2	3	12
0	2	4	11	1	2	4	15
0	2	5	13	1	2	5	17
0	3	0	6	1	3	0	8
0	3	1	7	1	3	1	10
0	3	2	9	1	3	2	12
0	3	3	11	1	3	3	15
0	3	4	13	1	3	4	17
0	3	5	15	1	3	5	19
0	4	0	8	1	4	0	11
0	4	1	9	1	4	1	13
0	4	2	11	1	4	2	15
0	4	3	13	1	4	3	17
0	4	4	15	1	4	4	19
0	4	5	17	1	4	5	22
0	5	0	9	1	5	0	13
0	5	1	11	1	5	1	15
0	5	2	13	1	5	2	17
0	5	3	15	1	5	3	19
0	5	4	17	1	5	4	22
0	5	5	19	1	5	5	24

续表 4-5

接种量/mL			总大肠菌群/(MPN/100 mL)	接种量/mL			总大肠菌群/(MPN/100 mL)
10	1	0.1		10	1	0.1	
2	0	0	5	3	0	0	8
2	0	1	7	3	0	1	11
2	0	2	9	3	0	2	13
2	0	3	12	3	0	3	16
2	0	4	14	3	0	4	20
2	0	5	16	3	0	5	23
2	1	0	7	3	1	0	11
2	1	1	9	3	1	1	14
2	1	2	12	3	1	2	17
2	1	3	14	3	1	3	20
2	1	4	17	3	1	4	24
2	1	5	19	3	1	5	27
2	2	0	9	3	2	0	14
2	2	1	12	3	2	1	17
2	2	2	14	3	2	2	20
2	2	3	17	3	2	3	24
2	2	4	19	3	2	4	27
2	2	5	22	3	2	5	31
2	3	0	12	3	3	0	17
2	3	1	14	3	3	1	21
2	3	2	17	3	3	2	24
2	3	3	20	3	3	3	28
2	3	4	22	3	3	4	32
2	3	5	25	3	3	5	36
2	4	0	15	3	4	0	21
2	4	1	17	3	4	1	24
2	4	2	20	3	4	2	28
2	4	3	23	3	4	3	32
2	4	4	25	3	4	4	36
2	4	5	28	3	4	5	40
2	5	0	17	3	5	0	25
2	5	1	20	3	5	1	29
2	5	2	23	3	5	2	32
2	5	3	26	3	5	3	37
2	5	4	29	3	5	4	41
2	5	5	32	3	5	5	45

续表 4-5

接种量/mL			总大肠菌群/(MPN/100 mL)	接种量/mL			总大肠菌群/(MPN/100 mL)
10	1	0.1		10	1	0.1	
4	0	0	13	5	0	0	23
4	0	1	17	5	0	1	31
4	0	2	21	5	0	2	43
4	0	3	25	5	0	3	58
4	0	4	30	5	0	4	76
4	0	5	36	5	0	5	95
4	1	0	17	5	1	0	33
4	1	1	21	5	1	1	46
4	1	2	25	5	1	2	63
4	1	3	30	5	1	3	84
4	1	4	36	5	1	4	110
4	1	5	42	5	1	5	130
4	2	0	22	5	2	0	49
4	2	1	26	5	2	1	70
4	2	2	32	5	2	2	94
4	2	3	38	5	2	3	120
4	2	4	44	5	2	4	150
4	2	5	50	5	2	5	180
4	3	0	27	5	3	0	79
4	3	1	33	5	3	1	110
4	3	2	39	5	3	2	140
4	3	3	45	5	3	3	180
4	3	4	52	5	3	4	210
4	3	5	59	5	3	5	250
4	4	0	34	5	4	0	130
4	4	1	40	5	4	1	170
4	4	2	47	5	4	2	220
4	4	3	54	5	4	3	280
4	4	4	62	5	4	4	350
4	4	5	69	5	4	5	430
4	5	0	41	5	5	0	240
4	5	1	48	5	5	1	350
4	5	2	56	5	5	2	540
4	5	3	64	5	5	3	920
4	5	4	72	5	5	4	1600
4	5	5	81	5	5	5	>1600

（总接种量 55.5 mL，其中 5 份为 10 mL 水样，5 份为 1 mL 水样，5 份为 0.1 mL 水样）

②按下式计算滤膜上生长的总大肠菌群数，以每 100 mL 水样中的总大肠菌群数（CFU/100 mL）表示。

$$总大肠菌群菌落数=\frac{数出的总大肠菌群菌落数\times 100}{过滤的水样体积（mL）}$$

3. 水中大肠埃希氏菌、耐热大肠菌群的测定

水中大肠埃希氏菌、耐热大肠菌群的测定参见《生活饮用水标准检验方法　微生物指标》GB/T 5750.12—2006。

4.2　空气样品的采集与处理

4.2.1　空气样品的采集与处理

1. 空气中微生物的来源和分布

空气中不含微生物生长可直接利用的营养物质及充足的水分，加上日光中紫外线的照射，并不是微生物生活的天然环境，所以空气中微生物的含量很少。但是，无论什么地方的空气中都含有数量不等、种类不同的微生物，主要来源于土壤中飞扬起来的尘埃、水面吹起的小水滴，以及人和动物体表干燥脱落物、呼吸道分泌物与排泄物等。

空气中微生物的地域分布差异很大（表 4-6），在公共场所、医院、宿舍、城市街道等尘埃多的空气中，微生物的含量较高；而在海洋、高山、高空、森林等尘埃较少的空气中，微生物的含量较少，甚至无菌。此外，空气中微生物的数量和种类还受温度、季节等多种因素的影响。

表 4-6　空气中微生物的地域分布　CFU/m²

地区	空气含菌数	地区	空气含菌数
畜舍	1～2×10⁶	公园	200
宿舍	2×10⁴	海面上	1～2
城市街道	5×10³	北极	0～1

空气是人类、畜禽传播疾病的主要媒介之一。因此，测定空气中微生物的数量与种类，对于保证食品安全以及预防某些传染病尤为重要。

2. 空气的微生物标准

空气的卫生标准是以长存于口腔和鼻腔中的链球菌作为主要指标的，通常以 1 m³ 空气中菌落总数的多少及链球菌数的多少来表示，如表 4-7 所示。

表 4-7　室内空气的卫生标准（仅供参考）

CFU/m²

清洁程度	夏季		冬季	
	菌落总数	溶血性链球菌	菌落总数	溶血性链球菌
清洁	＜1500	＜26	＜4500	＜36
污染	＞2500	＞36	＞7000	＞124

3. 空气样品的采集与处理

空气的采样方法有撞击法和自然沉降法。

（1）撞击法　采用撞击式空气微生物采样器采样，通过抽气动力作用，空气通过狭缝或小孔产生高速气流，悬浮在空气中的带菌粒子撞击到营养琼脂平板上，经培养后，计算出每立方米空气中所含的菌落数的测定方法。采样时关闭门窗 15～30 min，记录室内人员数量、温湿度与天气状况等。首先将采样器消毒，以 28.3 L/min 流量采集 5～10 min，在一般情况下采样量为 30～150 L，应根据所用仪器性能和室内空气微生物污染程度，酌情增加或减少空气的采样量。样品采集完成后，将带菌营养琼脂平板置于 36 ℃±1 ℃恒温箱中，培养 48 h，计菌落数，并根据采样器的流量和采样时间，换算成每立方米空气中的菌落数，以 CFU/m³ 表示。该法是被公认的比较准确的空气微生物检测方法，具有不受环境气流影响、采样量准确、灵敏度高、采样效率高和采样粒谱范围宽的优点。

（2）自然沉降法　将营养琼脂平板暴露在空气中，微生物根据重力作用自然沉降到平板上，经实验室培养后得到菌落数的测定方法。将已制备好的培养皿按采样点布置图放置，然后从里到外逐个打开培养皿盖，使培养基表面暴露在空气中。静态测试时，培养皿暴露时间为 5 min 以上。当动态测试时，培养皿暴露时间不大于 4 h。全部采样结束后，将培养皿倒置于恒温培养箱中培养。每批培养基应有对照试验，检验培养基本身是否污染。自然沉降法作为最经典的空气微生物检测采样方法，具有简单经济的特点。

4. 采样布点要求

（1）撞击法　室内面积不足50 m^2 的设置1个采样点，50～200 m^2 的设置2个采样点，200 m^2 以上的设置3～5个采样点。采样点按均匀布点原则布置，室内1个采样点的设置在中央，2个采样点的设置在室内对称点上，3个采样点的设置在室内对角线四等分的3个等分点上，5个采样点的按“梅花”布点，其他的按均匀布点原则布置。采样点距离地面高度为1.2～1.5 m，距离墙壁不小于1 m。采样点应避开通风口、通风道等。

（2）自然沉降法　室内面积不足50 m^2 的设置3个采样点，50 m^2 以上的设置5个采样点。采样点按均匀布点原则布置，室内3个采样点的设置在室内对角线四等分的3个等分点上，5个采样点的按“梅花”布点。采样点距离地面高度为1.2～1.5 m，距离墙壁不小于1 m。采样点应避开通风口、通风道等。

4.2.2　空气样品的检验

1. 空气细菌总数的检验

采用撞击法或自然沉降法采样，将采集细菌后的营养琼脂培养基置于35～37 ℃培养48 h，菌落计数。撞击法采样按稀释比与采气体积换算成每立方米空气中菌落形成单位（CFU/m^3）。一个区域空气中细菌总数的测定结果按该区域全部采样点中细菌总数测定值中的最大值表示。自然沉降法采样计数每块平板上生长的菌落数，求出全部采样点的平均菌落数，检验结果以每平皿菌落数（CFU/皿）表示。

2. 空气真菌总数的检验

采用撞击法或自然沉降法采样，采集真菌后的沙氏培养基平皿置28 ℃培养，逐日观察并于第5天记录结果。若真菌数量过多可于第3天计数结果，并记录培养时间。结果记录同1. 空气细菌总数的检验。

3. 空气 β-溶血性链球菌的检验

采用撞击法或自然沉降法采样，采样后的血琼脂平板在35～37 ℃下培养24～48 h。在血琼脂平板上形成呈灰白色、表面突起、直径为0.5～0.7mm的细小菌落，菌落透明或半透明，表面光滑有乳光；镜检为革兰氏阳性无芽孢球菌，圆形或卵圆形，呈链状排列，受培养与操作条件影响，链的长度在4～8个细胞至几十个细胞之间；菌落周围有明显的2～4 mm界限分明、完全透明的无色溶血环。符合上述特征的菌落为 β-溶血性链球菌。结果记录同1. 空气细菌总数的检验。

4. 空气嗜肺军团菌的检验

采用液体冲击法采样，对采样后的吸收液1和吸收液2原液各取1 mL，分别加入盐酸氯化钾溶液充分混合，调pH至2.2，静置15 min。在酸处理后的2种样品中分别加入1 mol/L 氢氧化钾溶液，中和至pH为6.9，各取悬液0.2～0.3 mL分别接种GVPC平板。将接种平板静置于浓度为5%、温度为35～37 ℃的 CO_2 培养箱中，孵育10 d。从孵育第3天开始观察菌落。军团菌的菌落颜色多样，通常呈白色、灰色、蓝色或紫色，也能呈深褐色、灰绿色、深红色；菌落整齐，表面光滑，呈典型毛玻璃状；在紫外灯下，部分菌落有荧光。从平皿上挑取2个可疑菌落，接种BCYE琼脂平板和 L-半胱氨酸缺失的BCYE琼脂平板，35～37 ℃培养2 d，凡在BCYE琼脂平板上生长而在 L-半胱氨酸缺失的BCYE琼脂平板不生长的则为军团菌菌落。两种采样吸收液中至少有一种吸收液培养出嗜肺军团菌，即该采样点嗜肺军团菌阳性。

4.3　土壤样品的采集与检验

土壤具备各种微生物生长发育所需要的营养、水分、空气、酸碱度、渗透压和温度等条件，所以是微生物生活的良好环境。可以说，土壤是微生物的“天然培养基”，也是它们的“大本营”，对人类来说，它则是最丰富的菌种资源库。

在一般情况下不做土壤中微生物的检测，只有在一些特殊情况下才进行，例如，当大批水果罐头受微生物的污染而腐败变质时，为追查原因，可取水果产地的土壤进行检验分析；当食堂或饭店发生食物中毒时，可取食堂或饭店环境中的土壤进行检验分析，以便寻找病原菌，提供中毒记录。

1. 土壤采样地点的确定

土壤采样是指采集土壤样品的方法，包括采样的布设和取样技术。一般在有机质较多的肥沃土壤中，微生物的数量最多；中性偏碱的土壤以细菌和放线菌为主；酸性红土壤及森林土壤中霉菌较多；果园、菜园和野果生长区等富含碳水化合物的土壤和沼泽地中，酵母菌和霉菌较多。采样应具有代表性和有效性。选择一定的土壤环境采集土样，将采集到的土样盛入经灭菌未被污染的聚乙烯袋、牛皮袋或玻璃瓶中。

采土样最好取上层 5～25 cm 处，一般每克中含菌数约几十万到几十亿个，并且各种类型的细菌和放线菌几乎都能分离到。总的来说，酵母菌分布土层最浅，为 5～10 cm；霉菌和好氧芽孢杆菌也分布在浅土层。

2. 土壤样品的采集与处理

用灭菌刀铲除表层 5 cm 左右的浮土，用灼烧过的勺取 5～25 cm 处的土样 200～300 g，装入事先准备好的塑料袋内包扎好。北方土壤干燥，在 10～30 cm 处取样，给塑料袋编号并记录地点、土壤土质、植被名称、时间及其他环境条件。一般样品取回后应马上分离，以免微生物死亡。但有时样品较多，或到外地取样，路途遥远，难以做到及时分离，则可先采用选择性培养基做好试管斜面，随身带走。到一处将取好的土样混匀，取 3～4 g 撒到试管斜面上。这样可避免菌株因不能及时分离而死亡。

将土壤置研钵中研磨均匀，称 50 g 土壤加入盛有 500 mL 无菌水的广口瓶中。充分振摇混匀，成为 1∶10 的稀释液。然后根据检测需要做成 1∶100，1∶1000，1∶10000，1∶100000 的稀释液，分别检测菌落总数、大肠菌群、霉菌、酵母菌及致病菌。

3. 土壤样品中微生物的检验

土壤中菌落总数、大肠菌群、致病菌及霉菌的检验方法，可以参照水或食品中相应各项目的检验程序进行。

4.4 食品生产工具样品的采集与处理

在食品加工的各个环节中，凡与原料、辅料、半成品物料直接或间接接触的加工台面、加工器具及设备等表面容易残留和黏附食品基质，因此容易成为微生物隐藏的污染源。对加工台面进行微生物监测，是生产环境卫生监控的重要内容。

4.4.1 采样地点和时间的确定

采样流程应与工作流程相反，即从最终产品区域开始到可能受到污染的加工区域，然后再到原材料存放和接收区城。采样地点的选定是按照产品被污染的风险性高低决定的。应该对一些较难清理的地方特别注意，例如，隐秘处、转弯处、阀门处、轴、搅拌器旋转翼、仪表、探针处等。根据采样地点确定采样材料并记录。

若要了解工厂卫生处理的情况，则建议在清洗与卫生处理结束后、生产即将开始前进行采样。若要了解生产活动中有关微生物环境的情况，则建议在生产过程中取样。建议在低风险或中风险操作区每月采集加工台面样本一次，每周采集双手样本一次；在高风险操作区至少每周采集加工台面样本一次，每天采集双手样本一次。

4.4.2 采样工具

采样器具应无菌，避免污染产品和环境。并冷藏直至检测开始，运送时存放在冰盒里。在采样过程中选用的工具，以最有效地采集样品为原则。

（1）海绵　一般为纤维素或聚亚氨酯材质。将海绵（大约 4 cm×9 cm）置于装有 10～15 mL 缓冲液的广口瓶中，使海绵完全湿润，121 ℃灭菌 15 min。还可使用商品化产品，商品化海绵取样袋有干海绵和湿海绵 2 种，后者含有不同的缓冲剂。

（2）采样块　是指以布、纱布、J-布为材质的采样材料。将 35 cm × 60 cm 的 J-布对半大小 17.5 cm×30 cm，折叠后每 5 块放入一个采样瓶中，折叠与放置的方法应便于取用。加入 200 mL 缓冲液，121 ℃灭菌 15 min。

（3）擦拭子　多以棉花、藻酸钙、涤纶或人造丝为材料。将 2 cm 长的擦拭子固定于 12～15 cm 长的擦拭柄上，藻酸钙纤维制作的擦拭子置于含 1%六偏磷酸钠（或甘油磷酸钠、柠檬酸钠）或以上物质的 1%的混合液中。

4.4.3 采集液及培养基

如果待检表面已经进行过化学消毒处理，则应在采集液及培养基中加入合适的中和剂。不同培养基可使用的中和的消毒剂见表 4-8。

表 4-8 不同培养基可使用的中和消毒剂

培养基	中和剂	可作用的消毒剂
D/E 中和琼脂	巯基乙酸钠、硫代硫酸钠、酸性亚硫酸钠、卵磷脂（大豆）、吐温-80	氯、碘、季铵盐、汞盐（硫柳汞）、甲醛
0.1%蛋白胨水	用于含有脂肪物质的表面：0.5%～1.0%吐温-80	苯酚
李氏增菌肉汤	卵磷脂、吐温-80	季铵盐、苯酚、甲醛、六氯铵、乙醇
营养琼脂	卵磷脂、吐温-80	季铵盐、苯酚、甲醛、六氯铵、乙醇

4.4.4 采样方法

表面采样的方法很多，根据采样材料可分为平板接触法、擦拭法（海绵、布块、擦拭子）、缓冲液洗涤法、测试片法、ATP 生物荧光法等。

（1）平板接触法 适用于对平坦的、不宜损伤的表面进行定量检测。可在所用的营养琼脂中加入中和剂。将培养基表面按压在待检表面上，50 mm 平板的取样表面为 25 cm^2，采样后于合适温度下培养、计数。此法缺点是不适用于不规则表面，不能将微生物充分分散形成菌落，还需要清洁在桌面采样时培养基留下的残余物。

（2）擦拭法 适用于对设备和无法使用平板接触采样的不规则表面。采样时可利用模板确定采样面积。首先将拭子湿润，在确定的采样区域内朝几个方向擦拭。然后将拭子放入一定量的洗脱液中，充分振荡将微生物从拭子转移并释放到溶液中。收集液可采用 MPN、膜过滤或直接划线等方法来检测。其缺点是采样方法对结果有影响。

（3）缓冲液洗涤法 用 100 mL 灭菌缓冲蛋白胨水洗涤样品表面，并收集洗涤液至灭菌容器中，冰浴保存送检。

（4）测试片法 将 Petrifilm™ 菌落总数或大肠菌群测试片胶片部分扣压在被测试的表面。培养后，通过计数形成的菌落可以对被测表面得出一个相当可靠的细菌数。其具体步骤为：用 1 mL 无菌稀释液水化 Petrifilm™ 菌落总数测试片至少 1 h，使胶体固化。掀起上层膜，将胶体部分贴附于待测物表面上，用手指摩擦上层膜外侧，保证膜与表面充分接触。然后移开胶体部分并用上层膜覆盖好，置于培养箱内培养即可。

用 Petrifilm™ 霉菌及酵母测试片的水化过程有别于上述测试片，该类测试片仅能用 Letheen 肉汤水化，目的是防止培养基表面出现断裂。具体步骤为：接种 1 mL Letheen 肉汤于该类测试片上，然后将测试片放入袋中封紧，于 30～37 ℃ 培养 24 h 后再将自封袋放入冰箱中至少 4 h，使培养基充分凝固。然后再将水化后的测试片贴附于待取样表面进行取样。如接触面上存在消毒剂，可参照表 4-8 所介绍的中和剂选择使用。

（5）ATP 生物荧光法 ATP 手持式荧光检测仪可用于食品接触表面的卫生检测。将擦拭子放于样品室 15 s 后即可得到结果。该方法是一种非特异方法，检测结果中包含表面样品中所有微生物以及产品残留物的 ATP 总量。产品残留物是导致产品被污染的潜在威胁，可反映微生物的增长潜力和繁殖能力，同样具有卫生学意义。

4.4.5 生产工具微生物的检验

在一般情况下，设备卫生的微生物检验只进行菌落总数的测定，报告设备表面每平方厘米的含菌量。在特殊情况下，必须进行大肠菌群、致病菌或特殊目标菌的检验。

4.5 常见食品微生物检验样品的采集与处理

4.5.1 我国食品微生物检验样品的取样方案

1. 食品检验样品取样的原则

应用食品微生物检测技术确定食品表面及内部是否存在微生物、微生物的数量甚至微生物的类别，是评估相关产品卫生质量的一种科学手段。样品的采集与处理直接影响到检测结果，是食品微生物检测工作中非常重要的环节。要确保检测工作的公正、准确，必须掌握适当的技术要求，遵守一定的规则程序。如果样品在采取、运送、保存或制备过程中的任一环节出现操作不当，都会使微生物的检测结果毫无意义。由此可见，对特定批次食品所抽取的样品数量、样品状况、样品代表性及随机性等，对质量控制具有重要意义。样品采集原则如下：

（1）应根据检验目的、食品特点、批量、检验方法、微生物的危害程度等来确定取样方案。

（2）取样应遵循随机性、代表性的原则。每批食品应随机抽取一定数量的样品，在生产过程中，在不同时间内各取少量样品予以混合。固体或半固体的食品应从表层、中层和底层，中间和四周等不同部位取样。

（3）采样过程遵循无菌操作程序，防止一切可能的外来污染和交叉污染。每取完一份样品，应更换新的取样用具，或将用过的取样工具迅速消毒后，再取另一份样品，以免交叉污染。

（4）从取样至开始检测的全过程中，应采取必要的措施防止样品中微生物的数量和生长能力发生变化。采集的非冷冻食品一般在0～5 ℃冷藏，不能冷藏的食品立即检验。一般在 36 h 内进行检验。

（5）采样标签应记录完整、清楚。当采集样品时，样品采集时的条件，例如产品的温度、地点等，以及检样样品号等，一并记录入检验员的注释说明中，取样的样品可以从样品号、采集日期、附加样品号、最初调查人和其他鉴别信息加以区分。

2. 食品微生物检验的取样点

食品微生物检验的取样方案中常包括以下取样点：原料、生产线（半成品、环境）、成品、库存样品、零售商店或批发市场、进口或出口口岸、种养殖场。

（1）原料样品　包括食品生产所用的原始材料、添加剂、辅助材料及生产用水等。

（2）生产线样品　是指食品生产过程中不同加工环节所取的样品，包括半成品、加工台面，以及与被加工食品接触的仪器表面、操作器具等。对生产线样品的采集能够确定微生物污染的来源，可用于食品加工企业对产品加工过程卫生状况的了解和控制，同时能够用于特定产品生产环节中关键控制点的确定和 HACCP 的验证工作。另外，还可以配合生产加工，在生产前后或生产过程中对环境样品（如地面、墙壁、天花板及空气等）进行取样检验，以了解加工环境的卫生状况。

（3）库存样品　其取样检验可以测定产品在保质期内微生物种群以及数量的变化情况，同时也可以间接对产品的保质期是否合理进行验证。

（4）零售商店或批发市场的样品　其检测结果，能够反映产品在流通过程中微生物的变化情况，能够对改进产品的加工工艺起到反馈作用。

（5）进口或出口样品　通常是按照进出口商所签订的合同进行取样和检测的。但要特别注意的是，进出口食品的微生物指标除满足进出口合同或信用证条款的要求外，还必须符合进口国的相关法律规定，如世界上很多国家禁止进口含有致病菌的食品。

3. 我国食品微生物检验样品的取样方案

取样是指在一定质量或数量的产品中，取一个或多个单元用于检测的过程。只有保证样品能够代表整批产品，其检测结果才具有统计学有效性，因此，样品的代表性至关重要，要保证样品的代表性，首先要有一套科学的取样方案。采用什么样的取样方案主要取决于检测的目的。例如，用一般的食品卫生学微生物检验去判定一批食品合格与否，查找食物中毒病原微生物，鉴定畜禽产品中是否含有人兽共患病原体等。目的不同，取样方案也不同。

目前国内外使用的取样方案多种多样，例如，一批产品采若干个样后混合在一起检验，按百分比取样，按食品的危害程度不同取样，按数理统计的方法决定取样个数等。不管采取何种方案，对取样代表性的要求是一致的。我国最新的《食品安全国家标准　食品微生物学检验　总则》（GB 4789.1—2016）中指出，应根据检验目的、食品特点、批量、检验方法、微生物的危害程度等来确定取样方案。

目前我国微生物检测工作中使用较多的取样方案有计数取样方案（二级、三级）、低浓度微生物样品（低污染水平）取样方案、随机取样方案以及非随机取样方案等。

（1）计数取样方案（二级取样方案和三级取样方案）　是国际食品微生物标准委员会（ICMSF）所提出的取样方案，也被称为ICMSF取样方案。它是目前世界上许多国家在食品微生物工作中普遍使用的取样方案。我国2017年6月23日实施的《食品安全国家标准　食品卫生微生物学检验　总则》（GB 4789.1—2016）中继续沿用了ICMSF提出的这一方案。

ICMSF取样方案（详见附录1）阐述了严格的取样计划与食品危害程度相联系的概念。根据微生物的危害程度和食品在不同条件下处理后危害度的变化情况（危害度降低、危害度未变、危害度增加）来设定取样方案，并规定不同的采样数。在中等或严重危害的情况下，使用二级取样方案；在健康危害低的情况下，则建议使用三级取样方案。

计数取样方案将微生物的危害度、食品的特性及处理条件三者综合在一起并进行食品中微生物危害度分类，具有科学性、合理性，对生产厂及消费者来说均符合实际情况。

（2）低浓度微生物样品取样方案　如果食品中所含微生物浓度低于菌落计数的灵敏度，通常采用连续稀释法并用多管技术对其进行活菌计数。需要时，可将大量的（如100 g，10 g，1 g）食品接种到含有适当培养基的大容器中。

另一种方法是抽取一系列数量相同的样品，检测是否含有可疑微生物。如果未检出，则用该方法估算检测出至少一个可疑菌所需抽取的最大样品单元。这种方法被称为定性取样。该方法适用于罐装食品和袋装牛奶等小包装食品的取样，因为这些食品中多数含有被杀死的细菌，活菌数较低，同时也能用于大桶装冰激凌等大包装的食品。

假定微生物随机分布在样品中，这些样品又是由已知大小的单元组成的（如10 g或25 g）。为了检测其中的微生物，必须抽取一定数量的样品，如n个。那么阳性样品（至少有一个可疑菌）在整批食品中的比例，可以通过式（4-1）计算：

$$d = 100\left(1 - \sqrt[n]{1 - P}\right) \qquad (4\text{-}1)$$

式（4-1）由$P = 1 - (1 - d/100)^n$导出。n为n个取样单元中至少有一个阳性单元的取样个数，当d表示取样量在整批食品中的百分数时，P表示抽取n个样品时，至少出现一个阳性样品的可能值。当n在整批食品中仅占一小部分（＜1/4）时，这个关系式成立。

（3）随机取样方案　是较常用的取样方案之一。在现场取样时，可利用随机取样表进行随机取样。随机取样表是用计算机随机编制而成，其使用方法如下：

①先将一批产品的各单位产品（如箱、包、盒等）按顺序编号，如将一批600包的产品编为1，2，…，600。

②随意在表上点出一个数，查看该数字所在的行和列，如点在第48行、第10列的数字上。

③根据单位产品编号的最大位数，查出所在行的连续列数字（如点为第48行、第10列、11列和12列，其数字为245），则编号与该数相同的那一份单位产品，即为一件应抽取的样品。

按上述方法继续查下一行的相同连续列数字，抽取为另一件应抽取的样品，直到完成应取样品件数为止。

（4）非随机取样方案　我们通常希望通过随机取样获得样品。例如可使用随机取样表抽取一条生产线或仓库中的样品，用表中的数字确定不同的取样时间和地点。但生产中会出现很多特殊情况，如在加工熟食时，细菌数会随生产程序而增多；分装食品的管道系统不清洁或开始生产前未充分洗净，最开始生产的产品细菌就很高；传送食品的管道温度适于细菌生长，则在传送过程中细菌会逐渐增加。另外，当整批食品贮存条件相同时，采用随机取样比较合理。但对于一堆食品，其贮存温度和其他条件往往都是变化的，在这种情况下，从不同部位取样，获取的信息就不同。如果对环境条件进行同步检测（如用多功能记录仪和几个温度计检测整批食品贮存温度的变化），环境变化对微生物的影响可被检测出来。

4. 取样标准

取样标准通常是标准化的取样方案。目前国外关于取样的标准很多，但无论哪种标准都只有一个目标，即获得代表性的样品。并通过对样品的检测得到能够代表整批产品的检验结果。取样时应根据产品的类型、状态等选择不同的取样方法和标准。可根据实际工作参考和执行以下部分取样标准：

（1）《食品安全国家标准　食品卫生微生物学检验　总则》（GB 4789.1—2016）　本标准规定了食品微生物检验的基本原则和要求，对采样的原则、采样的方案、各类食品的采样方法、样品的标记运输与贮存做出规定，适用于食品微生物学的检验。

（2）《出口食品微生物学检验通则》（SN/T 0330—2012）　该标准规定了按照特定标准执行的食品微生物检验的一般要求，对取样方法、样品的标记、取样记录、样品运送、样品接受和保存等均提出要求，适用于食品微生物实验室对食品样品、食品及食品原料生产环境的微生物学检验。

（3）《无公害食品　产品取样规范　第1部分：通则》（NY/T 5344.1—2006）　该标准规定了无公害农产品，包括粮油、蔬菜、水果、茶叶、畜禽产品和水产品在内的样品取样时的要求和方法，适用于无公害农产品认证检验和监督抽查检验的取样。

（4）《绿色食品　产品取样准则》（NY/T 896—2015）　本标准规定了绿色食品样品抽取的术语和定义、一般要求、取样程序和取样方法，适用于绿色食品产品的样品抽取。

（5）《食品取样检验通用导则》（GB/T 30642—2014）　该标准规定了食品取样检验的一般原则与程序。该标准适用于交付批的食品验收取样检验及食品监督取样检验和质量特性均匀产品的控制，包括单位产品（分立个体产品）的不合格百分数、每百单位不合格数或平均值的控制，也包括散料平均值的控制。但不适用于产品生产过程控制，不包括具体食品取样程序以及二次、多次和序贯取样方案，不考虑与取样误差相比计量误差不可忽略的同类产品控制和散料定性特性控制。

（6）《计数取样检验程序　第10部分：GB/T 2828计数取样检验系列标准导则》（GB/T 2828.10—2010）　本部分给出了计数取样系统的一般介绍和在GB/T 2828.1—2012，GB/T 2828.2—2008，GB/T 2828.3—2008，GB/T 2828.4—2008，GB/T 2828.5—2011及GB/T2828.11—2008中所提出计数取样计划和取样方案的概述，该部分还给出了在具体情形下，如何选用合适的取样检验系统的方法。

（7）《计数取样检验程序　第1部分：按接收质量限（AQL）检索的逐批检验抽样计划》（GB/T 2828.1—2012）　该标准规定了一个计数取样检验系统，目的是通过设置合格标准使供方在经济上和心理上产生的压力，促使其将过程平均质量水平保持在规定的接收质量下限，而同时给使用方接收劣批的概率提供一个上限。该部分指定的取样方案可用于（但不限于）最终产品、零部件和原材料，以及制品、库存品等的检验，该标准中的取样计划主要适用于连续系列批的检验，也可用于孤立批的检验。

4.5.2　常见食品微生物检验样品的采集与处理

取样方法对取样方案的有效执行和保证样品的有效性、代表性至关重要。取样必须遵循无菌操作程序。取样工具，如整套不锈钢勺子、镊子、剪刀等应高压灭菌，防止一切可能的外来污染。容器必须清洁、干燥防漏、广口、灭菌，大小适合盛放检样。在取样全过程中，应采取必要的措施防止食品中固有微生物的数量和生长能力发生变化。确定检验批，应注意产品的均质性和来源，确保检样具有代表性。

1. 取样前准备工作

在确定了取样方案后，严格按照取样方案和相关标准或合同的规定进行取样，取样前要了解所取样品的来源、加工、贮藏、包装、运输等情况。应根据不同的样品特征和取样环境对取样物品和试剂进行事先准备和灭菌等工作，取样工具和一些试剂材料，具体有如下几类：

（1）开启容器的工具　如剪刀、刀子、开罐器、钳子及其他所需工具。这些工具用双层纸包装灭菌（121 ℃，15 min）后，通常可在干燥洁净的环境中保存2个月，超过2个月后要重新灭菌。

（2）样品移取工具　如灭菌的铲子、勺子、取样器、镊子、刀子、剪刀、锯子、压舌板、木钻（电钻）、打孔器，金属试管和棉拭子等。

（3）取样容器　如灭菌的广口瓶或细口瓶，预先灭菌的聚乙烯袋（瓶）、金属试管或其他类似的密封金属容器等。取样时，最好不要使用玻璃容器，因为在运输途中易破碎。

（4）温度计　通常使用－20～100 ℃，温度间隔为1 ℃的温度计。为避免取样时破碎，最好使用金属或电子温度计。取样前在75%乙醇溶液或次氯酸钠（浓度≥100 mg/L）中浸泡（≥30 s）消毒，然后再插入食品中检测温度。

（5）消毒剂　可使用75%乙醇溶液、中等浓度（100 mg/L）的次氯酸钠溶液或其他有类似效果的消毒剂。

（6）标记工具　包括能够记录足够信息的标签纸（不干胶标签纸）、油性或不可擦拭记号笔等。

（7）样品运输工具　如便携式冰箱或保温箱。运输工具的容量应足以放下所取的样品。使用保温箱或替代容器（如泡沫塑料箱）时，应将足够量的预先冷冻的冰袋放在容器的四围，以保证运输过程中容器内的温度。

（8）天平　可称质量为2000 g的天平，感量为0.1 g。

（9）搅拌器和混合器　配备带有灭菌缸的搅拌器和混合器，必要时使用。

（10）稀释液　包括灭菌的磷酸盐缓冲液、灭菌的0.1%蛋白胨水、灭菌的生理盐水以及其他适当的稀释液。

（11）防护用品　对于食品微生物的检测样品，取样时防护用品主要是用于对样品的防护，即保护生产环境、原料和成品等不会在取样过程中被污染，同样也保护样品不被污染。主要的防护用品有工作服（连体或分体）、工作帽、口罩、雨鞋、手套等。这些防护用品应事先消毒灭菌（或使用无菌的一次性物品）。

2. 样品的采集

正确的取样方法能够保证取样方案的有效性和保证样品的有效性、代表性。进行食品微生物检验时，针对不同种类的样品，取样方法各不相同。国际食品微生物标准委员会（ICMSF）对食品的混合、加工类型、贮存方法及微生物检测项目的取样方法都有详细的规定。常见的样品采集方法如下：

1）液体样品

在通常情况下，液态食品较容易获得代表性样品。

（1）原包装瓶样品　如酸奶，小规格瓶装饮用水，通常直接取整瓶。

（2）散装液态食品样品　若样品盛放在较大的容器中，如生牛乳、葡萄酒、植物油等，取样时常采用虹吸法（或用长形吸管）按不同深度分层取样，并混匀。若样品为黏稠或含有固体悬浮物或不均匀液体，如糖浆、蜂蜜，可使用灭菌的长柄勺连续或间歇搅拌后放在已灭菌的容器中；若样品盛放在较小的容器中，可在取样前将液体上下颠倒，使其完全混匀后用无菌吸管或勺子采取。

（3）冷冻液体食品样品　采取原包装放入隔热容器内送至实验室。

所有的样品送至实验室后，在检测前应将液体再彻底混匀一次。

2）固体样品和冷冻样品

（1）固体样品　面粉或奶粉等易于混匀的食品，其成品质量均匀、稳定，可以抽取小样品（如100 g）检测。但散装样品就必须从多个点取样，且每个样品都要单独处理，在检测前要彻底混匀，并从中取一份样品进行检测。肉类、鱼类或类似的大块整体食品在割取时应兼顾表面与深部，既要在表皮取样又要在深层取样。深层取样时要小心不要被表面污染。有些食品，如鲜肉或熟肉可用灭菌的解剖刀和钳子取样；粉末状样品取样时，可用灭菌的取样器斜角插入箱底，样品填满取样器后提出箱外，再用灭菌小勺从上、中、下部位采样；小块大包装食品应从不同部位的小块上切取样品，放入无菌盛样容器中。

（2）冷冻样品　冷冻食品可在不解冻的状态下用锯子、木钻或电钻（一般斜角钻入）等获取深层样品；大包装小块冷冻食品按小块个体采取；大块冷冻食品可以用无菌刀从不同部位削取样品或用无菌小手锯从冻块上采取样品，也可以用无菌钻头钻取碎屑状样品，放入无菌盛样容器中。

固体食品和冷冻食品的取样还应注意检验目的，若需检验食品污染情况，可取表层样品；若需检验其品质情况，应取深部样品。

3）表面取样

通过惰性载体可以将表面样品上的微生物转移到合适的培养基中进行微生物检测。这种惰性载体既不应引起微生物死亡，也不应使其增殖，这样的载体包括清水、拭子、胶带等。取样后，应尽早将微生物转接到适当的培养基中。

表面取样技术只能直接转移菌体。不能进行系列稀释，只有在菌体数量较少时才适用。其最大优点是检测时不破坏食品样品。以下介绍几种较常见的表面取样技术。

（1）棉拭子法　进行定量检测时，必须先用灭菌取样框（塑料或不锈钢等）确定被测试的区域。

用干燥的棉花/羊毛缠在 4 cm 长直径 1～1.5 mm 的木棒或不锈钢丝上做成棉花/羊毛拭子。然后将拭子放在合金试管中，盖上盖子后灭菌。取样时先将拭子在稀释液中浸湿，然后在待测样品的表面缓慢旋转拭子并平行用力涂抹两次，涂抹的过程中应保证拭子在取样框内。取样后拭子重新放回装有 10 mL 取样溶液的试管中。

（2）淋洗法　用十倍于样品的灭菌稀释液（质量比）对样品进行淋洗，得到 10^{-1} 的样品原液，这种取样方法可用于全禽、香肠、干果、蔬菜等食品。报告结果时，应注明该结果仅代表样品表面的细菌总数。

（3）触片法　用一个无菌玻片触压食品表面，带回实验室。固定染色（如革兰氏染色法）后在显微镜下检测。也可以将取样的玻片压在倒有培养基的平板上，将细菌转接到琼脂表面，（用无菌镊子）移去玻片后，培养平板。这种方法不能用于菌体计数，但能快速判断优势菌落的类型，对生肉、禽肉和软奶酪等食品更为适用。

（4）表层切片法　用灭菌解剖刀或镊子切取一薄层表层样品。这种方法最适用于家禽皮肤的取样。将样品放入装有适当稀释液的容器中，均质后得到初始浓度为 10^{-1} 的样品原液。

4）预包装食品的取样

对于即食类预包装食品，抽取相同批次的最小零售原包装样品，检验前要保持包装的完整，避免污染。对于非即食类预包装食品，原包装小于 1000 g 的固态食品或小于 1000 mL 的液态食品，取相同批次的最小零售原包装样品；大于 1000 mL 的液态食品，应在采样前摇动或用无菌棒搅拌液体，使其达到均质后分别从相同批次的 n 个容器中采集 5 倍或以上检验单位的样品；大于 1000 g 的固态食品，应用无菌采样器从同一包装的几个不同部位分别采取适量样品，放入同一个无菌采样容器中，采样总量应满足微生物指标检验的要求。取完样品后，应用消毒的温度计插入液体内测量食品的温度，并进行记录。若为非冷藏易腐食品，应迅速将所取样品冷却至 0～4 ℃。

5）检测厌氧微生物的食品的取样

取样检测厌氧微生物时，很重要的一点是食品样品中不能含有游离氧。例如，在肉的深层取少量样品后，要避免暴露在空气中。若只能抽取小样品，或需要使用棉拭子取样时，就要用一种合适的转接培养基（如 Stuart 转接培养基）来降低氧的浓度。棉拭子使用前要先用强化的梭菌培养基浸湿。

3. 采样后样品的密封与标识

为保证样品的完整性，装有样品的包装物应进行封口，以证实其可靠性。即从取样地点到达实验室这段时间不发生任何变化。可采用自粘胶、特制的纸黏着剂封口，封口处应留出填写日期、检验人员和货主签字的地方。

取样过程中应对所取样品进行及时、准确地标记。取样结束后，应由取样人写出完整的取样报告。样品应尽可能在原有状态下迅速运送或发送到实验室。

对样品标记的内容包括：样品名称、样品描述、样品批号、企业名称、地址、取样人、取样时间、取样地点、取样温度（必要时）、测试目的等，标记应牢固并具有防水性，确保字迹不会被擦掉或脱色。所有盛样容器必须有和样品一致的标记。在标记上应记明产品标志与号码、样品顺序号和其他需要说明的情况。当样品需要托运或由非专职取样人员运送时，必须封识样品容器。

4. 样品的送检与接收

（1）样品的送检

①取样结束后应尽快将样品送往实验室检验。如不能及时运送，冷冻样品应存放在 −15 ℃以下冰箱或冷库内，并注意防止反复冰冻和融解；冷藏和易腐食品存放在 0～4 ℃的环境中，勿使冻结，以免细菌遭受破坏；其他食品可放在常温冷暗处。

②样品的运输过程必须有适当的保护措施（如密封、冷藏等），以保证样品的微生物指标不发生变化。运送冷冻和易腐食品应在包装容器内加适量的冷却剂或冷冻剂，保证途中样品不升温、不融化，但样品不可与冷却剂或冷冻剂直接接触，必要时可于途中补加冷却剂或冷冻剂。

③样品送检时，必须认真填写申请单，以供检验人员参考。

④如不能由专人携带送样时，可托运，托运前必须将样品包装好，应能防破损、防冻结、防腐和防止冷冻样品升温及融化。在包装上应注明“防碎”“易腐”“冷藏”等字样。并做好样品运送记录，写明运送条件、日期、到达地点及其他需要说明的情况，并由运送人签字。

⑤检验人员接到送检单后应立即登记，并按检验要求将样品放入冰箱或冰盒中，同时积极准备条件进行检验。

（2）样品的接收　在接收样品时，实验室应与送样人共同相互确认样品与委托单上的内容是否一致。确认内容一般包括：

①品名（进出口商品应加进出国名称）。

②检验目的。

③检验项目。

④形状和包装状况（固体、液体、粉状、冷冻、冷藏、零售、批发、无菌包装等）。

⑤取样数量（个数和质量）。

⑥取样年、月、日及送达年、月、日。

⑦取样地点。

⑧随货样附带的许可申请单编号。

⑨生产国或者生产厂家名称（进口商品）。

⑩取样者的单位、姓名及有无封印。

⑪其他：搬运、贮存、检验时的注意事项。

5. 样品的处理

样品处理应在无菌室内进行，若是冷冻样品，必须事先在原容器中解冻。解冻条件为：2～5 ℃不超过 18 h，或 45 ℃不超过 15 min。

1）固体食品的样品处理方法

（1）捣碎均质方法　将 100 g 或 100 g 以上样品剪碎混匀，从中取 25 g 放入带 225 mL 稀释液的无菌均质杯中，8000～10000 r/min 均质 1～2 min，这是对大部分食品样品都适用的办法。

（2）剪碎振摇法　将 10 g 或 100 g 以上样品剪碎混匀，从中取 25 g 进一步剪碎，放入带有 225 mL 稀释液和适量直径为 5 mm 左右的玻璃珠的稀释瓶中，盖紧瓶盖，用力快速振摇 50 次，振幅不小于 40 cm。

（3）研磨法　将 100 g 或 100 g 以上样品剪碎混匀，从中取 25 g 放入无菌研钵充分研磨后，再放入带有 225 mL 无菌稀释液的稀释瓶中，盖紧盖后充分摇匀。

（4）整粒振摇法　完整自然保护膜的颗粒状样品（如蒜瓣、青豆等）可以直接称取 25 g 整理样品，置于带有 225 mL 无菌稀释液和适量玻璃珠的无菌稀释瓶中，盖紧瓶盖，用力快速振摇 50 次，振幅在 40 cm 以上。蒜瓣样品若剪碎或均质，由于大蒜素的杀菌作用，所得结果大大低于实际水平。

（5）胃蠕动均质法　将一定量的样品和稀释液放入无菌均质袋中，开机均质。均质器有一个长方形金属盒，其旁安装有金属叶板，可打击均质袋，金属叶板由一个恒速马达带动，做前后移动而撞碎样品。

2）液体食品的样品处理方法

（1）原包装样品　用点燃的酒精棉球消毒瓶口，再用经石炭酸或来苏儿消毒液消毒过的纱布将瓶口盖上，用经火焰消毒的开罐器开启，摇匀后用无菌吸管吸取。

（2）含有二氧化碳的液体样品　按上述方法开启瓶盖后，将样品倒入无菌磨口瓶中，盖上消毒纱布，将盖开一缝，轻轻摇动，使气体逸出后进行检验。

（3）冷冻液体食品　将冷冻食品放入无菌容器内，融化后检验。

3）罐头食品的样品处理方法

（1）密闭试验　将被检验罐头置于 85 ℃以上的水浴中，使罐头沉入水面以下 5 cm 观察 5 min，如有小气泡连续上升，表明漏气。

（2）膨胀试验　将罐头放在 37 ℃±2 ℃环境下 7 d，如果是水果、蔬菜罐头放在 20～25 ℃ 环境下 7 d，观察其盖和底有无膨胀现象。

（3）样品检验　先用酒精棉球擦去罐上油污，然后用点燃的酒精棉球消毒开口的一端。用来苏儿消毒液纱布盖上，再用灭菌的开罐器打开罐头。除去表层，用灭菌匙或吸管取出中间部分的样品进行检验。

6. 样品的保存

1）保存原则

（1）防止交叉污染　凡接触样品的器皿，工具、手必须清洁，确保不带入新的污染物，并加盖密封。

（2）防止腐败变质　易腐败变质的食品可采取低温冷藏，以降低酶活性及抑制微生物生长繁殖。

2）保存方法

实验室接到样品后应在 36 h 内进行检测（贝类样品通常要在 6 h 内检测），对不能立即进行检测的样品，要采取适当的方式保存，使样品在检测之前维持取样时的状态。实验室应有足够和适当的样品保存设施（冰箱或冰柜等）。下面为联合国粮农组织（FAO）推荐的部分食品的保存方式。

（1）易腐食品　要用保温箱或采取必要的措施使样品处于低温状态（0～4 ℃），应在取样后尽快送至实验室，并保证样品送至实验室时不变质。易腐的非冷冻食品检测前不应冷冻保存（除非不能及时检测）。如需要短时间保存，应在 0～4 ℃冷藏保存，但应尽快检验（一般不应超过 36 h）。因为保存时间过长可能造成食品中嗜冷细菌的生长和嗜中温细菌死亡。

（2）冷冻食品　要用保温箱或采取必要的措施使样品处于冷冻状态，送至实验室前样品不能融解，变质。冰冻食品要密闭后置于冷冻冰箱（通常为－18 ℃），检测前要始终保持冷冻状态，防止食品暴露在二氧化碳气体中。

（3）干制食品　应用塑料袋或类似的材料密封保存，注意不能使其吸潮或水分散失，并要保证从取样到实验室进行检验的过程中品质不变。

（4）其他食品　也应用塑料袋或类似的材料密封保存，注意不能使其吸潮或水分散失，并要保证从取样到实验室进行检验的过程中其品质不变，必要时可使用冷藏设备。

7. 验毕样品的处理

食品中微生物的分布是不均匀的，并易受环境变化的影响，一旦进行了样品制备和目标微生物的检验，食品中微生物的本质便发生了一些变化，国际社会一直认为对于食品微生物检验不能复验。根据我国《食品安全国家标准　食品卫生微生物学检验　总则》（GB 4789.1—2016）中的要求：检验结果报告后，剩余样品和同批产品不进行微生物项目的复检。

对于部分严重污染的试验样品、样品增菌培养液以及所检出的致病菌，在弃置之前，要对其进行去污处理，见《食品安全国家标准 食品微生物学检验　总则》（GB 4789.1—2016）和《实验室质量控制规范　食品微生物检测》（GB/T 27405—2008）。

国际上常见的取样方案见二维码 4-1。

二维码 4-1　国际上常见的取样方案

复习思考题

1. 不同来源的水样如何采集和处理？
2. 简述空气的采样方法。
3. 空气中的微生物指标有哪些？
4. 土壤样品如何采集与处理？
5. 加工台面采样的方法有哪些？
6. 食品样品的采集应遵循哪些原则？简述常见的食品微生物样品的采集和处理方法。
7. 简述 ICMSF 取样方案中的二级法和三级法。

HAPTER 5

第5章 食品微生物检验的基本原理与技术

【教学目的和要求】

1. 本章节主要介绍食品微生物检验基本技术中的细菌染色技术、微生物的形态观察技术、生物化学试验技术、血清学试验技术、动物试验技术。解释微生物检测中相关技术的原理和应用范围，着重阐明各个基本技术试验所涉及的培养基和试剂、操作方法及结果判定方法。
2. 通过本章节的学习和试验，加深对微生物检测基本技术的原理和意义的理解。
3. 掌握常规微生物检测基本技术试验操作方法。

5.1 细菌染色技术

5.1.1 细菌染色的一般原理

细菌的个体极其微小，无色透明，折射率低，在普通光学显微镜下不易识别，因此必须借助染色方法，将其折射率增大而与背景形成明显的色差，再经显微镜的放大作用，才能更清楚地观察到其形态和结构。

微生物染色的基本原理，是借助物理因素和化学因素的作用而进行的。物理因素，如细胞及细胞物质对染料的毛细现象、渗透、吸附作用等。化学因素则是根据细胞物质和染料的不同性质而发生的各种化学反应。酸性物质对于碱性染料较易吸附，且吸附作用稳固；碱性物质对酸性染料较易于吸附。如酸性物质细胞核对于碱性染料就有化学亲和力，易于吸附。但是，要使酸性物质染上酸性材料，必须把它们的物理形式加以改变（如改变 pH），才利于吸附作用的发生。相反，碱性物质（如细胞质）通常仅能染上酸性染料，若把它们变为适宜的物理形式，也同样能与碱性染料发生吸附作用。现将染色的一般原理从物理现象和化学反应两个方面来说明。

1. 染色的物理现象

（1）溶解性　这种染色最典型的例子就是脂肪染色，苏丹类染色剂为脂溶性染料，它可以被脂质溶解，使脂质着色。利用染色剂在脂质中的溶解度大于在乙醇等溶剂中的溶解度这一特性，当苏丹类的乙醇溶液与组织细胞中的脂质接触时，染色剂就从溶液中“转移”到脂质中去，而使脂质着色。

（2）吸附作用　较大物体具有从周围介质吸附小颗粒到自身的特性。有些染色则是染色剂分子通过渗透和毛细管作用而被吸收或沉淀到组织细胞的小孔中去而着色的。例如，活性炭可吸附各种分子，甚至一些胶质和微生物等较大的颗粒。

2. 染色的化学反应

一般染料在一定溶液中均可电离，离解出阳离子或阴离子。酸性染料中的酸性部分有染色作用的是阴离子；碱性染料中的碱性部分有染色作用的则是阳离子。若细胞内同时含有酸性和碱性物质，酸性物质与碱性染料中的阳离子相结合，如细胞核黏液呈酸性的部分被碱性染料苏木素所染。反之碱性物质与酸性染料的阴离子相结合，如细胞浆及其内部的某些颗粒物质被酸性染料伊红所染。

细菌的等电点较低，pH 为 2～5，故在中性、碱性或弱酸性溶液中，菌体蛋白质电离后带阴电荷；而碱性染料电离时染料离子带阳电荷。因此，带阴电荷的细菌常和带阳电荷的碱性染料进行结合。这是在细菌学上常用碱性染料进行染色的原因。

5.1.2 细菌染色常用染料及影响染色因素

1. 细菌染色用的染料

染料分为天然染料和人工染料两种。天然染料有苏木素和洋红等，它们多从植物体中提取得到，其成分复杂，有些至今还未研究清楚。目前主要采用人工染料，其多从煤焦油中提取获得，是苯的衍生物。多数染料为带色的有机酸或碱类，难溶于水，而易溶于有机溶剂中。为使它们易溶于水，通常制成盐类。

1）天然染料

（1）苏木素　是从南美的苏木（热带豆科植物）干枝中用乙醚浸制出来的一种色素，是常用的染料之一。苏木素不能直接染色，必须暴露在通气的地方，使它变成氧化苏木素（又称苏木精）后才能使用，该过程称为“成熟”。苏木素的“成熟”过程需时较长，配制后时间越久，染色力越强。被染材料必须经金属盐（媒染剂）作用后才有着色力，所以在使用苏木素染剂时都要用媒染剂，常用的媒染剂有硫酸铝铵、钾明矾和铁明矾等。

苏木素是淡黄色至锈紫色的结晶体，易溶于乙醇，微溶于水和甘油，是染细胞核的优良材料，它能把细胞中不同的结构分化出各种不同的颜色。分化时组织所染的颜色因处理的情况而异，用酸性溶液（如盐酸-乙醇）分化后呈红色，水洗后仍恢复青蓝色；用碱性溶液（如氨水）分化后呈蓝色，水洗后呈蓝黑色。

（2）洋红　又称胭脂红或卡红。一种热带产的雌性胭脂虫干燥后，磨成粉末，提取出虫红，再用明矾处理，除去其中杂质，就制成洋红。单纯的洋红不能染色，要经酸性或碱性溶液溶解后才能染色。常用的酸性溶液有冰醋酸或苦味酸，碱性溶液有氨水、硼砂等。

洋红是细胞核的优良染料，染色的标本不易退色。用作切片或组织块染色都适宜，尤其适用于小型材料的整体染色。用洋红配成的溶液染色后能保持几年，若洋红溶液出现浑浊时，则要过滤后才可再用。

2）人工染料

人工染料，即苯胺染料或煤焦油染料，种类很多，应用极广。它的缺点是经日光照射容易退色，苯胺蓝、亮绿、甲基绿等更易退色。在制片中注意掌握酸碱度，并避免日光直射。

（1）酸性品红　是酸性染料，呈红色粉末状，能溶于水，略溶于0.3%的乙醇。酸性品红是良好的细胞质染色剂，它与甲基绿同染，能显示线粒体。组织切片在染色前先浸在带酸性的水中，可增强它的染色力。酸性品红容易与碱起作用，易造成染色过度，但易在自来水中褪色。

（2）刚果红　也是酸性染料，呈枣红色粉末状，能溶于水和乙醇，遇酸呈蓝色。它能作染料，也能作指示剂。用刚果红染色细胞质时，能把胶质或纤维素染成红色。因为它能溶于水和乙醇，所以洗涤和脱水处理要迅速。

（3）甲基蓝　是弱酸性染料，能溶于水和乙醇。甲基蓝在动植物、微生物的制片技术方面应用极广，是细菌制片中不可缺少的染料。它的水溶液是原生动物的活体染色剂。甲基蓝极易氧化，因此用它染色后不能长久保存。

（4）苏丹Ⅲ　是弱酸性染料，呈红色粉末状，易溶于脂肪和乙醇（溶解度为0.15%），是脂肪染色剂。

（5）伊红　这类染料种类很多。常用的伊红Y，是酸性染料，呈红色带蓝色的小结晶或棕色粉末状，溶于水（15 ℃时溶解度可达44%）和乙醇（溶解度为2%）。伊红是很好的细胞质染料，常用作苏木精的衬染剂。

（6）碱性品（复）红　呈暗红色粉末状或结晶状，能溶于水（溶解度为1%）和乙醇（溶解度为8%）。碱性品红在生物学制片中用途很广，可用来染色胶原纤维、弹性纤维、嗜复红性颗粒和中枢神经组织的核质。在细菌学制片中，常用来鉴别结核杆菌。

（7）结晶紫　是碱性染料，能溶于水（溶解度为9%）和乙醇（溶解度为8.75%）。结晶紫在细胞学、组织学和细菌学等方面应用极广，是一种优良的染色剂。它是细胞核常用的染色剂，用来显示染色体的中心体，并可染淀粉、纤维蛋白、神经胶质等。凡是用番红和苏木精或其他染料染细胞核不能成功时，用它则能得到良好的结果。用番红和结晶紫作细菌细胞壁的复合染色，革兰氏阴性菌被染成红色，革兰氏阳性菌被染成紫色，所以也是一种可用于细菌鉴别的优良染色剂。用结晶紫染纤毛，效果也很好。用结晶紫染色的切片，缺点是不易长久保存。

（8）中性红　是弱碱性染料，呈红色粉末状，能溶于水（溶解度为4%）和乙醇（溶解度为1.8%）。它在碱性溶液中呈现黄色，在强碱性溶液中呈蓝色，而在弱酸性溶液中呈红色，所以能用作指示剂。中性红无毒，常用作活体染色的染料，用来染原生动物和显示动植物组织中活细胞的内含物等。

（9）番红　是碱性染料，能溶于水和乙醇。番红是细胞学和动植物组织学常用的染料，能染细胞核、染色体和植物蛋白质，显示维管束植物木质化、木栓化和角质化的组织，还能染孢子囊。

（10）亚甲蓝　是碱性染料，呈蓝色粉末状，能溶于水（溶解度为9.5%）和乙醇（溶解度为6%）。亚甲蓝是动物学和细胞学染色上十分重要的细胞核染料，其优点是染色不会过深。

2. 染料的分类

染料可按其电离后染料离子所带电荷的性质，分为酸性染料、碱性染料、中性（复合）染料和单纯染料四大类。

（1）碱性染料　其离子带正电荷，能和带负电荷的物质结合。由于细菌菌体蛋白的等电点较低，pH为2～5，故在中性、碱性或弱酸性溶液中都带负电。带负电的细菌易与带正电的碱性染料结合而着色。在细菌学上常用碱性染料有结晶紫、亚甲蓝、碱性复红、番红或孔雀绿等。

(2) 酸性染料　其离子带负电荷，能与带正电荷的物质结合。当细菌分解糖类产酸使培养基pH下降时，细菌所带正电荷增加，因此易被伊红、酸性复红或刚果红等酸性染料着色。

使用酸性染料时，必须降低染液的pH，使其呈现强酸性（低于细菌菌体等电点），让菌体带正电荷，才易于被酸性染料染色。

(3) 中性染料　系碱性染料与酸性染料的结合物，又称复合染料，如伊红-亚甲蓝、伊红天青、瑞氏染料、姬姆萨染料等，可用于较特殊标本的染色。

(4) 单纯染料　化学亲和力低，不能和被染的物质生成盐，其染色能力视其是否溶于被染物而定，因为它们大多数都属于偶氮化合物，不溶于水，但溶于脂肪溶剂中，如紫丹类（Sudanb）的染料。

3. 影响染色的因素

染色过程中必须把握好影响染色的因素以确保得到准确的结果，尤其对于鉴别性的实验，关键环节把握不好往往导致相反的结果。影响细菌染色的主要因素有染色技术、染液、细菌三种因素。

(1) 染色技术　操作环节把握不好可影响染色结果，如涂片太厚或太薄，菌体会分散不均匀；固定时菌体过分受热；脱色时间过长或过短等。

(2) 染液因素　所有染液应防止水分蒸发而影响浓度，最好是新鲜配制。如革兰氏染色中碘液存放过长时间或受光作用容易失去媒染作用；脱色用的95%乙醇若密封不良可使浓度下降而影响脱色能力。

(3) 细菌因素　处于不同生长时期的细菌培养物，染色结果会有差异。如对葡萄球菌进行革兰氏染色，幼龄菌呈现紫色，而老龄菌可被染成红色。

除此以外，菌体细胞膜的通透性、膜孔的大小和细胞结构完整与否，对染色都有影响。培养基的组成、染色液中的电介质含量和pH、温度、药物的作用等，也都能影响细菌的染色。

5.1.3　细菌染色的基本方法和步骤

1. 细菌染色的基本方法

微生物染色方法一般分为单染色法和复染色法两种。前者用一种染料使微生物染色，简便易行，适于进行微生物的形态观察，但不能鉴别微生物。复染色法是用两种或两种以上染料进行染色，有协助鉴别微生物的作用，因此也称鉴别染色法。

2. 细菌染色的一般步骤

细菌染色一般要经过涂片、干燥、固定、染色、水洗、干燥、镜检等步骤。

(1) 涂片　滴一小滴生理盐水于洁净无油的载玻片中央，以无菌操作技术，用接种环从试管斜面挑取少许细菌培养物，于载玻片的水滴中，调匀并涂成薄膜。注意滴加生理盐水时不宜过多；涂片必须均匀，不宜过厚。

(2) 干燥　涂片后于室温下自然干燥，也可在酒精灯上方略微加温，使之迅速干燥，但勿靠近火焰。

(3) 固定　常用高温进行固定。即手持载玻片一端，涂片面向上，于火焰外侧快速来回移动3～4次，使细胞质凝固，不易脱落。要求玻片温度不超过60 ℃，以玻片背面触及手背皮肤不觉过烫为宜，放置待冷后染色。进行固定的目的：一是杀死微生物，固定其细胞结构；二是保证菌体能牢固地黏附在载玻片上，以免水洗时被水冲掉；三是改变菌体对染料的通透性，一般死细胞原生质容易着色。

(4) 染色　放标本于水平位置，滴加染色液于涂片薄膜上，覆盖玻片涂菌部分为宜，染色时间长短随不同染色液而定。

(5) 水洗　染色时间到后，用木夹夹住玻片的一端，斜置玻片，用细小的缓水流自标本的上端流下，洗去多余的染料，直至冲下之水无色时为止。注意冲洗水流不宜过急、过大，避免直接冲在涂片处。

(6) 干燥　冲洗后，将标本置于桌上风干或用吹风机吹干，也可用吸水纸轻轻地吸去水分，或微微加热，以加快干燥速度。待完全干燥后才可置显微镜下观察。

(7) 镜检　按照由低倍镜到高倍镜的顺序，

或于油镜下观察。染色的结果依染料不同而不同，如石炭酸复红染色液着色快，时间短，菌体呈红色；亚甲蓝染色液着色慢，时间长，效果清晰，菌体呈蓝色；草酸铵结晶染色液染色迅速，着色深，菌体呈紫色。

5.1.4 常用的细菌染色法及注意事项

1. 革兰氏染色法

革兰氏染色法是1884年由丹麦病理学家Christain Gram创立的，是病原学检测中最常用的细菌鉴别染色法。此法可将所有细菌分为革兰氏阳性菌和革兰氏阴性菌两大类。凡能固定结晶紫与碘的复合物，而不被乙醇脱色，仍保留紫色的，称为革兰氏阳性菌。凡能被乙醇脱色，再经复染变成红色的细菌，称为革兰氏阴性菌。

1）原理

革兰氏染色法之所以能将细菌分为革兰氏阳性和革兰氏阴性，是由这两类细菌细胞壁的结构和组成不同决定的。实际上，当用结晶紫初染后，像简单染色法一样，所有细菌都被染成初染剂的蓝紫色。碘作为媒染剂，它能与结晶紫结合成结晶紫-碘的复合物，从而增强染料与细菌的结合力。当用脱色剂处理时，两类细菌的脱色效果是不同的。革兰氏阳性细菌的细胞壁主要由肽聚糖形成的网状结构组成，壁厚，类脂质含量低，用乙醇（或丙酮）脱色时细胞壁脱水，使肽聚糖层的网状结构孔径缩小，透性降低，从而使结晶紫-碘的复合物不易被洗脱而保留在细胞内，经脱色和复染后仍保留初染剂的蓝紫色。革兰氏阴性菌则不同，其细胞壁肽聚糖层较薄，类脂含量高，所以当脱色处理时，类脂质被乙醇（或丙酮）溶解，细胞壁透性增大，使结晶紫-碘的复合物比较容易被洗脱出来，用复染剂复染后，细胞被染上复染剂的红色。

2）试剂常用试剂

结晶紫（龙胆紫）染液、卢戈碘液、95%乙醇、稀释石炭酸复红染液。

3）操作步骤

涂片→干燥→固定→染色（初染→媒染→脱色→复染）→镜检。

（1）涂片　取一洁净的载玻片，在其中央滴一小滴蒸馏水，以无菌接种环取待检菌落，制成1 cm^2 大小的薄玻涂片。

（2）干燥　涂片最好在室温中自然干燥，必要时可将标本面向上，小心断续地在弱火高处略烘，以助水分蒸发。

（3）固定　目的是杀死细菌，使细菌与玻片黏附较牢，在染色时不致被染液和水冲掉，以及使细菌蛋白质变性易被着色。一般细菌涂片常用加热固定法，手执玻片的一端，标本面向上，在乙醇灯焰上快速来回通过3次，共2～3 s，注意温度不可太高，以玻片反面触及皮肤感觉温热即可。

（4）初染　滴加结晶紫（以刚好将菌膜覆盖为宜）于2个玻片的涂面上，染色1～2 min，倾去染色液，细水冲洗至洗出液为无色，将载玻片上水甩净。

（5）媒染　用碘液媒染约1 min，水洗。

（6）脱色　用滤纸吸去玻片上的残水，将玻片倾斜，在白色背景下，用滴管流加95%乙醇脱色，直至流出的乙醇无紫色时，立即水洗，终止脱色，将载玻片上水甩净。

革兰氏染色结果是否正确，乙醇脱色是操作的关键环节。脱色不足，阴性菌可能被误染成阳性菌；脱色过度，阳性菌可能被误染成阴性菌。脱色时间一般为20～30 s。

（7）复染　在涂片上滴加番红液复染2～3 min，水洗，然后用吸水纸吸干。在染色的过程中，不可使染液干涸。

（8）镜检　干燥后，用油镜观察。判断两种菌体染色反应性。菌体被染成蓝紫色的是革兰氏阳性菌（G^+），被染成红色的为革兰氏阴性菌（G^-）。

（9）实验结束后处理　先用擦镜纸擦去镜头上的油，然后再用擦镜纸蘸取少许二甲苯擦去镜头上的残留油迹，最后用擦镜纸擦去残留的二甲苯。染色玻片用洗衣粉水煮沸、清洗，晒干后备用。

4）注意事项

（1）革兰氏染色成败的关键是乙醇脱色　如脱色过度，革兰氏阳性菌也可被脱色染成阴性菌；如脱色时间过短，革兰氏阴性菌也可能被染成阳性菌。脱色时间的长短还受涂片厚薄及乙醇用量多少等因素的影响，难以严格规定。

（2）染色过程中勿使染色液干涸　用水冲洗后，应吸去玻片上的残水，以免染色液被稀释而影响染色效果。

（3）选用幼龄的细菌　若菌龄太老，由于菌体死亡或自溶，常使革兰氏阳性菌转呈阴性反应。一般革兰氏阳性菌培养 12～16 h，革兰氏阴性菌培养约 24 h。

2. 抗酸染色法（acid faststain）

1）原理

分枝杆菌属中的细菌细胞壁脂质含量多，主要是分枝菌酸，它包围在肽聚糖的外面，一般染色法不易着色，要经过加热和延长染色时间来促使其着色。分枝杆菌中的分枝菌酸与染料结合后，很难被酸性脱色剂脱色，故称抗酸染色法。抗酸染色法能将细菌分为两大类，即抗酸性细菌和非抗酸性细菌。但抗酸性细菌种类较少，大多数细菌均为非抗酸性细菌，故一般仅在怀疑抗酸性细菌时用，而不作为常规检查。

2）方法

采用萋尼（Ziehl　Neelsen）抗酸染色法。

（1）涂片

①直接涂片和厚膜涂片：用接种环挑取约 0.01 mL 脓性或呈干酪样部分痰液，制成 10 mm×10 mm 大小的均匀薄涂片，或取上述标本约 0.1 mL，制成 20 mm×15 mm 大小的厚膜涂片。自然干燥，火焰固定。

②集菌涂片：

a. 沉淀集菌：取痰液 2～3 mL，40 g/L 的 NaOH 溶液 1～2 倍量混匀。经 103.43 kPa 高压灭菌 20～25 min（或煮 30 min），3000 r/min 离心 30 min，弃上清液，取沉淀物涂片。

b. 漂浮集菌法：取晨痰 2～3 mL 放入 100 mL 三角瓶内，加 1～2 倍量 40 g/L 的 NaOH 溶液，经 103.43 kPa 高压灭菌 20～25 min（或煮 30 min）。冷却后滴加汽油 0.3 mL，瓶口盖玻璃纸加塞，塞紧瓶口，置振荡器或手摇振荡 10 min，再加蒸馏水至满瓶口而又不外溢，静置 10～15 min，将已编号的洁净载玻片盖在瓶口上，静置 15～20 min，取下载玻片并迅速将载玻片翻转至浸膜向上，或用接种环取瓶口液面物涂于载玻片上，自然干燥，火焰固定。

（2）染色

①初染：在已固定的标本涂片上放一小块滤纸片，之后滴加数滴石炭酸复红液后，将标本放在火焰高处徐徐加温，当涂片上液体出现蒸汽时离开火焰（不可煮沸），待玻片稍冷却后补充染液（防止干燥或玻片断裂），如此维持染色 3～5 min，待玻片冷却后用水冲洗，甩干。

②脱色：在涂片上滴加数滴 3%盐酸乙醇，轻轻晃动玻片，直至无红色液体流下为止，一般作用 1～3 min，水洗，甩干。

③复染：滴加数滴碱性亚甲蓝液于涂片上，作用 1 min 后，水洗，甩干。用吸水纸印于标本片或自然干燥后油镜检查。

（3）染色结果观察　抗酸菌被染成红色，非抗酸菌呈蓝色。

－：仔细观察至少 300 个视野未发现抗酸菌。

±：300 个视野内发现 1～2 个抗酸菌（全部涂膜镜检 3 遍）。

＋：100 个视野内发现 1～9 个抗酸菌（全部涂膜镜检 1 遍）。

＋＋：10 个视野内发现 1～9 个抗酸菌。

＋＋＋：每个视野内发现 1～9 个抗酸菌。

＋＋＋＋：每个视野内发现 9 个以上的抗酸菌。

3. 荚膜染色法

1）原理

荚膜是包围在细菌细胞外的一层黏液状或胶质状物质，其成分为多糖。由于荚膜与染料间的亲和力弱，不易着色，通常采用负染色法染荚膜，即设法使菌体和背景着色而荚膜不着色，从而使荚膜在菌体周围呈一透明圈。由于荚膜的含水量在 90%以上，故染色时一般不需热固定，以免荚膜皱缩变形影响观察。

2）方法

（1）干墨水负染色法

①制备混合液：加一滴 6%葡萄糖液于洁净载玻片一端（玻片必须洁净无油迹，以免涂片时混合液不能均匀散开），然后挑取少量菌体与其混合，再加一滴墨水，充分混匀。

②涂片：另取一端边缘光滑的载玻片做推片，将推片一端的边缘置于混合液前方，然后稍向后拉，当推片与混合液接触后，轻轻左右移动，使之沿推片接触的后缘推开，然后以约30°角迅速将混合液推向玻片另一端，使混合液铺成薄层。

③干燥固定：在空气中自然干燥后，用甲醇浸没涂片固定1 min，倾去甲醇后在酒精灯上方用小火干燥。

④染色：用甲基紫染色1～2 min。

⑤镜检：水洗，待干，镜检。

⑥染色结果：背景为灰色，菌体呈现紫色，菌体周围清晰的透明圈为荚膜。

（2）湿墨水负染色法

①制备混合液：加一滴墨水于洁净的载玻片上，然后挑取少量菌体与其混合均匀。

②加盖玻片：将一洁净盖玻片盖在混合液上，然后在盖玻片上放一张滤纸，轻轻按压以吸去多余的混合液（加盖玻片时不要产生气泡，以免影响观察）。

③镜检：于油镜下镜检，或使用相差显微镜。

④染色结果：背景为灰色，菌体较暗，菌体周围呈现的明亮透明圈为荚膜。

（3）石炭酸复红液染色法

①涂片：取培养菌液1滴于载玻片一端，再加一滴墨水制成混合液，用一块边缘光滑的载玻片与混合液接触，再以匀速推向另一端，涂成均匀的一薄层，自然干燥（不可用火焰烘干）。

②固定：滴加1～2滴95%乙醇固定（不可加热固定）。

③染色：加石炭酸复红染液染色1～2 min，倾去染液，自然干燥或用吸水纸吸干。

④镜检：自然干燥后油镜检查。

⑤染色结果：背景为黑色，菌体呈现红色，荚膜无色。

（4）黑斯（Hiss）荚膜染色法

①制片：在荚膜菌涂片上放一小块滤纸片，空气中自然干燥，无须加热固定。

②染色：滴加结晶紫染液，在火焰上微微加热，使玻片上染液冒蒸汽为止。

③镜检：用20%硫酸铜水溶液冲洗染液（不可用水冲洗），用吸水纸吸干后油镜检查。

④染色结果：菌体呈现紫色，荚膜呈现淡紫色或无色。

（5）密尔（Muir）荚膜染色法。

①制片：涂片、干燥、固定按一般单染色法进行。

②染色：滴加石炭酸复红液，微微加热染1 min，水洗。

③媒染：加特殊媒染剂，作用0.5 min，水洗。

④复染：滴加碱性亚甲蓝染液，作用1 min，水洗。

⑤镜检：用滤纸吸干后于油镜下检查。

⑥染色结果：菌体呈现鲜红色，荚膜呈现蓝色。

3）注意事项

（1）荚膜染色涂片时不能采用加热固定，否则荚膜会受热皱缩变形。

（2）玻片必须洁净无油，以免涂片时混合液不能均匀散开。

4. 芽孢染色法

1）原理

芽孢是某些细菌生长到一定阶段在菌体内形成的休眠体，由于芽孢壁厚，透性低，用一般染色方法难以着色。用着色力强的染色剂，如孔雀绿或石炭酸复红，在加热条件下染色，可使染料进入菌体和芽孢内，进入菌体和芽孢囊的染料经水洗后被脱色，而芽孢却保留初染剂的颜色，用复染剂复染，菌体则被染成复染剂的颜色，使芽孢和菌体在颜色上区分开来。

2）方法

（1）芽孢染色法

①制片：涂片、干燥、固定按一般单染色法进行。

②染色：放一块滤纸片，然后滴加数滴石炭酸复红液，微加热温染5 min，冷却后水洗。

③脱色：用95%乙醇脱色2 min，水洗。

④复染：再滴加碱性亚甲蓝复染0.5 min，水洗。

⑤镜检：吸干后镜检。

⑥染色结果：芽孢囊及营养体呈现蓝色，芽孢呈现红色。

（2）Schaeffer Fulton 染色法。

①制片：涂片、干燥、固定按一般单染色法进行。

②染色：滴加几滴孔雀绿染液于涂片上，用木夹夹住载玻片一端，在微火上加热至染液冒蒸汽（不可沸），维持约 5 min。随时补充染液以防干涸。待载玻片冷却后，用缓流自来水冲洗，直至流出的水无色为止。

③复染：用番红染液复染 2 min，用缓流自来水冲洗。

④镜检：吸干后用油镜镜检。

⑤染色结果：芽孢囊及营养体呈现红色，芽孢呈现绿色。

（3）改良 Schaeffer Fulton 染色法

①制备菌悬液：加 1～2 滴水于小试管中，用接种环挑取 2～3 环细菌培养物于试管中，搅拌均匀，制成浓的菌悬液（所取菌种应以大部分细菌已形成芽孢囊为宜）。

②染色：加孔雀绿染液 2～3 滴于小试管中，并使其与菌液混合均匀，然后将试管置于沸水浴的烧杯中，加热染色 15～20 min。

③涂片固定：用接种环挑取试管底部菌液数环于洁净载玻片上，涂成菌膜，然后将涂片通过火焰 3 次温热固定。

④脱色：水洗，直至流出的水无绿色为止。

⑤复染：用石炭酸复红染液染色 2～3 min，倾去染液并用滤纸吸干残液。

⑥镜检：干燥后用油镜观察。

⑦染色结果：芽孢囊及营养体呈现红色，芽孢呈现绿色。

3）注意事项

（1）选用菌种应掌握菌龄，取菌数量不宜太少。

（2）加热染色过程中要及时补充染液。

（3）细水慢冲洗菌膜，以免细菌被水冲掉。

5. 鞭毛染色法

1）原理

细菌的鞭毛纤细，直径为 10～20 nm，一般均不能用普通光学显微镜直接观察，而只能用电子显微镜观察。但如用特殊的染色法，染色前用媒染剂处理，使媒染剂大量沉积在鞭毛上，让鞭毛直径变粗，再进行染色，则在光学显微镜下也可观察到。

2）方法

（1）硝酸银染色法

①菌种的准备：用接种环将处于活跃生长期的新鲜菌体培养物点于新鲜制备的营养琼脂平板，28～32 ℃培养 10～14 h，取斜面和冷凝水交接处培养物作为染色材料；或点种于新鲜制备的营养琼脂（含 0.8～1.0％的琼脂）平板中央，28～32 ℃培养 18～30 h，让菌种自行扩散生长，取菌落边缘的菌苔作为染色材料（不要取菌落中央的菌苔）。

②玻片的准备：将载玻片在含适量洗衣粉的水中煮沸约 20 min（如为新玻片则不需煮沸），取出用清水洗净。放置于 95％乙醇中浸泡 24 h 以上，用时从乙醇中取出，以干净纱布擦干后使用。

③菌液制备：取斜面或平板菌种培养物数环于盛有 1～2 mL 无菌水的试管中，制成轻度浑浊的菌悬液用于制片。

④制片：取一滴上述菌液滴于洁净载玻片一端，然后将玻片倾斜，使菌液缓缓流向另一端，用吸水纸吸去玻片下端多余菌液，于室温或 37 ℃下干燥，不进行固定。

⑤染色：涂片干燥后，滴加硝酸银染色甲液，覆盖 3～5 min，蒸馏水充分洗去甲液。再滴加硝酸银染色乙液，覆盖数秒至 1 min，并在火焰上方轻微加热（但涂片不可干涸），直至呈褐色时立即水洗。

⑥镜检：自然干燥后用油镜观察。

⑦染色结果：菌体呈现深褐色，鞭毛呈现褐色。

（2）改良的 Leifson 方法

①菌种的准备：菌种材料的准备和玻片的处理同硝酸银染色法。

②制片：用记号笔在载玻片反面将玻片分成 3～4 个等分区，在每一小区的一端放一小滴菌液。将玻片倾斜，让菌液流到小区的另一端，用滤纸吸去多余的菌液。在室温或 37 ℃下自然干燥。

③染色：加 Leifson 染色液覆盖第一区的涂面，数分钟后，加染液于第二区涂面，如此继续染第三区、第四区（间隔时间自定以确定最佳染色时间）。在染色过程中注意观察，当整个玻片都出现铁锈色沉淀且染料表面出现金色膜时，直接用水轻轻冲洗（不要先倾去染料再清洗，否则背景不清），染色时间大约 10 min。

④镜检：自然干燥后，油镜检查。

⑤染色结果：菌体和鞭毛均呈现红色。

（3）改良 Ryn 鞭毛染色法

①菌种的准备：菌种材料的准备和玻片的处理同硝酸银染色法。

②制片：在玻片上滴蒸馏水两滴，用接种环挑取血平板上菌少许，将细菌点在玻片上的蒸馏水滴的顶部（一般只需点一下），只允许极少量的细菌进入水滴，不可搅动，以免鞭毛脱落。

③染色：玻片放置室温自然干燥后，滴加染液于玻片上染色 10～15 min 后，水洗（冲洗时应避免染色液表面的金属光泽膜滞留在玻片上，影响镜检）。

④镜检：玻片自然干燥后，镜检时应以涂片的边缘开始，逐渐移向中心（边缘细菌较少且相互分开，鞭毛容易观察。细菌密集的地方鞭毛被菌体挡住，不易观察）。

⑤染色结果：菌体和鞭毛均呈现淡紫色。

3）注意事项

（1）良好的培养物是鞭毛染色成功的基本条件，由于老龄细菌的鞭毛容易脱掉，不宜用陈旧的培养物作为鞭毛染色的菌种材料。

（2）载玻片和盖玻片都要洁净无油。

（3）挑取菌种培养物时，应不带培养基。

（4）染色液配制应准确，尤其是硝酸银染色法，应充分洗去甲液再加乙液，乙液的染色时间是鞭毛染色成败的关键。

5.2　细菌、放线菌、酵母菌和霉菌的形态观察技术

5.2.1　细菌的形态观察技术

微生物的个体形态微小，必须在显微镜下观察细胞的大小、形状、排列等。观察能否运动，鞭毛的着生情况，有无芽孢和荚膜，芽孢的大小，着生部位和形状，细菌的革兰氏染色反应和抗酸性染色等。

1. 不染色标本检查

不染色标本检查法主要是观察细菌的运动性以及霉菌和酵母菌的形态。

（1）水浸片法　在载玻片上滴加一滴生理盐水，再在其中滴加少许要观察的含菌液体或少量要观察的固体培养物，使菌体均匀分布在生理盐水中，然后盖上盖玻片，即可进行观察。

（2）悬滴法　将待检含菌液滴在盖玻片上，然后将其翻转盖在凹孔载片上，使液体悬挂在凹孔室内。

2. 染色标本检查

（1）细菌的简单染色法　观察细菌营养体的一般外形常用简单染色法。染色程序如下：

涂片→干燥→火焰固定→石炭酸复红或结晶紫染色 1 min→水洗→干燥→油镜检查。

（2）细菌的革兰氏染色法　此法是细菌学中一个重要的鉴别染色法，可把所有细菌区别为两类，即革兰氏正反应细菌即革兰氏阳性菌（G^+）和革兰氏负反应菌即革兰氏阴性菌（G^-）。G^+ 细菌为紫色，G^- 细菌为红色。

将涂片在火焰上固定，滴加结晶紫染色液，染 1 min，水洗。滴加革兰氏碘液，作用 1 min，水洗。滴加 95%乙醇脱色，约 30 s；或将乙醇滴满整个涂片，立即倾去，再用乙醇滴满整个涂片，脱色 10 s。水洗，滴加石炭酸复红液，复染 1 min，水洗，待干，镜检。

结果：革兰氏阳性菌呈紫色，革兰氏阴性菌呈红色。

注：亦可用 1∶10 稀释石炭酸复红染色液作复染液，复染时间 10 s。

（3）抗酸性染色法　芽孢杆菌属（*Bacillus*）的某些种，分枝杆菌属（*Mycobacterium*）的所有成员有这样一种特性，它们经石炭酸复红染色后，虽用酸性乙醇处理，仍能保持染上的颜色，所以称为抗酸性染色，这也是一项重要的染色法，如萋-尼氏法等。

将涂片在火焰上加热固定,滴加石炭酸-品红染色液,徐徐加热至有蒸汽出现,但切不可使其沸腾。染色液如因蒸发减少时,应随时添加。染色 5 min,倾去染液,水洗。滴加盐酸-乙醇脱色,直至无红色脱去为止(所需时间视涂片厚薄而定,一般为 1～3 min),水洗。滴加吕氏亚甲蓝染色液,复染 30 s 至 1 min,水洗,待干,镜检。

结果：耐酸性细菌呈红色，其他细菌、细胞等物质呈蓝色。

5.2.2 放线菌的形态观察技术

放线菌是由不同长短的纤细的菌丝所形成的单细胞菌丝体。菌丝体分为两部分，即潜入培养基中的营养菌丝（或称基内菌丝）和生长在培养基表面的气生菌丝。有些气生菌丝分化成各种孢子丝，呈螺旋形、波浪形或分枝状等。孢子常呈圆形、椭圆形或杆形。气生菌丝及孢子的形状和颜色常作为分类的重要依据。

1. 放线菌自然生长状态的观察

(1) 将灭菌后的高氏 1 号培养基倒入培养皿，每皿倒 15 mL 左右，凝固后备用。

(2) 用经火焰灭过菌的小镊子将灭菌优质玻璃纸平铺在平皿培养基上，如果琼脂培养基和玻璃纸之间有气泡，可以用灭过菌的玻璃棒将气泡除去。

(3) 将 3～5 mL 无菌水倒入弗氏链霉菌的斜面培养物里，制成菌悬液，再适当稀释。

(4) 用无菌吸管取 0.1 mL 的孢子悬液稀释液，接种在玻璃纸上，并用无菌玻璃棒涂匀后，置于 28 ℃培养，直至菌长好，备用。

(5) 在洁净的载玻片上滴一小滴水，稍涂布。取出培养皿，打开皿盖，用镊子将玻璃纸与培养基分开，再用剪刀剪取一小片长有菌的玻璃纸，菌面朝上放在载玻片的水面上，使纸平贴载玻片。

(6) 将载玻片置于显微镜下观察。

2. 营养菌丝的观察

(1) 用接种铲连同培养基挑取细黄链霉菌菌苔置载玻片中央。

(2) 用另一载玻片将其压碎，弃去培养基，制成涂片，干燥，固定。

(3) 用吕氏亚甲蓝染液或石炭酸复红染液染 0.5～1 min，水洗。

(4) 干燥后，用油镜观察营养菌丝的形态。

3. 气生菌丝与营养菌丝的比较观察

(1) 将高氏 1 号培养基倒入无菌培养皿，制成 4 mm 左右的培养基平板，经培养检验后无菌，备用。

(2) 用火焰灭菌的镊子将无菌盖玻片以 45°倾斜角插入平皿培养基的琼脂内，然后将细黄链霉菌的孢子悬液（浓度以稀释 10^2～10^3 倍为好），接种在盖玻片与平皿培养基的界面上。

(3) 倒置于 28 ℃培养 4～5 d 后，小心地将盖玻片取出，把有菌的一面朝上，放在载玻片上，置于显微镜下进行观察。一般情况是气生菌丝颜色较深，并比营养菌丝粗 2 倍左右。

4. 孢子丝及孢子的观察

(1) 将培养 3～4 d 的细黄链霉菌的培养皿打开，放在显微镜低倍镜下寻找菌落的边缘，直接观察气生菌丝和孢子丝的形态，注意其分枝情况、卷曲情况等。

(2) 取清洁的盖玻片一块，在菌落上面轻轻按压一下，然后将印有痕迹的一面朝下放在有一滴吕氏亚甲蓝染液的载玻片上，将孢子等印浸在染液中，制成印片。用油镜观察孢子和孢子丝的形状等。

(3) 取干净载玻片一块，在玻片中央加一小滴加拿大树胶，使树胶摊成一薄层，放置数分钟，略微晾干（但不要过分干燥）。然后用小刀切取细黄链霉菌培养体一块（带培养基切下）。将培养体表面贴在涂有树胶的玻片上，用另一玻片轻轻按压（不要压碎），然后将放线菌培养体小心弃去，注意不要使培养体在玻片上滑动，否则印痕模糊不清。将制好的印片通过火焰固定，用石炭酸复红染色 1 min，水洗，晾干（不能用吸水纸吸干）。用油镜观察孢子丝的形态及孢子排列情况。

注意事项：在玻璃纸灭菌时，若直接将干燥的玻璃纸灭菌，它就会缩小，不便使用。故需要做如下处理，即将玻璃纸和滤纸剪成培养皿大小的圆形纸片用水浸泡后，把湿滤纸和玻璃纸交互重叠地放在培养皿中，借滤纸将玻璃纸隔开，然后进行湿热灭菌，备用。

5.2.3　酵母菌的形态观察技术

酵母菌为不运动的单细胞真核微生物，细胞呈圆形、卵圆形或假丝状等形态，菌体较细菌大。繁殖方式也较复杂，分为无性繁殖和有性繁殖。形成的菌落与细菌菌落相似，但比细菌菌落大而且丰厚。菌落呈圆形，湿润具有黏性，不透明，表面光滑，有油脂状光泽，多呈白色或乳白色，少数呈红色。与培养基结合不紧，易被挑取。当培养时间较长时，菌落颜色变暗，有特殊的酒香味。

1. 酵母菌个体形态观察（水浸片法）

在干净的载玻片中央滴加一滴蒸馏水，按无菌操作要求，用接种环在上述培养的平皿表面挑取少许被试酵母菌培养物于蒸馏水中混匀，使其呈轻度浑浊。加盖一块洁净盖玻片，注意切勿产生气泡，制成水浸片（用滤纸吸干多余水分），稍静置后，放在显微镜高倍物镜下观察酵母菌的个体形状、大小及出芽情况等。

2. 酵母菌死活细胞鉴别及繁殖方式观察

在干净的载玻片中央滴加一滴吕氏亚甲蓝染色液，按无菌操作要求，用接种环挑取少许酿酒酵母培养物于亚甲蓝染色液中混匀，加盖一块洁净的盖玻片，注意不要产生气泡，在高倍镜下观察鉴别酵母细胞的死活情况及酵母出芽繁殖情况。

3. 菌落观察

取啤酒酵母、假酵母菌以三点点植法接种于麦芽汁平板培养基上，置于28～30 ℃下培养3 d，形成菌落。观察菌落表面、高度、边缘、质地和颜色等方面的特点。

5.2.4　霉菌的形态观察技术

霉菌的营养体是分枝的丝状体，即菌丝体，其菌丝平均宽度3～10 μm，分为基内菌丝和气生菌丝。生长到一定阶段时，气生菌丝中又可分化出繁殖菌丝。不同的霉菌其繁殖菌丝可以形成不同的孢子或子实体。

霉菌菌丝有无横隔膜，其营养菌丝有无假根、足细胞等特殊形态的分化，其繁殖菌丝形成的孢子着生的部位和排列情况，以及是否形成有性孢子等，是鉴别霉菌的主要依据，镜检时应注意仔细观察。

由于霉菌是真核微生物，其菌丝一般比放线菌粗长几倍至几十倍，并且菌丝生长比较松散，速度比放线菌快。因此，其菌落多呈大而疏松的绒毛状或棉絮状等特征。

1. 霉菌个体形态的观察

（1）水浸片法　在干净载玻片上加棉蓝染色液一滴，用解剖针挑取少许菌体（或在培养皿盖上挑取少许霉菌体），放于载玻片上棉蓝染色液中，并将菌丝体分开，勿让它成团，加盖玻片，（注意不要产生气泡）。用滤纸吸去多余棉蓝染色液，在低倍镜或高倍镜下观察。

（2）毛霉菌和根霉菌的观察　用上述水浸片法，剪取毛霉菌及根霉菌玻璃纸，分别制片后在低倍镜和高倍镜下观察，注意菌丝有无分隔，孢子囊梗有无分枝，有无假根和葡萄枝，孢子囊及子囊孢子的形状等。

（3）青霉菌与曲霉菌的观察　用上述水浸片法，抽取青霉菌及曲霉菌插片，分别制片后在低倍镜和高倍镜下观察菌丝有无分隔，分生孢子梗有无分枝，帚状枝的形状，小梗、梗基的分枝和排列特点，顶囊的形状与小梗的列数，分生孢子的形状、大小与颜色。观察顶囊时，可用乙醇反复冲洗，去掉覆盖的大量孢子，使顶囊显示出来。

2. 菌落观察

取毛霉菌、根霉菌、青霉菌、曲霉菌以三点点植法接种于麦芽汁平板培养基上，置于28～30 ℃下培养5～7 d，形成菌落。观察菌落表面、高度、边缘、质地和颜色等方面的特点，可从长出菌落的形状、大小、颜色、光泽、表面状况、边缘、隆起度、透光性、质地，以及是否分泌色素等方面的特征来描述。

5.3　生理生化试验

从化学的观点来看，微生物细胞的化学成分以有机物和无机物两种状态存在。有机物包含各种大分子，它们是蛋白质、核酸、脂质和糖类，占细胞干重的99%。无机成分包括小分子无机物和各种离子，占细胞干重的1%。微生物细胞的元素构成由 C，H，O，N，P，S，K，Na，Mg，Ca，Fe，Mn，Cu，Co，Zn，Mo 等组成。其中 C，H，O，N，P，S 六种元素占微生物细胞干重的 97%，其他的为微量元素。微生物细胞的化学元素的组成比例常因微生物种类的不同而不同。组成微生物细胞的化学元素分别来自微生物生长所需要的营养物质，即微生物生长所需的营养物质应该包含组成细胞的各种化学元素。这些物质概括为提供构成细胞物质的碳素来源的物质，构成细胞物质的氮素来源的物质和一些含有 K，Na，Mg，Ca，Fe，Mn，Cu，Co，Zn，Mo 元素的无机盐。

从生物学的观点来看，微生物活细胞是个新陈代谢的动力系统，它从环境中不断地吸取营养物质，通过新陈代谢，实现生长和繁殖，同时排出“废物”。而微生物的新陈代谢是由微生物自身一系列酶的控制与催化下进行的。不同微生物体内的酶系统不同，它们在代谢过程中，产生的分解产物及合成产物各有其特点。因此可以利用一些生物化学的方法来分析微生物对能源的利用情况及其代谢产物、代谢方式和条件等，鉴别一些在形态和其他方面不易被区别的细菌。这种利用生物化学方法检测微生物代谢状况的试验，称为细菌的生化反应试验，是鉴定细菌的重要依据。

用于生理生化反应的菌种，必须是纯培养，否则可能出现错误的结果。生化试验的项目很多，应根据检验的目的需要适当选择，现介绍几种常用的生化试验。

5.3.1　微生物对生物大分子的分解利用

微生物在生长繁殖过程中，需要从外界环境吸收营养物质。外界环境中的小分子有机物质可被微生物直接吸收，而大分子有机物则不能被微生物直接吸收，它们须经微生物分泌的胞外酶将其分解为小分子有机物，才能被吸收利用。生物大分子中的淀粉、蛋白质、脂肪等需要在微生物分泌的胞外酶（如淀粉酶、蛋白酶、脂肪酶等）的作用下，分别分解为糖、肽、氨基酸、脂肪酸等之后，才能被微生物吸收而进入细胞。

不同微生物分解利用生物大分子的能力各有不同。只有那些能够产生并分泌胞外酶的微生物才能利用大分子有机物。

1. 淀粉水解试验

某些细菌能够分泌淀粉酶（胞外酶），将淀粉水解为麦芽糖和葡萄糖，再被细菌吸收利用。淀粉被水解后遇碘不再变蓝色。

（1）方法　以 18～24 h 的纯培养物，点接于淀粉琼脂平板上（一个平板可分区接种）或直接移种于淀粉肉汤中，于 36 ℃±1 ℃培养 24～48 h，或于 20 ℃培养 5 d，然后将碘试剂直接滴浸于培养表面。若为液体培养物，则加数滴碘试剂于试管中，立即检视结果。

（2）结果　阳性反应（淀粉被分解）为琼脂培养基呈深蓝色，菌落或培养物周围出现无色透明圈，或肉汤颜色无变化。阴性反应则无透明圈或肉汤呈深蓝色。

淀粉水解是逐步进行，因而试验结果与菌种产生淀粉酶的能力、培养时间、培养基含有淀粉量和 pH 等均有一定关系。培养基 pH 必须为中性或微酸性，以 pH 7.2 最适。淀粉琼脂平板不宜保存于冰箱中，因而以临用时制备为妥。

2. 油脂水解试验

某些细菌能够分泌脂肪酶（胞外酶），可将培养基中的脂肪水解为甘油和脂肪酸。反应所产生的脂肪酸，可通过预先加入油脂培养基中的中性红加以指示，指示范围为 pH 6.8（红）～8.0（黄）。当细菌分解脂肪产生脂肪酸时，培养基中出现红色斑点。

（1）方法　以 18～24 h 的纯培养物，点接于油脂琼脂平板，于 37 ℃培养 24 h。

（2）结果　观察结果时，注意观察平板上长菌的地方，如出现红色斑点，即说明脂肪已被水解，此为阳性反应。

3. 明胶液化试验

明胶是一种动物蛋白。明胶培养基本身在低于 20 ℃时凝固，高于 25 ℃则自行液化。某些细菌能够产生蛋白酶（胞外酶），将明胶水解成小分子物质。因此培养后的培养基即使在低于 20 ℃的温度下，明胶也不再凝固，而由原来的固体状态变为液体状态。

（1）方法　以 18～24 h 的纯培养物，穿刺接种于明胶培养基中，置于 20 ℃培养 48 h。

（2）结果　观察结果时，注意培养基有无液化情况及液化后的形状。

4. 石蕊牛乳试验

牛乳中主要含有乳糖和酪蛋白。细菌对牛乳的利用主要是指对乳糖及酪蛋白的分解利用。牛乳中加入石蕊，石蕊是作为酸碱指示剂和氧化还原指示剂来使用的。石蕊中性时呈淡紫色，酸性时呈粉红色，碱性时呈蓝色，还原时则部分或全部褪色变白。

（1）方法　以 18～24 h 的纯培养物，分别接种 2 支添加石蕊和牛乳的培养基中，置于 37 ℃培养 7 d，另外保留 1 支不接种的石蕊牛乳培养基作对照。

（2）结果　观察结果时，注意牛乳有无产酸、产碱、凝固或胨化等反应。注意牛乳产酸、产碱、凝固、胨化各现象是连续出现的，往往观察某种现象出现时，另一种现象已经消失。石蕊在酸性条件下为粉红色，碱性条件下为紫色，而被还原时为白色。

细菌对牛乳的作用有以下几种情况：

①产酸：细菌发酵乳糖产酸，使石蕊变红。

②产碱：细菌分解酪蛋白产生碱性物质，使石蕊变蓝。

③胨化：细菌产生蛋白酶，使酪蛋白分解，故牛乳变成清亮透明的液体。

④酸凝固：细菌发酵乳糖产酸，使石蕊变红，当酸度很高时，可使牛乳凝固。

⑤凝乳酶凝固：细菌产生凝乳酶，使牛乳中酪蛋白凝固，此时石蕊呈蓝色或不变色 。

⑥还原：细菌生长旺盛时，使培养基氧化还原电位降低，因而石蕊被还原而褪色。

5.3.2　微生物对含碳化合物的分解利用

1. 糖发酵试验

在肠道细菌鉴定时，糖或醇发酵是最常用的生化反应，细菌在分解糖或醇（如葡萄糖、乳糖、蔗糖、甘露醇、甘油）的能力上有很大的差异。发酵后产生各种有机酸（乳酸、乙酸、甲酸、琥珀酸）和各种气体（如 H_2，CO_2 和 CH_4）等。

（1）方法　将纯培养菌种或待检材料接入培养液中，于 36 ℃±1 ℃培养，逐日观察微生物在各种糖类发酵的情况，并作详细记载。

（2）结果观察　如分解糖类产酸，则使培养基内指示剂变黄；如同时产气，则倒置小管内会看到气泡，不分解者无变化。

2. MR 或 V-P 试验

（1）试剂

①甲基红试剂。

②6％α-萘酚乙醇溶液，40％氢氧化钾溶液 。

（2）方法　自琼脂斜面挑取少量培养物接种于缓冲葡萄糖蛋白胨水中，36 ℃±1 ℃培养 2～4 d，哈夫尼亚菌则应在 22～25 ℃中培养，进行结果检查。

（3）结果检查

①甲基红（MR）试验检查：某些微生物，如大肠杆菌、志贺氏菌、产气杆菌等，在糖代谢过程中产生丙酮酸，丙酮酸再进一步分解生成乙酸、乳酸、琥珀酸等。酸类增加越多，则培养基中的 pH 值越下降，当降至 pH 4.5 以下时，甲基红指示剂呈红色，即为阳性反应；若 pH 值高于 4.5，则培养物呈黄色，即为阴性反应。因此，在培养物中加入一滴甲基红试剂，立即可观察上述结果。

②V-P（Voger-Proskauer）试验：某些微生物，如产气杆菌等能分解葡萄糖产生丙酮酸，再将丙酮酸脱羧成为中性的乙酰甲基甲醇（aeetylmethyl earbinol），乙酰甲基甲醇在碱性环境下被空气中的氧所氧化，生成二乙酰(diacetyl)，二乙酰与培养基中含有胍基(guanidinogroup)的化合物发生反应，立刻或于数分钟内生成红色化合物，即为 V-P 试验阳性。若为阴性，应放在 36 ℃±1 ℃培养 4 h，再观察。因此，在培养物中加放 6％α-萘酚乙醇溶液 0.5 mL(促进反应)，40％氢氧化钾溶液 0.2 mL，充分振摇试管，即可观察结果。

V-P 反应变化如下：

$$\underset{\text{(丙酮酸)}}{2CH_3COCOOH} \longrightarrow \underset{\text{(乙酰甲基甲醇)}}{CH_3COCHOHCH_3} + 2CO_2$$

$$CH_3COCHOHCH_3 \xrightarrow[-2H]{} \underset{\text{(二乙酰)}}{CH_3COCOCH_3}$$

$$CH_3COCOCH_3 + \underset{\text{(胍)}}{HN{=}C(NH_2)_2} \longrightarrow$$

$$HN=C\begin{matrix}\diagup N=C-CH_3 \\ \diagdown N=C-CH_3\end{matrix}+2H_2O$$

（红色化合物）

5.3.3 微生物对含氮化合物的分解利用

1. 靛基质试验

某些微生物如大肠杆菌、变形杆菌、霍乱弧菌等含有色氨酸酶，能分解培养基中的色氨酸，产生靛基质（indolo）。当它与对二甲氨基苯甲醛（P- dimethyl aminobenaldehyde）作用时，形成玫瑰靛基质（rosindole）而呈红色。

（1）常用方法　挑取少量培养物接种于蛋白胨水培养基，在 36 ℃±1 ℃培养 1～2 d，必要时可培养 4～5 d，加入柯凡克试剂约 0.5 mL 轻摇试管，阳性者于试剂层呈深红色；或加入欧-波试剂约 0.5 mL 沿管壁流下，覆盖于培养液表面，阳性者于液面接触处呈玫瑰红色。

（2）微量快速法

①试剂：*L*-色氨酸 0.1 g，0.01 mol/L 磷酸缓冲盐水（pH 6.8）100 mL。

②方法：在上述试剂中加入大量纯培养菌，制成悬液，置于 36 ℃±1 ℃水浴中 1 h，然后滴加对二甲基氨基苯甲醛液，观察结果。

③结果：阳性者在液面呈粉红色至玫瑰红色。

2. 硫化氢试验

某些微生物（如沙门氏菌、变形杆菌等）能分解蛋白质中的含硫氨基酸（如胱氨酸、半胱氨酸等）产生硫化氢，硫化氢遇到铅盐或铁盐，则发生作用而生成黑色沉淀物硫化铅或硫化铁。

$$COOHCHNH_2CH_2S \cdot SCH_2NH_2CHCOOH+4H_2O \rightarrow 2H_2S+2NH_3+2CH_3COOH+2HCOOH$$

$$H_2S+Pb(CH_3COO)_2 \rightarrow PbS\downarrow+2CH_3COOH$$

（硫化氢）（醋酸铅）　　（硫化铅）

（1）常用方法　挑取琼脂培养物，沿管壁穿刺接种于硫酸亚铁琼脂上，于 36 ℃±1 ℃培养 1～2 d，观察结果，产硫化氢者使培养基变为黑色。

注：肠杆菌科细菌测定硫化氢的产生，应采用三糖铁琼脂或本培养基。

（2）微量快速法

①试剂：盐酸半胱氨酸 0.1 g，0.02 mol/L 磷酸缓冲盐水（pH7.0）100 mL。

②方法：取上述试剂 0.4 mL，挑取一环纯培养物，制成悬液，于管口棉塞间夹一条醋酸铅试纸（不可接触试剂），于 36 ℃±1 ℃中每 15 min 观察一次，直至 1 h 结束。

③结果：试纸条呈棕色至黑色为阳性。

3. 硝酸盐还原试验

某些微生物如沙门氏菌能使硝酸盐还原为亚硝酸盐，在酸性环境下，亚硝酸盐可与氨基苯磺酸结合成重氮盐，若再遇 α-萘胺可形成红色偶氮化合物。

（1）常用方法　接种硝酸盐的培养基在 36 ℃±1 ℃培养 1～4 d，加入硝酸盐还原试剂甲液和乙液各一滴，观察结果。硝酸盐还原为亚硝酸盐时，立刻或数分钟内显红色。

注：本试验阴性的原因有三种。一是细菌不能还原硝酸盐；二是亚硝酸盐继续分解，生成氨和氮；三是培养基不适于细菌的生长，如欲检查培养基中硝酸盐是否未被分解，可再加入锌粉少许，使硝酸盐还原为亚硝酸盐而呈现红色。

（2）微量快速法

①试剂：硝酸钠 0.05 g，0.025 mol/L 磷酸缓冲液（pH6.8）100 mL。

②方法：取试剂 0.2 mL 装一支小试管内，取一环纯培养物，制成悬液，置于 36 ℃±1 ℃培养 1 h，然后加入甲液和乙液各 0.2 mL，立即观察结果。

③结果：阳性者呈红色。

5.3.4 酶类试验

1. 尿素酶试验

有些微生物含有尿素酶，能分解培养基中的尿素产生氨，使培养基变成碱性。遇酚红指示剂变为红色。

（1）常用方法　挑取琼脂培养物接种于尿素琼脂上，置于 36 ℃±1 ℃培养 24 h，观察结果，尿素酶阳性者由于产碱而使培养基变为红色。

（2）微量快速法

①试剂：尿素 10 g，0.2 mol/L 磷酸缓冲液（pH6.5）100 mL，0.4%酚红液。取 100 mL 10%尿素液，加入 0.6mL 0.4%酚红液，于 4 ℃保存，试剂的颜色为黄色，如变成淡红色，说明尿素已

被分解，不宜使用。

②方法：取一灭菌试管。加入上述试剂 0.2 mL，再加入一环纯培养体，置于 36 ℃±1 ℃ 培养 10～30 min 观察结果。

③结果：呈淡红色为阳性。

2. 过氧化氢酶试验

某些微生物能产生过氧化氢酶，将过氧化氢分解而放出氧气。

$$2H_2O_2 \xrightarrow{\text{过氧化氢酶}} 2H_2O + O_2\uparrow$$

（气泡）

多数需氧或兼性厌氧微生物皆能产生过氧化氢酶，而一般厌氧微生物不产生此酶。

（1）试剂　3%过氧化氢溶液。

（2）方法　取一环纯培养体置于洁净的小试管内，滴加 2 mL 3%过氧化氢液，30 s 内产生气泡者为阳性，不产生气泡者为阴性。

3. 氧化酶试验

具有氧化酶的微生物，可使盐酸二甲基对苯二胺脱氢，氧化成有色的醌类化合物。

（1）试剂

①1%盐酸二甲基对苯二胺溶液：少量新鲜配制，于冰箱内避光保存。

②1%α-萘酚-乙醇溶液。

（2）试验方法　取白色洁净滤纸蘸取菌落，加盐酸二甲基对苯二胺溶液一滴，阳性者呈现粉红色，并逐渐加深；再加 α-萘酚溶液一滴，阳性者于半分钟内呈现鲜蓝色，阴性于 2 min 内不变色。以毛细吸管吸取试剂，直接滴加于菌落上，其显色反应与以上相同。

4. 卵磷脂酶试验

有些微生物如产气荚膜杆菌能产生卵磷脂酶，即 α-毒素。在有钙离子存在时，此酶能迅速分解卵磷脂，生成甘油酯和水溶性磷酸胆碱。

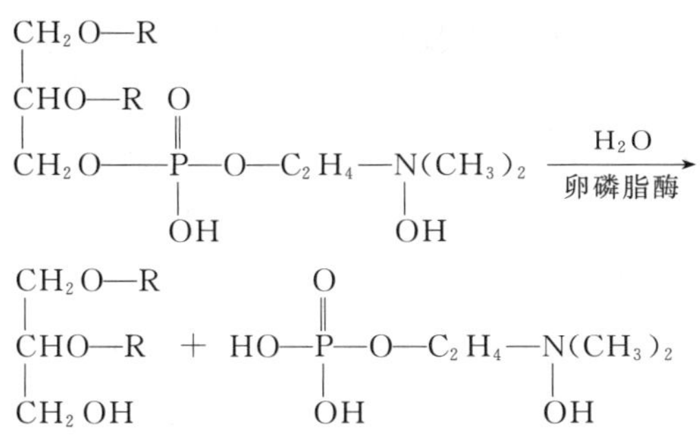

（1）方法　将纯培养物划线接种于甘露醇卵黄多黏菌素琼脂平板上，或点种在培养基上亦可，置于 36 ℃±1 ℃ 培养 18～24 h，观察结果。

（2）结果　卵磷脂酶阳性者，在菌落周围形成乳白色浑浊环。

5.4　微生物的血清学检验

血清学检验是根据抗原与抗体在体外发生特异性结合，并在一定条件下出现各种抗原-抗体反应的现象，如凝集反应、沉淀反应等。因抗体存在于血清等体液中，在试验中一般采用血清，故又称为“血清学反应”。血清学反应可用已知抗原检测未知抗体，也可以用已知抗体检测未知抗原，这一技术常用来对某些病原菌进行鉴定，以及对某些疾病作早期诊断，在食品卫生微生物学检验工作中，血清学检验也是一项很重要的检验方法。

5.4.1　抗原

抗原（antigen）是一类能刺激人或动物机体产生抗体或致敏淋巴细胞，并能与这些产生物在体内或体外发生特异性反应的物质。抗原物质有两种能力：一种是刺激机体产生特异性抗体或致敏淋巴细胞的能力，称为免疫原性；另一种能力是能与它所刺激产生的抗体或致敏淋巴细胞发生特异性结合反应的能力，称为反应原性。免疫原性和反应原性统称为抗原性。

1. 抗原的性质

（1）异物性　是指进入机体内的抗原物质必须与该机体的组织细胞或体液的成分有差别，即抗原必须是非自身物质，差别越大，其抗原性就越强。如马血清对马来说是自身物质，不能引起马产生抗体，而对家兔是异体物质，当马血清注入兔体内，则能使兔产生抗体。各种微生物及其某些代谢产物（如外毒素），对动物来说，它们是异种物质，所以它们对动物有抗原性。

（2）大分子胶体性和结构复杂性　分子的大小对抗原性是很重要的。抗原物质的分子量通常＞10^4（10 kD），分子量越大（＞100 kD），抗原性越强。因为大分子物质能积累成胶体状态，不易被排出，在体内停留时间较长，有充分的机会与产生抗体的细胞接触。大多数蛋白质都是很好的抗原，一般的多糖和类脂因分子量不够大而无抗原性，但有些结构复杂的多糖和有些核酸、磷壁酸也有抗原性。

抗原物质除需要较大的分子量以外，还需要有一定的化学组成与结构。明胶虽是分子量高达100 kD的蛋白质，但抗原性很弱，这可能是由于明胶是直链氨基酸，若在明胶分子中加入少量酪氨酸，其抗原性就会增加。一般是球状分子蛋白质的抗原性较直链分子蛋白质的抗原性强，聚合状态的蛋白质的抗原性比单体蛋白质的抗原性强。

（3）特异性　通常某种抗原只能与相对应的抗体或致敏淋巴细胞发生结合反应。如抗伤寒杆菌的抗体只对伤寒沙门氏菌起作用。鸡卵蛋白刺激机体所产生的抗体只能与鸡卵蛋白发生反应，而不能与其他蛋白发生反应。抗原的特异性是由其表面上的特定化学基团所决定的，这种基团称为抗原决定基，这与氨基酸的种类和排列顺序有关，抗原表面的糖类也可决定其特异性。

（4）完整性　只有带抗原决定基的大分子胶体物质，完整地进入免疫活性细胞所存在的场所，如脾、淋巴结和血液等处，才能刺激机体产生抗体。若在未进入这些场所之前，这些物质在消化道内就分解成小分子的氨基酸或短肽链，由于氨基酸的结构在各种生物体内皆相同，它们则失去异物的特性同时也失去抗原性。抗原物质的表面活性基团称为抗原决定基（簇）（antigen determinant），抗原决定基（簇）是抗原特异性的物质基础，抗原所携带的抗原决定基数目为抗原价（或称功能价）。例如，一种抗原表面有三个决定基（活性基因），其抗原价为3。通常抗原都是多价的。个体内产生抗体的B细胞，具有显著的多样性（而对某个浆细胞及其克隆则是针对某一抗原决定基的），由此产生的血清抗体，也是多价的，称为多克隆抗体。单个杂交瘤细胞及其克隆针对某个抗原决定基产生相应单一抗体的这种，被称为单克隆抗体。

2. 抗原的种类

（1）完全抗原　指能刺激机体产生抗体，并能在体内或体外与相应的抗体发生结合反应的抗原。如细菌、病毒、细菌外毒素、动物血清、卵蛋白、酪蛋白等都是完全抗原，即通常所说的抗原。

（2）不完全抗原　不能单独刺激机体产生抗体或致敏淋巴细胞，但能与相应的抗体或致敏淋巴细胞发生特异性反应，这些物质称为不完全抗原，又称半抗原。低分子量的物质，如药物、脂类、多糖、绝大多数寡糖等均为不完全抗原，若与蛋白质结合即可成为完全抗原。

3. 微生物的抗原结构

细菌、病毒、立克次氏体等都是很好的抗原，微生物的化学成分相当复杂，含有多种不同性质的蛋白质和与蛋白质结合的类脂及多糖，这些都是不同的抗原成分，都具有抗原的特异性，其中有些抗原性强，有些抗原性弱，微生物的抗原结构是分类鉴定的重要依据之一。下面以细菌为例，介绍一下主要的细菌抗原。

（1）菌体抗原　一个细菌细胞含有许多菌体抗原，是一个由不同蛋白质、多糖、脂类所组成的复合抗原。不同种或不同型的细菌各有自己特殊的抗原，称为特异抗原，所产生的特异性抗体只能和该种或该型细菌发生反应。但有些不同种或不同型之间还有相同的抗原，称为类属抗原或共同抗原，它们所产生的类属抗体既能与产生抗体的该微生物发生反应，又能与含有相同抗原的其他种细菌发生反应，称为交叉反应，见表5-1。

表5-1　菌体抗原及其抗体

菌种	抗原结构	免疫血清中的相应抗体
细菌a	1，2	Ⅰ，Ⅱ
细菌b	2，3	Ⅱ，Ⅲ

用细菌a注射动物，该动物的血清中就产生与细菌a菌体抗原相应的抗体Ⅰ和抗体Ⅱ，此血清可与细菌a发生反应，并且也可与细菌b发生交叉反应，因其中有Ⅱ抗体是与细菌b的2抗原相对应。1抗原和3抗原分别为细菌a和细菌b的特异抗原，而2抗原为两菌的共同抗原。菌体抗原是细菌的主要抗原，一般称之为“O抗原”，是脂类-多糖-蛋白质的复合物，复合物的脂类部分与细菌的毒素性质有关，蛋白质部分具有抗原

性，而多糖部分虽然单独存在没有抗原性，但决定复合物的特异性，如O抗原所含的不同糖类是肠道杆菌的分类依据。沙门氏菌属，按O抗原的不同，可分成42个群。

(2) 鞭毛抗原　存在于有鞭毛细菌的鞭毛上，称为H抗原，其化学成分为蛋白质，也具有不同种或型的特异性，故通过H抗原分析，可作菌型鉴定。H抗原不耐热，置于56～80 ℃ 30～40 min即可破坏，制取O抗原时，可用煮沸法消除H抗原，因为O抗原在121℃ 2 h不被破坏。

(3) 表面抗原　不同细菌的表面抗原，名称不同。肺炎双球菌的荚膜称荚膜抗原，由多糖所组成，与菌体蛋白质结合，注射动物，可产生不同的多糖抗体，根据不同的荚膜抗原可将肺炎双球菌分为不同的型。大肠杆菌和某些痢疾杆菌的表面抗原称为包膜抗原（封套抗原）或K抗原。沙门氏菌属的表面抗原称为Vi抗原，化学成分为糖脂。

(4) 菌毛抗原　存在于菌毛中的抗原，也具有特异的抗原性。

(5) 外毒素和类毒素　细菌外毒素具有很强的抗原性，能刺激机体产生抗毒素抗体。外毒素经0.3～0.4%甲醛溶液处理后使其失去毒性，但仍保持其抗原性，即成为类毒素，如白喉类毒素、破伤风类毒素、肉毒类毒素等。

5.4.2 抗体

抗体（antibody）是由抗原刺激人体或动物体的B细胞，由B细胞转化成浆细胞所产生的具有特异性的免疫球蛋白（immunoglobulin，Ig）。它主要存在于动物的血液、淋巴液、黏膜分泌物和组织液中，是构成机体体液免疫的主要物质。含有特异性抗体的血清，通常称为免疫血清或抗血清。现已发现人的体液免疫球蛋白有五种，简写为IgG,IgA,IgM,IgD,IgE。在动物中研究得较多的是IgG,IgA,IgM，对IgD和IgE则研究得较少。

抗体在体外可与相应的抗原特异结合而发生可见反应。在体内抗体若同病原微生物结合，则起到抗传染免疫作用，此外抗体也参与抗肿瘤作用，这些对机体有利；抗体若作用于自身组织细胞，则使机体发生自身免疫性疾病。抗体的基本结构如图5-1所示。

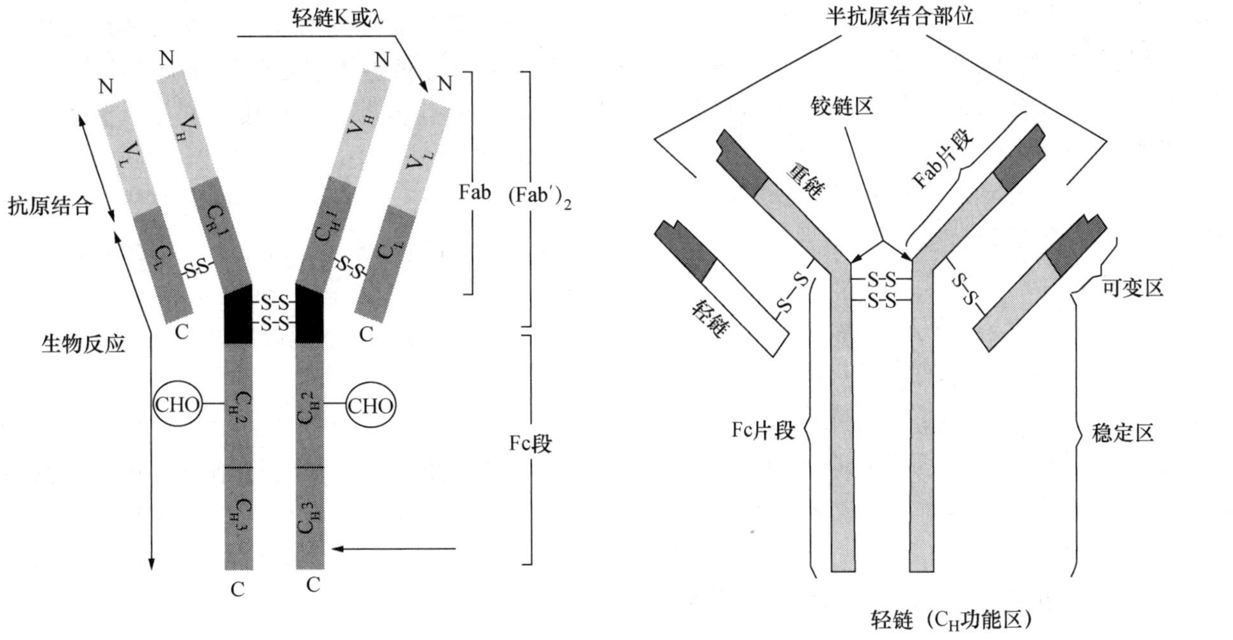

图5-1　抗体基本结构示意图

动物血清中可能含有千百种性质不同的免疫球蛋白，各种免疫球蛋白的化学结构虽有不同，但都具有一个共同的基本结构（图 5-1），即都是由二硫键连接起来的四条多肽链组成的，其中两条较长的称为重链（H 链）；另两条较短的称为轻链（L 链）。两条相同的重链由二硫链连接起来，呈 Y 字形，两条轻链由二硫键分别连接在重链氨基端的两侧，成为对称性的免疫球蛋白高分子结构。这个由四条多肽链组成的 Y 形结构称为单体(Ig)。在多肽链的羧基（C）端，轻链的 1/2 与重链的 3/4，氨基酸排列顺序比较稳定，称为不变区或稳定区（C 区）；而在氨基（N）端，轻链的另 1/2 与重链的 1/4，氨基酸的排列顺序可因抗体种类不同而有所变化，这部分称为可变区（V 区）。抗体的多样性与特异性均由可变区反映出来，即体内的千百种不同的抗体都是由 V 区的氨基酸顺序变化所致。抗原结合点在可变区。在重链的 C 区还有一枢纽区，抗体分子可在此处发生转动而使形状改变。此外，重链上还有结合糖（CHO）的部位，所以，Ig 是一类糖蛋白。

抗体是一种蛋白质，具有蛋白质的性质，对理化因素的抵抗力与一般的球蛋白相似，凡能破坏球蛋白的各种理化因素均能使之灭活，如 60～70 ℃及以上的加热、日光照射、强酸、强碱等都能破坏抗体，使其失去生物学活性，所以免疫血清等生物制品应保存在冷暗处。

抗体作为一种球蛋白，对异种动物来说又是很好的抗原，所以说抗体具有双重性，它既是抗原，又是抗体。

根据抗体的性质，可将抗体分成完全抗体和不完全抗体两类：完全抗体是指能与相应抗原结合，在一定条件下出现可见的抗体抗原反应；不完全抗体是指该抗体能与相应的抗原结合，但不出现可见的抗体抗原反应，如加入抗抗体则可出现可见的反应。

5.4.3 血清学反应（抗原抗体反应）

抗原和相应抗体，无论在体内或体外相遇，均可发生各种各样的反应，统称为抗原抗体反应或免疫反应。体外进行的抗原抗体反应，由于抗体主要存在于血清中，试验时一般都要用血清，故又称为血清学反应（serologic reactions）。当血液除去血细胞和造成血凝固的纤维蛋白、辅助因素等物质后，剩下的液体部分就是血清，含有抗体的血清称为抗血清或免疫血清。

1. 血清学反应的基本特点

（1）高度的特异性和交叉性　抗原抗体反应具有高度的特异性，一定的抗原只能与其相应的抗体结合。但当有共同抗原成分存在时，便可出现交叉（类属）反应，见表 5-1。

（2）可逆性　抗原和抗体的结合只是抗原物质表面的决定基与抗体间的非共价键结合，其结合虽然相对稳定，但在一定条件下两者仍可离解，且离解后的抗原抗体各自的生物学活性不变，因此抗原和抗体的结合反应是可逆的。例如毒素和抗毒素结合后，经稀释则又可分离，毒素仍重现毒性 。

（3）需要合适的浓度比　抗原与抗体的结合，两者之间需要适当比例，才能结合成大的分子集团沉淀下降成可见的反应。任何一种成分过多都不能形成大的集合物而沉淀下来。通常抗原是多价的，而抗体是两价的，抗原抗体的结合是抗原-抗体-抗原-抗体这样依次结合聚集成大的复合物，才能出现肉眼可见的反应。如抗体过多时，则抗原表面全部被抗体结合而不能形成大分子复合物；同样抗原过多也不会形成大的复合物，不会出现肉眼可见的反应。二者均称为“带现象”。例如作沉淀反应时，若抗原抗体两者分子比例适合，沉淀物产生既快又多，体积大，反之沉淀物产生少，体积小或根本不产生沉淀物。为了克服“带现象”，在进行血清学试验时，须将抗原抗体作适当的稀释。

（4）两阶段性　抗原抗体反应分两个阶段进行：第一阶段为抗原抗体结合阶段，所需时间很短，且不出现可见反应；第二阶段为可见反应现象出现阶段，此阶段需要时间较长，有的需要数小时甚至数日，同时受酸碱度、温度、电解质等的影响。

（5）高度敏感性　抗原抗体反应有高度的敏感性，不仅可用于定性，还可用来检测极微量的抗原（如病原菌）抗体，其敏感程度大大超过当前所应用的其他理化方法。

2. 影响血清学反应的主要因素

（1）电解质　一般用0.85%氯化钠溶液作为抗原和抗体的稀释液，如无电解质存在，则不出现可见反应。

（2）pH　适宜的pH是抗原抗体反应的必要条件之一，大多数血清学反应的适宜pH为6～8。pH过高或过低可直接影响抗原、抗体的理化性质，如pH降至3时，因接近细菌的等电点，引起非特异性的酸凝集，造成假象，影响血清学反应的可靠性。

（3）温度　一般常在37 ℃左右进行试验。有些例外，如冷凝集素在4 ℃左右与红细胞结合最好，20 ℃以上反而解离。

（4）杂质异物　反应中如存在与反应无关的蛋白质、类脂、多糖等非特异性物质时，会抑制反应的进行或引起非特异性反应。

5.4.4 常用的血清学检验方法

血清学反应的试验方法有很多，其基本原理都是抗原与相应抗体的特异性结合。现将常用方法介绍如下：

1. 凝集反应（agglutination）

颗粒性抗原与相应抗体相遇后，在电解质参与下出现肉眼可见凝集物（团）的现象，称为凝集反应。参与反应的抗原称为凝集原，如细菌、红细胞等；参与反应的抗体称为凝集素。

在做该试验时，一般都应稀释抗体（即抗血清），以使其与抗原有一合适比例（因抗原的体积较大，其上的抗原决定基相对较少）。

（1）直接凝集反应（direct agglutination）是抗原与抗体直接结合而发生的凝集。此反应是颗粒性抗原的表面结构成分（如细菌或红细胞的表面抗原），与相应抗体结合而发生凝集的反应。参与反应的主要因素很少，只有抗原和相应的抗体，故该反应敏感、特异，便于操作。常用的有两种方法：

①玻片法：通常为定性试验，用已知抗体检测未知抗原。鉴定菌种和测定血型常用此法。试验时，将含有已知抗体的血清滴加在干净载玻片上，后将待测菌（用生理盐水稀释）混于抗血清中，如两者是相对应的，数分钟后即可出现凝集成块现象，即阳性反应。此法简便快速。

②试管法：为定量试验，用已知抗原测定受检血清中有无某种抗体及其相对含量。试验时，在一系列干净试管内，加入不同稀释度（用生理盐水稀释）的等量待检血清和等量的抗原，置于37 ℃～50 ℃水浴内，4 h后观察，再放冰箱过夜，然后观察结果。血清的最高稀释度仍有明显可见凝集现象的即血清的凝集效价。此法可测定血清中抗体的相对含量，常用来测定患传染病的病人血清中抗体的效价，也称滴度，以协助诊断传染病。例如诊断伤寒和副伤寒的肥达氏反应就是试管内的凝集反应。

（2）间接凝集反应（indirect agglutination）　其基本原理是将可溶性抗原吸附到适当载体上，使其成为人工的“颗粒性抗原”，从而也会产生可用肉眼观察到的凝集反应（图5-2）。常用的载体颗粒有人（O型）和动物（绵羊、兔、鸡等）的红细胞、活性炭或白陶土颗粒、聚苯乙烯乳胶微球（称为免疫微球）等，相应的试验被分别称为间接血球凝集、炭凝集和胶乳凝集试验。

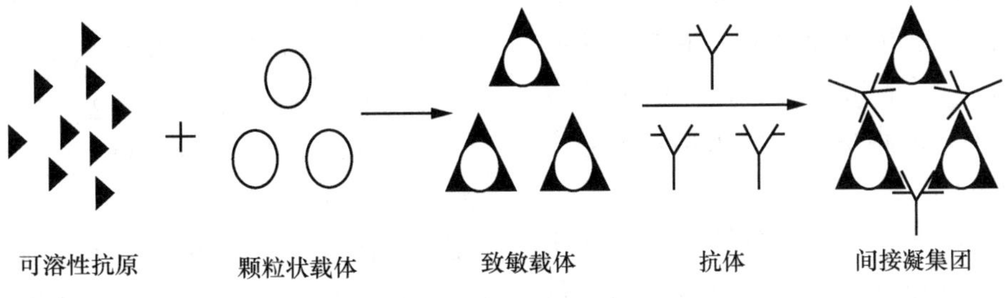

图5-2　间接凝集试验示意图

由于载体颗粒可极大地增加可溶性抗原的体积，载体上少量的致敏抗原与检样中少量抗体结合后，就足以出现肉眼可见的反应，从而大大提高试验的敏感性。间接凝集反应可用于检测细菌、病毒、寄生虫、螺旋体等感染动物机体后所产生的微量抗体，有利于疾病的早期诊断。用同样原理，还可把抗体吸附于红细胞等的颗粒上，以检出相应的抗原，这就是反相间接凝集试验。例如用于血液中 HbsAg（乙型肝炎表面抗原）、甲胎蛋白和钩端螺旋体的诊断等。

2. 沉淀反应

可溶性抗原与相应抗体在一定条件下结合，形成肉眼可见的沉淀物的现象称为沉淀反应（precipitation reaction）。参加反应的可溶性抗原称为沉淀原，抗体称为沉淀素。可溶性抗原可以是细菌培养物滤液、细胞或组织浸出液、血清蛋白等，也可以是类脂、多糖或蛋白质类物质。进行沉淀反应时，为使抗原与抗体间达到最合适的比例，一般先要稀释抗原，因可溶性抗原的分子小，其抗原决定基的相对数较高。常用方法如下：

（1）环状沉淀反应　常用于抗原的定性试验。先将已知的抗血清加入小玻璃试管中（口径为 0.5～0.6 cm），然后小心地加入待检抗原于血清层上，使之成为界面清晰的两层，数分钟后，若两层液面交界处出现白色沉淀环，则为阳性反应。如肉及肉制品中炭疽杆菌的检验，用炭疽杆菌的免疫血清与怀疑受炭疽杆菌感染的组织的生理盐水提取液进行反应，以诊断炭疽病（即称 Ascoli 氏试验）。

（2）絮状沉淀反应　通常用于毒素与抗毒素的测定。将抗原与抗血清在干净试管内混合或凹玻片上混匀，在电解质存在下，出现浑浊或絮状沉淀物的现象，称为絮状沉淀反应。本法反应时间短，但敏感性差，不适用于多种抗原组分的分析 。该试验常用来诊断螺旋体引起的梅毒病，称为康氏（Kahn test）反应。

（3）琼脂扩散试验　可溶性抗原与抗体在半固体琼脂内扩散并进行沉淀反应，称为琼脂扩散试验或免疫扩散试验。半固体琼脂凝胶中含有大量水分，如同网状支架，因而可使可溶性抗原与抗体在网间自由扩散。若抗原与抗体相对应，又有适量的电解质存在，则在两者相遇且分子比例恰当处形成白色沉淀线（带）。沉淀物在琼脂凝胶中能长期保持固定位置，不仅便于观察，而且可染色保存。琼脂扩散法又分单向扩散和双向扩散两种类型：

①单向琼脂扩散法（称为 Mancini 氏技术定量抗原）：抗体与琼脂混合于试管底层，上层加入抗原溶液，使其向下扩散，一定时间后，在底层琼脂中，当相应的抗原、抗体以合适的比例相遇时，即形成白色沉淀线。若其中有数对抗原抗体，就会形成相应数量的分离的白色沉淀线（图 5-3）。这是因为不同的抗原抗体在琼脂中扩散的速度不一样，所以出现几条分离的沉淀线。

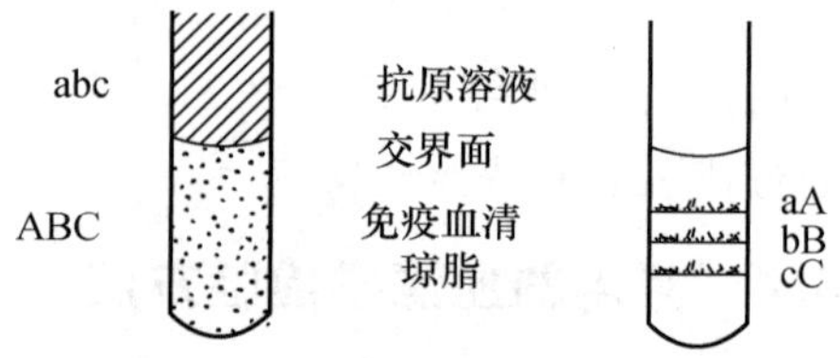

图 5-3　单向琼脂扩散试管法示意图

a,b,c 抗原；A,B,C 抗体；aA,bB,cC 抗原抗体沉淀线

此法也可在平皿内或玻片上进行：操作时，将已知抗体与融化的琼脂混匀倾注于平皿内或玻片上，凝固后打孔。将已知量的标准抗原及未知待测抗原分别加入不同的琼脂孔内，放置于湿盒中扩散 24 h 或直至达到平衡，在此期间抗原扩散到孔外形成不溶性复合物。在抗原孔周围可出现抗原抗体复合物形成的白色沉淀环，环的直径与抗原浓度成正比（环越宽，其抗原浓度越大）。如事先用不同浓度的已知标准抗原进行同样单向扩散，制成标准曲线，即可根据沉淀环直径查出其抗原含量（图 5-4）。

②双向琼脂扩散（又称 ouchterlony 技术）：这是抗原抗体都通过琼脂这一介质相互扩散而可形成稳定的、容易观察的免疫复合物的一种方法，既可以定性也可以定量。将融化的琼脂倾注于平皿内或玻片上，凝固后打孔；将抗原和抗体分别加至不同孔内，置湿盒内让其扩散，当抗原和抗体相遇时，若抗原抗体相对应，则经一定时间后，它们结合并在两者之间出现沉淀线（一条或多条

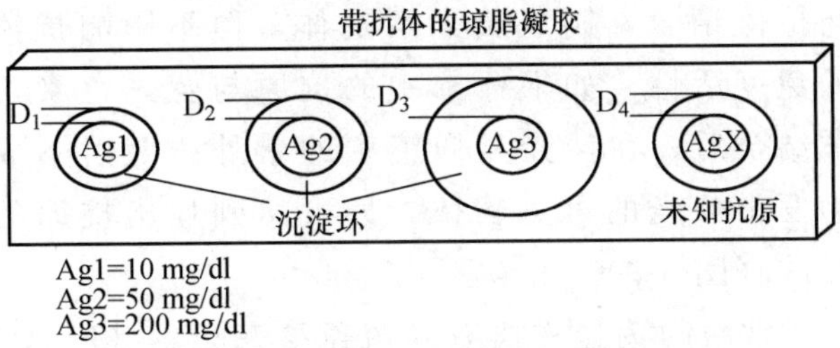

图 5-4　单向琼脂扩散玻片法示意图

图中 Ag1，Ag2，Ag3为 3 种不同抗原浓度的标准样品；AgX 为未知抗原样品

线），这种试验称为双向琼脂扩散（图 5-5）。根据沉淀线的有无、数量及相互关系，即可判定抗原的组成、数量及相互关系。根据沉淀线融合情况，还可鉴定两种抗原是完全相同还是部分相同。该试验主要用于检测血清中各种免疫球蛋白、甲脂蛋白等，也可广泛应用于许多传染病及寄生虫病的诊断中。

3. 免疫电泳

免疫电泳（Immunoelectrophoresis，IE）是将琼脂扩散和电泳技术相结合的一种血清学检验方法。此法特异性强，具有很高的灵敏性和分辨力，用于分析抗原或抗体纯度。常用的有对流免疫电泳、火箭电泳、双向免疫电泳和琼脂免疫电泳等几种类型。

（1）对流免疫电泳　是琼脂双扩散与电泳技术相结合的一种方法。在 pH 8.0～8.6 的缓冲液中，蛋白质抗原带负电，故它由阴极移向阳极。抗体虽然是蛋白质，但等电点比抗原高，所带阴离子少，且分子量大，移动缓慢，同时因电渗（电渗是电场中溶液对固体的相对移动。琼脂是弱酸性物质，在碱性溶液中，它带负电，而与它接触的溶液带正电，因此向负极移动，产生电渗）反而向阴极移动。试验时，将免疫血清置于琼脂正极孔内，待检抗原置于负极孔，通电后，在电场作用下，抗原向正极方向移动，抗体向负极方向泳动，在最适比例处相遇时既可限制抗原抗体向多方向扩散，又可加速泳动速度，缩短电泳时间。此法操作简便，需要时间为 30～60 min，灵敏度比双向扩散提高了 10～15 倍。

（2）火箭免疫电泳　又称电泳免疫扩散，这是把单向扩散同电泳结合在一起的方法。抗原在含定量抗体的琼脂中泳动，两者比例合适时，在较短时间内形成火箭状或锥状的沉淀线（图 5-6）。在一定浓度范围内，沉淀峰的高度与抗原含量成正比关系。与不同浓度已知抗原泳动后绘制的标准曲线比较，即可计算出未知标本的抗原量，此法灵敏度同单向扩散，需时较短。适用于甲种胎儿球蛋白（AFP）等定量测定。

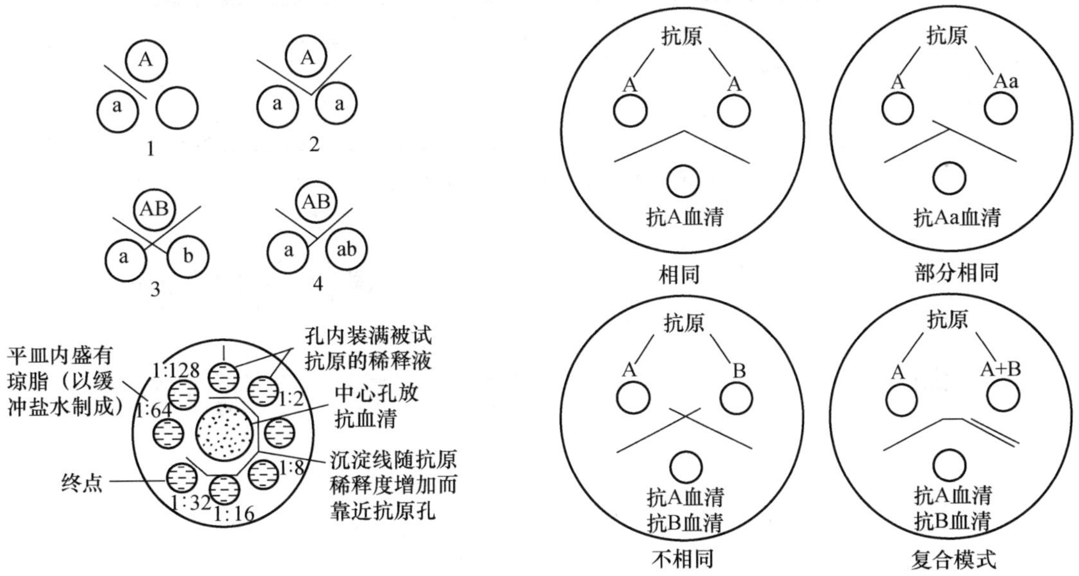

图 5-5　双向琼脂扩散的几种不同方式结果示意图

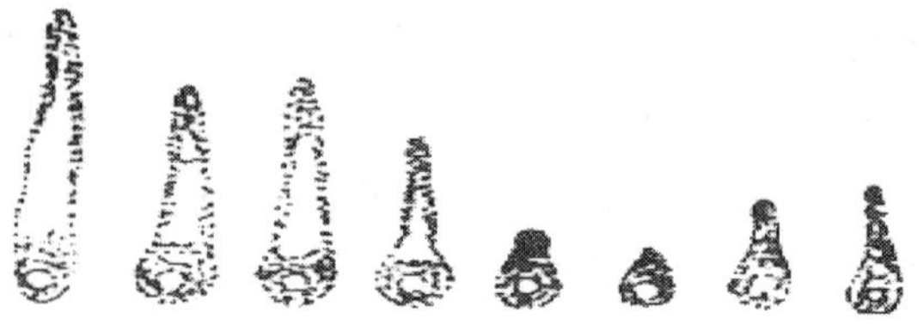

图 5-6 火箭电泳结果示意图

（3）双向免疫电泳 是一种将火箭电泳与血清免疫电泳相结合的方法。先将血清用电泳分离出各成分，然后切下凝胶板转移至另一已知有抗血清的凝胶上，进入垂直方向的第二次电泳，形成呈连续火箭样的沉淀线（图 5-7）。

4. 免疫荧光标记技术

免疫荧光标记技术（immunolabelling technic）是指抗体与某些特定的荧光物质（荧光色素）结合而成为荧光标记抗体，将此荧光标记抗体与抗原反应，借以提高免疫反应灵敏度并适合显微镜观察的免疫标记技术。荧光色素即使在 10^{-8} 倍的超低浓度时，仍可受激发而射出肉眼可见的荧光。其原理：在一定条件下以化学方法将荧光色素与抗体结合，制成荧光素抗体，但不影响抗体的免疫活性。如果标本中的抗原与荧光色素抗体结合后，在荧光显微镜中的紫外线照射下成为发出荧光的可见物体，即可达到检出抗原的目的（图 5-8）。

常用的荧光物质有异硫氰酸荧光素（FITC）和四乙基罗丹明（RB200），与抗体结合后，在蓝紫光激发下，可分别发出鲜明的绿色荧光和橙黄色荧光。其基本方法介绍如下：

（1）直接法 将待检标本固着于玻片上，滴加特异性荧光抗体。一定时间后（约半小时），用缓冲液充分洗涤，使没有结合的荧光抗体完全洗掉，若有相应抗原存在，即与荧光抗体结合，置荧光显微镜下观察，即可见到发荧光的抗原抗体复合物（图 5-8）。该法特异性高，受非特异性荧光干扰少，适用于鉴定微生物和组织细胞中的蛋白质。但每试验一种抗原，就必须制备一种与其相应的荧光抗体。

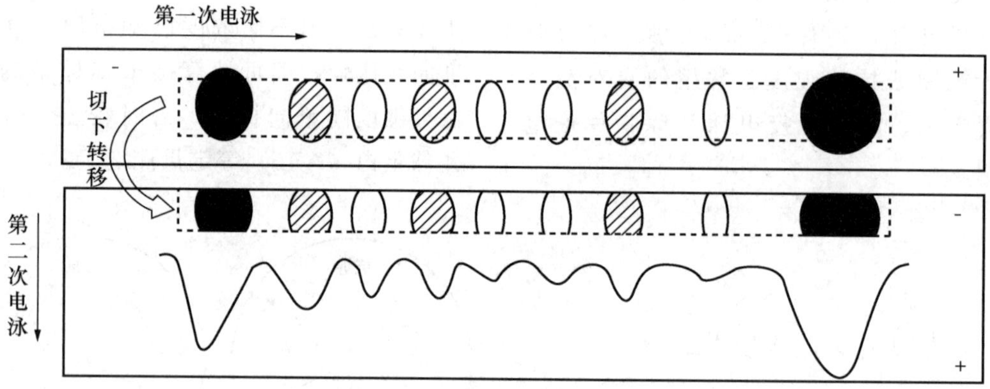

图 5-7 双向免疫电泳示意图

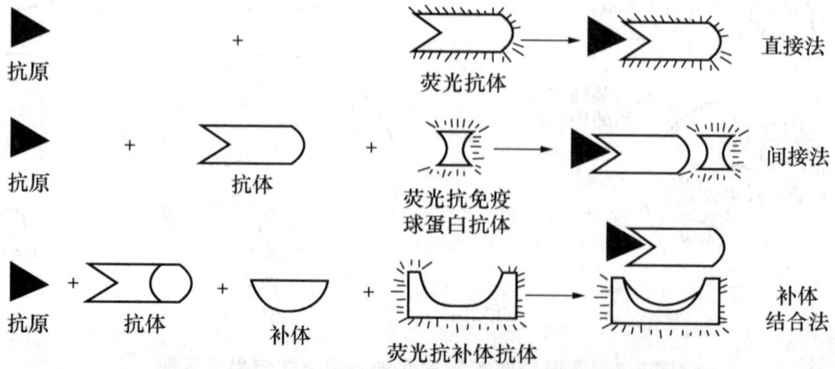

图 5-8 免疫荧光抗体法原理示意图

（2）间接法　由抗原、抗体、荧光标记抗抗体3种成分参加反应，其中有2种抗体相继作用。第一抗体为针对被检测抗原的特异性抗体，第二抗体为针对第一抗体的抗抗体（抗免疫球蛋白抗体）。抗抗体是抗体（一种蛋白质）作为抗原刺激机体所产生，将之标记荧光素制成荧光标记抗抗体。荧光物质不是直接标记抗体，而是标记抗免疫球蛋白的抗体（抗抗体）。先将未标记的抗体与抗原结合，用缓冲液充分洗涤，然后再加上荧光抗抗体，缓冲液充分洗涤，如果是阳性反应，在荧光显微镜下观察，可见到带荧光的抗原、抗体、抗抗体复合物（图5-8）。此方法只需要制备一种荧光标记的抗抗体就可对多种不同的抗原、抗体进行检查。

（3）补体结合法　是在间接法的第一步抗原抗体反应时加入补体（多用豚鼠血清作补体），再用荧光标记的抗补体抗体进行示踪的。其原理如图5-8所示，形成的抗原-抗体-荧光标记抗补体抗体复合物，在荧光显微镜下具有一定形态特征的荧光现象。本法灵敏度高，且只需一种抗体。缺点是操作复杂，每次需用新鲜血清，且补体不稳定，易出现非特异性染色，故较少应用。

（4）标记法　用FITC和罗丹明分别标记不同的抗体，对同一标本做荧光染色。在有两种相应抗原存在时，可同时见到橙红和黄绿两种荧光色泽。

除此之外，还有免疫酶标记法和同位素标记法，其原理与免疫荧光法基本相似，只不过是以酶作为标记物而已。

5. 补体结合反应

补体是存在于人和动物血清中的正常蛋白质成分。抗原-抗体复合物可以激活补体，被激活的补体成分可与任何抗原-抗体复合物结合，而无特异性，但不能单独与抗原或抗体结合，补体一经与抗原-抗体复合物结合便不再游离，因此若抗原为已知的，就能根据补体是否被结合而测得血清中是否有该抗原相应的抗体存在，但补体是否被结合，肉眼是不能判定的。试验中应用溶血反应作为指示，借溶血现象的有无以判定补体是否已被抗原-抗体复合物所结合。实验室常用新鲜的豚鼠血清作为补体的来源。补体结合反应（complement fixation reaction）分为两个系统进行。

（1）反应系统（又称溶菌系统）　是进行本试验的主要部分。在干净试管中加入定量抗原（或抗体）、待检血清（或抗原）和补体，混合作用一段时间后，若抗原抗体是相应的，则两者结合后，补体即与之结合；若抗原抗体不是相应的，则补体不被结合而游离在液体中。以上三种成分都是澄清的液体，结合与否不出现肉眼可见的现象，因此需要加入指示系统。

（2）指示系统（溶血系统）　在溶菌系统反应完毕后，再在管内加入绵羊红细胞和溶血素（绵羊红细胞的抗体），如果补体已被抗原抗体复合物结合，液体中不再有游离补体，则绵羊红细胞虽有溶血素也不被溶解（溶血与不溶血是可见的），此现象为补体结合反应阳性。如果补体不被反应系统结合，仍游离在液体中，则会参与后来加入的溶血系统，其结果是出现溶血现象，则为补体结合反应阴性，说明反应系统中的抗原抗体不是相应的（图5-9）。

在补体结合反应中共有五种成分，即已知抗原（或待检抗原）、待检血清（或已知血清）、补体、绵羊红细胞和溶血素（图5-9）。除待检血清外，其他四种成分的用量都必须极其准确，否则就不能得到准确的结果。因此在试验前要经过严格细致的滴定。所用的玻璃器材和生理盐水也要清洁新鲜。

补体结合反应具有高度特异性与敏感性，可测定微量的抗原或抗体，用于诊断疾病与鉴定微生物等，但方法较烦琐且费时。

6. 中和反应

抗体使相应抗原（毒素或病毒）的毒性或传染性丧失的反应称为中和反应（neutralization test）。从广义上说，还包括中和激素和酶的活性在内。根据情况不同中和试验可在易感动物、培养细胞或鸡胚上进行，中和葡萄球菌α溶血素的溶血作用中和试验也可在血液平板上进行。中和反应主要用于：①从病料中检出病毒，或从血清中检测出抗体，从而进行传染病的检验；②用抗毒素血清检查被检材料中的毒素或鉴定细菌的毒素型；③测定血清中的抗体效价；④用于新分离病毒的鉴定和分型。

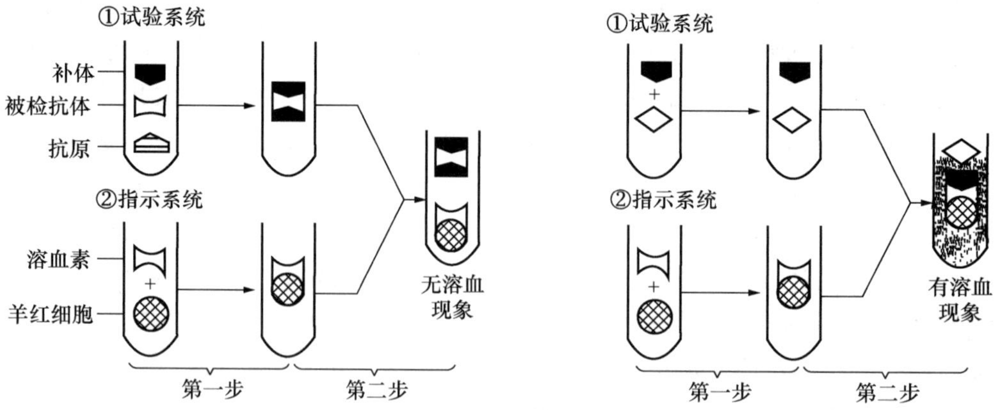

图 5-9 补体结合反应图解

a. 阳性试验（试样中存在相应抗体）；b. 阴性试验（试样中不存在相应抗体）

5.5 动物试验

5.5.1 概述

在食品卫生微生物检验工作中，要确定某细菌或真菌是否产毒素及其产生的毒力大小，必须进行动物试验。动物试验在微生物菌种的分离筛选、分类鉴定中也是常用的。最常用的实验动物有小白鼠、大白鼠、豚鼠和家兔等。

5.5.2 接种前的准备

1. 接种材料的准备

应根据材料的不同进行准备，如怀疑为病原菌的被检材料，液体材料不需要进一步处理，在食品卫生微生物学检验中，病原菌是主要被检对象。

2. 实验动物的选择

应按病原微生物的特点和要求，选择适宜的实验动物和接种方法，一般应选择对被检病原微生物敏感性较强的动物。要求壮龄、健康良好、体重适宜的动物，即精神活泼，被毛光泽，食欲旺盛，体温正常，无拉稀、流泪等异常表现。实验动物的正常体温视动物种类而不同：豚鼠为 37.5～39 ℃，家兔 38.5～39.5 ℃，小白鼠一般不测体温。

3. 实验动物标记

动物在试验前常常需要做适当的分组，那么就要将其标记使各组加以区别。标记的方法很多，良好的标记方法应满足标号清晰、耐久、简便、适用的要求。

常用的标记法有颜料涂染、烙印法、号牌法、剪毛法、打号法和针刺法等。

（1）颜料涂染　这种标记方法在实验室最常使用，也很方便，使用的颜料一般有 3%～5%苦味酸溶液（黄色）、2%硝酸银溶液（咖啡色）和 0.5%中性品红（红色）等，标记用毛笔或棉签蘸取上述溶液，在动物体的不同部位涂上斑点，以示不同号码。编号的原则是，先左后右，从上到下，一般把涂在左前腿上的计为 1 号，左侧腹部的计为 2 号，左后腿的计为 3 号，头顶部的计为 4 号，腰背部的为 5 号，尾基部的为 6 号，右前腿的为 7 号，右侧腹部的为 8 号，右后腿的为 9 号。若动物编号超过 10 或更大数字时，可使用上述两种不同颜色的溶液，即把一种颜色作为个位数，另一位颜色作为十位数，这种交互使用可编到 99 号，假如把红的记为十位数，黄的记为个位数，那么右后腿黄斑，头顶红斑，则表示是 49 号鼠（图 5-10），其余类推。该方法对于实验周期短的实验动物较合适，时间长了染料易褪色；对于哺乳期的仔畜也不适合，因母畜容易咬死仔畜或把染料舔掉。

（2）烙印法　用刺数钳在动物耳上刺号码，然后用棉签蘸着溶在酒精中的黑墨在刺号上加以涂抹，且烙印前最好对烙印部位预先用酒精消毒。

（3）号牌法　用金属制的牌号固定于实验动物的耳上，大动物可系于颈上。对猴、犬、猫等

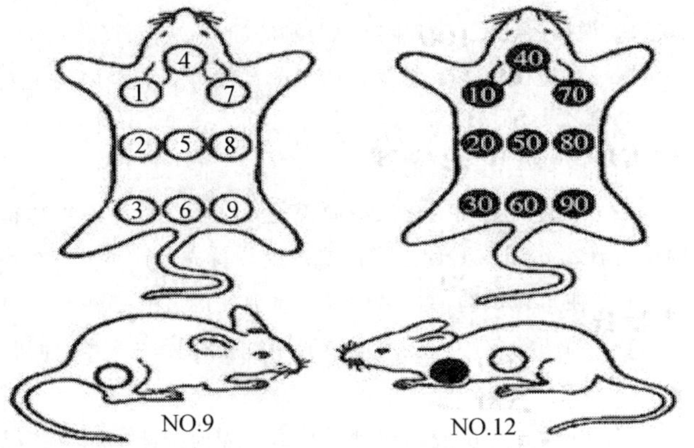

图 5-10 颜色被毛涂擦标记法

大动物有时可不作特别标记，只记录它们的外表和毛色即可。

（4）剪毛法 用剪毛刀在动物一侧或背部剪出号码，此法编号清楚可靠，但该法只适用于大中型动物，如兔、犬等的短期观察。

（5）打号法 用刺数钳（又称耳号钳）将号码打在动物耳朵上。打号前用蘸有酒精的棉球擦净耳朵，用耳号钳刺上号码，然后在烙印部位用棉球蘸上溶在食醋里的黑墨水进行擦抹。该法适用于耳朵比较大的兔、犬等动物。

（6）针刺法 用七号或八号针头蘸取少量碳素墨水，在耳部、前后肢以及尾部等处刺入皮下，在受刺部位留有一黑色标记。该法适用于大小鼠、豚鼠等。在实验动物数量少的情况下，也可用于兔、犬等动物。

5.5.3 接种方法

（1）皮下接种法 又称皮下注射接种，是将药液推入皮下结缔组织，经毛细血管、淋巴管吸收进入血液循环的过程。将实验动物的腹部皮肤消毒，接种部位在腹部中线两侧、腹股沟、尾根等处，将针头斜刺入皮下，稍提起皮肤再继续进行，即可注射。注射量：小白鼠为 0.1～0.2 mL，豚鼠、家兔为 1～2 mL。

（2）肌肉接种法 于后肢股部消毒后，将针头刺入深部肌肉，即可注射，其注射量同皮下注射。

（3）腹腔内接种法 仰卧固定动物，使腹部朝上，头部朝下，使动物身躯前低后高，消毒腹部皮肤后，先将针头刺入皮下，然后变换方向，直刺腹腔内，进行接种。注射量：小白鼠可达 2 mL，豚鼠、家兔可达 5 mL。

（4）静脉内注射法 小鼠的注射部位为尾静脉，家兔为耳静脉，豚鼠为后腿下部外侧静脉（一般少用）以下介绍前两种。

①小鼠静脉注射：用镊子将尾根夹紧，或用浸有二甲苯或酒精的棉球涂擦尾部，使血管扩张，用注射针刺入尾静脉内，进行注射。

②家兔耳静脉注射：用浸有二甲苯或酒精的棉球涂擦耳静脉处，使血管扩张，助手用手指压紧耳根部，固定好头部，然后将注射针头以向心力方向平行刺入静脉内，若出现回血，说明进针准确，将耳根的手指松开，即可注射。

（5）皮内接种法 是将药液注入皮肤的表皮和真皮之间，观察皮肤血管的通透性变化或皮内反应，接种、过敏实验等一般作皮内注射。将实验动物固定，局部剪毛消毒，用细针头平行刺入皮肤，慢慢注射，至注射部皮肤有一小隆起为止，一般注射量为 0.1 mL。

5.5.4 实验动物观察和剖检

（1）接种后的观察 实验动物经接种后，应隔离饲养，编号并作详细记录。观察的项目有食欲、精神状态、被毛、运动情况、体温、呼吸、心跳、脉搏、体重及排泄物等。

（2）实验动物的剖检 动物接种后，如有发病或死亡时，应及时解剖，观察病变并分离病原体。

①将实验动物尸体浸于消毒水中片刻，再将尸体腹部向上，固定在解剖台上，检查接种部位有无病变，如红肿、水肿、脓肿等。

②自趾骨结合部开始向前沿腹中线剪开皮肤，并向两侧剥离，观察皮下组织及淋巴结的变化。

③另用一把灭菌剪子，由剑状软骨开始一直向后到肛门，切开腹肌和腹膜（防止损伤肠管），露出内脏器官，观察肝、脾、肾、肠等的病理变化及胃肠内容物的性状。

④最后剪开膈，并沿肋骨两侧剪断肋骨，露出胸腔脏器，观察病变。

⑤剖检完毕，应将尸体烧毁或在消毒液中浸

泡后深埋，所用器材应彻底消毒处理。

微生物培养的相关内容见二维码 5-1。

二维码 5-1　微生物的培养

复习思考题

1. 无菌操作取菌体和制备涂片时需要注意哪些问题？为什么？
2. 为什么涂片标本经染色后必须完全干燥才能观察？
3. 简述革兰氏染色的步骤，其中最关键的环节是什么？
4. 荚膜染色法的原理及常用的细菌荚膜染色法有哪些？
5. 芽孢染色法的原理及常用的细菌芽孢染色法有哪些？
6. 鞭毛染色法的原理及常用的细菌鞭毛染色法有哪些？
7. 镜检时，如何区分放线菌的基内菌丝和气生菌丝？
8. 放线菌的菌丝有几种？各有什么作用？
9. 说明酵母死活细胞染色鉴别的原理。
10. 在显微镜下，细菌、放线菌、酵母菌和霉菌的主要区别是什么？
11. 解释生化试验的原理。
12. 细菌的生理生化反应原理是什么？在食品微生物检验中有什么作用？要使这类反应准确，首先要注意什么？
13. 在生化试验中，分解糖或蛋白质的各有哪些？
14. 细菌的各种生化反应试验中，接种后的培养时间长短不一是因为什么？
15. 补体结合反应的原理是什么？如何判断抗原抗体已经结合？
16. 简述抗原的特性和影响抗原性的因素。
17. 简述抗原抗体反应的一般规律。
18. 什么是血清学反应？血清学反应有哪些基本特点？影响血清学反应有哪些主要因素？
19. 在食品卫生微生物检验工作中动物试验的作用是什么？

HAPTER 6

第 6 章 菌落总数和大肠菌群的测定

【教学目的和要求】

1. 掌握菌落总数、大肠菌群的概念以及菌落总数和大肠菌群测定的意义。
2. 熟练掌握菌落总数国标法、大肠菌群国标法的具体操作。
3. 熟练掌握 MPN 检索表的使用方法。
4. 了解菌落总数快速测定常用的方法和大肠菌群快速测定常用的方法。

6.1 菌落总数的测定

6.1.1 菌落总数的概念

菌落总数（aerobic plate count）是指食品检样经过处理，在一定条件下（如培养基、培养温度和培养时间）培养后，所得每 g（mL）检样中形成的微生物菌落总数。即指一定数量或面积的食物样品，在一定条件下进行细菌培养，使每一个活菌只能形成一个肉眼可见的菌落，然后进行菌落计数所得的菌落数量。

在我国的食品卫生标准中，采用的测定食品中细菌数量的方法，是在严格规定的培养方法和培养条件（样品处理、培养基种类及其 pH、培养温度与时间、计数方法等）下进行的，使得适应这些条件的每一个活菌细胞能够生成一个肉眼可见的菌落，所生成的菌落总数即是该食品中的细菌总数。用此法测得的结果，单位常用 CFU/g 或 CFU/mL 表示。

食品有可能被多种细菌污染，每种细菌都有它一定的生理特性，培养时应用不同的营养条件及生理条件（如温度、培养时间、pH、需氧性质等）去满足其要求，才能分别将各种细菌都培养出来。按国家标准方法规定，测定在需氧情况下，37 ℃培养 48 h，能在普通营养琼脂培养基上生长的细菌菌落总数。在实际工作中，一般都只用一种常用的方法去做菌落总数的测定，即将检样中的细菌和营养琼脂混合后，于 37 ℃进行有氧培养（空气中含氧约 20%）。厌氧或微需氧菌、有特殊营养要求的以及非嗜中温的细菌，现有条件不能满足其生理需求，故难以繁殖生长。因此，菌落总数并不表示实际的所有细菌总数，也并不能区分其中细菌的种类，而只表示一群能在普通营养琼脂上发育的、嗜中温的需氧菌菌落总数，所以菌落总数有时被称为杂菌数、需氧菌数等。

6.1.2 菌落总数测定的意义

菌落总数的测定，目的在于了解食品生产中，从原料加工到成品包装受外界污染的情况，即作为判定食品被细菌污染程度的标记；也可以应用这一方法观察食品中细菌的性质，细菌在食品中繁殖的动态，从而确定食品的保存期限，以便对被检样品进行卫生学评价时提供依据。我国和许多国家或地区均在食品卫生标准中，规定了各种食品的菌落总数的允许限量，以改善食品的卫生状况。

1. 食品中细菌数量可反映该食品被污染的程度

从食品卫生观点来看，菌落总数越多，说明食品的卫生质量越差，遭受病原菌污染的可能性越大，反之亦然。如食品中细菌数达到 10^6 ～ 10^7 个/g（mL 或 cm^2），其所引起的变质就能被人的感官察觉，如果食品中菌落总数多于 10 万个，就足以引起细菌性食品中毒。食品中菌落总数的多少，直接反映食品的卫生质量。但也有少数情况并不完全如此，有些食品成品的菌落总数并不高，但由于已有细菌繁殖并已产生了毒素，且毒素性状稳定，并存留于食品中。还有一些食品如酸泡菜和酸乳等，本身就是通过微生物的作用而制成的，且是活菌制品。因此，菌落总数的测定对评价食品的新鲜度和卫生质量有着一定的卫生指标的作用，但不能单凭此一项指标来判定食品的卫生质量，还必须配合大肠菌群和致病菌等检验，才能对食品做出比较全面、准确的评价。

2. 食品中细菌数量可预测食品耐放程度和时间

菌落总数还可用来预测食品存放的期限。食品中细菌数量越少，食品存放的时间就越长，相反，保质期就短。例如在 0 ℃保存牛肉，菌落总数为 10^3 CFU/cm^2 时，可保存 18 d，而当菌落总数增至 10^5 CFU/cm^2 时，则只能保存 7 d。另外，在 0 ℃保存鱼时，菌落总数为 10^5 CFU/cm^2 时可保存 6 d，而菌落总数在 10^3 CFU/cm^2 时则可保存 12 d。

3. 食品中细菌数量可估测出食品腐败状况

一般认为日常食品的活菌数为 10^4 ～ 10^7 CFU/g。当活菌数达到 10^8 CFU/g 则可认为食品处于初期腐败阶段。例如，活的家禽，皮肤表面的细菌数可低到 1.5×10^3 CFU/cm^2，而加工后马上检测可达 3.5×10^4 CFU/cm^2。当菌落数为 10^7 CFU/cm^2 时表示食品已经腐败，鸡肉的菌落数达 10^8 CFU/cm^2 时可有气味并变黏。一般来说，食品中细菌数量越多，则会加速腐败变质的进程，甚至可能引起食用者的不良反应。

6.1.3　菌落总数测定的方法

1. 菌落总数的国标测定方法

1）设备

除微生物实验室常规灭菌及培养设备外，其他设备和材料如下：恒温培养箱（36 ℃±1 ℃，30 ℃±1 ℃），冰箱（2～5 ℃），恒温水浴箱（46 ℃±1 ℃），天平（感量 0.1 g），均质器，振荡器，pH 计或 pH 比色管或精密 pH 试纸，放大镜或/和菌落计数器。

2）材料

1 mL 无菌吸管（具 0.01 mL 刻度）、10 mL 无菌吸管（具 0.1 mL 刻度）或微量移液器及吸头、无菌锥形瓶（容量 250 mL、500 mL）、无菌培养皿（直径 90 mm）、试管、试管架、酒精灯、灭菌剪刀、灭菌镊子。

3）培养基和试剂

平板琼脂培养基、磷酸盐缓冲液、无菌生理盐水。

4）检测程序

检测程序如图 6-1 所示。

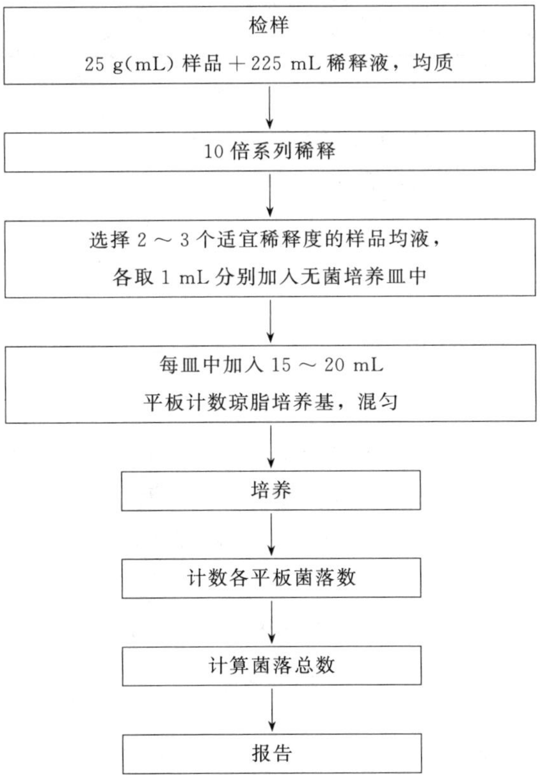

图 6-1　菌落总数的检测程序

（引自：段鸿斌，食品微生物检验技术，2015）

5）检测步骤

（1）培养基及试剂的制备　根据检测样品量的大小，计算所需培养基、磷酸缓冲液及生理盐水的用量，配制好备用。

（2）样品稀释

①取样：以无菌操作取有代表性的样品盛于无菌容器内。如有包装，则用 75％乙醇在包装开口处擦拭后取样。

②固体和半固体样品：称取 25 g 样品置盛有 225 mL 磷酸盐缓冲液或生理盐水的无菌均质杯内，8000～10000 r/min 均质 1～2 min，或放入盛有 225 mL 稀释液的无菌均质袋中，用拍击式均质器拍打 1～2 min，制成 1∶10 的样品匀液。振摇时，幅度为 30 cm，7s 内振摇 25 次。

③液体样品：以无菌吸管吸取 25 mL 样品置盛有 225 mL 磷酸盐缓冲液或生理盐水的无菌锥形瓶（瓶内预置适当数量的无菌玻璃珠）中，充分混匀，制成 1∶10 的样品匀液。如样品均质时间超过 2 min，应在均质杯外加冰水冷却。

④用 1 mL 无菌吸管或微量移液器吸取 1∶10 样品匀液 1 mL，沿管壁缓慢注于盛有 9 mL 稀释液的无菌试管中（注意吸管或吸头尖端不要触及稀释液面），振摇试管或换用 1 支无菌吸管反复吹打使其混合均匀，制成 1∶100 的样品匀液。从容器中吸取样品匀液和在以后的稀释操作中，吸管尖不要碰到瓶口。吸入的液体应先高于所要求的刻度，然后提起吸管使其尖端离开液面，并贴在容器内壁上，将液体调至所要求的刻度。

⑤按步骤④操作程序，制备 10 倍系列稀释样品匀液。每递增稀释一次，换用 1 次 1 mL 无菌吸管或吸头。

⑥根据对样品污染状况的估计，选择 2～3 个适宜稀释度的样品匀液（液体样品可包括原液），在进行 10 倍递增稀释时，以吸取该样品稀释液的吸管吸取 1 mL 样品匀液于无菌平皿内，每个稀释度做两个平皿。同时，分别吸取 1 mL 空白稀释液加入两个无菌平皿内作空白对照。

⑦及时将 15～20 mL 冷却至 46 ℃的平板计数琼脂培养基（可放置于 46 ℃±1 ℃恒温水浴箱中保温）倾注平皿，并转动平皿使其混合均匀。要

防止把混合物溅到平皿壁和盖上。同时将培养基倾入加有 1 mL 稀释液的空白对照无菌平皿。将样品液加入平皿后应立即倾注培养基，每个样品从开始稀释到倾注最后一个平皿所用的时间不得超过 20 min。

⑧待琼脂凝固后将平皿翻转，立即放进适宜温度的恒温培养箱培养适宜时间。培养箱应保持一定的湿度，经一定时间培养后的培养基失重不得超过 15%。

（3）培养

①待琼脂凝固后将平板翻转，36 ℃±1 ℃培养 48 h±2 h。水产品为 30 ℃±1 ℃培养 72 h±3 h。

②如果样品中可能含有在琼脂培养基表面弥漫生长的菌落时，可在凝固后的琼脂表面覆盖一薄层琼脂培养基（约 4mL），凝固后翻转平板，再按步骤（3）①条件进行培养。

6）菌落计数

培养后，立即计数每个平板上的菌落数。可用肉眼观察，必要时用放大镜或菌落计数器，以防遗漏。记录稀释倍数和相应的菌落数量。菌落计数以菌落形成单位（CFU）表示。如不能立即计数，应将平板存放于 0～4 ℃，但不得超过 24 h。操作者对同一平板复核自己的计数结果，其差异应在 5%之内，而其他人对这一平板重复计数，其差异应在 10%之内。否则，应找出原因，加以校正。适宜稀释度的两个平板的菌落数平均值或两个稀释度的平板菌落数平均值乘以相应稀释度倍数计算出每 g（mL）样品中平板菌落数。

①选取菌落数在 30～300 CFU、无蔓延菌落生长的平板计数菌落总数。低于 30 CFU 的平板记录具体菌落数，大于 300 CFU 的可记录为多不可计。每个稀释度的菌落数应采用两个平板的平均数。

②其中一个平板有较大片状菌落生长时，则不宜采用，而应以无片状菌落生长的平板作为该稀释度的菌落数；若片状菌落不到平板的一半，而其余一半中菌落分布又很均匀，即可计算半个平板后乘以 2，代表一个平板菌落数。

③当平板上出现菌落间无明显界线的链状生长时，则将每条单链作为一个菌落计数。

7）结果与报告

（1）菌落总数的计算方法

①若只有一个稀释度平板上的菌落数在适宜计数范围内，计算两个平板菌落数的平均值，再将平均值乘以相应稀释倍数，作为每 g（mL）样品中菌落总数结果。

②若有两个连续稀释度的平板菌落数在适宜计数范围内时，按式（6-1）计算：

$$N=\frac{\sum C}{(n_1+0.1n_2)d} \qquad (6\text{-}1)$$

式（6-1）中：N 为样品中菌落数；$\sum C$ 为平板（含适宜范围菌落数的平板）菌落数之和；n_1 为第一稀释度（低稀释倍数）平板个数；n_2 为第二稀释度（高稀释倍数）平板个数；d 为稀释因子（第一稀释度）。

例如，某菌液稀释度和菌落数如表 6-1 所示：

表 6-1　菌液稀释度和菌落数

菌液稀释度	1∶100（第一稀释度）	1∶1000（第二稀释度）
菌落数/CFU	232，244	33，35

$$N=\frac{\sum C}{(n_1+0.1n_2)\ d}$$

$$=\frac{232+244+33+35}{[2+(0.1\times2)]\times10^{-2}}$$

$$=\frac{544}{0.022}=24\ 727$$

上述数据按数字修约原则修约后，表示为 25000 CFU或 2.5×10^4 CFU。

③若所有稀释度的平板上菌落数均大于 300 CFU，则对稀释度最高的平板进行计数，其他平板可记录为多不可计，结果按平均菌落数乘以最高稀释倍数计算。

④若所有稀释度的平板菌落数均小于 30 CFU，则应按稀释度最低的平均菌落数乘以稀释倍数计算。

⑤若所有稀释度（包括液体样品原液）平板均无菌落生长，则以小于 1 乘以最低稀释倍数计算。

⑥若所有稀释度的平板菌落数均不在 30～300 CFU,其中一部分小于 30 CFU 或大于 300 CFU 时，则以最接近 30 CFU 或 300 CFU 的平均菌落数乘以稀释倍数计算。

（2）菌落总数的报告

①菌落数小于 100 CFU 时，按“四舍五入”原则修约，以整数报告。

②菌落数大于或等于 100 CFU 时，第 3 位数字采用“四舍五入”原则修约后，取前 2 位数字，后面用 0 代替位数；也可用 10 的指数形式来表示，按“四舍五入”原则修约后，采用两位有效数字。

③若所有平板上为蔓延菌落而无法计数，则报告菌落蔓延。

④若空白对照上有菌落生长，则此次检测结果无效。

⑤称重取样以 CFU/g 为单位报告，体积取样以 CFU/mL 为单位报告。

2. 菌落总数的快速测定方法

随着食品工业的迅速发展，需要检测的食品种类越来越多，而食品样品的菌落总数是食品卫生微生物检验中一项基本且频繁的检测项目。目前我国微生物检验标准方法中规定的菌落总数的检测时间为 48 h。在实际工作中，过长的检测时间不利于食品卫生监督人员以及食品生产企业对自身产品的质量控制。

包括样品制备在内，能够在短时间内出具检测结果的行为称为快速检测。微生物的快速检验方法，是指与国家标准检验方法相比，能够缩短检测时间，得到具有判断或推断性结果（即阴性或阳性、超标或不超标）的方法。

1）旋转平皿计数方法

（1）原理　食品样品制备的菌悬液被螺旋平板注入器连续不断地注入并分布到旋转着的琼脂平板的表面，在琼脂表面形成阿基米德螺旋形轨迹。当用于分液的空心针从平板中心移向边缘时，菌液体积减少，注入的体积和琼脂半径间存在着指数关系。培养时菌落沿注液线生长。用计数方格来校准与琼脂表面不同区域有关的样品量，计数每个区域的已知菌落数，再计算细菌浓度。

（2）设备及试剂　螺旋平板注入器、150 mm×14 mm（或 100 mm×15 mm）的培养皿、平板计数琼脂、5.25% NaClO、无菌水。

（3）操作方法　核准、调整好螺旋平板计数器，调整至每平板注入量 0.035 mL，约 50 r/min 的旋转速度。使用 150 mm×14 mm（或 100 mm×15 mm）的培养皿，倾入 40～45 mL 的平板计数琼脂使其干燥成平滑均匀的表面。将 50 g 样品放入灭菌的均质杯中，加入 450 mL 稀释液，均质 2 min。如需要，在移上清液到螺旋涂布平板前，静置几分钟。液体样品可直接使用或用稀释液 1∶9 稀释后使用。使用时，将分液空心针降入样品溶液中，通过分液空心针抽出样液。将标记好的琼脂平板去盖，放在旋转台上，使分液空心针降至针尖可自由地停在琼脂表面上。开机使其旋转至分液空心针被提起和自动停机。取出平皿，盖上皿盖，于（35±1)℃培养（48+3）h。培养后将平板放在一个观测格上计数。

2）疏水性栅格滤膜法或等格法

可用于菌落总数、大肠菌群、粪大肠菌群、大肠埃希氏菌及霉菌、酵母计数，也有用于弯曲杆菌计数的报道。

（1）原理　用疏水性栅格滤膜（HGMF）过滤样品，然后将疏水性栅格滤膜放置在相应的固体培养基中培养，最后观察细菌、酵母或霉菌菌落。疏水性的栅格作为栅栏用以防止菌落的扩散，保证了所有菌落都是正方形的，从而便于人工或机械计数。

（2）仪器和试剂　HGMF 过滤装置 5 μm 网眼的初滤膜（ISO-GRID 或符合这种规格的等效品），孔径为 0.45 μm 并以无毒疏水材料印成栅格的滤膜（ISO-GRID 或符合这种规格的等效品），均质器，各种酶和稀释液。

（3）操作方法　使用 HGMF 过滤装置（图 6-2），先经 5 μm 网眼的初滤膜过滤去除食品颗粒（每个样品各需要一套），再经孔径为 0.45 μm 并以无毒疏水材料印成栅格的滤膜。首先将样品均质、稀释后（某些样品需要进行酶处理），根据需求的计数范围选择适宜的稀释度用于检验，通常选用 1∶100 的稀释倍数。

操作时首先打开真空泵，将灭菌过的过滤装

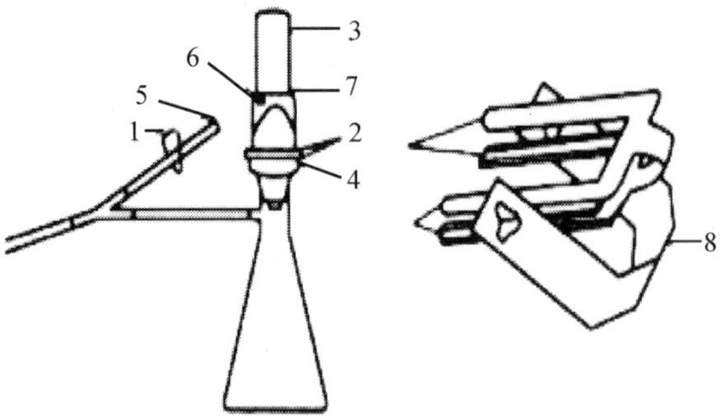

图 6-2　HGMF 过滤装置

（引自：段鸿斌，食品微生物检验技术，2015）

1. 夹具；2. 整圈边缘；3. 漏斗；4. 底座；5. 真空管；6. 吸孔；7. 滤器孔；8. 移动臂

置连接于多枝管或真空抽滤瓶上。打开夹具 1，向后转动漏斗 3，以无菌操作将灭菌的 HGMF 放于底座 4 的表面上；向前旋转漏斗，用不锈钢夹具的滑动夹片将漏斗 3 和底座 4 延伸的整圈边缘 2 夹住，旋转移动臂 8 于水平（闭锁的）位置。以无菌操作加 15～20 mL 无菌水于漏斗中，吸移所需要体积的适宜的样品稀释液放于漏斗中，将真空管 5 的自由端接于吸孔 6 以通过前过滤器孔 7 抽吸液体进行初滤，再用无菌操作加入另外的 15～20 mL 无菌水于漏斗中，再次抽吸后关闭夹具 1，使真空泵直接作用于过滤装置的底座，通过 HGMF 抽吸液体。然后以无菌操作取出 HGMF，并放在预先干燥的琼脂平板表面（避免在滤膜和琼脂之间产生气泡），用适宜的温度培养后，按阳性方格计数。

此方法根据选用的培养基不同可用于菌落总数、大肠菌群、粪大肠菌群和大肠埃希氏菌计数，还可以用于霉菌和酵母菌计数。另外还可根据菌落在培养基上产生的不同颜色来分类计数。此类方法经 AOAC 认可的主要有：《食品中的需氧平板计数疏水性栅格滤膜法》（AOAC 公定方法 986.32）；《食品中总大肠菌群、粪大肠菌群和大肠埃希氏菌疏水性栅格滤膜法》（AOAC 公定方法 983.25）；《食品中的酵母和霉菌计数——疏水性栅格滤膜法（ISO-GRID）使用 YM-11 琼脂方法》（AOAC 公定方法 995.21）。

3）ATP 荧光测定法

ATP 是能量转化产物，ATP 的存在预示着有生物或植物存在，由此可用 ATP 荧光仪来测定食品容器或器械的表面洁净度（颗粒度）或估算细菌总数。ATP 生物发光技术是利用产生于生物体内的化学发光现象而建立起来的一种检测方法。

生物发光法是一种很有前景的新技术。生物发光中常见的是萤火虫及海洋生物发光，进一步研究表明，生物发光是生物体内荧光素酶（luciferase）催化作用底物氧化而发出光。生物发光在生物化学和生物技术方面有着广泛的应用前景，目前发现的荧光素酶有细菌荧光素酶和萤火虫荧光素酶两大类，前者从海洋发光细菌中提取，后者则主要从萤火虫中提取。目前应用于微生物数量生物发光法快速测定的荧光素酶为萤火虫荧光素酶，产生萤火虫荧光素酶的萤火虫主要有北美萤火虫、日本萤火虫及东欧萤火虫。提取时先将萤火虫的尾部剪下来置于－20 ℃冷冻，在 3 ℃解冻后用研钵研磨，然后经过离心、过柱、硫酸铵沉淀等多步复杂处理工艺来制取萤火虫荧光素酶。除从萤火虫中直接提取外，采用基因工程手段也能生产。其方法是先将萤火虫荧光素酶基因克隆在大肠杆菌中表达，然后将转化体置 37 ℃的 LB 培养基中培养，到对数后期收集菌体，用渗透压法、冻融法提取细菌胞质组分，经均质、离心，用凝胶排阻、离心交换色谱提取纯酶。生物发光法具有简便、快速、价廉的优点，已逐渐作为食品生产和流通过程中的微生物快速监测和清洁度监测的一种新方法，尤其在 HACCP 中的应用已日益受到重视。

测定时先将样品与 ATP 提取试剂混合，使细胞膜和细胞壁开孔，提取出 ATP，然后再与荧光素和荧光素酶生物发光试剂作用，用荧光仪进行测定。目前市场上有两类多种型号的 ATP 荧光测定仪。一类是测洁净度，另一类是除了可以测洁净度外，还可以用试剂将植物细胞裂解过滤出去，最终测定生物细胞的 ATP，由此来估算细菌数量，检测时间一般为 20 min。此方法在测量某些特定食物中微生物的数量上与国标法具有可比性，是微生物检测方法的发展方向之一。但还需要更多的数据来确定适合于哪些食物，即特定的食物具有特定的 ATP 荧光强度，当超出这一强度后就有可能具有特定的意义。

6.1.4　菌落总数测定中需要说明的几个问题

（1）国标法限用能形成菌落的微生物。

（2）国标法检验中所需玻璃仪器必须是完全灭菌的，并在灭菌前彻底清洗干净，不得残留抑制物。用作样品稀释的液体，每批都要有空白对照。如果在对照平板上出现几个菌落时，要追加对照平板，以判断是空白稀释液用于倾注平板的培养基，还是平皿、吸管或空气可能存在的污染。琼脂培养基底部带有沉淀的部分应弃去。

（3）为了防止食品碎屑混入，影响计数，可在培养基添加一定量 TTC（2，3，5-三苯基氯化四氮唑），每 100 mL 加 1 mL 0.5% TTC，培养后，如系食品颗粒，不见变化，如为细菌，则生成红色菌落。

（4）一般选取菌落数在 30～300 CFU 的平板进行计数，过多或过少均不准确。一般来说，前一稀释度的平均菌落数应为后一稀释度平均菌落数的 10 倍左右，若差别太大应重做。平板上菌落稠密或长成菌苔则不能用来计数。

（5）所得结果只包含一群能在营养琼脂上生长的嗜中温需氧菌的菌落总数，并不表示样品中实际存在的所有细菌菌落总数，即计数总是比食品中实际存在的细菌数要少。但仍能借此评定整个食品被细菌污染的程度，所以目前一般食品的卫生检验中都普遍采用这种方法。

（6）报告每 g（mL）样品中平板菌落数或估计的平板菌落数。

平板菌落计数法广泛应用于水、牛奶、食物、药品等各种材料的细菌检验，是最常用的活菌计数法。

6.2　大肠菌群测定

6.2.1　大肠菌群的概念

大肠菌群（coliforms）是指一群在 37 ℃条件下培养 48 h 能发酵乳糖、产酸产气的需氧和兼性厌氧的革兰氏阴性无芽孢杆菌。大肠菌群所含细菌种类繁多，包括肠杆菌科（Enterobacteriaceae）的埃希氏菌属（*Escherichia*）、柠檬酸杆菌属（*Citrobacter*）、克雷伯氏菌属（*Klebsiella*）、产气肠杆菌属（*Enterobacter*）等。其中以埃希氏菌属为主，称为典型大肠杆菌，其他三属习惯上称为非典型大肠杆菌。该菌群主要来源于人畜粪便，作为粪便污染指标评价食品的卫生状况，推断食品中肠道致病菌污染的可能。目前，大肠菌群已被许多国家（包括我国）或地区用作食品卫生质量评价的指标菌。

大肠菌群不是细菌学上的分类命名，而是根据卫生学方面的要求，提出来的一组与粪便污染有关的细菌，这些细菌在生化反应及血清学方面并非完全一致。

6.2.2　大肠菌群测定在食品卫生质量评价中的意义

大肠菌群作为粪便污染指标菌被国内外广泛应用为评价食品卫生质量的主要指标之一，主要是以该菌群的检出情况来表示食品中有否粪便污染。粪便内除了一般健康人畜体内的正常细菌外，同时也会有一些肠道致病菌存在（如沙门氏菌、志贺氏菌、结核杆菌和肠道病毒）。食品中有粪便污染，就意味着有可能被肠道传染病、人畜共患病等的病原菌所污染，就将对人体健康造成一定的危害。

1. 作为粪便污染食品的指标菌

调查研究表明，大肠菌群细菌多存在于温血动物粪便、人类经常活动的场所以及有粪便污染的地方，人、畜粪便对外界环境的污染是大肠菌群在自然界存在的主要原因。在粪便中多以典型大肠杆菌为主，而在外界环境中以大肠菌群其他型别存在较多。如食品有典型大肠杆菌存在，即说明食品受到粪便近期污染，这主要是由于典型大肠杆菌常存在于排出不久的粪便中；非典型大肠杆菌主要存在于陈旧粪便中。

2. 作为肠道致病菌污染食品的指标菌

大肠菌群数量的多少，表明了粪便污染的程度，也反映了对人体健康危害性的大小。粪便是人类肠道排泄物，其中有健康人粪便，也有肠道病患者或带菌者的粪便，所以粪便内除一般正常细菌外，同时也会有一些肠道致病菌（如沙门氏菌、志贺氏菌）存在，因而食品可被粪便污染。

对食品逐批或经常检验肠道致病菌有一定困难，而大肠菌群容易检测，且与肠道致病菌有相同来源，一般条件下在外界环境中生存时间也与主要肠道致病菌相近，故常用其作为肠道致病菌污染食品的指示菌。食品中检出大肠菌群数量越多，肠道致病菌存在的可能性就越大。当然，这两者之间的存在并非一定平行。

6.2.3 大肠菌群测定原理

大肠菌群的检测是利用它们能发酵乳糖产酸产气的特性设计的初发酵试验和复发酵试验，对分离菌作证实试验的两步法。根据证实为大肠菌群阳性管数，查 MPN 检索表，报告每 100 mL (g) 大肠菌群的最可能数 [食品中大肠菌群是以每 100 mL (g) 检样内大肠菌群最可能数 (MPN) 表示]。

最可能数（most probable number，MPN）计数，是样品中活菌密度的估计，又称稀释培养计数，是应用统计学原理和方法，根据试验阳性管数计数出样品大肠菌群的含量。这种方法适用于测定在一个混杂的微生物群落中虽不占优势，但却具有特殊生理功能的类群。它是利用待测微生物的特殊生理功能的选择性来摆脱其他微生物类群的干扰，并通过该生理功能的表现来判断该类群微生物的存在和丰度。在其所用的月桂基硫酸盐胰蛋白胨（LST）肉汤培养基中，胰蛋白胨提供碳源和氮源满足细菌生长的需求，氯化钠可维持均衡的渗透压，乳糖是大肠菌群可发酵性的糖类，磷酸二氢钾和磷酸氢二钾是缓冲剂，月桂基硫酸钠可抑制非大肠菌群细菌的生长。

MPN 法有三管系列、五管系列和其他系列，其原理相同，区别在于样品滴度和各滴度的管数，三管系列接种三个滴度、每个滴度三管，五管系列接种五个滴度、每个滴度五管。以三管系列较为简便。

这种方法特别适合于测定土壤微生物中的特定生理群的数量和检测污水、乳及其他食品中特殊微生物类群（如大肠菌群）的数量，缺点是只适于进行特殊生理类群的测定，结果也较粗放。只有在因某种原因不能使用平板计数时才采用。

依据《食品安全国家标准　食品微生物学检验　大肠菌群计数》（GB 4789.3—2016）规定，测定大肠菌群方法有两种，即大肠菌群 MPN 计数法和大肠菌群平板计数法。

6.2.4 大肠菌群测定方法

1. 第一法——大肠菌群 MPN 计数法

1）设备

除微生物实验室常规灭菌及培养设备外，其他设备和材料如下：恒温培养箱（36 ℃±1 ℃），冰箱（2～5 ℃），恒温水浴箱（46 ℃±1 ℃），天平（感量 0.1 g），均质器，振荡器，pH 计或 pH 比色管或精密 pH 试纸，菌落计数器。

2）材料

无菌吸管 1 mL（具 0.01 mL 刻度）、10 mL（具 0.1 mL 刻度）或微量移液器及吸头，无菌锥形瓶（容量 500 mL），无菌培养皿（直径 90 mm）。

3）培养基及试剂

（1）培养基　月桂基硫酸盐胰蛋白胨（LST）肉汤，煌绿乳糖胆盐（BGLB）肉汤，结晶紫中性红胆盐琼脂（VRBA）。

（2）试剂　磷酸盐缓冲液、无菌生理盐水、1 mol/L 氢氧化钠（NaOH）溶液、1 mol/L 盐酸（HCl）溶液。

4）操作步骤

大肠菌群 MPIV 计数法检验程序如图 6-3 所示。

（1）培养基及试剂的制备　根据检测样品量的大小，计算所需培养基、磷酸缓冲液及生理盐水的用量，配制好备用。

（2）取样　以无菌操作取有代表性的样品盛于无菌容器内。如有包装，则用 75% 乙醇在包装开口处擦拭后取样。

（3）样品稀释

①固体和半固体样品：称取 25 g 样品置盛有 225 mL 磷酸盐缓冲液或生理盐水的无菌均质杯内，8000～10000 r/min 均质 1～2 min，或放入盛有 225 mL 稀释液的无菌均质袋中，用拍击式均质器拍打 1～2 min，制成 1∶10 的样品匀液。

②液体样品：以无菌吸管吸取 25 mL 样品置盛有 225 mL 磷酸盐缓冲液或生理盐水的无菌锥形瓶（瓶内预置适当数量的无菌玻璃珠）中或其他

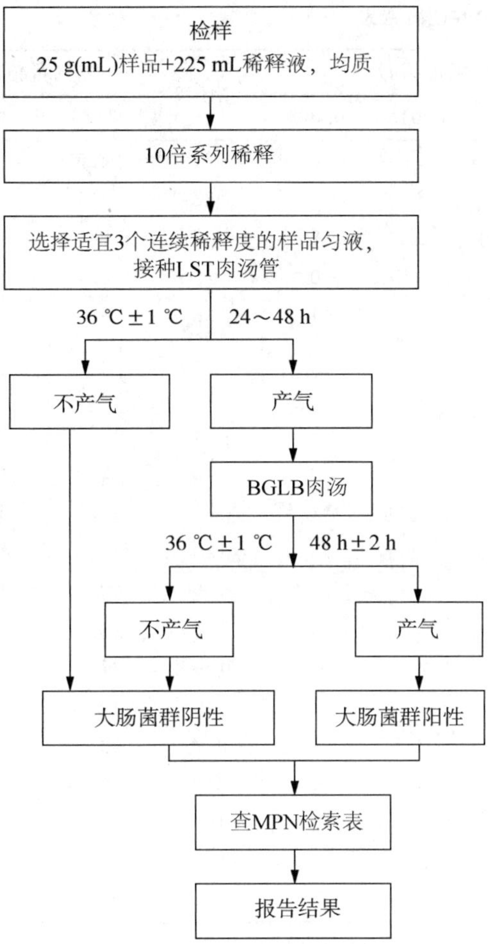

图 6-3　大肠菌群 MPN 计数法检验程序

无菌容器中充分振摇或置于机械振荡器中振摆，充分混匀，制成 1∶10 的样品匀液。

③样品匀液的 pH 应在 6.5～7.5 之间，必要时分别用 1 mol/L 氢氧化钠（NaOH）或 1 mol/L 盐酸（HCl）调节。

④用 1 mL 无菌吸管或微量移液器吸取 1∶10 样品匀液 1 mL，沿管壁缓慢注于盛有 9 mL 稀释液或生理盐水的无菌试管中（注意吸管或吸头尖端不要触及稀释液面），振摇试管或换用 1 支无菌吸管反复吹打，使其混合均匀，制成 1∶100 的样品匀液。

⑤根据对样品污染状况的估计，按上述操作，依次制成 10 倍递增系列稀释样品匀液。每递增稀释 1 次，换用一支 1 mL 无菌吸管或吸头。从制备样品匀液至样品接种完毕，全过程不得超过 15 min。

（4）初发酵试验　每个样品，选择 3 个适宜的连续稀释度的样品匀液（液体样品可以选择原液），每个稀释度接种 3 管月桂基硫酸盐胰蛋白胨（LST）肉汤，每管接种 1 mL（如接种量超过 1 mL，则用双料 LST 肉汤），36 ℃±1 ℃培养 24±2 h，观察倒管内是否有气泡（或沿管壁有小气泡）产生。24±2 h 产气者进行复发酵试验（证实试验），如未产气则继续培养至 48±2 h，产气者进行复发酵试验。未产气者为大肠菌群阴性。

（5）复发酵试验（证实试验）　用接种环从产气的 LST 肉汤管中分别取培养物 1 环，移种于煌绿乳糖胆盐（BGLB）肉汤管中，36 ℃±1 ℃培养 48 h±2 h，观察产气情况。产气者，记为大肠菌群阳性管。

（6）大肠菌群最可能数（MPN）的报告

①将大肠菌群检验结果填入表 6-2。

②根据证实为大肠菌群阳性管数，查 MPN 检索表（表 6-3），报告每克或每毫升样品中大肠菌群的 MPN 值。

表 6-2　大肠菌群检验结果

接种量	管号	初发酵反应结果	复发酵反应结果	最后结论（＋或－）
0.1 mL	1			
	2			
	3			
0.01 mL	1			
	2			
	3			
0.001 mL	1			
	2			
	3			

例如，检验样品初发酵加入量分别为 10 mL、1 mL、0.1 mL，初发酵和复发酵结果如图 6-4 所示，则检测样品大肠菌群的 MPN 值是多少？

证实试验确认的阳性管数为 1、0、0，查大肠菌群最可能数（MPN）检索表后，则报告大肠菌群数为 3.6×10^{-2} MPN/mL。

（7）使用该方法注意事项

①大肠菌群的国标检验法采用三步法（乳糖发酵、分离培养和证实试验）。第一步乳糖发酵试验是样品的发酵结果，不是纯菌的发酵试验，所以

表 6-3　大肠菌群最可能数（MPN）检索表

阳性管数			MPN	95%可信限		阳性管数			MPN	95%可信限	
0.10	0.01	0.001		下限	上限	0.10	0.01	0.001		下限	上限
0	0	0	<3.0	—	9.5	2	2	0	21	4.5	42
0	0	1	3.0	0.15	9.6	2	2	1	28	8.7	94
0	1	0	3.0	0.15	11	2	2	2	35	8.7	94
0	1	1	6.1	1.2	18	2	3	0	29	8.7	94
0	2	0	6.2	1.2	18	2	3	1	36	8.7	94
0	3	0	9.4	3.6	38	3	0	0	23	4.6	94
1	0	0	3.6	0.17	18	3	0	1	38	8.7	110
1	0	1	7.2	1.3	18	3	0	2	64	17	180
1	0	2	11	3.6	38	3	1	0	43	9	180
1	1	0	7.4	1.3	20	3	1	1	75	17	200
1	1	1	11	3.6	38	3	1	2	120	37	420
1	2	0	11	3.6	42	3	1	3	160	40	420
1	2	1	15	4.5	42	3	2	0	93	18	420
1	3	0	16	4.5	42	3	2	1	150	37	420
2	0	0	9.2	1.4	38	3	2	2	210	40	430
2	0	1	14	3.6	42	3	2	3	290	90	1000
2	0	2	20	4.5	42	3	3	0	240	42	1000
2	1	0	15	3.7	42	3	3	1	460	90	2000
2	1	1	20	4.5	42	3	3	2	1100	180	4100
2	1	2	27	8.7	94	3	3	3	>1100	420	—

注 1. 本表采用 3 个稀释度［0.1 g（mL）、0.01 g（mL）、0.001 g（mL）］，每个稀释度接种 3 管。

2. 表内所列检样量如改用 1 g（mL）、0.1 g（mL）、0.01 g（mL）时，表内数字相应降为 1/10；如改用 0.01 g（mL）、0.001 g（mL）、0.0001 g（mL）时，则表内数字相应增加 10 倍，其余类推。

初发酵阳性管，经过后两步，有可能成为阴性。大量检验数据证明，食品中大肠菌群检验程序的符合率、初发酵与证实试验相差很大，不同食品三步法的符合情况也不一致。一般来说，如果平板上有较多典型大肠菌群菌落，革兰氏染色为阴性杆菌，即可做出判断。如果平板上典型菌落甚少或均不够典型，则应多挑菌落做证实试验，以免出现假阳性。

②大肠菌群是一群肠道杆菌的总称。大肠菌群菌落的色泽、形态等复杂多样，而且与大肠菌群的检出率密切相关。我们应当熟悉大肠菌群的菌落形态和色泽。在实际工作中由于工作量较大，通常只挑取一个菌落，所以一定要挑取典型菌落，如无典型菌落则应多挑取几个，以免出现假阳性。

在检验方法中，一般选用伊红亚甲蓝平板分离，在该平板上，大肠菌群菌落大多呈紫黑色有金属光泽或无金属光泽，菌落其他方面也应注意，但不如色泽方面更为重要。

③菌液稀释度的选择要合适，其原则是最低稀释度的所有重复都应有菌生长，而最高稀释度的所有重复无菌生长。对土壤样品而言，分析每个生理群的微生物需 5～7 个连续稀释液分别接种，微生物类群不同，其起始稀释度不同。

④每个稀释度必须有重复，重复次数可根据需要和条件而定，一般 3～5 个重复，个别也有采用 2 个重复的。重复次数越多，误差就会越小，相对的结果就会越正确。不同的重复次数应按其相应的最可能数表计数结果。

⑤双料乳糖发酵管除蒸馏水外，其他成分加倍。30 mL 和 10 mL 乳糖发酵管专供酱油及酱类检验用，3 mL 乳糖发酵管供大肠菌群证实试验用。

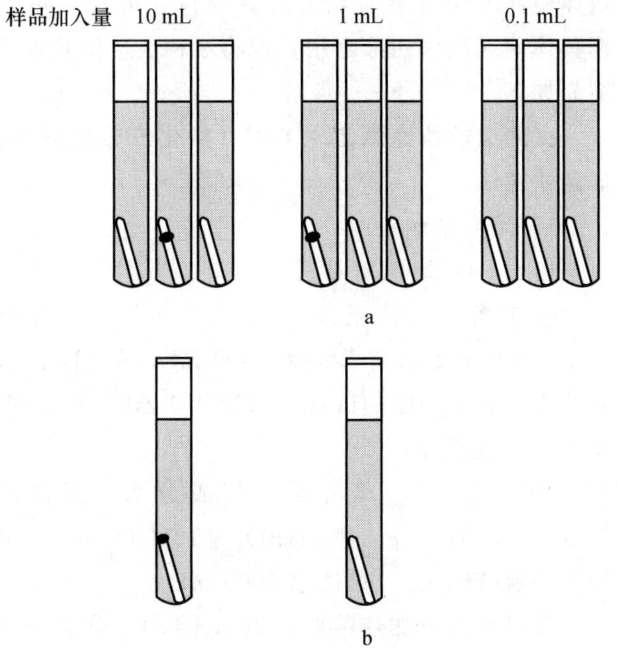

图 6-4　初发酵与复发酵结果

（引自：王鸿，微生物检验检测，2011）

a. 初发酵结果；b. 复发酵结果

⑥发酵管内的小倒管如存留气体则是阳性结果，如果不存留气体，但液面及管壁可以看到缓慢上浮的小气泡，或者对没有气体产生的发酵管用手轻轻弹动试管，有气泡出现而且沿管壁上升，都应考虑可能是菌发酵产生气体的缘故。应做进一步观察，因为这种情况阳性检出率可达 50%以上。

⑦所谓典型大肠埃希氏菌是指具有该菌所有生物学特性的大肠菌。新近随粪便排出的大肠菌多属于这一类型。所以如查出多量典型大肠埃希氏菌，表明样品有粪便的近期污染。研究表明，典型大肠菌随粪便排到外界环境中约 1 周后，典型菌可变为非典型菌。这种变化以生化变异为主。如果样品检测以非典型大肠菌为主，指示样品受粪便的远期污染。

2. 第二法——大肠菌群平板计数法

1）设备和材料

此法所用设备和材料同大肠菌群检测第一法。

2）操作步骤

大肠菌群平板计数法的检验程序见图 6-5。

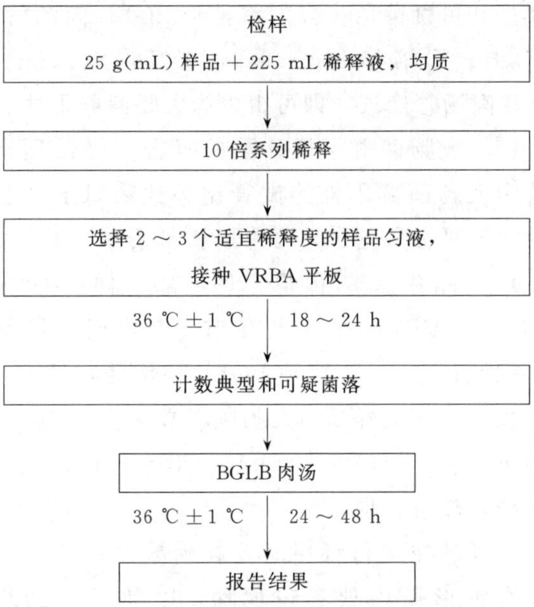

图 6-5　大肠菌群平板计数法检验程序

（1）培养基及试剂的制备　根据检测样品量的大小，计算所需培养基、磷酸缓冲液及生理盐水的用量，配制好备用。

（2）取样　以无菌操作取有代表性的样品盛于无菌容器内。如有包装，则用 75%乙醇在包装开口处擦拭后取样。

（3）样品稀释　方法同大肠菌群 MPN 计数法。

（4）平板接种培养

①选取 2～3 个适宜的连续稀释度，每个稀释度接种 2 个无菌平皿，每皿 1 mL。同时取 1 mL 生理盐水加入无菌平皿作空白对照。

②及时将 15～20 mL 融化并恒温至 46 ℃的结晶紫中性红胆盐琼脂（VRBA）倾注于每个平皿中。小心旋转平皿，将培养基与样液充分混匀，待琼脂凝固后，再加 3～4 mL VRBA 覆盖平板表层。翻转平板，置于 36 ℃±1 ℃培养 18～24 h。

（5）平板菌落数的选择　选取菌落数在 15～150 CFU 之间的平板，分别计数平板上出现的典型和可疑大肠菌群菌落（如菌落直径较典型菌落小）。典型菌落为紫红色，菌落周围有红色的胆盐沉淀环，菌落直径为 0.5 mm 或更大，最低稀释度平板低于 15 CFU 的记录具体菌落数。

（6）证实试验　从 VRBA 平板上挑取 10 个不同类型的典型和可疑菌落，少于 10 菌落的挑取全部典型和可疑菌落。分别移种于 BGLB 肉汤管内，36 ℃±1 ℃培养 24～48 h，观察产气情况。凡 BGLB 肉汤管产气，即可报告为大肠菌群阳性。

(7) 大肠菌群平板计数的报告　经最后证实试验为大肠菌群阳性的试管比例数乘以上述步骤中计数的平板菌落数，再乘以稀释倍数，即为每 g (mL) 样品中大肠菌群。例：10^{-4} 样品稀释液 1 mL，在 VRBA 平板上有 100 个典型和可疑菌落，挑取其中 10 个接种 BGLB 肉汤管，证实有 6 个阳性管，则该样品的大肠菌群数为 $100\times6/10\times10^4$ CFU/g (mL) $=6.0\times10^5$ CFU/g (mL)。

(8) 注意事项

①样品在进行稀释时要在磷酸盐缓冲液或生理盐水锥形瓶内放置玻璃珠，以利于样品均匀打散。

②样品从稀释到倾注操作时间一般为 15～30 min，因长时间放置可能会导致稀释液中细菌死亡或增殖，还极有可能形成片状菌落。

③在做样品 10 倍系列稀释时，应注意要将每一个稀释度的样液混合均匀，才能进行下一个稀释度的取样，否则样品将不具有代表性。还应注意，样品每稀释 1 次，必须更换 1 支灭菌的移液管，这样得到的稀释倍数才准确。

④当样品与培养基混合后，要立即前后左右晃动，然后按顺时针和逆时针方向轻轻转动，使样品与培养基充分混匀，避免产生片状菌落。待培养皿内培养基凝固后，将平皿倒置于培养箱中培养，避免冷凝水滴落于培养基表面，影响菌落形成，同时还能避免蔓延生长。

⑤在做大肠菌群测定时，一定要设空白对照，如果空白对照报告结果阳性，则实验失败，必须重新进行测定。

3. 大肠菌群快速测定法

为了方便和食品卫生快速监测的实际需要，多年来大肠菌群科研协作组曾在这方面进行了大量研究，并取得了一定成绩，经统计分析，可以认为当前国内应用的 3 种快速检验方法（TTC 显色法、DC 试管法和纸片法）的准确性和符合率均较高，与常规法结果相近，均无显著差异，并具有快速、简便等优点，18～24 h 可报告结果。3 种快速检验方法各有其特点，在实际工作中，可根据具体情况选作初筛之用。现将 3 种快速检验方法简介如下。

大肠菌群快速测定　TTC（氯化三苯四氮唑）显色快速法

1) 培养基制备

(1) TTC 乳糖培养基

①制备 2% 乳糖发酵管。其成分为：乳糖 20 g，蛋白胨 20 g，蒸馏水 1000 mL，调 pH 7.4，分装于含有小倒管的试管，每管 2.5 mL，110 ℃，15 min 灭菌后备用。

②制备 TTC 培养液。其成分为：蛋白胨 20 g，氯化钠 10 g，$Na_2HPO_4\cdot12H_2O$ 10 g，十二烷基硫酸钠 4 g，蒸馏水 1000 mL。

将以上成分加热溶解，调 pH 7.4，分装于三角瓶，110 ℃，15 min 灭菌后备用，临用前加入无菌 10% TTC 水溶液 8 mL，轻轻摇匀。

③分装。以无菌操作，把 TTC 培养液分装于 2%乳糖管中，每管加 2.5 mL，培养后无污染者可使用。

(2) 三料 TTC 乳糖培养基　除蒸馏水外，其他成分按 TTC 乳糖培养基 3 倍，TTC 双倍，制法同上（加入 TTC 培养液稍有云雾状浑浊，是正常现象，不影响培养结果）。

2) 检验方法

(1) 接种　每份样品以无菌操作接种 1 mL、0.1 mL 及 0.01 mL 各 3 管于 TTC 乳糖培养基中，如接种量为 10 mL，则用 3 倍 TTC 乳糖培养基。

(2) 培养　接种后于 35～37 ℃培养 18～24 h。

3) 结果判定

观察 TTC 乳糖培养液有无产红色及产气，结果判定见表 6-4。

4) 报告结果

根据阳性管数，查对大肠菌群 MPN 检索表。

5) 注意事项

①观察产气时，如小导管内有肉眼可见气泡，均为产气阳性，另要注意导管有无被沉淀物堵塞，如轻轻振动试管，有小泡上升者仍为阳性。

②有颜色的检样如酱油、果酒等要 10 倍稀释后再接种。在观察结果时，要以样品做对照，对比

表 6-4　TTC 显色法的大肠菌群结果判定

显色	产气	大肠菌群判定
紫红、深红、红色、浅红色、局部红色	+	阳性
紫红、深红、红色、浅红色、局部红色	—	阴性
小红点或局部浅红色	+	阳性
无色透明或有小红点、局部浅红色	—	阴性
不变红色	—	阴性

颜色变化，以免把原样品的颜色误认为是阳性反应。

③培养基所选用的蛋白胨应为质量较好的蛋白胨。

④TTC 是氯化三苯四氮唑的英文缩写。

⑤十二烷基硫酸钠如不易购到，可用洗衣粉代替，20 型用量为 0.75%，30 型为 0.5%。

大肠菌群快速测定　DC（去氧胆酸钠）半固体试管快速法

1）培养基制备

其成分为：蛋白胨（优质）1.5 g，氯化钠 0.5 g，乳糖 1 g，$K_2HPO_4 \cdot 3H_2O$ 0.3 g，枸橼酸铁铵 0.2 g，10%去氧胆酸钠水溶液 1 mL，0.4% BTB（溴麝香草酚蓝指示剂）1.6 mL，安氏指示剂 2 mL，琼脂粉（或琼脂条 0.8）0.7 g，蒸馏水 100 mL。

将以上固体成分加热溶解于水，调整 pH 7.2，随即加入 BTB 和安氏指示剂与 10%去氧胆酸钠水溶液，最后煮沸 3 min，备用。

注意事项：

①制备 DC 培养基不需高压灭菌，做好后培养基为绿色。未用完 DC 琼脂可加热煮沸，待冷后保存于冰箱中继续使用，有效期为 1 周。

②3 倍 DC 半固体培养基，蒸馏水用量不变外，其他成分均按 3 倍量加入，制法同上。

③制备 DC 培养基，其中 10%去氧胆酸钠水溶液要求在校正 pH 后加入，以免发生胆酸沉淀。

2）检验方法

（1）样品处理　各类样品的处理与接种量均按国标方法要求进行。

（2）接种

①液体样品：吸取原液 3 个 1 mL，分别注入 3 支灭菌中试管内；再吸取 1∶10、1∶100 稀释液各 3 个 1 mL 分别加入灭菌中试管内，每管 1 mL。

②固体样品：吸取 1∶10 混悬液 3 个 10 mL（1 g 样品）分别注入 3 支灭菌中试管内；再吸取 1∶10 和 1∶100 稀释液各 3 个 1 mL 分别加入灭菌中试管内，每管 1 mL。

③加入培养基与培养：接种 1 mL 样品的试管，注入已溶化并冷至 50 ℃左右 DC 半固体培养基 3 mL。接种 10 mL 样品的试管加入 3 倍 DC 培养基 5 mL，立即将样品与培养基充分混合，待凝固后，37 ℃培养 18～24 h，取出观察结果。

3）结果判定

①培养基变橘红色，有气泡产生或琼脂崩裂，记录为“+”。

②培养基为橘红色，或有橘红色菌落无气泡和琼脂崩裂现象，记录为“+”。

③培养基为绿色，有黄色菌落无气泡和琼脂崩裂现象，记录为“±”。

④培养基为绿色，记录为“—”。

4）报告结果

①根据结果判定，记录阳性管数，直接查对 MPN 检索表，并报告。

②如遇结果判定的第②、第③种反应情况时，可挑 2～3 个可疑大肠菌群菌落接种乳糖复发酵管，置 37 ℃温箱 18～24 h，根据产酸产气管数查对 MPN 检索表，并报告。

大肠菌群快速测定　纸片快速法

1）培养基制备

其成分为：蛋白胨（优质）1 g，氯化钠 0.5 g，3 号胆盐 0.1 g，$K_2HPO_4 \cdot 3H_2O$ 0.4 g，乳糖 1.5 g，琼脂糖 0.1 g，1.6%溴甲酚紫溶液 0.5 mL，4%TTC 溶液 2.5 mL，蒸馏水 100 mL。

上述成分除溴甲酚紫和 TTC 外，其他成分加热溶解，冷却后调 pH 为 7.0～7.2，再按量加入溴甲酚紫溶液，混匀 115 ℃灭菌 15 min，冷却至 60 ℃左右按量加入 TTC 溶液，混匀，即可浸渍纸片，用无菌镊子将纸片排放于消毒的大搪瓷盘内，放 40 ℃左右恒温室或 37 ℃温箱烘干。以无菌操作装入消毒的塑料袋内，包装好放冰箱保存备用。

2）其他材料制备

纸片制备：中速定性滤纸，切成 10 cm×12 cm，叠成 5 cm×6cm 大小的双层纸片，经干烤或高压灭菌（高压后于 37 ℃温箱烘干）后备用。

塑料袋：为耐高温的聚丙烯塑料薄膜袋，可按实验要求压合成一定规格的袋，115 ℃灭菌 15 min 后备用。

3）检验方法

(1) 样品处理　液体样品按国标方法进行；固体样品，取 25 g 样品，研碎加入 25 mL 灭菌盐水混匀。

(2) 接种　液体样品吸取 3 个 1 mL 分别涂布于 3 张纸片，再吸取 1∶10、1∶100 稀释液各 3 个 1 mL，分别涂布于 3 张纸片。固体样品，吸取 1∶1 混悬液 3 个 1 mL（1 g）分别涂布于 3 张纸片，再吸取 1∶10、1∶100 稀释液各 3 个 1 mL，分别涂布于 3 张纸片，而后用手轻轻压平，36 ℃±1 ℃，培养 15 h，观察结果。

4）结果判定

①纸片上出现紫红色菌落，其周围有黄圈者为阳性。

②纸片为一种颜色，无菌落生长者为阴性。

③纸片呈紫色，有紫红色菌落，其周围无黄圈者为阴性。

④酸性食品接种后，纸片变黄，经培养后无紫红色菌落者为阴性。

⑤纸片变色呈现不典型菌落，结果可疑者，应做复发酵进行验证。

5）结果报告

根据纸片的阳性片数，查对大肠菌群 MPN 检索表，并报告。

6）注意事项

①用该处方制备的纸片，应避光保存，并注意防潮，可放冰箱保存备用。

②如发现纸片变为粉红色即为失效。

复习思考题

1. 菌落总数的概念是什么？
2. 菌落总数测定的意义有哪些？
3. 简述菌落总数国标测定方法的检测程序。
4. 什么是大肠菌群？
5. 在做大肠菌群测定时，为什么一定要做空白对照？
6. 测定大肠菌群有什么意义？
7. 为什么平板要进行倒置培养？
8. 请查资料，写出我国桶装水的质量标准。

HAPTER 7

第 7 章 常见致病菌检验

【教学目的和要求】

1. 掌握各种常见致病菌的生物学特性（形态特性、生化特性等），并能利用这些生物学特性，在食品检验中进行病原微生物的鉴别。

2. 熟悉各种常见病原微生物的检验程序。

3. 掌握各种常见病原微生物的检验方法，并能正确、熟练地进行操作。

4. 熟练掌握各种检验仪器的使用。

7.1 沙门氏菌检验

7.1.1 生物学特性

沙门氏菌是肠杆菌中的一个大菌属，广泛存在于水和土壤中，在工厂和厨房设施的表面上都发现有该类细菌。到目前为止，已发现有近 2000 个血清型和生化型。它们主要寄生在人和动物的肠道内，可使其发生疾病。沙门氏菌为革兰氏阴性的短杆菌，不产芽孢及荚膜，周生鞭毛，能运动，兼性厌氧。嗜温性，最适生长温度 37 ℃，但在 18～20 ℃时也能生长繁殖，且具有相当的抗寒性，如在 0 ℃以下的冰雪中能存活 3～4 个月。在自然环境的粪便中可存活 1～2 个月。沙门氏菌的耐盐性很强，在含盐 10%～15%的腌鱼、腌肉中能存活 2～3 个月。高水分活度下生长良好，当水分活度低于 0.94 生长受抑制。抗热性差，在 60 ℃经 20～30 min 就可被杀死。因此，蒸煮、巴氏消毒、正常家庭烹调等均可防止沙门氏菌污染。沙门氏菌不产生尿素酶，不利用丙二酸钠，不液化明胶，在含有氰化钾的培养基上不能生长；能使赖氨酸、精氨酸、鸟氨酸脱羧，不发酵蔗糖、乳糖、水杨苷等；在 TSI、BS、HE、XLD 等选择性培养基上生长，都表现它们特有的菌落特征。

7.1.2 沙门氏菌食物中毒

沙门氏菌很容易通过食品传染给人，使人发生食物中毒。沙门氏菌食物中毒的主要临床症状为急性肠胃炎症状，如呕吐、腹痛、腹泻，腹泻一天可达数次，甚至十多次，还可引起头痛、发热等。沙门氏菌食物中毒的潜伏期一般为 12～36 h，潜伏期的长短与进食菌的数量以及菌的致病力强弱有关。致病力强的沙门氏菌，当每克或每毫升食品中含菌量在 2×10^5 个时，即可导致发病。中毒严重可引起死亡。

沙门氏菌可以通过人和动物的患者或带菌者，再以各种途径散布，也可以是被污染的食品、物品通过人手、老鼠或苍蝇等昆虫作为媒介再传染给其他食品，因而引发食物中毒。

7.1.3 检验方法

食品中沙门氏菌的检验是食品卫生和检验工作者所必须掌握的一项基本技术。沙门氏菌检验目前通用的方法分 5 个步骤：预增菌、增菌、分离、生化试验和血清学鉴定，还有血清学分型（选做）。

中华人民共和国国家卫生和计划生育委员会 国家食品药品监督管理总局 2016 年 12 月 23 日发布了《食品安全国家标准 食品微生物学检验 沙门氏菌检验》（GB 4789.4—2016）。下面按照 GB 4789.4—2016 要求介绍沙门氏菌检验技术。

1. 设备和材料

除微生物实验室常规灭菌及培养设备外，其他设备和材料为冰箱：2～5 ℃；恒温培养箱：36 ℃±1 ℃，42 ℃±1 ℃；均质器；振荡器；电子天平（感量 0.1 g）；无菌锥形瓶（容量 500 mL，250 mL）；无菌吸管：1 mL（具 0.01 mL 刻度）、10 mL（具 0.1 mL 刻度）或微量移液器及吸头；无菌培养皿（直径 60 mm、90 mm）；无菌试管（3 mm×50 mm，10 mm×75 mm）；pH 计或 pH 比色管或精密 pH 试纸；全自动微生物生化鉴定系统；无菌毛细管。

2. 培养基

缓冲蛋白胨水（BPW），四硫黄酸钠煌绿（TTB）增菌液，亚硒酸盐胱氨酸（SC）增菌液，亚硫酸铋（BS）琼脂，HE 琼脂，木糖赖氨酸脱氧胆盐（XLD）琼脂，沙门氏菌属显色培养基，三糖铁（TSI）琼脂，蛋白胨水，靛基质试剂，尿素琼脂（pH 7.2），氰化钾（KCN）培养基，赖氨酸脱羧酶试验培养基，糖发酵管，邻硝基酚 *β-D*-半乳糖苷（ONPG）培养基，半固体琼脂，丙二酸钠培养基，沙门氏菌 O、H 和 Vi 诊断血清。生化鉴定试剂盒。

3. 检验程序

沙门氏菌检验程序如图 7-1 所示。

4. 操作步骤

1）预增菌

无菌操作称取 25 g(mL)样品，置于盛有 225 mL BPW 的无菌均质杯中，以 8000～10000 r/min 均质 1～2 min，或置于盛有 225 mL BPW 的无菌均质袋中，用拍击式均质器拍打 1～2 min。若样品为液态，不需要均质，振荡混匀。如需调整 pH，用

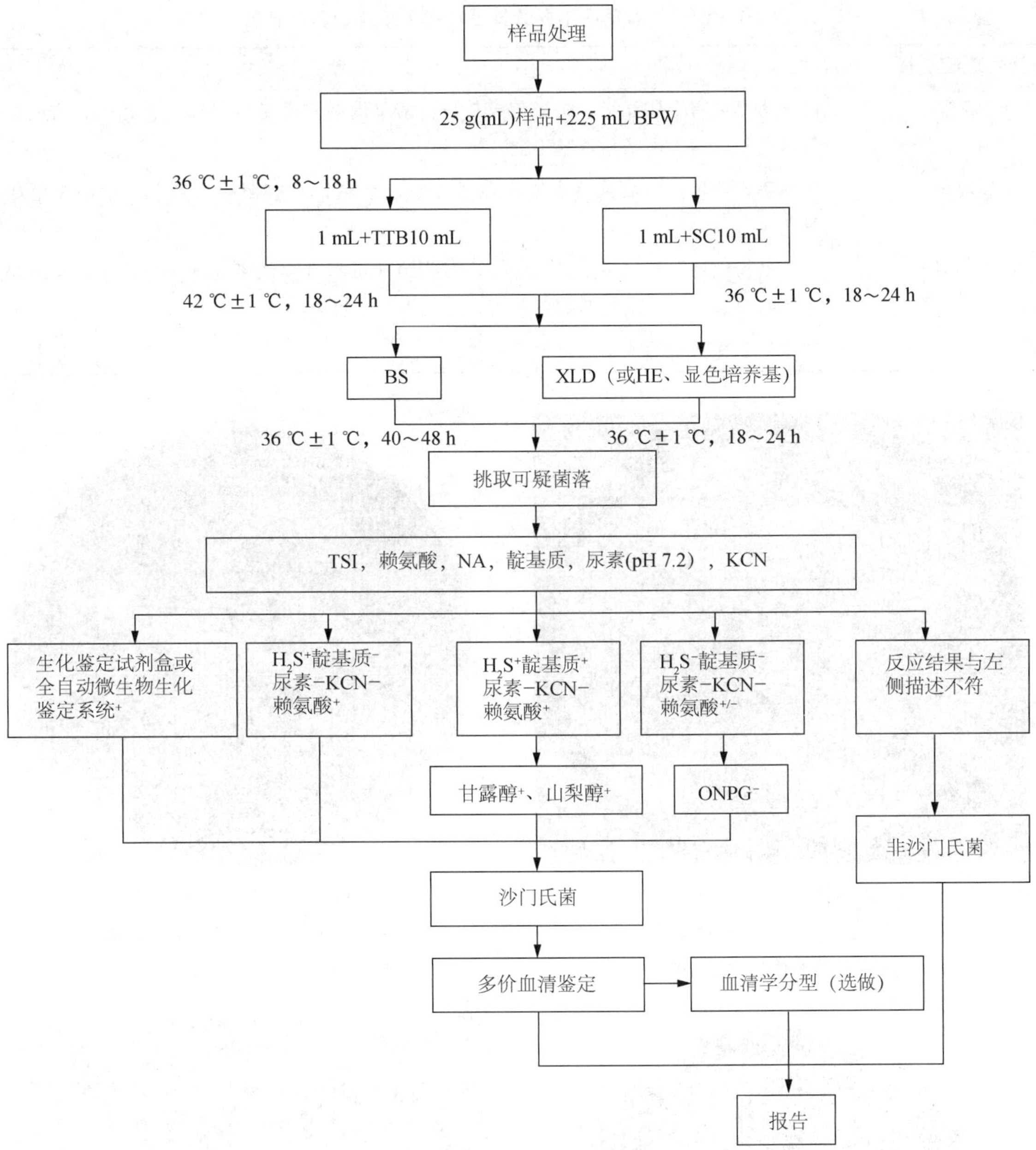

图 7-1　沙门氏菌检验程序

1 mol/mL 无菌 NaOH 或 HCl 调 pH 至 6.8±0.2。无菌操作将样品转至 500 mL 锥形瓶或其他合适容器内（如均质杯本身具有无孔盖，可不转移样品），如使用均质袋，可直接进行培养，于 36 ℃±1 ℃培养 8～18 h。如为冷冻产品，应在 45 ℃以下不超过 15 min，或 2～5 ℃不超过 18 h 解冻。

2）增菌

轻轻摇动培养过的样品混合物，移取 1 mL，转种于 10 mL TTB 增菌液内，于 42 ℃±1 ℃培养 18～24 h。同时，另取 1 mL，转种于 l0 mL SC 增菌液内，于 36 ℃±1 ℃培养 18～24 h。

3）分离

分别用直径 3 mm 的接种环取增菌液 1 环，划线接种于一个 BS 琼脂平板和一个 XLD 琼脂平板（或 HE 琼脂平板或沙门氏菌属显色培养基平板），于 36 ℃±1 ℃分别培养 18～24 h（XLD 琼脂平板、HE 琼脂平板、沙门氏菌属显色培养基平板）或 40～48 h（BS 琼脂平板），观察各个平板上生长的菌落，各个平板上的菌落特征见表 7-1。典型沙门氏菌在各个琼脂平板上的形态见图 7-2 至图 7-5。

表 7-1　沙门氏菌属在不同选择性琼脂平板上的菌落特征

选择性琼脂平板	沙门氏菌
BS 琼脂	菌落为黑色有金属光泽、棕褐色或灰色，菌落周围培养基可呈黑色或棕色；有些菌株形成灰绿色的菌落，周围培养基不变
HE 琼脂	蓝绿色或蓝色，多数菌落中心黑色或几乎全黑色；有些菌株为黄色，中心黑色或几乎全黑色
XLD 琼脂	菌落呈粉红色，带或不带黑色中心，有些菌株可呈现大的带光泽的黑色中心，或呈现全部黑色的菌落；有些菌株为黄色菌落，带或不带黑色中心
沙门氏菌属显色培养基	按照显色培养基的说明进行判定

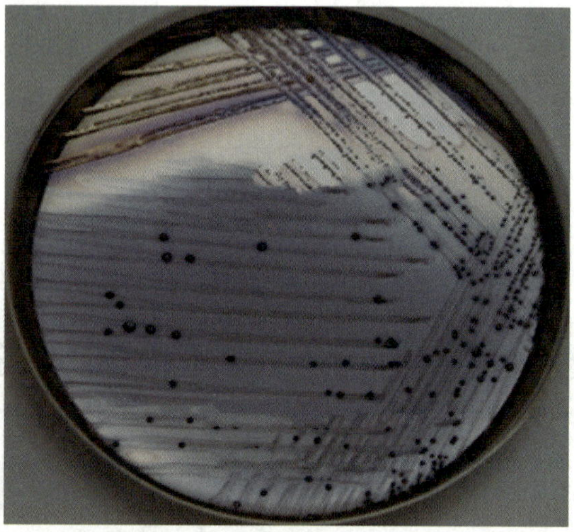

图 7-2　CMCC 13311 鼠伤寒沙门氏菌亚硫酸铋琼脂

（由北京陆桥技术股份有限公司提供）

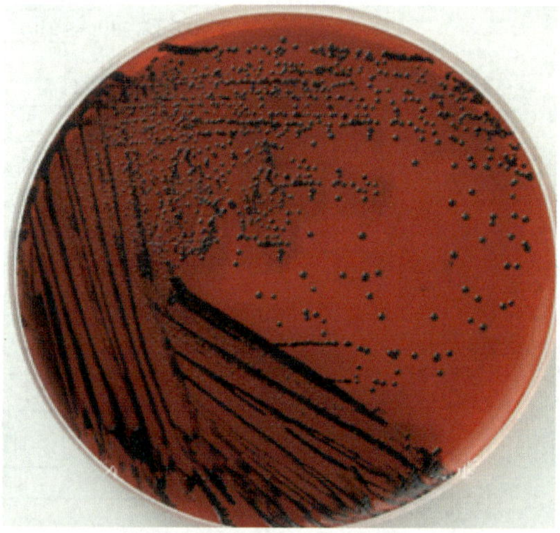

图 7-3　ATCC 13311 鼠伤寒沙门氏菌木糖赖氨酸脱氧胆盐（XLD）琼脂

（由北京陆桥技术股份有限公司提供）

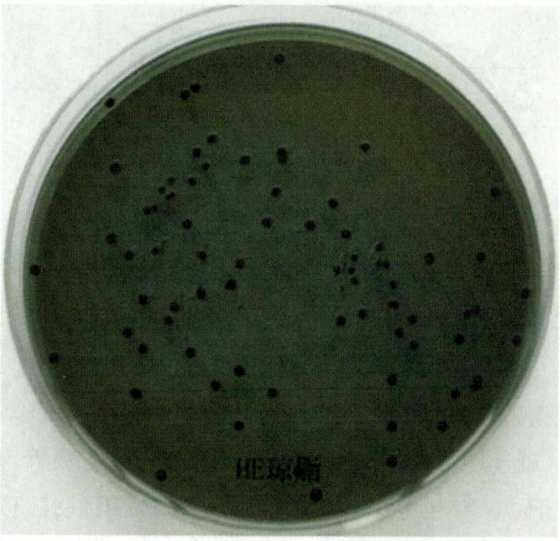

图 7-4　ATCC 13311 鼠伤寒沙门氏菌 HE 琼脂

（由北京陆桥技术股份有限公司提供）

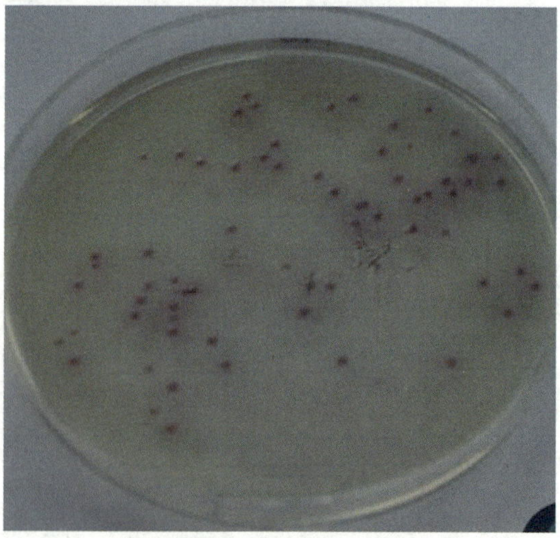

图 7-5　沙门氏菌显色培养基 ATCC 14028 鼠伤寒沙门氏菌

（由北京陆桥技术股份有限公司提供）

4）生化试验

（1）自选择性琼脂平板上分别挑取 2 个以上典型或可疑菌落，接种三糖铁琼脂，先在斜面划线，再于底层穿刺；接种针不要灭菌，直接接种赖氨酸脱羧酶试验培养基和营养琼脂平板，于 36 ℃±1 ℃培养 18～24 h，必要时可延长至 48 h。在三糖铁琼脂和赖氨酸脱羧酶试验培养基内，沙门氏菌属的反应结果见表 7-2。典型沙门氏菌的生化反应结果见图 7-6。

表 7-2　沙门氏菌在三糖铁琼脂和赖氨酸脱羧酶试验培养基内的反应结果

三糖铁琼脂				赖氨酸脱羧酶试验培养基	初步判断
斜面	底层	产气	硫化氢		
K	A	＋（－）	＋（－）	＋	可疑沙门氏菌属
K	A	＋（－）	＋（－）	－	可疑沙门氏菌属
A	A	＋（－）	＋（－）	＋	可疑沙门氏菌属
A	A	＋/－	＋/－	－	非沙门氏菌
K	K	＋/－	＋/－	＋/－	非沙门氏菌

注：K，产碱；A，产酸；＋，阳性；－，阴性；＋（－），多数阳性，少数阴性；＋/－，阳性或阴性。

（2）在接种三糖铁琼脂和赖氨酸脱羧酶试验培养基的同时，可直接接种蛋白胨水（供做靛基质试验）、尿素琼脂（pH 7.2）、氰化钾（KCN）培养基，也可在初步判断结果后从营养琼脂平板上挑取可疑菌落接种。于 36 ℃±1 ℃培养 18～24 h，必要时可长至 48 h，按表 7-3 进行结果判定。将已挑菌落的平板储存于 2～5 ℃或室温至少保留 24 h，以备必要时复查。

表 7-3　沙门氏菌属生化反应初步鉴别

反应序号	硫化氢（H_2S）	靛基质	pH 7.2 尿素	氰化钾（KCN）	赖氨酸脱羧酶
A1	＋	－	－	－	＋
A2	＋	＋	－	－	＋
A3	－	－	－	－	＋/－

注：＋，阳性；－，阴性；＋/－，阳性或阴性。

①反应序号 A1：典型反应判定为沙门氏菌属。如尿素、KCN 和赖氨酸脱羧酶 3 项中有 1 项异常，按表 7-4 可判定为沙门氏菌。如有 2 项异常为非沙门氏菌。

表 7-4　沙门氏菌属生化反应结果判定

pH7.2 尿素	氰化钾（KCN）	赖氨酸脱羧酶	结果判定
－	－	－	甲型副伤寒沙门氏菌（要求血清学鉴定结果）
－	＋	＋	沙门氏菌Ⅳ或Ⅴ（要求符合本群生化特性）
＋	－	＋	沙门氏菌个别变体（要求血清学鉴定结果）

注：＋，阳性；＋，阴性。

②反应序号 A2：补做甘露醇和山梨醇试验，沙门氏菌靛基质阳性变体两项试验结果均为阳性，但需要结合血清学鉴定结果进行判定。

③反应序号 A3：补做 ONPG。ONPG 阴性为沙门氏菌，同时赖氨酸脱羧酶阳性，甲型副伤寒沙门氏菌为赖氨酸脱羧酶阴性。

④必要时按表 7-5 进行沙门氏菌各生化群的鉴别。

表 7-5　沙门氏菌属各生化群的鉴别

项目	Ⅰ	Ⅱ	Ⅲ	Ⅳ	Ⅴ	Ⅵ
卫矛醇	＋	＋	－	－	＋	－
山梨醇	＋	＋	＋	＋	＋	－
水杨苷	－	－	－	＋	－	－
ONPG	－	－	＋	－	＋	－
丙二酸盐	－	＋	＋	－	－	－
KCN	－	－	－	＋	＋	－

注：＋，阳性；－，阴性。

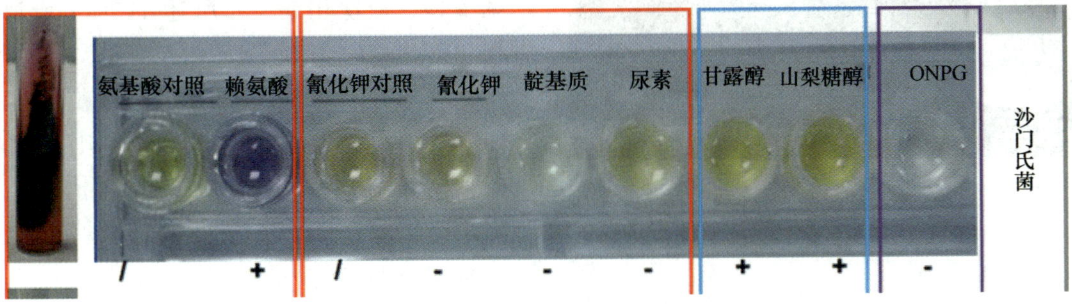

图 7-6　典型沙门氏菌的生化反应结果
（由北京陆桥技术股份有限公司提供）

如选择生化鉴定试剂盒或全自动微生物生化鉴定系统，可根据（1）的初步判断结果，从营养琼脂平板上挑取可疑菌落，用生理盐水制成浊度适当的菌悬液，使用生化鉴定试剂盒或全自动微生物生化鉴定系统进行鉴定。

5）血清学鉴定

（1）检查培养物有无自凝性　一般采用1.2%～1.5%琼脂培养物作为玻片凝集试验用的抗原。首先排除自凝集反应，在洁净的玻片上滴加一滴生理盐水，将待试培养物混合于生理盐水滴内，使成为均一性的浑浊悬液，将玻片轻轻摇动30～60 s，在黑色背景下观察反应（必要时用放大镜观察），若出现可见的菌体凝集，即认为有自凝性，反之无自凝性。对无自凝的培养物参照下面方法进行血清学鉴定。

（2）多价菌体（O）抗原鉴定　在玻片上划出2个约1 cm×2 cm的区域，挑取1环待测菌，各放1/2环于玻片上的每一区域上部，在其中一个区域下部加1滴多价菌体（O）抗血清，在另一区域下部加入1滴生理盐水，作为对照。再用无菌的接种环或针分别将两个区域内的菌苔研成乳状液。将玻片倾斜摇动混合1 min，并对着黑暗背景进行观察，任何程度的凝集现象皆为阳性反应。O血清不凝集时，将菌株接种在琼脂量较高的（如2%～3%）培养基上再检查；如果由于Vi抗原的存在阻止了O凝集反应时，可挑取菌苔于1 mL生理盐水中做成浓菌液，于酒精灯火焰上煮沸后再检查。阴性为均匀浑浊，阳性为凝集成块，见图7-7。

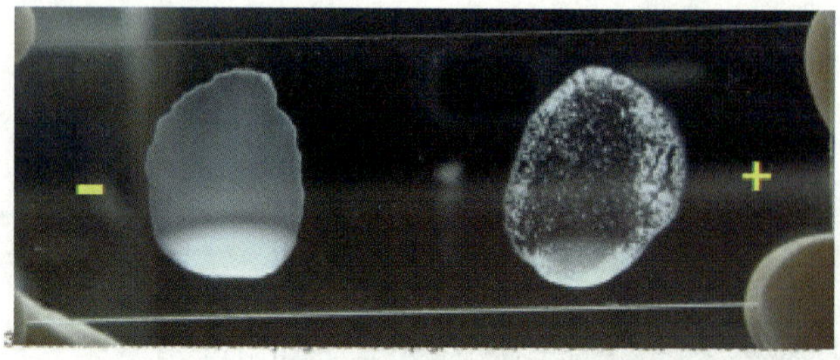

图7-7　多价菌体（O）抗原鉴定

（由北京陆桥技术股份有限公司提供）

（3）多价鞭毛（H）抗原鉴定　操作同（2）。H抗原发育不良时，将菌株接种在0.55%～0.65%半固体琼脂平板的中央，待菌落蔓延生长时，在其边缘部分取菌检查；或将菌株通过接种装有0.3%～0.4%半固体琼脂的小玻管1～2次，自远端取菌培养后再检查。

6）血清学分型（选做项目）

（1）抗原的鉴定　用A～F多价O血清做玻片凝集试验，同时用生理盐水做对照。在生理盐水中自凝者为粗糙型菌株，不能分型。

被A～F多价O血清凝集者，依次用O4、O3、O10、O7、O8、O9、O2和O11因子血清做凝集试验。根据试验结果，判定O群。被O3、O10血清凝集的菌株，再用O10、O15、O34、O19单因子血清做凝集试验，判定E1、E4各亚群，每一个O抗原成分的最后确定均应根据O单因子血清的检查结果，没有O单因子血清的要用两个O复合因子血清进行核对。

不被A～F多价O血清凝集者，先用9种多价O血清检查，如有其中一种血清凝集，则用这种血清所包括的O群血清逐一检查，以确定O群。每种多价O血清所包括的O因子如下：

O多价1　A，B，C，D，E，F群（并包括6，14群）

O多价2　13，16，17，18，21群

O多价3　28，30，35，38，39群

O多价4　40，41，42，43群

O多价5　44，45，47，48群

O多价6　50，51，52，53群

O多价7　55，56，57，58群

O多价8　59，60，61，62群

O多价9　63，65，66，67群

（2）H抗原的鉴定　属于A～F各O群的常见菌型，依次用表7-6所述H因子血清检查第1相和第2相的H抗原。

不常见的菌型，先用8种多价H血清检查，如有其中一种或两种血清凝集，则再用这一种或两种血清所包括的各种H因子血清逐一检查，以确定第1相和第2相的H抗原。8种多价H血清所包括的H因子如下：

H多价1　a,b,c,d,i

H多价2　eh,enx,enz_{15},fg,gms,gpu,gp,gq,

mt,gz_{51}

H 多价 3　k,r,y,z,z_{10},l v,lw,l z_{13},l z_{28},l z_{40}

H 多价 4　1,2;1,5;1,6;1,7;z_6

H 多价 5　z $4z_{23}$,z $4z_{24}$,z $4z_{32}$,z_{29},z_{35},z_{36},z_{38}

H 多价 6　z_{39}, z_{41},z_{42}, z_{44}

H 多价 7　z_{52},z_{53},z_{54},z_{55}

H 多价 8　z_{56},z_{57},z_{60},z_{61},z_{62}

表 7-6　A～F 群常见菌型 H 抗原

O 群	第 1 相	第 2 相
A	a	无
B	g,f,s	无
B	i,b,d	2
C1	k,v,r,c	5,z15
C2	b,d,r	2,5
D(不产气的)	d	无
D(产气的)	g,m,p,q	无
E1	h,v	6,w,x
E4	g,s,t	无
E4	i	

每一个 H 抗原成分的最后确定均应根据 H 单因子血清的检查结果，没有 H 单因子血清的要用两个 H 复合因子血清进行核对。检出第 1 相 H 抗原而未检出第 2 相 H 抗原的或检出第 2 相 H 抗原而未检出第 1 相 H 抗原的，可在琼脂斜面上移种 1～2 代后再检查。如仍只检出一个相的 H 抗原，要用位相变异的方法检查其另一个相。单相菌不必做位相变异检查。

位相变异试验方法如下。

简易平板法：将 0.35%～0.4%半固体琼脂平板烘干表面水分，挑取因子血清 1 环，滴在半固体平板表面，放置片刻，待血清吸收到琼脂内，在血清部位的中央点种待检菌株，培养后，在形成蔓延生长的菌苔边缘取菌检查。

小玻管法：将半固体管（每管 1～2 mL）在酒精灯上溶化并冷至 50 ℃，取已知相的 H 因子血清 0.05～0.1 mL，加入熔化的半固体内，混匀后，用毛细吸管吸取分装于供位相变异试验的小玻管内，待凝固后，用接种针挑取待检菌，接种于一端。将小玻管平放在平皿内，并在其旁放一团湿棉花，以防琼脂中水分蒸发而干缩，每天检查结果，待另一相细菌解离后，可以从另一端挑取细菌进行检查。培养基内血清的浓度应有适当的比例，过高时细菌不能生长，过低时同一相细菌的动力不能抑制。一般按原血清（1∶200）～（1∶800）的量加入。

小倒管法：将两端开口的小玻管（下端开口要留一个缺口，不要平齐）放在半固体管内，小玻管的上端应高出于培养基的表面，灭菌后备用。临用时在酒精灯上加热熔化，冷至 50 ℃，挑取因子血清 1 环，加入小套管中的半固体内，略加搅动，使其混匀，待凝固后，将待检菌株接种于小套管中的半固体表层内，每天检查结果，待另一相细菌解离后，可从套管外的半固体表面取菌检查，或转种 1%软琼脂斜面，于 36 ℃培养后再做凝集试验。

（3）Vi 抗原的鉴定　用 Vi 因子血清检查。已知具有 Vi 抗原的菌型有伤寒沙门氏菌、丙型副伤寒沙门氏菌、都柏林沙门氏菌。

（4）菌型的判定　根据血清学分型鉴定的结果，按照 GB 4789.4—2016 附录 B 或有关沙门氏菌属抗原表判定菌型。

5. 结果与报告

综合以上生化试验和血清学鉴定的结果做出报告，报告为 25 g（mL）样品中检出或未检出沙门氏菌。

7.2　金黄色葡萄球菌检验

葡萄球菌是引起创伤性化脓的常见致病性球菌。它们污染食品后，在适宜的条件下生长繁殖，产生肠毒素，而引起食物中毒。

早期依据菌落的颜色将葡萄球菌分为金黄色葡萄球菌、白色葡萄球菌、柠檬色葡萄球菌 3 种。1974 年 Bergey 细菌鉴定手册第 8 版，根据生化性状将其分为金黄色葡萄球菌、表皮葡萄球菌、腐生葡萄球菌 3 种。金黄色葡萄球菌致病力最强，也是与食物中毒关系最密切的一种。食品中生长金黄色葡萄球菌是食品卫生上的一种潜在危险，金黄色葡萄球菌可以产生肠毒素，食用后能引起食物中毒。因此，检查食品中金黄色葡萄球菌有实际意义。

7.2.1 生物学特性

1. 形态与染色特性

典型的葡萄球菌菌体呈球形，直径0.4～1.2 μm，致病性葡萄球菌一般较非致病菌小，且各个菌体的大小及排列也较整齐。细菌繁殖时呈多个平面的不规则分裂，堆积成葡萄串状。在液体培养基中生长，常呈球状或短链状排列，容易误认为链球菌。葡萄球菌无鞭毛，无芽孢，一般不形成荚膜。易被一般碱性染料着色，革兰氏染色阳性，但当衰老、死亡或被白细胞吞噬后常转为革兰氏阴性，对青霉素耐药性的菌株也为革兰氏阴性。

2. 培养特性

金黄色葡萄球菌营养要求不高，在普通培养基上生长良好，需氧或兼性厌氧，最适生长温度37 ℃，最适生长 pH 7.4。金黄色葡萄球菌有高度的耐盐性，可在10%～15%氯化钠肉汤中生长；在含20%～30%二氧化碳环境中，可产生大量毒素。

普通肉汤：37 ℃培养24 h，呈均匀浑浊生长。培养2～3 d后，能形成菌膜，管底则形成多量黏稠沉淀。

普通琼脂：培养24～48 h后，可形成圆形、凸起、边缘不整齐、表面光滑、湿润、有光泽、不透明、直径为1～2 mm，但也有大至4～5 mm的菌落。不同的菌株能产生不同的脂溶性色素（如金黄色、白色及柠檬色），而使菌落呈不同的颜色。

血琼脂平板：菌落较大，多数致病性葡萄球菌可产生溶血毒素，在菌落周围形成明显的溶血环，非致病性球菌则无此溶血现象。

Baird-Parker平板：菌落圆形、光滑凸起、湿润、直径2～3 mm，颜色灰色到黑色，边缘为淡色，周围为一浑浊带，在其外层有一透明圈。用接种针接触菌落似有奶油至树胶的硬度，偶尔会遇到非脂肪溶解的类似菌落；但无浑浊带及透明圈。长期保存的冷冻或干燥食品中所分离的菌落比典型菌落所产生的黑色较淡些，外观可能粗糙并干燥。

3. 生化特性

本属细菌大多数能分解葡萄糖、麦芽糖、乳糖、蔗糖，产酸不产气。甲基红反应阳性，V-P试验不定，不产生靛基质，能使硝酸盐还原为亚硝酸盐，凝固牛乳（有时被胨化），能产生氨和少量硫化氢。

4. 血清学特性

葡萄球菌经水解后，用沉淀法分析，具有以下两种抗原成分。

（1）蛋白质抗原　蛋白质抗原为完全抗原，有种属特异性，无型特异性。在电镜下可见此种抗原存在于葡萄球菌的表面，是细菌的一种表面成分，成为A蛋白。90%以上的金黄色葡萄球菌有此抗原。此抗原能抑制吞噬细胞的吞噬作用，对于T细胞、B细胞是良好的促分裂原。

（2）多糖类抗原　多糖类抗原为半抗原，具有型特异性。可利用此抗原对葡萄球菌进行分型。根据葡萄球菌抗原构造目前分为9个型。该血清型对区别有无致病性无意义。

7.2.2 葡萄球菌食物中毒

葡萄球菌引起的疾病较多，主要有化脓性感染（如毛囊炎、疖、痈、伤口化脓、气管炎、肺炎、中耳炎、脑膜炎、心包炎）、全身感染（如败血症、脓毒血症）、食物中毒等。下面着重介绍葡萄球菌食物中毒的情况。

1. 流行病学

葡萄球菌在自然界分布甚广，空气、土壤、水及物品上，特别是人和家畜的鼻和喉都有本菌存在。据报道，正常人中30%～80%带菌。曾有人从5%～40%的人皮肤上分离到本菌，人手也是重要的污染带菌部位。

食物中毒主要是由致病性葡萄球菌产生的肠毒素引起的，在我国比较常见。其原因是患有化脓性疾病的人接触食品，将葡萄球菌污染到食品上，或是患有葡萄球菌症的畜禽，其产品中含有大量葡萄球菌，在适宜的条件下，这些葡萄球菌即可大量繁殖，并产生肠毒素。试验证明，25～30 ℃，只要5 h即有毒素产生，一般经过8～10 h就产生大量的肠毒素。

引起葡萄球菌食物中毒的食品，主要为肉、

奶、鱼、蛋类及其制品等动物性食品，剩大米饭、米酒等也曾引起中毒。奶和奶制品以及奶制品做的冷饮（冰激凌、冰棍）和奶油、糕点是常引起中毒的食品。油煎鸡蛋、熏鱼、油浸鱼罐头等含油脂较多的食品，致病性葡萄球菌污染以后也能产生毒素。

葡萄球菌引起的食物中毒常发生于夏秋季节，这是因为气温较高，有利于细菌繁殖。但在冬季，受到本菌污染的食品在温度较高的室温保存，也可造成本菌繁殖并产生毒素。

2. 致病性

葡萄球菌的致病力取决于其所产生的毒素和酶的能力。致病菌毒株产生的毒素和酶主要有以下几种。

（1）溶血毒素　多数致病菌株能产生溶血毒素，使血琼脂平板菌落周围出现溶血环，在试管中出现溶血反应。溶血毒素是一种外毒素，分为α、β、γ、δ 四种，能损伤血小板，破坏溶酶体，引起机体局部缺血和坏死。

（2）杀白细胞毒素　该毒素能破坏人和兔的白细胞和巨噬细胞，使其失去活性，最后膨胀破裂。

（3）肠毒素　肠毒素是金黄色葡萄球菌的一种毒性蛋白质产物，有 30%～50%的菌株能产生肠毒素。目前已知道至少 6 种不同抗原性的肠毒素，即 A、B、C、D、E、F。其中以 A 型肠毒素引起的食物中毒最多，B、C 型次之。用一般加热饭菜的温度不能使污染严重的食品完全无害。

（4）血浆凝固酶　该酶能使含有柠檬酸钠或肝素抗凝剂的兔或人血浆发生凝固。大多数致病性葡萄球菌能产生此酶，而非致病菌一般不产生。因此，凝固酶是鉴别葡萄球菌有无致病性的重要指标。

（5）透明质酸酶　有利于细菌和毒素在机体内扩散，又称为扩散因子。

（6）脱氧核糖核酸酶　有利于细菌在组织中扩散。

（7）溶纤维蛋白酶　该酶可使人、犬、家兔等的已经凝固的纤维蛋白溶解。

致病性葡萄球菌产生的众多的毒素和酶当中，与食物中毒有密切关系的主要是肠毒素。

3. 临床症状

葡萄球菌肠毒素随食物进入人体后，潜伏期一般 1～5 h，最短的为 5 min 左右，很少有超过 8 h 的，中毒的主要症状为恶心、反复呕吐，多者可达 10 余次，呕吐物初为食物，继为水样物，少数可吐出胆汁或含血物及黏液。中上腹部疼痛，伴有头晕、头痛、腹泻、发冷，体温一般正常或有低热。病情重时，剧烈呕吐或腹泻可引起大量失水而发生外周循环衰竭和虚脱。儿童对肠毒素比成人敏感，因此儿童发病率高，病情也比成人重。葡萄球菌肠毒素食物中毒一般病程较短，1～2 d 即可恢复，预后良好，很少有死亡病例。

7.2.3 检验方法

1. 设备和材料

检验金黄色葡萄球菌所需设备和材料除微生物实验室常规灭菌及培养设备外，其他设备和材料如下。

恒温培养箱：36 ℃±1 ℃；冰箱：2～5 ℃；恒温水浴箱：36～56 ℃；天平：感量 0.1 g；均质器；振荡器；无菌吸管：1 mL（具 0.01 mL 刻度）、10 mL（具 0.1 mL 刻度）或微量移液器及吸头；无菌锥形瓶：容量 100 mL、500 mL；无菌培养皿：直径 90 mm；涂布棒；pH 计或 pH 比色管或精密 pH 试纸。

2. 培养基

检验金黄色葡萄球菌所需培养基有营养琼脂小斜面、血琼脂平板、Baird-Parker 琼脂平板、7.5%氯化钠肉汤、脑心浸出液肉汤（BHI）、兔血浆。

3. 试剂

稀释液、磷酸盐缓冲液、无菌生理盐水。

4. 染色液

革兰氏染色液。

5. 金黄色葡萄球菌定性检验（第一法）

1）检验程序

金黄色葡萄球菌定性检验程序见图 7-8。

2）操作步骤

（1）样品的处理　称取 25 g 样品至盛有 225 mL 7.5%氯化钠肉汤的无菌均质杯内，8000～

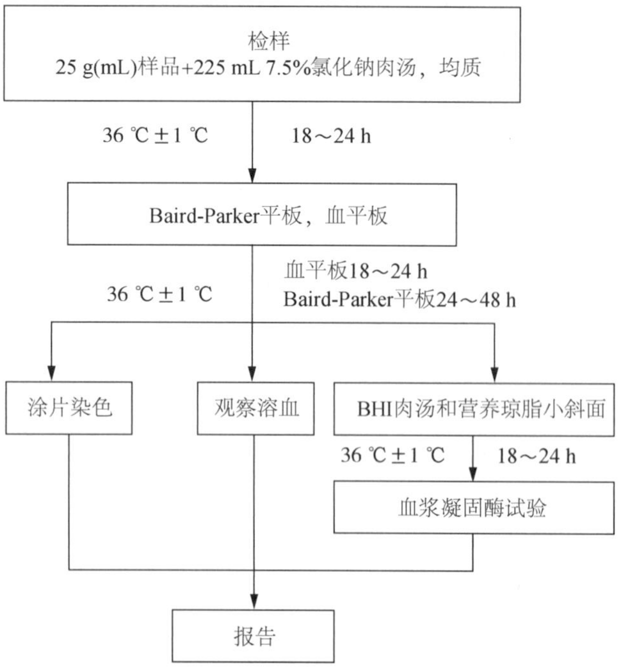

图 7-8　金黄色葡萄球菌定性检验程序

10000 r/min均质 1～2 min，或放入盛有 225 mL 7.5 %氯化钠肉汤无菌均质袋中，用拍击式均质器拍打 1～2 min。若样品为液态，吸取 25 mL 样品至盛有 225 mL 7.5 %氯化钠肉汤的无菌锥形瓶（瓶内可预置适当数量的无菌玻璃珠）中，振荡混匀。

（2）增菌　将上述样品匀液于 36 ℃±1 ℃培养 18～24 h。金黄色葡萄球菌在 7.5%氯化钠肉汤中呈浑浊生长。

（3）分离　将增菌后的培养物，分别划线接种到 Baird-Parker 平板和血平板，血平板 36 ℃±1 ℃培养 18～24 h。Baird-Parker 平板 36 ℃±1 ℃培养 24～48 h 。

（4）初步鉴定　金黄色葡萄球菌在 Baird-Parker 平板上呈圆形，表面光滑、凸起、湿润，菌落直径为 2～3 mm，颜色呈灰黑色到黑色，有光泽，常有浅色（非白色）的边缘，周围绕以不透明圈（沉淀），其外常有一清晰带。当用接种针触及菌落时具有黄油样黏稠感。有时可见到不分解脂肪的菌株，除没有不透明圈和清晰带外，其他外观基本相同。从长期贮存的冷冻或脱水食品中分离的菌落，其黑色常较典型菌落浅些，且外观可能较粗糙，质地较干燥。在血平板上，形成菌落较大，圆形、光滑凸起、湿润、金黄色（有时为白色），菌落周围可见完全透明溶血环。挑取上述可疑菌落进行革兰氏染色镜检及血浆凝固酶试验。典型菌落在 Baird-Parker 平板和血平板上见图 7-9 和图 7-10。

（5）确证鉴定

①染色镜检：金黄色葡萄球菌为革兰氏阳性球菌，排列呈葡萄球状，无芽孢，无荚膜，直径为 0.5～1 μm。金黄色葡萄球菌革兰氏染色显微照

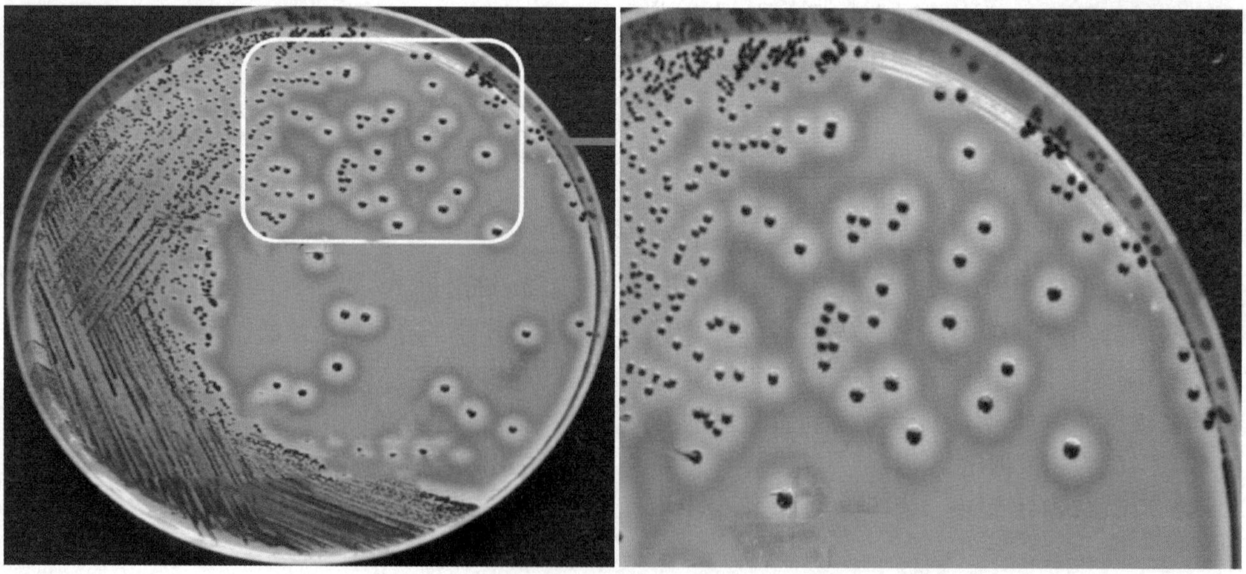

图 7-9　Baird-Parker 平板　金黄色葡萄球菌 AICC 6538

（由北京陆桥技术股份有限公司提供）

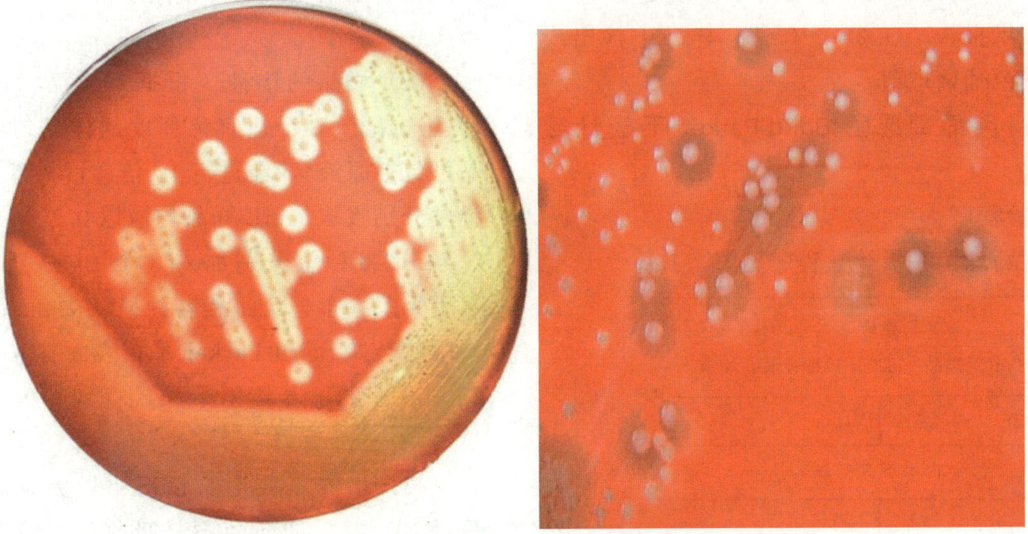

图 7-10　血平板　金黄色葡萄球菌

（由北京陆桥技术股份有限公司提供）

片见图 7-11。

②血浆凝固酶试验：挑取 Baird-Parker 平板或血平板上至少 5 个可疑菌落（小于 5 个全选），分别接种到 5 mL BHI 和营养琼脂小斜面，36 ℃±1 ℃培养 18～24 h。

取新鲜配制兔血浆 0.5 mL，放入小试管中，再加入 BHI 培养物 0.2～0.3 mL，振荡摇匀，置 36 ℃±1 ℃温箱或水浴箱内，每 30 min 观察一次，观察 6 h，如呈现凝固（即将试管倾斜或倒置时，呈现凝块）或凝固体积大于原体积的 1/2，被判定为阳性结果。同时以血浆凝固酶试验阳性和阴性葡萄球菌株的肉汤培养物作为对照。也可用商品化的试剂，按说明书操作，进行血浆凝固酶试验。结果如可疑，挑取营养琼脂小斜面的菌落到 5 mL BHI，36 ℃±1 ℃培养 18～48 h，重复试验。葡萄球菌血浆凝固酶试验阳性结果见图 7-12。

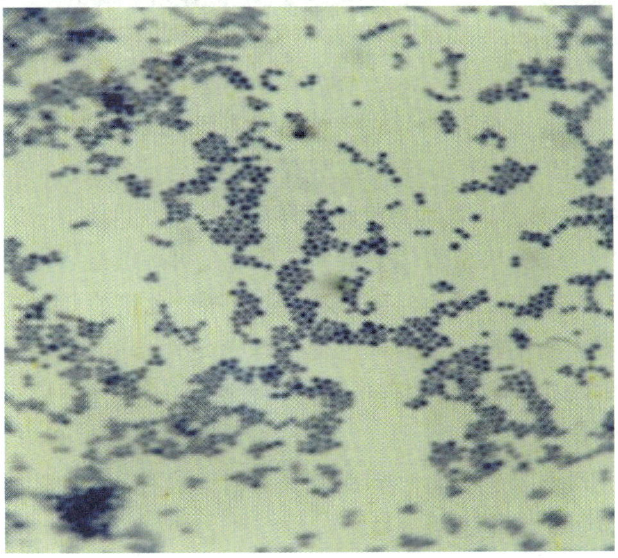

图 7-11　金黄色葡萄球菌革兰氏染色显微照片

（由北京陆桥技术股份有限公司提供）

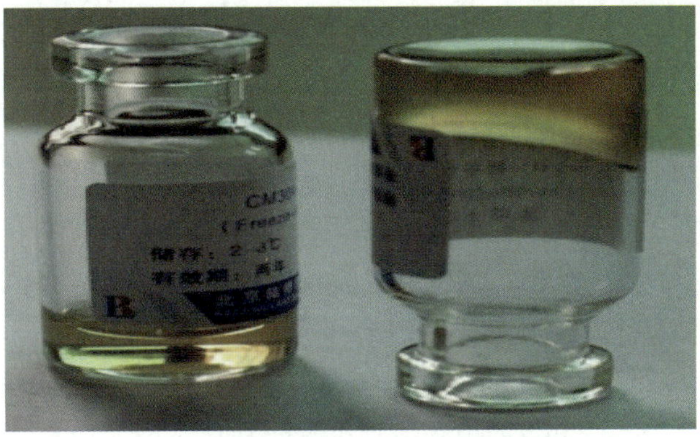

图 7-12　葡萄球菌血浆凝固酶试验阳性结果

（由北京陆桥技术股份有限公司提供）

（6）葡萄球菌肠毒素的检验（选做）　可疑食物中毒样品或产生葡萄球菌肠毒素的金黄色葡萄球菌菌株的鉴定，应按国标中所述方法检测葡萄球菌肠毒素。

3）结果与报告

（1）结果判定　符合 2）操作步骤中（4）初

步鉴定和（5）确证鉴定可判定为金黄色葡萄球菌。

（2）结果报告　在 25 g（mL）样品中检出或未检出金黄色葡萄球菌。

6. 金黄色葡萄球菌 Baird-Parker 平板计数（第二法）

1）检验程序

黄色葡萄球菌平板计数程序见图 7-13。

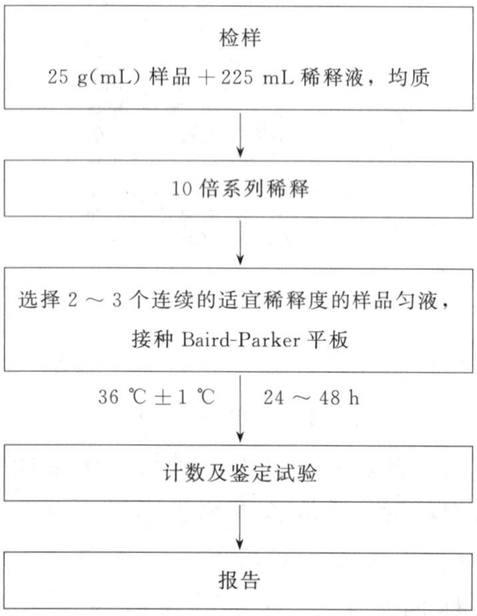

图 7-13　金黄色葡萄球菌平板计数法检验程序

2）操作步骤

（1）样品的稀释

①固体和半固体样品：称取 25 g 样品置盛有 225 mL 磷酸盐缓冲液或生理盐水的无菌均质杯内，8000～10000 r/min 均质 1～2 min，或置盛有 225 mL 稀释液的无菌均质袋中，用拍击式均质器拍打 1～2 min，制成 1∶10 的样品匀液。

②液体样品：以无菌吸管吸取 25 mL 样品置盛有 225 mL 磷酸盐缓冲液或生理盐水的无菌锥形瓶（瓶内预置适当数量的无菌玻璃珠）中，充分混匀，制成 1∶10 的样品匀液。

③用 1 mL 无菌吸管或微量移液器吸取 1∶10 样品匀液 1 mL，沿管壁缓慢注于盛有 9 mL 磷酸盐稀释液或生理盐水的无菌试管中(注意吸管或吸头尖端不要触及稀释液面)，振摇试管或换用 1 支 1 mL 无菌吸管反复吹打使其混合均匀，制成 1∶100 的样品匀液。

④按③操作程序，制备 10 倍系列稀释样品匀液。每递增稀释一次，换用 1 次 1 mL 无菌吸管或吸头。

（2）样品的接种　根据对样品污染状况的估计，选择 2～3 个适宜稀释度的样品匀液（液体样品可包括原液)，在进行 10 倍递增稀释时，每个稀释度分别吸取 1 mL 样品匀液以 0.3 mL、0.3 mL、0.4 mL 接种量分别加入 3 个 Baird-Parker 平板，然后无菌涂布整个平板，注意不要触及平板边缘。使用前，如 Baird-Parker 平板表面有水珠，可放在 25～50 ℃的培养箱里干燥，直到平板表面的水珠消失。

（3）培养　在通常情况下，涂布后，将平板静置 10 min，如样液不易吸收，可将平板放在培养箱 36 ℃±1 ℃培养 1 h；等样品匀液吸收后翻转平皿，倒置于培养箱内，36 ℃±1 ℃培养 24～48 h。

（4）典型菌落计数和确认

①金黄色葡萄球菌在 Baird-Parker 平板上呈圆形，表面光滑、凸起、湿润，菌落直径为 2～3 mm，颜色呈灰黑色至黑色，有光泽，常有浅色（非白色）的边缘，周围绕以不透明圈（沉淀），其外常有一清晰带。当用接种针触及菌落时具有黄油样黏稠感。有时可见到不分解脂肪的菌株，除没有不透明圈和清晰带外，其他外观基本相同。从长期贮存的冷冻或脱水食品中分离的菌落，其黑色常较典型菌落浅些，且外观可能较粗糙，质地较干燥。

②选择有典型的金黄色葡萄球菌菌落的平板，且同一稀释度 3 个平板所有菌落数合计在 20～200 CFU 的平板，计数典型菌落数。

③从典型菌落中至少选取 5 个可疑菌落（小于 5 个全选）进行鉴定试验。分别做染色镜检，血浆凝固酶试验（见金黄色葡萄球菌定性检验)；同时划线接种到血平板 36 ℃±1 ℃培养 18～24 h 后观察菌落形态，金黄色葡萄球菌菌落较大，圆形、光滑凸起、湿润、金黄色（有时为白色），菌落周围可见完全透明溶血环。

（5）结果计算

①只有一个稀释度平板的菌落数在 20～200 CFU 之间，计数该稀释度平板上的典型菌落；

②最低稀释度平板的菌落数小于 20 CFU，计数该稀释度平板上的典型菌落；

③某一稀释度平板的菌落数大于 200 CFU，但下一稀释度平板上没有典型菌落，计数该稀释度平板上的典型菌落；

④某一稀释度平板的菌落数大于 200 CFU，而下一稀释度平板上虽有典型菌落，但不在 20～200 CFU 范围内，应计数该稀释度平板上的典型菌落；

以上按式（7-1）计算。

$$T=\frac{AB}{Cd} \tag{7-1}$$

式中：T 为样品中金黄色葡萄球菌菌落数；A 为某一稀释度典型菌落的总数；B 为某一稀释度鉴定为阳性的菌落数；C 为某一稀释度用于鉴定试验的菌落数；d 为稀释因子。

⑤2 个连续稀释度的平板菌落数均在 20～200 CFU,按式（7-2）计算。

$$T=\frac{A_1B_1/C_1+A_2B_2/C_2}{1.1\ d} \tag{7-2}$$

式中：T 为样品中金黄色葡萄球菌菌落数；A_1 为第一稀释度（低稀释倍数）典型菌落的总数；A_2 为第二稀释度（高稀释倍数）典型菌落的总数；B_1 为第一稀释度（低稀释倍数）鉴定为阳性的菌落数；B_2 为第二稀释度（高稀释倍数）鉴定为阳性的菌落数；C_1 为第一稀释度（低稀释倍数）用于鉴定试验的菌落数；C_2 为第二稀释度（高稀释倍数）用于鉴定试验的菌落数；1.1 为计算系数；d 为稀释因子（第一稀释度）。

3）结果与报告

根据 Baird-Parker 平板上金黄色葡萄球菌的典型菌落数，按“公式计算”报告每 g（mL）样品中金黄色葡萄球菌数，单位以 CFU/g（mL）表示；如 T 值为 0，则以小于 1 乘以最低稀释倍数报告。

7. 金黄色葡萄球菌 MPN 计数（第三法）

1）检验程序

金黄色葡萄球菌 MPN 计数程序见图 7-14。

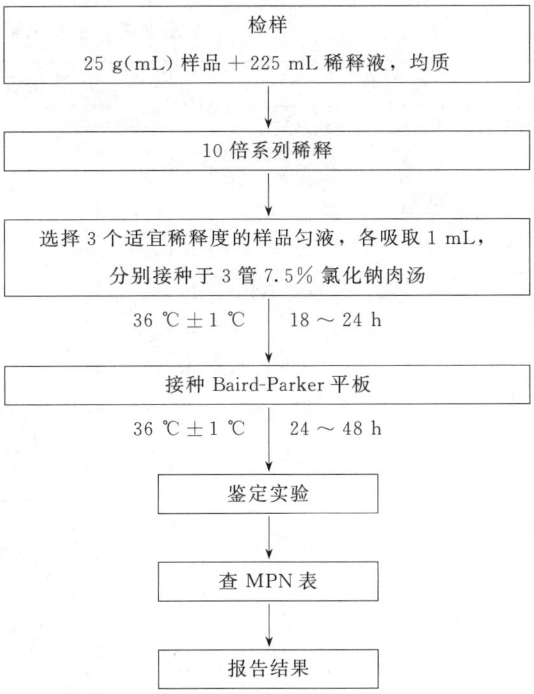

图 7-14 金黄色葡萄球菌 MPN 计数检验程序

2）操作步骤

（1）样品的稀释　按金黄色葡萄球菌 Baird-Parker 平板计数（第二法）中的操作步骤（1）样品的稀释进行。

（2）接种和培养

①根据对样品污染状况的估计，选择 3 个适宜稀释度的样品匀液（液体样品可包括原液），在进行 10 倍递增稀释时，每个稀释度分别吸取 1 mL 样品匀液接种到 7.5%氯化钠肉汤管（如接种量超过 1 mL，则用双料 7.5%氯化钠肉汤），每个稀释度接种 3 管，将上述接种物于 36 ℃±1 ℃培养 18～24 h。

②用接种环从培养后的 7.5%氯化钠肉汤管中分别取培养物 1 环，分别接种 Baird-Parker 平板，36 ℃±1 ℃培养 24～48 h。

（3）典型菌落确认　按金黄色葡萄球菌 Baird-Parker 平板计数（第二法）126 页（4）典型菌落计数和确认中的①、③进行确认。

3）结果与报告

根据证实为金黄色葡萄球菌阳性的试管管数，查 MPN 检索表（参见 GB 4789.10—2016 附录 C）（表 7-7），报告每 g（mL）样品中金黄色葡萄球菌的最可能数，以 MPN/g（mL）表示。

表 7-7　金黄色葡萄球菌最可能数（MPN）检索表

阳性管数			MPN	95%置信区间		阳性管数			MPN	95%置信区间	
0.10	0.01	0.001		下限	上限	0.10	0.01	0.001		下限	上限
0	0	0	<3.0	—	9.5	2	2	0	21	4.5	42
0	0	1	3.0	0.15	9.6	2	2	1	28	8.7	94
0	1	0	3.0	0.15	11	2	2	2	35	8.7	94
0	1	1	6.1	1.2	18	2	3	0	29	8.7	94
0	2	0	6.2	1.2	18	2	3	1	36	8.7	94
0	3	0	9.4	3.6	38	3	0	0	23	4.6	94
1	0	0	3.6	0.17	18	3	0	1	38	8.7	110
1	0	1	7.2	1.3	18	3	0	2	64	17	180
1	0	2	11	3.6	38	3	1	0	43	9	180
1	1	0	7.4	1.3	20	3	1	1	75	17	200
1	1	1	11	3.6	38	3	1	2	120	37	420
1	2	0	11	3.6	42	3	1	3	160	40	420
1	2	1	15	4.5	42	3	2	0	93	18	420
1	3	0	16	4.5	42	3	2	1	150	37	420
2	0	0	9.2	1.4	38	3	2	2	210	40	430
2	0	1	14	3.6	42	3	2	3	290	90	1000
2	0	2	20	4.5	42	3	3	0	240	42	1000
2	1	0	15	3.7	42	3	3	1	460	90	2000
2	1	1	20	4.5	42	3	3	2	1100	180	4100
2	1	2	27	8.7	94	3	3	3	>1100	420	—

注 1. 本表采用 3 个稀释度［0.1 g（mL）、0.01 g（mL）和 0.001 g（mL）］、每个稀释度接种 3 管。

2. 表内所列检样量如改用 lg（mL）、0.1 g（mL）和 0.01 g（mL）时，表内数字应相应降为 1/10；如改用 0.01 g（mL）、0.001 g（mL）、0.0001 g（mL）时，则表内数字应相应增加 10 倍，其余类推。

7.3　致泻大肠埃希氏菌检验

大肠埃希氏菌俗称大肠杆菌，是人类和动物肠道正常菌群的主要成员，每克粪便中约含有 10^9 个大肠埃希氏菌。本菌随粪便排出后，广泛分布于自然界。食品中检出大肠埃希氏菌，即意味着直接或间接地被粪便污染，故大肠埃希氏菌在卫生学上被称为卫生监督的指示菌。在正常情况下，大肠埃希氏菌不致病，而且还能合成维生素 B 和维生素 K，产生大肠菌素，对机体有利。但当机体抵抗力下降或大肠埃希氏菌侵入肠外组织或器官时，大肠埃希氏菌可作为条件性致病菌而引起肠道外感染。

致泻大肠埃希氏菌（Diarrheagenic *Escherichia coli*）是一类能引起人体以腹泻症状为主的大肠埃希氏菌，可经过污染食物引起人类发病。常见的致泻大肠埃希氏菌主要包括肠道致病性大肠埃希氏菌、肠道侵袭性大肠埃希氏菌、产肠毒素大肠埃希氏菌、产志贺毒素大肠埃希氏菌（包括肠道出血性大肠埃希氏菌）和肠道集聚性大肠埃希氏菌。肠道致病性大肠埃希氏菌（Enteropathogenic *Escherichia coli*）能够引起宿主肠黏膜上皮细胞黏附及擦拭性损伤，是不产生志贺毒素的大肠埃希氏菌。该菌是婴幼儿腹泻的主要病原菌，有高度传染性，严重者可致死。肠道侵袭性大肠埃希氏菌（Enteroinvasive *Escherichia coli*）是能够侵入肠道上皮细胞而引起痢疾样腹泻的大肠埃希氏菌。该菌无动力、不发生赖氨酸脱羧反应、不发酵乳糖，生化反应和抗原结构均近似痢疾志贺氏菌。侵入上皮细胞的关键基因是侵袭性质粒上的抗原编码基因及其调控基因，如 *ipaH* 基因、*ipaR* 基因（又称为 *invE* 基因）。产肠毒素大肠埃希氏菌

(Enterotoxigenic *Escherichia coli*) 是能够分泌热稳定性肠毒素或/和热不稳定性肠毒素的大肠埃希氏菌。该菌可引起婴幼儿和旅游者腹泻，一般呈轻度水样腹泻，也可呈严重的霍乱样症状，低热或不发热。腹泻常为自限性，一般 2～3 d 即自愈。产志贺毒素大肠埃希氏菌 (Shigatoxin-producing *Escherichia coli*) 又称肠道出血性大肠埃希氏菌 (Enterohemorrhagic *Escherichia coli*) 是能够分泌志贺毒素、引起宿主肠黏膜上皮细胞黏附及擦拭性损伤的大肠埃希氏菌。有些产志贺毒素大肠埃希氏菌在临床上引起人类出血性结肠炎 (HC) 或血性腹泻，并可进一步发展为溶血性尿毒综合征 (HUS)，这类产志贺毒素大肠埃希氏菌为肠道出血性大肠埃希氏菌。肠道集聚性大肠埃希氏菌 (Enteroaggregative *Escherichia coli*) 不侵入肠道上皮细胞，但能引起肠道液体蓄积。不产生热稳定性肠毒素或热不稳定性肠毒素，也不产生志贺毒素。肠道集聚性大肠埃希氏菌唯一特征是能对 Hep-2 细胞形成集聚性黏附，也称 Hep-2 细胞黏附性大肠埃希氏菌。

7.3.1 生物学特性

1. 形态染色

本属细菌均为革兰氏阴性，两端钝圆的中等杆菌，大小为 (2～3) μm×0.6 μm，有时近似球形。多数菌株有 5～8 根鞭毛，运动活泼，周身有菌毛。对一般碱性染料着色良好，有时两端着色较深。

2. 培养特性

本属细菌为需氧或兼性厌氧菌。对营养要求不高，在普通培养基上均能生长良好。最适 pH 为 7.2～7.4，最适生长温度为 37 ℃。

普通肉汤：呈均匀浑浊生长，形成菌膜，管底有黏性沉淀，培养物有特殊的臭味。

普通琼脂：培养 24 h，形成凸起，光滑，湿润，乳白色，边缘整齐，中等大小的菌落。

血液琼脂：部分菌株在菌落周围产生 β 型溶血环。

伊红亚甲蓝琼脂：产生紫黑色带金属光泽的菌落。

远藤琼脂：产生带金属光泽的红色菌落。

SS 琼脂：大肠杆菌多数不生长，少数生长的细菌，因发酵乳糖产酸，使指示剂变红，产生红色菌落。

3. 生化特性

大肠埃希氏菌发酵葡萄糖、麦芽糖、甘露醇等，均产酸产气，大部分菌株可迅速发酵乳糖。

各菌株对蔗糖、水杨苷、卫矛醇及棉籽糖的发酵力不一致；MR 反应阳性；V-P 反应阴性，尿素酶阴性，不形成 H_2S，能产生吲哚，不能在含 KCN 的培养基中生长，不利用柠檬酸盐，可使谷氨酸和赖氨酸脱去羧基，苯丙氨酸反应亦为阴性。

4. 抵抗力

本属细菌在自然界生存能力较强，在土壤、水中可存活数月，在冷藏条件下存活更久，对热抵抗力不强，60 ℃ 30 min 即可杀死。

对磺胺、链霉素、土霉素、金霉素和氯霉素等敏感，而青霉素对它的作用弱，易产生耐药菌株。

7.3.2 致病性大肠埃希氏菌食物中毒

1. 流行病学

致病性大肠埃希氏菌在自然界的分布非常广泛，常污染食品及餐具。人及动物均有健康带菌现象，牛、猪带菌对本菌引起的食物中毒至关重要。人的健康带菌在流行病学上具有重要意义。

本菌引起的食物中毒以动物性食品比较多见，主要为肉食品类。动物生前感染以及带菌，是引起本菌食物中毒的重要原因。食品加工和饮食行业工作人员带菌，饮用水或食品工业用水遭受污染，也是本菌引起食物中毒不可忽视的原因。

2. 致病性

(1) 侵袭力　大肠杆菌具有 K 抗原和菌毛，K 抗原具有抗吞噬作用，有抵抗抗体和补体的作用，菌毛能帮助细菌黏附于肠黏膜表面。有侵袭力的菌株可以侵犯肠道黏膜引起炎症。

(2) 内毒素　大肠杆菌细胞壁具有内毒素的活性。

(3) 肠毒素　有两种，一是不耐热肠毒素 (LT)，其成分可能是蛋白质，加热 65 ℃经 30 min 即被破坏，LT 作用是激活小肠上皮细胞内的腺苷酸环化酶，使 ATP 转化为 CAMP，促进肠黏膜细胞的分泌功能，使肠液大量分泌，引起腹泻；二是耐热性肠毒素 (ST)，无免疫性，耐热，100 ℃

经 10～20 min 不被破坏，也可使肠道上皮细胞的 CAMP 水平升高，引起腹泻。

3. 所致疾病

（1）肠外感染　大肠杆菌是引起人类泌尿系统感染最常见的病原菌，也是革兰氏阴性杆菌败血症的常见病因，此外还可引起胆囊炎、肺炎，以及新生儿或婴儿脑膜炎等。

（2）腹泻　能引起腹泻的大肠杆菌有以下四组。

①ETEC：是婴幼儿及旅行者腹泻的主要原因。

②EPEC：是婴儿腹泻的主要原因。

③EIEC：本组细菌主要引起较大儿童和成年人腹泻，有时能形成暴发流行。

④EHEC：20 世纪 80 年代才被微生物学家发现的一种新的肠道病原菌。1982 年在美国西部首次暴发，1984 年日本发现 O157：H7 引起的腹泻，1996 年夏季在日本大规模流行。其主要临床症状是潜伏期长（4～9 d），轻者表现为腹泻、腹痛、呕吐，重者表现为水样腹泻，易引起老幼患者死亡。

7.3.3　检验方法

中华人民共和国卫生和计划生育委员会 2016 年 12 月 23 日发布了《食品安全国家标准　食品微生物学检验　致泻大肠埃希氏菌检验》（GB/T 4789.6—2016）。本标准规定了食品中致泻大肠埃希氏菌的检验方法。本标准适用于食品中致泻大肠埃希氏菌的检验。

1. 设备和材料

除微生物实验室常规灭菌及培养设备外，其他设备和材料如下。恒温培养箱：36 ℃±1 ℃，42 ℃±1 ℃；冰箱：2～5 ℃；恒温水浴箱：50 ℃±1 ℃，100 ℃或适配 1.5 mL 或 2.0 mL 金属浴（95～100 ℃）；电子天平：感量为 0.1 g 和 0.01 g；显微镜：10×～100×；均质器；振荡器；无菌吸管：1 mL（具 0.01 mL 刻度）、10 mL（具 0.1 mL 刻度）或微量移液器及吸头；无菌均质杯或无菌均质袋：容量 500 mL；无菌培养皿：直径 90 mm；pH 计或精密 pH 试纸；微量离心管：1.5 mL 或 2.0 mL；接种环：1 μL；低温高速离心机：转速≥13000 r/min、控温 4～8 ℃；微生物鉴定系统；PCR 仪；微量移液器及吸头：0.5～2 μL、2～20 μL、20～200 μL、200～1000 μL；水平电泳仪：包括电源、电泳槽、制胶槽（长度＞10 cm）和梳子、联排管和 8 联排盖（平盖/凸盖）、凝胶成像仪。

2. 培养基和试剂

营养肉汤、肠道菌增菌肉汤、麦康凯琼脂（MAC）、伊红亚甲蓝琼脂（EMB）、三糖铁（TSI）琼脂、蛋白胨水、靛基质试剂、半固体琼脂、尿素琼脂（pH 7.2）、氰化钾（KCN）培养基、氧化酶试剂、革兰氏染色液、BHI 肉汤、福尔马林（含 38%～40%甲醛）、鉴定试剂盒。大肠埃希氏菌诊断血清、灭菌去离子水、0.85%灭菌生理盐水、TE（pH 8.0）、10×PCR 反应缓冲液、25 mmol/L $MgCl_2$、dNTPs、dATP、dTTP、dGTP、dCTP 每种浓度为 2.5 mmol/L，5 U/L *Taq* 酶、引物、50×TAE 电泳缓冲液、琼脂糖、溴化乙啶（EB）或其他核酸染料、6×上样缓冲液、Marker。

3. 检验程序

致泻大肠埃希氏菌检验程序见图 7-15。

4. 操作步骤

1）样品制备

（1）固态或半固态样品　以无菌操作称取检样 25 g，加入装有 225 mL 营养肉汤的均质杯中，用旋转刀片式均质器以 8000～10000 r/min 均质 1～2 min；或加入装有 225 mL 营养肉汤的均质袋中，用拍击式均质器均质 1～2 min。

（2）液态样品　以无菌操作量取检样 25 mL，加入装有 225 mL 营养肉汤的无菌锥形瓶（瓶内可预置适当数量的无菌玻璃珠），振荡混匀。

2）增菌

将 1）制备的样品匀液于 36 ℃±1 ℃培养 6 h。取 10 μL，接种于 30 mL 肠道菌增菌肉汤管内，于 42 ℃±1 ℃培养 18 h。

3）分离

将增菌液划线接种 MAC 和 EMB 琼脂平板，于 36 ℃±1 ℃培养 18～24 h，观察菌落特征。在 MAC 琼脂平板上，分解乳糖的典型菌落为砖红色至桃红色，不分解乳糖的菌落为无色或淡粉色；在 EMB 琼脂平板上，分解乳糖的典型菌落为中心紫黑色、带或不带金属光泽，不分解乳糖的菌落为无色或淡粉色。

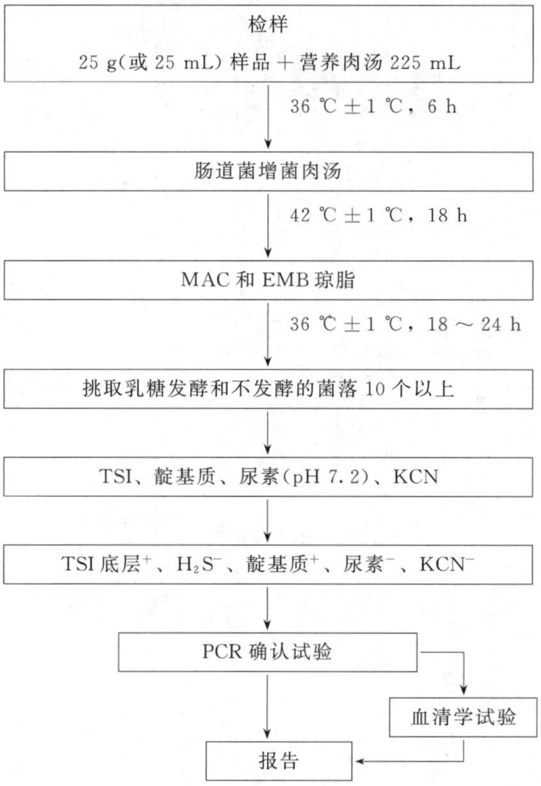

图 7-15　致泻大肠埃希氏菌检验程序

4）生化试验

（1）选取平板上可疑菌落 10～20 个（10 个以下全选），应挑取乳糖发酵以及乳糖不发酵和迟缓发酵的菌落，分别接种 TSI 斜面，同时将这些培养物分别接种蛋白胨水、尿素琼脂（pH 7.2）和 KCN 肉汤。于 36 ℃±1 ℃培养 18～24 h。

（2）TSI 斜面产酸或不产酸，底层产酸，靛基质阳性，H_2S 阴性和尿素酶阴性的培养物为大肠埃希氏菌。TSI 斜面底层不产酸，或 H_2S、KCN、尿素有任一项为阳性的培养物，均非大肠埃希氏菌。必要时做革兰氏染色和氧化酶试验。大肠埃希氏菌为革兰氏阴性杆菌，氧化酶阴性。

（3）如选择生化鉴定试剂盒或微生物鉴定系统，可从营养琼脂平板上挑取经纯化的可疑菌落用无菌稀释液制备成浊度适当的菌悬液，使用生化鉴定试剂盒或微生物鉴定系统进行鉴定。

5）PCR 确认试验

（1）取生化反应符合大肠埃希氏菌特征的菌落进行 PCR 确认试验。

注：PCR 实验室区域设计、工作基本原则及注意事项应参照《疾病预防控制中心建设标准》（建标 127—2009）和国家卫生和计划生育委员会（原卫生部）（2010）《医疗机构临床基因扩增管理办法》附录（医疗机构临床基因扩增检验实验室工作导则）。

（2）使用 1 μL 接种环刮取营养琼脂平板或斜面上培养 18～24 h 的菌落，悬浮在 200 μL 0.85%灭菌生理盐水中，充分打散制成菌悬液，于 13000 r/min 离心 3 min，弃掉上清液。加入 1 mL 灭菌去离子水充分混匀菌体，于 100 ℃水浴或者金属浴维持 10 min；冰浴冷却后，13000 r/min 离心 3 min，收集上清液；按 1∶10 的比例用灭菌去离子水稀释上清液，取 2 μL 作为 PCR 检测的模板；所有处理后的 DNA 模板直接用于 PCR 反应或暂存于 4 ℃并当天进行 PCR 反应；否则，应在－20 ℃以下保存备用（1 周内）。也可用细菌基因组提取试剂盒提取细菌 DNA，操作方法按照细菌基因组提取试剂盒说明书进行。

（3）每次 PCR 反应使用 EPEC、EIEC、ETEC、STEC/EHEC、EAEC 标准菌株作为阳性对照。同时，使用大肠埃希氏菌 ATCC25922 或等效标准菌株作为阴性对照，以灭菌去离子水作为空白对照，控制 PCR 体系污染，致泻大肠埃希氏菌特征性基因见表 7-8。

表 7-8　五种致泻大肠埃希氏菌特征基因

致泻大肠埃希氏菌类别	特征性基因
EPEC	*escV* 或 *eae*，*bfpB*
STEC/EHEC	*escV* 或 *eae*，*stx*，*stx2*
EIEC	*invE* 或 *ipaH*
ETEC	*lt*，*stp*，*sth*
EAEC	*astA*，*aggR*，*pic*

（4）PCR 反应体系配制。每个样品初筛需配制 12 个 PCR 扩增反应体系，对应检测 12 个目标基因，具体操作如下：使用 TE 溶液（pH 8.0）将合成的引物干粉稀释成 100 μmol/L 贮存液。根据每种目标基因对应 PCR 体系内引物的终浓度（表 7-9），使用灭菌去离子水配制 12 种目标基因扩增所需的 10×引物工作液（以 *uidA* 基因为例，表 7-10）。将 10×引物工作液、10×PCR 反应缓冲液、25 mmol/L $MgCl_2$、2.5 mmol/L dNTPs、灭菌去

表 7-9　五种致泻大肠埃希氏菌目标基因引物序列及每个 PCR 体系内的终浓度

引物名称	引物序列[c]	菌株编号及对应 Genbank 编码	引物所在位置	终浓度 n/(μmol/L)	PCR 产物长度/bp
uidA-F	5'-ATGCCAGTCCAGCGTTTTTGC-3'	EscherichiacoliDH1Ec169 (accessionno. CP012127. 1)	1673870-1673890	0. 2	1487
uidA-R	5'-AAAGTGTGGGTCAATAATCAGGAAGTG		1675356-1675330	0. 2	
escV-F	5'-ATTCTGGCTCTCTTCTTCTTTATGGCTG-3'	Escherichiacoli E2348/69 (accession No. FM180568. 1)	4122765-4122738	0. 4	544
escV-R	5'-CGTCCCCTTTTACAAACTTCATCGC-3'		4122222-4122246	0. 4	
eae-F[a]	5'-ATTACCATCCACAVAGACGGT-3'	EHEC(accessionNo. Z11541. 1)	2651-2671	0. 2	397
eae-R[a]	5'-ACAGCGTGGTTGGATGACCCT-3'		3047-3027	0. 2	
bfpB-F	5'-GACACCTCATTGTTGCTGAAGTCG-3'	EscherichiacoliE2348/69 (accessionNo. FM1805689. 1)	3796-3816	0. 1	910
bfpB-R	5'-CCAGAACACCTCCGTTATGC-3'		4702-4683	0. 1	
*stx*1-F	5'-CGATGTTACGGTTTGTTACTGTGACAGC-3'	EscherichiacoliEDL933 (accessionNo. AE005174. 2)	2996445-2996418	0. 2	244
*stx*1-R	5'-AATGCCACGCTTCCCAGAATTG-3'		2996202-2996223	0. 2	
*stx*2-F	5'-GGTTTGACCATCTTCGTCTGATTATTGAG-3'	EscherichiacoliEDL933 (accessionNo. AE005174. 2)	1352543-1352571	0. 4	324
*stx*2-R	5'-AGCGTAAGGCTTCTGCTGTGAC-3'		1352543-1352845	0. 4	
lt-F	5'-GAACAGGAGGTTTCTGCGTTAGGTG-3'	EscherichiacoliE24377A (accession No. CP000795. 1)	17030-17054	0. 1	655
lt-R	5'-CTTTCAATGGCTTTTTTTTGGGAGTC-3'		17684-17659	0. 1	
stp-F	5'-CCTCTTTTAGYCAGACARCTGAATCASTTG-3'	EscherichiacoliEC2173 (accessionNo. AJ555214. 1)	1979-195014-43	0. 4	157
stp-R	5'-CAGGCAGGATTACAACAAAGTTCACAG-3'	EscherichiacoliF7682 (accessionNo. AY342057. 1)	1823-1849170-144	0. 4	
sth-F	5'-TGTCTTTTTCACCTTTCGCTC-3'	Escherichiacoli E24377A (accession No. CP000795. 1)	11389-11409	0. 2	171
sth-R	5'-CGGTACAAGCAGGATTACAACAC-3'		11559-11409	0. 2	

续表 7-9

引物名称	引物序列[c]	菌株编号及对应 Genbank 编码	引物所在位置	终浓度 n/(μmol/L)	PCR 产物长度/bp
invE-F	5’-CGATAGATGGCGAGAAATTATATCCCG-3’	Escherichiacoli SerotypeO164(accessionNo. AF283289. 1)	921-895	0. 2	766
invE-R	5’-CGATCAAGAATCCCTAACAGAAGAATCAC-3’		156-184	0. 2	
ipaH-F[b]	5’-TTGACCGCCTTTCCGATACC-3’	Escherichiacoli53638 (accessionNo. CP001064. 1)	11471-11490	0. 1	647
ipaH-R[b]	5’-CCAGAACACCTCCGTTATGC-3’		12117-12098	0. 1	
aggR-F	5’-CGATGTTACGGTTTGTTACTGTGACAGC-3’	Escherichiacoli Enteroaggregative17-2 (accessionNo. Z18751. 1)	59-79	0. 2	400
aggR-R	5’-AATGCCACGCTTCCCAGAATTG-3’		458-436	0. 2	
pic-F	5’-AGCCGTTTCCGCAGAAGCC-3’	Escherichiacoli042 (accessionNo. AF097644. 1)	3700-3682	0. 2	1111
pic-R	5’-AAATGTCAGTGAACCGACGATTGG-3’		2590-2613	0. 2	
astA-F	5’-TGCCATCAACACAGTATATCCG-3’	Escherichiacoli ECOR33(accessionNo. AF161001. 1)	2-23	0. 4	102
astA-R	5’-ACGGCTTTGTAGTCCTTCCAT-3’		103-83	0. 4	
16SrDNA-F	5’-GGAGGCAGCAGTGGGAATA-3’	Escherichiacoli strainST2747(accessionNo. CP007394. 1)	149585-149603	0. 25	1062
16SrDNA-R	5’-TGACGGGCGGTGTGTACAAG-3’		150645-150626	0. 25	

[a] *esc*V 和 *eae* 基因选做其中一个；

[b] *inv*E 和 *ipa*H 基因选做其中一个；

[c] 表中不同基因的引物序列可采用可靠性验证的其他序列代替。

离子水从－20 ℃冰箱中取出，融化并平衡至室温，使用前混匀；5 U/μL *Taq* 酶在加样前从－20 ℃冰箱中取出。每个样品按照表 7-11 的加液量配制 12 个 25 μL 反应体系，分别使用 12 种目标基因对应的 10×引物工作液。

表 7-10　每种目标基因扩增所需 10×引物工作液配制

引物名称	体积/μL
100 μmol/L *uidA*-F	10×*n*
100 μmol/L *uidA*-R	10×*n*
灭菌去离子水	100^{-2}×（10×*n*）
总体积	100

注：*n* 为每条引物在反应体系内的终浓度（见表 7-9）。

表 7-11　五种致泻大肠埃希氏菌目标基因扩增体系配制

试剂名称	加样体积/μL
灭菌去离子水	12.1
10×PCR 反应缓冲液	2.5
25 mmol/L $MgCl_2$	2.5
2.5 mmol/L dNTPs	3.0
10×引物工作液	2.5
5 U/μL *Taq* 酶	0.4
DNA 模板	2.0
总体积	25

（5）PCR 循环条件。预变性 94 ℃ 5 min；变性 94 ℃ 30 s，复性 63 ℃ 30 s，延伸 72 ℃ 1.5 min，30 个循环；72 ℃延伸 5 min。将配制完成的 PCR 反应管放入 PCR 仪中，核查 PCR 反应条件正确后，启动反应程序。

（6）称量 4.0 g 琼脂糖粉，加入至 200 mL 的 1×TAE 电泳缓冲液中，充分混匀。使用微波炉反复加热至沸腾，直到琼脂糖粉完全融化形成清亮透明的溶液。待琼脂糖溶液冷却至 60 ℃左右时，加入溴化乙啶（EB）至终质量浓度为 0.5 μg/mL，充分混匀后，轻轻倒入已放置好梳子的模具中，凝胶长度要大于 10 cm，厚度宜为 3～5 mm。检查梳齿下或梳齿间有无气泡，用一次性吸头小心排掉琼脂糖凝胶中的气泡。当琼脂糖凝胶完全凝结硬化后，轻轻拔出梳子，小心将胶块和胶床放入电泳槽中，样品孔放置在阴极端。向电泳槽中加入 1×TAE 电泳缓冲液，液面高于胶面 1～2 mm。将 5 μL PCR 产物与 1 μL 6×上样缓冲液混匀后，用微量移液器吸取混合液垂直伸入液面下胶孔，小心上样于孔中；阳性对照的 PCR 反应产物加入最后一个泳道；第一个泳道中加入 2 μL 分子质量 Marker。接通电泳仪电源，根据公式：电压＝电泳槽正负极间的距离（cm）×5（V/cm）计算并设定电泳仪电压数值；启动电压开关，电泳开始以正负极铂金丝出现气泡为准。电泳 30～45 min 后，切断电源。取出凝胶放入凝胶成像仪中观察结果，拍照并记录数据。

（7）结果判定。电泳结果中空白对照应无条带出现，阴性对照仅有 *uidA* 条带扩增，阳性对照中出现所有目标条带，PCR 试验结果成立。根据电泳图中目标条带大小，判断目标条带的种类，记录每个泳道中目标条带的种类，在五种致泻大肠埃希氏菌目标条带与型别对照（表 7-12）中查找不同目标条带种类及组合所对应的致泻大肠埃希氏菌类别。

表 7-12　五种致泻大肠埃希氏菌目标条带与型别对照

致泻大肠埃希氏菌类别	目标条带的种类组合	
EAEC	*aggR*，*astA*，*pic* 中一条或一条以上阳性	*uidA*[c]（+/−）
EPEC	*bfpB*（+/−），*escV*[a]（+/−），*stx*1（−），*stx*2（−）	
STEC/EHEC	*escV*[a]（+/−），*stx*1（+），*stx*2（−），*bfpB*（−）	
	escV[a]（+/−），*stx*1（−），*stx*2（+），*bfpB*（−）	
	escV[a]（+/−），*stx*1（+），*stx*2（+），*bfpB*（−）	
ETEC	*lt*，*stp*，*sth* 中一条或一条以上	
EIEC	阳性 *invE*[b]（+）	

[a]在判定 EPEC 或 SETC/EHEC 时，*escV* 与 *eae* 基因等效；
[b]在判定 EIEC 时，*invE* 与 *ipaH* 基因等效。
[c]97％以上大肠埃希氏菌为 *uidA* 阳性。

（8）如用商品化 PCR 试剂盒或多重聚合酶链反应（MPCR）试剂盒，应按照试剂盒说明书进行操作和结果判定。

6）血清学试验（选做项目）

（1）取样　取 PCR 试验确认为致泻大肠埃希氏菌的菌株进行血清学试验。

注：应按照生产商提供的使用说明进行O抗原和H抗原的鉴定。当生产商的使用说明与下面的描述可能有偏差时，按生产商提供的使用说明进行。

(2) O抗原鉴定

①假定试验：挑取经生化试验和PCR试验证实为致泻大肠埃希氏菌的营养琼脂平板上的菌落。根据致泻大肠埃希氏菌的类别，选用大肠埃希氏菌单价或多价OK血清做玻片凝集试验。当样菌与某一种多价OK血清凝集时，再与该多价血清所包含的单价OK血清做凝集试验。致泻大肠埃希氏菌所包括的O抗原群见表7-13。如样菌与某一单价OK血清呈现凝集反应，即为假定试验阳性。

②证实试验：用0.85%灭菌生理盐水制备O抗原悬液，稀释至与MacFarland 3号比浊管相当的浓度。原效价为（1∶160）～（1∶320）的O血清，用0.5%盐水稀释至1∶40。将稀释血清与抗原悬液于10 mm×75 mm试管内等量混合，做单管凝集试验。混匀后放于50 ℃±1 ℃水浴箱内，经16 h后观察结果。如出现凝集，可证实为该O抗原。

(3) H抗原鉴定　取菌株穿刺接种半固体琼脂管，36 ℃±1 ℃培养18～24 h，取顶部培养物1环接种至BHI液体培养基中，于36 ℃±1 ℃培养18～24 h。加入福尔马林至终浓度为0.5%，做玻片凝集或试管凝集试验。

若待测抗原与血清均无明显凝集，应从首次穿刺培养管中挑取培养物，再进行2～3次半固体管穿刺培养，按照(3)进行试验。

7) 结果报告

①根据生化试验、PCR确认试验的结果，报告25 g（或25 mL）样品中检出或未检出某类致泻大肠埃希氏菌。

②如果进行血清学试验，根据血清学试验的结果，报告25 g（或25 mL）样品中检出的某类致泻大肠埃希氏菌血清型别。

7.4 志贺氏菌检验

志贺氏菌又称为痢疾杆菌。能引起痢疾症状的病原微生物很多，如志贺氏菌属、沙门氏菌属、变形杆菌属、埃希氏菌属、阿米巴原虫、鞭毛虫、病毒等。其中以志贺氏菌引起的细菌性痢疾最为常见。人类对志贺氏菌的易感性较高，所以在食物和饮用水的卫生检验时，常以是否含有志贺氏菌作为指标。

与肠杆菌科各属细菌相比较，志贺氏菌属的主要鉴别特征：不运动，对各种糖的利用能力较差，并且在含糖的培养基内一般不形成可见气体。除运动力与生化反应外，志贺氏菌的进一步分群分型有赖于血清学试验。

7.4.1 生物学特性

1. 培养特性

本菌为需氧或兼性厌氧菌，最适生长温度37 ℃，pH6.4～7.8，在普通琼脂培养基上和SS平板上，形成圆形、微凸、光滑、湿润、无色、半透明、边缘整齐、中等大小的菌落，宋氏志贺氏菌菌落一般较大，较不透明，并常出现扁平的粗糙型菌落，在SS平板上可迟缓发酵乳糖，菌落呈玫瑰红色；在肉汤中呈均匀浑浊生长，无菌膜形成。

2. 生化特性

①能分解葡萄糖，产酸不产气，除宋氏志贺氏菌外，均不发酵乳糖。

②V-P试验阴性，不分解尿素，不产生H_2S。

③不发酵侧金盏花醇、肌醇和水杨苷。

表7-13　致泻大肠埃希氏菌主要的O抗原

DEC类别	DEC主要的O抗原
EPEC	O26 O55 O86 O11ab O114 O119 O125ac O127 O128ab O142 O158 等
STEC/EHEC	O4 O26 O45 O91 O103 O104 O111 O113 O121 O128 O157 等
EIEC	O28ac O29 O112ac O115 O124 O135 O136 O143 O144 O152 O164 O167 等
ETEC	O6 O11 O15 O20 O25 O26 O27 O63 O78 O85 O114 O115 O128ac O148 O149 O159 O166 O167 等
EAEC	O9 O62 O73 O101 O134 等

④甲基红阳性、靛基质不定。

⑤痢疾志贺氏菌不分解甘露醇，其他（福氏、鲍氏、宋内氏）志贺氏菌均可分解甘露醇。

7.4.2 志贺氏菌食物中毒

1. 致病因素

志贺氏菌的致病作用，主要是侵袭力、菌体内毒素，个别菌株能产生外毒素。

（1）侵袭力　志贺氏菌进入大肠后，由于菌毛的作用黏附于大肠黏膜的上皮细胞上，继而在侵袭蛋白作用下穿入上皮细胞内，一般在黏膜固有层繁殖形成感染灶。此外，凡具有K抗原的痢疾杆菌，一般致病力较强。

（2）内毒素　志贺氏菌属中各菌株都有强烈的内毒素，作用于肠壁，使肠壁通透性增加，从而促进毒素的吸收。继而作用于中枢神经系统及心血管系统，引起临床上一系列毒血症症状，如发热、神志障碍，甚至中毒性休克。内毒素能破坏黏膜，形成炎症、溃疡，呈现典型的痢疾脓血便。内毒素还作用于肠壁自主神经（植物神经），使肠道功能紊乱，肠蠕动共济失调和痉挛，尤其直肠括约肌最明显，因而发生腹痛、里急后重等症状。

（3）外毒素　志贺氏菌A群1型及部分2型（斯密兹痢疾杆菌）菌株能产生强烈的外毒素。外毒素为蛋白质，不耐热，75～80 ℃ 1 h即可破坏。该毒素具有3种生物活性：①神经毒性，将毒素注射家兔和小鼠，作用于中枢神经系统，引起四肢麻痹、死亡；②细胞毒性，对人肝细胞、猴肾细胞均有毒性；③肠毒性，具有类似大肠杆菌、霍乱弧菌肠毒素的活性，可以解释疾病早期出现的水样腹泻。外毒素能使肠黏膜通透性增加，并导致血管内皮细胞损害。外毒素经甲醛或紫外线处理可脱毒成类毒素，能刺激机体产生相应的抗毒素。一般认为具有外毒素的志贺氏菌引起的痢疾比较严重。

2. 致疾病

细菌性痢疾是最常见的肠道传染病，夏秋两季患者最多。传染源主要为病人和带菌者，通过污染了痢疾杆菌的食物、饮水等经口感染。人类对志贺氏菌易感，10～200个细菌可使10%～50%志愿者致病。一般来说，志贺氏菌所致菌痢的病情较重；宋内氏志贺氏菌引起的症状较轻；福氏志贺氏菌介于二者之间，但排菌时间长，易转为慢性。

（1）急性细菌性痢疾　又分急性典型、急性非典型、急性中毒性菌痢三型。急性中毒性菌痢小儿多见，各型菌都可发生。发病急，常在腹痛、腹泻未出现，呈现严重的全身中毒症状。

（2）慢性细菌性痢疾　慢性迁延型，通常由急性菌痢治疗不彻底等引起。病程超过2个月，时愈时发，大便培养阳性率低。在有临床症状时为急性发作型，该型往往在半年内有急性菌痢病史。慢性隐伏型菌痢，是在一年内有过菌痢病史，临床症状早已消失，但直肠镜可发现病变或大便培养阳性。

部分患者可成为带菌者，带菌者不能从事饮食业、炊事和保育工作。

7.4.3 检验方法

1. 设备和材料

除微生物实验室常规灭菌及培养设备外，其他设备和材料如下。

恒温培养箱36 ℃±1 ℃；冰箱2～5 ℃；膜过滤系统；厌氧培养装置41.5 ℃±1 ℃；电子天平：感量0.1 g；显微镜：10×～100×；均质器；振荡器；无菌吸管：1 mL、10 mL或微量移液器及吸头；无菌均质杯或无菌均质袋：容量500 mL；无菌培养皿：直径90 mm；pH计或pH比色管或精密pH试纸；全自动微生物生化鉴定系统。

2. 培养基和试剂

志贺氏菌增菌肉汤—新生霉素；麦康凯（MAC）琼脂；木糖赖氨酸脱氧胆酸盐（XLD）琼脂；志贺氏菌显色培养基；三糖铁（TSI）琼脂；营养琼脂斜面；半固体琼脂；葡萄糖胺培养基；尿素琼脂；β-半乳糖苷酶培养基；氨基酸脱羧酶试验培养基；糖发酵管；西蒙氏柠檬酸盐培养基；黏液酸盐培养基；蛋白胨水；靛基质试剂；志贺氏菌属诊断血清；生化鉴定试剂盒。

3. 检验程序

志贺氏菌检验程序见图7-16。

4. 操作步骤

1）增菌

以无菌操作取检样25 g（mL），加入装有灭菌

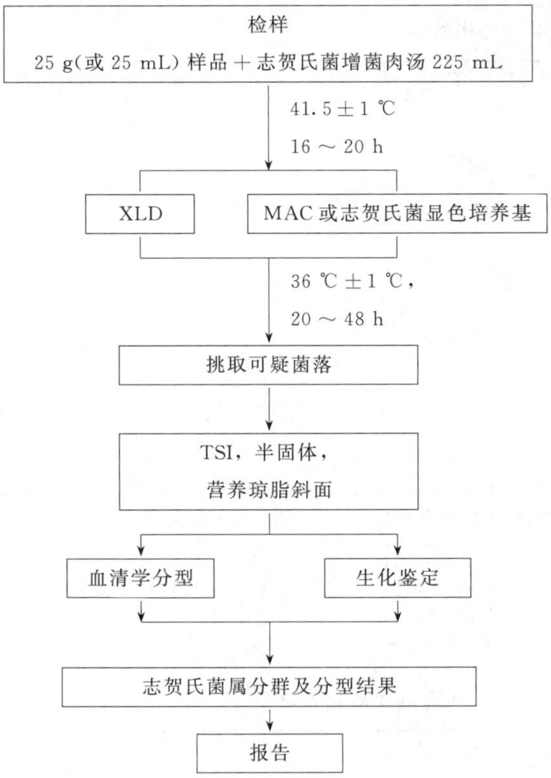

图 7-16　志贺氏菌检验程序

225 mL 志贺氏菌增菌肉汤的均质杯，用旋转刀片式均质器以 8000～10000 r/min 均质；或加入装有 225 mL 志贺氏菌增菌肉汤的均质袋中，用拍击式均质器连续均质 1～2 min，液体样品振荡混匀即可。于 41.5 ℃±1 ℃，厌氧培养 16～20 h。

2）分离

取增菌后的志贺氏增菌液分别划线接种于 XLD 琼脂平板和 MAC 琼脂平板或志贺氏菌显色培养基平板上，于 36 ℃±1 ℃培养 20～24 h，观察各个平板上生长的菌落形态。宋内氏志贺氏菌的单个菌落直径大于其他志贺氏菌。若出现的菌落不典型或菌落较小不易观察，则继续培养至 48 h 再进行观察。志贺氏菌在不同选择性琼脂平板上的菌落特征见表 7-14。

表 7-14　志贺氏菌在不同选择性琼脂平板上的菌落特征

选择性琼脂平板	志贺氏菌的菌落特征
MAC 琼脂	无色至浅粉红色，半透明、光滑、湿润、圆形、边缘整齐或不齐
XLD 琼脂	粉红色至无色，半透明、光滑、湿润、圆形、边缘整齐或不齐
志贺氏菌显色培养基	按照显色培养基的说明进行判定

3）初步生化试验

①自选择性琼脂平板上分别挑取 2 个以上典型或可疑菌落，分别接种 TSI、半固体和营养琼脂斜面各一管，置 36 ℃±1 ℃培养 20～24 h，分别观察结果。

②凡是三糖铁琼脂中斜面产碱、底层产酸（发酵葡萄糖，不发酵乳糖、蔗糖）、不产气（福氏志贺氏菌 6 型可产生少量气体）、不产硫化氢、半固体管中无动力的菌株，挑取其①中已培养的营养琼脂斜面上生长的菌苔，进行生化试验和血清学分型。

4）生化试验及附加生化试验

（1）生化试验　用 3）①初步生化试验中已培养的营养琼脂斜面上生长的菌苔，进行生化试验，即 β-半乳糖苷酶、尿素、赖氨酸脱羧酶、鸟氨酸脱羧酶以及水杨苷和七叶苷的分解试验。除宋内氏志贺氏菌、鲍氏志贺氏菌 13 型的鸟氨酸阳性；宋内氏菌和痢疾志贺氏菌 1 型，鲍氏志贺氏菌 13 型的 β-半乳糖苷酶为阳性以外，其余生化试验志贺氏菌属的培养物均为阴性结果。另外由于福氏志贺氏菌 6 型的生化特性和痢疾志贺氏菌或鲍氏志贺氏菌相似，必要时还需加做靛基质、甘露醇、棉子糖、甘油试验，也可做革兰氏染色检查和氧化酶试验，应为氧化酶阴性的革兰氏阴性杆菌。生化反应不符合的菌株，即使能与某种志贺氏菌分型血清发生凝集，仍不得判定为志贺氏菌属。志贺氏菌属生化特性见表 7-15。

（2）附加生化试验　某些不活泼的大肠埃希氏菌（Anaerogenic *E. coli*）、A-D（alkalescens-disparbiotypes，碱性-异型）菌的部分生化特征与志贺氏菌相似，并能与某种志贺氏菌分型血清发生凝集；因此前面生化实验符合志贺氏菌属生化特性的培养物还需另加葡萄糖胺、西蒙氏柠檬酸盐、黏液酸盐试验（36 ℃培养 24～48 h）。志贺氏菌属和不活泼大肠埃希氏菌、A-D 菌的生化特性区别见表 7-16。

表 7-15 志贺氏菌属 4 个群的生化特征

生化反应	A 群：痢疾志贺氏菌	B 群：福氏志贺氏菌	C 群：鲍氏志贺氏菌	D 群：宋内氏志贺氏菌
β-半乳糖苷酶	－[a]	－	－[a]	＋
尿素	－	－	－	－
赖氨酸脱羧酶	－	－	－	－
鸟氨酸脱羧酶	－	－	－[b]	＋
水杨苷	－	－	－	－
七叶苷	－	－	－	－
靛基质	－/＋	（＋）	－/＋	－
甘露醇	－	＋[c]	＋	＋
棉子糖	－	＋	－	＋
甘油	（＋）	－	（＋）	d

注：＋表示阳性；－表示阴性；－/＋表示多数阴性；＋/－表示多数阳性；（＋）表示迟缓阳性；d 表示有不同生化型。

[a] 痢疾志贺氏 1 型和鲍氏 13 型为阳性。

[b] 鲍氏 13 型为鸟氨酸阳性。

[c] 福氏 4 型和 6 型常见甘露醇阴性变种。

表 7-16 志贺氏菌属和不活泼大肠埃希氏菌、A-D 菌的生化特性区别

生化反应	A 群：痢疾志贺氏菌	B 群：福氏志贺氏菌	C 群：鲍氏志贺氏菌	D 群：宋内氏志贺氏菌	不活泼大肠埃希氏菌	A-D 菌
葡萄糖胺	－	－	－	－	＋	＋
西蒙氏柠檬酸盐	－	－	－	－	d	d
黏液酸盐	－	－	－	d	＋	d

注：1. ＋表示阳性；－表示阴性；d 表示有不同生化型。

2. 在葡萄糖胺、西蒙氏柠檬酸盐、黏液酸盐试验三项反应中志贺氏菌一般为阴性，而不活泼的大肠埃希氏菌、A-D（碱性-异型）菌至少有一项反应为阳性。

（3）试剂盒 如选择生化鉴定试剂盒或全自动微生物生化鉴定系统，可根据初步判断结果，用 3）①中已培养的营养琼脂斜面上生长的菌苔，使用生化鉴定试剂盒或全自动微生物生化鉴定系统进行鉴定。

5）血清学鉴定

（1）抗原的准备 志贺氏菌属没有动力，所以没有鞭毛抗原。志贺氏菌属主要有菌体（O）抗原。菌体（O）抗原又可分为型和群的特异性抗原。

一般采用 1.2%～1.5%琼脂培养物作为玻片凝集试验用的抗原。

注 1：一些志贺氏菌如果因为 K 抗原的存在而不出现凝集反应时，可挑取菌苔于 1 mL 生理盐水做成浓菌液，100 ℃煮沸 15～60 min，去除 K 抗原后再检查。

注 2：D 群志贺氏菌既可能是光滑型菌株也可能是粗糙型菌株，与其他志贺氏菌群抗原不存在交叉反应。与肠杆菌科不同，宋内氏志贺氏菌粗糙型菌株不一定会自凝。宋内氏志贺氏菌没有 K 抗原。

（2）凝集反应 在玻片上划出 2 个约 1 cm×2 cm 的区域，挑取一环待测菌，各放 1/2 环于玻片上的每一区域上部，在其中一个区域下部加 1 滴抗血清，在另一区域下部加入 1 滴生理盐水，作为对照。再用无菌的接种环或针分别将两个区域内的菌落研成乳状液。将玻片倾斜摇动混合 1 min，并对着黑色背景进行观察，如果抗血清中出现凝结成块的颗粒，而且生理盐水中没有发生自凝现象，那么凝集反应为阳性。如果生理盐水中出现凝集，视作为自凝。这时，应挑取同一培养基上的其他菌落继续进行试验。

如果待测菌的生化特征符合志贺氏菌属生化特征，而其血清学试验为阴性的话，则按 5）（1）注 1 进行试验。

（3）血清学分型（选做项目）　先用 4 种志贺氏菌多价血清检查，如果呈现凝集，则再用相应各群多价血清分别试验。先用 B 群福氏志贺氏菌多价血清进行试验，如呈现凝集，再用其群和型因子血清分别检查。如果 B 群多价血清不凝集，则用 D 群宋内氏志贺氏菌血清进行实验，如呈现凝集，则用其Ⅰ相和Ⅱ相血清检查；如果 B、D 群多价血清都不凝集，则用 A 群痢疾志贺氏菌多价血清及 1～12 各型因子血清检查，如果上述 3 种多价血清都不凝集，可用 C 群鲍氏志贺氏菌多价检查，并进一步用 1～18 各型因子血清检查。福氏志贺氏菌各型和亚型的型抗原和群抗原鉴别见表 7-17。

表 7-17　福氏志贺氏菌各型和亚型的型抗原和群抗原的鉴别

型和亚型	型抗原	群抗原	在群因子血清中的凝集		
			3，4	6	7，8
1a	Ⅰ	4	+	−	−
1b	Ⅰ	(4)，6	(+)	+	−
2a	Ⅱ	3，4	+	−	−
2b	Ⅱ	7，8	−	−	+
3a	Ⅲ	(3，4)，6，7，8	(+)	+	+
3b	Ⅲ	(3，4)，6	(+)	+	−
4a	Ⅳ	3，4	+	−	−
4b	Ⅳ	6	−	+	−
4c	Ⅳ	7，8	−	−	+
5a	Ⅴ	(3，4)	(+)	−	−
5b	Ⅴ	7，8	−	−	+
6	Ⅵ	4	+	−	−
X	−	7，8	−	−	+
Y	−	3，4	+	−	−

注：+表示凝集；−表示不凝集；（）表示有或无。

6）结果报告

综合以上生化试验和血清学鉴定的结果，报告 25 g（mL）样品中检出或未检出志贺氏菌。

7.5　溶血性链球菌检验

链球菌是一个古老的菌属，种类很多，与人类疾病有关的大多数属于乙型溶血性链球菌，其血清型 90％属于 A 族链球菌，常可引起皮肤和皮下组织的化脓性炎症及呼吸道感染，还可通过食品引起猩红热、流行性咽炎的暴发性流行。因此，检验食品中是否有溶血性链球菌具有现实意义。

7.5.1　生物学特性

1. 形态与染色

链球菌呈球形或椭圆形，直径 0.6～1.0 μm，呈链状排列。链长短不一，由 4～8 个至 20～30 个菌细胞组成，链的长短与细菌的种类及生长环境有关。链球菌在液体培养基中易呈长链，固体培养基中常呈短链，易与葡萄球菌相混淆。也有些链球菌的变种，可以形成很长的交织在一起的长链。链球菌能产生脱链酶，所以在正常情况下，链球菌的链不能无限制地延长。多数菌株在血清肉汤中培养 2～4 h 易形成透明质酸的荚膜，继续培养后消失。链球菌不形成芽孢，无鞭毛，不能运动，易被碱性苯胺染料着色，呈革兰氏阳性，老龄培养或被中性粒细胞吞噬后，转为革兰氏阴性。

2. 培养特性

溶血性链球菌为需氧或兼性厌氧菌，营养要求较高，在普通培养基上生长不良，需补充血清、血液、腹水，大多数菌株需谷氨酸、核黄素、维生素 B_6、烟酸等生长因子。本菌在 20～42 ℃环境下皆可生长，最适生长温度为 37 ℃，最适 pH 为 7.4～7.6。

本菌在不同的常用培养基上的培养特性如下：

（1）血清肉汤　本菌一般呈颗粒状生长，大多沉于管底。生长状况与链的长短有关系，溶血性菌株易成长链，呈典型的絮状或颗粒状沉淀生长，或粘贴于管壁上；不溶血性菌株的菌链较短，或只呈双球状，液体均匀浑浊；半溶血性菌株的链有长有短，在液体培养基中的生长情况介于两者之间。

（2）血平板　37 ℃培养 18～24 h，形成灰白色、半透明或不透明、表面光滑、有乳光、边缘整齐、直径 0.5～0.75 mm 的圆形突起状细小菌落。不同菌株的溶血情况不一，有的完全溶血，在菌落周围形成透明溶血环；有的不完全溶血，形成草绿色溶血环；有的不发生溶血，无溶血环可见。当培养基所含血液不同时，溶血情况有改变，在含马血的培养基上有小溶血环，但在兔血培养基中不溶血。

3. 生化特性

本菌分解葡萄糖，产酸不产气，对乳糖、甘露醇、水杨苷、山梨醇、棉子糖、蕈糖、七叶苷的分解能力因不同菌株而异。一般不分解菊糖，不被胆汁溶解，触酶阴性。奥普托辛试验阴性，可与肺炎双球菌区别；触酶阴性与葡萄球菌区别；多类 A 族链球菌可分解肝糖和淀粉，约有 97%的 A 族链球菌被杆菌肽抑制，而其他链球菌则不受抑制，肠球菌（D 族）绝大多数能分解甘露醇，亦能分解七叶苷，使培养基变黑。

4. 抗原结构

链球菌的抗原构造较复杂，乙型溶血性链球菌的抗原构造主要有以下 3 种：

（1）核蛋白抗原　简称 P 抗原，是菌体浸出物，无特异性，各种链球菌均相同。

（2）多糖抗原　或称 C 抗原，属于族特异性抗原，是细胞壁的多糖组分，有族特异性，可用稀盐酸等提取。根据族多糖抗原的不同，用血清学方法可将溶血性链球菌分成多个族。

（3）蛋白质抗原　或称表面抗原，具有型特异性，位于 C 抗原外层，其中可分为 M、T、R、S 四种不同性质的抗原成分，与致病性有关的是 M 抗原。M 抗原对热和酸的抵抗力很强，所以可在 pH 为 2 时，煮沸处理细菌，使菌细胞溶解进而提取 M 抗原，与型特异性免疫血清进行沉淀试验可将链球菌分型。

5. 分类

根据不同的分类标准，可将链球菌分为不同的类别。

（1）根据链球菌在血液培养基上生长繁殖后是否溶血及其溶血性质，可将其分为三类：

①甲型（α-）溶血性链球菌：菌落周围有 1～2 mm 宽的草绿色溶血环（细菌产生的过氧化氢等氧化性物质将血红蛋白氧化成高铁血红蛋白，绿色其实是高铁血红蛋白的颜色），放入冰箱一夜呈溶血环，且溶血环扩大，也称甲型溶血，这类链球菌多为条件致病菌，致病力弱，为上呼吸道的正常寄生菌。

②乙型（β-）溶血性链球菌：菌落周围形成一个宽 2～4 mm、界限分明、完全透明的无色溶血环，也称乙型溶血，因而这类菌亦称为溶血性链球菌。该菌的致病力强，为链球菌感染中的主要致病菌，常引起人类和动物的多种疾病。

③丙型（γ-）链球菌：不产生溶血素，菌落周围无溶血环，也称为丙型或不溶血性链球菌，为口腔、鼻咽部及肠道的正常菌群，通常为非致病菌，常存在于乳类和粪便中，偶尔也引起感染。

（2）根据抗原构造，也可对其进行血清学分类。

按链球菌细胞壁中多糖抗原（C 多糖）不同，根据 Lancefield 血清学分类，可将乙型溶血性链球菌分成 A、B、C、D、E、F、G、H、K、L、M、N、O、P、Q、R、S、T、U、V 等 20 个族。在一个族内因表面抗原，即型特异性抗原的不同，又将细菌分成若干型，如 A 族由于 M 抗原不同可分成 60 多个型，B 族分为 4 个血清型，C 族分成 13 个型。

（3）根据菌体对氧的需要分类。

按照是否需要氧，可分为需氧链球菌、厌氧链球菌、微嗜氧链球菌。其中厌氧链球菌常寄生于口腔、肠道和阴道中，可致病的有消化链球菌属。

6. 抵抗力

链球菌抵抗力一般不强，60 ℃ 30 min 即被杀死，但其中 D 族链球菌（如粪链球菌）抵抗力特别强，在该条件下无法杀灭；此菌产生的红疹毒素耐热力很强，煮沸 1 h 才被破坏。对常用消毒剂敏感，在干燥尘埃中可生存数月。其中，乙型链球菌对青霉素、红霉素、氯霉素、四环素、磺胺均很敏感。青霉素是链球菌感染的首选药物，链球菌很少有耐药性。

7.5.2　溶血性链球菌食物中毒

1. 致病因子

致病性链球菌可产生多种毒素和酶，常可引起皮肤、皮下组织的化脓性炎症，呼吸道感染，流行性咽炎的暴发性流行以及新生儿败血症、细菌性心内膜炎、猩红热和风湿热、肾小球肾炎等变态反应。溶血性链球菌的致病性与其产生的毒素及其侵袭性酶有关，致病因子主要有以下几种：

（1）链球菌溶血素　溶血素有 O 和 S 两种，O 为含有—SH 的蛋白质，具有抗原性；S 为小分子多肽，分子质量较小，故无抗原性。

（2）致热外毒素　曾称红疹毒素或猩红热毒素，是人类猩红热的主要毒性物质，主要由 A 族链球菌产生，C、G 族的某些菌株也可产生，会引起局部或全身红疹，伴有发热、疼痛、恶心、呕吐、周身不适等。

（3）透明质酸酶　又称扩散因子，能分解细胞间质的透明质酸，故能增加细菌的侵袭力，使病菌易在组织中扩散。

（4）链激酶　又称链球菌纤维蛋白溶酶，能使血液中纤维蛋白酶原变成纤维蛋白酶，能够增强细菌在组织中的扩散作用，该酶耐热，100 ℃ 50 min 仍可保持活性。人经链球菌感染后，一般 70%～80%出现链激酶抗体，此抗体可抑制链激酶活性。

（5）链道酶　又称链球菌 DNA 酶，能使脓液稀薄，促进病菌扩散。

（6）杀白细胞素　链球菌在肉汤培养基中培养可产生杀白细胞素，能使白细胞失去动力，变成球形，最后膨胀破裂。

（7）其他酶类　溶血性链球菌还可产生蛋白酶、核糖核酸酶、二磷酸吡啶核苷酸酶和致病毒素等。

2. 流行病学

溶血性链球菌在自然界中分布较广，存在于水、空气、尘埃、牛奶、粪便及人和动物的口腔、鼻腔、咽喉和病灶中。可通过直接接触、空气飞沫传播或通过皮肤、黏膜伤口感染，被污染的食品如奶、肉、蛋及其制品也会对人类进行感染。上呼吸道感染患者、人畜化脓性感染部位常成为食品污染的污染源。一般来说，溶血性链球菌常通过以下途径污染食品：

①食品加工或销售人员口腔、鼻腔、手、面部有化脓性炎症时造成食品的污染；

②食品在加工前就已带菌，奶牛患化脓性乳腺炎或畜禽局部化脓时，其奶和肉制品受到污染；

③熟食制品因包装不善而使食品受到污染。

3. 临床表现

本菌通过直接接触、飞沫吸入或通过皮肤、黏膜伤口侵入机体而致病。乙型溶血性链球菌主要引起以下疾病：

（1）皮肤和皮下组织感染　局部可出现化脓性炎症、淋巴管炎、淋巴结炎、蜂窝组织炎等。链球菌侵袭力较强，比葡萄球菌更易扩散和蔓延，往往沿淋巴和血液扩散而引起败血症。

（2）其他系统的感染　如扁桃体炎、咽炎、鼻窦炎、中耳炎、乳突炎、肾盂肾炎、肾小球炎及产褥热等。

（3）猩红热　这是由能产生红疹毒素的溶血性链球菌引起的小儿急性传染病，多以飞沫传播，通过咽喉黏膜侵入机体，产生红疹毒素，引起全身红疹和全身中毒症状。

4. 预防与控制

①防止带菌人群对各种食物的污染，患局部化脓性感染、上呼吸道感染的人员要暂停与食品接触的工作。

②防止对奶及其制品的污染。牛奶场要定期对生产中的奶牛进行体检，坚持挤奶前消毒，一旦发现患化脓性乳腺炎的奶牛要立即隔离。奶制品要用消毒过的原料，并注意低温保存。

③在动物屠宰过程中，应严格执行检验法规，割除病灶并以流水冲洗；在肉制品加工过程中发现化脓性病灶应整块剔除。

7.5.3　检验方法

目前，溶血性链球菌国标检验方法大致分为两大类：①常规微生物学检验法；②其他快速检测方法，包括 PCR、荧光定量 PCR 和环介导等温扩增（LAMP）等。以下以国标食品微生物学检验方法为例，介绍实验室常规检验溶血性链球菌的方法和步骤。

1. 检验原理

（1）增菌：一般样品用葡萄糖肉浸液肉汤增菌，污染严重的样品用匹克肉汤增菌。

（2）血平板分离：溶血性链球菌在血平板上呈乙型溶血，圆形突起的细小菌落。

（3）乙型溶血性链球菌周围有无色透明的溶血环，革兰氏阳性，能产生链激酶（即溶纤维蛋白酶），该酶能激活正常人血液中的血浆蛋白酶原，使之成为血浆蛋白酶，而后溶解纤维蛋白，使凝固的血浆溶解，链激酶是鉴别致病性链球菌的重要特征。97%的A族链球菌可被杆菌肽抑制，其他链球菌则不被抑制，故此试验可初步鉴定A族链球菌。

（4）胰蛋白胨大豆肉汤TSB增菌液、哥伦比亚CAN血琼脂平板的增菌、分离效果很好，其中哥伦比亚CAN血琼脂平板有效地将沙门氏菌、大肠埃希氏菌抑制，平板上只出现目标菌和金黄色葡萄球菌，提高检出率。并且在厌氧环境下（10%CO_2和90%N_2），哥伦比亚CAN选择性琼脂平板更适合于溶血性链球菌的分离培养，主要表现在：菌落形态典型、溶血现象更为明显，同时也抑制了需氧菌及干扰菌的生长，有效提高了辨别率，更利于溶血性链球菌的分离和筛选。

2. 检验方法

（1）检验标准　参考《食品微生物学检验β型溶血性链球菌检验》（GB 4789.11—2014）。

（2）适用范围　各类食品中β型溶血性链球菌的检验。

（3）设备和材料　除微生物实验室常规灭菌及培养设备外，其他设备和材料如下。

恒温培养箱：36 ℃±1 ℃冰箱：2～5 ℃；厌氧培养装置；天平：感量0.1 g；均质器与配套均质袋；显微镜：10～100倍；无菌吸管：1 mL（具0.01 mL刻度）、10 mL（具0.1 mL刻度）或微量移液器及吸头；无菌锥形瓶：容量100 mL、200 mL、2000 mL；无菌培养皿：直径90 mm；pH计或pH比色管或精密pH试纸；水浴装置：36 ℃±1 ℃。

（4）培养基和试剂

①培养基：改良胰蛋白胨大豆肉汤，哥伦比亚CNA血琼脂，哥伦比亚血琼脂，胰蛋白胨大豆肉汤。

②试剂：革兰氏染色液，草酸钾血浆，0.25%氯化钙（$CaCl_2$）溶液，3%过氧化氢（H_2O_2）溶液，生化鉴定试剂盒或生化鉴定卡。（具体配制方法参见GB 4789.11—2014附录A）

（5）检验程序　溶血性链球菌的检验程序见图7-17。

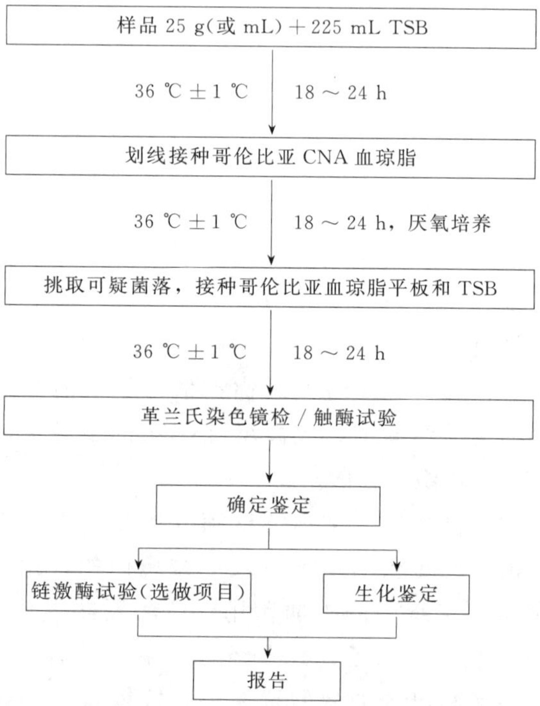

图7-17　溶血性链球菌检验程序

（6）操作步骤

①样品处理及增菌。按无菌操作称取检样25 g（mL），加入盛有225 mL mTSB的均质袋中，用拍击式均质器均质1～2 min；或加入盛有225 mL mTSB的均质杯中，以8000～10000 r/min均质1～2 min。若样品为液态，振荡均匀即可。36 ℃±1 ℃培养18～24 h。

②分离。将增菌液划线接种于哥伦比亚CNA血琼脂平板，36 ℃±1 ℃厌氧培养18～24 h，观察菌落形态。溶血性链球菌在哥伦比亚CNA血琼脂平板上的典型菌落直径为2～3 mm，灰白色、半透明、光滑、表面突起、圆形、边缘整齐，并产生β型溶血。

③鉴定

分离纯化：挑取5个（如小于5个则全选）可

疑菌落分别接种哥伦比亚血琼脂平板和TSB增菌液，36 ℃±1 ℃培养18～24 h。

革兰氏染色镜检：挑取可疑菌落染色镜检。β型溶血性链球菌为革兰氏染色阳性，球形或卵圆形，常排列成短链状。

触酶试验：挑取可疑菌落于洁净的载玻片上，滴加适量3%过氧化氢溶液，立即产生气泡者为阳性。β型溶血性链球菌触酶为阴性。

链激酶试验（选做项目）：吸取草酸钾血浆0.2 mL于0.8 mL灭菌生理盐水中混匀，再加入经36 ℃±1 ℃培养18～24 h的可疑菌的TSB培养液0.5 mL及0.25%氯化钙溶液0.25 mL，振荡摇匀，置于36 ℃±1 ℃水浴中10 min，血浆混合物自行凝固（凝固程度至试管倒置，内容物不流动）。继续36 ℃±1 ℃培养24 h，凝固块重新完全溶解为阳性，不溶解为阴性，β型溶血性链球菌为阳性。

其他检验：使用生化鉴定试剂盒或生化鉴定卡对可疑菌落进行鉴定。

（7）结果与报告　综合以上试验结果，报告每25 g（mL）检样中检出或未检出溶血性链球菌。

7.6 单核细胞增生李斯特氏菌检验

单核细胞增生李斯特氏菌在分类学上隶属于李斯特氏菌属，是李斯特菌属中唯一能引起人类疾病的菌种，为一种短小的革兰氏阳性无芽孢的细胞内寄生杆菌。由于能在低温条件下生长，本菌是冷藏食品威胁人类健康的主要病原菌之一。人类很早就认识到单核细胞增生李斯特氏菌的致病性，早在1891年和1911年就有文献记载和描述过这种细菌。但直到1926年Murray等才在患病兔和豚鼠的肝脏中分离到单核细胞增生李斯特氏菌。单核细胞增生李斯特氏菌被看作是人畜共患病和经食物传播的病原菌只有30多年的历史，但它具有特殊属性，一直受到国际卫生和食品组织以及各国政府的关注。

单核细胞增生李斯特氏菌分布广泛，在环境中能普遍存活，在海水、淡水、土壤、粪肥、垃圾、饲料甚至甲壳动物、苍蝇中均可分离到；能在大多数非酸性食品中生长、繁殖。在牛奶、蔬菜、青贮饲料和土壤中存活的时间比沙门氏菌长，并且存活率高。巴氏消毒不易杀灭此菌，此菌耐盐性较强，对多种物质有较强的抵抗力，不易被寒冷日晒等强烈因素所杀灭，对热的耐受力比一般无芽孢杆菌强，在4 ℃的环境中仍可生长繁殖。此菌致病性强，患者死亡率高，为20%～30%。尽管采取了许多防治措施，但近年来欧美等国家或地区还是暴发过多起食源性污染导致人群感染的事件。从国外暴发的几起李斯特菌病的传播媒介看，动物性食品是主要的传播源。美国在1979—1985年间发生的3次大的食物中毒，均因该菌污染低温杀菌全脂牛奶、生蔬菜和奶制品引起，中毒者死亡率在30%左右。我国虽然未见报道单核细胞增生李斯特氏菌食物中毒，但从冰激凌、水产品、熟肉制品中曾检出单核细胞增生李斯特氏菌，说明存在发生食物中毒的潜在危险。因此，在食品卫生微生物检验工作中，必须加以重视。

7.6.1 生物学特性

1. 形态与染色

本菌为无芽孢短杆菌，大小为（0.4～0.5）μm×（0.5～2.0）μm，直或稍弯，多数菌体一端较大，似棒状，两端钝圆，常呈V字形排列，有的呈丝状，偶有球状、双球状，一般不形成荚膜，但在营养丰富的环境中可形成荚膜，该菌有4根周毛，但易脱落。在22～25 ℃环境中可形成4根鞭毛，故在25 ℃肉汤中幼龄培养物运动活泼；在32 ℃下仅有1根鞭毛，动力缓慢。

幼龄培养物为革兰氏阳性，陈旧培养物可转为革兰氏阴性，呈两极着色，易被误认为双球菌。常温条件下本菌需氧或兼性厌氧，有溶血反应。

2. 培养特性

单核细胞增生李斯特氏菌耐碱不耐酸，适宜在中性或偏碱性的介质中生长，适宜pH范围为5.2～9.6。它对营养要求不高，因此能在大多数细菌培养基上生长良好。胰蛋白胨琼脂是单核细胞增生李斯特氏菌最佳培养和保存用培养基。

（1）本菌在各种不同类型培养基上的培养特性如下：

①EB和葡萄糖肉汤：呈浑浊生长，液面形成菌膜，但后者不产气。

②固体培养基：菌落初始很小、透明、边缘整齐、呈露滴状，但随着菌落的增大，变得不透明。

③液体培养基：培养18～24 h后，肉汤呈轻度均匀浑浊，数天后形成黏稠沉淀附着于管底，摇动时沉淀呈螺旋状，继续培养可形成颗粒状沉淀，不形成菌环、菌膜。

④血平板（含血量5%～7%）：菌落通常不大，圆润，直径为1.0～1.5 mm。灰白色，刺种血平板培养后可产生窄小的β-溶血环，直径3 mm；4 ℃放置4 d后菌落和溶血环直径均可增至5 mm，呈典型的奶油滴状。弱溶血或疑似溶血菌株可用协同溶血试验（CAMP）鉴定。

⑤改良Mc Bride（MMA）琼脂：用45°入射光照射菌落，通过解剖镜垂直观察，菌落呈蓝色、灰色或蓝灰色。

⑥亚碲酸钾平板：形成黑色菌落。

⑦科玛嘉李斯特氏菌选择培养基：菌落呈蓝色并带有白色光环（晕轮）。

⑧TSA-YE平板：生长为灰白色、半透明、圆润、边缘整齐的菌落。

⑨半固体和SIM动力培养基：25 ℃培养，细菌沿穿刺线扩散生长，呈云雾状，随后缓慢扩散，在培养基表面下3～5 mm处呈伞状。

⑩SS\EMB\Mac平板：不生长。

（2）单核细胞增生李斯特氏菌的其他培养特性包括：

①此菌为嗜氧菌，但它在含5%氧气和5%～10%二氧化碳的环境中生长比在空气环境中生长更好。

②此菌是嗜冷菌，在0～50 ℃条件下均能生长。尽管30～37 ℃是它的最佳生长温度，但在冰箱温度条件下仍能生长。低于3 ℃时在磷酸蛋白胨肉汤、4 ℃牛奶中和0 ℃肉中可存活16～20 d。

③此菌的抗盐能力强，在0～4 ℃的25.5%氯化钠水溶液中可存活数月。

3. 生化特性

单核细胞增生李斯特氏菌的生化反应特性见表7-18。

表7-18　单核细胞增生李斯特氏菌生化反应特性

生化反应类型	反应特性	生化反应类型	反应特性
Gram染色	+	果糖	+
动力学实验	+	麦芽糖	+
明胶液化	−	乳糖	+
吲哚反应	−	糊精	+
硫化氢	−	蔗糖	+
硝酸盐还原	−	鼠李糖	+
过氧化氢酶（接触酶）	+	山梨糖醇	+
尿素分解	−	甘油	+
枸橼酸盐	−	甘露醇	+
V-P反应	+	半乳糖	−
抗氧化	−	卫矛醇	−
5 ℃生长	可能	旋覆花素	−
6%以上氯化钠	耐性	肌醇	−
葡萄糖	+产气	阿拉伯糖	−
海藻糖	+	木糖	−
水杨苷	+	棉籽糖	−
阿东糖醇	−	马尿酸盐	+
溶血反应	+	七叶苷	+
MR试验	+	CAMP（葡萄球菌）	+
运动性	+	CAMP（马红球菌）	−
侧金盏花醇	−	纤维二糖	−
赖氨酸	−	鸟氨酸	−
精氨酸	+		

注：+表示阳性；−表示阴性。

4. 血清型分类

根据菌体（O）抗原和鞭毛（H）抗原，将单核细胞增生李斯特氏菌分成13个血清型，分别是1/2a、1/2b、1/2c、3a、3b、3c、4a、4b、4ab、4c、4 d、4e和“7”13个血清型。凭单纯的血清学分型，而不结合生化反应无法鉴定单核细胞增生李斯特氏菌。在13个血清型中其中3种占临床感染的90%，即1/2a、1/2b、4b，最常见的为1/2b，但通常引起食源性感染的是血清型4b。1966年以来，有记载暴发的24起单核细胞增生李斯特氏菌疾病中14起属于4b，占58%；8起属于1/2a，占11%。本菌的抗原结构与毒力无关，且本菌与葡萄球菌、链球菌、肺炎球菌等多数革兰氏阳性菌和大肠杆菌有共同抗原，故血清学诊断无意义。

5. 抵抗力

本菌对理化因素抵抗力较强，在土壤、粪便、青储饲料和干草内能长期存活，对碱和盐抵抗力强，在 200 g/L 氯化钠溶液内经久不死，25 g/L 氢氧化钠溶液经 20 min 才被杀死，60～70 ℃经 5～20 min 可杀死，70%酒精 5 min、2.5%石炭酸、2.5%氢氧化钠、2.5%福尔马林 20 min 可杀死此菌。本菌对青霉素、氨苄青霉素、四环素、磺胺等均敏感。

7.6.2 单核细胞增生李斯特氏菌食物中毒

20 世纪 60 年代以前，单核细胞增生李斯特氏菌主要是在动物间感染，很少感染人类。近 40 年来，微生物学家从自然界广泛地分离到李斯特氏菌，包括单核细胞增生李斯特氏菌和伊万诺维李斯特氏菌。除人类外，至少有 42 种野生和家养的哺乳动物和 17 种禽类携带单核细胞增生李斯特氏菌。在土壤、地表水、污水、烂菜甚至河流中都存在此菌。本菌适宜在腐生环境中存活，从而可通过粪源、食品和昆虫传播给动物和人群。

有报道 5%～10%的健康人群肠道中携带单核细胞增生李斯特氏菌，但携带者本身无任何明显症状。此外也能在龙虾和鱼中分离到这种细菌。

1. 致病因子

单核细胞增生李斯特氏菌的致病性与毒力机理如下：

①寄生物介导的细胞内增生，使它附着及进入肠细胞与巨噬细胞。

②单增李氏菌有细菌性过氧化物歧化酶，它能使抗活化巨噬细胞内的过氧物（为杀菌的毒性游离基团）分解。

③溶血素，即李氏杆菌素 O，可以从培养物上清液中获得；活化的细胞溶素，有 α 和 β 两种，为毒力因子。

2. 流行病学

在健康人和动物中能分离到单核细胞增生李斯特氏菌，丹麦学者的研究表明健康人群的粪便检出率为 1%（3/348），而患李斯特氏菌病的人群中粪便检出率为 21.6%（16/74），与患者接触的人群粪便检出率为 18%。荷兰健康牛群中的自然检出率为 10%。此菌能在许多恶劣条件下生存，如低 pH、低温和高盐，因此容易对食品造成污染。

健康奶牛是该菌的自然宿主，并且细菌能随牛奶一道分泌，粪便也是造成污染的重要源，因而许多奶酪制品都特别适合作为载体成为污染源。此外，该菌能在肉与禽肉和即食食品中生长与增殖，研究发现这类产品中的污染相当普遍，水产品中单核细胞增生李斯特氏菌的分离率也相当高。采用冷冻、表面脱水和喷洒冷却都不会影响单增李斯特氏菌在肉品中的生长，该菌的生长主要取决于温度、pH、产品特性以及产品自身的菌群。

人类感染单核细胞增生李斯特氏菌发病率为每百万人群有 2～15 人发病，死亡率为 30%左右。根据发病症状死亡率差异相当大，通常免疫能力低下、老人和感染菌血症的婴儿死亡率较高，有报道可高达 75%。正是由于李斯特氏菌病不经常发生，但对特殊人群有很高的死亡率，考虑到发达国家未来人口老龄化的现实，未来单核细胞增生李斯特氏菌对人类健康的威胁依然十分严峻。

3. 临床表现

该菌可通过眼及破损皮肤、黏膜进入体内而造成感染，孕妇感染后通过胎盘或产道感染胎儿或新生儿。该菌能产生不同类型的李斯特氏菌病的表现，通常有五种类型，包括：孕期感染、新生儿脓毒血症、脓毒症、脑膜炎、局部感染。患者多数有畏寒、发热、背痛、头痛和血尿。当出现流感样症状时，可从血液、尿液、组织和黏膜中分离到细菌。

单核细胞增生李斯特氏菌进入人体后是否发病，与菌的毒力和宿主的年龄、免疫状态有关，因为此菌是一种细胞内寄生菌，宿主对它的清除主要靠细胞免疫功能。因此，易感者为新生儿、孕妇及 40 岁以上的成人。此外，酗酒者、免疫系统损伤或缺陷者、接受免疫抑制剂和皮质激素治疗的患者及器官移植者也易被该菌感染。

该病在感染后 3～70 d 出现症状，临床表现为：健康成人个体出现轻微类似流感症状、脑膜炎，新生儿、孕妇、免疫缺陷患者表现为呼吸急促、呕吐、出血性皮疹、化脓性结膜炎、发热、抽搐、昏迷、自然流产、脑膜炎、败血症直至死亡。

4. 预防与控制

单核细胞增生李斯特氏菌在一般热加工处理中能存活。热处理已杀灭了竞争性细菌群，使单核细胞增生李斯特氏菌在没有竞争的环境条件下易于存活，所以在食品加工中，中心温度必须达到 70 ℃持续 2 min 以上。

单核细胞增生李斯特氏菌在自然界中广泛存在，即使产品已经过热加工处理充分灭活了单核细胞增生李斯特氏菌，也有可能造成产品的二次污染，因此蒸煮后防止二次污染是极为重要的。

因为单核细胞增生李斯特氏菌在 4 ℃下仍然能生长繁殖，所以未加热的冰箱食品增加了食物中毒的危险。

7.6.3 检验方法

1. 检验原理

1）增菌

李斯特氏菌采用 LB1 \ LB2 培养基进行两步增菌，培养基中含有较高浓度的氯化钠，一定量的萘啶酮酸和吖啶黄。较高浓度的氯化钠对肠球菌起抑制作用，萘啶酮酸和吖啶黄为选择性抑菌剂，李斯特氏菌则不受其抑制。

2）平板分离

采用 PALCAM 琼脂和显色培养基分离李斯特氏菌，李斯特氏菌不发酵培养基中的甘露醇，能水解培养基中的七叶苷，与铁离子发生反应生成黑色的 6，7-二羟基香豆素，因此在 PALCAM 琼脂平板上菌落呈灰绿色，周围有棕黑色水解圈。李斯特氏菌在其他显色培养基上也有一定的特征形态。李斯特氏菌在 PALCAM 琼脂平板上和显色平板上的典型菌落见图 7-18 和图 7-19。

3）初筛

用木糖、鼠李糖发酵试验进行初筛，选择木糖阴性、鼠李糖阳性的菌株进行系统的生化鉴定。

4）鉴定

对可疑菌株进行染色镜检、动力试验、生化试验、溶血试验，确定是否为单核细胞增生李斯特氏菌，必要时，进行小鼠毒力试验。

5）生化鉴定系统

可选择生化鉴定试剂盒或全自动微生物鉴定系统等生化鉴定系统对初筛中的 3～5 个纯培养可疑菌落进行鉴定。该操作较原来的国标法有很大改进，不仅缩短了检测周期，还大大简化了检测步骤，现已广泛应用于微生物的检测。同时作为其他方法的仲裁标准。但是在检测过程中发现，APIListeria 生化鉴定试剂条主要依据 10 种生化反应，结果判定主要依据颜色变化，因此颜色变化不明显或不好界定时，其阴阳性判定带有一定的主观性。这是国际方法在检测过程中的一个重要局限性。

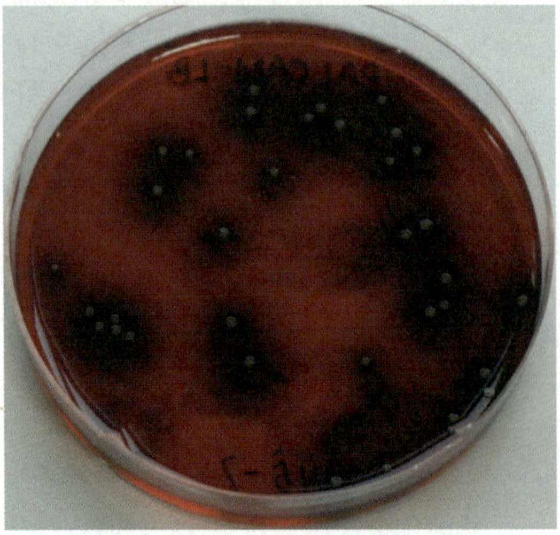

图 7-18　PALCAM 培养基 ATCC 19115 单增李斯特氏菌

（由北京陆桥技术股份有限公司提供）

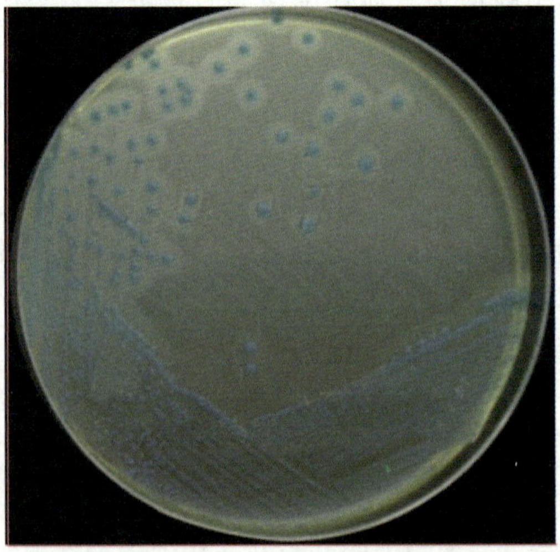

图 7-19　ATCC 19111 单增李斯特氏菌李斯特氏菌显色培养基（LA）

（由北京陆桥技术股份有限公司提供）

2. 检验方法

（1）检验标准　参考《食品微生物学检验 单核细胞增生李斯特氏菌检验》（GB 4789.30—2016）。

（2）范围　本标准规定了食品中单核细胞增生李斯特氏菌（*Listeria monocytogenes*）的检验方法。本标准第一法适用于食品中单核细胞增生李斯特氏菌的定性检验；第二法适用于单核细胞增生李斯特氏菌含量较高的食品中单核细胞增生李斯特氏菌的计数；第三法适用于单核细胞增生李斯特氏菌含量较低（<100 CFU/g）而杂菌含量较高的食品中单核细胞增生李斯特氏菌的计数，特别是牛奶、水以及含干扰菌落计数的颗粒物质的食品。

3. 设备和材料

除微生物实验室常规无菌及培养设备外，其他设备和材料如下。

冰箱：2～5 ℃；恒温培养箱：30 ℃±1 ℃、36 ℃±1 ℃；均质器；显微镜：10×～100×；电子天平：感量 0.1 g；锥形瓶：100 mL、500 mL；无菌吸管：1 mL（具 0.01 mL 刻度）、10 mL（具 0.1 mL 刻度）；无菌平皿：直径 90 mm；无菌试管：16 mm × 160 mm；离心管：30 mm × 100 mm；无菌注射器：1 mL；单核细胞增生李斯特氏菌（ATCC19111）、诺克李斯特氏菌（ATCC33090）、伊氏李斯特氏菌（ATCC19119）、斯氏李斯特氏菌（ATCC35967）、金黄色葡萄球菌（ATCC25923）；马红球菌（*Rhodococcus equi*）；小鼠：16～18 g；全自动微生物生化鉴定系统。

4. 培养基

含 0.6%酵母浸膏的胰酪胨大豆肉汤（TSB-YE）、含 0.6%酵母浸膏的胰酪胨大豆琼脂（TSA-YE）、李氏增菌肉汤 LB（LB_1，LB_2）、PALCAM 琼脂、SIM 动力培养基、缓冲葡萄糖蛋白胨水、5%～8%羊血琼脂、糖发酵管、缓冲蛋白胨水、李斯特氏菌显色培养基、生化鉴定试剂盒。

5. 试剂

甲基红（MR）试剂、V-P 试剂、过氧化氢试剂、1%盐酸吖啶黄（acriflavine HCl）溶液、1%萘啶酮酸钠盐（naladixicacid）溶液。

6. 染色液

革兰氏染液。

7. 第一法——单核细胞增生李斯特氏菌定性检验

1）检验程序

单核细胞增生李斯特氏菌定性检验程序见图 7-20。

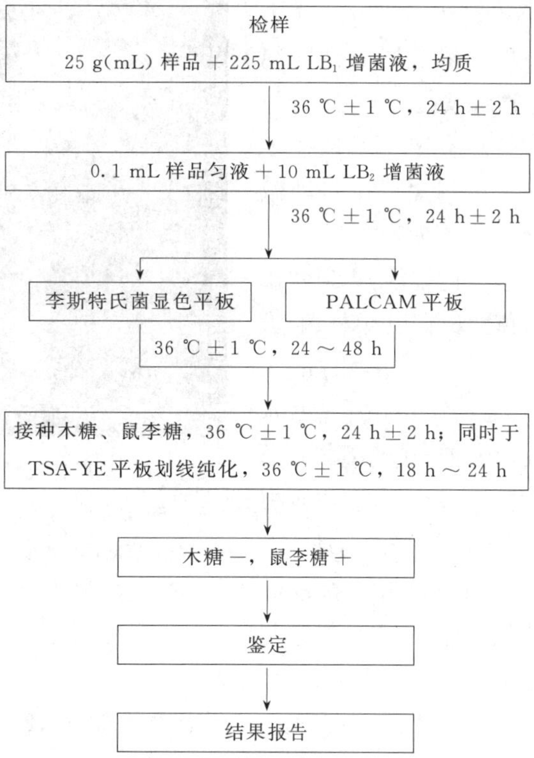

图 7-20　单核细胞增生李斯特氏菌定性检验程序

2）操作步骤

（1）增菌　以无菌操作取样品 25 g（mL）加入含有 225 mL LB_1 增菌液的均质袋中，在拍击式均质器上连续均质 1～2 min；或放入盛有 225 mL LB_1 增菌液的均质杯中，8000～10000 r/min 均质 1～2 min。于 30 ℃±1 ℃培养 24 h±2 h，移取 0.1 mL，转种于 10 mL LB_2 增菌液内，于 30 ℃±1 ℃培养 24 h±2 h。

（2）分离　取 LB_2 二次增菌液划线接种于李斯特氏菌显色平板和 PALCAM 琼脂平板，于 36 ℃±1 ℃培养 24～48 h，观察各个平板上生长的菌落。典型菌落在 PALCAM 琼脂平板上为小的圆形灰绿色菌落，周围有棕黑色水解圈，有些菌落有黑色凹陷；在李斯特氏菌显色平板上的菌落特征，参照产品说明进行判定。

（3）初筛　自选择性琼脂平板上分别挑取3～5个典型或可疑菌落，分别接种木糖、鼠李糖发酵管，于36 ℃±1 ℃培养24 h±2 h，同时在TSA-YE平板上划线，于36 ℃±1 ℃培养18～24 h，然后选择木糖阴性、鼠李糖阳性的纯培养物继续进行鉴定。

（4）鉴定（或选择生化鉴定试剂盒或全自动微生物鉴定系统等）

①染色镜检：李斯特氏菌为革兰氏阳性短杆菌，大小为（0.4～0.5）μm×（0.5～2.0）μm；用生理盐水制成菌悬液，在油镜或相差显微镜下观察，该菌出现轻微旋转或翻滚样的运动。

图7-21　李斯特氏菌的动力试验

（由北京陆桥技术股份有限公司提供）

②动力试验：挑取纯培养的单个可疑菌落穿刺半固体或SIM动力培养基，于25～30 ℃培养48 h，李斯特氏菌有动力，在半固体或SIM培养基上方呈伞状生长，如伞状生长不明显，可继续培养5 d，再观察结果。李斯特氏菌的动力试验见图7-21。

③生化鉴定：挑取纯培养的单个可疑菌落，进行过氧化氢酶试验，过氧化氢酶阳性反应的菌落继续进行糖发酵试验和MR-VP试验。单核细胞增生李斯特氏菌的主要生化特征（图7-22）与其他李斯特菌的区别见表7-19。

④溶血试验：将新鲜的羊血琼脂平板底面划分为20～25个小格，挑取纯培养的单个可疑菌落刺种（也可用划线接种法）到血平板上，每格刺种一个菌落，并刺种阳性对照菌（单增李斯特氏菌、伊氏李斯特氏菌和斯氏李斯特氏菌）和阴性对照菌（英诺克李斯特氏菌）。穿刺时尽量接近底部，但不要触到底面，同时避免琼脂破裂。36 ℃±1 ℃培养24～48 h，于明亮处观察，单核细胞增生李斯特氏菌呈现狭窄、清晰的透明溶血环，斯氏李斯特氏菌在刺种点周围产生弱小的透明溶血环，英诺克李斯特氏菌无溶血环，伊氏李斯特氏菌产生宽的、轮廓清晰的β-溶血区域，若结果不明显，可置4 ℃冰箱24～48 h再观察。李斯特氏菌溶血试验见图7-23。

⑤协同溶血试验cAMP（选做项目）：在羊血琼脂平板上平行划线接种金黄色葡萄球菌和马红球菌，挑取纯培养的单个可疑菌落垂直划线接种于平行线之间，垂直线两端不要触及平行线，距离1～2 mm，同时接种单核细胞增生李斯特氏菌、英诺克李斯特氏菌、伊氏李斯特氏菌和斯氏李斯特氏菌，于36 ℃±1 ℃培养24～48 h。单核细胞增生李斯特氏菌在靠近金黄色葡萄球菌处出现约2 mm的β-溶血增强区域，斯氏李斯特氏菌也出现微弱的溶血增强区域，伊氏李斯特氏菌在靠近马红球菌处出现5～10 mm的“箭头状”β-溶血增强区域，英诺克李斯特氏菌不产生溶血现象。若结果不明显，可置4 ℃冰箱24～48 h再观察。5%～8%的单核细胞增生李斯特氏菌在马红球菌一端有溶血增强现象。协同溶血试验结果见图7-24。

表7-19　单核细胞增生李斯特氏菌生化特征与其他李斯特氏菌的区别

菌种	溶血反应	葡萄糖	麦芽糖	MR-VP	甘露醇	鼠李糖	木糖	七叶苷
单核细胞增生李斯特氏菌（*L. monocytogenes*）	+	+	+	+/+	−	+	−	+
格氏李斯特氏菌（*L. grayi*）	−	+	+	+/+	+	−	−	+
斯氏李斯特氏菌（*L. seeligeri*）	+	+	+	+/+	−	−	+	+
威氏李斯特氏菌（*L. welshimeri*）	−	+	+	+/+	−	V	+	+
伊氏李斯特氏菌（*L. ivanovii*）	+	+	+	+/+	−	−	+	+
英诺克李斯特氏菌（*L. innocua*）	−	+	+	+/+	−	V	−	+

注：+表示阳性；−表示阴性；V表示反应不定。

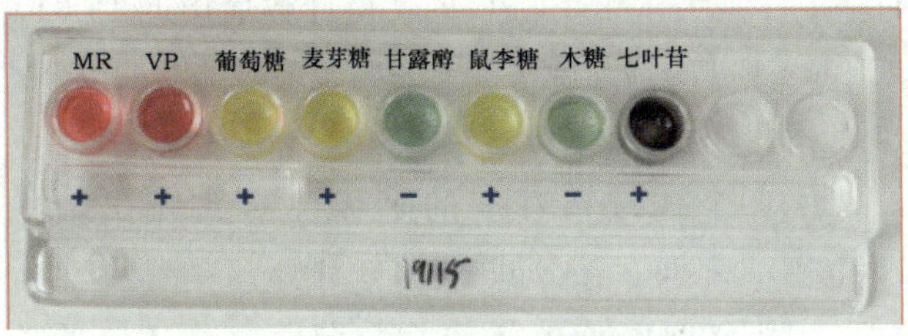

图 7-22　ATCC 19115 单核细胞增生李斯特氏菌的主要生化特征

（由北京陆桥技术股份有限公司提供）

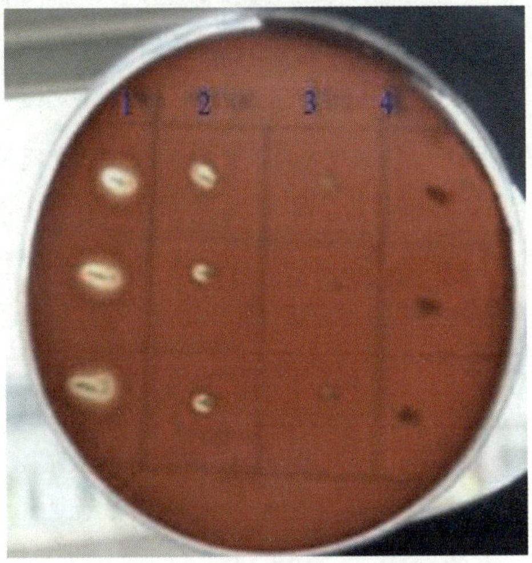

图 7-23　李斯特氏菌溶血试验

1. 伊氏李斯特氏菌：产生大的透明溶血环；
2. 单核细胞增生李斯特氏菌：产生狭小、清晰的透明溶血环；
3. 斯氏李斯特氏菌：产生弱小的透明溶血环；
4. 英诺克李斯特氏菌：无溶血环

（由北京陆桥技术股份有限公司提供）

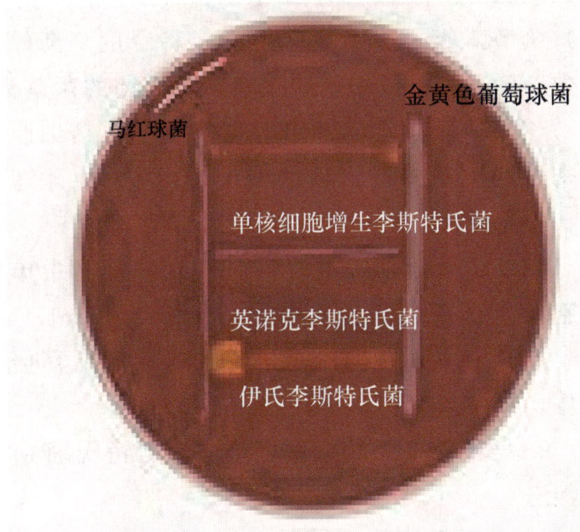

图 7-24　李斯特氏菌协同溶血试验结果

（由北京陆桥技术股份有限公司提供）

⑥小鼠毒力试验（选做项目）：将符合上述特性的纯培养物接种于 TSB-YE 中，于 30 ℃±1 ℃培养 24 h，4000 r/min 离心 5 min，弃上清液，用无菌生理盐水制备成 10^{10} CFU/mL 的菌悬液，取此菌悬液对 3～5 只小鼠进行腹腔注射，每只 0.5 mL，同时观察小鼠死亡情况。接种致病株的小鼠于 2～5 d 内死亡。试验设单增李斯特氏菌致病株和灭菌生理盐水对照组。单核细胞增生李斯特氏菌、伊氏李斯特氏菌对小鼠有致病性。

3）结果与报告

综合以上生化试验和溶血试验结果，报告 25 g（mL）样品中检出或未检出单核细胞增生李斯特氏菌。

8. 第二法——单核细胞增生李斯特氏菌平板计数法

1）检验程序

单核细胞增生李斯特氏菌平板计数程序见图 7-25。

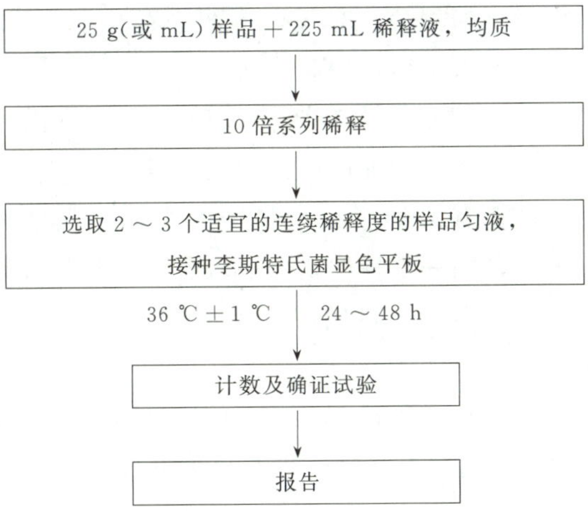

图 7-25　单核细胞增生李斯特氏菌平板计数程序

2）操作步骤

（1）样品的稀释

①以无菌操作称取样品 25 g（mL），放入盛有 225 mL 缓冲蛋白胨水或无添加剂的 LB 肉汤的无菌均质袋内（或均质杯）内，在拍击式均质器上连续均质 1～2 min 或 8000～10000 r/min 均质 1～2 min。液体样品，振荡混匀，制成 1∶10 的样品匀液。

②用 1 mL 无菌吸管或微量移液器吸取 1∶10 样品匀液 1 mL，沿管壁缓慢注于盛有 9 mL 缓冲

蛋白胨水或无添加剂的LB肉汤的无菌试管中（注意吸管或吸头尖端不要触及稀释液面），振摇试管或换用1支1 mL无菌吸管反复吹打使其混合均匀，制成1∶100的样品匀液。

③按②操作程序，制备10倍系列稀释样品匀液。每递增稀释1次，换用1支1 mL无菌吸管或吸头。

（2）样品的接种　根据对样品污染状况的估计，选择2～3个适宜连续稀释度的样品匀液（液体样品可包括原液），每个稀释度的样品匀液分别吸取1 mL以0.3 mL、0.3 mL、0.4 mL的接种量分别加入3块李斯特氏菌显色平板，用无菌L棒涂布整个平板，注意不要触及平板边缘。使用前，如琼脂平板表面有水珠，可放在25～50 ℃的培养箱里干燥，直到平板表面的水珠消失。

（3）培养　在通常情况下，涂布后将平板静置10 min，如样液不易吸收，可将平板放在培养箱36 ℃±1 ℃培养1 h；等样品匀液吸收后翻转平皿，倒置于培养箱，36 ℃±1 ℃培养24～48 h。

（4）典型菌落计数和确认

①单核细胞增生李斯特氏菌在李斯特氏菌显色平板上的菌落特征以产品说明为准。

②选择有典型单核细胞增生李斯特氏菌菌落的平板，且同一稀释度3个平板所有菌落数合计在15～150 CFU之间的平板，计数典型菌落数。如果：

a）只有一个稀释度的平板菌落数在15～150 CFU且有典型菌落，计数该稀释度平板上的典型菌落；

b）所有稀释度的平板菌落数均小于15 CFU且有典型菌落，应计数最低稀释度平板上的典型菌落；

c）某一稀释度的平板菌落数大于150 CFU且有典型菌落，但下一稀释度平板上没有典型菌落，应计数该稀释度平板上的典型菌落；

d）所有稀释度的平板菌落数大于150 CFU且有典型菌落，应计数最高稀释度平板上的典型菌落；

e）所有稀释度的平板菌落数均不在15～150 CFU之间且有典型菌落，其中一部分小于15 CFU或大于150 CFU时，应计数最接近15 CFU或150 CFU的稀释度平板上的典型菌落。以上按公式（7-3）计算。

f）2个连续稀释度的平板菌落数均在15～150 CFU之间，按公式（7-4）计算。

③从典型菌落中任选5个菌落（小于5个全选），分别按第一法的操作步骤（3）初筛和（4）鉴定进行鉴定。

（5）结果计数

$$T=\frac{AB}{Cd} \tag{7-3}$$

式中：T为样品中单核细胞增生李斯特氏菌菌落数；A为某一稀释度典型菌落的总数；B为某一稀释度确证为单核细胞增生李斯特氏菌的菌落数；C为某一稀释度用于单核细胞增生李斯特氏菌确证试验的菌落数；d为稀释因子。

$$T=\frac{A_1B_1}{\frac{C_1+A_2B_2}{C_2}1.1d} \tag{7-4}$$

式中：T为样品中单核细胞增生李斯特氏菌菌落数；A_1为第一稀释度（低稀释倍数）典型菌落的总数；B_1为第一稀释度（低稀释倍数）确证为单核细胞增生李斯特氏菌的菌落数；C_1为第一稀释度（低稀释倍数）用于单核细胞增生李斯特氏菌确证试验的菌落数；A_2为第二稀释度（高稀释倍数）典型菌落的总数；B_2为第二稀释度（高稀释倍数）确证为单核细胞增生李斯特氏菌的菌落数；C_2为第二稀释度（高稀释倍数）用于单核细胞增生李斯特氏菌确证试验的菌落数；1.1为计算系数；d为稀释因子（第一稀释度）。

（6）结果报告　报告每g（mL）样品中单核细胞增生李斯特氏菌菌数，以CFU/g（mL）表示；如T值为0，则以小于1乘以最低稀释倍数报告。

9. 第三法——单核细胞增生李斯特氏菌MPN计数法

1）检验程序

单核细胞增生李斯特氏菌MPN计数法检验程序见图7-26。

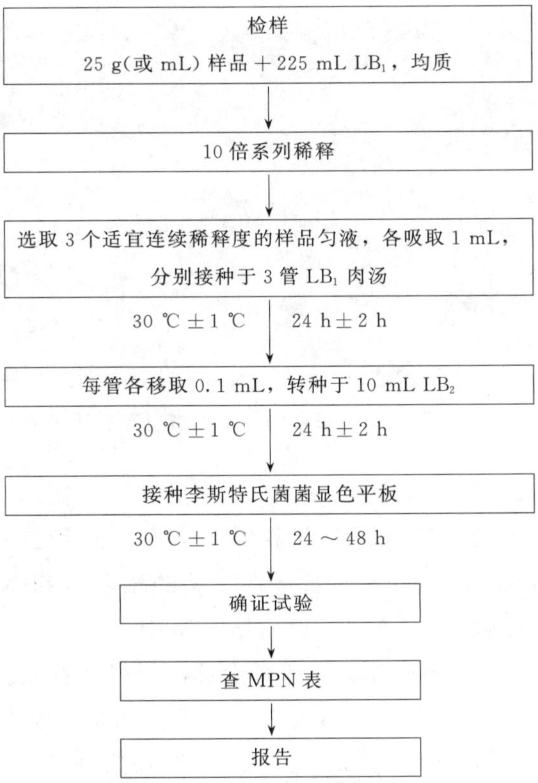

图 7-26　单核细胞增生李斯特氏菌 MPN 计数法检验程序

2）样品的稀释

按第二法 2）（1）样品的稀释进行操作。

3）接种和培养

（1）根据对样品污染状况的估计，选取 3 个适宜连续稀释度的样品匀液（液体样品可包括原液），接种于 10 mL LB_1 肉汤，每一稀释度接种 3 管，每管接种 1 mL（如果接种量需要超过 1 mL，则用双料 LB_1 增菌液）于 30 ℃±1 ℃培养 24 h±2 h。每管各移取 0.1 mL 转种于 10 mL LB_2 增菌液内，于 30 ℃±1 ℃ 培养 24 h±2 h。

（2）用接种环从各管中移取 1 环，接种李斯特氏菌显色平板，36 ℃±1 ℃培养 24～48 h。

（3）确证试验　自每块平板上挑取 5 个典型菌落（5 个以下全选），按照第一法 2）操作步骤（3）初筛和（4）鉴定进行鉴定。

4）结果与报告

根据证实为单核细胞增生李斯特氏菌阳性的试管管数，查 MPN 检索表（表 7-20）；报告每 g（mL）样品中单核细胞增生李斯特氏菌的最可能数，以 MPN/g（mL）表示。

表 7-20　单核细胞增生李斯特氏菌最可能数（MPN）检索表

阳性管数			MPN	95%置信区间		阳性管数			MPN	95%置信区间	
0.10	0.01	0.001		下限	上限	0.10	0.01	0.001		下限	上限
0	0	0	<3.0	—	9.5	2	2	0	21	4.5	42
0	0	1	3.0	0.15	9.6	2	2	1	28	8.7	94
0	1	0	3.0	0.15	11	2	2	2	35	8.7	94
0	1	1	6.1	1.2	18	2	3	0	29	8.7	94
0	2	0	6.2	1.2	18	2	3	1	36	8.7	94
0	3	0	9.4	3.6	38	3	0	0	23	4.6	94
1	0	0	3.6	0.17	18	3	0	1	38	8.7	110
1	0	1	7.2	1.3	18	3	0	2	64	17	180
1	0	2	11	3.6	38	3	1	0	43	9	180
1	1	0	7.4	1.3	20	3	1	1	75	17	200
1	1	1	11	3.6	38	3	1	2	120	37	420
1	2	0	11	3.6	42	3	1	3	160	40	420
1	2	1	15	4.5	42	3	2	0	93	18	420
1	3	0	16	4.5	42	3	2	1	150	37	420
2	0	0	9.2	1.4	38	3	2	2	210	40	430
2	0	1	14	3.6	42	3	2	3	290	90	1000
2	0	2	20	4.5	42	3	3	0	240	42	1000
2	1	0	15	3.7	42	3	3	1	460	90	2000
2	1	1	20	4.5	42	3	3	2	1100	180	4100
2	1	2	27	8.7	94	3	3	3	>1100	420	—

注：1. 本表采用 3 个稀释度［0.1 g（mL）、0.01 g（mL）和 0.001 g（mL）］，每个稀释度接种 3 管。

2. 表内所列检样量如改用 1 g（mL）、0.1 g（mL）和 0.01 g（mL）时，表内数字应相应降为 1/10；如改用 0.01 g（mL）、0.001 g（mL）、0.0001 g（mL）时，则表内数字应相应增加 10 倍，其余类推。

7.7 副溶血性弧菌检验

副溶血性弧菌（*Vivrio parahaemolyticus*）是一种嗜盐性细菌，于 1950 年从日本一次暴发性食物中毒中分离发现，并于 1966 年由国际弧菌命名委员会正式命名。按照《伯杰氏鉴定细菌学手册》（第 9 版）它为弧菌科、弧菌属中的一个种，它是一种在沿海环境中正常栖息的嗜盐性微生物，广泛存在于近海岸的海水、浮游生物、海底沉积物、海产生物（鱼类、贝类）、盐渍的蔬菜及肉蛋等食品中，并在温暖的夏季繁殖。此菌在捕获的海产食品中很容易发现，是夏秋季沿海地区食物中毒和急性腹泻的主要病原菌。该菌所致感染在亚洲一些国家或地区多见，最常引起食物传播性疾病的是日本（与当地居民食用生鱼的习惯有关），近年来欧美地区也有报道。所有菌株均有一个共同的 H 型抗原，但有 13 个 O 型和 65 个 K（荚膜）抗原。副溶血性弧菌的病原性菌株通常以产生一种特异性溶血素（神奈川 Kanagawa 现象）的能力与非病原性菌株相区别。海产鱼虾平均带菌率为 45.7%～48.7%，夏季高达 90%，秋季约为 55%，冬春季较低，为 0%～30%。腌制的鱼贝类如墨鱼、梭子鱼、带鱼、黄鱼等带菌率较高，在其他食品中如肉类、禽类、淡水鱼等也有本菌污染。我国该菌引起中毒事件中，海产品占 65%，肉类和家禽约占 35%（以腌制品多见）。

7.7.1 生物学特性

1. 形态与染色

本菌为革兰氏阴性多形态杆菌或稍弯曲弧菌，呈杆状、棒状、弧状、甚至球状、丝状等各种形态。大小约为 0.7μm×1 μm，丝状菌体长度可达 15 μm。在不同的培养基和不同的培养时间其表现的形态也各异，一般情况下排列不规则，多数是散布，有时成双成对。单端鞭毛，两端浓染，运动活泼。菌体周围有菌毛，无芽孢，无荚膜。副溶血性弧菌的多形性与球状体是它与气单胞菌属在形态学上的主要鉴别特征。副溶血性弧菌的镜下形态（革兰氏染色）见图 7-27。

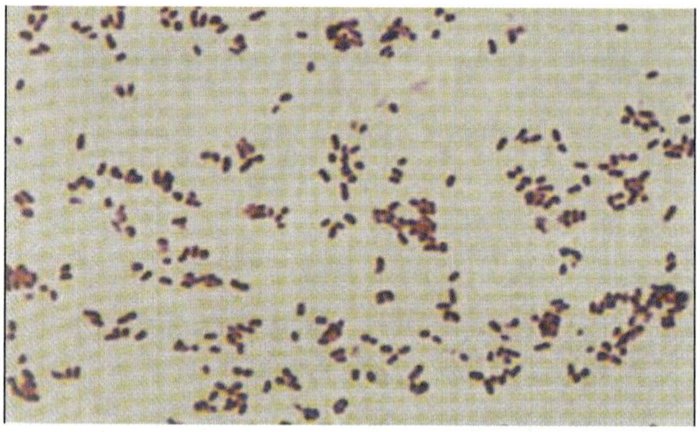

图 7-27　副溶血性弧菌的镜下形态（革兰氏染色）

2. 培养特性

副溶血性弧菌对营养要求不高，但需要一定浓度的 NaCl 方能生长，在无盐的培养基和 NaCl 质量分数达到 11%以上的培养基中不能生长，在含盐 0.5%的培养基中即可生长，所以在普通营养琼脂或蛋白胨水中都能生长，生长所需氯化钠的最适质量分数为 3.5%，最适生长温度为 30～37 ℃，最适 pH 为 7.4～8.0，但在 pH9.5 时仍能生长。在碱性胨水中经 6～9h 增菌可形成菌膜。本菌需氧性很强，厌氧条件下生长缓慢。

以下为本菌在一些常见培养基中的培养特性和形态特征：

（1）肉汤液体培养基　多数菌株呈现浑浊，表面形成菌膜，R 型菌发生沉淀。

（2）固体培养基（SS 琼脂）　菌落光滑湿润，无色透明，具有辛辣刺臭的特殊气味，菌落完整，较扁平，宛如蜡滴，常与培养基紧黏而不易刮离。主要呈卵圆形，两端浓染，中间淡染着色，少数呈杆状。

（3）氯化钠血琼脂　可见溶血环，人血琼脂板上为绿色溶血环。

（4）氯化钠蔗糖琼脂　菌落呈绿色。

（5）TCBS 琼脂平板　形成 0.5～2.0 mm，蔗糖不发酵而呈蓝绿色的菌落。

（6）普通血平板　不溶血或只产生 α 溶血。

（7）我妻氏（Wagatsuma）血琼脂培养基[含高盐（7%）的人 O 型血或兔血及以甘露醇为碳源]从腹泻患者中分离到的菌株 95%以上会产生 β-溶血现象，称为神奈川现象（Kanagawa phenomenon，KP）

（8）麦康凯平板　部分菌株不生长。

（9）伊红亚甲蓝琼脂和中国蓝琼脂培养基不能用于本菌的初次分离。

（10）罗氏双糖培养基　24 h 培养物呈现菌体基本一致，而 48 h 培养物则形态不一，变化很大，呈球形、丝状、杆状、弧状或逗点状等，而且大小及染色特性差异很大。

将副溶血性弧菌在不同培养基上的菌落特性列表比较如下（表 7-21）。

3. 生化特性

副溶血性弧菌属于化能有机营养型，具有呼吸和发酵两种代谢类型。本菌的生化特征见表 7-22。

表 7-21　副溶血性弧菌在不同培养基上的菌落特性

培养基	菌落大小	边缘	隆起度	透明度	黏稠度	颜色	其他
嗜盐性选择琼脂	不扩散的直径 2.5 mm，一般呈扩散性生长	圆整、扩散的边缘不整	隆起，扩散得平坦	浑浊	无黏性	无色	湿润
SS 琼脂	直径 2 mm	圆整	扁平，有时菌落中央呈一点突起	透明	菌落不易挑起，有时挑起呈黏丝状	无色	
血琼脂	直径 3 mm	圆整	隆起	浑浊	无黏性	人血琼脂平板上为暗绿色溶血环	湿润，某些菌株形成 α 与 β 之间的溶血
普通琼脂	直径 1.5 mm	圆整，个别菌株不整齐	隆起，扩散得平坦	浑浊	无黏性	无色	湿润
碱性胆盐琼脂	直径 1.5～2 mm	圆整	平坦	半透明	无黏性	无色	湿润
氯化钠蔗糖琼脂	直径 1.5～2 mm	圆整	隆起	半透明	无黏性	无色	湿润

表 7-22　副溶血性弧菌的生化特征

生化反应	结果	生化反应	结果
氧化酶	＋	**由下列糖产酸产气**	
吲哚	＋	葡萄糖	＋
V-P	－	阿拉伯糖	＋/－不定
柠檬酸盐	－	乳糖	－
ONPG	－	麦芽糖	＋
		甘露醇	＋
脲酶（尿素酶试验也不定，一般认为副溶血性弧菌尿素酶试验为阴性，但新近大量研究表明，尿素酶阳性菌占很大比例，有报道占 35.4%）	＋/－	蔗糖（来自食品及外环境的分离株大都阳性，而来源于患者的多数阴性）	－ 不定
明胶液化	＋	水杨酸	－
动力	＋	纤维二糖	－
多黏菌素 B 敏感性	＋/－	鼠李糖	＋/－不定
精氨酸双水解酶	－		
鸟氨酸脱羧酶	＋		
赖氨酸	＋	**氯化钠生长试验**	
O/129 敏感性（10 μg）	－	0%氯化钠	－
O/129 敏感性（150 μg）	＋	3%氯化钠	＋
甲基红	＋	7%氯化钠	＋
靛基质	＋	10%氯化钠	－

注：＋表示阳性；－表示阴性。

4. 抗原结构

已明确副溶血性弧菌有三种抗原成分，即O抗原（菌体抗原）、K抗原（荚膜抗原）及H抗原（鞭毛抗原）。其中O抗原有13种，有群特征性。O抗原有耐热性，100 ℃2 h仍保持抗原性，根据O抗原的种类不同，可分为A群（O1，O3）、B群（O7，O10，O12）、C群（O8，O9）、D群（O4，O6）、E群（O2，O5，O11及O13）；K抗原存在于菌体表面，不耐热，能阻止菌体与O抗血清凝集，共有65种；H抗原不耐热，100 ℃ 30 min即破坏，特异性低，无助于分类，副溶血性弧菌所有的菌株具有共同的H抗原。以O抗原分群，O、K两种抗原定型，依据O、K两种抗原的组合可将副溶血性弧菌分为845个以上血清型。

5. 抵抗力

①该菌抵抗力弱，不耐热，56 ℃ 10 min，75 ℃ 5 min，90 ℃ 1 min即被杀死；

②耐碱怕酸，在2%冰醋酸或食醋中立即死亡，在1%醋酸或50%食醋中1 min死亡；

③在淡水中生存不超过2 d，但在海水中能生存47 d，在盐渍酱菜中存活30 d以上，高浓度氯化钠的耐受力甚强，含盐浓度低于0.5%或高于11%则繁殖停止；

④对低温的抵抗力较强，在－20 ℃保存于蛋白胨水中，经11周还能继续存活；

⑤对含氯化合物、石炭酸、来苏儿等一般化学消毒剂敏感，对磺胺噻唑、氯霉素、合霉素敏感；对新霉素、链霉素、多黏菌素、呋喃西林中度敏感；对青霉素、磺胺嘧啶具有耐药性。

7.7.2 副溶血性弧菌食物中毒

1. 致病机理

目前已发现副溶血性弧菌有12种菌分为Ⅰ、Ⅱ、Ⅲ、Ⅳ、Ⅴ型。从患者粪便分离出的菌株属于Ⅰ、Ⅱ、Ⅲ型，从致病食物分离的菌株90%以上属于Ⅳ、Ⅴ型。致病性菌株能溶解人及家兔红细胞，其致病力与其溶血能力平行。这是一种不耐热的溶血素（分子质量42000）所致的。本菌能否产生肠毒素尚待证明。其致病因素有黏附因子、溶血素、尿素酶和侵袭力，其菌毛与黏附作用有关。此菌能侵入肠上皮细胞，引起肠上皮细胞和黏膜下组织一系列病变，酪氨酸蛋白激酶、鞭毛和细胞骨架在侵袭过程中发挥一定作用。本菌感染量大于106 CFU/g时可引起感染。

2. 流行病学

副溶血性弧菌广泛存在于海岸和海水中，海生动植物常会受到污染而带菌。海鱼、虾、蟹、蛤等海产品带菌率极高；被海水污染的食物，某些地区的淡水产品如鲫鱼、鲤鱼等及被污染其他含盐量较高的食物如咸菜、咸肉、咸蛋亦可带菌。带有少量该菌的食物，在适宜的温度下，经3～4 h细菌可急剧增加至中毒数量。进食肉类或蔬菜而致病者，多因食物容器或砧板污染所引起。

副溶血性弧菌食物中毒的流行病学特点：有明显的地区性和季节性，日本及我国沿海地区为高发区，以7—9月多见；引起中毒的食物主要是海产食品和盐渍食品。

食物中副溶血性弧菌的来源及中毒发生的原因：海水及海底沉积物中副溶血性弧菌对海产品的污染；人群带菌者对食品的污染；生熟交叉污染。

3. 临床表现

此菌能引起人的急性胃肠炎，摄入致病菌达10万个以上活菌即可发病，个别可表现为败血症。主要症状有恶心、呕吐、上腹部阵发性剧烈腹痛、频繁腹泻（每日5～6次），洗肉水样或带黏液便，体温39 ℃。重症病人可有脱水、血压下降、意识不清等症状。病程2～4 d，一般预后良好，无后遗症，少数病人因休克、昏迷而死亡。该菌有侵袭作用，其产生耐热性溶血毒素（THD）及其相关的溶血毒素（TRH）的抗原性和免疫性相似，皆有溶血活性和肠毒素作用，可引致肠袢肿胀、充血和肠液潴留，引起腹泻。此外有的可产生不耐热溶血毒素（TLH）。THD有特异性心脏毒性，可引起心房纤维性颤动、期前收缩或心肌损害。最近有人发现脲酶与本病腹泻有关，患者体质、免疫力不同，临床表现轻重不一。山区、内陆居民去沿海地区而感染者病情较重，临床表现典型，沿海地区发病者病情一般较轻。

4. 预防与控制

此类菌以夏季污染食品，暴发流行为最多，主要是通过污染水和海产品造成食品卫生问题；厨房和水产品、食品加工厂加工过程的交叉污染也是重要方面。主要涉及的食品有生食的鱼片、贝壳类、龙虾、蟹和牡蛎等。欧盟法规明确规定对所有水产品均需检验副溶血性弧菌。患者的粪便污染水质、食品原料等也是本菌危害的来源。

对本菌危害的控制：食品（尤其是水产品）加工时需彻底清洗或彻底加热处理；生熟产品严格分开，加工过程等环节严防交叉污染和重复污染，水产品食用前要彻底烹饪处理。速冻产品可降低创伤弧菌的存活率。另外，在副溶血性弧菌污染危害控制中加工时间和温度的控制是重要的预防措施。

7.7.3 检验方法

副溶血性弧菌的检验方法主要分为两大类：①常规微生物学检验；②分子生物学检验。目前利用分子生物学技术检测副溶血性弧菌的方法有 PCR 法（多重 PCR、实时 PCR 等）和 LAMP 法等。其原理为：副溶血性弧菌产生的三种类型的溶血素 TDH、TRH 和 TLH 编码基因 *tdh*、*trh* 和 *tlh* 在建立快速检测方法中具有重要意义。副溶血性弧菌基因组序列研究揭示，*tlh* 是副溶血性弧菌的种特异性基因，无论是环境分离株，还是病人分离株，都携带该基因，即所有副溶血性弧菌均含有该基因。因此，检测该基因对副溶血性弧菌的鉴定具有重要作用。下面以国标方法介绍常规微生物学检验的具体方法步骤。

1. 检验原理

（1）选择性增菌　副溶血性弧菌适宜生长的盐含量为 3%～4%，生长适宜的 pH 为 7.4～8.5，高含量氯化钠和高 pH 可以抑制非弧菌类细菌生长，不影响副溶血性弧菌生长。因此，采用 3%氯化钠碱性蛋白胨水进行选择性增菌。

（2）选择性平板分离　用硫代硫酸盐-柠檬酸盐-胆盐-蔗糖琼脂或科玛嘉弧菌显色培养基分离副溶血性弧菌。副溶血性弧菌不分解蔗糖，不产酸，培养基中的酸碱指示剂未发现颜色变化，因而呈现绿色菌落（分解乳糖的菌落因产酸，酸碱指示剂变色，呈黄色菌落），在科玛嘉弧菌显色培养基上呈粉紫色，挑取可疑菌落，在 3%氯化钠胰蛋白胨大豆琼脂平板上划线，进一步分离纯化。

（3）初步鉴定　挑选纯培养的单个菌落进行氧化酶试验，3%氯化钠三糖铁试验，嗜盐性试验并进行革兰氏染色，镜检形态。

（4）确定鉴定　符合副溶血性弧菌的可疑菌株进行进一步的生化鉴定，以确定是否为副溶血性弧菌。必要时，可做血清学分型试验和神奈川试验。

2. 检验方法

1）检验标准

参见《食品安全国家标准　食品微生物学检验　副溶血性弧菌检验》（GB 4789.7—2013）。

2）适用范围

各类食品中副溶血性弧菌的检验。

3）设备和材料

除微生物实验室常规灭菌及培养设备外，其他设备和材料如下。

恒温培养箱：36 ℃±1 ℃；冰箱：2～5 ℃、7～10 ℃；恒温水浴箱：36 ℃±1 ℃；均质器或无菌乳钵；天平：感量 0.1 g；无菌试管：18 mm×180 mm、15 mm×100 mm；无菌吸管：1 mL（具 0.01 mL 刻度）、10 mL（具 0.1 mL 刻度）或微量移液器及吸头；无菌锥形瓶：容量 250 mL、500 mL、1000 mL；无菌培养皿：直径 90 mm；全自动微生物生化鉴定系统；无菌手术剪、镊子。

4）培养基和试剂

3%氯化钠碱性蛋白胨水、硫代硫酸盐-柠檬酸盐-胆盐-蔗糖（TCBS）琼脂、3%氯化钠胰蛋白胨大豆琼脂、3%氯化钠三糖铁琼脂、嗜盐性试验培养基、3%氯化钠甘露醇试验培养基、3%氯化钠赖氨酸脱羧酶试验培养基、3%氯化钠 MR-VP 培养基、3%氯化钠溶液、我妻氏血琼脂、氧化酶试剂、革兰氏染色液、ONPG 试剂、Voges-Proskauer（V-P）试剂、弧菌显色培养基、生化鉴定试剂盒等。

5）检验程序

副溶血性弧菌检验程序见图 7-28。

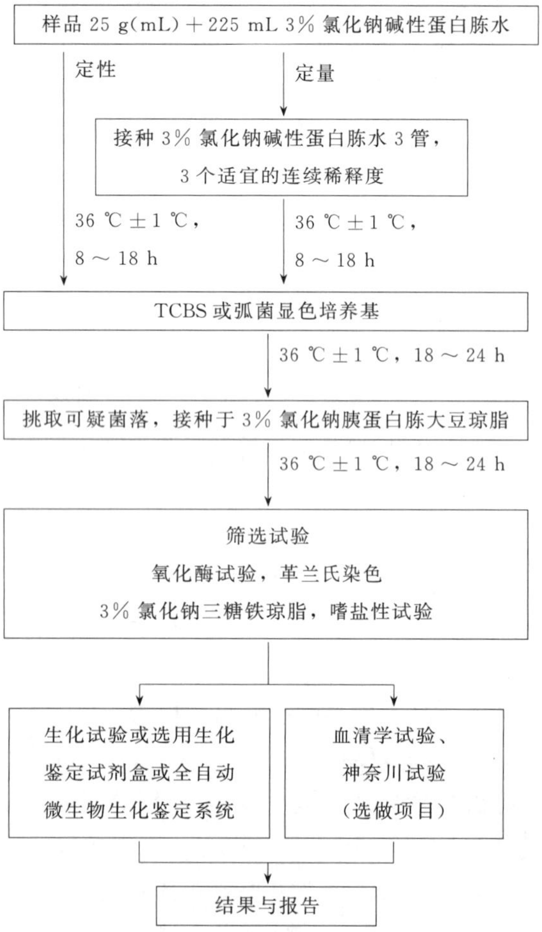

图 7-28　副溶血性弧菌检验程序

6）操作步骤

（1）样品制备

①非冷冻样品采集后应立即置 7～10 ℃冰箱保存，尽可能及早检验；冷冻样品应在 45 ℃以下不超过 15 min 或在 2～5 ℃不超过 18 h 解冻。

②鱼类和头足类动物取表面组织、肠或鳃。贝类取全部内容物，包括贝肉和体液；甲壳类取整个动物，或者动物的中心部分，包括肠和鳃。如为带壳贝类或甲壳类，则应先在自来水中洗刷外壳并甩干表面水分，然后以无菌操作打开外壳，按上述要求取相应部分。

③以无菌操作取样品 25 g（mL），加入 3％氯化钠碱性蛋白胨水 225 mL，用旋转刀片式均质器以 8000 r/min 均质 1 min，或拍击式均质器拍击 2 min，制备成 1∶10 的样品匀液。如无均质器，则将样品放入无菌乳钵，自 225 mL 3％氯化钠碱性蛋白胨水中取少量稀释液加入无菌乳钵，样品磨碎后放入 500 mL 无菌锥形瓶，再用少量稀释液冲洗乳钵中的残留样品 1～2 次，洗液放入锥形瓶，最后将剩余稀释液全部放入锥形瓶，充分振荡，制备 1∶10 的样品匀液。

（2）增菌

①定性检测：将（1）样品制备中③中制备的 1∶10 样品匀液于 36 ℃±1 ℃培养 8～18 h。

②定量检测：用无菌吸管吸取 1∶10 样品匀液 1 mL，注入含有 9 mL 3％氯化钠碱性蛋白胨水的试管内，振摇试管混匀，制备 1∶100 的样品匀液。

另取 1 mL 无菌吸管，按上述操作程序，依次制备 10 倍系列稀释样品匀液，每递增稀释一次，换用一支 1 mL 无菌吸管。

根据对检样污染情况的估计，选择 3 个适宜的连续稀释度，每个稀释度接种 3 支含有 9 mL 3％氯化钠碱性蛋白胨水的试管，每管接种 1 mL。置 36 ℃±1 ℃恒温箱内，培养 8～18 h。

（3）分离　对所有显示生长的增菌液，用接种环在距离液面以下 1 cm 内蘸取一环增菌液，于 TCBS 平板或弧菌显色培养基平板上划线分离。一支试管划线一块平板。于 36 ℃±1 ℃培养 18～24 h。典型的副溶血性弧菌在 TCBS 上呈圆形、半透明、表面光滑的绿色菌落，用接种环轻触，有类似口香糖的质感，直径 2～3 mm。从培养箱取出 TCBS 平板后，应尽快（不超过 1 h）挑取菌落或标记要挑取的菌落。典型的副溶血性弧菌在弧菌显色培养基上的特征按照产品说明进行判定。

（4）纯培养　挑取 3 个或以上可疑菌落，划线接种 3％氯化钠胰蛋白胨大豆琼脂平板，36 ℃±1 ℃培养 18～24 h。

（5）初步鉴定

①氧化酶试验：挑选纯培养的单个菌落进行氧化酶试验，副溶血性弧菌为氧化酶阳性。

②涂片镜检：将可疑菌落涂片，进行革兰氏染色，镜检观察形态。副溶血性弧菌为革兰氏阴性，呈棒状、弧状、卵圆状等多形态，无芽孢，有鞭毛。

③挑取纯培养的单个可疑菌落，转种 3％氯化钠三糖铁琼脂斜面并穿刺底层，36 ℃±1 ℃培养

24 h 观察结果。副溶血性弧菌在 3%氯化钠三糖铁琼脂中的反应为底层变黄不变黑，无气泡，斜面颜色不变或红色加深，有动力。

④嗜盐性试验：挑取纯培养的单个可疑菌落，分别接种 0%、6%、8%和 10%不同氯化钠含量的胰胨水，36 ℃±1 ℃培养 24 h，观察液体浑浊情况。副溶血性弧菌在无氯化钠和 10%氯化钠的胰胨水中不生长或微弱生长，在 6%氯化钠和 8%氯化钠的胰胨水中生长旺盛。

(6) 确证鉴定　取纯培养物分别接种含 3%氯化钠的甘露醇试验培养基、赖氨酸脱羧酶试验培养基、MR-VP 培养基，36 ℃±1 ℃培养 24～48 h 后观察结果；3%氯化钠三糖铁琼脂隔夜培养物进行 ONPG 试验。可选择生化鉴定试剂盒或全自动微生物生化鉴定系统。

(7) 血清学分型（选做项目）

①制备：接种两管 3%氯化钠胰蛋白胨大豆琼脂试管斜面，36 ℃±1 ℃培养 18～24 h。用含 3%氯化钠的 5%甘油溶液冲洗 3%氯化钠胰蛋白胨大豆琼脂斜面培养物，获得浓厚的菌悬液。

②K 抗原的鉴定：取一管 (7) ①制备好的菌悬液，首先用多价 K 抗血清进行检测，出现凝集反应时再用单个的抗血清进行检测。用蜡笔在一张玻片上划出适当数量的间隔和一个对照间隔。在每个间隔内各滴加一滴菌悬液，并对应加入一滴 K 抗血清。在对照间隔内加一滴 3%氯化钠溶液。轻微倾斜玻片，使各成分相混合，再前后倾动玻片 1 min。阳性凝集反应可以立即观察到。

③O 抗原的鉴定：将另外一管的菌悬液转移到离心管内，121 ℃灭菌 1 h。灭菌后 4000 r/min 离心 15 min，弃去上层液体，沉淀用生理盐水洗 3 次，每次 4000 r/min 离心 15 min，最后一次离心后留少许上层液体，混匀制成菌悬液。用蜡笔将玻片划分成相等的间隔。在每个间隔内加入一滴菌悬液，将 O 群血清分别加一滴到间隔内，最后一个间隔加一滴生理盐水作为自凝对照。轻微倾斜玻片，使各成分相混合，再前后倾动玻片 1 min。阳性凝集反应可以立即观察到。如果未见到与 O 群血清的凝集反应，将菌悬液 121 ℃再次高压 1 h 后，重新检测。如果仍为阴性，则培养物的 O 抗原属于未知。根据表 7-23 报告血清学分型结果。

表 7-23　副溶血性弧菌的抗原

O 群	K 型
1	1，5，20，25，26，32，38，41，56，58，60，64，69
2	3，28
3	4，5，6，7，25，29，30，31，33，37，43，45，48，54，57，58，59，72，75
4	4，8，9，10，11，12，13，34，42，49，53，55，63，67，68，73
5	15，17，30，47，60，61，68
6	18，46
7	19
8	20，21，22，39，41，70，74
9	23，44
10	24，71
11	19，36，40，46，50，51，61
12	19，52，61，66
13	65

(8) 神奈川试验（选做项目）　神奈川试验是在我妻氏血琼脂上测试是否存在特定溶血素。神奈川试验阳性结果与副溶血性弧菌分离株的致病性显著相关。

用接种环将测试菌株的 3%氯化钠胰蛋白胨大豆琼脂 18 h 培养物点种于表面干燥的我妻氏血琼脂平板。每个平板上可以环状点种几个菌。36 ℃±1 ℃培养不超过 24 h，并立即观察。阳性结果为菌落周围呈半透明环的β溶血。

(9) 结果与报告　根据检出可疑菌落的测试结果进行分析与报告。

①定性检测：报告 25 g（mL）样品中是否检出副溶血性弧菌。

②定量检测：根据证实为副溶血性弧菌阳性的试管管数，查最可能数（MPN）检索表，报告每 g（mL）副溶血性弧菌的 MPN 值。副溶血弧菌的生化性状和其他弧菌的鉴别分别见表 7-24 和表 7-25。

表 7-24　副溶血性弧菌的生化性状

试验项目	结果	试验项目	结果
革兰氏染色镜检	阴性，无芽孢	分解葡萄糖产气	－
氧化酶	＋	乳糖	－
动力	＋	硫化氢	－
蔗糖		赖氨酸脱羧酶	＋
葡萄糖	＋	V-P	－
甘露醇	＋	ONPG	－

注：＋表示阳性；－表示阴性。

表 7-25　副溶血性弧菌主要性状与其他弧菌的鉴别

名称	氧化酶	赖氨酸	精氨酸	鸟氨酸	明胶	脲酶	V-P	42℃生长	蔗糖	D-纤维二糖	乳糖	阿拉伯糖	D-甘露糖	D-甘露醇	ONPG	嗜盐性试验 氯化钠含量/% 0	3	6	8	10
副溶血性弧菌 *V. parahaemolyticus*	＋	＋	－	＋	＋	V	－	＋	－	V	－	＋	＋	＋	－	－	＋	＋	＋	－
创伤弧菌 *V. vulnificus*	＋	＋	－	＋	＋	－	－	＋	－	＋	＋	－	＋	V	＋	－	＋	＋	－	－
溶藻弧菌 *V. alginolyticus*	＋	＋	－	＋	＋	－	＋	＋	＋	－	－	－	＋	＋	－	－	＋	＋	＋	＋
霍乱弧菌 *V. cholerae*	＋	＋	－	＋	＋	－	V	＋	＋	－	－	－	＋	＋	＋	＋	＋	－	－	－
拟态弧菌 *V. mimicus*	＋	＋	－	＋	＋	－	－	＋	－	－	－	－	＋	＋	＋	＋	＋	－	－	－
河弧菌 *V. fluvialis*	＋	－	＋	－	＋	－	－	V	＋	＋	－	＋	＋	＋	＋	－	＋	＋	V	－
弗氏弧菌 *V. furnissii*	＋	－	＋	－	＋	－	－	－	＋	－	－	＋	＋	＋	＋	－	＋	＋	＋	－
梅氏弧菌 *V. metschnikovii*	－	＋	＋	－	＋	－	＋	V	＋	－	－	－	＋	＋	＋	－	＋	＋	V	－
霍利斯弧菌 *V. hollisae*	＋	－	－	－	－	－	－	nd	－	－	－	＋	＋	－	－	－	＋	＋	－	－

注：＋表示阳性；－表示阴性；nd 表示未试验；V 表示可变。

每 g（mL）检样中副溶血性弧菌最可能数（MPN）检索表见表 7-26。

7.8　肉毒梭菌及肉毒毒素检验

肉毒梭菌（*Clostridium botulinum*）是一种腐败寄生菌，早在 18 世纪末以前，在欧洲尤其是在德国已被人们所认识。当时引起中毒的主要食物是腊肠，因此当时肉毒梭菌中毒被称为腊肠中毒。本菌在自然界分布很广，由于生态上的差异出现区域性的差异，以 A、B 两型分布最广，它的芽孢分布于土壤、沼泽、湖泊、河川和海底，各大洲都能检查出它们的芽孢；C、D 两型则主要存在于动物的尸体内或在腐尸周围的土壤里面；E 型菌及其芽孢主要存在于海洋的沉积物、海鱼、海虾及海栖哺乳动物的肠道内；F 型曾在动物肝脏引起食物中毒时分离到。引起人食物中毒的主要是 A、B、E 三型，C、D 两型主要是畜、禽肉毒中毒的病原。

表 7-26　副溶血性弧菌最可能数（MPN）检索表

阳性管数			MPN	95%可信限		阳性管数			MPN	95%可信限	
0.10	0.01	0.001		下限	上限	0.10	0.01	0.001		下限	上限
0	0	0	<3.0	—	9.5	2	2	0	21	4.5	42
0	0	1	3.0	0.15	9.6	2	2	1	28	8.7	94
0	1	0	3.0	0.15	11	2	2	2	35	8.7	94
0	1	1	6.1	1.2	18	2	3	0	29	8.7	94
0	2	0	6.2	1.2	18	2	3	1	36	8.7	94
0	3	0	9.4	3.6	38	3	0	0	23	4.6	94
1	0	0	3.6	0.17	18	3	0	1	38	8.7	110
1	0	1	7.2	1.3	18	3	0	2	64	17	180
1	0	2	11	3.6	38	3	1	0	43	9	180
1	1	0	7.4	1.3	20	3	1	1	75	17	200
1	1	1	11	3.6	38	3	1	2	120	37	420
1	2	0	11	3.6	42	3	1	3	160	40	420
1	2	1	15	4.5	42	3	2	0	93	18	420
1	3	0	16	4.5	42	3	2	1	150	37	420
2	0	0	9.2	1.4	38	3	2	2	210	40	430
2	0	1	14	3.6	42	3	2	3	290	90	1000
2	0	2	20	4.5	42	3	3	0	240	42	1000
2	1	0	15	3.7	42	3	3	1	460	90	2000
2	1	1	20	4.5	42	3	3	2	1100	180	4100
2	1	2	27	8.7	94	3	3	3	>1100	420	—

注：1. 本表采用3个稀释度［0.1 g（mL）、0.01 g（mL）和0.001 g（mL）］，每个稀释度接种3管。

2. 表内所列检样量如改用1 g（mL）、0.1 g（mL）和0.01 g（mL）时，表内数字应相应降为1/10；如改用0.01 g（mL）、0.001 g（mL）和0.0001 g时，则表内的数字应相应增加10倍，其余类推。

肉毒梭菌的生命力强并广泛存在于自然界，特别是土壤中，易于污染食品，在适宜条件下可在食品中产生剧烈的神经毒素，即肉毒毒素，能引起以神经麻痹为主要症状、病死率甚高的食物中毒（又称肉毒中毒）故检验食品特别是不经加热处理而直接食用的食品中有无肉毒梭菌极为重要。

7.8.1　生物学特性

1. 形态与染色

肉毒梭菌属于厌氧性梭状芽孢杆菌属，具有该属菌的基本特性，是革兰氏阳性粗大杆菌，大小为（4～6）μm×（0.9～1.2）μm，多单个存在，两侧平行，两端钝圆。本菌为多形态细菌，直杆状或稍弯曲，形成长丝状或链状，有时能见到舟形、带把柄的柠檬形、蛇样线状、染色较深的球茎状，这些属于退化型。芽孢为卵圆形，大于菌体宽度，位于菌体末梢，使菌体呈匙形或网球拍状，偶有位于中央，常见很多游离芽孢。当菌体开始形成芽孢时，常常伴随自溶现象，可见阴影形。有4～8根周生鞭毛，运动迟缓，无荚膜。新鲜培养基的革兰氏染色为阳性，产生毒性剧烈的细菌外毒素，即肉毒毒素。

2. 培养特性

肉毒梭菌为专性厌氧菌，可在普通培养基上生长，28～37 ℃生长良好，但本菌产生毒素的最适生长温度为25～30 ℃，最适pH为6.0～8.2（本菌在8 ℃以上，pH 4以上都可形成毒素），在10%食盐溶液中不生长。在各类不同培养基上的生长情况各异。

（1）固体培养基　形成不规则、直径约3 mm的圆形菌落。菌落半透明，表面呈颗粒状，边缘不整齐，界线不明显，向外扩散，呈绒毛网状，常常扩散成菌苔。

(2) 葡萄糖鲜血琼脂平板　菌落较小，扁平、颗粒状，中央低隆，边缘不规则，带丝状或绒毛状菌落，开始较小，37 ℃菌落会出现与菌落几乎等大或者较大的β溶血环。

(3) 乳糖卵黄牛奶平板　菌落下培养基为乳浊，菌落表面及周围形成彩虹样（或珍珠层）薄层，但G型没有，不分解乳糖；分解蛋白的菌株，菌落周围出现透明环。

(4) 液体或半流动培养基（含有肉渣）　肉毒梭菌生长旺盛而且产生大量气体。A、B、F三型表面浑浊，底部有粉状或颗粒状沉淀，并能消化肉块将其溶解为烂泥状，并变黑，产生腐败恶臭味，3 d以后，不同菌型产毒的最适培养温度不完全相同。C、D型温度高些为宜，35.5 ℃培养3 d即可，而E型菌低温长时间培养效果较好。

3. 毒素及其类型

根据肉毒梭菌能产毒素的抗原特异性可分为A、B、C、D、E、F、G七型，其中C型又分为Cα和Cβ型。各型毒素只被其相应的抗毒素所中和（即A型毒素只被A型抗毒素所中和），但Cβ型毒素既可被Cβ型抗毒素又可被Cα型抗毒素中和。各型毒素是由同型细菌所产生的，其主要来源及致病性见表7-27。

根据肉毒梭菌的生化反应亦可分为两型：一种能水解凝固蛋白的称为解蛋白菌；另一种不能水解凝固蛋白，称为非解蛋白菌。前者能产生A、B、C、D、E、F、G型毒素，后者能产生B、C、D、E、F型毒素。

4. 生化特性

肉毒梭菌的生化性状很不规律，即使同型，也常见到株间的差异。肉毒梭菌能分解葡萄糖、麦芽糖及果糖，产酸产气，对其他糖的分解作用因菌株不同而异。能液化明胶，但菌株间有液化能力的差异，缓慢（37 ℃ 15 d）液化凝固血清，使牛乳消化，产生H_2S，但不使硝酸盐还原为亚硝酸盐。各型肉毒梭菌毒素的生化反应见表7-28。

表7-27　各型肉毒梭菌毒素的来源及其致病性

型别	毒素主要来源	主要易感动物	所致疾病	抗毒素
A	发酵食物、罐头食品	人、鸡、牛、马、水貂	人食物中毒、鸡软颈病、牛、马水貂中毒	特异性
B	发酵食物、肉制品	人、马、牛、水貂、鸡	同上	特异性
Cα	灰绿蝇、蛆、池沼腐烂植物	水禽	禽类软颈病	可中和Cα、Cβ毒素
Cβ	含毒素饲料、腐尸	牛、羊、马、水貂	牛、羊、马、水貂中毒	可中和Cα、Cβ毒素
D	腐肉	牛	非洲牛跛病	特异性
E	生鱼、海生哺乳动物	人	食物中毒	特异性
F	发酵食物、肉品	人	食物中毒	特异性
G	—	—	食物中毒	特异性

表7-28　各型肉毒梭菌毒素的生化反应

菌型或菌株	葡萄糖	麦芽糖	乳糖	蔗糖	明胶酶产生	蛋白酶产生	脂肪酶产生	磷脂酶产生	溶血
A型	+	+	−	+	+	+	+	−	+
B型PL株	+	±	−	+	+	+	+	−（+）	+
B型NP株	+	±	−	+	+	−	+	−（+）	+
C型	+	+	−	−	+	−	+	−（+）	+
D型	+	+	−	−	+	−	+	−（+）	+
E型	+	±	−	+	±	−	+	−	+
F型PL株	+	+	−	+	+	+	+	−	+
F型NP株	+	±	−	+	+	−	+	−（+）	+
G型	−	−	−	−	+	+	−	−	−

注：±表示株间不同；−（+）表示个别株产生；PL表示蛋白分解株；NP表示非蛋白分解株。

5. 抵抗力

肉毒梭菌加热至 80 ℃经 30 min 或 100 ℃经 10 min 即可被杀死，但其芽孢抵抗力强，煮沸需 6 h、105 ℃需 2 h、110 ℃需 36min、120 ℃需 4～5min 才能将其杀死。肉毒梭菌所有菌株在 45 ℃以上都受到抑制。

肉毒梭菌毒素为一种蛋白质，相对分子质量 1 500 000，通常以毒素分子和一种血细胞凝集素载体（相对分子质量为 500 000）所构成的复合物形式存在，不被胃液或消化酶破坏，在 pH3～6 范围内毒性不减弱，但在 pH8.5 以上或 100 ℃经 10～20 min 常被破坏。毒素在干燥密闭和阴暗条件下可保存多年。毒素用甲醛处理后即变成类毒素。毒素及类毒素均有抗原性，注射于动物体内能产生抗毒素。

7.8.2　肉毒梭菌食物中毒

肉毒梭菌食物中毒又称肉毒中毒，肉毒中毒由人们误食了被肉毒梭菌污染的食物并且该菌在其繁殖过程中产生了外毒素所致。

1. 致病因子

肉毒梭菌食物中毒与肉毒梭菌及芽孢无直接关系，其致病的物质基础是它能产生强烈的外毒素即肉毒毒素（大分子蛋白），而肉毒毒素进入血循环后，选择性地作用于运动神经与副交感神经，主要作用点是神经末梢，抑制神经传导介质乙酰胆碱的释放，从而引起肌肉运动障碍，发生软瘫。肉毒毒素的毒性极强，是目前已知在天然毒素和合成毒剂中毒性最强的生物毒素，据称，其精制毒素 1 g 能杀死 400 万 t 小鼠，一个人的致死量大概在 1 μg 左右。毒素作用于神经系统，主要抑制神经末梢释放乙酰胆碱，引起肌肉松弛麻痹，特别是呼吸肌麻痹导致死亡。引起人类食物中毒的主要为 A、B、E 三型（见表 7-27），F 型亦可引起人类的毒血症，E 型肉毒毒素，可被胰酶激活而毒力增强。根据毒素的抗原特异性将其分为 A、B、C（1、2）、D、E、F、G 七个型别。与毒素型别相对应，肉毒梭菌也分为同样的七个型别。其中 A、B、E、F 四型毒素对人有不同程度的致病性。

A 型毒素经 60 ℃ 2min 加热，差不多能被完全破坏，而 B、E 二型毒素要经 70 ℃ 2min 才能被破坏；C、D 二型毒素对热的抵抗力更大些；C 型毒素要经过 90 ℃ 2min 加热才能完全被破坏。不论如何，只要煮沸 1 min 或 75 ℃加热 5～10 min，毒素都能被完全破坏。肉毒毒素对酸性反应比较稳定，对碱性反应比较敏感。某些型的肉毒毒素在适宜条件下，毒性能被胰酶激活和加强。

2. 流行病学

肉毒中毒一年四季均可发生。在国外，引起肉毒中毒的食品多为各类肉类及肉制品，各种鱼、豆类、蔬菜和水果罐头等，并与生活习惯有关。欧洲各国多为火腿、腊肠、兽肉、禽肉等引起中毒；美国则多为家庭自制的蔬菜、水果罐头、水产品和肉、奶类制品引起中毒；日本和俄罗斯多因鱼制品中毒。在我国，因肉制品和罐头食品引起中毒的较少，以发酵食品（如臭豆腐、豆瓣酱、豆豉）发生中毒较多。

肉毒毒素进入机体的方式大体有 4 种。

（1）食物媒介　这是最早被发现的中毒方式，而且迄今全世界包括我国在内的绝大部分肉毒中毒病例均属于此类型。

（2）吸入　这是极罕见的中毒类型，只有在进行肉毒梭菌及其毒素研究的检验室内偶尔发生。

（3）创伤感染　肉毒梭菌芽孢污染创伤部位，在局部发芽繁殖，产生毒素，引起肉毒中毒。

（4）肠道感染　肉毒梭菌能否在肠道内产毒而引起人的肉毒中毒，直至近些年才得出结论。1976 年在美国加利福尼亚首次发现婴儿猝死综合征（SIDS），病例中有一部分实属肉毒中毒。婴儿经口吞入的肉毒梭菌芽孢在消化道内发芽繁殖，产生肉毒毒素，引起中毒，此类病例目前一般见于婴儿肉毒中毒。

3. 临床症状

肉毒中毒的潜伏期短者仅 3 h，长者可达 10 d 左右，通常为 12～18 h，其特点是潜伏期越短，死亡率也就越高，说明其毒素含量高、毒力强。肉毒毒素是一种与神经亲和力较强的毒素，肉毒毒素经肠道吸收后，作用于外周神经接头、自主神经末梢以及颅脑神经核，毒素能阻止乙酰胆碱的释放，导致肌肉麻痹和神经功能不全，死亡率较高，据报道可达 30%～60%，死亡主要原因是呼吸麻痹和心肌瘫痪，如果早期使用抗毒血清治疗，死亡率可降至10%～15%。本病的症状较为严重，主要为神经出现麻痹，患者眼睑下垂，出现复视，继而为运动困难，不能抬头，头多倒向一侧或向前，肌肉无力，吞咽和语言困难，口腔分泌物多，但无法咽下，因此渴感增加，瞳孔放大，对光反应迟钝，还可见斜视，一般神智仍清楚，后期还发生呼吸困难，患者一般无明显体温变化或稍低于正常体温，胃肠道无明显症状，但也有少数病例，在发病初期出现肠胃炎，而后出现瘫痪的神经症状。病程一般为2～3 d，有些病例可持续2～3周，不少患者在疾病后期可能出现便秘和鼓肠，死亡率可达30%～60%。死亡主要是呼吸困难（麻痹）所致，直至死前神智仍清楚，保持知觉，患者有恐惧感。

可选用的治疗方法包括：

（1）抗毒素治疗　多价肉毒抗毒血清对本病有特效，必须及早给予，发病后24 h内或瘫痪现象发生前注入最为有效，静脉或肌内注入（5～10）万IU一次，必要时6 h后重复给予同量。

（2）支持及对症治疗　发病早期确诊为肉毒中毒或疑似本病后，应立刻用水或高锰酸钾（1∶4000）洗胃并灌肠，病人应安静休息，注意保暖。

肉毒中毒预后一般无后遗症，但某些症状消失缓慢，最终可恢复正常，也有极个别病例，可能在较长时期内一直处在某肢体不完全瘫痪的情况。

4. 预防与控制

防止肉毒中毒的办法包括减少食品的微生物污染水平、给予酸性环境、减少湿度水平和破坏食品中所有肉毒梭菌的芽孢。最常用的破坏方法是加热处理。正确加工的罐头食品不会含有活的肉毒梭菌。家庭制作的罐头食品比商业制造的罐头所引起的肉毒中毒事例更多，这反映出商业罐头生产者对加热的要求了解得更多，掌握得更好。

一种食品含有活的肉毒梭菌还不能引起肉毒中毒。只要这种细菌不繁殖，毒素就不会产生。在很多食品中肉毒梭菌的营养要求是足够的，但并不是都能提供必要的厌氧条件。很多罐头食品和很多肉类以及鱼类食品，在营养和厌氧两方面的要求都能满足。如果食品（自然的或人为的）是酸性的（低pH），有低的水活度，有高浓度的氯化钠，以及亚硝酸盐达到抑制浓度，这些条件两个或两个以上结合起来，即使是合适的食品也会抑制肉毒梭菌的生长。除非很严格地掌握温度并保持低于3 ℃的条件，冷藏温度不会抑制非蛋白分解菌株的生长和毒素的产生。况且，作为肉毒中毒媒介物的这些食品，其加工的目的是为了防止腐败，一般来说是不冷藏的。

肉毒中毒的发生，一般有以下几种情况，即制作食品的原料中带有肉毒梭菌芽孢；在食物加工过程中，芽孢未被完全杀灭；在食物加工或贮存过程中，温度较高，缺氧，适宜芽孢的繁殖和产毒；熟食制品在食用前未经充分加热使毒素完全破坏。因此，在食品加工过程中，应加强食品卫生管理，改进食品制作及食用方法，保证食用安全。生产罐头食品时，必须严格遵守操作规程，装罐后要灭菌彻底。对可疑的食品要加热处理，加热温度一般为100 ℃ 1 h。具体而言，可采取以下措施预防本病的发生。

（1）食品制造前应对食品原料进行清洁处理，除去泥土和粪便，用优质饮用水充分清洗。特别在肉毒中毒多发地区，土壤及动物粪便的带菌率较高，故要求更应严格。

（2）罐头食品的生产，除建立严密合理的工艺规程和卫生制度防止污染外，还应严格执行灭菌的操作规程。罐头在贮藏过程中发生胖听或破裂时，不能食用。制作发酵食品时，在进行发酵前对粮、谷、豆类等原料应进行彻底蒸煮，以杀灭肉毒梭菌芽孢。

（3）加工后的肉、鱼类制品，应避免再污染和在较高温度下堆放，或在缺氧条件下保存。盐腌或熏制肉类或鱼类时，原料应新鲜并清洗干净；加工后，食用前不再经加热处理的食品更应认真防止污染和彻底冷却。

（4）肉毒梭菌毒素不耐热，加热80 ℃经30 min或100 ℃经10～20 min可使各型毒素破坏，故可对可疑食物进行彻底加热破坏，是预防肉毒中毒的可靠措施。

（5）防止婴儿肉毒中毒，应首先避免不洁之物进入口内。凡能进入婴儿口中的东西（如手指、乳头、玩具等）要注意清洁，避免经口感染。要对婴儿的补充食品如水果、蔬菜等去皮或洗净消毒，不可食用变质的剩奶。

7.8.3 检验方法

1. 检验原理

肉毒梭菌及其型别的鉴定主要依据产毒试验。

（1）肉毒毒素检测　肉毒毒素在明胶磷酸盐缓冲液中稳定，故采用明胶磷酸盐缓冲液制备肉毒毒素检样。又因为E型毒素需要胰酶激活才能表现出较强的毒力，所以检样分两份，其中一份用胰酶激活处理。

肉毒毒素检测以小鼠腹腔注射法为标准方法，取样离心上清液及其胰酶激活处理液分别注射小鼠，若小鼠以肉毒毒素中毒特有的特征死亡，表示检出肉毒毒素，并进一步证实。

采用多型肉毒抗毒诊断血清与检样作用中和毒素和加热破坏肉毒毒素的方法证实样品中的毒素是否为肉毒毒素，若注射以上两种方法处理的检样的小鼠均获保护存活，而注射未经其他处理的检样的小鼠以特有症状死亡，则证实含有肉毒毒素，并进行毒力测定和定型试验，报告检样含有某型肉毒毒素。

（2）肉毒梭菌及其型别检测　采用庖肉培养基进行增菌产毒培养试验，并进行毒素检测试验，阳性结果证明检样中存在肉毒梭菌，报告检样含有某型肉毒梭菌。

经毒素检测试验证实含有肉毒梭菌的增菌产毒培养物，用卵黄琼脂平板分离肉毒梭菌，其在该琼脂上生长时，菌落及周围培养基表面覆盖有特有的彩虹样（珍珠层样）薄层，但G型菌无此现象。

挑取卵黄琼脂平板上的菌落进行增菌产毒培养试验和培养特性检测试验，以便进一步确证。得到确证后，报告由样品分离的菌株为某型肉毒梭菌。

2. 检验方法

1）检验标准

参考《食品安全国家标准　食品微生物学检验　肉毒梭菌及肉毒毒素检验》（GB 4789.12—2016）。

2）适用范围

本标准适用于食品中肉毒梭菌及肉毒毒素的检验。

3）设备与材料

除微生物实验室常规灭菌及培养设备外，其他设备和材料如下。

冰箱：2～5 ℃、－20 ℃；天平：感量0.1 g；无菌手术剪、镊子、试剂勺；均质器或无菌乳钵；离心机：3000、14000 r/min；厌氧培养装置；恒温培养箱：35 ℃±1 ℃、28 ℃±1 ℃；恒温水浴箱：37 ℃±1 ℃、60 ℃±1 ℃、80 ℃±1 ℃；显微镜：10～100倍；PCR仪；电泳仪或毛细管电泳仪；凝胶成像系统或紫外检测仪；核酸蛋白分析仪或紫外分光光度计；可调微量移液器：0.2～2 μL、2～20 μL、20～200 μL、100～1000 μL；无菌吸管：1.0 mL、10.0 mL、25.0 mL。

4）培养基与试剂

庖肉培养基、胰蛋白酶胰蛋白胨葡萄糖酵母膏肉汤（TPGYT）、卵黄琼脂培养基、明胶磷酸盐缓冲液、革兰氏染色液、10%胰蛋白酶溶液、磷酸盐缓冲液（PBS）、1 mol/L氢氧化钠溶液、1 mol/L盐酸溶液。肉毒毒素诊断血清、无水乙醇和95%乙醇、10 mg/mL溶菌酶溶液、10 mg/mL蛋白酶K溶液、3 mol/L乙酸钠溶液（pH 5.2）、TE缓冲液。引物：根据表7-29中序列合成，临用时用超纯水配制引物浓度为10 μmol/L。10×PCR缓冲液。25 mmol/L $MgCl_2$。dNTPs：dATP、dTTP、dCTP、dGTP。Taq酶。琼脂糖：电泳级。溴化乙啶或Goldview。5×TBE缓冲液。6×加样缓冲液。DNA分子质量标准。

5）检验程序

肉毒梭菌及肉毒毒素检验程序见图7-29。

6）操作步骤

（1）样品制备

①样品保存：待检样品应放置2～5 ℃冰箱冷藏。

②固态与半固态食品：固体或游离液体很少的半固态食品，以无菌操作称取样品25 g，放入无菌均质袋或无菌乳钵，块状食品以无菌操作切碎，

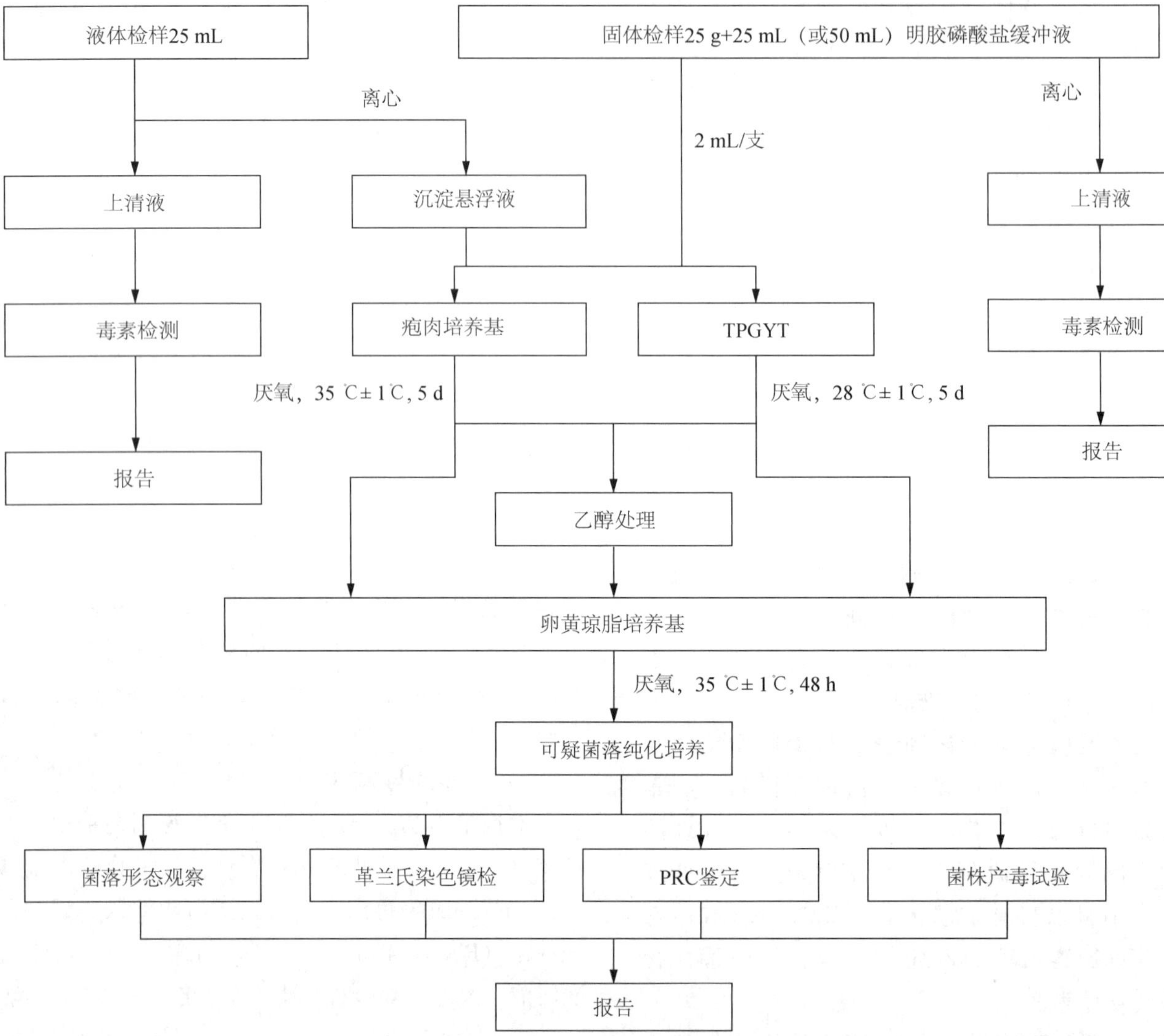

图 7-29　肉毒梭菌及肉毒毒素检验程序

含水量较高的固态食品加入 25 mL 明胶磷酸盐缓冲液，乳粉、肉干等含水量低的食品加入 50 mL 明胶磷酸盐缓冲液，浸泡 30 min，用拍击式均质器拍打 2 min 或用无菌研杵研磨制备样品匀液，收集备用。

③液态食品：液态食品摇匀，以无菌操作量取 25 mL 检验。

④剩余样品处理：取样后的剩余样品放 2～5 ℃冰箱冷藏，直至检验结果报告发出后，按感染性废弃物要求进行无害化处理，检出阳性的样品应采用压力蒸汽灭菌方式进行无害化处理。

（2）肉毒毒素检测

①毒素液制备：取样品匀液约 40 mL 或均匀液体样品 25 mL 放入离心管，3000 r/min 离心 10～20 min，收集上清液分为两份放入无菌试管中，一份直接用于毒素检测，一份用于胰酶处理后进行毒素检测。液体样品保留底部沉淀及液体约 12 mL，重悬，制备沉淀悬浮液备用。

胰酶处理：用 1 mol/L 氢氧化钠或 1 mol/L 盐酸调节上清液 pH 至 6.2，按 9 份上清液加 1 份 10%胰酶（活力 1∶250）水溶液，混匀，37 ℃孵育 60 min，其间间或轻轻摇动反应液。

②检出试验：用 5 号针头注射器分别取离心上清液和胰酶处理上清液腹腔注射小鼠 3 只，每只 0.5 mL，观察和记录小鼠 48 h 内的中毒表现。典型肉毒毒素中毒症状多在 24 h 内出现，通常在 6 h 内发病和死亡，其主要表现为竖毛，四肢瘫软，呼吸困难，呈现风箱式呼吸，腰腹部凹陷、宛如

峰腰，多因呼吸衰竭而死亡，可初步判定为肉毒毒素所致。若小鼠在 24 h 后发病或死亡，应仔细观察小鼠症状，必要时浓缩上清液重复试验，以排除肉毒毒素中毒。若小鼠出现猝死（30 min 内）导致症状不明显时，应将毒素上清液进行适当稀释，重复试验。

注：毒素检测动物试验应遵循《食品安全国家标准 食品毒理学实验室操作规范》（GB 15193.2）的规定。

③确证试验：上清液或（和）胰酶处理上清液的毒素试验阳性者，取相应试验液 3 份，每份 0.5 mL，其中第一份加等量多型混合肉毒毒素诊断血清，混匀，37 ℃孵育 30 min；第二份加等量明胶磷酸盐缓冲液，混匀后煮沸 10 min；第三份加等量明胶磷酸盐缓冲液，混匀。将三份混合液分别腹腔注射小鼠各两只，每只 0.5 mL，观察 96 h 内小鼠的中毒和死亡情况。

结果判定：若注射第一份和第二份混合液的小鼠未死亡，而第三份混合液小鼠发病死亡，并出现肉毒毒素中毒的特有症状，则判定检测样品中检出肉毒毒素。

④毒力测定（选做项目）：取确证试验阳性的试验液，用明胶磷酸盐缓冲液稀释制备一定倍数稀释液，如 10 倍、50 倍、100 倍、500 倍，分别腹腔注射小鼠各两只，每只 0.5 mL，观察和记录小鼠发病与死亡情况至 96 h，计算最低致死剂量（MLD/mL 或 MLD/g），评估样品中肉毒毒素毒力，MLD 等于小鼠全部死亡的最高稀释倍数乘以样品试验液稀释倍数。例如，样品稀释两倍制备的上清液，再稀释 100 倍试验液使小鼠全部死亡，而 500 倍稀释液组存活，则该样品毒力为 200 MLD/g。

⑤定型试验（选做项目）：根据毒力测定结果，用明胶磷酸盐缓冲液将上清液稀释至 10～1000 MLD/mL 作为定型试验液，分别与各单型肉毒毒素诊断血清等量混合（国产诊断血清一般为冻干血清，用 1 mL 生理盐水溶解），37 ℃孵育 30 min，分别腹腔注射小鼠两只，每只 0.5 mL，观察和记录小鼠发病与死亡情况至 96 h。同时，用明胶磷酸盐缓冲液代替诊断血清，与试验液等量混合作为小鼠试验对照。

结果判定：某一单型诊断血清组动物未发病且正常存活，而对照组和其他单型诊断血清组动物发病死亡，则判定样品中所含肉毒毒素为该型肉毒毒素。

注：未经胰酶激活处理的样品上清液的毒素检出试验或确证试验为阳性者，则毒力测定和定型试验可省略胰酶激活处理试验。

（3）肉毒梭菌检验

①增菌培养与检出试验。

a. 取出庖肉培养基 4 支和 TPGY 肉汤管 2 支，隔水煮沸 10～15 min，排除溶解氧，迅速冷却，切勿摇动。在 TPGY 肉汤管中缓慢加入胰酶液至液体石蜡液面下肉汤中，每支 1 mL，制备成 TPGYT。

b. 吸取样品匀液或在毒素制备过程中的离心沉淀悬浮液 2 mL 接种至庖肉培养基中，每份样品接种 4 支，2 支直接放置 35 ℃±1 ℃厌氧培养至 5 d，另 2 支放 80 ℃保温 10 min，再放置 35 ℃±1 ℃厌氧培养至 5 d；同样方法接种 2 支 TPGYT 肉汤管，28 ℃±1 ℃厌氧培养至 5 d。

注：接种时，用无菌吸管轻轻吸取样品匀液或离心沉淀悬浮液，将吸管口小心插入肉汤管底部缓缓放出样液至肉汤中，切勿搅动或吹气。

c. 检查记录增菌培养物的浊度、产气、肉渣颗粒消化情况，并注意气味。肉毒梭菌培养物为产气、肉汤浑浊（庖肉培养基中 A 型和 B 型肉毒梭菌肉汤变黑）、消化或不消化肉粒、有异臭味。

d. 取增菌培养物进行革兰氏染色镜检，观察菌体形态，注意是否有芽孢、芽孢的相对比例、芽孢在细胞内的位置。

e. 若增菌培养物 5 d 无菌生长，应延长培养至 10 d，观察生长情况。

f. 取增菌培养物阳性管的上清液，进行毒素检出和确证试验，必要时进行定型试验，阳性结果可证明样品中有肉毒梭菌存在。

注：TPGYT 增菌液的毒素试验无须添加胰酶处理。

②分离与纯化培养。

a. 增菌液前处理，吸取 1 mL 增菌液至无菌螺旋帽试管中，加入等体积过滤除菌的无水乙醇，混匀，在室温下放置 1 h。

b. 取增菌培养物和经乙醇处理的增菌液分别划线接种至卵黄琼脂平板，35 ℃±1 ℃厌氧培养 48 h。

c. 观察平板培养物菌落形态，肉毒梭菌菌落隆起或扁平、光滑或粗糙，易成蔓延生长，边缘不规则，在菌落周围形成乳色沉淀晕圈（E 型较宽，A 型和 B 型较窄），在斜视光下观察，菌落表面呈现珍珠样虹彩，这种光泽区可随蔓延生长扩散到不规则边缘区外的晕圈。

d. 菌株纯化培养，在分离培养平板上选择 5 个肉毒梭菌可疑菌落，分别接种卵黄琼脂平板，35 ℃±1 ℃，厌氧培养 48 h，按 c. 观察菌落形态及其纯度。

③鉴定试验。

A. 染色镜检　挑取可疑菌落进行涂片、革兰氏染色和镜检，肉毒梭菌菌体形态为革兰氏阳性粗大杆菌、芽孢卵圆形，大于菌体，位于次端，菌体呈网球拍状。

B. 毒素基因检测

a. 菌株活化：挑取可疑菌落或待鉴定菌株接种 TPGY，35 ℃±1 ℃厌氧培养 24 h。

b. DNA 模板制备：吸取 TPGY 培养液 1.4 mL 至无菌离心管中，14000×g 离心 2 min，弃上清，加入 1.0 mL PBS 悬浮菌体，14000×g 离心 2 min，弃上清，用 400 μL PBS 重悬沉淀，加入 10 mg/mL 溶菌酶溶液 100 μL，摇匀，37 ℃水浴 15 min，加入 10 mg/mL 蛋白酶 K 溶液 10 μL，摇匀，60 ℃水浴 1 h，再沸水浴 10 min，14000×g 离心 2 min，上清液转移至无菌小离心管中，加入 3 mol/L NaAc 溶液 50 μL 和 95%乙醇 1.0 mL，摇匀，−70 ℃或 −20 ℃放置 30 min，14000×g 离心 10 min，弃去上清液，沉淀干燥后溶于 200 μL TE 缓冲液，置于 −20 ℃保存备用。

注：根据实验室实际情况，也可采用常规水煮沸法或商品化试剂盒制备 DNA 模板。

c. 核酸浓度测定（必要时）：取 5 μL DNA 模板溶液，加超纯水稀释至 1 mL，用核酸蛋白分析仪或紫外分光光度计分别检测 260 nm 和 280 nm 波段的吸光值 A_{260} 和 A_{280}。按公式（7-5）计算 DNA 质量浓度。当质量浓度在 0.34～340 μg/mL 或 A_{260}/A_{280} 值在 1.7～1.9 之间时，适宜于 PCR 扩增。

$$C = A_{260} \times N \times 50 \qquad (7\text{-}5)$$

式中：C 为 DNA 质量浓度，单位为微克每毫升（μg/mL）；A_{260} 为 260 nm 处的吸光值；N 为核酸稀释倍数。

d. PCR 扩增

a）分别采用针对各型肉毒梭菌毒素基因设计的特异性引物（表 7-29）进行 PCR 扩增，包括 A 型肉毒毒素（botulinum neurotoxin A，bont/A）、B 型肉毒毒素（botulinum neurotoxin B，bont/B）、E 型肉毒毒素（botulinum neurotoxin E，bont/E）和 F 型肉毒毒素（botulinum neurotoxin F，bont/F），每个 PCR 反应管检测一种型别的肉毒梭菌。

b）反应体系配制见表 7-30，反应体系中各试剂的量可根据具体情况或不同的反应总体积进行相应调整。

表 7-29　肉毒梭菌毒素基因 PCR 检测的引物序列及其产物

检测肉毒梭菌类型	引物序列	扩增长度
A 型	F5′-GTG ATA CAA CCA GAT GGT AGT TAT AG-3′ R5′-AAA AAA CAA GTC CCA ATT ATT AAC TTT-3′	983
B 型	F5′-GAG ATG TTT GTG AAT ATT ATG ATC CAG-3′ R5′-GTT CAT GCA TTA ATA TCA AGG CTG G-3′	492
E 型	F5′-CCA GGC GGT TGT CAA GAA TTT TAT-3′ R5′-TCA AAT AAA TCA GGC TCT GCT CCC-3′	410
F 型	F5′-GCT TCA TTA AAG AAC GGA AGC AGT GCT-3′ R5′-GTG GCG CCT TTG TAC CTT TTC TAG G-3′	1137

表 7-30 肉毒梭菌毒素基因 PCR 检测的反应体系

试剂	终浓度	加入体积/μL
10×PCR 缓冲液	1×	5.0
25 mmol/L $MgCl_2$	2.5 mmol/L	5.0
10 mmol/L dNTPs	0.2 mmol/L	1.0
10 μmol/L 正向引物	0.5 μmol/L	2.5
10 μmol/L 反向引物	0.5 μmol/L	2.5
5U/μL *Taq* 酶	0.05U/μL	0.5
DNA 模板	—	1.0
ddH_2O	—	32.5
总体积	—	50.0

c）反应程序，预变性 95 ℃、5 min；循环参数 94 ℃、1 min，60 ℃、1 min，72 ℃、1 min；循环数 40；后延伸 72 ℃、10 min；4 ℃保存备用。

d）PCR 扩增体系应设置阳性对照、阴性对照和空白对照。用含有已知肉毒梭菌菌株或含肉毒毒素基因的质控品作阳性对照、非肉毒梭菌基因组 DNA 作阴性对照、无菌水作空白对照。

e. 凝胶电泳检测 PCR 扩增产物，用 0.5×TBE 缓冲液配制 1.2%～1.5%的琼脂糖凝胶，凝胶加热融化后冷却至 60 ℃左右加入溴化乙啶至 0.5 μg/mL 或 Goldview 5 μL/100 mL 制备胶块，取 10 μL PCR 扩增产物与 2.0 μL 6×加样缓冲液混合，点样，其中一孔加入 DNA 分子质量标准。0.5×TBE 电泳缓冲液，10 V/cm 恒压电泳，根据溴酚蓝的移动位置确定电泳时间，用紫外检测仪或凝胶成像系统观察和记录结果。PCR 扩增产物也可采用毛细管电泳仪进行检测。

f. 结果判定，阴性对照和空白对照均未出现条带，阳性对照出现预期大小的扩增条带（见表 7-29），判定本次 PCR 检测成立；待测样品出现预期大小的扩增条带，判定为 PCR 结果阳性，根据表 7-29 判定肉毒梭菌菌株型别，待测样品未出现预期大小的扩增条带，判定 PCR 结果为阴性。

注：PCR 试验环境条件和过程控制应参照《实验室质量控制规范 食品分子生物学检测》（GB/T 27403）规定执行。

C. 菌株产毒试验 将 PCR 阳性菌株或可疑肉毒梭菌菌株接种庖肉培养基或 TPGYT 肉汤（用于 E 型肉毒梭菌），按 6）（3）肉毒梭菌检验①增菌培养与检出试验 b. 条件厌氧培养 5 d，按 6）（2）肉毒毒素检测方法进行毒素检测和（或）定型试验，毒素确证试验阳性者，判定为肉毒梭菌，根据定型试验结果判定肉毒梭菌型别。

注：根据 PCR 阳性菌株型别可直接用相应型别的肉毒毒素诊断血清进行确证试验。

7）结果报告

（1）肉毒毒素检测结果报告 根据 6）（2）肉毒毒素检测中②检出试验和③确证试验，报告 25 g（mL）样品中检出或未检出肉毒毒素。

（2）肉毒梭菌检验结果报告 根据 6）（3）肉毒梭菌检验各项试验结果，报告样品中检出或未检出肉毒梭菌或检出某型肉毒梭菌。

7.9 蜡样芽孢杆菌检验

蜡样芽孢杆菌在自然界的分布很广，空气、土壤、尘埃、水和腐烂草中均有存在，植物和许多生熟食品中亦常见。如果它在食品中未能得到增殖，其存在便无意义。当摄入的食品每克中蜡样芽孢杆菌活菌数在百万以上，便可导致食物中毒暴发，这已被一些欧洲国家作为食品规定的一个标准。已发现蜡样芽孢杆菌食物中毒涉及的食品包括甜点、熟肉、盘装蔬菜及米饭和油炒饭。有调查显示，在不同食品中，蜡样芽孢杆菌在其所感染的细菌中所占的比例为：肉制品中 26%，乳制品中 77%，蔬菜、水果和干果中 51%。

食品中蜡样芽孢杆菌的来源主要为外界污染，食品在加工、运输、保藏及销售过程中的不卫生情况，使该菌在食品上大量污染传播，因此，检测食品中蜡样芽孢杆菌有重要的卫生学意义。

7.9.1 生物学特性

1. 形态与染色

本菌为革兰氏阳性大杆菌，宽度在 1 μm 或 1 μm 以上，大小为（1.0～1.3）μm×（3～5）μm，能形成芽孢，属于需氧芽孢杆菌属。菌体两端钝圆，无荚膜，有周体鞭毛，即有活动力，能运动，多呈短链状排列。本菌生长 6 h 以后即可以形成芽孢，形成的芽孢小于菌体横径，芽孢呈卵圆形，不突出菌体，多位于菌体中央或稍偏于一端。引起食物中毒的菌株多为周毛菌，有动力（图 7-30）。革兰氏染色镜检下的蜡样芽孢杆菌见图 7-31。

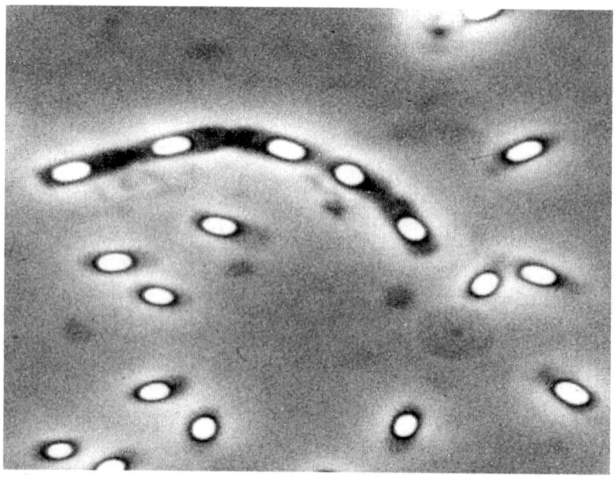

图 7-30　蜡样芽孢杆菌形态

（由北京陆桥技术股份有限公司提供）

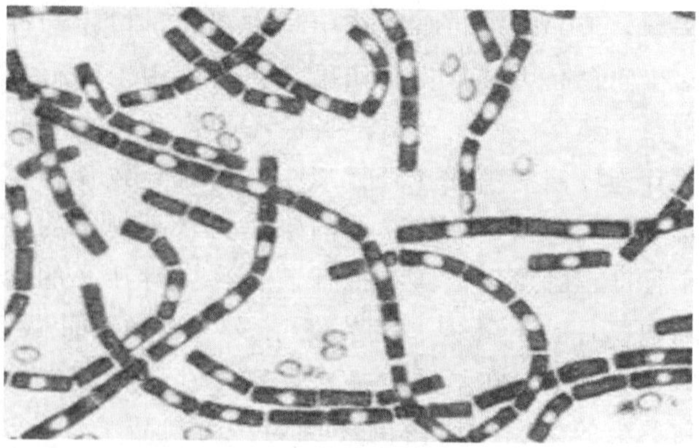

图 7-31　蜡样芽孢杆菌革兰氏染色

（由北京陆桥技术股份有限公司提供）

2. 培养特性

本菌对营养要求不高，在普通培养基上可生长良好，生长温度范围为 25～37 ℃，最适温度为 30～32 ℃，在各类培养基上的形态特征如下：

（1）普通营养琼脂平板　菌落圆形或近似圆形，质地软，乳白色，不透明，边缘不整齐，直径为 4～10 mm，菌落边缘常呈扩散状，近光观察似白蜡状，呈毛玻璃或熔蜡状。

（2）甘露醇卵黄多黏菌素琼脂平板　形成灰白色或微带红色、扁平、表面粗糙的菌落；菌落为红色（表示不发酵甘露醇），环绕粉红色的晕（表示产生卵磷脂酶）。

（3）血琼脂平板　菌落周围初呈草绿色 β-溶血，时间稍长即完全透明，菌落为浅灰色，不透明，似白色毛玻璃状。

（4）普通肉汤培养基　生长迅速，肉汤浑浊，常形成菌膜或壁环，振摇易乳化。

3. 生化反应

蜡样芽孢杆菌生化特性如表 7-31 所示。

表 7-31　蜡样芽孢杆菌生化特性

项目	性状	项目	性状
触酶	+	山梨糖	−
卵磷脂酶	+	麦芽糖	+
酪蛋白酶	+	甘露糖	+
青霉素酶	+	山梨醇	−
硝酸盐还原	+/−	甘露醇	−
淀粉酶	±	卫矛醇	−
胆胶酶	+/−	肌醇	+
尿素酶	−/+	水杨苷	+/−
牛奶胨化	+	蔗糖	+/−
柠檬酸盐利用	+/−	乳糖	−/+
V-P 反应	+/−	纤维二糖	−/+
葡萄糖	+	甘油	+/−
果糖	+	七叶苷	−/+
蕈糖	+	过氧化氢酶	+
木糖	−	动力	+/−
阿拉伯糖	−	卵黄反应	−
半乳糖	−	溶血	+

注：+表示阳性；−表示阴性；±表示不定；+/−表示多数为阳性少数为阴性；−/+表示多数为阴性少数为阳性。

4. 抵抗力

该菌的芽孢对热的抵抗力较强，食物中毒菌株的游离芽孢能耐受 100 ℃、30 min，而干热 120 ℃经 60 min 才能杀死。繁殖体不耐热，加热到 100 ℃经 20 min 即可杀死。其 37 ℃、16 h 的肉汤培养物 D80 ℃值（在 80 ℃时使细菌数减少 90%所需的时间）为 10～15 min；使肉汤中细菌（2.4×10^7 个/mL）转为阴性需 100 ℃、20 min。菌株有产生和不产生肠毒素之分，产生肠毒素的菌株中又有产生呕吐型肠炎和致腹泻型肠炎两类不同的肠毒素，前者具有耐热性。酸碱度在 pH

6～11 对蜡样芽孢杆菌的生长基本上没有影响，pH 5 以下对其生长有显著的抑制作用。本菌对氯霉素、红霉素、链霉素、卡那霉素、庆大霉素等抗生素敏感；对青霉素、磺胺噻唑和呋喃西林耐受。

7.9.2　蜡样芽孢杆菌食物中毒

由需氧性芽孢杆菌引起的食物中毒，早在 1906 年就有报告。但直至 1950 年，始明确吃甜食后引起蜡样芽孢杆菌所致的食物中毒性腹泻。在国外，由于进食油炒饭而爆发的呕吐型蜡样芽孢杆菌食物中毒也相继有报告，尤其以 1974 年英国发生的五起中毒事件最严重。我国于 1973 年首次报告了南京某托儿所儿童因进食泡饭引起呕吐型的蜡样芽孢杆菌食物中毒后，许多省、自治区和直辖市也有报告，有的地区还占细菌性食物中毒的首位。

1. 致病因子

该菌能产生肠毒素、溶血素、青霉素酶、磷脂酶 C 和蛋白质分解酶等。根据很多微生物工作者的实验结果证明，食品蜡样芽孢杆菌数量>10^6 个/g（mL）时常可导致食物中毒，其原因是该菌产生肠毒素。肠毒素分为两大类，①耐热性肠毒素：100 ℃经 30 min 不能被破坏，常在米饭中形成；②不耐热肠毒素：能在各种食物中形成。

2. 流行病学

蜡样芽孢杆菌（*Bacillus cereus*）食物中毒所涉及的食品种类繁多，包括奶类食品、禽畜肉类制品、蔬菜、汤汁、薯泥、甜点心、调味汁、色拉和米饭等。在我国引起中毒的食品大多为米饭或其他淀粉类制品，欧美地区多由甜点心、肉饼、色拉和奶以及肉类食品引起，但也有因进食米饭或油炒饭而发生的中毒。引起中毒的食品除米饭微有发黏和略带异味外，一般均无腐败变质现象。

本菌食物中毒有明显的季节性，以夏秋季（6—10 月）为最多。引起中毒的食品常在进食前保存温度不当或放置时间较长，给食物中污染的蜡样芽孢杆菌或加热后残存的芽孢 以生长繁殖的条件，从而导致中毒。中毒的发病率较高，一般为 60%～100%，中毒的发生与性别和年龄无关，中毒可在集体中大规模暴发，也可在家庭中暴发或散在发生。

本菌的污染源为泥土和灰尘。通过昆虫、不洁的用具和从业人员的手而传播。食品原料中有蜡样芽孢杆菌存在则会有引起中毒的潜在危险（图 7-32）。

3. 临床症状

本菌引起的食物中毒在临床上可分为呕吐型和腹泻型两类。

（1）呕吐型　潜伏期为 0.5～5 h，多数为 1 h 左右。中毒症状起初为恶心，继而为剧烈而频繁的呕吐，可达数十次，很像金黄色葡萄球菌的食物中毒，同时伴有头昏、四肢无力、口干、寒战、结膜充血等症状，少数有腹痛和腹泻，病程 6～24 h。

（2）腹泻型　潜伏期为 8～16 h，临床主要表现为腹痛、腹泻并伴有恶心和胃痉挛，偶有呕吐或发热。类似产气荚膜梭菌的食物中毒。通常在 12～24 h 内恢复正常。

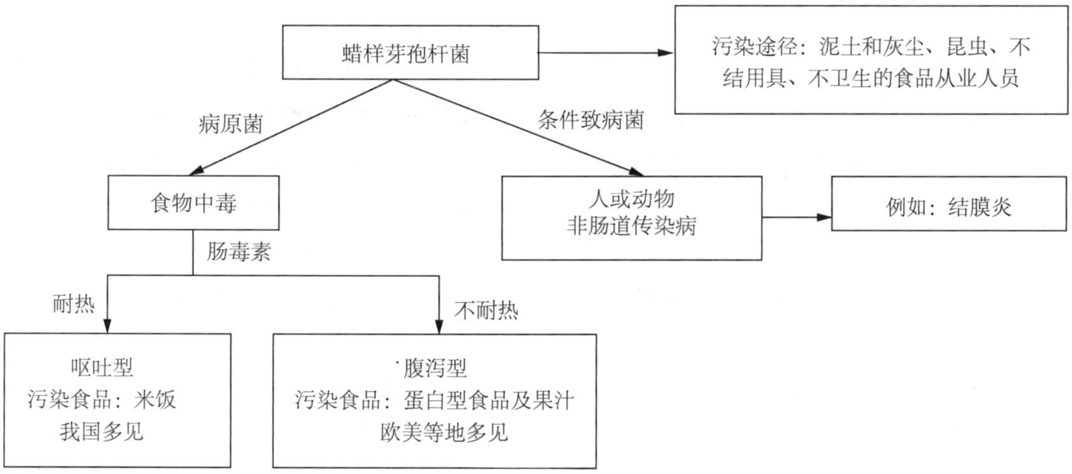

图 7-32　蜡样芽孢杆菌的流行病学示意图

蜡样芽孢杆菌食物中毒的病程较短，腹泻型为16～36 h，呕吐型为8～10 h，两型通常不超过24 h，预后均良好，无死亡，但如果与金黄色葡萄球菌、副溶血性弧菌混合感染时可发生死亡。

4. 预防与控制

要防止该种细菌所至的疾病发生，关键是防止蜡样芽孢杆菌污染各类食品。对蜡样芽孢杆菌引起的食物中毒，应从以下几个方面进行预防工作：

（1）做好食品的冷藏和加热　本菌在15 ℃以下不繁殖，各种食品特别是营养丰富、水分含量较高，适宜于细菌生长的食品，必须注意冷藏。米饭熟后，或维持在63 ℃以上或迅速冷却。烹调必须充分加热，使之灭菌。

（2）食品不放置过久　煮熟食品，不能放置过久，尤其不宜在温热情况（25～45 ℃）下保存。蜡样芽孢杆菌繁殖至中毒菌量需要一定的时间和温度，因此缩短熟食品的放置时间颇为重要。在温热季节，每天的米饭吃多少做多少，避免剩下隔日炒饭，做汤饭或混入新煮的米饭中达不到充分受热和彻底灭菌，以致带来危害。

（3）搞好环境卫生　本菌常见于泥土和灰尘中，搞好环境卫生，保持厨房整洁，消灭昆虫以及在食品的加工、运输、贮存和销售过程中做好防尘、防虫工作，都有助于控制污染源和减少本菌的污染。

（4）加强卫生宣传　做好个人卫生，严格要求食品从业人员认真执行卫生法规，以防止通过工作人员造成本菌的食物中毒。

7.9.3 检验方法

检验方法除蜡样芽孢杆菌常规食品微生物检验法（国标法）之外，目前常用的检测方法还有以下两种。

①最近似数计数：适用于含有蜡样芽孢杆菌数≤100个/g的食品，美国AOAC经常采用此法进行检测。

②蜡样芽孢杆菌测试片（Filmplate TM *Bacillus cereus* BL210）：它是一种商品化的一次性培养基产品，由选择性培养基、高分子吸水凝胶和专一性酶指示剂等构成，一步培养显色就可以确认是否有病原菌的存在，大大简化了检验程序，对于提高细菌性食物中毒突发事件的反应能力具有重要的作用，同时也可在食品生产企业使用。该产品适用于乳制品、肉类、淀粉类食品和各种甜点等的快速检测。

下面以国标法为例，介绍蜡样芽孢杆菌的常规实验室检测法。简单来说，国标法包括五个步骤。

①菌数测定：涂布甘露醇卵黄多黏菌素（MYP）平板计数。

②分离培养：从MYP上挑可疑菌落进行纯培养。

③确证试验：包括形态观察、培养特性、生化性状和生化分型试验。

④与类似菌的鉴别：主要是与苏云金芽孢杆菌的鉴别。

⑤结果报告：报告每g（mL）检样中所含的蜡样芽孢杆菌数。

1. 检验原理

（1）选择性平板分离培养基分离蜡样芽孢杆菌，多黏菌素可抑制革兰氏阴性菌，蜡样芽孢杆菌不分解甘露醇，不产酸，利用含氮物质，产生碱性产物，使培养基中的酚红变为红色，又因其产生卵磷脂酶，所以蜡样芽孢杆菌在此培养基上形成的菌落为红色（表示不发酵甘露醇），环绕有粉红色的晕（表示产生卵磷脂酶）。

（2）确证试验　在上述平板上挑取可疑菌落，进行形态观察、培养特性以及生化鉴定，确认是否为蜡样芽孢杆菌。

（3）常用蜡样芽孢杆菌的选择分离培养基为甘露醇卵黄多黏菌素琼脂培养基（MYP），MYP中的蛋白胨和牛肉膏粉提供氮源、维生素和生长因子；D-甘露醇为可发酵糖类；氯化钠维持均衡的渗透压；琼脂是培养基的凝固剂；酚红为pH指示剂；卵黄含有卵磷脂，蜡样芽孢杆菌产生卵磷脂酶，在菌落周围产生沉淀环；并不发酵D-甘露醇产酸使菌落呈红色；多黏菌素B可抑制杂菌生长。

（4）蜡样芽孢杆菌具有以下生化特性。

①不发酵甘露醇：在甘露醇-卵黄-多黏菌素（MYP）琼脂平板上生成微粉红色菌落。

②产生卵磷脂酶：分解 MYP 琼脂中的卵磷脂，在菌落周围产生粉红色浑浊环（沉淀环）。

③产生酪蛋白酶：分解培养基中的酪蛋白，生成 *L*-酪氨酸在菌落周围形成透明环。

④产生溶血素：使胰酪胨大豆羊血琼脂（TSSB）中的血细胞发生β溶血。

⑤产生明胶酶：将明胶水解为多肽再水解为氨基酸而使其由半固体转化为液态状。

⑥触酶实验：产生过氧化氢酶分解过氧化氢生成水和氧气。

⑦动力和硝酸盐试验：蜡样芽孢杆菌运动活泼，能还原硝酸盐为亚硝酸盐。

2. 检验方法

1）检验标准

参考《食品微生物学检验　蜡样芽孢杆菌检验》（GB 4789.14—2014）。

2）适用范围

各类食品中蜡样芽孢杆菌，其中，第一法适用于蜡样芽孢杆菌含量较高的食品中蜡样芽孢杆菌的计数；第二法适用于蜡样芽孢杆菌含量较低的食物样品中蜡样芽孢杆菌的计数。

3）设备和材料

除微生物实验室常规灭菌及培养设备外，其他设备和材料如下。

冰箱：2～5 ℃；恒温培养箱：30 ℃±1 ℃、36 ℃±1 ℃；均质器；电子天平：感量 0.1 g；无菌锥形瓶：100 mL、500 mL；无菌吸管：1 mL（具 0.01 mL 刻度）、10 mL（具 0.1 mL 刻度）或微量移液器及吸头；无菌平皿：直径 90 mm；无菌试管：18 mm×180 mm；显微镜：10～100 倍（油镜）；L 涂布棒。

4）培养基

甘露醇卵黄多黏菌素（MYP）琼脂、胰酪胨大豆多黏菌素肉汤、营养琼脂、过氧化氢溶液、动力培养基、硝酸盐肉汤、酪蛋白琼脂、硫酸锰营养琼脂培养基、动力培养基、糖发酵管、V-P 培养基、胰酪胨大豆羊血（TSSB）琼脂、溶菌酶营养肉汤、西蒙氏柠檬酸盐培养基、明胶培养基。

5）试剂

磷酸盐缓冲液（PBS）、V-P 试剂（甲液、乙液）、硝酸盐还原试剂（甲液、乙液）、3％过氧化氢溶液。

6）染色液

0.5％碱性复红。

3. 蜡样芽孢杆菌平板计数法（第一法）

蜡样芽孢杆菌平板计数法检验程序见图 7-33。

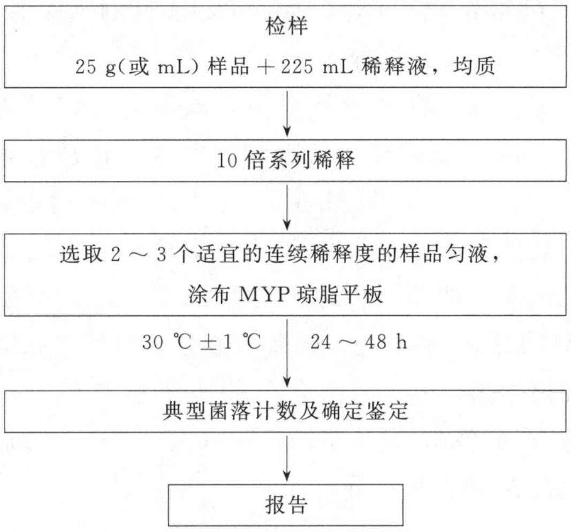

图 7-33　蜡样芽孢杆菌平板计数法检验程序

1）操作步骤

（1）样品处理　冷冻样品应在 45 ℃以下不超过 15 min 或在 2～5 ℃不超过 18 h 解冻，若不能及时检验，应放于－20～－10 ℃保存；非冷冻而易腐的样品应尽可能及时检验，若不能及时检验，应置于 2 ～5 ℃冰箱保存，24 h 内检验。

（2）样品制备　称取样品 25 g，放入盛有 225 mL PBS 或生理盐水的无菌均质杯内，用旋转刀片式均质器以 8000～10000 r/min 均质 1～2 min，或放入盛有 225 mL PBS 或生理盐水的无菌均质袋中，用拍击式均质器拍打 1～2 min。若样品为液态，吸取 25 mL 样品至盛有 225 mL PBS 或生理盐水的无菌锥形瓶（瓶内可预置适当数量的无菌玻璃珠）中，振荡混匀，作为 1∶10 的样品匀液。

（3）样品的稀释　吸取 1∶10 的样品匀液 1 mL 加到装有 9 mL PBS 或生理盐水的稀释管中，充分混匀制成 1∶100 的样品匀液。根据对样品污染状况的估计，按上述操作，依次制成 10 倍递增系列稀释样品匀液。每递增稀释 1 次，换用 1 支 1 mL 无菌吸管或吸头。

（4）样品接种　根据对样品污染状况的估计，选择2～3个适宜稀释度的样品匀液（液体样品可包括原液），以0.3 mL、0.3 mL、0.4 mL接种量分别移入三块MYP琼脂平板，然后用无菌L涂布棒涂布整个平板，注意不要触及平板边缘。使用前，如MYP琼脂平板表面有水珠，可放在25～50 ℃的培养箱里干燥，直到平板表面的水珠消失。

（5）分离、培养

①分离：在通常情况下，涂布后，将平板静置10 min。如样液不易吸收，可将平板放在培养箱30 ℃±1 ℃培养1 h，等样品匀液吸收后翻转平皿，倒置于培养箱，30 ℃±1 ℃培养24 h±2 h。如果菌落不典型，可继续培养24 h±2 h再观察。在MYP琼脂平板上，典型菌落为微粉红色（表示不发酵甘露醇），周围有白色至淡粉红色沉淀环（表示产卵磷脂酶）。蜡样芽孢杆菌在MYP琼脂平板上的典型菌落见图7-34。

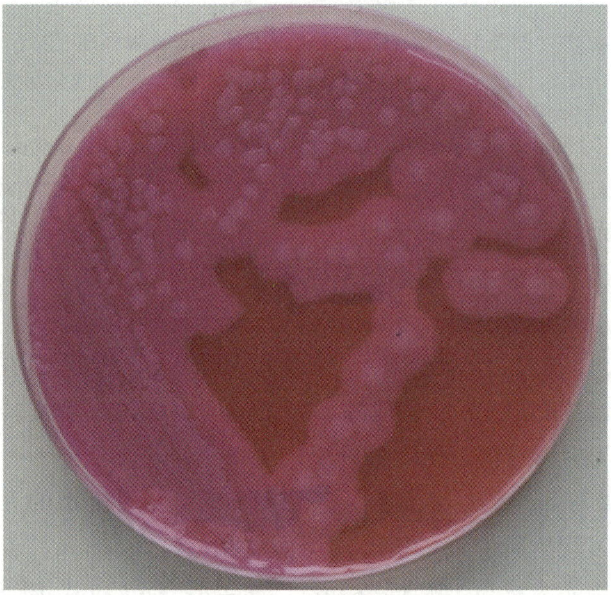

图7-34　蜡样芽孢杆菌在MYP琼脂平板上的典型菌落

（由北京陆桥技术股份有限公司提供）

②纯培养：从每个平板[符合（5）①要求的平板]中挑取至少5个典型菌落（小于5个全选），分别划线接种于营养琼脂平板做纯培养，30 ℃±1 ℃培养24 h±2 h，进行确证试验。在营养琼脂平板上，典型菌落为灰白色，偶有黄绿色，不透明，表面粗糙似毛玻璃状或熔蜡状，边缘常呈扩展状，直径为4～10 mm。

（6）确定鉴定

①染色镜检　挑取纯培养的单个菌落，革兰氏染色镜检。蜡样芽孢杆菌为革兰氏阳性芽孢杆菌，大小为（1～1.3）μm×（3～5）μm，芽孢呈椭圆形位于菌体中央或偏端，不膨大于菌体，菌体两端较平整，多呈短链或长链状排列。

②生化鉴定。

a. 概述：挑取纯培养的单个菌落，进行过氧化氢酶试验、动力试验、硝酸盐还原试验、酪蛋白分解试验、溶菌酶耐性试验、V-P试验、葡萄糖利用（厌氧）试验、根状生长试验、溶血试验、蛋白质毒素结晶试验。蜡样芽孢杆菌生化特征与其他芽孢杆菌的区别见表7-32。蜡样芽孢杆菌的生化鉴定见图7-35、图7-36。

b. 动力试验：用接种针挑取培养物穿刺接种于动力培养基中，30 ℃培养24 h。有动力的蜡样芽孢杆菌应沿穿刺线呈扩散生长，而蕈状芽孢杆菌常呈“绒毛状”生长。也可用悬滴法检查。

c. 溶血试验：挑取纯培养的单个可疑菌落接种于TSSB琼脂平板上，30 ℃±1 ℃培养24 h±2 h。蜡样芽孢杆菌菌落为浅灰色，不透明，似白色毛玻璃状，有草绿色溶血环或完全溶血环。苏云金芽孢杆菌和蕈状芽孢杆菌呈现弱的溶血现象，而多数炭疽芽孢杆菌为不溶血，巨大芽孢杆菌为不溶血。蜡样芽孢杆菌在TSSB琼脂上的菌落形态见图7-37、图7-38。

d. 根状生长试验：挑取单个可疑菌落按间隔2～3 cm距离划平行直线于经室温干燥1～2 d的营养琼脂平板上，30 ℃±1 ℃培养24～48 h，不能超过72 h。用蜡样芽孢杆菌和蕈状芽孢杆菌标准株作为对照进行同步试验。蕈状芽孢杆菌呈根状生长的特征。蜡样芽孢杆菌呈粗糙山谷状生长的特征（图7-39）。

e. 溶菌酶耐性试验：用接种环取纯菌悬液一环，接种于溶菌酶肉汤中，36 ℃±1 ℃培养24 h。蜡样芽孢杆菌在此培养基（含0.001%溶菌酶）中能生长。如出现阴性反应，应继续培养24 h。巨大芽孢杆菌不生长（图7-40）。

f. 蛋白质毒素结晶试验：挑取纯培养的单个可疑菌落接种于硫酸锰营养琼脂平板上，30 ℃±1 ℃

表 7-32　蜡样芽孢杆菌生化特征与其他芽孢杆菌的区别

项目	蜡样芽孢杆菌	苏云金芽孢杆菌	蕈状芽孢杆菌	炭疽芽孢杆菌	巨大芽孢杆菌
革兰氏染色	+	+	+	+	+
过氧化氢酶	+	+	+	+	+
动力	+/−	+/−	−	−	+/−
硝酸盐还原	+	+/−	+	+	−/+
酪蛋白分解	+	+	+/−	−/+	+/−
溶菌酶耐性	+	+	+	+	−
卵黄反应	+	+	+	+	−
葡萄糖利用（厌氧）	+	+	+	+	−
V-P 试验	+	+	+	+	−
甘露醇产酸	−	−	−	−	+
溶血（羊红细胞）	+	+	+	−/+	−
根状生长	−	−	+	−	−
蛋白质毒素晶体	−	−	−	−	−

注：+表示 90%～100%的菌株阳性；−表示 90%～100%的菌株阴性；+/−表示大多数的菌株阳性；−/+表示大多数的菌株阴性。

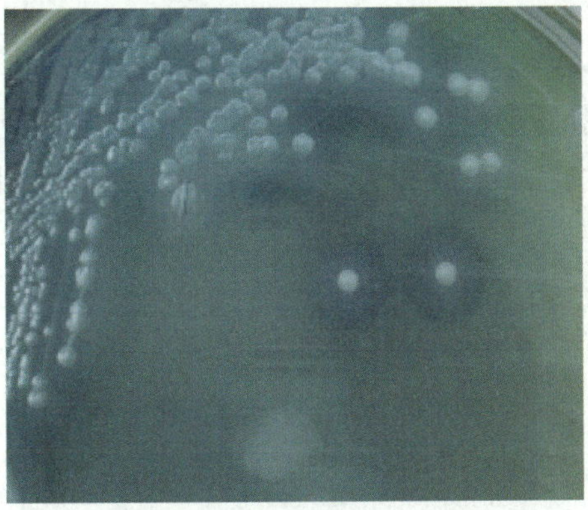

图 7-35　酪蛋白琼脂蜡样芽孢杆菌 CMCC（B）63303

（由北京陆桥技术股份有限公司提供）

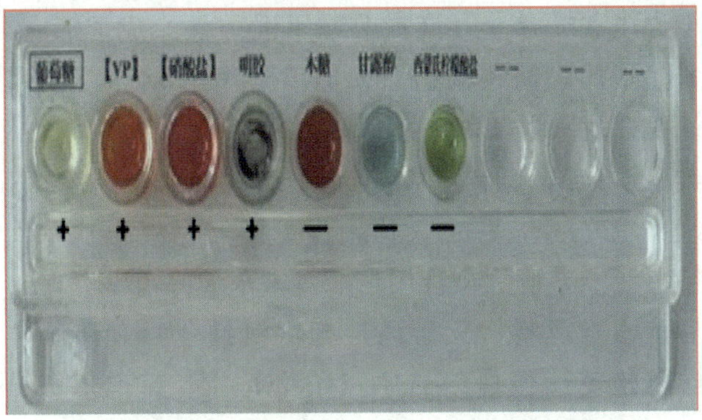

图 7-36　蜡样芽孢杆菌（ATCC 11778）生化鉴定

（由北京陆桥技术股份有限公司提供）

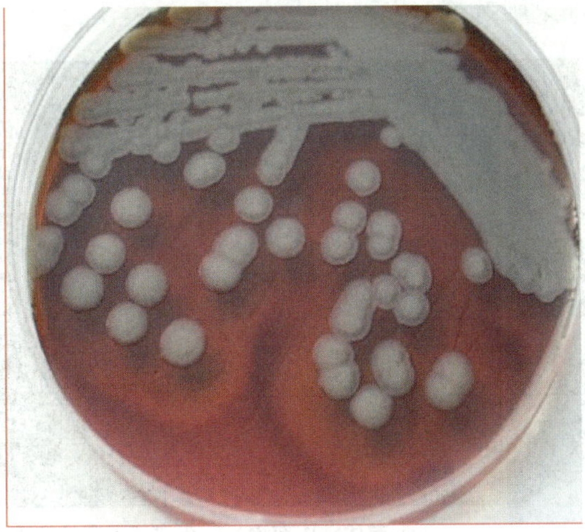

图 7-37　蜡样芽孢杆菌在 TSSB 琼脂上的菌落形态

（由北京陆桥技术股份有限公司提供）

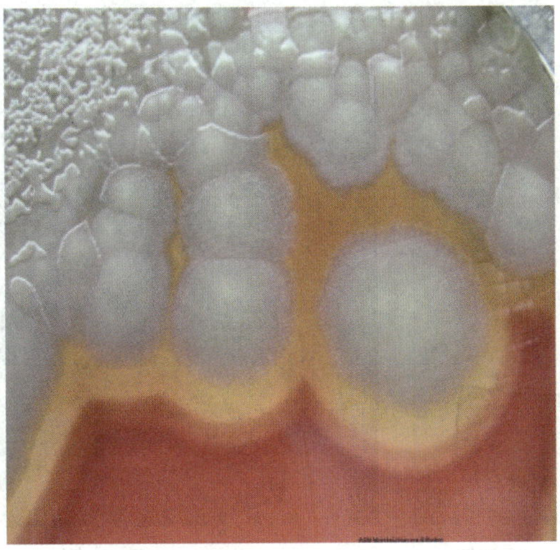

图 7-38　蜡样芽孢杆菌在 TSSB 琼脂上的菌落形态（放大图）

（由北京陆桥技术股份有限公司提供）

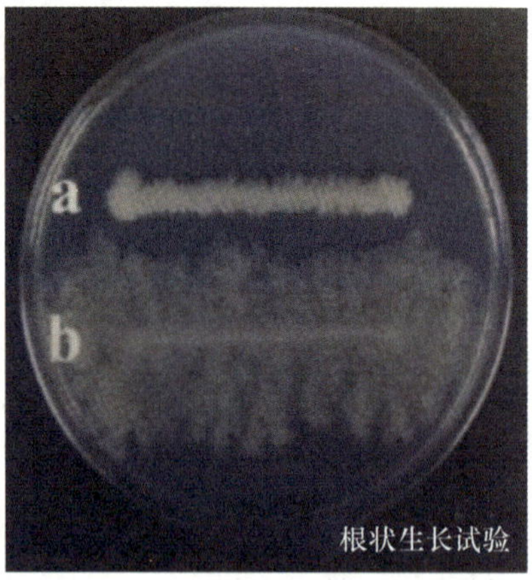

图 7-39　根状生长试验

a. C1CC 21261 蜡样芽孢杆菌山谷状生长；

b. C1CC 21473 蕈状芽孢杆菌根状生长

（由北京陆桥技术股份有限公司提供）

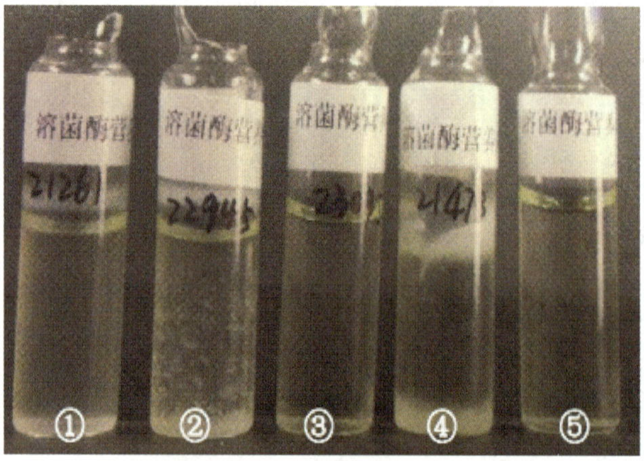

图 7-40　溶菌酶耐性试验

①C1CC 21261 蜡样芽孢杆菌：阳性；②C1CC 22945 苏云金杆菌：阳性；③C1CC 23035 巨大芽孢杆菌：阴性；④C1CC 21473 蕈状芽孢杆菌：阳性；⑤溶菌酶空白对照

（由北京陆桥技术股份有限公司提供）

培养 24 h±2 h，并于室温放置 3～4 d，挑取培养物少许于载玻片上，滴加蒸馏水混匀并涂成薄膜。经自然干燥，微火固定后，加甲醇作用 30 s 后倾去，再通过火焰干燥，于载玻片上滴满 0.5%碱性复红，放火焰上加热（微见蒸气，勿使染液沸腾）持续 1～2 min，移去火焰，再更换染色液再次加温染色 30 s，倾去染液用洁净自来水彻底清洗，晾干后镜检。观察有无游离芽孢（浅红色）和染成深红色的菱形蛋白结晶体。如发现游离芽孢形成不丰富，应再将培养物置室温 2～3 d 后进行检查。除苏云金芽孢杆菌外，其他芽孢杆菌不产生蛋白结晶体。苏云金芽孢杆菌蛋白质毒素结晶见图 7-41。

③生化分型（选做项目）。根据对柠檬酸盐利用、硝酸盐还原、淀粉水解、V-P 试验反应、明胶液化试验，将蜡样芽孢杆菌分成不同生化型别，见表 7-33。

2）结果计算

（1）典型菌落计数和确认

①选择有典型蜡样芽孢杆菌菌落的平板，且同一稀释度 3 个平板所有菌落数合计在 20～200 CFU 之间的平板，计数典型菌落数。如果出现下列 a）～f）现象按式（7-6）计算，如果出现 g）现象则按式（7-7）计算。

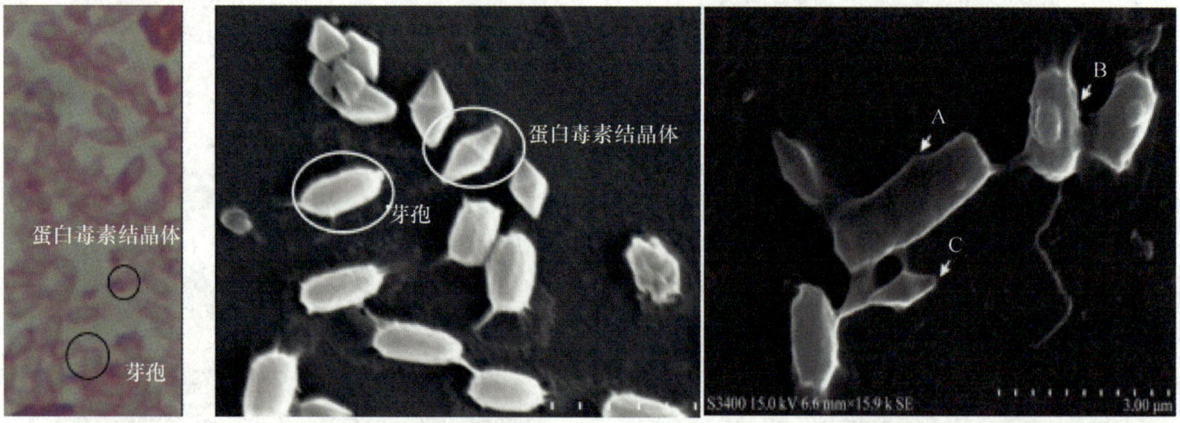

百倍油镜　　**电镜**　　**A.菌体；B.芽孢；C.蛋白质毒素结晶体**

图 7-41　苏云金芽孢杆菌蛋白质毒素结晶

（由北京陆桥技术股份有限公司提供）

表 7-33 蜡样芽孢杆菌生化分型试验

型别	生化试验				
	柠檬酸盐	硝酸盐	淀粉	V-P	明胶
1	+	+	+	+	+
2	−	+	+	+	+
3	+	+	−	+	+
4	−	−	+	+	+
5	−	−	−	+	+
6	+	−	−	+	+
7	+	−	+	+	+
8	−	+	−	+	+
9	−	+	−	−	+
10	−	+	+	−	+
11	+	+	+	−	+
12	+	+	−	−	+
13	−	−	+	−	−
14	+	−	−	−	+
15	+	−	+	−	+

注：+表示 90%～100%的菌株阳性；−表示 90%～100%的菌株阴性。

a）只有一个稀释度的平板菌落数在 20～200 CFU 且有典型菌落，计数该稀释度平板上的典型菌落；

b）2 个连续稀释度的平板菌落数均在 20～200 CFU，但只有一个稀释度的平板有典型菌落，应计数该稀释度平板上的典型菌落；

c）所有稀释度的平板菌落数均小于 20 CFU 且有典型菌落，应计数最低稀释度平板上的典型菌落；

d）某一稀释度的平板菌落数大于 200 CFU 且有典型菌落，但下一稀释度平板上没有典型菌落，应计数该稀释度平板上的典型菌落；

e）所有稀释度的平板菌落数均大于 200 CFU 且有典型菌落，应计数最高稀释度平板上的典型菌落；

f）所有稀释度的平板菌落数均不在 20～200 CFU 且有典型菌落，其中一部分小于 20 CFU 或大于 200 CFU 时，应计数最接近 20 CFU 或 200 CFU 的稀释度平板上的典型菌落。

g）2 个连续稀释度的平板菌落数均在 20～200 CFU 之间且均有典型菌落。

（2）从每个平板中至少挑取 5 个典型菌落（小于 5 个全选），划线接种于营养琼脂平板做纯培养，30 ℃±1 ℃培养 24 h±2 h。

（3）计算公式

①菌落计算公式 7-6：

$$T=\frac{AB}{Cd} \tag{7-6}$$

式中：T 为样品中蜡样芽孢杆菌菌落数；A 为某一稀释度蜡样芽孢杆菌典型菌落的总数；B 为鉴定结果为蜡样芽孢杆菌的菌落数；C 为用于蜡样芽孢杆菌鉴定的菌落数；d 为稀释因子。

②菌落计算公式 7-7：

$$T=\frac{\dfrac{A_1B_1}{C_1}+\dfrac{A_2B_2}{C_2}}{1.1d} \tag{7-7}$$

式中：T 为样品中蜡样芽孢杆菌菌落数；A_1 为第一稀释度（低稀释倍数）蜡样芽孢杆菌典型菌落的总数；A_2 为第二稀释度（高稀释倍数）蜡样芽孢杆菌典型菌落的总数；B_1 为第一稀释度（低稀释倍数）鉴定结果为蜡样芽孢杆菌的菌落数；B_2 为第二稀释度（高稀释倍数）鉴定结果为蜡样芽孢杆菌的菌落数；C_1 为第一稀释度（低稀释倍数）用于蜡样芽孢杆菌鉴定的菌落数；C_2 为第二稀释度（高稀释倍数）用于蜡样芽孢杆菌鉴定的菌落数；1.1 为计算系数（如果第二稀释度蜡样芽孢杆菌鉴定结果为 0，计算系数采用 1）；d 为稀释因子（第一稀释度）。

3）结果与报告

根据 MYP 平板上蜡样芽孢杆菌的典型菌落数，按公式（7-6）、公式（7-7）计算，报告每 g（mL）样品中蜡样芽孢杆菌菌数，以 CFU/g（mL）表示；如 T 值为 0，则以小于 1 乘以最低稀释倍数报告。必要时报告蜡样芽孢杆菌生化分型结果。

4. 蜡样芽孢杆菌 MPN 计数法（第二法）

1）检验程序

蜡样芽孢杆菌 MPN 计数法检验程序见图 7-42。

2）操作步骤

（1）样品　样品处理、样品制备、样品的稀释均同第一法。

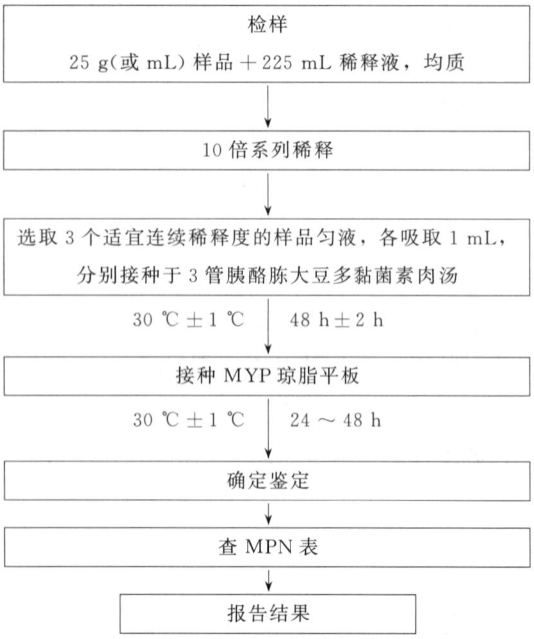

图 7-42　蜡样芽孢杆菌 MPN 计数法检验程序

（2）样品接种　取 3 个适宜连续稀释度的样品匀液(液体样品可包括原液)，接种于 10 mL 胰酪胨大豆多黏菌素肉汤中，每一稀释度接种 3 管，每管接种 1 mL(如果接种量需要超过 1 mL，则用双料胰酪胨大豆多黏菌素肉汤)。于 30 ℃±1 ℃培养 48 h±2 h。

（3）培养　用接种环从各管中分别移取 1 环，划线接种到 MYP 琼脂平板上，30 ℃±1 ℃培养 24 h±2 h。如果菌落不典型，可继续培养 24 h±2 h 再观察。

（4）确定鉴定　从每个平板选取 5 个典型菌落（小于 5 个全选），划线接种于营养琼脂平板做纯培养，30 ℃±1 ℃培养 24 h±2 h，进行确证试验，见第一法的"确定鉴定"部分。

（5）结果与报告　根据证实为蜡样芽孢杆菌阳性的试管管数，查 MPN 检索表，报告每 g（mL）样品中蜡样芽孢杆菌的最可能数，以 MPN/g（mL）表示。每 g（mL）检样中蜡样芽孢杆菌最可能数（MPN）的检索见表 7-34。

表 7-34　蜡样芽孢杆菌最可能数（MPN）检索表

阳性管数			MPN	95%置信区间		阳性管数			MPN	95%置信区间	
0.10	0.01	0.001		下限	上限	0.10	0.01	0.001		下限	上限
0	0	0	<3.0	—	9.5	2	2	0	21	4.5	42
0	0	1	3.0	0.15	9.6	2	2	1	28	8.7	94
0	1	0	3.0	0.15	11	2	2	2	35	8.7	94
0	1	1	6.1	1.2	18	2	3	0	29	8.7	94
0	2	0	6.2	1.2	18	2	3	1	36	8.7	94
0	3	0	9.4	3.6	38	3	0	0	23	4.6	94
1	0	0	3.6	0.17	18	3	0	1	38	8.7	110
1	0	1	7.2	1.3	18	3	0	2	64	17	180
1	0	2	11	3.6	38	3	1	0	43	9	180
1	1	0	7.4	1.3	20	3	1	1	75	17	200
1	1	1	11	3.6	38	3	1	2	120	37	420
1	2	0	11	3.6	42	3	1	3	160	40	420
1	2	1	15	4.5	42	3	2	0	93	18	420
1	3	0	16	4.5	42	3	2	1	150	37	420
2	0	0	9.2	1.4	38	3	2	2	210	40	430
2	0	1	14	3.6	42	3	2	3	290	90	1000
2	0	2	20	4.5	42	3	3	0	240	42	1000
2	1	0	15	3.7	42	3	3	1	460	90	2000
2	1	1	20	4.5	42	3	3	2	1100	180	4100
2	1	2	27	8.7	94	3	3	3	>1100	420	—

注：1. 本表采用 3 个稀释度［0.1 g（mL）、0.01 g（mL）和 0.001 g（mL）］，每个稀释度接种 3 管。

2. 表内所列检样量如改用 1 g（mL）、0.1 g（mL）和 0.01 g（mL）时，表内数字应相应降为 1/10；如改用 0.01 g（mL）、0.001 g（mL）和 0.0001 g 时，则表内的数字应相应增加 10 倍，其余类推。

复习思考题

1. 沙门氏菌有哪些主要生物学特征？

2. 沙门氏菌检验有哪五个基本步骤？

3. 进行沙门氏菌检验时为什么要进行前增菌和增菌？

4. 金黄色葡萄球菌有哪些生物学特征？

5. 金黄色葡萄球菌在血平板和 Baird-Parker 平板上的菌落特征如何？

6. 金黄色葡萄球菌检验中进行血浆凝固酶试验的实验原理是什么？

7. 判定致病性金黄色葡萄球菌的重要指标是什么？

10. 志贺氏菌检验有哪些基本步骤？

11. 志贺氏菌属在三糖铁尿素半固体琼脂斜面上的生化反应是什么？

12. 溶血性链球菌的溶血现象有哪几个类型？各类型的溶血特征是什么？

13. 溶血性链球菌能产生什么毒素和酶？在血平板生长有何特征？

14. 在李斯特氏菌属中为何只检测单核细胞增生李斯特氏菌？

15. 单核细胞增生李斯特氏菌的国际标准检测中用的是哪一种选择培养基？其原理是什么？

16. 肉毒梭状芽孢杆菌的培养特性、生化特征是什么？

17. 副溶血性弧菌的形态和染色特点是什么？

18. 副溶血性弧菌的致病性和检验程序是什么？

19. 副溶血性弧菌在氯化钠三糖铁和嗜盐选择性平板上培养特征如何？

20. 引起蜡样芽孢杆菌食物中毒的常见食物有哪些？什么条件下可引起蜡样芽孢杆菌食物中毒？

HAPTER 8

第 8 章 真菌及其毒素的检验

【教学目的和要求】

1. 了解霉菌和酵母菌计数的重要意义，掌握霉菌和酵母菌平板计数法的操作方法。
2. 掌握霉菌直接镜检计数法及其操作要点。
3. 掌握霉菌毒素的危害及霉菌毒素的测定方法。

8.1 霉菌和酵母计数

8.1.1 概述

酵母菌通常是单细胞，呈圆形、卵圆形、腊肠形或杆状。霉菌能够形成疏松的绒毛状的菌丝体。

通常霉菌和酵母菌适合在高碳低氮有机物（如植物性物质）上生存。适合的 pH 为 3～8，有些霉菌可以在 pH 2、酵母菌在 pH 1.5 时生活。水分活度要求为 0.99～0.61，霉菌 0.85 时最适宜，某些嗜渗酵母和霉菌常引起糖果类食品的变质。霉菌的生长温度为 20～30 ℃，部分霉菌可以在不低于－7 ℃下生长。酵母菌在 0～45 ℃时生长，耐热能力较差，55～56 ℃几分钟就被杀死。少数霉菌的孢子（如丝衣霉）则可在 90 ℃中耐受几分钟。霉菌和酵母菌很多可以耐受防腐剂，如乳酸、醋酸、CO_2 和 SO_2 等。

霉菌和酵母广泛分布于自然界并可作为食品中正常菌相的一部分。长期以来，人们利用某些霉菌和酵母加工一些食品，如用霉菌加工干酪和肉，使其味道鲜美；还可利用霉菌和酵母酿酒、制酱；食品、化学、医药等工业都少不了霉菌和酵母。但在某些情况下，霉菌和酵母也可造成食品腐败变质，或者作为空气传播性污染物，在消毒不适当的设备上也可被发现。因此，霉菌和酵母也作为评价食品卫生质量的指标菌，并以霉菌和酵母计数来确定食品被污染的程度。

8.1.2 霉菌和酵母菌平板计数法

霉菌和酵母菌菌数的测定是指食品检样经过处理，在一定条件下培养后，所得 1 g 或 1 mL 检样中所含霉菌和酵母菌菌落数（粮食样品是指 1 g 粮食表面的霉菌总数）。霉菌和酵母菌数主要作为判定食品被霉菌和酵母菌污染程度的标志，以便对被检样品进行卫生学评价提供依据。因此，对食品加强酵母菌、霉菌的检测，在食品卫生学上具有重要的意义。

1. 设备和材料

除微生物实验室常规灭菌及培养设备外，其他设备和材料如下：

培养箱（28 ℃±1 ℃）、拍击式均质器及均质袋、电子天平（感量 0.1 g）、旋涡混合器、恒温水浴箱（46 ℃±1 ℃）、显微镜（10～100 倍）、折光仪。

无菌锥形瓶（容量 500 mL）、无菌吸管 1 mL（具 0.01 mL 刻度）、无菌吸管 10 mL（具 0.1 mL 刻度）、无菌试管（18 mm×180 mm）、无菌平皿（直径 90 mm）、微量移液器及枪头（1.0 mL）、郝氏计测玻片（具有标准计测室的特制玻片）、盖玻片、测微器（具标准刻度的玻片）。

2. 培养基和试剂

（1）培养基　马铃薯葡萄糖琼脂、孟加拉红琼脂。

（2）试剂　生理盐水、磷酸盐缓冲液。

3. 操作步骤

（1）样品的稀释

①固体和半固体样品。称取 25 g 样品，加入 225 mL 无菌稀释液（蒸馏水、生理盐水或磷酸盐缓冲液），充分振摇，或用拍击式均质器拍打 1～2 min，制成 1∶10 的样品匀液。

②液体样品。以无菌吸管吸取 25 mL 样品至盛有 225 mL 无菌稀释液（蒸馏水或生理盐水或磷酸盐缓冲液）的适宜容器内（可在瓶内预置适当数量的无菌玻璃珠）或无菌均质袋中，充分振摇或用拍击式均质器拍打 1～2 min，制成 1∶10 的样品匀液。

③取 1∶10 样品匀液 1 mL 注入含有 9 mL 无菌稀释液的试管中，另换一支 1 mL 无菌吸管反复吹吸，或在旋涡混合器上混匀，此液为 1∶100 的样品匀液。

④按③操作，制备 10 倍递增系列稀释样品匀液。每递增稀释一次，换用 1 支 1 mL 无菌吸管。

⑤根据对样品污染状况的估计，选择 2～3 个适宜稀释度的样品匀液（液体样品可包括原液），在进行 10 倍递增稀释的同时，每个稀释度分别吸取 1 mL 样品匀液于 2 个无菌平皿内。同时分别取 1 mL 无菌稀释液加入 2 个无菌平皿作空白对照。

⑥及时将 20～25 mL 冷却至 46 ℃的马铃薯葡萄糖琼脂或孟加拉红琼脂（可放置于 46 ℃±1 ℃恒温水浴箱中保温）倾注平皿，并转动平皿使其混合均匀。置水平台面待培养基完全凝固。

霉菌和酵母平板计数法的检验程序见图 8-1。

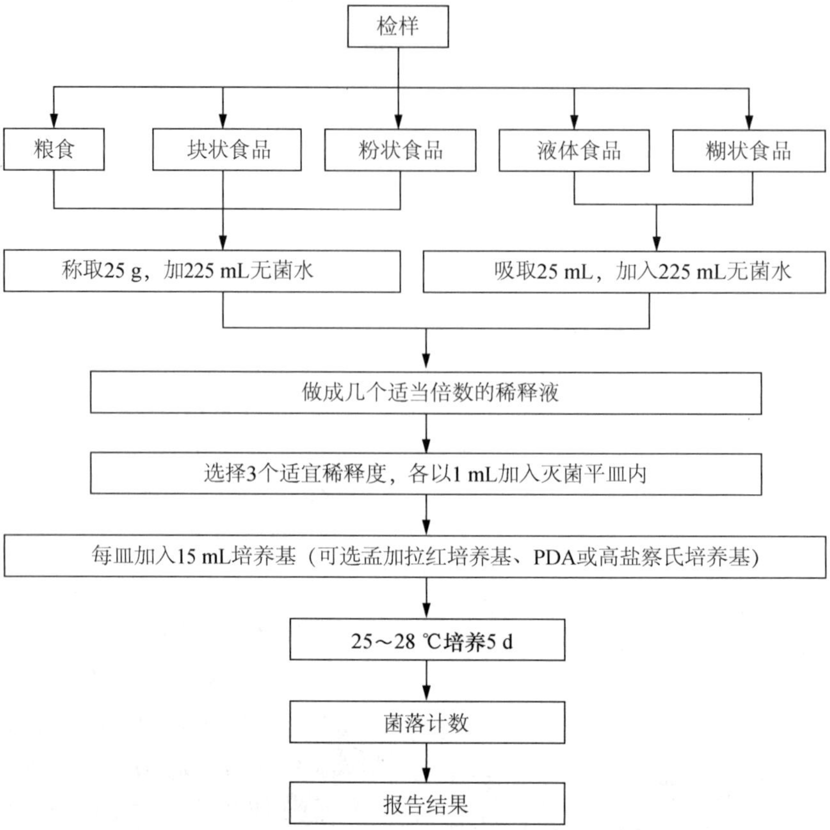

图 8-1　霉菌和酵母平板计数法的检验程序

（2）培养　琼脂凝固后，正置平板，置 28 ℃±1 ℃培养箱中培养，观察并记录培养至第 5 天的结果。

（3）菌落计数　用肉眼观察，必要时可用放大镜或低倍镜，记录稀释倍数及相应的霉菌和酵母菌落数。选取菌落数在 10～150 CFU 的平板，根据菌落形态分别计数霉菌和酵母。霉菌蔓延生长覆盖整个平板的可记录为菌落蔓延。

（4）计数方法

①计算同一稀释度的两个平板菌落数的平均值，再将平均值乘以相应稀释倍数。

②若有两个稀释度平板上菌落数均在 10～150 CFU,则按照《食品安全国家标准　食品微生物学检验》（GB 4789.2—2016）的相应规定进行计算。

③若所有平板上菌落数均大于 150 CFU，则对稀释度最高的平板进行计数，其他平板可记录为“多不可计”，结果按平均菌落数乘以最高稀释倍数计算。

④若所有平板上菌落数均小于 10 CFU，则应按稀释度最低的平均菌落数乘以稀释倍数计算。

⑤若所有稀释度（包括液体样品原液）平板均无菌落生长，则以小于 1 乘以最低稀释倍数计算。

⑥若所有稀释度的平板菌落数均不在 10～150 CFU,其中一部分小于 10 CFU 或大于 150 CFU 时，则以最接近 10 CFU 或 150 CFU 的平均菌落数乘以稀释倍数计算。

（5）结果报告

①菌落数按“四舍五入”原则修约。菌落数在 10 以内时，采用一位有效数字报告；菌落数在 10～100 CFU 时，采用两位有效数字报告。

②菌落数大于或等于 100 时，第 3 位数字采用“四舍五入”原则修约后，取前 2 位数字，后面用 0 代替位数来表示结果；也可用 10 的指数形式来表示，此时也按“四舍五入”原则修约，采用两位有效数字。

③若空白对照平板上有菌落出现，则此次检

测结果无效。

④称重取样以 CFU/g 为单位，体积取样以 CFU/mL 为单位，报告或分别报告霉菌和/或酵母数。

（6）注意事项

①充分打散稀释液使霉菌孢子充分散开；

②及时观察，同时第三日不生长时要继续培养到 5 d；

③实验过程中防止霉菌孢子污染实验室。

尽量保持实验室安静，减少空气流动。实验时手脚要快，动作宜轻，培养过程中观察平板时，动作若稍重，生长快速的霉菌孢子就会在培养基内扩散，导致二次污染，结果使读数异常。特别是翻转平板进行培养，观察时再回转，特别容易导致孢子飞散。

8.1.3 霉菌直接镜检计数法

加工中若原料处理不当，产品中就会有霉菌残留。因此，利用霍华德霉菌计数法（即郝氏计测片计数法），可通过在一个标准计数玻片上计数含有霉菌菌丝的显微视野，知道产品中霉菌残留的多少，对产品质量的评定，具有一定的参考价值。产品中霉菌数的多少可以反映原料的新鲜度、生产车间的卫生状况、生产过程中是否有变质发生等，因此控制原料的新鲜度以降低产品中霉菌含量是非常必要的。

1. 设备和材料

烧杯、玻璃棒、折光仪或糖度计、显微镜、霍华德计测装置（一种特制的、具有标准计测室的装置包括载玻片、盖玻片和测微计）、量筒、托盘天平等。

计测装置结构如图 8-2、图 8-3、图 8-4 所示。

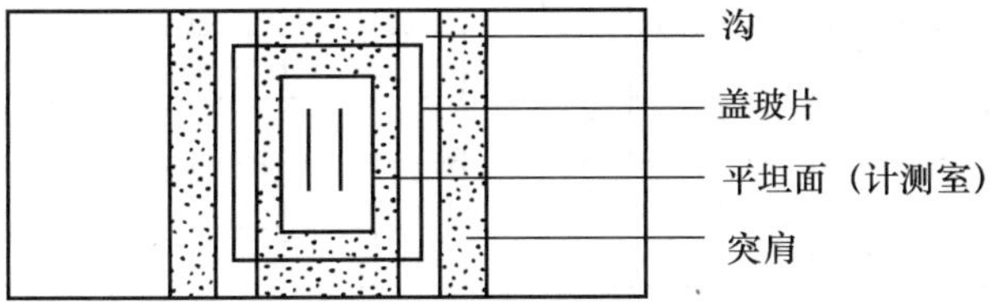

图 8-2 载玻片正视图

2. 检测步骤

检测步骤如下：取样→称样→稀释→调节视野→涂片→观察→记录→计算。

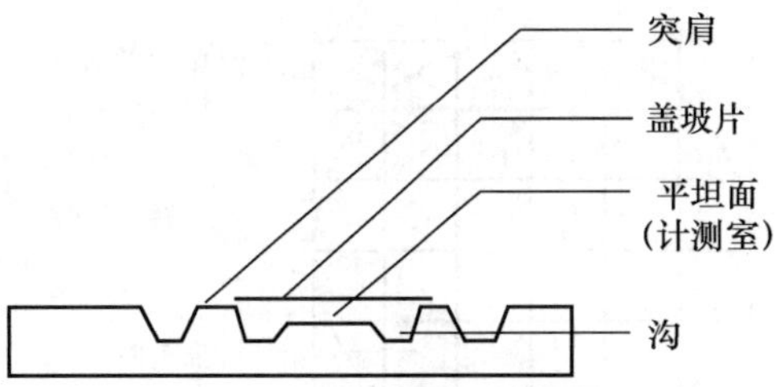

图 8-3 载玻片俯视图

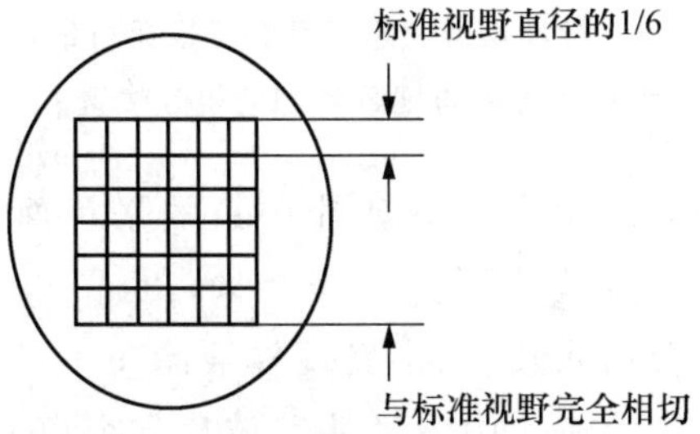

图 8-4 测微计（配片）

3. 操作步骤

（1）检样制备 取适量检样，加蒸馏水稀释至折光指数为 1.3447～1.3460（浓度为 7.9%～8.8%）的标准样液。用糖度计或折光仪测定折光指数或浓度，如果折光指数过大或过小，需加水或样品，直至配成标准样液，才能进行检验。

（2）标准视野的调节 霍华德霉菌计测用的显微镜，要求物镜放大倍数为 90～125 倍，其视野直径的实际长度为 1.382 mm，则该视野为标准视野。需注意以下方面：①查标准视野。将载玻片放在载物台上，配片置于目镜的光栏孔上，然后观察。②标准视野要具备两个条件：载玻片上相距 1.382 mm 的两条平行线与视野相切；配片（测微器）的大方格四边也与视野相切。如果发现上述两个条件，其中有一条不符合，需经校正后再使用，如图 8-5 所示。

（3）涂片

①检查玻片。首先用擦镜纸或绸布蘸酒精将载玻片和盖玻片擦净。检查是否擦干净，可将盖玻片置于载玻片的两条突肩上观察盖玻片与载玻片突肩的接触处是否产生牛顿环。如果没有产生牛顿环，表明没有擦净，必须重新擦，直至产生牛顿环，方可使用。

②加样。用滴管或玻棒取一大滴混合均匀的

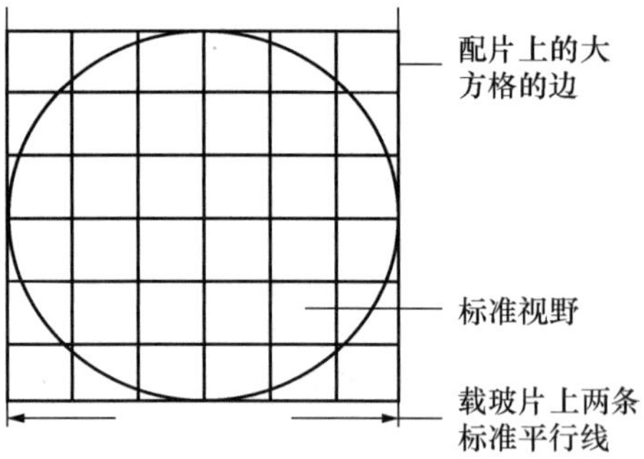

图 8-5 标准视野状态下两条标准平行线及配片大方格与视野外切的相互位置

样液，均匀地涂布于载玻片中央的平坦面上，盖上盖玻片（盖玻片可直接盖上去，也可以从突肩边沿处吻合切入）。如果发现样液涂布不均匀，有气泡，或样液流入沟内又从盖玻片与突肩处流出，盖玻片与载玻片的突肩处不产生牛顿环等，应弃去不用，重新制作。

（4）观察结果

①观察视野数及分布。对一般样品，每个涂片均检查 50 个视野（每一个样品至少应测 25 个视野，才能代表样品的各个部分。如果检查结果阳性视野低于 30%，则检查 25 个视野即可；如果在 30%～40%，需检查 50 个视野；如果在 40%～50%，需检查 100 个视野；如果在 50%以上或超过更多，则要继续检查，直至检查 25 个视野的结果与一系列计算结果无差异为止）。检查的 50 个视野要均匀地分布于所在计测室上（图 8-6），可用显微镜载物台上带有标尺的推进器来控制，从上到下或从左到右一行行有规律地进行观察。同一检样应由两人进行观察。

②霉菌菌丝的鉴别。在同一视野内霉菌菌丝的特征是：霉菌菌丝一般粗细均匀；霉菌菌丝体内含有颗粒，具有一定的透明度；有的霉菌菌丝有横隔；有的霉菌菌丝有分支。

（5）记录结果 需注意以下方面：

①阳性视野与阴性视野的判断。在标准视野下，上下调节焦距，观察视野中有无菌丝，凡符合下列情况之二者为阳性视野：一根菌丝长度超过视野直径 1/6（即一个小方格的边长）；一根菌丝长度加上分枝的长度超过视野直径 1/6；两根菌丝总长度超过视野直径 1/6；三根菌丝总长度超过

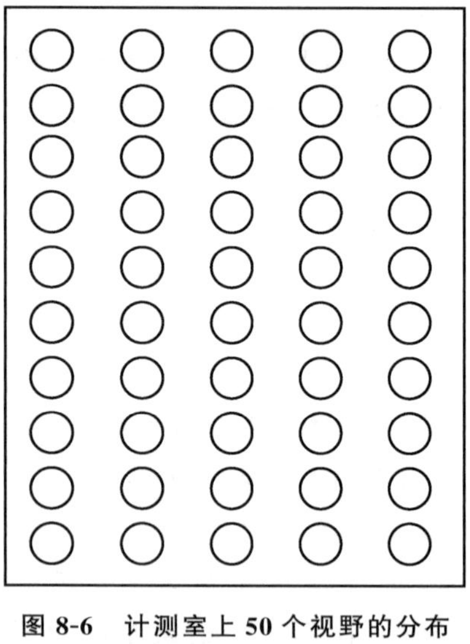

图 8-6 计测室上 50 个视野的分布

视野直径 1/6；一丛菌丝可视为一个菌丝，所有菌丝（包括分枝）总长度超过视野直径 1/6。阳性视野用“＋”表示；阴性视野用“－”表示。

②对初次学习霍华德霉菌计测法者，做记录前可先在记录纸上画出计测室上视野均匀分布的小格，观察一个标准视野，立即在相应的方格内做“＋”或“－”的记录，或“－”以空格表示（图 8-7）。这种记录方法，在计测过程中，可减少重复或遗漏计数的现象，也可以从记录表格上“＋”“－”视野的分布，了解涂片是否均匀。如果一个样品做两个片子观察结果误差较大（超过 6%），则另取样涂片，观察测定至误差＜6%时为止。

+	−	−	+	−
−	+	−	−	+
−	−	−	+	−
−	+	−	−	−
+	−	−	−	+
−	−	+	−	−
−	+	−	+	−
−	−	+	−	−
+	−	−	−	+
−	−	−	−	+

(a)

	+		+	
+		+		
	+			+
			+	
	+	+		
	+			+
+			+	
		+		+
+				

(b)

图 8-7 观察结果记录

（6）结果计算 霍华德霉菌计测数值，又称霉菌数，用百分比表示。其含义为：将 0.15 mm^3

标准样液，均匀地摊布成厚 0.1 mm、直径为 1.382 mm、面积为 1.5 mm^2 的标准视野，在显微镜下检查。按 100 个视野数计算，其中发现有霉菌菌丝存在的视野数（即阳性视野数）。

根据霉菌数含义，其计算公式如式（8-1）所示：

$$N=\frac{n}{50}\times 100\% \quad (8\text{-}1)$$

式中：N 为样品霉菌数（%）；n 为阳性视野数（个）。

【例 8-1】 如图 8-7 记录的阳性视野数，(a) 片为 15，(b) 片为 16，则样品的霉菌数为

$$N=(15+16)/50\times 1/2\times 100\%=31\%$$

说明：在国际贸易中，合同上无要求时按部颁标准执行，如果超过标准指标，则应该继续制片，但片子数量不得少于 3 片即 150 个视野。如果计测结果相近时，可取其平均值；如对抽样结果有异议，应加倍抽样；全部合格，作为合格处理，其中有 1 罐不合格，该批作为不合格处理。

8.2 常见产毒霉菌的鉴定

8.2.1 霉菌的分类鉴定

目前已发现的霉菌毒素有 100 多种，产生这些毒素的霉菌主要是曲霉属、青霉属和镰刀霉属及少数不完全菌类的某些种。这些菌都是食品中最常见的寄生性或腐生性霉菌。故食品中霉菌的分离鉴定对食品的卫生学评价具有一定的意义。

1. 基本原理

霉菌广泛存在于自然界，陆生性较强，种类繁多，在空气中到处散布霉菌的孢子。目前已知的最常见的有毒霉菌主要有曲霉属的黄曲霉、杂色曲霉、寄生曲霉、构巢曲霉、赭曲霉；青霉属的黄绿青霉、橘青霉、圆弧青霉、展开青霉、岛青霉、纯绿青霉、皱褶青霉、产紫青霉；镰刀菌属的串珠镰刀菌、禾谷镰刀菌、梨孢镰刀菌、三线镰刀菌、雪腐镰刀菌、拟枝孢镰刀菌、木贼镰刀菌、尖孢镰刀菌、茄病镰刀菌；木霉属的木霉；头孢霉属的头孢霉；单端孢霉属的粉红单端孢霉；交链孢霉属的交链孢霉；葡萄状穗霉属的黑葡萄状穗霉；节菱孢霉属的节菱孢霉等。这些有毒霉菌虽然在已知数万种霉菌中只是极少数，但是它们在自然界中分布广泛，适应性强，给人类的身体健康造成极大的威胁。

这些有毒霉菌都是食品中常见的寄生性或腐生性霉菌。有毒霉菌引起的中毒，主要是由于它们产生的有毒毒素造成的，并且毒性一般都很大。很多霉菌产生的毒素能在体内蓄积，使人体的肝脏、肾脏等产生病变。因此，食品中霉菌的分离鉴定对食品的卫生学评价具有一定的意义。在食品微生物检验中，对有毒霉菌的检验，主要是根据霉菌的菌丝体或孢子的颜色、形态特征等进行鉴别。

2. 设备和材料

显微镜、目镜测微尺、物镜测微尺、恒温培养箱、冰箱、无菌接种罩、放大镜、酒精灯、接种针、分离针、滴瓶、载物玻片、盖玻片（18 mm×18 mm）、小刀。

3. 培养基和试剂

察氏培养基、玉米粉琼脂培养基、马铃薯琼脂培养基、马铃薯葡萄糖琼脂培养基（PDA）、乳酸-苯酚溶液。

4. 操作步骤

适用于曲霉菌属、青霉菌属、镰刀菌属及其他菌属的产毒霉菌鉴定。

（1）菌落的观察　为了培养完整的巨大菌落以供观察记录，可将纯培养物点植于平板上。具体操作如下：将平板倒转，向上接种一点或三点，每菌接种两个平板，倒置于 25～28 ℃温箱中进行培养。当刚长出小菌落时，取出一个平皿，以无菌操作，用小刀将菌落连同培养基切下 1 cm×2 cm 的小块，置菌落一侧，继续培养 5～14 d 后进行观察。此法代替小培养法，可观察子实体着生状态。

（2）斜面观察　将霉菌纯培养物划线接种（曲霉、青霉）或点种（链刀菌或其他菌）于斜面，培养 5～14 d，观察菌落形态，同时还可以将菌种管置显微镜下用低倍镜直接观察孢子的形态和排列。

（3）制片　取载玻片加乳酸-苯酚液一滴，用接种针钩取一小块霉菌培养物，置乳酸-苯酚液中，用两支分离针将培养物撕开成小块，切忌涂抹，以免破坏霉菌结构。然后加盖玻片，如有气泡，可在酒精灯上加热排除。制片时最好是在接种罩内操作，以防孢子飞扬。

（4）镜检　观察霉菌的菌丝和孢子的形态和特征、孢子的排列等，并做详细记录。

5. 报告

根据菌落形态及镜检结果，查阅霉菌分类检索表，确定菌种名称。

8.2.2　霉菌毒素的测定

霉菌是一种多细胞微生物，通过孢子繁衍下一代。霉菌孢子普遍存在于土壤和一些腐败的植物体中。在养分、温度、湿度、通风等适宜条件下，霉菌会大量、快速生长繁殖，并产生毒素。玉米、麦类、稻谷等原料水分含量为17%～18%时，霉菌生长繁殖旺盛。霉菌毒素是霉菌产生的二级代谢产物。霉菌毒素不会因为加热而被破坏。霉菌毒素可分为田间性霉菌毒素和仓储性霉菌毒素。田间性霉菌毒素是作物未收获前在田间感染野外菌株而产生，主要有玉米赤霉烯酮、烟曲霉毒素及单端孢霉烯（族）化合物（包括呕吐毒素、T-2毒素）等。仓储性霉菌毒素是在贮存作物原料及饲料时产生的，主要包括黄曲霉毒素和赭曲霉毒素。

1. 黄曲霉毒素（aflatoxin，AFT）的检验

主要有生物学方法、化学法、高效液相色谱法和免疫学方法。

（1）生物学方法

①抑菌试验：巨大芽孢杆菌和短芽孢杆菌对AFT最敏感，通过平皿中抑菌圈大小来衡量AFT含量。

②荧光测定法：AFT在紫外光照射下可发出荧光。将待检菌株接种，28～30 ℃培养48～72 h，检查其特异荧光。此法操作简便对AFT最低检出量为5 μg/mL。

③大鼠试验法：大鼠幼鼠对AFT最敏感，雄性幼鼠比雌性幼鼠敏感性更高，用100～150 g大鼠作急性中毒试验，一般3～4 d死亡。

④鸭雏试验：鸭雏对AFT非常敏感，致死性强，一般用一次剂量后72 h内死亡。

⑤斑点试验：本法用于检测真菌毒素致突变试验。主要利用沙门氏菌/微粒体突变性来检测某些样品中AFT的存在与含量。

（2）化学分析方法　常见的化学分析方法为薄层层析法（TLC），适用于粮食及其制品、调味品等，主要是半定量。利用AFT具有荧光的特点，提取出样品中的AFT，用单向或双向展开法在薄层上分离后，在365 nm紫外灯下检测其荧光，实现半定量。该法是黄曲霉毒素测定的官方规定方法之一，但是该方法不专一，容易使样品中的其他荧光物质对其测定造成干扰。

（3）高效液相色谱法　样品经过提取，后经过滤、稀释等步骤，使滤液通过含有黄曲霉毒素特异抗体的免疫亲和柱，通过层析净化，由于抗体的专一性，黄曲霉毒素被交联在层析介质中。检测待测AFB1的含量是利用甲醇将待测物质洗脱，洗脱液上高效液相色谱仪，用紫外检测器于激发波长：360 nm，发射波长：420 nm。而用C_{18}柱抽提纯化样品中的AFM1，乙醚对C_{18}柱洗涤，再用CH_2Cl_2-乙醇洗脱AFM1，然后加入三氟乙酸（TFA）对AFM1进行衍生化处理，利用液相色谱荧光检测器检测，并与标准AFM1-TFA的衍生物比较，进行定性、定量分析。该方法专一性较强，但实验过程烦琐，容易造成被测物质的损失，且所需仪器设备昂贵，降低了其推广性。

（4）免疫学方法　AFT是相对分子质量为312～346的二氢呋喃香豆素的衍生物，无免疫原性，不能引起抗体的产生，故必须与大分子化学基团或蛋白质偶联，成为完全抗原，方能引起免疫动物的抗体形成，然后利用血清学方法检测AFT。由于AFT的量一般都较低，因此，检测方法主要是敏感性较高的放射免疫测定法（RIA）和酶联免疫吸附试验（ELISA）。

酶联免疫法是当今测定AFM1较常用的方法之一，该法采用竞争ELISA，在微孔板上预包被AFM1抗原，加入样本（或AFM1标准品溶液）及辣根过氧化物酶标记的AFM1抗体。样本或标准品溶液中的AFM1与预包被在板孔上的AFM1抗原竞争结合辣根过氧化物酶标记的AFM1抗体。

未结合的酶标抗体在洗涤时被除去，再加入 TMB 显色液，读取吸光值。样本的吸光值与其所含残留物 AFM1 抗原的含量呈负相关。对照标准曲线，即可得出相应残留物 AFM1 的含量。

近几年来，国外已成功制备了测定 B_1 的酶联免疫测定盒及检测乳中 M_1 含量的 RIA 检测盒。这两种检测盒都十分方便，而且快速准确。

2. 脱氧雪腐镰刀菌烯醇（deoxynivalenol，DON）的检测

DON 的检测方法有多种，主要包括薄层色谱法、气相色谱、高效液相色谱、酶联免疫吸附、近红外光谱分析、荧光极性免疫分析法等。

（1）薄层色谱法（thinlayer chromatography，TLC）　TLC 分析 DON 的最低检出限为 0.1 mg/kg，是我国国家标准检测方法之一。但由于 TLC 法的精确度相对低，操作过程复杂，分析结果的可重复性和再现性差，因此近年来国际上用 TLC 方法检测新发现真菌毒素大幅度减少，说明 TLC 不再作为一种检测技术在新的学科领域广泛应用。

（2）气相色谱法（gas chromatography，GC）　GC 检测 DON 首先需要将 DON 上的三个羟基衍生，常用的衍生试剂有三甲基氯化硅烷（trimethylchlorosilane，TMCS）或三甲基硅咪唑（trimethylsilylimidazole，TMSI）。GC 可与电子捕获检测器、火焰离子化检测器、质谱联用，均可达到检测之目的。GC 具有灵敏性、高选择性、准确性和精确性等优点，用 GC 还能实现对单端孢霉烯族化合物和玉米赤霉菌烯醇等 8 种真菌毒素同时检测。但 GC 色谱中存在标准曲线线性关系不好，响应漂移，上一次进样样品的滞留和记忆效应等问题。采用了 TMCS 或 TMSI 与 DON 反应形成三甲基硅烷物，从而达到衍生化效果，不仅可简化毒素纯化过程，而且还可有针对性地解决 GC 方法的不足。

（3）高效液相色谱法（high performance liquid chromatography，HPLC）　HPLC 是定量分析 DON 常用的方法，与质谱联机使用可实现对毒素定性、定量、确证同时进行。HPLC 对样品的适用性广，不受分析对象挥发性和热稳定性的限制，因而弥补了气相色谱法的不足，能够准确、快速地检测小麦样本中 DON 含量及差别。但是这种方法也存在着成本较高，一次检测只能测定 DON 含量，而对于其他几种 DON 衍生物不能检测等问题。

（4）酶联免疫吸附（enzyme linked immunosorbent assay）　其原理是将已知抗原吸附在同相载体表面，洗除未吸附抗原，加入一定量的抗体与待检样品（含有抗原）提取液的混合液，竞争温育后，在固相载体表面形成抗原抗体复合物。洗除多余抗体成分，然后加入酶标记的抗免疫球蛋白的第二抗体结合物，与吸附在固体表面的抗原抗体复合物结合。加入酶底物，在酶的催化作用下，底物发生降解反应，产生有色产物，通过酶标检测仪，测出酶底物的降解量，根据标准曲线计算被测样品中的抗原量。邓舜洲等应用抗脱氧雪腐镰刀菌烯醇单克隆抗体 12D1 建立了竞争间接 ELISA 方法，用于检测小麦、玉米中的脱氧雪腐镰刀菌烯醇（DON），最低检出限为 20 ng/mL，检测范围为 20～460 ng/mL。用蒸馏水提取掺和 DON（50～4000 ng/g）的小麦样品，回收率为 82.1%～96.6%，变异系数为 0.6%～7.1%。

3. 展青霉素（patulin，PAT）的检测

PAT 的传统检测方法包括气相色谱、薄层色谱、胶束电动毛细管电泳和液相色谱法。目前，最常用的是液相色谱法。PAT 是相对分子质量小的极性化合物，有较强的紫外吸收光谱，因此适合于用高效液相色谱法（HPLC）检测，最初的正相色谱法正逐渐被反相色谱法所代替。

乙酸乙酯被广泛地作为萃取溶剂，净化系统也得到了不断发展。由于 PAT 只能通过使用高水溶性的固定相才能被留在反相 HPLC（RP-HPLC）的柱子上，所以固定相大多采用乙腈＋水（10∶90）和四氢呋喃＋水（5∶95）。尽管此法的灵敏度和可靠性都很高，但其样品制备的程序比较复杂，检测成本高，仪器昂贵，难以适应农产品的现场抽查及进出口快速通关检测的要求，基于抗原抗体反应的免疫检测技术具有高度专一性和特异性、简单快速、灵敏度高、成本划算等优点，且其试验操作较简单，适于大量样品的快速检测，可作为费时费力的色谱分析方法的补充，成为半定量筛选和定量分析的工具，尤其是其具有高通量筛选的能力，已经显示出替换传统仪器分析的应用前景。

4. 赭曲霉毒素A（ochratoxin A，OTA）的检测

（1）色谱检测　主要是采用高效液相色谱与其他方法共用来检测，其中包括：①高效液相色谱-质谱联用，该方法经HLB固相萃取柱净化样品，以C_{18}柱分离，流动相为0.1%甲酸水溶液和甲醇（梯度洗脱），电喷雾正离子MRM模式检测；②免疫亲和柱净化高效液相色谱法，即样品经提取、过免疫亲和柱净化后，用高效液相色谱-荧光检测器进行分析。

（2）免疫法检测　用于OTA检测免疫学方法主要有免疫亲和柱-荧光光度法、免疫亲和柱-高效液相色谱法（IAC-HPLC）、酶联免疫法（ELISA）、时间分辨荧光免疫法（TR-FIA）、胶体金免疫层析技术（DIGFA）和免疫传感器法等。

5. 玉米赤霉烯酮（zearalenone，ZEN）的检测

（1）薄层色谱法（TLC）　《饲料中玉米赤霉烯酮的测定》（GB/T 19540—2004）规定运用薄层色谱法作为仲裁法测定饲用谷物原料和配合饲料中ZEN含量，此法最低检测量为0.02 μg。

（2）高效液相色谱法（HPLC）　《食品中玉米赤霉烯酮的测定》（GB/T 5009.209—2016）规定运用免疫亲和柱-高效液相色谱法测定谷物（小麦、玉米等）中ZEN含量，检出限为5 μg/kg。同时，还有报道采用液液萃取-高效液相色谱法、C_{18}硅胶柱-高效液相色谱法、多功能净化柱-高效液相色谱法和高效液相色谱-质谱法（HPLC-MS）等液相色谱方法。

（3）免疫学检测技术　免疫学检测方法包括酶联免疫法（ELISA）、放射免疫法（RIA）和胶体金标记技术。《饲料中玉米赤霉烯酮的测定》（GB/T 19540—2004）中规定：饲料中检测ZEN的仲裁方法为薄层色谱测定法，酶联免疫吸附测定方法为快速筛选方法。

复习思考题

1. 霉菌和酵母菌平板计数法的操作中有哪些需要注意的？
2. 霉菌直接镜检计数法的操作中有哪些需要注意的？
3. 霉菌毒素的测定主要有哪些方法？

HAPTER 9

第9章 常见食品的微生物检验

【教学目的和要求】

1. 了解不同食品微生物检验的基本原则和要求。

2. 熟悉常见食品样品的采集、处理及检验方法，能独立完成不同样品的采集、处理、保存；理解掌握食品微生物检验样品的采样方案及不同采样方案对样品检验结果的判定。

3. 掌握大肠杆菌、沙门氏菌、金黄色葡萄球菌、霉菌和酵母菌等常见微生物的检验方法、主要流程及操作要点。

4. 掌握罐头食品的商业无菌检验技术。

5. 了解食品微生物限量标准。

本章节以我国现行食品卫生微生物检验标准为基础，重点介绍几种常见的食品，包括肉及肉制品、乳及乳制品、蛋制品、水产食品、饮料及冷冻饮品、保健食品、酒类、罐头食品、冷食菜、豆制品、糖果、糕点、蜜饯以及调味品的检测方法。

9.1 肉与肉制品微生物检验

肉中的营养物质非常丰富，很适宜微生物的生长繁殖，肉及其肉制品在屠宰、加工、运输、出售及食用过程中一旦被微生物污染，极易发生腐败变质。常见的微生物种类包括细菌、真菌和病毒。细菌是造成肉腐败变质的主要微生物，其中常见的细菌主要包括大肠埃希氏菌、金黄色葡萄球菌、沙门氏菌、假单胞菌、蜡样芽孢杆菌、铜绿假单胞菌等。常见的霉菌主要包括青霉、毛霉、交链霉等。目前我国对肉与肉制品中微生物进行检验采用的标准为《食品卫生微生物学检验 肉与肉制品检验》(GB/4789.17—2003)。

9.1.1 设备和材料

采样箱、灭菌塑料袋、带盖搪瓷盘、灭菌刀、剪子、锤子、灭菌带塞广口瓶、转运管、灭菌棉签、涂抹棒、温度计、编号牌或记号笔、培养基和试剂、采样规格板等。

9.1.2 采样方案

采样方案应根据肉与肉制品检验目的、食品特点、批量、检验方法、微生物的危害程度等确定。分为二级和三级采样方案。并按照各类肉与肉制品的食品安全相关标准的规定执行。样品的采集应遵循随机性、代表性的原则。采样过程遵循无菌操作程序、防止一切可能的外来污染。

9.1.3 样品采集与处理

1. 样品的采集

(1) 生肉及脏器检样　如系屠宰场宰后的畜肉，可于开腔后，用无菌刀采取两腿内侧肌肉各150 g（或劈半后采取两侧背最长肌各150 g），如系冷藏或售卖之生肉，可用无菌刀取腿肉或其他部位之肌肉250 g，检样采取后，放入灭菌容器内，立即送检。

(2) 禽类（包括家禽和野禽）　鲜、冻家禽采取整只，放灭菌容器内。带毛野禽可放清洁容器内，立即送检。

(3) 各类熟肉制品（包括酱卤肉、肴肉、肉灌肠、黑烤肉、肉松、肉脯、肉干等）　一般采取250 g。熟禽采取整只，均放灭菌容器内，立即送检。

(4) 腊肠、香肚等生灌肠　采取整根、整只、小型的可采数根数只，其总量不少于250 g。

(5) 散装肉制品或现场制作肉制品　用无菌采样工具从 n 个不同部位现场采集样品，放入 n 个无菌采样袋中，作为 n 件食品样品每件样品的采样量应满足微生物指标检验单位的要求。

(6) 胴体采样　用于检验肉禽及其制品受外界环境的污染程度或检索其是否带有某种致病菌。一般可用棉拭涂抹法和整只淋洗法。①棉拭涂抹法：一般可用板孔5 cm^2 不锈钢规板（或耐高温的其他材质的规板）压在受检物上，将灭菌的棉拭子稍沾湿（或用涂抹棒），在板孔5 cm^2 的范围揩抹多次，然后将板孔规板移压另一点，用另一棉拭子揩抹，如此共移压揩抹10次，总面积为50 cm^2，共用10只棉拭子。每只棉拭子揩抹完毕后立即剪断投入盛有50 mL灭菌水的三角瓶或转运管中。检索致病菌，不必用规板，在可疑部位用棉拭子（或涂抹棒）揩抹即可。②淋洗法：用手反套着样品袋提起家禽的腿，反转样品袋，将胴体套在其中。按检测要求倒入规定体积的稀释液，排掉袋中大部分空气，握紧袋子，振摇稀释液并轻轻摇动胴体以充分冲洗胴体内外表面。然后无菌操作取出家禽，密封好样品袋。

2. 采集样品的标记

应对采集的样品进行及时、准确的记录和标记，内容包括采样人、采样地点、时间、样品名称、来源、批号、数量、保存条件等信息。

3. 采集样品的贮存和运输（送检）

(1) 应尽快将样品送往实验室检验。生肉样品采取后，立即送检；如条件不许可时，最好不超过3 h，送检样时注意冷藏，不得加入任何防腐剂。检样送往化验室应立即检验或放置冰箱暂存。

(2) 对表面拭子和淋洗液等样品，应在1～4 ℃下运送，不要超过4 h。实验室应尽快进行检测，不要超过采样后24 h。

(3) 应在运输过程中保持样品完整。

(4) 应在接近原有贮存温度条件下贮存样品，或采取必要措施（如冷藏箱、冷冻箱、冰袋等）

防止样品中微生物数量的变化。

4. 检样的处理

(1) 实验室接到送检样品后应认真核对登记，确保样品的相关信息完整并符合检验要求。实验室应按要求尽快检验。如不能及时检验，应采取必要的措施，防止样品中原有微生物因客观条件的干扰而发生变化。

(2) 样品制备时应考虑不同的检测目的（特定微生物群类的定性检测和/或计数检测）和检测针对区域（深部、表面或整体）。

(3) 不同类型样品的初始制备处理

①试验样品总重量少于或等于 50 g 的，将样品全部制备为初始悬浮液。

②大件、块状样品及分割肉，取深部和（或）表面部分制备试料及初始悬浮液；肉片、肉丝或熟制品，取中间部位制备悬浮液；冻品取样中，收集采样产生的碎片，充分均质。

③对于带“外皮”的肉制品如香肠，如肠衣是不可食用的，则用 75%（体积分数）酒精擦拭表面，再用无菌器具剥离肠衣，均质前应将香肠切片。如肠衣皮是可食用的，切片和均质时也应包含肠衣。

④对于鸡爪、鸭爪，应用无菌剪刀将爪剪成小块，并包括关节部位。混合后称取试料，放入一个已去皮重的无菌塑料袋中，按试料量 9 倍的比率加入适宜的稀释液，按揉样液袋 1～2 min，制成 1∶10 倍初始悬浮液。

⑤从肉、脏器及肉制品深部获得试料，通常仅用于检测深部组织的微生物，先将检样进行表面消毒（沸水内提 3～5 s，或烧灼肉及肉制品表面进行消毒）。再用无菌剪子剪取检样深层肌肉 25 g。放入灭菌乳钵内用灭菌剪子剪碎后，加入灭菌海砂或玻璃砂研磨，磨碎后加入灭菌水 225 mL，混匀，即为 1∶10 稀释液。若为预包装产品，则应无菌操作去包装并将肉放在无菌托盘上操作。用无菌手术刀或剪刀切除 2～5 mm 厚的肉块或肉皮表层，形成一个约 5 cm×5 cm 的暴露面积，用一把新的无菌手术刀或剪刀切除暴露的表面以下 1 cm 的面积约 4 cm×4 cm 的肉层。然后在暴露区域取出需要的试料部分，放入已去皮重的无菌容器或塑料袋中，称量并制备初始悬浮液。

⑥从肉的表面获得试料（切割法/破坏性采样），则无须烧灼暴露的表面。若为预包装产品，则应无菌操作去包装并将肉放在无菌托盘上操作，待测部位向上。需要使用经灭菌或消毒的规定面积大小的取样模板，通常为 5 cm×5 cm。用无菌手术刀沿模板边缘切割，深度为 2～3 mm，用无菌手术镊移取试料部分，放入已去皮重的无菌容器或塑料袋中。称量并制备初始悬浮液，记录取样面积和稀释液量。例如，从 25 cm^2 表面获得的样品稀释液总量为 100 mL，则每 1 mL 代表 0.25 cm^2。

⑦从单独的肉片、肉块上取样，也无须烧灼暴露的表面。若为预包装产品，则应无菌操作去包装并将肉放在无菌托盘上操作，待测部位向上。使用无菌手术刀和手术镊，在肉块中央切下一条 1 cm 宽的肉。再切碎成小块，放入已去皮重的无菌容器或塑料袋中，称量并制备初始悬浮液。

⑧鲜、冻家禽检样的处理：先将检样进行表面消毒，用灭菌剪或刀去皮，剪取肌肉 25 g（一般可从胸部或腿部剪取），放入灭菌乳钵内用灭菌剪子剪碎后，加入灭菌海砂或玻璃砂研磨，磨碎后加入灭菌水 225 mL，混匀，即为 1∶10 初始悬浮液。带毛野禽先去毛后，同家禽检样处理。

⑨棉拭子或淋洗液检验时充分振摇，必要时添加无菌玻璃珠，以充分悬浮提取微生物。

9.1.4 检验方法

肉与肉制品按照《食品安全国家标准 熟肉制品》(GB 2762—2017)、《食品安全国家标准 食品中致病菌限量》(GB 29921—2021)、《中华人民共和国国家标准 鲜、冻禽产品》(GB 16869—2005) 食品卫生标准中规定的进行检验，具体的检验方法按以下标准执行。

—菌落总数测定：按 GB/T 4789.2—2016 执行；

—大肠菌群测定：按 GB/T 4789.3—2010 执行；

—沙门氏菌检验：按 GB/T 4789.4—2016 执行；

—志贺氏菌检验：按 GB/T 4789.5—2012

执行；

—金黄色葡萄球菌检验：按 GB/T 4789.10—2016 执行。

—单核细胞增生李斯特氏菌检验：按 GB 4789.30—2016 执行；

—大肠埃希氏菌 O157：H7：按 GB 4789.36—2016 执行。

9.1.5 微生物限量

以鲜（冻）畜、禽产品为主要原料加工制成的产品，包括酱卤肉制品类、熏肉类、烧肉类、烤肉类、油炸肉类、西式火腿类、肉灌肠类、发酵肉制品类、熟肉干制品和其他熟肉制品（表 9-1）。熟肉制品中的微生物限量依据 GB 2726—2016 执行。

9.2 乳及乳制品微生物检验

乳又名奶，是哺乳动物从乳腺中分泌出来的白色不透明液体。乳既可以直接饮用，又可以作为食品加工原料，通过加入适量的维生素、矿物质和其他辅料，经加工制成的各种食品，如杀菌奶、乳粉、炼乳、干酪、乳冰激凌、干酪素、乳糖等产品。乳经加工后其性状也发生不同的变化，因此在对其进行微生物学检验时，应根据各自的特点及检验目的进行合理采样和处理。

9.2.1 设备和材料

搅拌器具、采样勺、匙、切割丝、刀具（小刀或抹刀）、采样钻、采样袋、采样管、采样瓶、温度计、铝箔、封口膜、记号笔、采样登记表等。

9.2.2 采样方案

样品应当具有代表性。采样过程采用无菌操作，采样方法和采样数量应根据具体产品的特点和产品标准要求执行。样品在保存和运输的过程中，应采取必要的措施防止样品中原有微生物的数量变化，保持样品的原有状态。

9.2.3 样品采集与处理

1. 生乳的采样

（1）样品应充分搅拌混匀，混匀后应立即取样，用无菌采样工具分别从相同批次（此处特指单体的贮奶罐或贮奶车）中采集 *n* 个样品，采样量应满足微生物指标检验的要求。

（2）具有分隔区域的贮奶装置，应根据每个分隔区域内贮奶量的不同，按比例从中采集一定量经混合均匀的代表性样品，将上述奶样混合均匀采样。

2. 液态乳制品的采样

适用于巴氏杀菌乳、发酵乳、灭菌乳、调制乳等。取相同批次最小零售原包装，每批至少取 *n* 件。

3. 半固态乳制品的采样

（1）炼乳的采样　适用于淡炼乳、加糖炼乳、调制炼乳等。

①原包装小于或等于 500 g（mL）的制品：取相同批次的最小零售原包装，每批至少取 *n* 件。采样量不小于 5 倍或以上检验单位的样品。

②原包装大于 500 g（mL）的制品（再加工产品，进出口）：采样前应摇动或使用搅拌器搅拌，使其达到均匀后采样。如果样品无法进行均匀混合，就从样品容器中的各个部位取代表性样。采样量不小于 5 倍或以上检验单位的样品。

（2）奶油及其制品的采样　适用于稀奶油、奶油、无水奶油等。

①原包装小于或等于 1000 g（mL）的制品：取相同批次的最小零售原包装，采样量不小于 5 倍或以上检验单位的样品。

表 9-1　肉与肉制品微生物限量

项目	采样方案[a]及限量				检验方法
	n	*c*	*m*	*M*	
菌落总数[b]/（CFU/g）	5	2	10^4	10^5	GB 4789.2—2016
大肠菌群/（CFU/g）	5	2	10	10^2	GB 4789.3—2010

[a]样品的采样和处理按 GB 4789.1—2010 执行。

[b]发酵肉制品类除外。

②原包装大于 1000 g（mL）的制品：采样前应摇动或使用搅拌器搅拌，使其达到均匀后采样。对于固态制品，用无菌抹刀除去表层产品，厚度不少于 5 mm。将洁净、干燥的采样钻沿包装容器切口方向往下，匀速穿入底部。当采样钻到达容器底部时，将采样钻旋转 180°，抽出采样钻并将采集的样品转入样品容器。采样量不小于 5 倍或以上检验单位的样品。

4. 固态乳制品采样

适用于干酪、再制干酪、乳粉、乳清粉、乳糖和酪乳粉等。

1）干酪与再制干酪的采样

（1）原包装小于或等于 500 g 的制品：取相同批次的最小零售原包装，采样量不小于 5 倍或以上检验单位的样品。

（2）原包装大于 500 g 的制品：根据干酪的形状和类型，可分别使用下列方法：①在距边缘不小于 10 cm 处，把取样器向干酪中心斜插到一个平表面，进行一次或几次。②把取样器垂直插入一个面，并穿过干酪中心至对面。③从两个平面之间，将取样器水平插入干酪的竖直面，插向干酪中心。④若干酪是装在桶、箱或其他大容器中，或是将干酪制成压紧的大块时，将取样器从容器顶斜穿到底进行采样。采样量不小于 5 倍或以上检验单位的样品。

2）乳粉、乳清粉、乳糖、酪乳粉的采样

（1）原包装小于或等于 500 g 的制品：取相同批次的最小零售原包装，采样量不小于 5 倍或以上检验单位的样品。

（2）原包装大于 500 g 的制品：将洁净、干燥的采样钻沿包装容器切口方向往下，匀速穿入底部。当采样钻到达容器底部时，将采样钻旋转 180°，抽出采样钻并将采集的样品转入样品容器。采样量不小于 5 倍或以上检验单位的样品。

5. 乳及液态乳制品的处理

将检样摇匀，以无菌操作开启包装。塑料或纸盒（袋）装，用 75%酒精棉球消毒盒盖或袋口，用灭菌剪刀切开；玻璃瓶装，以无菌操作去掉瓶口的纸罩或瓶盖，瓶口经火焰消毒。用灭菌吸管吸取 25 mL（液态乳中添加固体颗粒状物的，应均质后取样）检样，放入装有 225 mL 灭菌生理盐水的锥形瓶内，振摇均匀。

6. 半固态乳制品的处理

（1）炼乳　用点燃的酒精棉球消毒瓶或罐口周围，然后用灭菌的开罐器打开瓶或罐，以无菌手续称取 25 g 检样，放入预热至 45 ℃装有 225 mL 灭菌生理盐水（或其他增菌液）的锥形瓶中，振摇均匀。

（2）稀奶油、奶油、无水奶油等　无菌操作打开包装，称取 25 g 检样，放入预热至 45 ℃的装有 225 mL 灭菌生理盐水（或其他增菌液）的锥形瓶中，振摇均匀。从检样融化到接种完毕的时间不应超过 30 min。

7. 固态乳制品的处理

（1）干酪及其制品　以无菌操作打开外包装，对有涂层的样品削去部分表面封蜡，对无涂层的样品直接经无菌程序用灭菌刀切开干酪，用灭菌刀（勺）从表层和深层分别取出有代表性的适量样品，磨碎混匀，称取 25 g 检样，放入预热到 45 ℃装有 225 mL 灭菌生理盐水（或其他稀释液）的锥形瓶中，振摇均匀。充分混合使样品均匀散开（1～3 min），分散过程时温度不超过 40 ℃。尽可能避免泡沫产生。

（2）乳粉、乳清粉、乳糖、酪乳粉　取样前将样品充分混匀。罐装乳粉的开罐取样法同炼乳处理，袋装奶粉应用 75%酒精的棉球涂擦消毒袋口，以无菌手续开封取样。称取检样 25 g，加入预热到 45 ℃盛有 225 mL 灭菌生理盐水等稀释液或增菌液的锥形瓶内（可使用玻璃珠助溶），振摇使充分溶解和混匀。对于经酸化工艺生产的乳清粉，应使用 pH 8.4±0.2 的磷酸氢二钾缓冲液稀释。对于含较高淀粉的特殊配方乳粉，可使用 α-淀粉酶降低溶液黏度，或将稀释液加倍以降低溶液黏度。

（3）酪蛋白和酪蛋白酸盐　以无菌操作，称取 25 g 检样，按照产品不同，分别加入 225 mL 灭菌生理盐水等稀释液或增菌液。在对黏稠的样品溶液进行梯度稀释时，应在无菌条件反复多次吹打吸管，尽量将黏附在吸管内壁的样品转移到溶液中。

①酸法工艺生产的酪蛋白：使用磷酸氢二钾缓冲液并加入消泡剂，在 pH 8.4±0.2 的条件下

溶解样品。

②凝乳酶法工艺生产的酪蛋白：使用磷酸氢二钾缓冲液并加入消泡剂，在 pH 7.5±0.2 的条件下溶解样品，室温静置 15 min。必要时在灭菌的匀浆袋中均质 2 min，再静置 5 min 后检测。

③酪蛋白酸盐：使用磷酸氢二钾缓冲液在 pH 7.5±0.2 的条件下溶解样品。

9.2.4 检验方法

—菌落总数：按 GB 4789.2—2016 检验。

—大肠菌群：按 GB 4789.3—2010 中的直接计数法计数。

—沙门氏菌：按 GB 4789.4—2016 检验。

—金黄色葡萄球菌：按 GB 4789.10—2016 检验。

—霉菌和酵母：按 GB 4789.15—2016 计数。

—单核细胞增生李斯特氏菌：按 GB 4789.30—2016 检验。

—双歧杆菌：按 GB/T 4789.34—2016 检验。

—乳酸菌：按 GB 4789.35—2016 检验。

—阪崎肠杆菌：按 GB 4789.40—2016 检验。

9.2.5 微生物限量

(1) 全脂、脱脂、部分脱脂乳粉和调制乳粉的微生物限量依据 GB 19644—2010 执行（表 9-2）。

(2) 全脂、脱脂、部分脱脂发酵乳的微生物限量则依据 GB 19302—2010 执行（表 9-3）。乳酸菌数限量见表 9-4。

(3) 生乳的微生物限量应符合表 9-5 的规定。

(4) 全脂、脱脂、部分脱脂巴氏杀菌乳的微生物限量依据 GB 19645—2010 执行（表 9-6）。

(5) 乳清粉和乳清蛋白粉的微生物限量依据 GB 11674—2010 执行（表 9-7）。

(6) 调制乳　以不低于 80%的生牛（羊）乳为原料，添加其他原料或食品添加剂或营养强化剂，采用适当的杀菌或灭菌等工艺制成的液体产品，调制乳的微生物限量如表 9-8 所示。

(7) 加糖炼乳、调制加糖炼乳的微生物限量应符合表 9-9 的规定。

(8) 干酪：成熟或未成熟的软质、半硬质、硬质或特硬质、可有涂层的乳制品，其中乳清蛋白/酪蛋白的比例不超过牛奶中的相应比例。干酪可由下述方法获得：①在凝乳酶或其他适当的凝乳剂的作用下，使乳、脱脂乳、部分脱脂乳、稀奶油、乳清稀奶油、酪乳中一种或几种原料的蛋

表 9-2　全脂、脱脂、部分脱脂乳粉和调制乳粉的微生物限量

项目	采样方案[a]及限量（若非指定，均以 CFU/g 表示）				检验方法
	n	c	m	M	
菌落总数[b]	5	2	50000	200000	GB 4789.2—2016
大肠菌群	5	1	10	100	GB 4789.3—2010
金黄色葡萄球菌	5	2	10	100	GB 4789.10—2016
沙门氏菌	5	0	0/25 g	—	GB 4789.4—2016

[a]样品的分析和处理按照 GB 4789.1—2010 和 GB 4789.18—2010 执行。

[b]不适用于添加活性菌种（好氧或兼性厌氧益生菌）的产品。

表 9-3　全脂、脱脂、部分脱脂发酵乳的微生物限量

项目	采样方案[a]及限量（若非指定，均以 CFU/g 表示）				检验方法
	n	c	m	M	
大肠菌群	5	2	1	5	GB 4789.3—2010
金黄色葡萄球菌	5	0	0/25 g (mL)	—	GB 4789.10—2016
沙门氏菌	5	0	0/25 g (mL)	—	GB 4789.4—2016
酵母　≤	100				GB 4789.15—2016
霉菌　≤	30				

[a]样品的分析和处理按照 GB 4789.1—2010 和 GB 4789.18—2010 执行。

表 9-4 全脂、脱脂、部分脱脂发酵乳乳酸菌限量

项目		限量［CFU/g（mL）］	检验方法
乳酸菌数[a]	≥	1000000	GB 4789.35—2016

[a]发酵后经热处理的产品对乳酸菌数不作要求。

表 9-5 生乳微生物限量

项目		限量［CFU/g（mL）］	检验方法
菌落总数	≤	2000000	GB 4789.2

表 9-6 全脂、脱脂、部分脱脂巴氏杀菌乳微生物限量

项目	采样方案[a]及限量（若非指定，均以 CFU/g 表示）				检验方法
	n	*c*	*m*	*M*	
菌落总数	5	2	50000	100000	GB 4789.2—2016
大肠菌群	5	2	1	5	GB 4789.3—2010 平板计数法
金黄色葡萄球菌	5	0	0/25 g（mL）	—	GB 4789.10—2016 定性检验
沙门氏菌	5	0	0/25 g（mL）	—	GB 4789.4—2016

[a]样品的分析和处理按照 GB 4789.1—2010 和 GB 4789.18—2010 执行。

表 9-7 乳清粉和乳清蛋白粉微生物限量

项目	采样方案[a]及限量（若非指定，均以 CFU/g 表示）				检验方法
	n	*c*	*m*	*M*	
金黄色葡萄球菌	5	2	10	100	GB 4789.10—2016 平板计数法
沙门氏菌	5	0	0/25 g	—	GB 4789.4—2016

[a]样品的分析和处理按照 GB 4789.1—2010 和 GB 4789.18—2010 执行。

表 9-8 调制乳微生物限量

项目	采样方案[a]及限量（若非指定，均以 CFU/g 表示）				检验方法
	n	*c*	*m*	*M*	
菌落总数	5	2	50000	100000	GB 4789.2—2016
大肠菌群	5	2	1	5	GB 4789.3—2010 平板计数法
金黄色葡萄球菌	5	0	0/25 g（mL）	—	GB 4789.10—2016 定性检验
沙门氏菌	5	0	0/25 g（mL）	—	GB 4789.4—2016

[a]样品的分析和处理按照 GB 4789.1—2010 和 GB 4789.18—2010 执行。

表 9-9 加糖炼乳、调制加强炼乳微生物限量

项目	采样方案[a]及限量（若非指定，均以 CFU/g 表示）				检验方法
	n	*c*	*m*	*M*	
菌落总数	5	2	30000	100000	GB 4789.2—2016
大肠菌群	5	1	10	100	GB 4789.3—2010 平板计数法
金黄色葡萄球菌	5	0	0/25 g（mL）	—	GB 4789.10—2016 定性检验
沙门氏菌	5	0	0/25 g（mL）	—	GB 4789.4—2016

[a]样品的分析和处理按照 GB 4789.1—2010 和 GB 4789.18—2010 执行。

白质凝固或部分凝固，排出凝块中的部分乳清而得到。这个过程是乳蛋白质（特别是酪蛋白部分）的浓缩过程，即干酪中蛋白质的含量显著高于所用原料中蛋白质的含量。②加工工艺中包含乳和（或）乳制品中蛋白质的凝固过程，并赋予成品所特有的物理、化学和感官特性。

干酪主要包括成熟干酪、霉菌成熟干酪和未成熟干酪。成熟干酪主要是指生产后不能马上食用，应在一定温度下贮存一定时间，以通过生化和物理变化产生该类干酪特性的干酪。霉菌成熟干酪指主要通过干酪内部和（或）表面的特征霉菌生长而促进其成熟的干酪。未成熟干酪是指生产后不久即可食用的干酪。干酪中的微生物限量标准依据表 9-10 执行。

9.3 蛋与蛋制品微生物检验

蛋包括鸡蛋、鸭蛋、鹅蛋、鸽蛋、鹌鹑蛋等，以蛋为原料可以加工成冰蛋品、干蛋品、湿蛋品、皮蛋、咸蛋、糟蛋等。蛋类含有丰富的优质蛋白质、B 族维生素，营养价值很高。鲜蛋一般情况下是无菌的，但是很容易受到微生物的污染，其中常见的细菌有假单胞菌、沙门氏菌、肠杆菌、变形杆菌等。常见的霉菌主要有青霉和毛霉。蛋及蛋制品一旦被细菌污染则容易腐败变质，被霉菌污染后容易霉变，引起霉变味。

9.3.1 设备和材料

采样箱、带盖搪瓷盘、灭菌塑料袋、灭菌带塞广口瓶、灭菌电钻和钻头、灭菌搅拌棒、灭菌金属制双层旋转式套管采样器、灭菌铝铲、勺子、灭菌玻璃漏斗、酒精棉球、乙醇、培养基和试剂。

9.3.2 样品采集与处理

1. 样品的采取和送检

（1）鲜蛋、糟蛋、皮蛋　用流水冲洗外壳，再用 75%酒精棉涂擦消毒后放入灭菌袋内，加封做好标记后送检。

（2）巴氏杀菌冰全蛋、冰蛋黄、冰蛋白　先将铁听开口处用 75%酒精棉球消毒，再将盖开启，用灭菌电钻由顶到底斜角钻入，徐徐钻取检样，然后抽出电钻，从中取出 250 g。检样装入灭菌广口瓶中，标明后送检。

（3）巴氏杀菌全蛋粉、蛋黄粉、蛋白片　将包装铁箱上开口处用 75%酒精棉球消毒，然后将盖开启，用灭菌的金属制双层旋转式套管采样器斜角插入箱底，使套管旋转收取检样，再将采样器提出箱外，用灭菌小匙自上、中、下部收取检样，装入灭菌广口瓶中，每个检样质量不少于 100 g，标明后送检。

2. 对成批产品进行质量鉴定时的采样数量

巴氏杀菌全蛋粉、蛋黄粉、蛋白片等产品以生产一日或一班生产量为一批检验沙门氏菌时，按每批总量的 5 抽样（即每 100 箱中抽验五箱，每箱一个检样）。但每批最少不得少于三个检样。测定菌落总数和大肠菌群时，每批按装听过程前、中、后取样三次，每次取样 100 g，每批合为一个检样。

巴氏杀菌冰全蛋、冰蛋黄、冰蛋白等产品按生产批号在装听时流动取样。检验沙门氏菌时，冰

表 9-10　干酪中微生物限量

项目	采样方案[a]及限量（若非指定，均以 CFU/g 表示）				检验方法
	n	c	m	M	
大肠菌群	5	2	100	1000	GB 4789.3—2010 平板计数法
金黄色葡萄球菌	5	2	100	1000	GB 4789.10—2016 平板计数法
沙门氏菌	5	0	0/25 g	—	GB 4789.4—2016
单核细胞增生李斯特氏菌	5	0	0/25 g	—	GB 4789.30—2016
酵母[b]　≤	50				GB 4789.15—2016
霉菌[b]　≤	50				

[a]样品的分析和处理按照 GB 4789.1—2010 和 GB 4789.18—2010 执行。

[b]不适用于霉菌成熟干酪。

蛋黄及冰蛋白按每 250 kg 取样一件，巴氏消毒冰全蛋按每 500 kg 取样一件。菌落总数测定和大肠菌群测定时，在每批装听过程前、中、后取样三次，每次取样 100 g 合为一个检样。

3. 检样的处理

(1) 鲜蛋、糟蛋、皮蛋外壳　用灭菌生理盐水浸湿的棉拭子充分擦拭蛋壳，然后将棉拭子直接放入培养基内增菌培养，也可将整只蛋放入灭菌小烧杯或平皿中，按检样要求加入定量灭菌生理盐水或液体培养基，用灭菌棉拭子将蛋壳表面充分擦洗后，以擦洗液作为检样检验。

(2) 鲜蛋蛋液　将鲜蛋在流水下洗净，待干后再用75%酒精棉消毒蛋壳，然后根据检验要求，打开蛋壳取出蛋白、蛋黄或全蛋液，放入带有玻璃珠的灭菌瓶内，充分摇匀待检。

(3) 巴氏杀菌全蛋粉、蛋白片、蛋黄粉　将检样放入带有玻璃珠的灭菌瓶内，按比例加入灭菌生理盐水充分摇匀待检。

(4) 巴氏杀菌冰全蛋、冰蛋白、冰蛋黄　将装有冰蛋检样的瓶浸泡于流动冷水中，使检样融化后取出，放入带有玻璃珠的灭菌瓶中充分摇匀待检。

(5) 各种蛋制品沙门氏菌增菌培养　以无菌手续称取检样，接种于亚硒酸盐煌绿或煌绿肉汤等增菌培养基中（此培养基预先置于盛有适量玻璃珠的灭菌瓶内）。盖紧瓶盖，充分摇匀，然后放入 36 ℃±1 ℃温箱中，培养 20 h±2 h。

(6) 接种各种蛋与蛋制品的数量及培养基的数量和成分　凡用亚硒酸盐煌绿增菌培养时，各种蛋与蛋制品的检样接种数量都为 30 g。培养基数量都为 150 mL。凡用煌绿肉汤进行增菌培养时，检样接种数量、培养基数量和浓度见表 9-11。

9.3.3 检验方法

—菌落总数测定：按 GB/T 4789.2—2016 执行；

—大肠菌群测定：按 GB/T 4789.3—2010 执行；

—沙门氏菌检验：按 GB/T 4789.4—2016 执行；

—志贺氏菌检验：按 GB/T 4789.5—2012 执行。

9.3.4 微生物限量

蛋与蛋制品微生物限量标准如表 9-12 所示。

表 9-11　检样接种数量、培养基数量和浓度

检样种类	检样接种数量	培养基数量/mL	煌绿浓度/（g/mL）
巴氏杀菌全蛋粉	6 g（加 24 mL 灭菌水）	120	1/6000～1/4000
蛋黄粉	6 g（加 24 mL 灭菌水）	120	1/6000～1/4000
鲜蛋液	6 mL（加 24 mL 灭菌水）	120	1/6000～1/4000
蛋白片	6 g（加 24 mL 灭菌水）	150	1/1000000
巴氏杀菌冰全蛋	30 g	150	1/6000～1/4000
冰蛋黄	30 g	150	1/6000～1/4000
冰蛋白	30 g	150	1/60000～1/50000
鲜蛋、糟蛋、皮蛋	30 g	150	1/6000～1/4000

注：煌绿应在临用时加入肉汤中，煌绿浓度系以检样和肉汤的总量计算。

表 9-12　蛋与蛋制品微生物限量

项目	采样方案[a]及限量（若非指定，均以 CFU/g 表示）				检验方法
	n	*c*	*m*	*M*	
菌落总数[b]/（CFU/g）					
液蛋制品、干蛋制品、冰蛋制品	5	2	50000	1000000	GB 4789.2—2016
再制蛋（不含糟蛋）	5	2	10000	100000	
大肠菌群[b]/（CFU/g）	5	2	10	100	GB 4789.3—2010 平板计数法

[a]样品的分析和处理按照 GB 4789.19—2003 执行。

[b]不适用于鲜蛋和非即食的再制蛋制品。

9.4 水产食品微生物检验

水产食品是指来源于海洋、江河中的鱼类、海带类、贝类、浮游生物、海藻等海生动植物，由于种类繁多，其体型结构以及生态习性差异较大，因此在进行卫生微生物学检验时，应按照检验目的和水产品的种类合理采样和处理样品。

9.4.1 设备和材料

采样箱、篮、灭菌塑料袋、带盖搪瓷盘、灭菌带塞广口瓶、灭菌刀、镊子、剪子、灭菌棉签、带绳编号牌、培养基和试剂。

9.4.2 样品采集与处理

1. 样品的采取和送检

现场采取水产食品样品时，应按检验目的和水产品的种类确定采样量。除个别大型鱼类和海兽只能割取其局部作为样品外，一般都采用完整的个体，待检验时再按要求在一定部位采取检样。在以判断质量鲜度为目的时，鱼类和体型较大的贝甲类虽然应以一个个体为一件样品，单独采取一个检样。但当对一批水产品作质量判断时，仍须采取多个个体做多件检样以反映全面质量。而一般小型鱼类和对虾、小蟹，因个体过小在检验时只能混合采取检样，在采样时须采数量更多的个体，鱼糜制品（如灌肠、鱼丸等）和熟制品采取 250 g，放灭菌容器内。水产食品含水较多，体内酶的活力也较旺盛，易于变质。因此在采好样品后应在最短时间内送检，在送检过程中应加冰保养。

2. 检样的处理

（1）鱼类　采取检样的部位为背肌。先用流水将鱼体体表冲净，去鳞，再用 75% 酒精棉球擦净鱼背，待干后用灭菌刀在鱼背部沿脊椎切开 5 cm，再切开两端使两块背肌分别向两侧翻开，然后用无菌剪子剪取肉 25 g，放入灭菌乳钵内，用灭菌剪子剪碎，加灭菌海砂或玻璃砂研磨（有条件情况下可用均质器），检样磨碎后加入 225 mL 灭菌生理盐水，混匀成稀释液。

注：剪取肉样时，勿触碰及沾上鱼皮。鱼糜制品和熟制品应放乳钵内进一步捣碎后，再加生理盐水混匀成稀释液。

（2）虾类　采取检样的部位为腹节内的肌肉。将虾体在流水下冲净，摘去头胸节，用灭菌剪子剪取腹节与头胸节连接处的肌肉，然后挤出腹节内的肌肉，称取 25 g 放入灭菌乳钵内，后续操作同鱼类检样处理。

（3）蟹类　采取检样的部位为胸部肌肉。将蟹体在流水下冲净，剥去壳盖和腹脐，再去除鳃条，复置流水下冲净。用 75% 酒精棉球擦拭前后外壁，置灭菌搪瓷盘上待干。然后用灭菌剪子剪开成左右两片，再用双手将一片蟹体的胸部肌肉挤出（用手指从足跟一端向剪开的一端挤压），称取 25 g，置灭菌乳钵内，后续操作同鱼类检样处理。

（4）贝壳类　缝中徐徐切入，撬开壳盖，再用灭菌镊子取出整个内容物，称取 25 g 置灭菌乳钵内，后续操作同鱼类检样处理。

9.4.3 检验方法

—菌落总数测定：按 GB/T 4789.2—2016 执行；

—大肠菌群测定：按 GB/T 4789.3—2010 执行；

—沙门氏菌检验：按 GB/T 4789.4—2016 执行；

—志贺氏菌检验：按 GB/T 4789.5—2012 执行；

—副溶血性弧菌检验：按 GB/T 4789.7—2013 执行；

—金黄色葡萄球菌检验：按 GB/T 4789.10—2016 执行；

—霉菌和酵母计数：按 GB/T 4789.15—2016 执行。

注：水产食品兼受海洋细菌和陆上细菌的污染，检验时细菌培养温度应为 30 ℃。以上检样的方法和检验部位均以检验水产食品肌肉内细菌含量从而判断其鲜度质量为目的。如需检索水产食品是否带染某种致病菌时，其检样部位应采胃肠消化道和鳃等呼吸器官，鱼类检取肠管和鳃；虾类检取头胸节内的内脏和腹节外沿处的肠管；蟹类检取胃和鳃条；贝类中的螺类检取腹足肌肉以下的部分；贝类中的双壳类检取覆盖在腹足肌肉外层的内脏和瓣鳃。

9.4.4 微生物限量

动物性水产制品微生物限量如表 9-13 所示。

表 9-13 动物性水产制品微生物限量

项目	采样方案[a]及限量				检验方法
	n	c	m	M	
菌落总数/（CFU/g）	5	2	5×10^4	10^5	GB 4789.2—2016
大肠菌群/（CFU/g）	5	2	10	10^2	GB 4789.3—2010 中的平板计数法

[a] 样品的分析和处理按照 GB 4789.1—2016 执行。

9.5 饮料及冷冻饮品微生物检验

饮料是一种经过定量包装的供人或者牲畜直接饮用或按一定比例用水冲调或冲泡饮用的液体。冷冻饮品包括以饮用水、乳品、甜味料、果品、豆品、食用油脂等为主要原料，添加适量的香料、着色剂、稳定剂、乳化剂等，经配料、灭菌、凝冻、包装等工序而制成的产品。包括冰激凌、雪糕、雪泥、冰棍、食用冰、甜味冰等。该类食品营养非常丰富，在制作过程中很容易因消毒不彻底受到微生物的污染。

2003 年我国发布了针对饮料及冷冻饮品的食品卫生微生物检验标准（GB/T 4789.21—2003）。该标准适用于冷冻饮品（冰激凌、冰棍、雪糕和食用冰块）及饮料（果蔬汁饮料、含乳饮料、碳酸饮料、植物蛋白饮料、碳酸型茶饮料、固体饮料、可可粉固体饮料、乳酸菌饮料、罐装茶饮料、罐装型植物蛋白饮料）、瓶（桶）装饮用纯净水、低温复原果汁等的检验。

9.5.1 样品采集与处理

1. 样品的采取和送检

（1）果蔬汁饮料、碳酸饮料、茶饮料、固体饮料：应采取原瓶、袋和盒装样品。

（2）冷冻饮品：采取原包装样品。

（3）样品采取后，应立即送检。如不能立即检验，应置冰箱保存。

（4）样品采取数量

①冰棍：班产量 20 万支以下，一班为 1 批，20 万支以上者，以工作台为 1 批，1 批取 3 件，1 件取 3 支。

②汽水：原装 2 瓶为 1 件。

③果味水、果子露、果子汁等饮料：原装 2 瓶为 1 件。

④冰激凌：4 杯为 1 件，散装采取 200 g。

⑤食用冰块：500 g 为 1 件。

2. 检样的处理

（1）瓶装饮料　用点燃的酒精棉球烧灼瓶口灭菌，用石炭酸纱布盖好，塑料瓶口可用 75%酒精棉球擦拭灭菌，用灭菌开瓶器将盖启开，含有二氧化碳的饮料可倒入另一灭菌容器内，口勿盖紧，覆盖一灭菌纱布，轻轻摇荡。待气体全部逸出后，进行检验。

（2）冰棍　用灭菌镊子除去包装纸，将冰棍部分放入灭菌广口瓶内，木棒留在瓶外，盖上瓶盖，用力抽出木棒，或用灭菌剪子剪掉木棒，置 45 ℃水浴 30 min，溶化后立即进行检验。

（3）冰激凌　放在灭菌容器内，待其溶化，立即进行检验。

9.5.2 检验方法

—菌落总数测定：按 GB/T 4789.2—2016 执行；

—大肠菌群测定：按 GB/T4789.3—2010 执行；

—沙门氏菌检验：按 GB/T 4789.4—2016 执行；

—志贺氏菌检验：按 GB/T 4789.5—2012 执行；

—金黄色葡萄球菌检验：按 GB/T 4789.10—2016 执行；

—霉菌和酵母计数：按 GB/T 4789.15—2016 执行；

—乳酸菌检验：按 GB/T 16347—1996 执行。

9.5.3 微生物限量

非经商业无菌生产的产品，其微生物限量应符合表 9-14 的规定。

其中冷冻饮品及制作料中的致病菌限量应符合 GB 29921—2021 中冷冻饮品的规定，其他微生物限量见表 9-15。

表 9-14 非经商业无菌生产产品微生物限量

项目	采样方案[a]及限量				检验方法
	n	c	m	M	
菌落总数[b]/（CFU/g 或 CFU/mL）	5	2	10^2（10^3）	10^4（5×10^4）	GB 4789.2—2016
大肠菌群/（CFU/g 或 CFU/mL）	5	2	1（10）	10（10^2）	GB 4789.3—2012 中的平板计数法
酵母/（CFU/g 或 CFU/mL） ≤			20（50）		GB 4789.15—2016
霉菌[c]/（CFU/g 或 CFU/mL） ≤			20		GB 4789.15—2016

注：括号中的限值仅适用于固体饮料，且奶茶、豆奶粉、可可固体饮料菌落总数的 $m=10^4$ CFU/g。

[a]样品的分析和处理按照 GB 4789.1—2016 和 GB 4789.21—2003 执行。

[b]不适用于活菌（未杀菌）型乳酸菌饮料。

[c]不适用于固体饮料。

表 9-15 冷冻饮品微生物限量

项目	采样方案[a]及限量				检验方法
	n	c	m	M	
菌落总数[a]/（CFU/g 或 CFU/mL）	5	2（0）	2.5×10^4（10^2）	10^5（—）	GB 4789.2—2016
大肠菌群/（CFU/g 或 CFU/mL）	5	2（0）	10（10）	10^2（—）	GB 4789.3—2012 中的平板计数法

注：括号中的限值仅适用于食用冰。

[a]不适用于终产品中含有活性菌种（好氧或兼性厌氧益生菌）的产品。

以水、食糖等为主要原料，辅以增稠剂等食品添加剂，添加或不添加果蔬制品，乳及乳制品等原料，经溶胶、调配、灌装、杀菌、冷却等工序加工而成的胶冻食品。果冻微生物限量如表 9-16 所示。

9.6 酒类微生物检验

国标中进行卫生微生物学检验的酒类主要包括发酵酒中的啤酒（鲜啤酒和熟啤酒）、果酒、黄酒和葡萄酒，这类酒酒精度较低，不能抑制某些微生物的生长，因此一旦原料或者在制作过程中因操作不当遭到微生物污染，将带来严重后果。

9.6.1 发酵酒样品的采样

1. 采样

按 GB/T 4789.1—2016 执行，应采集相同批次、独立包装、适量件数的样品，每件样品的采集量应满足微生物指标检验的要求。独立包装小于、等于 1000 mL 的酒样，取相同批次的包装。独立包装大于 1000 mL 的酒样，应在采样前摇动或用无菌棒搅拌液体，使其达到均质后采集适量样品，放入同一个无菌采样容器内作为一件样品。

表 9-16 果冻微生物限量

项目	采样方案[a]及限量				检验方法
	n	c	m	M	
菌落总数/（CFU/g）	5	2	10^2（10^3）	10^3（10^4）	GB 4789.2—2016
大肠菌群/（CFU/g）	5	2	10	10^2	GB 4789.3—2012 中的平板计数法
酵母/（CFU/g） ≤			20		GB 4789.15—2016
霉菌/（CFU/g） ≤			20		GB 4789.15—2016

注：括号中的限值仅适用于含乳型果冻。

[a]样品的分析和处理按照 GB 4789.1—2016 和 GB 4789.24—2003 执行。

对于散装酒，则需要用无菌采样器工具从 n 个不同部位现场采集样品，放入 n 个无菌采样容器内作为 n 件样品。每件样品的采样量应满足微生物指标检验单位的要求。

2. 采集样品的标记

应对采集的样品进行及时、准确的记录和标记，采样人应清晰填写采样单（包括采样人、采样地点、时间、样品名称、来源、批号、数量、保存条件等信息）。

3. 采集样品的贮存和运输

采样后，应将样品在接近原有贮存温度条件下尽快送往实验室检验。运输时应保持样品完整。如不能及时运送，应在接近原有贮存温度条件下贮存。

9.6.2 检样的处理

用点燃的酒精棉球烧灼瓶口灭菌，用石炭酸纱布盖好，再用灭菌开瓶器将盖启开，含有二氧化碳的酒类可倒入另一灭菌容器内，口勿盖紧，覆盖一灭菌纱布，轻轻摇荡。待气体全部逸出后，进行检验。

9.6.3 检验方法

—菌落总数测定：按 GB/T 4789.2—2016 执行；

—大肠菌群测定：按 GB/T 4789.3—2012 执行；

—沙门氏菌检验：按 GB/T 4789.4—2016 执行；

—志贺氏菌检验：按 GB/T 4789.5—2012 执行；

—金黄色葡萄球菌检验：按 GB/T 4789.10—2016 执行。

9.7 罐头食品微生物检验

罐头食品通常是将食品经过适度的处理，然后进行装填、密封、杀菌或无菌装填、密封，达到商业无菌，在常温下能长期保存的食品。罐头食品经过适度的热杀菌以后，不含有致病的微生物，也不含有在通常温度下能在其中繁殖的非致病性微生物，这种状态称作商业无菌。正常情况下，罐头食品是处于无菌状态的。但是如果在灭菌的过程中加热不够或者密封不严，微生物将会迅速繁殖，从而影响食用者的身体健康，甚至导致中毒事件的发生，因此有必要对罐头食品进行微生物学检验。

9.7.1 设备和材料

冰箱、恒温培养箱、显微镜、电位 pH 计、灭菌平皿及试管、开罐刀和罐头打孔器、白色搪瓷盘等。

9.7.2 商业无菌检验步骤

1. 样品准备

去除表面标签，在包装容器表面用防水的油性记号笔做好标记，并记录容器、编号、产品性状、泄漏情况、是否有小孔或锈蚀、压痕、膨胀及其他异常情况。

2. 称重

1 kg 及以下的包装物精确到 1 g，1 kg 以上的包装物精确到 2 g，10 kg 以上的包装物精确到 10 g，并记录。

3. 保温

（1）每个批次取 1 个样品置 2～5 ℃冰箱保存作为对照，将其余样品在 36 ℃±1 ℃下保温 10 d。保温过程中应每天检查，如有膨胀或泄漏现象，应立即剔出，开启检查。

（2）保温结束时，再次称重并记录，比较保温前后样品重量有无变化。如有变轻，表明样品发生泄漏。将所有包装物置于室温直至开启检查。

4. 开启

（1）如有膨胀的样品，则将样品先置于 2～5 ℃冰箱内冷藏数小时后开启。

（2）如有膨胀用冷水和洗涤剂清洗待检样品的光滑面，水冲洗后用无菌毛巾擦干。以含 4%碘的乙醇溶液浸泡消毒光滑面 15 min 后用无菌毛巾擦干，在密闭罩内点燃至表面残余的碘乙醇溶液全部燃烧完。膨胀样品以及采用易燃包装材料包装的样品不能灼烧，以含 4%碘的乙醇溶液浸泡消毒光滑面 30 min 后用无菌毛巾擦干。

（3）在超净工作台或百级洁净实验室中开启。

带汤汁的样品开启前应适当振摇，使用无菌开罐器在消毒后的罐头光滑面开启一个适当大小的口，开罐时不得伤及卷边结构，每一个罐头单独使用一个开罐器，不得交叉使用。如样品为软包装，可以使用灭菌剪刀开启，不得损坏接口处。立即在开口上方嗅闻气味，并记录。

注：严重膨胀样品可能会发生爆炸，喷出有毒物。可以采取在膨胀样品上盖一条灭菌毛巾或者用一个无菌漏斗倒扣在样品上等预防措施来防止这类危险的发生。

5. 留样

开启后，用灭菌吸管或其他适当工具以无菌操作取出内容物至少 30 mL（g）至灭菌容器内，保存在 2～5 ℃冰箱中，在需要时可用于进一步试验，待该批样品得出检验结论后可弃去。开启后的样品可进行适当的保存，以备日后容器检查时使用。

6. 感官检查

在光线充足、空气清洁无异味的检验室中，将样品内容物倾入白色搪瓷盘内，对产品的组织、形态、色泽和气味等进行观察和嗅闻，按压食品检查产品性状，鉴别食品有无腐败变质的迹象，同时观察包装容器内部和外部的情况，并记录。

7. pH 测定

（1）样品处理

①液态制品混匀备用，有固相和液相的制品则取混匀的液相部分备用。

②对于稠厚或半稠厚制品以及难以从中分出汁液的制品（如糖浆、果酱、果冻、油脂等），取一部分样品在均质器或研钵中研磨，如果研磨后的样品仍太稠厚，加入等量的无菌蒸馏水，混匀备用。

（2）测定

①将电极插入被测试样液中，并将 pH 计的温度校正器调节到被测液的温度。如果仪器没有温度校正系统，被测试样液的温度应调到 20 ℃±2 ℃，采用适合于所用 pH 计的步骤进行测定。当读数稳定后，从仪器的标度上直接读出 pH，精确到 0.05 pH 单位。

②同一个制备试样至少进行两次测定。两次测定结果之差应不超过 0.1 pH 单位。取两次测定的算术平均值作为结果，报告精确到 0.05 pH 单位。

（3）分析结果　与同批中冷藏保存对照样品相比，比较是否有显著差异。pH 相差 0.5 及以上判为显著差异。

8. 涂片染色镜检

（1）涂片　取样品内容物进行涂片，带汤汁的样品可用接种环挑取汤汁涂于载玻片上，固态食品可直接涂片或用少量灭菌生理盐水稀释后涂片，待干后用火焰固定。油脂性食品涂片自然干燥并火焰固定后，用二甲苯流洗，自然干燥。

（2）染色镜检　对涂片用结晶紫染色液进行单染色，干燥后镜检，至少观察 5 个视野，记录菌体的形态特征以及每个视野的菌数。与同批冷藏保存对照样品相比，判断是否有明显的微生物增殖现象，菌数有百倍或百倍以上的增长则判为明显增殖。

9. 结果判定

样品经保温试验未出现泄漏；保温后开启，经感官检验、pH 测定、涂片镜检，确证无微生物增殖现象，则可报告该样品为商业无菌。

样品经保温试验出现泄漏；保温后开启，经感官检验、pH 测定、涂片镜检，确证有微生物增殖现象，则可报告该样品为非商业无菌。

若需核查样品出现膨胀、pH 或感官异常、微生物增殖等原因，可取样品内容物的留样进行接种培养并报告。若需判定样品包装容器是否出现泄漏，可取开启后的样品进行密封性检查并报告。

9.7.3　低酸性罐藏食品的接种培养（pH＞4.6）

（1）对低酸性罐藏食品，每份样品接种 4 管预先加热到 100 ℃并迅速冷却到室温的庖肉培养基内；同时接种 4 管溴甲酚紫葡萄糖肉汤。每管接种 1～2 mL(g)样品(液体样品为 1～2 mL,固体为 1～2 g,两者皆有时,应各取一半)。培养条件见表 9-17。

（2）经过表 9-17 中规定的培养条件培养后，记录每管有无微生物生长。如果没有微生物生长，则记后弃去。

（3）如果有微生物生长，以接种环蘸取液体涂片，革兰氏染色镜检。如在溴甲酚紫葡萄糖肉汤管中观察到不同的微生物形态或单一的球菌、真

表 9-17　低酸性罐藏食品（pH＞4.6）接种的庖肉培养基和溴甲酚紫葡萄糖肉汤

培养基	管数	培养温度/℃	时间/h
庖肉培养基	2	36±1，厌氧	96～120
庖肉培养基	2	55±1，厌氧	24～72
溴甲酚紫葡萄糖肉汤	2	36±1，需氧	96～120
溴甲酚紫葡萄糖肉汤	2	55±1，需氧	24～72

菌形态，则记录并弃去。在庖肉培养基中未发现杆菌，培养物内含有球菌、酵母、霉菌或其混合物，则记录并弃去。将溴甲酚紫葡萄糖肉汤和庖肉培养基中出现生长的其他各阳性管分别划线接种 2 块肝小牛肉琼脂或营养琼脂平板，一块平板作需氧培养，另一平板作厌氧培养。培养程序见图 9-1。

（4）挑取需氧培养中单个菌落，接种于营养琼脂小斜面，用于后续的革兰氏染色镜检；挑取厌氧培养中的单个菌落涂片，革兰氏染色镜检。挑取需氧和厌氧培养中的单个菌落，接种于庖肉培养基，进行纯培养。

（5）挑取营养琼脂小斜面和厌氧培养的庖肉培养基中的培养物涂片镜检。

（6）挑取纯培养中的需氧培养物接种肝小牛肉琼脂或营养琼脂平板，进行厌氧培养；挑取纯培养中的厌氧培养物接种肝小牛肉琼脂或营养琼脂平板，进行需氧培养。以鉴别是否为兼性厌氧菌。

（7）如果需检测梭状芽孢杆菌的肉毒毒素，挑取典型菌落接种庖肉培养基作纯培养。36 ℃培养 5 d，按照 GB/T 4789.12 进行肉毒毒素检验。

9.7.4　酸性罐藏食品的接种培养（pH≤4.6）

（1）每份样品接种 4 管酸性肉汤和 2 管麦芽浸膏汤。每管接种 1～2 mL（g）样品（液体样品为 1～2 mL，固体为 1～2 g，两者皆有时，应各取一半）。培养条件见表 9-18。

（2）经过表 9-18 中规定的培养条件培养后，记录每管有无微生物生长。如果没有微生物生长，则记录后弃去。

（3）对有微生物生长的培养管，取培养后的内容物直接涂片，革兰氏染色镜检，记录观察到的微生物。

表 9-18　酸性罐藏食品（pH≤4.6）接种的酸性肉汤和麦芽浸膏汤

培养基	管数	培养温度/℃	时间/h
酸性肉汤	2	55±1，需氧	48
酸性肉汤	2	30±1，需氧	96
麦芽浸膏汤	2	30±1，需氧	96

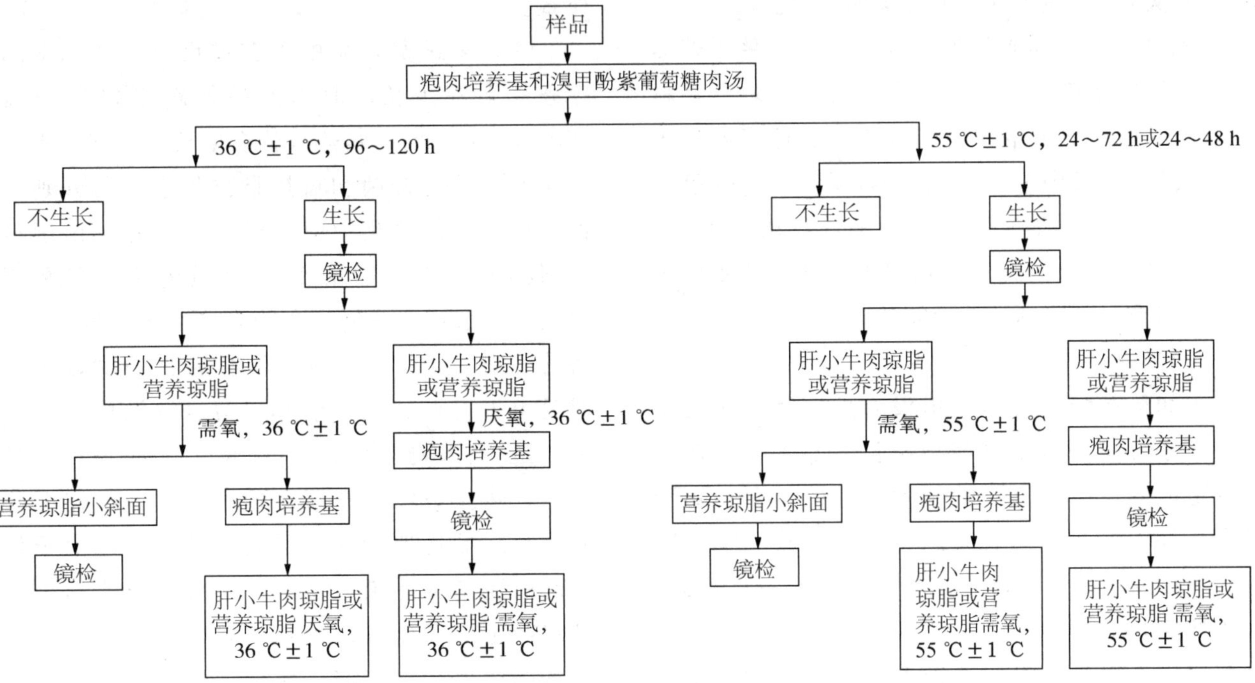

图 9-1　低酸性罐头食品接种培养程序

（4）如果在 30 ℃培养条件下在酸性肉汤或麦芽浸膏汤中有微生物生长，将各阳性管分别接种 2 块营养琼脂或沙氏葡萄糖琼脂平板，一块作需氧培养，另一块作厌氧培养。

（5）如果在 55 ℃培养条件下，酸性肉汤中有微生物生长，将各阳性管分别接种 2 块营养琼脂平板，一块作需氧培养，另一块作厌氧培养。对有微生物生长的平板进行涂片染色镜检，并报告镜检所见微生物型别。培养程序见图 9-2。

（6）挑取 30 ℃需氧培养的营养琼脂或沙氏葡萄糖琼脂平板中的单个菌落，接种营养琼脂小斜面，用于后续的革兰氏染色镜检。同时接种酸性肉汤或麦芽浸膏汤进行纯培养。

挑取 30 ℃厌氧培养的营养琼脂或沙氏葡萄糖琼脂平板中的单个菌落，接种酸性肉汤或麦芽浸膏汤进行纯培养。

挑取 55 ℃需氧培养的营养琼脂平板中的单个菌落，接种营养琼脂小斜面，用于后续的革兰氏染色镜检。同时接种酸性肉汤进行纯培养。

挑取 55 ℃厌氧培养的营养琼脂平板中的单个菌落，接种酸性肉汤进行纯培养。

（7）挑取营养琼脂小斜面中的培养物涂片镜检。挑取 30 ℃厌氧培养的酸性肉汤或麦芽浸膏汤培养物和 55 ℃厌氧培养的酸性肉汤培养物涂片镜检。

（8）将 30 ℃需氧培养的纯培养物接种于营养琼脂或沙氏葡萄糖琼脂平板中进行厌氧培养，将 30 ℃厌氧培养的纯培养物接种于营养琼脂或沙氏葡萄糖琼脂平板中进行需氧培养，将 55 ℃需氧培养的纯培养物接种于营养琼脂中进行厌氧培养，将 55 ℃厌氧培养的纯培养物接种于营养琼脂中进行需氧培养，以鉴别是否为兼性厌氧菌。

（9）结果分析

①如果在膨胀的样品里没有发现微生物的生长，膨胀可能是由于内容物和包装发生反应产生氢气造成的。产生氢气的量随贮存的时间长短和贮存条件而变化。填装过满也可能导致轻微的膨胀，可以通过称重来确定是否由于填装过满所致。在直接涂片中看到有大量细菌的混合菌相，但是经培养后不生长，表明杀菌前发生的腐败。由于密闭包装前细菌生长的结果，导致产品的 pH、气味和组织形态呈现异常。

②包装容器密封性良好时，在 36 ℃培养条件下若只有芽孢杆菌生长，且它们的耐热性不高于肉毒梭菌，则表明生产过程中杀菌不足。

③培养出现杆菌和球菌、真菌的混合菌落，表明包装容器发生泄漏。也有可能是杀菌不足所致，但在这种情况下同批产品的膨胀率将很高。

④在 36 ℃或 55 ℃溴甲酚紫葡萄糖肉汤培养观察产酸产气情况，如有产酸，表明是有嗜中温的微生物，如嗜温耐酸芽孢杆菌，或者嗜热微生物，如嗜热脂肪芽孢杆菌生长。

在 55 ℃的庖肉培养基上有细菌生长并产气，发出腐烂气味，表明样品腐败是由嗜热的厌氧梭菌所致。

在 36 ℃庖肉培养基上生长并产生带腐烂气味的气体，镜检可见芽孢，表明腐败可能是由肉毒梭菌、生孢梭菌或产气荚膜梭菌引起的。有需要可以进一步进行肉毒毒素检测。

⑤酸性罐藏食品的变质通常是由于无芽孢的乳杆菌和酵母所致。一般 pH 低于 4.6 的情况下不会发生由芽孢杆菌引起的变质，但变质的番茄酱或番茄汁罐头并不出现膨胀，但有腐臭味，伴有或不伴有 pH 降低，一般是由于需氧的芽孢杆菌所致。

⑥许多罐藏食品中含有嗜热菌，在正常的贮存条件下不生长，但当产品暴露于较高的温度（50～55 ℃）时，嗜热菌就会生长并引起腐败。嗜热耐酸的芽孢杆菌和嗜热脂肪芽孢杆菌分别在酸性和低酸性的食品中引起腐败但是并不出现包装容器膨胀。在 55 ℃培养不会引起包装容器外观的改变，但会产生臭味，伴有或不伴有 pH 的降低。番茄、梨、无花果和菠萝等类罐头的腐败变质有时是由于巴斯德梭菌引起。嗜热解糖梭状芽孢杆菌就是一种嗜热厌氧菌，能够引起膨胀和产品的腐烂气味。嗜热厌氧菌也能产气，由于在细菌开始生长之后迅速增殖，可能混淆膨胀是由于氢气引起的还是嗜热厌氧菌产气引起的。化学物质分解将产生二氧化碳，尤其是集中发生在含糖和一些酸的食品如番茄酱、糖蜜、甜馅和高糖的水果的罐头中。这种分解速度随着温度上升而加快。

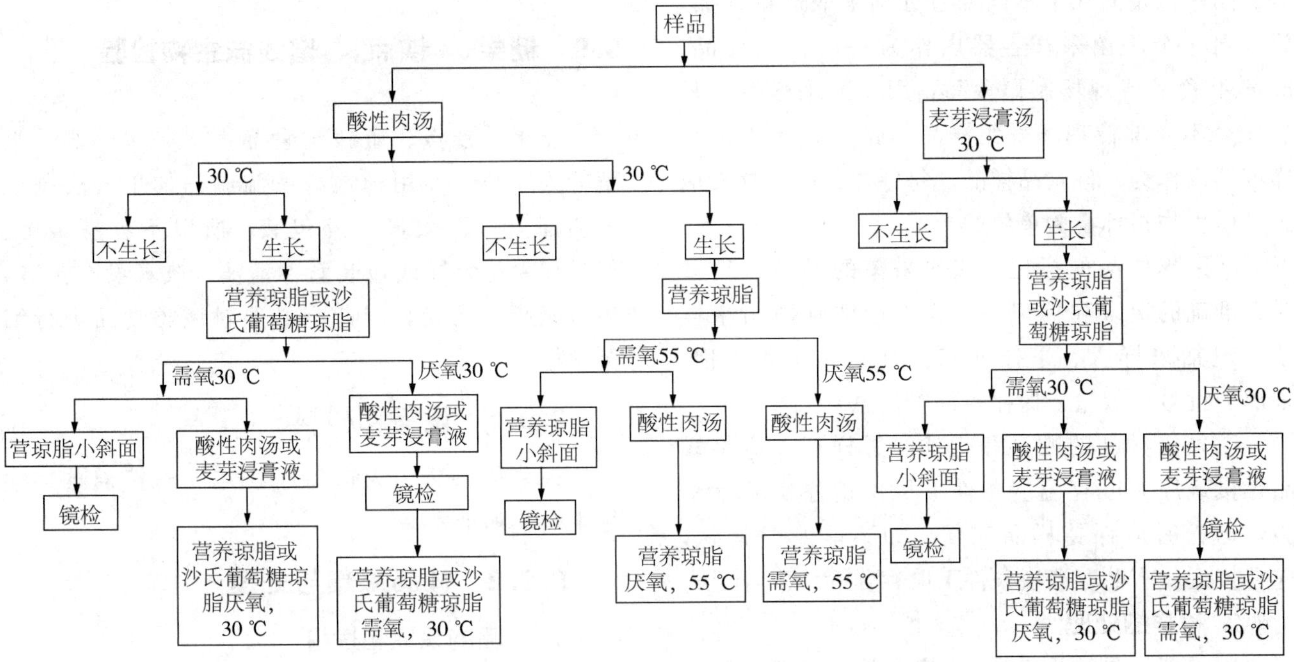

图 9-2 酸性罐头食品接种培养程序

⑦灭菌的真空包装和正常的产品直接涂片，分离出任何微生物应该怀疑是实验室污染。为了证实是否实验室污染，在无菌的条件下接种该分离出的活的微生物到另一个正常的对照样品，密封，在 36 ℃培养 14 d。如果发生膨胀或产品变质，这些微生物就可能不是来自原始样品。如果样品仍然是平坦的，无菌操作打开样品包装并按上述步骤做再次培养；如果同一种微生物被再次发现并且产品是正常的，认为该产品商业无菌，因为这种微生物在正常的保存和运送过程中不生长。

⑧如果食品本身发生浑浊，肉汤培养可能得不出确定性结论，这种情况需进一步培养以确定是否有微生物生长。

（10）微生物限量　应符合罐头食品商业无菌要求，按照《食品安全国家标准　食品微生物学检验》（GB 4789.26—2013）的规定，其中番茄酱罐头霉菌计数（%视野）≤50，按照《食品安全国家标准　食品微生物学检验　霉菌和酵母计数》（GB 4789.15—2016）规定的方法检验。

9.8 冷食菜、豆制品微生物检验

冷食菜多指蔬菜不需要加热制成的，或者已经加热但经过冷却的菜。该类食品多在制作的过程中或在空气中放置久而染菌。豆制品是以大豆、小豆、绿豆、豌豆、蚕豆等豆类为主要原料，经加工而成的食品。该类食品的染菌多发生在运输和售卖环节，如果不注意卫生管理则很容易受到细菌的污染。

9.8.1 设备和材料

采样箱、灭菌塑料袋、500 mL 灭菌带塞广口瓶、灭菌刀、剪、镊子。

9.8.2 样品采集与处理

1. 样品的采取和送检

（1）采样时应注意样品代表性　采取接触盛器边缘、底部及上面不同部位样品，放入灭菌容器内。样品送往化验室应立即检验或放置冰箱暂存，不得加入任何防腐剂，定型包装样品则随机采取。

（2）采样数量　按 GB/T 4789.1—2016 要求执行。

①各类食品的采样方法：a. 预包装食品：应采集相同批次、独立包装、适量件数的食品样品，每件样品的采集量应满足微生物指标检验的要求。独立包装小于、等于 1000 g 的样品，取相同批次的包装。大于 1000 g 的固态样品，应用无菌采样

器从同一包装的几个不同部位分别采取适量样品，放入同一个无菌采样容器内作为一件食品样品。b. 散装食品或现场制作食品：用无菌采样器工具从 n 个不同部位现场采集样品，放入 n 个无菌采样容器内作为 n 件食品样品。每件样品的采样量应满足微生物指标检验单位的要求。

②采集样品的标记。应对采集的样品进行及时、准确的记录和标记，采样人应清晰填写采样单（包括采样人、采样地点、时间、样品名称、来源、批号、数量、保存条件等信息）。

③采集样品的贮存和运输。采样后，应将样品在接近原有贮存温度条件下尽快送往实验室检验，运输时应保持样品完整。如不能及时运送，应在接近原有贮存温度条件下贮存。

2. 检样的处理

以无菌操作称取 25 g 检样，放入 225 mL 灭菌蒸馏水，用均质器打碎 1 min，制成混悬液。定型包装样品，先用 75%酒精棉球消毒包装袋口，用灭菌剪刀剪开后以无菌操作称取 25 g 检样，放入 225 mL 无菌蒸馏水，用均质器打碎 1 min，制成混悬液。

9.8.3 检验方法

—菌落总数测定：按 GB/T 4789.2—2016 执行；
—大肠菌群测定：按 GB/T 4789.3—2012 执行；
—沙门氏菌检验：按 GB/T 4789.4—2016 执行；
—志贺氏菌检验：按 GB/T 4789.5—2012 执行；
—金黄色葡萄球菌检验：按 GB/T 4789.10—2016 执行。

9.8.4 微生物限量

豆制品中微生物限量标准如表 9-19 所示。

9.9 糖果、糕点、蜜饯微生物检验

糖果、糕点、蜜饯类食品大多是以牛乳、果蔬等为原料，经用糖或蜂蜜腌制的加工方法制成的甜品。由于很多有外包装，所以不容易染菌。但是如果包装纸或包装盒不清洁，或者没有包装，也可能造成污染，因此有必要对该类食品进行细菌学检验。

9.9.1 设备和材料

灭菌塑料袋、灭菌镊子、75%酒精棉球、编号用蜡笔和纸。

9.9.2 样品采集与处理

1. 样品的采取和送检

糕点（饼干）、面包、蜜饯可用灭菌镊子夹取不同部位样品，放入灭菌容器内，糖果采取原包装样品，采取后立即送检。

2. 样品采取量（按 GB/T 4789.1—2016 执行）

（1）各类食品的采样方法

①预包装食品：应采集相同批次、独立包装、适量件数的食品样品，每件样品的采集量应满足微生物指标检验的要求。独立包装小于、等于 1000 g 的样品，取相同批次的包装。大于 1000 g 的固态样品，应用无菌采样器从同一包装的几个不同部位分别采取适量样品，放入同一个无菌采样容器内作为一件食品样品。

②散装食品或现场制作食品：用无菌采样器工具从 n 个不同部位现场采集样品，放入 n 个无菌采样容器内作为 n 件食品样品。每件样品的采样量应满足微生物指标检验单位的要求。

表 9-19 豆制品中微生物限量

项目	采样方案[a]及限量				检验方法
	n	c	m	M	
大肠菌群/（CFU/g 或 CFU/mL）	5	2	10^2	10^3	GB 4789.3—2012 中的平板计数法

[a]样品的分析及处理按 GB 4789.1—2016 执行。

（2）采集样品的标记　应对采集的样品进行及时、准确的记录和标记，采样人应清晰填写采样单（包括采样人、采样地点、时间、样品名称、来源、批号、数量、保存条件等信息）。

（3）采集样品的贮存和运输　采样后，应将样品在接近原有贮存温度条件下尽快送往实验室检验，运输时应保持样品完整。如不能及时运送，应在接近原有贮存温度条件下贮存。

3. 检样处理

（1）糕点（饼干）、面包　如为原包装，用灭菌镊子夹下包装纸，采取外部及中心部位。如为带馅糕点，取外皮及内馅 25 g；裱花糕点，采取奶花及糕点部分各一半共 25 g，加入 225 mL 灭菌生理盐水中，制成混悬液。

（2）蜜饯　采取不同部位称取 25 g 检样，加入灭菌生理盐水 225 mL，制成混悬液。

（3）糖果　用灭菌镊子夹去包装纸，称取数块共 25 g，加入预温至 45 ℃的灭菌生理盐水 225 mL，等溶化后检验。

9.9.3　检验方法

—菌落总数测定：按 GB/T 4789.2—2016 执行；

—大肠菌群测定：按 GB/T 4789.3—2012 执行；

—沙门氏菌检验：按 GB/T 4789.4—2016 执行；

—志贺氏菌检验：按 GB/T 4789.5—2012 执行；

—金黄色葡萄球菌检验：按 GB/T 4789.10—2016 执行；

—霉菌和酵母计数：按 GB/T 4789.15—2016 执行。

9.9.4　微生物限量

（1）蜂蜜中微生物限量标准如表 9-20 所示。

（2）糖果中的微生物限量标准如表 9-21 所示。

（3）蜜饯中的致病菌限量应符合 GB 29921—2021 中即食果蔬制品类的规定，其他微生物限量标准如表 9-22 所示。

表 9-20　蜂蜜中微生物限量

项目	指标	检验方法[a]
菌落总数/（CFU/g）	≤1000	GB 4789.2—2016
大肠菌群/（MPN/g）	≤0.3	GB 4789.3—2012
霉菌计数/（CFU/g）	≤200	GB 4789.15—2016
嗜渗酵母计数/（CFU/g）	≤200	附录 A
沙门氏菌	≤0/25 g	GB 4789.4—2016
志贺氏菌	≤0/25 g	GB 4789.5—2012
金黄色葡萄球菌	≤0/25 g	GB 4789.10—2016

[a]样品的分析及处理按 GB 4789.1—2016 执行。

表 9-21　糖果中微生物限量

项目	采样方案[a]及限量				检验方法
	n	c	m	M	
菌落总数/（CFU/g）	5	2	10^4	10^5	GB 4789.2—2016
大肠菌群/（CFU/g）	5	2	10	10^2	GB 4789.3—2012

[a]样品的分析及处理按 GB 4789.1—2016 执行。

表 9-22　蜜饯中微生物限量

项目	采样方案[a]及限量				检验方法
	n	c	m	M	
菌落总数/（CFU/g）	5	2	10^2	10^4	GB 4789.2—2016
大肠菌群/（CFU/g）	5	2	10	10^2	GB 4789.3—2012
霉菌/（CFU/g）	≤50				GB 4789.15—2016

[a]样品的分析及处理按 GB 4789.1—2016 和 GB/T 4789.24—2003 执行。

9.10 调味品微生物检验

调味品是指在饮食烹饪和食品加工中用于调和滋味，并具有去腥、除膻、解腻、增香、增鲜等作用的产品，主要包括酱油、酱类和醋等。调味品往往由于原料污染或在加工、包装、运输的过程中染菌，因此有必要对其进行细菌学检验。

9.10.1 设备和材料

根据采样需要准备。

9.10.2 样品采集与处理

1. 样品的采取和送检

样品采集（按 GB/T 4789.1—2016 执行），样品送往化验室后应立即检验或放置冰箱保存。

（1）各类食品的采样方法

①预包装食品。应采集相同批次、独立包装、适量件数的食品样品，每件样品的采集量应满足微生物指标检验的要求。独立包装小于、等于 1000 g 的样品，取相同批次的包装。大于 1000 g 的固态样品，应用无菌采样器从同一包装的几个不同部位分别采取适量样品，放入同一个无菌采样容器内作为一件食品样品。

②散装食品或现场制作食品。用无菌采样器工具从 n 个不同部位现场采集样品，放入 n 个无菌采样容器内作为 n 件食品样品。每件样品的采样量应满足微生物指标检验单位的要求。

（2）采集样品的标记　应对采集的样品进行及时、准确的记录和标记，采样人应清晰填写采样单（包括采样人、采样地点、时间、样品名称、来源、批号、数量、保存条件等信息）。

（3）采集样品的贮存和运输　采样后，应将样品在接近原有贮存温度条件下尽快送往实验室检验，运输时应保持样品完整。如不能及时运送，应在接近原有贮存温度条件下贮存。

2. 检样的处理

（1）瓶装样品　用点燃的酒精棉球烧灼瓶口灭菌，石炭酸纱布盖好，再用灭菌开瓶器启开，袋装样品用 75%酒精棉球消毒袋口后进行检验。

（2）酱类　用无菌操作称取 25 g，放入灭菌容器内，加入 225 mL 蒸馏水，吸取酱油 25 mL，加入灭菌 225 mL 蒸馏水，制成混悬液。

（3）食醋　20%～30%灭菌碳酸钠溶液调节 pH 至中性。

9.10.3 检验方法

—菌落总数测定：按 GB/T 4789.2—2016 执行；

—大肠菌群测定：按 GB/T 4789.3—2012 执行；

—沙门氏菌检验：按 GB/T 4789.4—2016 执行；

—志贺氏菌检验：按 GB/T 4789.5—2012 执行；

—金黄色葡萄球菌检验：按 GB/T 4789.10—2016 执行；

—副溶血性弧菌检验：按 GB/T 4789.7—2013 执行。

9.10.4 微生物限量

（1）香精微生物限量应符合表 9-23 的规定。

（2）酿造酱中的致病菌限量应符合 GB 29921—2021 的规定，其他微生物限量如表 9-24 所示。

（3）水产调味品中的致病菌限量应符合 GB 29921 的规定，其他微生物指标应符合表 9-25 的规定。

表 9-23　香精微生物限量

项目	液体香精	乳化香精	浆（膏）状香精	粉末香精		检验方法
				拌合型	胶囊型	
菌落总数 /（CFU/g 或 mL）	—	≤5000	≤30000			GB 4789.2—2016
大肠菌群（MPN/g 或 mL）	—	≤3.6	≤15			GB 4789.3—2012 MPN 计数法

表 9-24 酿造酿中微生物限量

项目	采样方案[a]及限量				检验方法
	n	*c*	*m*	*M*	
大肠菌群/（CFU/g）	5	2	10	10^2	GB 4789.3—2012

[a]样品的分析及处理按 GB 4789.1—2016 和 GB/T4789.22—2003 执行。

表 9-25 水产调味品中微生物限量

项目	采样方案[a]及限量				检验方法
	n	*c*	*m*	*M*	
菌落总数/（CFU/g 或 CFU/mL）	5	2	10^4	10^5	GB 4789.2—2016
大肠菌群/（CFU/g 或 CFU/mL）	5	2	10	10^2	GB 4789.3—2012 平板计数法

[a]样品的分析及处理按 GB 4789.1—2016 和 GB/T 4789.22—2003 执行。

复习思考题

1. 概述食品采样的一般原则。
2. 食品卫生检验为何测定细菌菌落总数和大肠菌群？
3. 肉制品中的常见致病菌有哪些？
4. 食品微生物检验之前如何对样品进行采集？
5. 乳制品在进行微生物检验前需要进行哪些处理？
6. 简述罐头商业无菌检验程序。
7. 食（饮）具消毒达到的标准是什么？

HAPTER 10

第10章 食品微生物其他检验项目

【教学目的和要求】

1. 掌握乳酸菌的测定原理及方法。

2. 熟悉双歧杆菌、亚硫酸盐还原梭状芽孢杆菌、破伤风梭菌、无芽孢厌氧菌的检测原理及方法。

3. 熟悉假单胞菌属、黄杆菌属、产碱杆菌属、脂环酸芽孢杆菌属、微球菌属、沙雷氏菌属、不动杆菌属的检测原理及方法。

4. 了解肝炎病毒、诺沃克病毒、口蹄疫病毒、禽流感病毒、朊病毒的检测原理及方法。

5. 掌握食品中抗生素残留的危害、检测的意义、检测原理及方法。

10.1　乳酸菌的检测

乳酸菌（lactic acid bacteria）是一类可发酵糖主要产生大量乳酸的细菌的通称。与食品工业密切相关的乳酸菌主要为乳杆菌属（*Lactobacillus*）、双歧杆菌属（*Bifidobacterium*）和链球菌属（*Streptococcus*）中的嗜热链球菌等。

10.1.1　乳酸菌的生物学特征

乳酸菌指发酵糖类主要产物为乳酸的一类无芽孢、革兰氏染色阳性细菌的总称，凡是能从葡萄糖或乳糖的发酵过程中产生乳酸的细菌统称为乳酸菌。这是一群相当庞杂的细菌，目前至少可分为18个属，共有200多种。除极少数外，其中绝大部分都是人体内必不可少的且具有重要生理功能的菌群，其广泛存在于人体的肠道中。目前已被国内外生物学家所证实，肠内乳酸菌与健康长寿有着非常密切的直接关系。

10.1.2　乳酸菌的功能

乳酸菌是一种存在于人类体内的益生菌。在人体肠道内栖息着数百种的细菌，其数量超过百万亿个。其中对人体健康有益的叫益生菌，以乳酸菌、双歧杆菌等为代表；对人体健康有害的叫有害菌，以大肠杆菌、产气荚膜梭状芽孢杆菌等为代表。长期科学研究结果表明，以乳酸菌为代表的益生菌是人体必不可少的且具有重要生理功能的有益菌，它们数量的多和少，直接影响到人的健康与否，直接影响到人的寿命长短。

乳酸菌在动物体内能发挥许多生理功能。大量研究资料表明，乳酸菌能促进动物生长，调节胃肠道正常菌群、维持微生态平衡，从而改善胃肠道功能，提高食物消化率和生物效价，降低血清胆固醇，控制内毒素，抑制肠道内腐败菌生长，提高机体免疫力等。

乳酸菌通过发酵产生的有机酸、特殊酶系、细菌表面成分等物质具有生理功能，可刺激组织发育，对机体的营养状态、生理功能、免疫反应和应激反应等产生作用。

10.1.3　乳酸菌的检测

1. 设备和材料

除了微生物实验室常规灭菌及培养设备外，其他设备和材料如下，恒温培养温箱（36 ℃±1 ℃）；冰箱（2～5 ℃）；均质器及无菌均质袋、均质杯或灭菌乳钵；天平（感量0.1 g）；无菌试管（18 mm×180 mm，15 mm×100 mm）；无菌吸管（1 mL具0.01 mL刻度、10 mL具0.1 mL刻度）或微量移液器及吸头，无菌锥形瓶（500 mL、250 mL）。

相关检测标准见《乳酸菌的检验》（GB 4789.35—2016）。

2. 培养基和试剂

（1）生理盐水。

（2）MRS培养基。

（3）莫匹罗星锂盐和半胱氨酸盐酸盐改良MRS培养基。

（4）MC培养基。

（5）0.5%蔗糖发酵管、0.5%纤维二糖发酵管、0.5%麦芽糖发酵管、0.5%甘露醇发酵管、0.5%水杨苷发酵管、0.5%山梨醇发酵管、0.5%乳糖发酵管、七叶苷发酵管。

（6）革兰氏染色液。

3. 乳酸菌的检验程序

乳酸菌检验程序见图10-1。

4. 操作步骤

1）样品制备

（1）样品的全部制备过程均应遵循无菌操作程序。

（2）冷冻样品可先使其在2～5 ℃条件下解冻，时间不超过18 h，也可在温度不超过45 ℃的条件解冻，时间不超过15 min。

（3）固体和半固体食品：以无菌操作称取25 g样品，置于装有225 mL生理盐水的无菌均质杯内，于8000～10000 r/min均质1～2 min，制成1∶10样品匀液；或置于225 mL生理盐水的无菌均质袋中，用拍击式均质器拍打1～2 min制成1∶10的样品匀液。

（4）液体样品：液体样品应先将其充分摇匀后以无菌吸管吸取样品25 mL放入装有225 mL生理盐水的无菌锥形瓶（瓶内预置适当数量的无菌玻璃珠）中，充分振摇，制成1∶10的样品匀液。

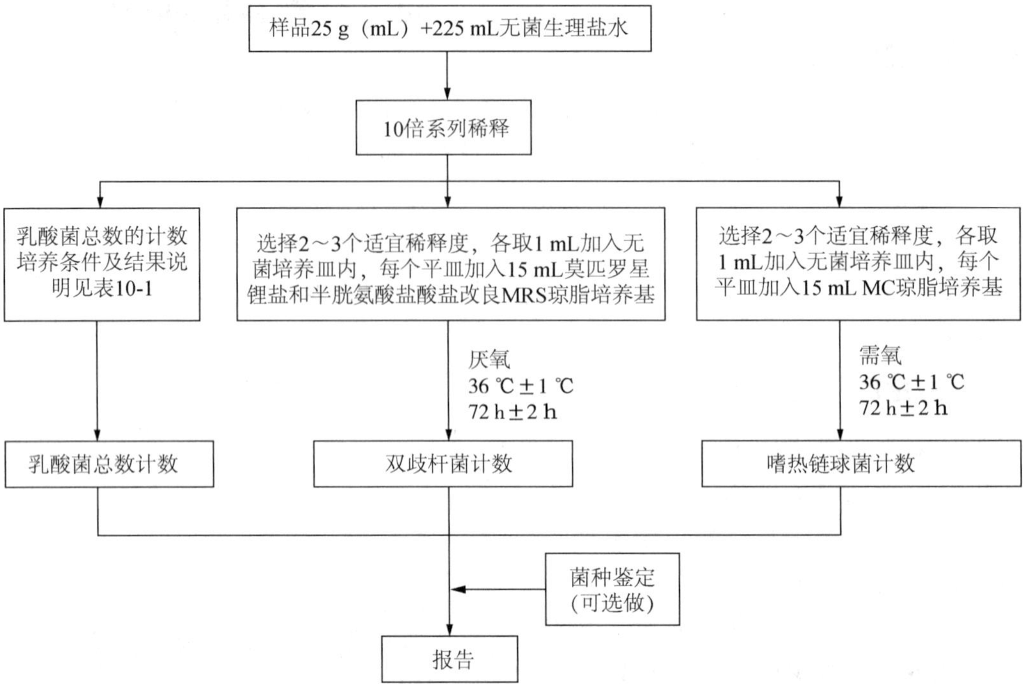

图 10-1　乳酸菌检验程序

2）步骤

（1）用 1 mL 无菌吸管或微量移液器吸取 1∶10 样品匀液 1 mL，沿管壁缓慢注于装有 9 mL 生理盐水的无菌试管中（注意吸管尖端不要触及稀释液），振摇试管或换用 1 支无菌吸管反复吹打使其混合均匀，制成 1∶100 的样品匀液。

（2）另取 1 mL 无菌吸管或微量移液器吸头，按上述操作顺序，做 10 倍递增样品匀液，每递增稀释一次，即换用 1 次 1 mL 灭菌吸管或吸头。

（3）乳酸菌计数

①乳酸菌总数。乳酸菌总数计数培养条件的选择及结果说明见表 10-1。

表 10-1　乳酸菌总数计数培养条件的选择及结果说明

样品中所包括乳酸菌菌属	培养条件的选择及结果说明
仅包括双歧杆菌属	按双歧杆菌计数操作，结果即为双歧杆菌属总数
仅包括乳杆菌属	按照乳杆菌计数操作，结果即为乳杆菌属总数
仅包括嗜热链球菌	按照嗜热链球菌计数操作，结果即为嗜热链球菌总数
同时包括双歧杆菌属和乳杆菌属	1）按照乳杆菌计数操作，结果即为乳酸菌总数 2）如需单独计数双歧杆菌属数目，按照双歧杆菌计数操作
同时包括双歧杆菌属和嗜热链球菌	1）按照双歧杆菌计数和嗜热链球菌计数操作，二者结果之和即为乳酸菌总数 2）如需单独计数双歧杆菌属数目，按照双歧杆菌计数操作
同时包括乳杆菌属和嗜热链球菌	1）按照嗜热链球菌计数和乳杆菌计数操作，二者结果之和即为乳酸菌总数 2）嗜热链球菌计数结果为嗜热链球菌总数 3）乳杆菌计数结果为乳杆菌属总数
同时包括双歧杆菌属、乳杆菌属和嗜热链球菌	1）按照嗜热链球菌计数和乳杆菌计数操作，二者结果之和即为乳酸菌总数 2）如需单独计数双歧杆菌属数目，按照双歧杆菌计数操作

②双歧杆菌计数。根据待检样品双歧杆菌含量的估计，选择2～3个连续的适宜稀释度，每个稀释度吸取1 mL样品匀液于灭菌平皿内，每个稀释度做两个平皿。稀释液移入平皿后，将冷却至48 ℃的莫匹罗星锂盐和半胱氨酸盐酸盐改良的MRS培养基倾注入平皿约15 mL，转动平皿使混合均匀。36 ℃±1 ℃厌氧培养72 h±2 h，培养后计数平板上的所有菌落数。从样品稀释到平板倾注要求在15 min内完成。

③嗜热链球菌计数。根据待检样品嗜热链球菌活菌数的估计，选择2～3个连续的适宜稀释度，每个稀释度吸取1 mL样品匀液于灭菌平皿内，每个稀释度做两个平皿。稀释液移入平皿后，将冷却至48 ℃的MC培养基倾注入平皿约15 mL，转动平皿使混合均匀。36 ℃±1 ℃需氧培养72 h±2 h，培养后计数。嗜热链球菌在MC琼脂平板上的菌落特征为：菌落中等偏小，边缘整齐光滑的红色菌落，直径2 mm±1 mm，菌落背面为粉红色。从样品稀释到平板倾注要求在15 min内完成。

④乳杆菌计数。根据待检样品活菌总数的估计，选择2～3个连续的适宜稀释度，每个稀释度吸取1 mL样品匀液于灭菌平皿内，每个稀释度做两个平皿。稀释液移入平皿后，将冷却至48 ℃的MRS琼脂培养基倾注入平皿约15 mL，转动平皿使混合均匀。36 ℃±1 ℃厌氧培养72 h±2 h。从样品稀释到平板倾注要求在15 min内完成。

3）菌落计数

菌落计数可用肉眼观察，必要时用放大镜或菌落计数器，记录稀释倍数和相应的菌落数量。

（1）选取菌落数在30～300 CFU、无蔓延菌落生长的平板计数菌落总数。低于30 CFU的平板记录具体菌落数，大于300 CFU的可记录为多不可计。每个稀释度的菌落数应采用两个平板的平均数。

（2）其中一个平板有较大片状菌落生长时，则不宜采用，而应以无片状菌落生长的平板作为该稀释度的菌落数；若片状菌落不到平板的一半，而其余一半中菌落分布又很均匀，即可计算半个平板后乘以2，代表一个平板菌落数。

（3）当平板上出现菌落间无明显界线的链状生长时，则将每条单链作为一个菌落计数。

4）结果的表述

（1）若只有一个稀释度平板上的菌落数在适宜计数范围内，计算两个平板菌落数的平均值，再将平均值乘以相应稀释倍数，作为每克或每毫升中菌落总数结果。

（2）若有两个连续稀释度的平板菌落数在适宜计数范围内时，按式（10-1）计算：

$$N=\frac{\sum C}{(n_1+0.1n_2)d} \tag{10-1}$$

式中：N为样品中菌落数；$\sum C$为平板（含适宜范围菌落数的平板）菌落数之和；n_1为第一稀释度（低稀释倍数）平板个数；n_2为第二稀释度（高稀释倍数）平板个数；d为稀释因子（第一稀释度）。

（3）若所有稀释度的平板上菌落数均大于300 CFU，则对稀释度最高的平板进行计数，其他平板可记录为多不可计，结果按平均菌落数乘以最高稀释倍数计算。

（4）若所有稀释度的平板菌落数均小于30 CFU，则应按稀释度最低的平均菌落数乘以稀释倍数计算。

（5）若所有稀释度（包括液体样品原液）平板均无菌落生长，则以小于1乘以最低稀释倍数计算。

（6）若所有稀释度的平板菌落数均不在30～300 CFU，其中一部分小于30 CFU或大于300 CFU时，则以最接近30 CFU或300 CFU的平均菌落数乘以稀释倍数计算。

5）菌落数的报告

（1）菌落数小于100 CFU时，按“四舍五入”原则修约，以整数报告。

（2）菌落数大于或等于100 CFU时，第3位数字采用“四舍五入”原则修约后，取前2位数字，后面用0代替位数；也可用10的指数形式来表示，按“四舍五入”原则修约后，采用两位有效数字。

（3）称重取样以CFU/g为单位报告，体积取样以CFU/mL为单位报告。

5. 结果与报告

根据菌落计数结果出具报告，报告单位以CFU/g（mL）表示。

6. 乳酸菌的鉴定（可选做）

1）纯培养

挑取3个或以上单个菌落，嗜热链球菌接种于MC琼脂平板，乳杆菌属接种于MRS琼脂平板，置36 ℃±1 ℃厌氧培养48 h。

2）鉴定

（1）双歧杆菌的鉴定按GB 4789.34—2016的规定操作。

（2）涂片镜检：乳杆菌属菌体形态多样，呈长杆状、弯曲杆状或短杆状。无芽孢，革兰氏染色阳性。嗜热链球菌菌体菌呈球形或球杆状，表径为0.5～2.0 μm，成对或成链排列，无芽孢，革兰氏染色阳性。

（3）乳酸菌菌种主要生化反应见表10-2和表10-3。

10.2 食品中其他厌氧菌的检测

10.2.1 双歧杆菌

1. 设备和材料

除微生物实验室常规灭菌及培养设备外，其他设备和材料如下：恒温培养箱（36 ℃±1 ℃）；冰箱（2～5 ℃）；天平（感量0.01 g）；无菌试管（18 mm×180 mm、15 mm×100 mm）；无菌吸管：1 mL（具0.01 mL刻度）、10 mL（具0.1 mL刻度）或微量移液管（200～1000 μL）及配套吸头；无菌培养皿（直径90 mm）。

相关检测标准见《双歧杆菌的检验》（GB 4789.34—2016）。

2. 培养基和试剂

双歧杆菌培养基，PYG培养基，MRS培养基，甲醇（分析纯），三氯甲烷（分析纯），硫酸（分析纯），冰乙酸（分析纯），乳酸（分析纯）。

3. 检验程序

双歧杆菌的检验程序见图10-2。

4. 操作步骤

1）无菌要求

全部操作过程均应遵循无菌操作程序。

2）双歧杆菌的鉴定

（1）纯菌菌种　①样品处理。半固体或液体菌种直接接种在双歧杆菌琼脂平板或MRS琼脂平板。固体菌种或真空冷冻干燥菌种，可先加适量灭菌生理盐水或其他适宜稀释液，溶解菌粉。②接种。接种于双歧杆菌琼脂平板或MRS琼脂平板。36 ℃±1 ℃厌氧培养48 h±2 h，可延长至72 h±2 h。

表10-2　常见乳杆菌属内种的碳水化合物反应

菌种	七叶苷	纤维二糖	麦芽糖	甘露醇	水杨苷	山梨醇	蔗糖	棉籽糖
干酪乳杆菌干酪亚种（*L. casei* subsp. *casei*）	+	+	+	+	+	+	+	−
德氏乳杆菌保加利亚种（*L. delbrueckii* subsp. *bulgaricus*）	−	−	−	−	−	−	−	−
嗜酸乳杆菌（*L. cidophilus*）	+	+	+	−	+	−	+	d
罗伊氏乳杆菌（*L. reuteri*）	ND	−	+	−	−	−	+	+
鼠李糖乳杆菌（*L. rhamnosus*）	+	+	+	+	+	+	+	−
植物乳杆菌（*L. plantarum*）	+	+	+	+	+	+	+	+

注：+表示90%以上菌株阳性；−表示90%以上菌株阴性；d表示11%～89%菌株阳性；ND表示未测定。

表10-3　嗜热链球菌的主要生化反应

菌种	菊糖	乳糖	甘露醇	水杨苷	山梨醇	马尿酸	七叶苷
嗜热链球菌（*S. thermophilus*）	−	+	−	−	−	−	−

注：+表示90%以上菌株阳性；−表示90%以上菌株阴性。

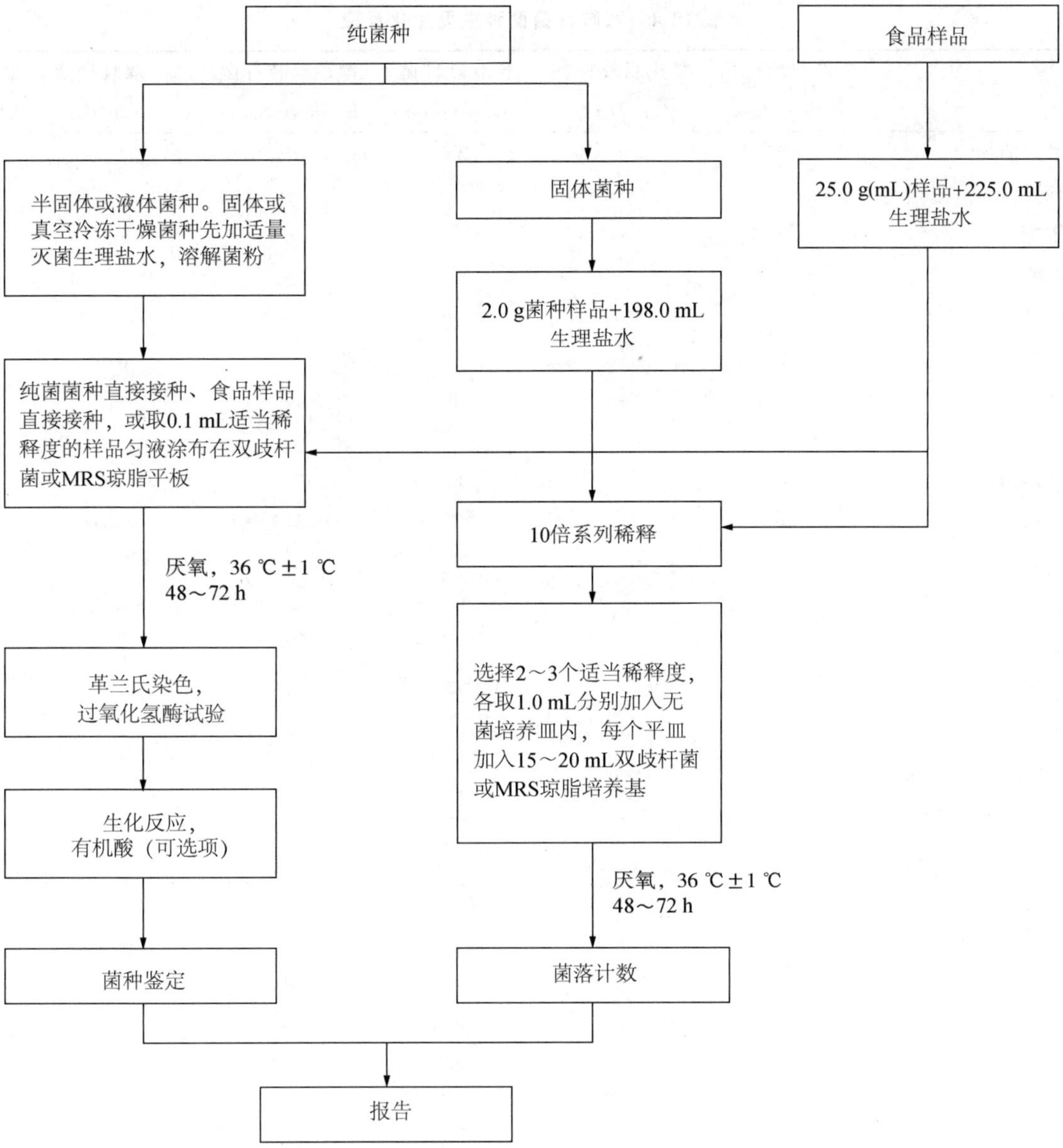

图 10-2 双歧杆菌的检验程序

（2）食品样品 ①样品处理。取样 25 g（mL），置于装有 225 mL 生理盐水的灭菌锥形瓶或均质袋内，于 8000～10000 r/min 均质 1～2 min，或用拍击式均质器拍打 1～2 min，制成 1∶10 的样品匀液。冷冻样品可先使其在 2～5 ℃条件下解冻，时间不超过 18 h；也可在温度不超过 45 ℃的条件解冻，时间不超过 15 min。②接种或涂布。将上述样品匀液接种在双歧杆菌琼脂平板或 MRS 琼脂平板，或取 0.1 mL 适当稀释度的样品匀液均匀涂布在双歧杆菌琼脂平板或 MRS 琼脂平板。36 ℃±1 ℃厌氧培养 48 h±2 h，可延长至 72 h±2 h。③纯培养。挑取 3 个或以上的单个菌落接种于双歧杆菌琼脂平板或 MRS 琼脂平板。36 ℃±1 ℃厌氧培养 48 h±2 h，可延长至 72 h±2 h。

（3）菌种鉴定 ①涂片镜检。挑取双歧杆菌平板或 MRS 平板上生长的双歧杆菌单个菌落进行染色。双歧杆菌为革兰氏染色阳性，呈短杆状、纤细杆状或球形，可形成各种分支或分叉等多形态，不抗酸，无芽孢，无动力。②生化鉴定。挑取双歧杆菌平板或 MRS 平板上生长的双歧杆菌单个菌落，进行生化反应检测。过氧化氢酶试验为阴性。双歧杆菌的主要生化反应见表 10-4。可选择生化鉴定试剂盒或全自动微生物生化鉴定系统。

表 10-4 双歧杆菌菌种主要生化反应

编号	项目	两歧双歧杆菌 (*B. bifidum*)	婴儿双歧杆菌 (*B. infantis*)	长双歧杆菌 (*B. longum*)	青春双歧杆菌 (*B. adolescentis*)	动物双歧杆菌 (*B. animalis*)	短双歧杆菌 (*B. breve*)
1	*L*-阿拉伯糖	−	−	+	+	+	−
2	*D*-核糖	−	+	+	+	+	+
3	*D*-木糖	−	+	+	d	+	+
4	*L*-木糖	−	−	−	−	−	−
5	阿东醇	−	−	−	−	−	−
6	*D*-半乳糖	d	+	+	+	d	+
7	*D*-葡萄糖	+	+	+	+	+	+
8	*D*-果糖	d	+	+	d	d	+
9	*D*-甘露糖	−	+	+	−	−	−
10	*L*-山梨糖	−	−	−	−	−	−
11	*L*-鼠李糖	−	−	−	−	−	−
12	卫矛醇	−	−	−	−	−	−
13	肌醇	−	−	−	−	−	+
14	甘露醇	−	−	−	−[a]	−	−[a]
15	山梨醇	−	−	−	−[a]	−	−[a]
16	α-甲基-*D*-葡萄糖甙	−	−	+	−	−	−
17	*N*-乙酰-葡萄糖胺	−	−	−	−	−	+
18	苦杏仁甙（扁桃甙）	−	−	−	+	+	−
19	七叶灵	−	−	+	+	+	−
20	水杨甙（柳醇）	−	+	−	+	+	−
21	*D*-纤维二糖	−	+	−	d	−	−
22	*D*-麦芽糖	−	+	+	+	+	+
23	*D*-乳糖	+	+	+	+	+	+
24	*D*-蜜二糖	−	+	+	+	+	+
25	*D*-蔗糖	−	+	+	+	+	+
26	*D*-海藻糖（覃糖）	−	−	−	−	−	−
27	菊糖（菊根粉）	−	−[a]	−	−[a]	−	−[a]
28	*D*-松三糖	−	−	+	+	−	−
29	*D*-棉籽糖	−	+	+	+	+	+
30	淀粉	−	−	−	+	−	−
31	肝糖（糖原）	−	−	−	−	−	−
32	龙胆二糖	−	+	−	+	+	+
33	葡萄糖酸钠	−	−	−	+	−	−

注：+表示 90%以上菌株阳性；−表示 90%以上菌株阴性；d 表示 11%～89%菌株阳性。

3）双歧杆菌的计数

（1）纯菌菌种

①固体和半固体样品的制备：以无菌操作称取 2 g 样品，置于盛有 198 mL 稀释液的无菌均质杯内，8000～10000 r/min 均质 1～2 min，或置于盛有 198 mL 稀释液的无菌均质袋中，用拍击式均质器拍打 1～2 min，制成 1∶100 的样品匀液。

②液体样品的制备：以无菌操作量取 1 mL 样

品，置于 9 mL 稀释液中，混匀，制成 1∶10 的样品匀液。

（2）食品样品　①样品处理。取样 25 g（mL），置于装有 225 mL 生理盐水的灭菌锥形瓶或均质袋内，于 8000～10000 r/min 均质 1～2 min，或用拍击式均质器拍打 1～2 min，制成 1∶10 的样品匀液。冷冻样品可先使其在 2～5 ℃条件下解冻，时间不超过 18 h；也可在温度不超过 45 ℃的条件解冻，时间不超过 15 min。

（3）系列稀释及培养　用 1 mL 无菌吸管或微量移液器，制备 10 倍系列稀释样品匀液，于 8000～10000 r/min 均质 1～2 min，或用拍击式均质器拍打 1～2 min。每递增稀释一次，即换用 1 次 1 mL 灭菌吸管或吸头。根据对样品浓度的估计，选择 2～3 个适宜稀释度的样品匀液，在进行 10 倍递增稀释时，吸取 1 mL 样品匀液于无菌平皿内，每个稀释度做两个平皿。同时，分别吸取 1 mL 空白稀释液加入两个无菌平皿内做空白对照。及时将 15～20 mL 冷却至 46 ℃的双歧杆菌琼脂培养基或 MRS 琼脂培养基（可放置于 46 ℃±1 ℃恒温水浴箱中保温）倾注平皿，并转动平皿使其混合均匀。从样品稀释到平板倾注要求在 15 min 内完成。待琼脂凝固后，将平板翻转，36 ℃±1 ℃厌氧培养 48 h±2 h，可延长至 72 h±2 h。培养后计数平板上的所有菌落数。

（4）菌落计数

①可用肉眼观察，必要时用放大镜或菌落计数器，记录稀释倍数和相应的菌落数量。

②选取菌落数在 30～300 CFU、无蔓延菌落生长的平板计数菌落总数。低于 30 CFU 的平板记录具体菌落数，大于 300 CFU 的可记录为多不可计。每个稀释度的菌落数应采用两个平板的平均数。

③其中一个平板有较大片状菌落生长时，则不宜采用，而应以无片状菌落生长的平板作为该稀释度的菌落数；若片状菌落不到平板的一半，而其余一半中菌落分布又很均匀，即可计算半个平板后乘以 2，代表一个平板菌落数。

④当平板上出现菌落间无明显界线的链状生长时，则将每条单链作为一个菌落计数。

（5）结果的表述

①若只有一个稀释度平板上的菌落数在适宜计数范围内，计算两个平板菌落数的平均值，再将平均值乘以相应稀释倍数，作为每克或每毫升中菌落总数结果。

②若有两个连续稀释度的平板菌落数在适宜计数范围内时，按式（10-1）计算。

③若所有稀释度的平板上菌落数均大于 300 CFU，则对稀释度最高的平板进行计数，其他平板可记录为多不可计，结果按平均菌落数乘以最高稀释倍数计算。

④若所有稀释度的平板菌落数均小于30 CFU，则应按稀释度最低的平均菌落数乘以稀释倍数计算。

⑤若所有稀释度（包括液体样品原液）平板均无菌落生长，则以小于 1 乘以最低稀释倍数计算。

⑥若所有稀释度的平板菌落数均不在 30～300 CFU，其中一部分小于 30 CFU 或大于 300 CFU 时，则以最接近 30 CFU 或 300 CFU 的平均菌落数乘以稀释倍数计算。

（6）菌落数的报告

①菌落数小于 100 CFU 时，按“四舍五入”原则修约，以整数报告。

②菌落数大于或等于 100 CFU 时，第 3 位数字采用“四舍五入”原则修约后，取前 2 位数字，后面用 0 代替位数；也可用 10 的指数形式来表示，按“四舍五入”原则修约后，采用两位有效数字。

③称重取样以 CFU/g 为单位报告，体积取样以 CFU/mL 为单位报告。

4）结果与报告

根据菌种鉴定中涂片镜检、生化鉴定结果，报告双歧杆菌属的种名。根据菌落计数结果出具报告，报告单位以 CFU/g（mL）表示。

10.2.2　亚硫酸盐还原梭状芽孢杆菌

1. 分布

亚硫酸盐还原梭状芽孢杆菌是梭状芽孢杆菌属的一群细菌，而不是一个生物学分类单位。多指厌氧芽孢杆菌，代表性菌株是致黑梭状芽孢杆菌，其他常见的还有产气荚膜梭菌、肉毒梭菌、破伤风梭菌、双酶梭菌、溶血梭菌、诺氏梭菌、生孢梭菌等。这类细菌的主要特征是将亚硫酸盐还原为硫化物，多为有动力的革兰氏阳性菌，可形成芽孢，厌氧生长。亚硫酸盐还原梭状芽孢杆菌的孢子在自然环境中广泛存在，通常出现在人和动物的粪便排泄物、废水和土壤中。与大肠杆菌和其他杆菌不同的是，由于它们的孢子比营养体对物理和化学因子具有更强的抵抗力，所以可以在自然环境中存活很长时间。因而，通常将它们作为长期污染或间断污染的指示菌。

由于此类细菌抵抗力强，即使在经适当加工处理的加工食品中其芽孢仍会存活，条件适宜时又会生长繁殖，造成食品品质降低或腐败，甚至有引起食物中毒的危险。因此在食品的制备、贮存以及食品加工厂环境卫生控制上颇受重视，作为食品、矿泉水、加工设备卫生、生产环境的卫生状况的评估指标，得到越来越广泛的应用。

2. 检验方法

1）设备和材料

冰箱（2～5 ℃）；恒温水浴箱（50 ℃±1 ℃）；恒温培养箱（36 ℃±1）；天平（感量 0.1 g）；均质器及均质杯或均质袋；厌氧条件及相关设备：选择合适大小的厌氧罐、密封效果好的密封盒，或其他保持厌氧条件的设备中放入厌氧袋，也可在厌氧恒温工作站中进行培养；无菌吸管：1 mL（具 0.01 刻度），10 mL（具 0.1 刻度）或微量移液器及吸头；无菌培养皿（直径 90 mm）；无菌试管（15 mm×150 mm）；pH 计或 pH 比色管或精密 pH 试纸。

相关检测标准见《出口食品厌氧亚硫酸铁盐还原梭状芽孢杆菌检验方法》（SNT 1071—2014）。

2）培养基和试剂

①氯化钠胰蛋白胨稀释液；②亚硫酸铁琼脂；③庖肉培养基；④3%过氧化氢溶液（使用前配制）；⑤缓冲甘油-氯化钠溶液；⑥2%无菌琼脂。

3）样品的贮存和运输

（1）冷冻样品，如不能立即进行检验，应置于－18 ℃保存。

（2）非冷冻而易腐蚀的样品，无菌操作称取 25 g（mL）样品加入 25 mL 无菌缓冲甘油—氯化钠溶液（液体食品应加双料），并尽快放入 2～5 ℃冰箱保存。

（3）运送样品时，应采取措施，防止样品中微生物数量和性质发生变化。

4）样品制备

将冷冻样品在 45 ℃以下不超过 15 min，或 2～5 ℃不超过 18 h 解冻后进行检验。以无菌操作称取 25 g 样品，放入装有 225 mL 氯化钠胰蛋白胨稀释液的灭菌均质杯或无菌均质袋内（如为非冷冻而易腐蚀的样品，则前期处理后加入 200 mL 氯化钠胰蛋白胨稀释液），于 8000～10000 r/min 均质 1～2 min 或用拍击式均质器拍击 1 min，制成 1∶10 样品匀液。如为液体样品，则无菌操作移样 25 mL，加入装有 225 mL 氯化钠胰蛋白胨稀释液的灭菌玻璃瓶中（如为非冷冻而易腐蚀的样品，则前期处理后加入 200 mL 氯化钠胰蛋白胨稀释液），充分混匀后，制成 1∶10 样品匀液。根据样品污染情况做进一步的系列 10 倍递增稀释。若检测厌氧亚硫酸盐还原梭状芽孢杆菌的芽孢，可对 1∶10 样品匀液进行 75 ℃20 min 或煮沸保持 10 min 热处理，之后以流水迅速冷却至室温后再做进一步的系列 10 倍递增稀释。

5）检验步骤与计算

（1）平板计数法　适用于检验未经加工处理的生鲜食品及厌氧亚硫酸盐还原梭状芽孢杆菌＞10 CFU/g（mL）的食品。

①选适宜的三个连续稀释度，从每个稀释度分别吸取 1 mL 稀释样液于无菌培养皿内，每个稀释度做两个平皿。同时，分别吸取 1 mL 空白稀释液加入两个无菌平皿内做空白对照。

②及时将约 15 mL 冷却至 50 ℃的亚硫酸铁琼脂培养基（可放置于 50 ℃ ±1 ℃恒温水浴箱保温）倾注平皿，并转动平皿使其混合均匀。从制备最初稀释液结束到倾注培养基于最后一个平皿，所用的时间不应超过 15 min。

③待混合物凝固后，再倾注 10 mL 2%无菌琼脂于已凝固的培养基上作为隔层。

④待该隔层凝固后，将制备好的平板于 36 ℃ ±1 ℃厌氧培养 24～48 h。若对培养温度有特殊要求(如 46 ℃)，可根据情况进行培养。

⑤厌氧亚硫酸盐还原梭状芽孢杆菌在亚硫酸

铁琼脂上呈黑色菌落。从计数的平板（具20～200个菌落）中任取10个典型菌落，分别取培养物进行形态观察和过氧化氢酶证实试验。对阳性结果进行计数。

⑥平板典型菌落数乘以证实为厌氧亚硫酸盐还原梭状芽孢杆菌菌落所占比例，再乘以样品稀释倍数即为样品中厌氧亚硫酸盐还原梭状芽孢杆菌的计数，报告为厌氧亚硫酸盐还原梭状芽孢杆菌CFU/g（mL）。例如：在10^{-1}样液的两个平板中分别有85个和80个菌落，而确认在10个菌落中分别有8个和4个为厌氧亚硫酸盐还原梭状芽孢杆菌，那么每克或每毫升食品的厌氧亚硫酸盐还原梭状芽孢杆菌数为（85×8/10＋80×4/10）/2×10＝500。

（2）最近似值(MPN)法　适用于检验含有受损伤的厌氧亚硫酸盐还原梭状芽孢杆菌的加工食品及厌氧亚硫酸盐还原梭状芽孢杆菌≤10 CFU/g(mL)的食品。

①选适宜的三个连续稀释度,从每个稀释度中分别吸取1 mL稀释样液,接种于3管装有庖肉培养基的试管中,36 ℃±1 ℃厌氧培养24～72 h,待出现生长特征(培养液浑浊、产气、出现异味)后,进行下一步的分离培养。反之,则按阴性结果计数。

②吸取出现生长特征性的增菌培养物1 mL分别置于无菌培养皿中,将约15 mL 46 ℃的亚硫酸铁琼脂(可放置于46 ℃±1 ℃恒温水浴箱保温)倾注平皿,并转动平皿使其混合均匀,待其凝固后,再倾注10 mL同样的培养基作为隔层,于36 ℃±1 ℃厌氧培养24～48 h。若生成黑色菌落,则取各培养皿中的典型菌落加以证实;若无黑色菌落生成,则按阴性结果计数。

③最近似值（MPN）的估算应计数每个稀释样液得到的阳性反应管数。根据反应阳性管数查阅MPN检索表（表10-5），得出样品中厌氧亚硫酸盐还原梭状芽孢杆菌最近似值，报告为厌氧亚硫酸盐还原梭状芽孢杆菌MPN/g（mL）。

6）证实试验

（1）形态观察　取可疑菌落涂片，做革兰氏染色，镜检，检查培养物细菌形态。厌氧亚硫酸盐还原梭状芽孢杆菌为革兰氏阳性的梭状芽孢杆菌。产芽孢时，芽孢呈卵圆形或球形，位于中央、次终端。

（2）过氧化氢酶试验　在洁净载玻片上滴1滴培养物，再滴1～2滴3%过氧化氢溶液，于0.5 min内观察出现小气泡说明有过氧化氢酶活性。厌氧亚硫酸盐还原梭状芽孢杆菌不产生过氧化氢酶。

10.2.3　破伤风梭菌

1. 分布

破伤风梭菌是引起人和动物破伤风病的病原菌。该菌存在于自然界、人和动物的肠道内，随粪便污染环境及食品，其在土壤中可形成芽孢而长期存在。以植物的根、茎为原料的药物也可能检验被破伤风梭菌的芽孢污染。

2. 生物学特性

破伤风梭菌为革兰阳性厌氧芽孢杆菌，芽孢呈正圆形，位于菌体顶端，其直径大于菌体横径，使菌体膨大呈鼓槌状，形成破伤风梭菌特有的形态学特征。破伤风梭菌多数菌株有鞭毛，无荚膜。最适生长温度为37 ℃。一般不发酵乳糖，能液化明胶，产生硫化氢；大多数菌株产生吲哚，不还原硝酸盐，分解蛋白质的能力轻微而缓慢。在庖肉培养基内生长时使培养液变浑浊，肉渣变黑，有腐败性恶臭；在血平板上生长可形成α溶血环。破伤风梭菌产生的痉挛毒素毒性极强，可选择性作用于中枢神经系统，影响抑制性神经介质的释放，导致肌肉强直性痉挛。

3. 检测方法

1）培养基及试剂

庖肉培养基、血琼脂平板、破伤风抗毒素。

2）检验步骤

（1）直接镜检　可疑样品直接涂片革兰氏染色，显微镜检查见有革兰氏阳性大杆菌，菌体顶端有圆形芽孢，呈鼓槌状，可初步报告。

（2）增菌培养　将样品接种庖肉培养基，于75～85 ℃水浴加热30 min，以杀灭杂菌，激活芽孢；然后置35～37 ℃下，厌氧培养2～4 d，必要时可延长至12 d。涂片镜检，如有典型鼓槌状杆菌，再进行分离培养，必要时做动物实验。

表 10-5　1 g（mL）检样中厌氧亚硫酸盐还原梭状芽孢杆菌最近似值（MPN）表

阳性管数			MPN	阳性管数			MPN
0.1	0.01	0.001		0.1	0.01	0.001	
0	0	0	<3	2	0	0	9.1
0	0	1	3	2	0	1	14
0	0	2	6	2	0	2	20
0	0	3	9	2	0	3	26
0	1	0	3	2	1	0	15
0	1	1	6.1	2	1	1	20
0	1	2	9.2	2	1	2	27
0	1	3	12	2	1	3	34
0	2	0	6.2	2	2	0	21
0	2	1	9.3	2	2	1	28
0	2	2	12	2	2	2	35
0	2	3	16	2	2	3	42
0	3	0	9.4	2	3	0	29
0	3	1	13	2	3	1	36
0	3	2	16	2	3	2	44
0	3	3	19	2	3	3	53
1	0	0	3.6	3	0	0	23
1	0	1	7.2	3	0	1	39
1	0	2	11	3	0	2	64
1	0	3	15	3	0	3	95
1	1	0	7.3	3	1	0	43
1	1	1	11	3	1	1	75
1	1	2	15	3	1	2	120
1	1	3	19	3	1	3	160
1	2	0	11	3	2	0	93
1	2	1	15	3	2	1	150
1	2	2	20	3	2	2	210
1	2	3	24	3	2	3	290
1	3	0	16	3	3	0	240
1	3	1	20	3	3	1	460
1	3	2	24	3	3	2	1100
1	3	3	29	3	3	3	1100

注：1. 本表采用 3 个稀释度［0.1 g（mL）、0.01 g（mL）和 0.001 g（mL）］，每个稀释度接种三管。

2. 表内所列检样量如改用 1 g（mL）、0.1 g（mL）时，表内数字应相应降低 10 倍；如改用 0.01 g（mL）、0.001 g（mL）和 0.0001 g（mL）时，则表内数字应相应增加 10 倍，其余类推。

（3）分离培养　将增菌培养物离心，沉淀接种于有新霉素或卡那霉素等抑制其他厌氧菌生长的加热血琼脂或葡萄糖血琼脂平板的一边，于严格厌氧环境中 37 ℃培养 24 h。破伤风梭菌常呈迁徙状生长，在边缘上形成蔓丝状菌落。取前端部分再接种增菌培养基，有时须重复接种 2～3 次才能得到纯培养。

（4）动物实验　常用小鼠做毒理实验和保护性实验。每次实验用 2 只小鼠，其中 1 只预先皮下注射破伤风抗毒素 0.5 mL。作为对照，然后给 2 只小白鼠后腿肌内注射培养滤液各 0.1～0.25 mL。经 12～24 h 后，未接种破伤风抗毒素的小白鼠出现尾部僵直竖起，后肢肌肉强直痉挛，甚至死亡。而接种破伤风抗毒素的小白鼠无任何症状，称为保护性实验阳性，证实培养物中存在破伤风毒素。

（5）鉴定　根据直接涂片镜检见革兰氏阳性大杆菌、菌体呈典型鼓槌状，即可作出初步鉴定。再根据本菌在厌氧血琼脂平板上呈扩散生长，扩散生长可被特异性抗毒素所抑制。在庖肉培养基中，肉渣部分消化呈微黑色。生化反应特征为不发酵糖类，不分解蛋白质。必要时做动物保护性实验以作出最后鉴定。

10.2.4 无芽孢厌氧菌

1. 分布

无芽孢厌氧菌包括一大群专性厌氧繁殖、无芽孢的菌属，包括革兰阳性和阴性的球菌和杆菌。它们广泛分布于人和动物的皮肤、口腔、胃肠道和泌尿生殖道，是人体正常菌群的重要组成部分。同时也是人体的条件致病菌，常引起内源性混合感染。无芽孢厌氧菌种类繁多，如乳杆菌、丙酸杆菌、丁酸杆菌、普雷沃菌、脆弱类杆菌、消化链球菌、产黑色素普雷沃菌等。多引起内源性感染。这些菌污染食品后，可在特殊条件下生长繁殖，使食品受到污染。对这类细菌的检验主要依靠细菌的形态、染色性、菌落特征、色素、溶血性及生化反应等对细菌进行鉴定。

2. 微生物学检验方法

1）初步鉴定

无芽孢厌氧菌的鉴定可依据革兰氏染色镜检结果、菌体形态、菌落特征（形态、大小、色素、荧光等）以及对某些抗生素的敏感性等进行初步鉴定。

（1）形态与染色　形态与染色对厌氧菌的鉴定极为重要，但应注意厌氧菌的染色可受到培养基种类和培养时间的影响。由于培养时间长，可使革兰染色阳性变为阴性，从而作出错误判断。

（2）菌落特性　包括菌落的形态、大小、色素、溶血以及荧光等，均对厌氧菌的鉴定具有一定的参考价值。

①色素。产黑色素普雷沃菌和不解糖紫单胞菌培养 2～10 d 后，可产生黑普雷沃菌褐色或黑色色素；龋齿放线菌培养 2～10 d 后可产生粉红色色素；奈氏放线菌延长培养时间可产生黄褐色色素。

②荧光。产黑色素普雷沃菌和不解糖紫单胞菌的某些菌株的菌落，在紫外线（360 nm）的照射下可发出红色荧光；梭杆菌的菌落常发出黄绿色荧光。

（3）抗生素敏感性鉴定试验　常用的抗生素纸片有卡那霉素（1000 μg）、万古霉素（5 μg）和多黏菌素（10 μg），一般抑菌环直径＜10 mm，可视为耐药。如根据对卡那霉素的敏感性，可区别梭杆菌属（敏感）与类杆菌属（多数耐药）；对万古霉素敏感而对多黏菌素耐药，可能为革兰阳性厌氧菌，反之则可能为革兰阴性厌氧菌，这有助于一些可能被染成革兰阳性的幼龄产黑色素普雷沃菌的鉴定。

（4）聚茴香脑磺酸钠（SPS）敏感试验　可用于快速鉴定厌氧消化链球菌，该菌对 50 g/mL 的 SPS 特别敏感，而其他革兰阳性球菌则对 SPS 耐药。

2）快速鉴定

用快速试验能迅速鉴定出下列细菌。

（1）脆弱类杆菌　本菌对卡那霉素、万古霉素耐药，20%胆汁（或 2 g 1 L 胆盐）可促进其生长。绝大多数细菌触酶试验阳性。

（2）产黑色素普雷沃菌和不解糖紫单胞菌　这两类细菌对卡那霉素、万古霉素耐药。在生产色素之前有红色荧光，但一旦菌落变黑则荧光消失。

（3）具核梭杆菌　菌体呈梭状是本菌的最大特征。吲哚试验阳性，醋酶试验阴性，在 20%胆汁中不生长，某些菌落呈珍珠样光斑点或毛玻璃状外观，用放大镜观察易于看见。一些菌落可呈面包屑状。本菌对卡那霉素、万古霉素耐药。

（4）痤疮丙酸杆菌　此菌触酶试验和吲哚试验均阳性。若发现触酶试验阳性，而吲哚试验阴性的革兰阳性杆菌，则可能是迟钝优杆菌或黏液优杆菌。

（5）小韦永球菌　此菌为革兰阴性小球菌。具有还原硝酸盐为亚硝酸盐的能力，借此可与其他革兰阴性菌相鉴别。

(6) 厌氧消化链球菌　此菌为革兰阳性球菌，菌体常呈球杆菌。此菌对 SPS 特别敏感，据此可与其他革兰阳性球菌相鉴别。

3) 最终鉴定

必须依据生化反应、终末代谢产物的检测及分子生物学方法等来确定菌种。

(1) 生化试验　包括多种糖类发酵试验、吲哚试验、硝酸盐还原试验、触酶试验、卵磷脂酶试验、酯酶试验、蛋白溶解试验、明胶液化试验、胆汁肉汤生长试验及硫化氢试验等。其试验方法除常规方法外，还有如 VITEK-ANI、MicroScan-ANI 等自动化细菌鉴定系统。

(2) 细菌终末代谢产物的检测　Guillaumie (1956) 等观察到，细菌的终末代谢产物中有甲酸、乙酸、丙酸和丁酸等，细菌的种类不同，其代谢产物各异。Beerens 等 (1962) 根据上述观察，提出应用细菌发酵葡萄糖产生的挥发性脂肪酸的类型来鉴定细菌，以解决分类中的定种问题。如需氧菌和兼性厌氧菌只能产生乙酸，若检测出其他短链脂肪酸，如丙酸和丁酸等则提示为厌氧菌。目前利用气液相色谱法分析厌氧菌的终末代谢产物，已成为鉴定无芽孢厌氧菌中较可靠的方法之一。

(3) 分子生物学方法　利用核酸杂交技术、PCR 等分子生物学方法，可对一些重要的无芽孢厌氧菌作出迅速和特异性诊断。

10.3 食品中其他腐败菌的检测

10.3.1 假单胞菌属

1. 分布

假单胞菌属是假单胞菌科的代表菌属。本属细菌种类很多，达 200 余种，多数为腐生菌，少数为植物和动物的寄生菌。假单胞菌属广泛分布于土壤、水、人及动物的体表、口腔和肠道及一系列食品中。本菌属于条件致病菌，可引起尿路、呼吸道感染及脑膜炎、耳炎及肺炎等全身性疾病。通常认为假单胞菌不是一种食源性致病菌，不会引起食源性感染；但在适当条件下在食品中大量繁殖可造成食品的腐败变质，如在肉制品中大量繁殖，可引起肉制品表面发绿、变黏和腐败。

2. 生物学特性

假单胞菌为革兰氏阴性、有运动性的直杆菌或弯曲菌，大小一般为(1.5～4)μm×(0.5～1)μm。最适生长温度 35 ℃，严格需氧，触酶试验阳性，大部分氧化酶实验阳性。DNA 中 G+C 含量为 58%～71%。假单胞菌对营养要求不高，在普通琼脂培养基上生长良好，少数假单胞菌能产生多 β-羟基丁酸盐，一些菌能产脂肪酶，有些在特殊培养基上能产生荧光化合物。

3. 检验原理

采用 CFC 琼脂培养基分离假单胞菌。CFC 琼脂培养基是由 King's 培养基改良的，但比 King's 培养基更具特异性，也比其他用于从水中分离假单胞菌的早期改良培养基更具有特异性。由于 CFC 琼脂培养基中加入了抗生素添加物，因此具有强选择性，可允许所有产色素和不产色素嗜冷假单胞菌生长，并可产生荧光色素。

4. 检验方法

1) 设备与材料

高压蒸汽灭菌锅；恒温培养箱(25 ℃±1 ℃)；恒温水浴箱：47 ℃±2 ℃；天平(感量 0.01 g)；均质器；无菌吸管：1 mL(具 0.1 mL 刻度)或微量移液器及无菌吸头；无菌锥形瓶(容量 100 mL、250 mL)；无菌培养皿(直径 90 mm)；无菌试管；pH 计；无菌涂布棒；无菌接种环。

相关检测标准见《出口肉及肉制品中假单胞菌属的计数方法》(SNT 4044—2014)。

2) 培养基和试剂

CFC 琼脂；氧化酶试剂。

3) 检验程序

检验程序见图 10-3。

4) 操作步骤

(1) 样品匀液的制备

①以无菌操作称取 25 g 样品，置于盛有 225 mL 灭菌生理盐水的无菌均质杯中，于 8000～10000 r/min 均质 1～2 min，制成 1∶10 的样品匀液；或于装有 225 mL 灭菌生理盐水的灭菌均质袋中，用拍击式均质器拍打 1～2 min，制成 1∶10 的样品匀液。

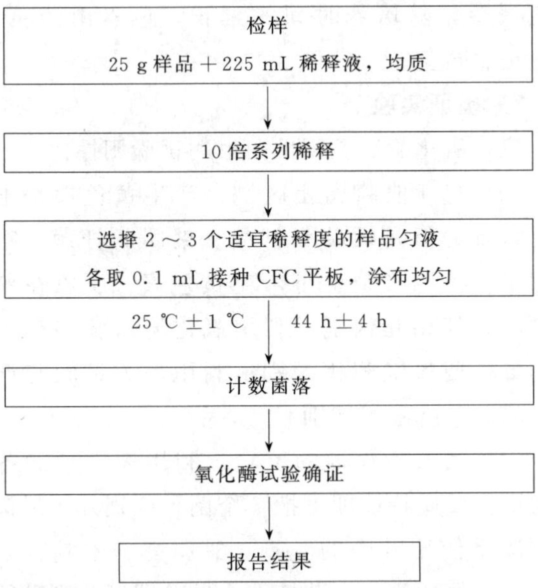

图 10-3　假单胞菌计数方法检验程序

②若需配制1∶100样品匀液，可取1∶10样品匀液1 mL加入盛有9 mL灭菌生理盐水的灭菌试管中，混匀。更高稀释度的样品匀液可按此方法操作。

(2) 接种和培养

①根据对样品污染程度的估计，选择2～3个合适的稀释度，每个稀释度接种2个CFC琼脂平板。

②用移液管或移液器吸取0.1 mL初始样品匀液于CFC琼脂平板上。对随后的连续稀释度的样品匀液重复上述操作，每个稀释度换一支无菌吸管或无菌吸头。

③用无菌涂布棒将琼脂平板表面的样液涂布开，直到琼脂平板表面完全干燥。

④将涂布完的平板倒置于培养箱中，25 ℃±1 ℃，培养44 h±4 h。

(3) 菌落计数　培养后，计数每个平板上的菌落数，选取菌落数在15～150 CFU的平板，从这些平板上任意挑选5个菌落进行确证。

(4) 确证试验　用氧化酶试剂湿润滤纸，用铂铱合金或塑料接种环（用镍铬合金接种环会产生假阳性），挑取菌落涂于滤纸条上。如果滤纸在10 s之内变为紫红色、紫色或深蓝色，则为氧化酶试验阳性，如果30 s后仍无颜色变化为氧化酶试验阴性。氧化酶试验阳性的菌落为假单胞菌属菌落。

5）结果计算

(1) 只有一个稀释度在适宜计数范围内时，经确证为假单胞菌属的菌落数比例乘以计数的平均菌落数，再乘以稀释倍数，除以接种量计算。

示例：1∶100样品稀释液0.1 mL，在CFC平板上有100个菌落，挑取5个菌落进行氧化酶试验确证，有4个菌落为氧化酶试验阳性，则该样品中假单胞菌属菌落数为（$100\times4/5\times10^2$）/0.1＝8.0×10^4（CFU/mL）。

(2) 若有两个连续稀释度在适宜计数范围内时，按式（10-2）计算：

$$N=\frac{\sum C}{\upsilon(n_1+0.1n_2)d} \tag{10-2}$$

式中：N 为样品中假单胞菌属菌落数；$\sum C$ 为连续两个稀释度平板上经确认为假单胞菌属的菌落数之和；υ 为每平皿的接种量，mL；n_1 为适宜范围假单胞菌属菌落数的第一稀释度（低）平板个数；n_2 为适宜范围假单胞菌属菌落数的第一稀释度（高）平板个数；d 为稀释因子（适宜范围内假单胞菌属菌落数的第一稀释度）。

示例：

稀释度	1∶100	1∶1000
胞菌属菌落数	110，120	18，16

$$N=\frac{\sum C}{\upsilon(n_1+0.1n_2)d}$$

$$=(110+120+18+16)/[0.1\times(2+0.1\times2)\times10^{-2}]$$

$$=120000 \text{ 或 } 1.2\times10^5$$

(3) 若所有稀释度的经确认为假单胞菌属的菌落数均小于15，则应按最低稀释度的平均假单胞菌属菌落数乘以稀释倍数计算。

(4) 若所有稀释度的平板均无假单胞菌属菌落生长，则以小于1乘以最低稀释倍数计算。

10.3.2　黄杆菌属

1. 分布

黄杆菌属在自然界中分布很广，广泛分布在土壤、空气、淡水和海水中。包括水生黄杆菌（*F. mizutaii*）、短黄杆菌（*F. breve*）、芳香黄杆菌

(*F. odoratum*)、嗜糖黄杆菌(*F. multivorum*)、嗜醇黄菌(*F. spiritivorum*)、嗜温黄杆菌(*F. thalpophilum*)和薮内黄杆菌(*F. yabuuchiae*)等。黄杆菌属不是人体正常菌群,但某些健康人的皮肤、口腔黏膜、呼吸道均可检出,为机会致病菌。在食品中,可引起多种食品如贝壳类、禽、鱼、蛋、乳等腐败变色。

2. 生物学特性

黄杆菌属为革兰氏阴性杆菌,长 1.0～3.0 μm,宽 0.5 μm,无鞭毛,无动力,严格需氧代谢。触酶、氧化酶、磷酸酶均阳性。绝大多数菌株产生不溶性黄色素。细菌可分解某些碳水化合物,产酸,但不产气。不消化琼脂,有机化能营养。DNA 中 G+C 含量为 31%～42%。

3. 微生物学检验

1)培养基与材料

血琼脂平板、麦康凯琼脂平板、触酶试剂(3%过氧化氢)。

2)黄杆菌的计数方法

(1)用样品稀释液(0.1%蛋白胨+0.85%氯化钠)制备样品初始悬液。

(2)用稀释液对样品初始悬液进行系列 10 倍梯度稀释。

(3)取适当稀释度的样品悬液涂布血琼脂及麦康凯琼脂平板。

(4)35 ℃需氧培养 24～48 h。

(5)直接计数在血平板上形成中等大小、圆形、光滑、湿润、微凸、不溶血、边缘整齐的淡黄色菌落,随培养时间的延长,色素由淡黄色、黄色至金黄色。

3)确证实验

(1)氧化酶试验阳性,触酶试验阳性。

(2)与其他菌属相区别:产生黄色素是本菌重要特征,但是坂崎肠杆菌、聚团肠杆菌、嗜麦芽假单胞菌等细菌也可产生黄色素,所以在鉴定时须注意其相互区别。利用氧化酶试验与产黄色素的肠杆菌科细菌相区别;利用动力试验与产黄色素的假单胞菌相区别。

(3)属内各菌种的鉴定:利用表中列的各菌种的生化反应特性即可把 7 个菌种区别开。最简便的方法是使用其中的乳糖、甘露醇、木糖、七叶苷、硝酸盐还原、麦芽糖 6 个试验即可达到种间互相鉴别的目的(表 10-6)。

4)结果报告

根据所占的比例及样品稀释倍数,计算出每克或每平方厘米样品含黄杆菌数(CFU/g 或 CFU/cm^2)。

10.3.3 产碱杆菌属

1. 分布

产碱杆菌属为腐生菌,包括粪产碱杆菌、芳香产碱杆菌和去硝化产碱杆菌,最常见的为粪产碱杆菌。产碱杆菌属均为动物肠道的正常寄生菌,随粪便排出污染土壤和水域。可引起肉、乳、蛋、鱼、贝类和其他食物发黏变质。在人的创伤感染、脓肿、败血症中常检出。其致病性尚未完全验证。

表 10-6 常见黄杆菌主要生化培养特性

试验	水生黄杆菌	短黄杆菌	芳香黄杆菌	嗜糖黄杆菌	嗜醇黄杆菌	嗜温黄杆菌	薮内黄杆菌
动力	−	−	−	−	−	−	−
氧化酶	+	+	+	+	+	+	+
葡萄糖氧化	+	+	−	+	+	+	+
乳糖氧化	−	−	−	+	+	+	+
吲哚试验	+	+	−	−	−	−	−
分解尿素	−	−	+	+	+	+	+
七叶苷水解	+	−	−	+	+	+	+
明胶液化	+	+	+	−	−/+	+/−	+
42 ℃生长	−/+	−	−/+	−	−/+	+	−
产黄色色素	+	+	+	+	+	+	+

注:+,阳性;−,阴性;−/+,多数阴性,少数阳性;+/−,多数阳性,少数阴性。

2. 生物学特性

产碱杆菌为革兰氏阴性的短杆菌或球菌，有时呈弧形，常单在。有时成对或链状排列，具周身鞭毛，能运动，一般无荚膜。专性需氧，生长最适温度为 20～37 ℃，在 pH 7.0 时生长较快，对营养要求不高，能在普通培养基上生长。在肉汤中培养 24 h，呈均匀浑浊，表面形成薄膜，管底会形成黏性沉淀，不易摇散。在麦康凯、中国蓝和 S-S 琼脂平板上形成无色透明的菌落，但少数菌株在 S-S 琼脂上不能生长。在血琼脂平板上可形成灰色、扁平、边缘菲薄的较大菌落。在含有蛋白胨的肉汤中产氨，能使 pH 上升至 8.6 以上。产碱杆菌属细菌氧化酶和触酶试验均为阳性，能利用枸橼酸盐，部分菌株能还原硝酸盐，不分解糖类，在 O/F 培养基上呈碱性反应。不产生吲哚和 H_2S，不液化明胶，V-P 和 MR 实验阴性。

3. 微生物学检验

1）培养基与材料

普通血琼脂平板、麦康凯琼脂平板。

2）产碱杆菌的计数方法

(1) 用样品稀释液（0.1 蛋白胨＋0.85％氯化钠）制备样品初始悬液。

(2) 用稀释液对样品初始悬液进行系列 10 倍梯度稀释。

(3) 取适当稀释度的样品悬液涂布血琼脂及麦康凯琼脂平板。

(4) 35 ℃需氧培养 18～24 h。计数在血琼脂平板上形成的灰白色菌落，在麦康凯琼脂平板上形成的无色透明菌落。

(5) 生化鉴定：氧化酶、过氧化氢酶试验阳性，不分解任何糖类，动力和枸橼酸盐试验阳性，不产生尿素酶、靛基质、甲基红与 V-P 试验阴性，不液化明胶，不产生 H_2S。

3）确证实验

(1) 三种产碱杆菌的鉴别　三种产碱杆菌在普通琼脂平板上经 24 h 培养，去硝化产碱杆菌可产生直径为 0.5 mm 的圆凸、边缘整齐、有光泽的菌落。芳香产碱杆菌则形成直径为 1～1.5 mm 的中间凸起而边缘菲薄的菌落。粪产碱杆菌介于二者之间。芳香产碱杆菌的特点是芳香味，在血平板上菌落呈 α 溶血，边缘呈弥散状。粪产碱杆菌不能在 6.5％氯化钠肉汤中生长。参照表 10-7 可进行种间鉴别。

(2) 与产碱假单胞菌的区别　采用鞭毛染色区别产碱假单胞菌，粪产碱杆菌周身鞭毛，产碱假单胞菌一端鞭毛。

表 10-7　常见产碱杆菌主要生化培养特性

特性	粪产碱杆菌	芳香产碱杆菌	去硝化产碱杆菌
氧化酶	+	+	+
触酶	+	+	+
麦康凯琼脂	+	+	+
S-S 琼脂	+/−	+	+/−
溴烷铵	−/+	+/−	+/−
分解糖类	−	−	−
尿素酶	−	−	−/+
硝酸盐还原	−/+	−	+
气味	−	水果味	−
苯丙氨酸脱氨酶	−	−	−
乙酰胺水解	−/+	+	+
七叶苷水解	−	−	−
醋酸盐利用	+/−	+	+/−
枸橼酸盐利用	+	+	+
明胶液化	−	−/+	−

注：+，阳性；−，阴性；−/+，多数阴性，少数阳性；+/−，多数阳性，少数阴性。

4）结果报告

根据所占的比例及样品稀释倍数，计算出每克或每平方厘米样品含产碱杆菌数（CFU/g 或 CFU/cm^2）。

10.3.4 脂环酸芽孢杆菌属

1. 分布

脂环酸芽孢杆菌属通常主要分布于高酸的热环境、土壤及水果加工产品中，如苹果、橘子、杧果等。模式种为酸热脂环酸芽孢杆菌（*A. acidocaldarius*）。该属的酸土脂环芽孢杆菌（*A. acidoterrestris*）、酸热脂环芽孢杆菌（*A. acidocaldarius*）等可以引起巴氏灭菌果汁的腐败，产生难以接受的气味，引起果汁腐败变质的主要是它的代谢产物。在腐败初期，产品并不出现明显的胀包或酸败，但该菌代谢产物在万亿分之一浓度就会使果汁口感风味变劣，产生浊度升高乃至形成白色沉淀等质量危害。脂环酸芽孢杆菌属是引起果汁、酸性饮料，尤其是巴氏灭菌果汁腐败变质的主要因素。

2. 生物学特性

脂环酸芽孢杆菌（*Alicyclobacillus*）是脂环酸芽孢杆菌属，革兰氏阳性（仅有一株为革兰氏阴性），形态为杆状的芽孢杆菌。45 ℃需氧培养 1～2 d，即在固体培养基上形成明显的菌落。菌落形态一般为圆形饱满、乳白色、半透明或不透明，直径为 0.5～5 mm。在某些特殊的培养基中不能生长，如酸土环脂芽孢杆菌不能生长于含胰酪蛋白胨、牛肉汤琼脂的培养基中，甚至 pH 达到 3.5 时也无法生长。

可在高温、高酸的条件下生存，最适生长温度为 42～53 ℃，生长 pH 2.0～6.0。当 pH<4 时便形成芽孢，芽孢呈椭圆形，端生或次端生，有时会使营养细胞膨大，菌体宽 0.35～1.1 μm、长 2～6.3 μm，该芽孢的耐热能力为 85 ℃ 56 min，90 ℃ 15 min，95 ℃ 2.4 min。因此，巴氏杀菌不能除去此菌。

触酶、脲酶试验阳性，液化明胶，可以水解淀粉、利用氮源，氧化酶、V-P 试验阴性，不产生吲哚。

3. 微生物学检验

菌落计数原理：样品经热处理，去除样品中的非耐热杂菌，取适量样液用 0.45 μm 滤膜过滤后，将滤膜贴于培养基中，培养后进行菌落计数，必要时可于显微镜下检查芽孢。

1）浓缩汁样品处理

（1）以无菌操作分别取 10 mL 浓缩汁于两个 15 mL 灭菌的试管中，其中一管插入温度计，作为温度控制管。

（2）将两个样品管置于 80 ℃±1 ℃的水浴中，观察温度控制管中温度计的温度，当温度计读数达到 80 ℃±1 ℃时，开始计时，维持 13 min，水面应高于试管中的样品。

（3）取出后迅速冷却至室温。

（4）用 90 mL 的灭菌蒸馏水将热处理过的样品转入灭菌容器中，摇匀。将稀释后的样品溶液用 0.45 μm 的滤膜真空过滤。也可根据样品的污染情况，选择合适的稀释度进行过滤。

2）清汁、水样品处理

（1）分别取 150 mL 清汁（或水）于两个已灭过菌的玻璃样品瓶中，同上操作。

（2）样品冷却至室温，用 0.45 μm 的滤膜真空过滤。也可根据样品的污染情况，选择合适的稀释度进行过滤。

3）浊汁样品处理

（1）分别取 20 mL 浊汁于两个已灭过菌的试管中，同上操作。

（2）样品冷却至室温，用 0.45 μm 的滤膜真空过滤。也可根据样品的污染情况，选择合适的稀释度进行过滤。

4）培养与计数

（1）用灭菌的镊子，将过滤膜从过滤器上取下放在 K 氏培养基上，保证滤膜与培养基接触，不能留有气泡。

（2）倒置于 40～41 ℃恒温培养箱中，可在恒温培养箱底部放置一个有水的盘子，以调整恒温培养箱的湿度，培养 5 d。

（3）培养结束后，记录该培养温度下滤膜上的菌落数。脂环酸芽孢杆菌在 K 氏培养基上的菌落大多为奶油色，轻微的凸起，不透明。报告结果：CFU/10 mL。必要时，可进行生理生化鉴定。

5）生化鉴定

可采用 API50CHB 鉴定系统或常规生理生化试验鉴定。但脂环酸芽孢杆菌的部分菌株之间糖利用情况的差异并不显著，往往需要进一步的鉴定。

6）快速检测方法

可采用 PCR 等分子生物学技术对其进行快速检测。

10.3.5　微球菌属

1. 分布

微球菌属细菌广泛分布于自然界、土壤、水中以及人类的皮肤和呼吸道。包括藤黄微球菌(*M. luteus*)、玫瑰微球菌(*M. roseus*)、不动微球菌(*M. sedentarius*)、易变微球菌(*M. varians*)、活动微球菌(*M. agilis*)、盐生微球菌(*M. halopius*)、西宫微球菌(*M. nishinomiyaensis*)、莱拉微球菌(*M. lylae*)、克微球菌(*M. kristinae*)9 个种。这些细菌在食物中生长后能使食品变色,有些微球菌能在低温环境中生长,引起冷藏食品的腐败变质。

2. 生物学特性

微球菌属细菌形态为细胞球形，革兰氏阳性，直径 0.5～3.5 μm，成对、四联或成簇出现，但不成链。罕见运动，不产生芽孢。严格需氧，营养要求不高。在普通营养平板上菌落常形成圆形、凸起、光滑不透明、白色或黄色、粉红色的菌落。菌落有黏性，不易混悬于盐水中。在液体培养液中均匀浑浊生长。某些菌株能产生色素，如藤黄微球菌（*M. luteus*）产生黄色色素，玫瑰微球菌（*M. roseus*）产生粉红色色素。具呼吸化能异养菌，氧化分解糖类，对糖常产少量酸或不产酸，主要为乙酸，完全氧化后可产生二氧化碳和水。不产生吲哚，不液化明胶。触酶阳性，氧化酶常常是阳性的，但很弱。可在 5%氯化钠中生长，含细胞色素、抗溶菌酶。最适温度 25～37 ℃。DNA 中 C 摩尔百分含量为 64%～75%。

3. 微生物检验

（1）将样品划线接种于血液琼脂平板。

（2）35 ℃培养 18～24 h 后，根据菌落特点、革兰氏染色、氧化发酵试验等对本属细菌加以确定。并按表 10-8 进行定种。

10.3.6　沙雷氏菌属

1. 分布

沙雷氏菌属(*Serratia*)是肠杆菌科的一个菌属,广泛分布于水、土壤、蚕体、牛乳和各种食物中。食品被严重污染后,在适宜的条件下,可导致食品的腐败变质,使其表面变红变黏。包括黏质沙雷氏菌(*S. marcescens*)、液化沙雷氏菌(*S. liqucfaciens*)、无花果沙雷氏菌(*S. ficaria*)、普利芳斯沙雷氏菌(*S. plymufhica*)、芳香沙雷氏菌(*S. odorifera*)、嗜线虫沙雷氏菌(*S. enfomophila*)及红色沙雷氏菌(*S. rubideae*)7 个种。

表 10-8　微球菌主要生化培养特性

特性	活动微球菌[①]	盐生微球菌	克微球菌	藤黄微球菌	莱拉微球菌	西宫微球菌	玫瑰微球菌	不动微球菌	易变微球菌
菌落颜色	红色	无色	淡橙	黄色	奶白	橙色	粉红或橙色	奶白或黄色	黄色
运动性	+	−	−	−	−	−	+	−	−
产酸：葡萄糖	−	+	+	−	−	d	+	−	+
甘油	−	+	+	+	−	−	−	−	−
甘露糖	−	−	+	+	−	−	−	−	−
乳糖	−	+	−	−	−	−	−	−	−
水解七叶苷	+	ND	+	+	−	−	−	−	−
明胶	+	−	−	−	+	+	−	+	+
硝酸盐还原试验	−	−	−	−	−	d	+	−	+
精氨酸双水解酶	−	−	−	−	−	−	−	+	−
生长：7.5%NaCl	−	+	+	+	+	−	+	+	+
营养琼脂	−	+	+	+	+	+	+	+	+

注：+：>90%以上菌株阳性；d：11%～89%菌株阳性；−：90%以上菌株阴性；ND：无测定。

① 在培养基中加 5% NaCl。

2. 生物学特性

沙雷氏菌为革兰氏阴性以周生鞭毛运动的小杆菌，一些菌株有荚膜。能利用枸橼酸盐或醋酸盐作为唯一碳源。许多菌株产生粉色、红色或深红色素。发酵葡萄糖稍产气或不产气，发酵纤维二糖、肌醇和甘油不产气。木糖和阿东醇的发酵特性不稳定。MR 试验阴性，V-P 试验通常阳性。不利用丙二酸盐和藻朊酸盐，不分解果胶酸盐。通常不分解尿素，但也有些菌株能弱分解，产生脱氧核糖核酸酶。

3. 微生物检验

（1）将样品划线接种在血平板和肠道弱选择性培养基上。

（2）分别置 25 ℃、35 ℃培养。根据染色及形态学观察初步鉴定。

（3）生化鉴定：生化反应为多数菌株发酵葡萄糖产酸或产酸产气。产生 DNAse（脱氧核糖核酸酶）、明胶酶和脂酶。不产生苯丙氨酸脱氨酶和脲酶，不产生硫化氢。详见表 10-9。

4. 鉴别检验

需注意沙雷氏菌属与类似的菌属相鉴别，见表 10-10。

10.3.7 不动杆菌属

1. 分布

不动杆菌属（*Acinetobacter*）是一群不发酵糖类的革兰氏阴性杆菌，为腐生菌，广泛存在于水、土壤、动物和人的肠道中，另外在人伤口感染、脑膜炎、中耳炎等病的检材中也常发现。此菌是鱼、贝类和其他食物的腐败变质菌之一，在食品的卫生学上有着重要意义。

2. 生物学特性

不动杆菌呈球状或球杆状，大小为 2 μm×1.2 μm，无芽孢，无鞭毛，无动力，常成对排列，也有单个存在的，有时呈短链，偶尔可见到菌体呈丝状。革兰氏阴性，专性需氧。在普通培养基上生长良好，最适生长温度为 30～35 ℃，但有些菌株能在 42 ℃生长。不动杆菌氧化酶阴性，触酶阳性，硝酸盐阴性，该属菌种在初代培养时常呈球形菌体，当生长在含有青霉素或头孢菌素以及次级增殖培养时，即可证实是杆菌。

3. 微生物学检验

（1）将样品进行增菌培养。

（2）增菌液在血琼脂、S-S 琼脂、麦康凯琼脂平板上分离培养。

表 10-9 沙雷氏菌属的生化反应

阿拉伯糖	侧金盏花醇	卫矛醇	葡萄糖（产气）	肌醇	乳糖	甘露醇	水杨苷	蔗糖	靛基质	甲基红	V-P试验	枸橼酸盐	明胶（22 ℃）	氰化钾	苯丙氨酸脱氨酶	脱氧核糖核酸酶	丙二酸钠	赖氨酸脱羧酶	精氨酸双水解酶	鸟氨酸脱羧酶
−	不定	−	+	不定	不定	+	+	+	−	+ −	+	+	+	+	−	+	−	+	−	+

表 10-10 沙雷氏菌与类似菌的鉴别

试验项目	黏质沙雷氏菌	肺炎克雷伯氏菌	产气肠杆菌	阴沟肠杆菌
DNA 酶	+	−	−	−
灵菌红素 22（−）	db	−	−	−
明胶液化	+	d	−/（+）	d
赖氨酸脱羧酶	+	+	+	−
鸟氨酸脱羧酶	+	−	+	+
精氨酸双水解酶	−	−	−	+

注：+：90%以上菌株阳性；（+）：75%～89%菌株阳性；d：26%～74%菌株阳性；−：90%以上菌株阴性；db：区分生物变种的试验。

（3）35 ℃需氧培养。

（4）形态与染色检查：菌落呈革兰氏阴性球杆菌，单个或成双排列，有时呈丝状或链状。在麦康凯琼脂平板上35 ℃培养18～24 h，形成粉红色菌落，48 h后菌落呈深红色，部分菌株呈黏液性菌落。血平板上经35～37 ℃培养24 h后，形成硝酸盐阴性无动力菌落，直径为2～3 mm，劳菲氏不动杆菌较小，0.5～1.0 mm，菌落均呈凸起圆形，光滑、边缘整齐，灰白色，有的带黏性。10%～20%菌株产生宽大的溶血环。有些菌株产生难闻的气味。能在麦康凯琼脂培养基上生长，硝酸盐阴性不动杆菌形成粉红色菌落，劳菲氏不动杆菌形成黄色菌落。部分菌株可在S-S琼脂培养基上生长，极少数菌株产生棕黄色或棕色可溶性色素。在氰化钾培养基上，硝酸盐不动杆菌能生长，而劳菲氏不动杆菌则不能。在肉汤中呈均匀浑浊生长，有菌膜及沉淀。不能在溴化十六烷三甲胺培养基上生长。

（5）生化鉴定　氧化酶试验阴性，过氧化氢酶阳性，葡萄糖O/F为+/−，硝酸盐还原试验阴性，42 ℃时生长。不产生靛基质和H_2S，MR及V-P试验阴性。硝酸盐阴性不动杆菌可氧化葡萄糖、木糖产酸（经1～2 d），对1%乳糖与麦芽糖部分菌株迟缓分解（3 d以后），但在1%的乳糖琼脂斜面上产酸（1～3 d），对甘露醇与蔗糖不分解。劳菲氏不动杆菌则不分解任何糖类。不动杆菌能利用枸橼酸盐，大多数菌株不分解尿素。所有的生物型均能水解吐温-80。对抗生素有明显的耐药性，能产生青霉素酶，对红霉素、氯霉素、四环素、链霉素耐药，对新霉素、羧苄青霉素及多黏菌素敏感。

（6）鉴别性检验　见表10-11。

10.4 食品中病毒的检测

与细菌和真菌相比，人们对食品中病毒的情况了解较少，这有多方面的原因。

（1）病毒必须依赖于活的细胞方能生存和繁殖。作为完全寄生性的微生物，病毒并不像细菌和真菌那样能在培养基上生长，培养病毒需要组织培养和鸡胚培养。食品这种媒介对于病毒来说既适合生长繁殖，又不适合生长繁殖。在食品处于活鲜阶段是有生命的，适合病毒存活。

（2）并不是食品微生物专家关心的所有病毒都能用现有的技术进行培养，例如，诺瓦克病毒现在还难以人工培养，即现有技术还难以满足一些食品中病毒的检测需要。

（3）因为病毒不能在食品中繁殖，它们的可检出数量要比细菌少得多，所以提取病毒必须采用一些分离和浓缩方法。因此，目前还难以有效地从食品中提取50%以上的病毒颗粒。

表10-11　不动杆菌与类似细菌比较

项目	硝酸盐阴性不动杆菌	劳菲氏不动杆菌	绿脓杆菌	产碱杆菌
氧化酶	−	−	+	+
H_2S	−	−	−/+	−
靛基质	−	−	−	−
动力	−	−	+	+
硝酸盐还原	−	−	+	−/+
葡萄糖	+	−	+	−
木胶糖	+	−	+	−
乳糖	(+)	−	−	−
麦芽糖	(−)	−	−	−
甘露糖	−	−	−	−
蔗糖	−	−	−	−
精氨酸水解	−	−	+	−
S-S培养基	+/−	+/−	+	+
尿素酶	+/−	−	+	−
利用枸橼酸盐	+	+/−	+	+

(4) 科研实验室中的病毒技术还难以应用到食品微生物检测实验室中。但随着分子生物学技术的快速发展，有些技术还是可以尝试的。如反向转录聚合酶链反应检测方法（RT-PCR）能直接检测一些食品中存在的病毒。据已有的证据确认，任何肠道病原细菌都是在卫生条件不良的情况下进入食品的，所以也可以推测肠道病毒的感染途径也是如此，即使它们在食品中不能繁殖，尤其是病毒性肝炎的传播主要就是通过粪-口传播模式。因此，粪-口模式对病毒通过食品媒介传播是非常重要的。病毒通过吸收进入人体，在肠道中繁殖，从粪便中排出。非肠道病毒也可能出现在食品中，但由于病毒具有组织亲和性，所以食品只能作为肠道病毒或肠道病毒传播的载体。这些病毒可以在某些贝壳类海产品中积累达到900倍的水平。

从病毒在食品和环境中分布发生的频率看，胃肠炎病毒最常见于贝类食品中。甲壳类动物不能浓缩病毒，但作为软体动物的贝类是可以浓缩进入其体内的病毒。大肠菌群数难以反映食品中病毒的污染状况，因此，细菌学卫生指标不能作为病毒的参考指标。

病毒在食品中存活能力表现各异。肠病毒在绞碎牛肉中，于23 ℃或24 ℃下可存活8 d，存活状态不受污染细菌生长的影响。蔬菜中病毒在自然状态下未发现活的病毒，也就是说病毒难以在蔬菜等样品中存活。而水产品如贝壳类较多见污染病毒。猪瘟病毒和非洲猪瘟病毒在肉类加工制品中存活状况是不一样的。在腌肉罐头、香肠中未检出病毒，但在猪肉被腌制后检出了病毒，而在加热后则不能检出病毒。在香肠原料肉中添加腌制调料和发酵菌种之后，非洲猪瘟病毒能够存活，但在发酵30 d后全部死亡；猪瘟病毒却能存活，在发酵22 d后仍能保持其活性，在肉加热93 ℃时，立即被杀死。口蹄疫病毒感染的淋巴组织在加热90 ℃15 min能存活，但加热30 min后就不能存活。水产品中的病毒在煮熟后一般病毒均能被杀死，偶有个别能检出，在炖煮、油炸、烘烤或蒸煮的牡蛎中发现一种脊髓灰质炎病毒。有人从烘烤较轻的汉堡包中分离出肠道病毒。

10.4.1 肝炎病毒

病毒性肝炎作为世界性传染病，已受到医学界的极大关注。其病原为肝炎病毒。1987年我国上海发生的甲型肝炎流行，危及30多万人，发病根源是通过食物感染而引起的。有关病毒性肝炎病原学研究日益扩展，已从最早发现甲型、乙型肝炎，到丙型、丁型及戊型肝炎。

1. 甲型肝炎病毒

1）生物学特性

甲型肝炎为一种较古老的肝炎，又称传染性肝炎。甲型肝炎病毒为小RNA病毒科肠道病毒属的成员。甲型肝炎可经注射途径传播，但主要是通过粪口途径传播，通过污染水产品的传播已受到证实。而且会造成较大流行。

甲肝病毒（HAV）无囊膜，直径30 nm±2 nm。病毒的抵抗力较强，耐乙醚、耐酸碱、耐高温，福尔马林和乙醇可较快灭活病毒。甲肝的流行主要是人与人的接触传播，污染的食品、饮水、饮料，尤其是贝壳类水产品可造成较大流行。

2）检验

(1) 酶联免疫吸附试验

①ELISA原理：用纯化的HAV抗原包被酶联板，利用抗原抗体之间的特异件反应，包被抗体后的固相支持物吸附相应抗原，然后加入酶标记的抗-HAAg抗体与酶底物溶液，根据显色反应的程度指示抗原的存在与否及其含量高低。

②材料：包被液（0.05 mol/L pH 9.6碳酸盐缓冲液）；稀释液（0.01 mol/L pH 7.2 PBS内含10%牛血清）；洗液（0.01 mol/L pH 7.2 PBS内含0.05%吐温-20）；辣根过氧化物酶（HRP）标记抗-HAAg（按Wilson方法操作）；底物液（0.15 mol/L pH 5.0枸橼酸盐缓冲液10 mL）；邻苯二胺（4 mg）；30% H_2O（25 μL）；混匀后立即使用。

③方法

a. 取纯化的抗-HAAg（10～20 μg/mL）抗体包被微量聚苯乙烯板，每孔0.1 mL，放4 ℃过夜或室温4 h（或37 ℃ 2 h）。

b. 洗3次后加入50 μL待检抗原，放4 ℃过夜（16～18 h）。

c. 洗 3 次后加入 50 μL 适量稀释的酶标抗-HAAg 抗体，放 37 ℃ 2 h 后洗 3 次，加入 50 μL 底物液，放室温暗处 10～30 min 后，加入 4 mol/L HCl 终止反应。

④结果判断

a. 肉眼法：无色为阴性（－），微黄（＋），黄色（＋＋），深黄色（＋＋＋），橙黄色（＋＋＋＋）。检测样品出现＋＋以上为阳性，否则为阴性。

b. 比色法：应用酶标法来检测，测波长 490～495 nm 所得的吸光度值（OD），并计算与阴性对照 OD 的比值，如比值大于 2.1 者为阳性，否则为阴性。

应用 ELISA 检测抗-HAAg 抗体时常采用竞争抑制法，检测标本抑制 50％以上酶标抗体与抗原的结合剂为抗-HAAg 抗体阳性，否则为阴性。

⑤注意事项：a. 每份样品最好做二孔，相差 1 个“＋”之内才有意义。b. 所用容器要干净。c. 底物液应在棕色瓶内配制。

（2）免疫电镜法　将待测样品稍加提纯，氯仿提取后，与阳性血清（1∶20 稀释）混合。4 ℃过夜，1000 转/min 离心 1 h，取沉淀加铜网（覆膜）上，磷钨酸负染，电镜下观察（44000 倍左右），可见直径 30 nm 左右的病毒颗粒时，为阳性。

相关检测标准见《贝类中甲型肝炎检验》（GB/T 22915—2008）。

2. 乙型肝炎病毒

1）生物学特性

乙型肝炎又称血清型肝炎，是一种世界性传染病，我国为高发区。乙肝病毒（HBV）为肠道外传播，通过皮肤、黏膜接触、注射血液制品均可传播，肠道感染亦有可能。HBV 感染后将终生带毒，并极有可能导致原发性肝细胞癌。

已在牛、羊、猪、禽（鸡和鸭中）发现类乙型肝炎病毒。用检验 HBV 的方法（“三对半”）同样能检测到上述动物的各种阳性反应。已分离出的病毒也列入嗜肝 DNA 病毒科。其生物学特性与 HBV 没有大的差异。类乙肝病毒与 HBV 的流行传播有多大相关性，尚须进一步研究。

HBV 为嗜肝 DNA 病毒科的成员，成熟病毒粒子 42 nm（Dane 颗粒），囊膜下为 27 nm 的核蛋白体，内为 3200 bP 的 DNA。

目前诊断乙肝的方法最常用的为所谓“三对半”，即表面抗原（HBsAg）及其抗体（HBsAb）、核心抗原（HBcAg）及其抗体（HBcAb）、e 抗原（HBeAg）及其抗体（HBeAb）和 HBcAg 的 IgM 或 HBV 的 DNA 聚合酶。

2）检验

（1）对流免疫电泳

①原理：溶液中的带电质点，在电场作用下，循着与它带着相反电荷的电极移动称电泳。应用对流免疫电泳检测 HBsAg 时，在特定 pH 的电解质中抗原带阴电荷，抗体带阳电荷，两者相对运动，相遇后形成复合物，产生肉眼可见的沉淀线。

②方法

a. 琼脂凝胶板制备：将 1％的琼脂置三角瓶中，于水域中煮沸至完全溶化，用吸管吸取 2 mL，加在载玻片上（2.5 cm×7.5 cm），注意使琼脂层均匀，无气泡，在室温下冷凝后，放密闭的饱和水汽皿中待用。

b. 打孔：孔径 0.3 cm 为宜，孔距 0.6 cm（两孔中心距），行距 1 cm。

c. 加样：抗原加在阴极孔端，抗体加在阳极孔端，加样满而不溢。同一吸管加样，加后用盐水吸洗，滤纸吸干，可连续用，不影响结果。

d. 电泳：将宽度与琼脂相当的双层纱布条（或滤纸条）连接琼脂板内电泳槽缓冲液，即可进行电泳，电流 8 mA，板端电压（40±1）V，电泳时间 50～60 min。

③结果判定

a. 在抗原与抗体孔中间产生一条细而清晰的沉淀线为阳性。

b. 线条模糊且宽广者为非特异性，应重复检查。

c. 无沉淀者为阴性。

④染色：保存标本时用。

a. 染液配制：0.1‰偶氮胭脂红，用 2％醋酸溶液配制。

b. 染色操作

漂洗：置琼脂板于生理盐水中，浸泡 24 h，洗掉游离的蛋白质。

凉干：琼脂板漂洗完后，置室温下或 37 ℃晾干。

染色：将琼脂板放入染色缸内，浸染 45 min，取出后，用 2% 醋酸溶液连续脱色 2 次，每次 15 min，晾干保存。

⑤影响因素及注意事项

a. pH：被检样品以微碱性为佳，应注意检测电泳槽内的巴比妥缓冲液 pH 变化，阴极偏碱，阳极偏酸，因此每次电泳完毕，两极缓冲液进行充分混合后再用。

b. 电压：电流电压不要过大，否则琼脂板易出现干燥或断裂。

c. 温度：一般 20 ℃，过高或过低均不宜。

d. 样品：被检血清或血浆要求新鲜，防止细菌污染，否则易出现非特异性反应。

e. 沉淀线鉴别：被检测血浆含有大量纤维蛋白原，脂蛋白抗体以及其他因子（如重金属离子等）均能引起非特异性反应。除根据线的形状、位置等加以鉴别外，还可采用对免疫电泳进一步鉴定。

f. 对照：每板必须设有已知 HBsAg 阳、阴性血清对照组。

g. 抗体：使用时必须定期用对流免疫电泳法滴定，以检查其滴度。使用时取 2～4 个单位为宜，如 anti-HBs 滴度为 1∶64（对流免疫电泳）则 1∶16 或 1∶32 稀释使用。

（2）间接血凝法

①原理：抗原成抗体吸附在红细胞表面上，与相应的抗体或抗原相遇后，产生红细胞凝集反应。

②材料

纯 HBsAg 的制备：按葡聚糖凝胶柱层析法进行；

产品纯度标准：经葡聚糖凝胶 SephadexG-200 柱层析提纯后，产品用对流免疫电流检查，对 anti-HBs 血清为阳性，对兔抗正常人血清为阴性。敏化红细胞时，使用浓度为 $OD_{280\ nm}=0.3$；

绵羊红细胞制备：以阿氏（Alsever）液保存不超过一周的新鲜绵羊红细胞悬液，用生理盐水洗 3～4 次备用；

0.15 mol/L 磷酸缓冲盐水（PBS）pH 7.2；

0.15 mol/L PBS pH 6.4；

1∶20000 单宁酸溶液配制：5 mg 单宁酸溶于 100 mL pH 7.2 的 PBS 中；

2% 正常兔血清配制：0.15 mol/L pH 7.2 PBS 98 mL 加 2 mL 正常兔血清（56 ℃ 30 min 灭活）；

2.5% 戊二醛溶液配制：25% 戊二醛商品戊二醛浓度为 25% 用 pH 7.2 的 PBS 1∶10（V/V）稀释。

③操作方法

a. HBsAg 敏化红细胞步骤：5% 绵羊红细胞的固定：75 mL pH 7.2 PBS，加 20 mL 2.5% 戊二醛溶液，加 5 mL 洗过的绵羊红细胞，室温下低速电磁搅拌 1 h，用生理盐水离心洗 4 次。

鞣化：取用戊二醛固定过的红细胞，用 1∶20000 单宁酸溶液做成 2.5% 红细胞悬液置 37 ℃ 15 min，每 3 min 振荡 1 次，用生理盐水离心洗 2 次。

敏化：取 1 mL 10% 固定鞣化的红细胞悬液（用 pH 7.2 的 PBS 配制红细胞悬液）与 1 mL 纯化的 HBsAg 混合后，加 pH 6.4 PBS 8 mL，室温下电磁搅拌 1 h，用生理盐水离心洗 3 次，用 pH 7.2 的 PBS 制成 10% 红细胞悬液，4 ℃保存，临用前用 2% 正常兔血清-PBS 以 1∶10（V/V）稀释成 1% 红细胞悬液。

b. 实验方法：微量血凝法（总量 0.05 mL）

用滴管每孔加 1 滴（0.025 mL）2% 正常兔血清-PBS 稀释液，然后用稀释棒（容量 0.02 mL）蘸满被检血清，依次旋转作倍比稀释，然后每孔加 1 滴（0.025 mL）1% HBsAg 敏化红细胞悬液（表 10-12）。

④结果判定

a. 阳性：红细胞发生凝集反应，均匀一层铺于孔底。

＋＋＋＋：100% 红细胞凝集，红细胞铺于孔底一层。

＋＋＋：75% 红细胞凝集，红细胞铺于孔底一层，边缘滑下。

表 10-12　间接血凝实验操作方法

实验材料	被检血清稀释度							
	1∶2	1∶4	1∶8	1∶16	1∶32	1∶64	1∶128	1∶256
2％正常兔血清-PBS稀释液/mL	0.025	0.025	0.025	0.025	0.025	0.025	0.025	0.025
被检血清/mL	0.025→	0.025→	0.025→	0.025→	0.025→	0.025→	0.025→	0.025→
已知抗体阳性对照/mL	0.025→	0.025→	0.025→	0.025→	0.025→	0.025→	0.025→	0.025→
已知抗体阴性对照/mL	0.025→	0.025→	0.025→	0.025→	0.025→	0.025→	0.025→	0.025→
红细胞对照	2％正常兔血清-PBS稀释液 0.025 mL 加等量敏化红细胞悬液							
1％敏化红细胞悬液每孔加入 0.025 mL，加后振荡 1～3 min，室温下静置 2 h 后，观察结果								

＋＋：50％红细胞凝集，呈环状，周围有颗粒，为实验终点。

＋：25％红细胞凝集，呈点状，周围有颗粒。

b. 阴性：红细胞呈点状，表面及周围比孔底光滑。

c. 阳性滴度界限：被检血清血凝滴度在 1∶8 以上者，同时能被纯化的 HBsAg 所抑制。

10.4.2　诺瓦克病毒

1. 生物学特性

诺瓦克样病毒有许多共同特征，为直径 26～35 nm 的圆形结构病毒，无包膜；分离自急性胃肠炎病人的粪便；不能在细胞或组织中培养；基因组为单股正链 RNA；在 CsCL 密度梯度中的浮力密度为 1.36～1.41 g/cm^3；电镜下缺乏显著的形态学特征。

1972 年，Kapikian 等在美国 Norwalk（诺瓦克）市暴发的 1 次急性胃肠炎患者的粪便中发现一种直径约为 27 nm 的病毒样颗粒，将之命名为诺瓦克病毒（Norwalk Virus，NV）。此后，世界各地陆续自胃肠炎患者粪便中分离出多种形态与之相似，但抗原性略有差异的病毒样颗粒，均以发现地点命名。如美国的 Hawaii virus（HV）、Snow Mountain virus（SMV），英国的 Taunton virus、Southampton virus（SV）等，日本的 SRSV 1～9 等，统称为诺瓦克病毒（Norwalk-like viruses，NLVs）。诺瓦克病毒是这组病毒的原型株。1993 年通过分析其 cDNA 克隆的核酸序列，将诺瓦克病毒归属于杯状病毒科（Calici virus）。诺瓦克病毒成员庞杂，目前已对其 100 多个分离株进行基因测序。根据 RNA 聚合酶区或衣壳蛋白区核苷酸和氨基酸序列的同源性比较，将诺瓦克样病毒分为两个基因组：基因组Ⅰ，代表株 NV，包括 SV、Desert Shield virus（DSV）等；基因组Ⅱ，代表株 SMV，包括 HV、Mexio virus（MX）等。

2. 致病性

诺瓦克病毒感染的患者、隐性感染者及健康携带者均可作为传染源。主要传播途径是粪-口传播。原发场所包括学校、家庭、旅游区、医院、食堂、军队等。食用被病毒污染的食物如牡蛎、冰、鸡蛋、色拉及水等最常引起暴发性胃肠炎流行。生吃贝类食物是导致诺瓦克病毒胃肠炎暴发流行的最常见原因。1987—1992 年，在日本 Kyushu 地区暴发的急性诺瓦克病毒胃肠炎中，有 4 次被证实与生食牡蛎密切相关。Schwab 等用逆转录聚合酶链反应（RT-PCR）的方法证实，诺瓦克病毒可以在贝类生物体内累积，且用消灭大肠杆菌的方法不能将该病毒净化。此外，人与人接触传播、空气传播亦是诺瓦克病毒和诺瓦克样病毒传播的途径，后者可由患者周围的人吸入病毒的微粒（患者排出的呕吐物在空气中蒸发）而传播。暴发期间经常发生最初病例接触被污染的媒介物（食物或水）引起，而第二、第三代病例由人对人传染引起。1996 年 1 月至 2000 年 11 月间，美国 CDC 报告指出，诺瓦克样病毒胃肠炎暴发 348 起，经食物传染的占 3％，18％不能与特定传染方式相联系，还有 28％无资料。在美国每年约有 2300 万人感染该病毒，占腹泻病人的 40％。

易感人群中，诺瓦克病毒多侵袭成年人和较大年龄儿童，具有症状较轻、自限性、易引起暴发和无明显季节性等特点。各种诺瓦克样病毒胃肠炎临床表现与轮状病毒相似。潜伏期 24～48 h，可短至 18 h，长至 72 h。起病突然，主要症状为发热、恶心、呕吐、腹泻、痉挛性疼痛及腹泻。大便为稀水便或水样便，无黏液脓血，2 h 内 4～8 次，持续 12～60 h，一般 48 h。儿童一般呕吐多见，而年长者腹泻症状更严重。可伴有头痛、肌痛、咽痛等症状。病情多呈自限，不需用抗生素，预后较好。对儿童及病情较重者，需住院补液、对症治疗。Nakamura 等报道，在日本暴发的 1 次 644 例成人诺瓦克样病毒胃肠炎中，有 15 人出现眼睛不适。

3. 检测方法

1）抗原检测

（1）电镜　诺瓦克病毒被发现后很长一段时间内，电镜一直是检测的主要手段，具有直接、可靠的优点。但由于诺瓦克病毒组病毒在电镜下缺乏显著的形态学特征，且敏感性低、价格昂贵、技术条件要求高，因此不适于大规模流行病学调查。

（2）酶联免疫法　此法特异性强，灵敏度高，诊断迅速，且较经济，是目前可广泛应用的检测方法。由于诺瓦克病毒培养还未成功，原来用作试剂的病毒抗原数量受到限制。现在用分子生物学技术已经可以人工重组 NV 的衣壳蛋白，ELISA 的发展不再受粪便标本中病毒数量的影响。

（3）杂交技术和逆转录聚合酶链反应（RT-PCR）　除了能更准确、灵敏地检测标本中的诺瓦克病毒，尤其是低密度的诺瓦克病毒感染外，最大的优点在于可以进一步对病毒进行血清型和基因型的研究，不会受到获得分型单克隆抗体的限制，对流行病学研究具有重要意义。

2）血清学检测

（1）免疫电镜法（IEM）　同样可检测出恢复期患者血清中的病毒，但灵敏度较低，限制了它的使用。

（2）放射免疫（RIA）和生物素（亲和素法）。与 IEM 法相比，RIA 法检测抗原在灵敏度上没有明显差异，但用 RIA 法实验时间需 6 d，同时还需要放射性同位素标记。美国疾病与控制中心（CDC）建立的生物素-亲和素免疫法，简化了实验方法，且灵敏度与 RIA 相当，成为检测诺瓦克病毒抗原和抗体的标准方法。

10.4.3　口蹄疫病毒

口蹄疫病毒（FMDV）感染牛，羊、猪、骆驼等偶蹄动物，使患畜的口腔黏膜、舌及蹄部等发生特征性的水疱，本病传染性极强，发病率可达 100%，往往造成广泛流行，给畜牧生产带来巨大的损失，是当前各国最关注的家畜传染病之一。

1. 生物学特性

FMDV 是单股 RNA 病毒，为微核糖核酸病毒科口蹄疫病毒属的成员。病毒粒子无囊膜，二十面体立体对称，呈球形或六角形，直径为 20～25 nm，用感染细胞做超薄切片，在电子显微镜下可看到 FMDV 在胞浆内呈晶格状排列。FMDV 可在牛舌上皮细胞和甲状腺细胞、猪肾细胞、仓鼠肾细胞等细胞内增殖，并常引起细胞病变，在猪肾细胞内增殖，引起的细胞病变以细胞圆缩、核致密化为特征。在传代细胞如 BHK-21、HBRS-2 等细胞中也可生长。鸡胚绒毛尿囊膜接种可增殖和致弱 FMDV。

口蹄疫病毒有 7 个不同的血清型，A、O、C、南非（SAT）1、南非（SAT）2、南非（SAT）3 及亚洲 1 型，各型之间无交互免疫作用，每一血清型又有若干个亚型。各亚型之间的免疫性也有不同程度的差异，每年还会有新的亚型出现，这给本病的检疫、疫苗的制备及免疫带来了很多困难。

直射日光能迅速使口蹄疫病毒灭活，但污染物品如饲草、被毛和木器上的病毒却可存活几周之久。厩舍墙壁和地板上干燥分泌物中的病毒至少可以存活 1～2 个月。病毒经 70 ℃ 10 min、80 ℃ 1 min、1% NaOH 1 min 即被灭活，在 pH 3 的环境中可失去感染性。最常用的消毒液有 2% 氢氧化钠溶液、过氧乙酸和高锰酸钾等。

2. 致病性

在自然条件下，牛、猪、山羊和绵羊等偶蹄动物对口蹄疫病毒易感，水牛、骆驼、鹿等偶蹄动物也能感染，马和禽类不感染。实验动物中豚鼠最易感，但大部分可耐过，因此常常用其做病毒的定型试验。乳鼠对本病毒易感，可用以检出组织中的微量病毒。皮下注射 7～10 日龄乳鼠，数日后出现后肢痉挛性麻痹，最后死亡；其敏感性比豚鼠足掌注射高10～100倍，甚至比牛舌下接种更敏感。其他动物如猫、犬、仓鼠、野鼠、大鼠、小鼠和家兔等均可人工感染。小鼠化和兔化的口蹄疫病毒对牛毒力显著减弱，可用于制备弱毒疫苗。人类偶能感染，且多为亚临床感染，也可出现发热、食欲差及口、手、脚产生水疱等。

本病康复后可获得坚强的免疫力，能抵抗同型强毒的攻击，免疫期至少一年，但可被异型病毒感染。

3. 微生物学检查

世界动物卫生组织（OIE）把口蹄疫列为A类疫病，我国也把口蹄疫定为一类疫病之一，诊断必须在指定的实验室进行。

（1）病毒的分离鉴定　送检的样品包括水疱液和水疱皮等，常用BHK细胞、HBRS细胞等进行病毒的分离，做蚀斑试验，同时应用ELISA试剂盒诊断。如果样品中病毒的滴度较低，可用BHK-2I细胞培养分离病毒，然后通过ELISA或中和试验加以鉴定。RT-PCR可用于动物产品检疫，快速且灵敏。

（2）动物接种试验　采水疱皮制成悬液，接种豚鼠跖部皮内，注射部位出现水疱可确诊。

（3）血清学诊断　常用ELISA、间接ELISA以及荧光抗体试验。对口蹄疫的诊断还必须确定其血清型，这对本病的防治是极为重要的，因为只有同型免疫才能起到良好的保护作用。应用补体结合试验、琼脂扩散试验等可对口蹄疫血清型做出鉴定。

相关检测标准见《口蹄疫病毒实时荧光RT-PCR检测方法》(GB/T 27528—2011)。

4. 防治

由于病毒高度的传染力，防治措施必须非常严密。严格检疫，严禁从疫区调入牲畜，一旦发病，立即严格封锁现场，焚毁病畜，周边地区畜群紧急免疫接种疫苗，建立免疫防护带。人工主动免疫可用弱毒苗或灭活苗，弱毒苗有兔化口蹄疫疫苗、鼠化口蹄疫疫苗、鸡胚苗及细胞苗；灭活苗有氢氧化铝甲醛苗和结晶紫甘油疫苗。因为弱毒苗有散毒的可能，并对其他动物不安全，如用于牛的弱毒疫苗对猪有致病力，且弱毒疫苗中的活病毒可能在畜体和肉中长期存在，构成疫病散播的潜在威胁；而病毒在多次通过易感动物后可能出现毒力返祖，更是一个不可忽视的问题，故推荐使用浓缩的灭活疫苗进行免疫。

10.4.4 禽流感病毒

1. 生物学特性

禽流感病毒（AIV）属甲型流感病毒。流行性感冒病毒属于RNA病毒的正黏病毒科，分甲、乙、丙3个型。其中甲型流感病毒多发于禽类，一些亚型也可感染猪、马、海豹和鲸等各种哺乳动物及人类；乙型和丙型流感病毒则分别见于海豹和猪的感染。甲型流感病毒呈多形性，其中球形直径80～120 nm，有囊膜。基因组为分节段单股负链RNA。依据其外膜血凝素（H）和神经氨酸酶（N）蛋白抗原性的不同，目前可分为15个H亚型（H_1～H_{15}）和9个N亚型（N_1～N_9）。感染人的禽流感病毒亚型主要为H_5N_1、H_9N_2、H_7N_7，其中感染H_5N_1的患者病情重，病死率高。研究表明，原本为低致病性禽流感病毒株（H_5N_2、H_7N_7、H_9N_2），可经6～9个月禽间流行的迅速变异而成为高致病性毒株（H_5N_1）。

禽流感病毒对乙醚、氯仿、丙酮等有机溶剂均敏感。常用消毒剂容易将其灭活，如氧化剂、稀酸、十二烷基硫酸钠、卤素化合物（如漂白粉和碘剂）等都能迅速破坏其传染性。禽流感病毒对热比较敏感，65 ℃加热30 min或煮沸（100 ℃）2 min以上可灭活。病毒在粪便中可存活1周，在水中可存活1个月，在pH<4.1的条件下也具有存活能力。病毒对低温抵抗力较强，在有甘油保护的情况下可保持活力1年以上。病毒在直射阳光下40～48 h即可灭活。如果用紫外线直接照射，可迅速破坏其传染性。禽流感病毒可在水禽的消化道中繁殖。

2. 致病性

病禽和带病毒的禽类是主要的传染源。鸭、鹅等家养水禽和野生水禽在本病传播中起重要作用，候鸟也可能起一定作用。

禽流感的传播方式有感染禽和易感禽的直接接触和与病毒污染物的间接接触传播两种。可以直接通过接触活的病禽、可能污染的禽类产品传播。禽流感病毒可在污染的禽肉中存活很长时间，可以通过污染食品传播，如冻禽肉。

禽流感病毒（AIV）存在于病禽的所有组织中。主要存在病禽、活感染禽的消化道和呼吸道内。急性流感病禽的血液中大多含有高滴度的病毒，因此，病禽的血液有极高的感染性，即使稀释几亿倍，仍可使易感的成年鸡发病死亡。病禽各组织中大多含有高滴度的病毒。病毒可随眼、鼻等分泌物及粪便排出体外。因此，被含病毒分泌物及粪便污染的任何物体，如饲料、水、房舍设施、笼具、衣物、空气、运输车辆和昆虫等，都具有机械性传播作用。禽流感病毒能否通过禽卵垂直传播的问题还未有大量资料能证实，但有从流感病禽卵中分离出禽流感病毒的报道。在美国宾夕法尼亚州暴发禽流感期间也从鸡蛋中分离出 H_5N_2 病毒。用宾夕法尼亚 H_5N_2 毒株人工感染母鸡，在感染后 3 d 和 4 d 几乎所产的蛋全部都含有流感病毒。食用污染的禽蛋非常危险，污染鸡群的种蛋不能用作孵化。本病发生虽无明显季节性，但常以冬、春季气温较低时多发。病毒在 37 ℃的粪便中可存活 6 d，4 ℃的粪便中可存活 35 d。因此，普通的食品保藏方法对病毒损失不大。

禽流感病毒的易感动物包括珍珠鸡、火鸡、各种禽类以及野禽。在各种禽类中，火鸡最常发生流感暴发流行。其他易感禽类包括燕鸥、鸽、鸭和鹅等。近年来在人工感染试验中，发现猪、雪豹、猫、水貂、猴和人都能被来自禽类流感病毒感染。

禽流感在禽病中占有极其重要的位置，而且还可感染人类和哺乳动物，这就使得本病在世界范围内广泛分布。造成这一流行特点的原因主要是：①野禽中有着非常广泛的病毒存在，成为人类、低等哺乳动物和家禽的传染来源；②野禽中极高的禽流感病毒感染率，可通过病毒基因突变和遗传重组产生新的高致病性毒株；③现已发现许多新的抗原亚型病毒，每一种亚型病毒只能依靠与其相对应的疫苗进行防治，而且不能使用活疫苗，又无特效药物，所以一旦发生，极难控制。

3. 检测方法

禽流感的确诊需通过临床样品直接检测 AIV 病毒抗原或基因，或分离鉴定 AIV 病毒。通过临诊症状、流行病学和病变分析或通过检测 AI 抗体可以做出初步诊断，泄殖腔和器官拭子是通常的样品来源，应置于含高浓度抗生素的无菌运输培养液中。内脏器官样品应无菌采集，应与肠道和呼吸道样品分开保存。内脏器官含有病毒是全身感染的标志，尤其是 HPAI（高致病性禽流感）的特征。

直接检测 AIV 病毒抗原的方法有抗原捕捉 ELISA、荧光抗体法、免疫酶组化法等。直接检测 AIV 病毒基因的方法有标记核酸探针原位杂交法、PT-PCR 法等。目前这些方法还未用于日常诊断，但将对流感的诊断和监控带来革命性变化。

AIV 病毒的分离鉴定时，首先测定分离的病毒是否有血凝性；其次用新城疫（ND）等抗血清作血凝抑制（hemagglutination inhibition，HI），试验以排除其他血凝性病毒的可能性；然后用对型特异的核蛋白（NP）或基质蛋白（MA）的琼脂扩散试验等方法确定是否为 A 型流感病毒。最后确定血凝素（HA）和神经氨酸酶（NA）的亚型。亚型鉴定是流感病毒参考实验室的工作，而不是日常诊断实验室的工作。

10.4.5 朊病毒

1. 生物学特性

朊病毒（prion virus）又称蛋白质侵染因子。朊病毒是一类能侵染动物，并在宿主细胞内复制的小分子无免疫性疏水蛋白质。朊病毒大小只有 30～50 nm，电镜下见不到病毒粒子的结构；经负染后可见到聚集而成的棒状体，其大小为（10～50 nm）×（100～200）nm。通过研究还发现，朊病毒对多种因素的灭活作用表现出惊人的抗性。对物理因素如紫外线，化学试剂如甲醛、羟胺、核酸酶类等表现出强抗性。对蛋白酶 K、尿素、苯酚、氯仿等不具抗性。在生物学特性上，朊病毒能造成慢病毒感染而不表现出免疫原性，巨噬细胞能降低甚至灭活朊病毒的感染性，但使用免疫学技术又不能检测出有特异性抗体存在，不诱发干扰素的产生，也不受干扰素作用。总体上说，凡能使蛋白质消化、变性、修饰而失活的方法，均可能使朊病毒失活；凡能作用于核酸并使之失活的方法，均不能导致朊病毒失活。由此可见，朊病毒本质上是具有感染性的蛋白质。普鲁辛纳将此种蛋白质单体称为朊病毒蛋白或朊蛋白（prion protein，PrP）。

2. 致病性

prion 病是一种人和动物的致死性中枢神经系统慢性退行性疾病。对 prion 病的详细机制虽不完全清楚，但目前普遍认为 prion 病发生的基本原理是以 α 螺旋为主的对蛋白酶敏感的不具有感染能力的细胞型（正常型）朊病毒蛋白（cellular PrP，PrPc）转变成以 β 片层为主的对蛋白酶抵抗的具有感染能力的不溶性搔痒型（致病型 P）朊病毒蛋白（scrapie PrP，PrPsc）。一方面，PrPsc 可胁迫 PrPc 转化为 PrPsc，实现可产生病理效应的自我复制；另一方面，基因突变也可导致细胞型 PrPc 中的 α 螺旋结构不稳定，当累积至一定量时就会产生伴随 β 片层增加的自发性转化，最终变为 PrPsc，并通过多米诺效应倍增致病。结构的改变导致致病作用发生改变的确切机理目前并不十分清楚。

一方面，prion 病既是传染病，也是遗传病，还可以是个案病例；另一方面，PrPsc 作为致病因子，可在同一种属间进行传播；在人的 prion 病例中，约有 10%具有家族性，且与 PrP 基因突变连锁，故该病具有遗传性，但偶尔也发现有单发的个案病例。

对于人类而言，朊病毒病的传染有两种方式：其一为遗传性的，即人家族性朊病毒传染；其二为医源性的，如角膜移植、脑电图电极的植入、不慎使用污染的外科器械以及注射取自人垂体的生长激素等；可能的第三种方式是食物传播。

3. 检测方法

目前诊断患有朊病毒病的依据为 PrPsc 检测呈阳性，间或有渐进加重性痴呆以及典型的 EEG（脑电图）改变。此外，至少符合肌阵挛症、神经和中枢症状、锥体/锥体外功能障碍和运动不能性缄默症中的两种相关症状，才可判定为患朊病毒病。

1）脑组织、扁桃体病理检查

病理检查是诊断本病的主要依据，病理诊断率达 95%。病灶区神经元丧失，脑组织空泡化，星状神经胶质细胞增生，无炎症反应。病毒包涵体以及原纤维阳性，均是病理诊断的依据。

2）朊病毒的检测方法

（1）动物传递实验　常规方法是将无菌的组织标本，接种实验动物，定期取脑组织作病理学检查，以验证朊病毒感染。目前，已知的朊病毒病大多已建立了动物感染模型，小鼠、大鼠和仓鼠是最常用的朊病毒实验动物。该方法是早期判断机体是否感染朊病毒、测定感染滴度、研究朊病毒传染性的主要手段。

（2）免疫学检测方法

①组织印迹（tissue-blot）法：该技术是将灵敏的蛋白检测技术和解剖学组织保存技术结合起来用于检测组织中微量的 PrPsc。其灵敏度、特异性都很高（>99.99%）。组织病理学结果阴性或含糊的情况下检出 PrPsc 用的方法。

②免疫组化法：该法用于朊病毒检测已经相当成熟、完备。灵敏度、特异性都很高，已成为确诊传染性海绵状脑病的金指标。免疫化学检查表明斑块部位 PrP 呈阳性，一些较小的斑也呈阳性。小斑单个或多个分布，PrP 沉积遍布于大脑和小脑。在基底神经节和丘脑能见到围绕着空泡的 PrP 沉积，在灰质内呈线性隧道状，也能见到 PrP，但比小脑和大脑阳性表达少。

③酶联免疫吸附实验（ELISA）：ELISA 具有灵敏、特异、简便、快速、可定量、自动化等特点，检测患者脑脊液、血尿及尿液等标本 PrPsc。适合大批量标本的普查筛选。

（3）其他

①荧光标记肽链的毛细管电泳免疫测定法：灵敏，能检测到 135 pg 的 PrPsc，可用于检测朊病毒水平很低的脑外组织（如血液等）。

②双色强荧光目标扫描法：该法是运用共聚焦双色强荧光相关的分光镜技术检测极其微量的朊病毒。

③电子显微法（electron microscopy）：取病变脑组织电镜检测瘙痒相关纤维（scrapie-associated fibrils，SAF）是朊病毒检测的另一种方法。

④CT 与 MRT 检查：CT 表现多为脑萎缩，无特异性，CT 与 MRT 均仅能显示大脑皮质对称性广泛性萎缩，晚期白质亦受累，出现长 T2 高信号及 CT 低密度灶，位于脑室周围。近年来，研究认为 CJDMRT 异常包括广泛皮质萎缩，枕区皮质高信号而无枕叶萎缩，双侧对称性基底节高信号往往为 vCJD 的特征。

⑤脑电图检查（EEG）：早期的脑电图检查大多数正常，晚期具有周期性高波幅棘慢波综合特点。

迄今为止，我国并未出现牛海绵状脑病（bovine' spongiform encephalopathy，BSE）病例，但是随不断扩大的国际贸易，BSE 病原因子可能随时传入。我们不仅要加强朊病毒的进出口检疫和各国之间的交流与合作，更要建立完善的朊病毒检测体系及疯牛病的早期诊断和病原快速检测手段。现在没有疫苗及治疗方法，但要力争以尽快找出朊病毒的有效防治措施为出发点，以阐明朊病毒的发病机理、PrPsc 的生理机能、PrP 的三维结构和其构象之间的转变机制和朊病毒进入脑的通路及脑病变的关系为目的，达到最终消灭朊病毒，保障人类健康和有效治疗和预防朊病毒的目标。

10.5 食品中抗生素残留的检测

10.5.1 概述

抗生素是指由细菌、放线菌、真菌等微生物经过培养而得到的产物，或用化学半合成方法制造的相同或类似的物质，在低浓度下对细菌、真菌、立克次氏体、病毒、支原体、衣原体等特异性微生物有抑制生长或杀灭作用。抗生素进入动物组织主要来自三方面：

1）非治疗目的用药

（1）抗生素作为饲料添加剂，促进动物生长。我国常用饲料添加剂是土霉素、金霉素、青霉素和链霉素，鸡饲料中主要添加 0.005%土霉素，其次是猪饲料。据报道，估计促进生长率 20%～30%。

（2）抗生素用于动物的人工授精。

（3）抗生素用于食品保藏。

（4）抗生素用于植物防病和刺激生长。

（5）抗生素通过挤奶器污染生奶。

2）治疗目的用药

兽医上应用抗生素不仅为了治疗牲畜疾病，也可防止人畜共患病传染给人。抗生素在牲畜中的用量不仅要达到有效的治疗剂量，还要考虑到可能的残留量对人类造成的公共卫生问题。

3）非法掺杂

生产者为了防止牛奶酸败而非法掺入各种抗生素等。

10.5.2 食品中抗生素残留的危害

食品中抗生素残留可称为“隐蔽性药物”，其危害性很大。它不仅造成药物残留问题，更能导致一系列内外环境的生态学变化。

1. 过敏反应

许多抗生素都可导致过敏，其中以青霉素 G、氨苄西林、链霉素、合霉素和新生霉素为多见。抗生素残留造成牛奶和食品的污染可以对人体引起有害的过敏反应，这可能是轻微的过敏反应（如皮疹），也可能是致命的过敏性休克。

2. 细菌产生耐药性

若长期使用抗生素作为畜禽饲料药物添加剂，可以使某些细菌菌株突变为耐药菌株，对抗生素有抗性。而耐药菌株又可以通过质粒将耐药因子传递给其他敏感菌株，使其变成耐药菌株。现在知道人类所有肠道细菌都可发生这种耐药性传染，其来源之一就是由于畜禽滥用抗生素产生传染性，耐药性病原菌随畜禽进入食物链而污染人类，使人成为耐药菌疾病的宿主，给临床治疗带来不可估量的麻烦。

3. 改变肠道菌群的微生态环境

长期摄入含有抗生素的食物有可能造成肠道细菌菌群失调，改变肠道的微生态环境。由于正常人体肠道中存在的正常菌群具有抑制其他细菌生长的作用，如果发生菌群失调，就会发生致病菌感染。此外，肠道中的正常菌群还产生许多有益于机体的物质（如维生素 K），如果这些细菌被杀灭，就有可能造成某些营养素和活性物质的缺乏而产生生理功能的紊乱，甚至导致疾病的发生。

10.5.3　鲜乳中抗生素残留的检测

在人工或机器自动化挤奶过程中，由于经常机械性地刺激奶牛的乳房，而且奶牛饲养环境中存在大量的化脓性细菌，如葡萄球菌、链球菌等，容易引起奶牛的乳腺炎。为了预防和治疗奶牛的乳腺炎，常常注射大量的抗生素，如青霉素、链霉素、庆大霉素和卡那霉素等，这些抗生素会残留在牛奶中。

鲜乳中含有抗生素有两个方面的缺点：一是对饮用者的健康不利；二是在加工上不能用于生产发酵乳。为了保证饮用者的安全和实际生产的需要，对鲜乳中抗生素残留量进行检验是很有必要的。

鲜乳中抗生素残留量的检验应属于理化检验的范畴，但鉴于此方法采用的是微生物手段，国标中也把此检验放入微生物学部分。在《食品卫生微生物学检验　鲜乳中抗生素残留检验》（GB/T 4789.27—2008）中，给出了两种检测方法，第一法适用于鲜乳中能抑制嗜热链球菌的抗生素的检验；第二法适用于鲜乳中能抑制嗜热脂肪芽孢杆菌卡利德变种的抗生素的检验，也可用于复原乳、消毒灭菌乳、乳粉中抗生素的检测。

1. 嗜热链球菌抑制法

1）原理

样品经过 80 ℃杀菌后，添加嗜热链球菌菌液，培养一段时间后，嗜热链球菌开始增殖。这时候加入代谢底物 2，3，5-氯化三苯四氮唑（TTC），若该样品中不含有抗生素或抗生素的浓度低于检测限，嗜热链球菌将继续增殖，还原 TTC 成为红色物质。相反，如果样品中含有高于检测的抑菌剂，则嗜热链球菌受到抑制，因此指示剂 TTC 不还原，保持原色。

2）设备和材料

除微生物实验室常规灭菌及培养设备外，其他设备和材料有：冰箱（2～5 ℃、−20～−5 ℃），恒温培养箱（36 ℃±1 ℃），带盖恒温水浴锅（36 ℃±1 ℃、80 ℃±2 ℃），天平（感量 0.1 g、0.001 g），无菌吸管（1 mL、10.0 mL）或微量移液器及吸头，无菌试管（18 mm×180 mm），温度计（0～100 ℃），旋涡混匀器，菌种（嗜热链球菌），灭菌脱脂乳，4%2，3，5-氯化三苯四氮唑（TTC）水溶液，青霉素 G 参照溶液。

3）检验程序

鲜乳中抗生素残留量检验程序如图 10-4 所示。

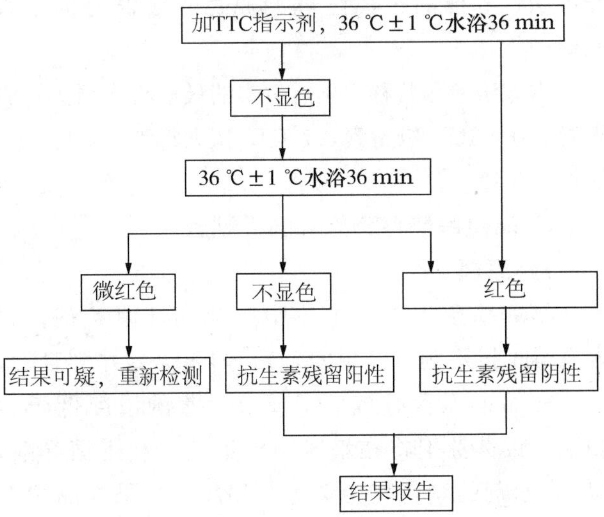

图 10-4　鲜乳中抗生素残留量检验程序

4）操作步骤

（1）活化菌种　取一接种环嗜热链球菌菌种，接种在 9 mL 灭菌脱脂乳中，置 36 ℃±1 ℃恒温培养箱中培养 12～15 h 后，置 2～5 ℃冰箱保存备用，每 15 d 转种一次。

（2）测试菌液　将经过活化的嗜热链球菌菌种接种灭菌脱脂乳，36 ℃±1 ℃培养 15 h±1 h，加入相同体积的灭菌脱脂乳混匀稀释成为测试菌液。

（3）培养　取样品 9 mL，置 18 mm×180 mm 试管内，每份样品另外做一份平行样，同时再做阴性和阳性对照各一份，阳性对照管用 9 mL 青霉素 G 参照溶液，阴性对照管用 9 mL 灭菌脱脂乳。所有试管置 80 ℃±2 ℃水浴加热 5 min，冷却至 37 ℃以下，加入测试菌液 1 mL，轻轻旋转试管混匀。36 ℃±1 ℃水浴培养 2 h，4% TTC 水溶液 0.3 mL，在旋涡混匀器上混合 15 s 或振动试管混匀。36 ℃±1 ℃水浴避光培养 30 min，观察颜色变化。如果颜色没有变化，于水浴中继续避光培养 30 min 做最终观察。观察时要迅速，避免光照过久出现干扰。

（4）判断方法　在白色背景前观察，试管中样品呈乳的原色时，指示乳中有抗生素存在，为阳性结果。试管中样品呈红色为阴性结果。如最终观察现象仍为可疑，建议重新检测。

5）报告

最终观察时，样品变为红色，报告为抗生素残留阴性。样品依然呈乳的原色，报告为抗生素残留阳性。

本方法检测几种常见抗生素的最低检出限为：青霉素 0.004 IU，链霉素 0.5 IU，庆大霉素 0.4 IU，卡那霉素 5 IU。

2. 嗜热脂肪芽孢杆菌抑制法

1）原理

培养基预先混合嗜热脂肪芽孢杆菌芽孢，并含有 pH 指示剂（溴甲酚紫）。加入样品并孵育后，若该样品中不含有抗生素或抗生素的浓度低于检测限，细菌芽孢将在培养基中生长并利用糖产酸，pH 指示剂的紫色变为黄色。相反，如果样品中含有高于检测限的抗生素，则细菌芽孢不会生长，pH 指示剂的颜色保持不变，仍为紫色。

2）设备和材料

除微生物实验室常规灭菌及培养设备外，其他设备和材料有：冰箱（2～5 ℃、−20～−5 ℃），恒温培养箱（36 ℃±1 ℃、56 ℃±1 ℃），恒温水浴锅（65 ℃±2 ℃、80 ℃±2 ℃），无菌吸管或 100 μL、200 μL 微量移液器及吸头，无菌试管（18 mm×180 mm、15 mm×100 mm），温度计（0～100 ℃），离心机（转速 5000 r/min），菌种（嗜热脂肪芽孢杆菌卡利德变种），无菌磷酸盐缓冲液，灭菌脱脂乳，溴甲酚紫葡萄糖蛋白陈培养基，青霉素 G 参照溶液。

3）检验程序

样品中抗生素残留量检验程序如图 10-5 所示。

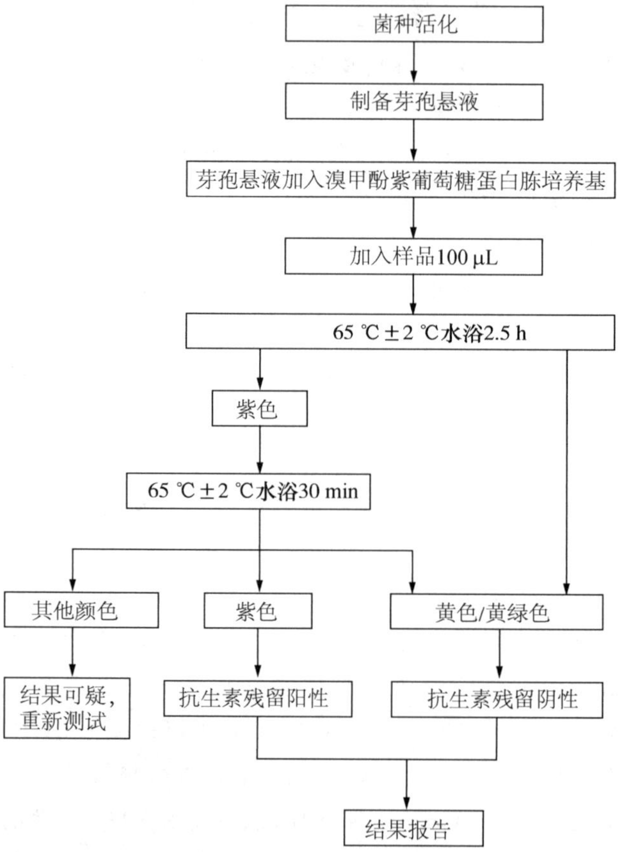

图 10-5　鲜乳中抗生素残留量检验程序

4）操作步骤

（1）芽孢悬液　将嗜热脂肪芽孢杆菌菌种划线移种于营养琼脂平板表面，56 ℃±1 ℃培养 24 h 后挑取乳白色半透明圆形特征菌落，在营养琼脂平板上再次划线培养，56 ℃±1 ℃培养 24 h 后转入 36 ℃±1 ℃培养 3～4 d，镜检芽孢产率达到 95%以上时进行芽孢悬液的制备。每块平板用 1～3 mL 无菌磷酸盐缓冲液洗脱培养基表面的菌苔（如果使用克氏瓶，每瓶使用无菌磷酸盐缓冲液 10～20 mL），将洗脱液 5000 r/min 离心 15 min，取沉淀物加 0.03 mol/L 的无菌磷酸盐缓冲液（pH 7.2），制成 10^9 CFU/mL 芽孢悬液，置 80 ℃±2 ℃恒温水浴中 10 min 后，密封，防止水分蒸发，置 2～5 ℃保存备用。

（2）测试培养基　在溴甲酚紫葡萄糖蛋白胨培养基中加入适量芽孢悬液，混合均匀，使最终的芽孢浓度为 8×10^5～2×10^6 CFU/mL。混合芽孢悬液的溴甲酚紫葡萄糖蛋白胨培养基分装小试管，每管 200 μL，密封防止水分蒸发。配制好的测试培养基可以在 2～5 ℃保存 6 个月。

（3）培养操作　吸取样品 100 μL 加入含有芽孢的测试培养基汇总，轻轻旋转试管混匀。每份检样做两份，另外再做阴性和阳性对照各一份，阳性对照管为 100 μL 青霉素 G 参照溶液，阴性对照管为 100 μL 无抗生素的脱脂乳。于 65 ℃±2 ℃水浴培养 2.5 h，观察培养基颜色的变化。如果颜色没有变化，须再于水浴中培养 30 min 做最终观察。

（4）判断方法　在白色背景前从侧面和底部观察小试管内培养基颜色。保持培养基原有的紫色为阳性结果，培养基变成黄色或黄绿色为阴性结果，颜色处于两者之间，为可疑结果。对于可疑结果应继续培养 30 min 再进行最终观察。如果培养基颜色仍然处于黄色和紫色之间，表示抗生素浓度接近方法的最低检出限，此时建议重新检测一次。

5）报告

最终观察时，培养基依然保持原有的紫色，可以报告为抗生素残留阳性。培养基变为橙黄色或黄绿色时，可以报告为抗生素残留阴性。

本方法检测几种常见抗生素的最低检出限为：青霉素 3 μg/L，链霉素 50 μg/L，庆大霉素 30 μg/L，卡那霉素 50 μg/L。

10.5.4　食品中抗生素残留的其他检测方法

1. 动物源性食品中青霉素族抗生素残留量检测

国标《动物源性食品中青霉素族抗生素残留量检测》（GB/T 21325—2017）中规定动物源性食品中青霉素族抗生素残留量检测方法为液相色谱-质谱/质谱法，该方法适用于猪肌肉、猪肝脏、猪肾脏、牛奶和鸡蛋中阿莫西林（amoxicillin）、氨苄青霉素（ampicillin）、邻氯青霉素（cloxacillin）、双氯青霉素（dicloxacillin）、乙氧萘胺青霉素（nafcillin）、苯唑青霉素（oxacillin）、苄青霉素（gpenicillin）、苯氧甲基青霉素（penicillin）、苯眯青霉素（azlocillin）、甲氧苯青霉素（methicillin）、苯氧乙基青霉素（phenethicillin）等 11 种青霉素族抗生素残留量的检测。

样品中青霉素族抗生素残留物用乙腈-水溶液提取，提取液经浓缩后，用缓冲溶液溶解。固相萃取小柱净化，洗脱液经氮气吹干后，用液相色谱-质谱/质谱测定，外标法定量。

2. 蜂蜜中四环素族抗生素残留量检测

参照《蜂蜜中四环素族抗生素残留量的测定　微生物管碟法》（GB/T 5009.95—2003）和《蜂蜜中四环素族抗生素残留量测定方法　酶联免疫法》（GB/T 18932.28—2015），蜂蜜中四环素族抗生素残留量的测定可采用微生物管碟法和酶联免疫法。

微生物管碟法的原理为试样中四环素族抗生素经 Mcllvaine 缓冲液提取后，用 SEP-PAK C18 柱纯化。四环素族三种抗生素（四环素、土霉素及金霉素）利用薄层层析生物检测法进行分离和定性，以蜡样芽孢杆菌为试验菌株，用微生物管碟法进行定量检测。

酶联免疫法的原理为试样中残留的四环素族抗生素与微孔板中结合的四环素族抗生素共同竞争四环素族抗生素抗体，在酶标记物的作用下，形成的酶标记抗原抗体复合物与显色剂发生反应，用酶标仪测定吸光度，根据吸光度值得出试样中四环素族抗生素的含量。本部分的方法检出限：四环素族抗生素为 15.00 μg/kg。

复习思考题

1. 乳酸菌的检验程序和操作要点是什么？
2. 双歧杆菌的检验方法及原理？
3. 假单胞菌属的检测方法及原理？
4. 食品中抗生素残留检测的意义？
5. 鲜奶中抗生素残留量的检测方法？
6. 食品中抗生素的检测方法及原理？

HAPTER 11

第11章 食品微生物检验新技术

【教学目的和要求】

1. 了解几种常见的现代食品微生物检验新技术的概念；
2. 了解几种新技术在食品微生物检测中的研究现状和发展趋势；
3. 掌握各种现代食品微生物检验新技术的基本原理及其方法；
4. 了解各种新技术在食品微生物检测中的应用和研究进展。

人们生活质量的提升，对食品的要求越来越高。特别是近些年来，社会上涌现出不少食品安全事故，人们开始重视食品微生物检验检测技术。分子生物学、微电子技术水平的不断提高，促使食品检测技术日趋成熟，也带动了食品检测技术的现代化。科学的发展和国家监管部门的重视，使得更先进、更快速、更准确的微生物检验检测方法和手段不断涌现，出现了一大批新型技术，如免疫技术、核酸分子杂交技术、PCR技术、电学检测技术等。这些新技术改善了传统检测方法步骤烦琐、检测周期长、成本高等缺点，必能为食品安全和公共卫生事业做出贡献。

11.1　免疫学方法

传统的食品微生物检测技术主要涉及染色和显微镜观察菌落形态，或利用化学反应鉴别微生物特定的代谢产物。但显微镜观察微生物的菌落形态往往培养时间较长，且遇到菌落形态类似的不同微生物无法准确判断，难以实现对食品中微生物的准确定性。化学反应也存在类似的问题，当菌种性质接近时无法准确定性。

免疫学方法建立在抗原与抗体特异性结合和免疫放大技术的基础上，通过病原物诱导机体产生免疫球蛋白（抗体）辨别微生物。待测样品在进行选择性增菌后，不需分离就可用于筛选，较短时间内达到检出限，抗原抗体的结合反应迅速、特异性强，反应灵敏度高。尤其是单克隆抗体技术出现后，免疫学方法结果更精准、特异性更强。

免疫学检测方法可用于细菌、病毒、真菌、毒素和寄生虫等的鉴定，此外，还可用于激素、蛋白质、生理活性物质、药物及抗生素残留的定性定量分析。它应用范围广，操作简单、快速、灵敏度高、特异性强，尤其是快速检测试剂盒的出现，使得食品中病原微生物的检验更加方便快捷。

11.1.1　免疫荧光技术

免疫荧光技术(immunofluorescence technique)是发展最早的一种标记免疫技术。在 20 世纪 50 年代，由 Coons 等创建。免疫荧光技术包括荧光抗体法和荧光抗原法两种。用荧光抗体标记并显示相应抗原的方法称为荧光抗体法，而荧光抗原法是用已知的荧光抗原示踪所对应抗体的方法。

经过半个多世纪的发展，免疫荧光技术与形态学融合发展了一门新技术——免疫荧光组织化学技术。与激光、电子计算机和显微镜等技术结合发展了定量免疫荧光组织化学技术。与亲和化学技术相结合发展了亲和化学物质标记荧光素方法。多技术的融合发展、相辅相成，使免疫荧光技术的特异性及灵敏度大大提高，应用范围更广、领域更宽，定量检测结果更加准确。

1. 免疫荧光技术原理

免疫荧光技术依据抗原抗体的特异性反应的基本原理。实验时先用荧光色素标记将已知的抗原或抗体，制成荧光抗体/抗原。再以该荧光抗体/抗原为探针检测组织或细胞内相对应的抗原/抗体。使用荧光显微镜观察标本时，结合反应形成的抗原抗体复合物上的标记荧光素受激发产生明亮的黄绿色或橘红色荧光，由此可以判定抗原或抗体的定位，并对其进行定性或定量分析。

2. 荧光素

某些物质可从外界吸收能量并贮存，从而进入激发态。当它从激发态返回到基态时，能量以光的形式释放即发光（荧光）。可产生荧光的物质在被激发后即刻发光，停止供能则荧光随之消失。

许多物质都可发射荧光，但只有那些能够发射明显荧光并可以作为染料使用的有机化合物才可被用作荧光色素。除此以外，荧光素还应满足以下条件：①能与蛋白质分子形成共价键，结合后不易解离，而多余未结合的荧光素及其降解物易被清除；②吸收光能转化成荧光的效率，即荧光效率高。荧光素在与蛋白质结合后，其效率仍维持较高水平，不会大幅度下降；③荧光色与背景组织色对比鲜明，易于观察；④蛋白质与荧光素结合后，生化与免疫学性质不发生改变；⑤本身安全无毒且结合物也应无毒；⑥与蛋白质结合的方法简单、易于操作。结合后，标本性质稳定、易长期保存；⑦易溶解，且不与其他物质反应。

目前，常用的荧光色素有以下 4 种：

（1）异硫氰酸荧光素（fluorescien isothiocyanate，FITC）　粉末状结晶，黄色或橙黄色，易溶于水和酒精溶剂，低温干燥环境下可贮藏多年，相对分子质量 389.4，最大吸收光谱为 490～495 nm，最大发射光谱为 520～530 nm，可发射黄绿色荧光，是现阶段使用最普遍的荧光色素。碱性条件下，异硫氰酸荧光素的异硫氰酸基与免疫球蛋白的自由氨基反应结合成为标记荧光免疫球蛋白（荧光抗体）。

（2）四乙基罗丹明(tetraethyl rhodamine B 200，RB 200)　褐红色粉状固体，性质稳定，不溶于水，易溶于乙醇或丙酮。最大吸收波长 570 nm，最大发射光谱为 596～600 nm,可发射橘红色荧光。RB 200 与蛋白质结合前需要经五氯化磷预先处理,转变成磺酰氯,然后在碱性条件下与赖氨酸结合从而标记在蛋白质分子上。RB 200 价格低廉,应用较广泛。

(3) 四甲基异硫氰酸罗丹明 (tetramethyl rhodamine isothcyanate, TRITC) 紫红色粉末,性质较稳定,易溶于水。最大吸收波长为 550 nm,最大发射波长为 620 nm,可发射橙红色荧光。它与异硫氰酸荧光素发射的黄绿色荧光差异明显,进行双重标记或对比染色实验时,可将两者搭配使用。

(4) 其他荧光素 如藻红蛋白、多甲藻叶绿素蛋白等。此外,还有一些化合物自身无法产生荧光,但经酶作用后,便形成可发生强荧光的物质。如 4-甲基伞酮-*β-D* 半乳糖苷被糖苷酶分解成 4-甲基伞酮,后者可发射强烈荧光信号。镧系螯合物中某些三价稀土镧系元素如铕、铽、铈等的螯合物经激发后也可发射特征性荧光。

3. 免疫荧光显微技术

免疫荧光实验的主要步骤有标本的制作、固定及通透(或称为透化)、封闭、抗体孵育和荧光检测等。常见的标本类型有组织、细胞和细菌三种。在制作过程中应确保抗原或抗体的完整,之后的染色、洗涤和封埋等操作不会导致其变性。此外,标本切片还应尽量薄,以方便抗原、抗体接触和后续的显微镜检查。制作好的标本固定后滴加适量荧光素标记,一般 25～27 ℃孵育 30 min,不耐热的可在 4 ℃下放置过夜。用磷酸盐缓冲液洗涤干燥后,进行显微镜检测。免疫荧光实验方法主要有直接法、间接法、补体法和双标记法。

1) 直接法

(1) 检查抗原方法 用已确定的特异性抗体结合荧光色素,获得特异性荧光抗体,然后将此抗体直接加在抗原标本上。一定温度下染色一段时间后,水洗未参加反应的剩余荧光抗体。室温下待其干燥后,进行封片、镜检。该法简单快速、特异性强,但一种荧光抗体只能检测一种抗原,敏感性较差。

(2) 检查抗体方法 荧光色素标记已获得抗原,然后直接与细胞或组织内的相应抗体特异性反应,在原位进行抗体鉴定。

2) 间接法

(1) 检查抗原方法 间接法用于检查未知抗原时,先用未标记的已知抗体与抗原进行特异性结合反应,再用水洗去剩余未反应的抗体,然后用荧光标记过的抗体与上述获得的抗原抗体复合物反应,形成抗原-抗体-荧光抗抗体复合物。再洗去未参与反应的荧光抗体。之后室温干燥、封片、镜检。此法是直接法的改良版,改进后的荧光强度较直接法增强了 3～4 倍,灵敏度大幅度提高,且只需要制备一种荧光抗抗体就可用于多种抗体的标记。

(2) 检查抗体方法 间接法检测未知抗体时,先用抗原与细胞/组织内的待测抗体特异性反应,再将此抗原抗体复合物与抗原的特异性荧光抗体结合,形成抗体-抗原-荧光抗体复合物,抗原夹在两个抗体之间,故又称夹心法。

3) 补体法

(1) 直接法 首先直接在组织或细胞上构建抗原-抗体-补体复合物,然后添加抗补体 C_3 等荧光抗体与之结合,形成抗原-抗体-补体-抗补体荧光抗体复合物。荧光显微镜下观察,复合物上补体存在处发射阳性荧光。

(2) 间接法 检测时,将补体与第一抗体混合均匀后直接加至抗原标本。37 ℃下孵育一段时间,形成抗原-抗体-补体复合物。再将此复合物与抗补体荧光抗体结合,形成抗原-抗体-补体-抗补体荧光抗体的复合物。该方法同样是直接法的改良,只需一种抗补体荧光抗体即可检查多个来自不同种属的第一抗体。

4) 双标记法

双标记法原理与直接法类似,区别在于双标记法用两种不同的荧光色素分别标记两种的特异性抗体。显微镜下观察时可同时看到黄绿和橙红两种荧光。此法常用于同时检测同一样品中两种抗原的定性与定量分析。免疫荧光显微技术能在显微镜下清晰观察到荧光所处位置的组织形态结构,定位和定性分析待测抗原或抗体。直观性强,但荧光易消退,非特异性荧光也常干扰结果,制备的荧光复合物标本无法长期保存。

4. 其他免疫荧光技术

荧光偏振免疫技术（fluorescence polarization immunoassay，FPIA）是定量免疫分析技术的一种。基本原理是波长485 nm的单一平面的蓝偏振光照射荧光物质后，可使其吸收能量跃入激发态。当荧光物质从激发态回复至基态时，发出波长525 nm的单一平面偏振荧光。其所发射偏振荧光的强度与分子大小成正比，与受激发时转动的速度成反比。该技术适用于小分子或中等分子物质的检测，可用于药物或激素的测定。

时间分辨荧光免疫技术（time resolved fluoro-immunoassay，TRFIA）属于非同位素免疫荧光技术，以镧系元素螯合物发光特性为基础，使用镧系元素标记抗原或抗体、时间分辨技术测量荧光的一种新型超微量分析技术。可同时辨别分析波长、时间两个参数的信号，准确排除非特异性荧光的干扰，发光稳定，灵敏度高，特异性强，检测范围宽。

5. 免疫荧光技术在食品微生物检测中的应用

迄今为止，免疫荧光技术已广泛应用于医学领域，在食品微生物中的应用也逐渐成熟。该技术可直接清晰观察组织或细胞内情况，用于定性和定量分析。目前，食品检测中的应用主要有沙门氏菌、李斯特菌、金黄色葡萄球菌、大肠杆菌等食源性致病菌的快速检测。免疫荧光技术具有特异性强、敏感性高、速度快等优点，但仍存在一些不足，如非特异性染色结果假阳性、判定客观性不足、操作流程较烦琐等。

11.1.2　酶联免疫技术

在免疫荧光和组织化学的基础上，研究人员建立了一种新技术——酶联免疫技术。它是一种用酶标记抗原或抗体代替荧光素标记，通过酶催化底物呈色而对被测物进行定性或定量分析的检测技术。它将抗原抗体反应的特异性和酶催化底物的放大作用和高敏感性相结合，具有灵敏度高、特异性强、准确性好等优点，酶标记试剂可长时间保持稳定，方法操作简单，对环境污染小，并可与其他技术偶联使用。在农药残留、病原微生物和食品毒素检测及转基因食品辨别等领域具有极高的应用价值。

酶联免疫技术根据抗原抗体反应是否需要分离结合的和游离的酶标记物而分为均相和非均相两种类型。均相法无须分离直接进行测定，非均相法更常用，有液相与固相两种免疫测定法。其中，以非均相固相法中的酶联免疫吸附法（ELISA）最常用。

1. 酶联免疫技术中常见的酶及酶标记物

1）常见的酶及其底物

用于标记的酶应具有以下几个特点：催化活性高，专一性强；易于与抗原抗体偶联，且偶联后免疫学性质不发生改变；酶催化底物的显色信号易于判断和测量；酶底物易配置保存；酶及底物价格低廉易得；方法敏感，重复性好。

目前应用较多的酶有辣根过氧化物酶（HRP）、碱性磷酸酯酶、葡萄糖氧化酶等（表11-1）。

表11-1　酶联免疫技术常用的酶及其底物

酶	底物	显色反应	测定波长/nm
辣根过氧化物酶	邻苯二胺	橘红色	492
	3,3′,5,5′-四甲基联苯胺	黄色	460
	5-氨基水杨酸	棕色	449
	邻联苯甲胺	蓝色	425
	2,2′-联氮双（3-乙基苯并噻唑啉-6-磺酸）二铵盐（ABTS）	蓝绿色	642
碱性磷酸酯酶	4-硝基酚磷酸盐（PNP）	黄色	400
	萘酚-AS-Mx磷酸盐＋重氮盐	红色	500
葡萄糖氧化酶	ABTS＋HRP＋葡萄糖	黄色	
	葡萄糖＋甲硫酚嗪＋噻唑蓝	深蓝色	405/420
β-D-半乳糖苷酶	甲基伞酮基半乳糖苷（4MuG）	荧光	360/450
	硝基酚半乳糖苷（ONPG）	黄色	420

（1）辣根过氧化物酶（HRP） 辣根过氧化物酶是从辣根中提取的过氧化物酶，它由无色酶蛋白和深棕色铁卟啉组成。约含 300 个氨基酸，相对分子质量约 40000，等电点 pH 3.9。溶于水或 50%饱和度以下的硫酸铵溶液。HRP 催化作用底物为过氧化氢，反应时的供氢体有以下几种：

①邻苯二胺：肉眼可直接观察到生成橙色产物，颜色稳定能维持数小时不变，易溶，最大吸收波长为 490 nm。邻苯二胺是目前最常见的底物，但具有致癌作用。

②3,3′,5,5′-四甲基联苯胺（TMB）：经 HRP 作用后变为蓝色，加入硫酸终止反应后变为黄色，最大吸收波长为 460 nm。TMB 稳定性好，应用广泛，但水溶性差。

③5-氨基水杨酸：生成产物颜色为深棕色，可部分溶解，敏感度不理想，449 nm 处有最大吸收峰。

④邻联甲苯胺：反应速度快，生产蓝色产物，颜色明显易被观察，部分溶解，不稳定，不耐酸，最大吸收峰在 630 nm 处。

（2）碱性磷酸酶（AP） 从小牛肠黏膜和大肠杆菌中提取，由多个同工酶组成。常用底物为硝基苯磷酸盐，生成产物为黄色，可溶，最大吸收波长为 405 nm。

2）酶标记物

在酶联免疫技术中，用以制备标记物的抗原，要求其纯度高、抗原性完整；用以制备标记物的抗体，要求其特异性强、亲和力好、效价和比活性高、易制备、能批量生产。而制备酶标记物的方法需要简单、产率高、重复性好，酶标记稳定，不形成聚合物，且不影响抗原或抗体的活性。目前常用的制备方法有戊二醛法和过碘酸钠法（直接法）两种。

戊二醛是一种双活性试剂，其醛基可分别与酶和免疫球蛋白上的氨基共价结合，形成酶戊二醛免疫球蛋白结合物，从而将酶和抗体交联。该标记方法步骤简单，重复性好，但酶利用率低，仅有 2%～4%的酶参与结合反应。

过碘酸钠可氧化辣根过氧化物酶表面的糖分子，使其转化为醛化酶，与抗体分子上的氨基结合形成斯夫氏碱，然后被乙醇胺还原生成酶标记抗体。此法获得的酶标记抗体产率高。近 70%的 HRP 和抗体分子结合，99%的抗体分子与酶结合。

2. 酶联免疫吸附（ELISA）

ELISA 过程包括抗原或抗体吸附于固相载体上（包被），加入待测抗体或抗原，再加入相应酶标记抗体或抗原，生成酶-抗原抗体复合物。酶遇到相应底物时，催化产物生成有色物质。该方法可定量分析待测样品，检测快速、反应灵敏、准确度高、适用范围广且费用低廉，可同时进行上千份样品的检测。

ELISA 检测方法可归纳为间接测定抗体法、双抗体夹心法测定抗原和竞争法测定抗原三种。需要进行大分子抗原或抗体测定时，多采用前两种方法，竞争法主要用于小分子抗原的测定，涉及食品微生物检测时也多采用此法。

1）间接法

检测抗体时，经常使用间接法。其基本原理是利用带有酶标记的抗抗体识别已被固相载体固定的待测抗体。首先，将抗原吸附在固相载体后洗涤，再加入含有抗体的待测样品，经孵育后再次洗涤，加入酶标记的抗抗体，再次孵育洗涤后加入底物显色，此时测定底物降解的量。

2）双抗体夹心法

该法是 ELISA 方法中检测抗原最常用的一种，属于非竞争法。它的原理是待测样品所含抗原分子上的两个抗原决定簇分别与包被于固相载体表面的抗体和酶标记抗体结合，形成固相抗体—抗原—酶标记抗体复合物。抗原在两个抗体之间，形成夹心结构。因此，该方法不能用于分子质量小于 5000 的半抗原小分子物质的测定，且所测抗原必须有两个与抗体结合的部位，一个需要与固相载体表面的抗体反应，一个需要与酶标记抗体作用。在此反应体系中，固相抗体和酶标记抗体的含量远大于待测抗原含量，反应生成的复合物产量由待测样品中的抗原含量决定。

3）竞争法

竞争法测定抗原时，待测样品中的抗原和酶标抗原相互竞争，结合固相载体包被的抗体。与固相抗体结合的酶标抗原越多，则结合的待测抗原越少。首先将特异性抗体包被于固相载体上，洗涤后分为两组。一组加酶标记抗原和被测抗原混合液，另一组只加酶标记抗原。两组同时孵育一段时间，洗涤后加底物显色并测定底物降解量。使用此法时，抗原仅需一个结合部位即可。因此适用于小分子抗原如激素和药物的测定。

3. 酶联免疫技术在食品微生物检测中的应用

酶联免疫技术适用于食品微生物中病原菌、真菌、病毒和寄生虫的检测，具有极高的特异性和灵敏性。检测方法多采用夹心式设计，通过肉眼或比色法直接观察结果。如采用 ELISA 检测奶酪和酸牛奶中的杂色曲霉、多主枝孢、白地霉、卷枝毛霉和产黄青霉；测定食品中黄曲霉毒素 B_1 的含量，最低检出浓度可达 0.01 ng/kg。蔡家利等应用 Dot-ELISA 检测屠宰加工肉品中沙门氏菌，该法检测时间相对于常规培养法可提前 3～4 d，操作简单，肉眼即可观察结果，检出结果符合率达 96.65％。同样针对沙门氏菌的检测，随着单克隆抗体酶联免疫技术的出现，特异性显著提高，应用范围更加广泛。黎兆滚等使用微量板 ELISA 对进出口食品，尤其是海产品进行沙门氏菌检测，微量板预先包被了沙门氏菌单克隆抗体，使用时直接加入增菌处理的样品，经一段时间孵育后再加入一定量的指示剂，整个过程可在 27 h 内完成，快速灵敏。杨静等采用直接法 ELISA 方法检测沙门氏菌。检测时，将被检样品直接包被于 ELISA 板，固定后加入酶标记的沙门氏菌特异性单克隆抗体。操作简单，反应迅速，目前已成功应用于蛋品、鲜奶及肉制品的检测。

4. 酶联荧光免疫分析技术

酶联荧光免疫分析技术是将酶系统与荧光免疫分析结合起来，在酶联免疫分析的基础上，使用荧光物质代替生色底物。该法可提高技术灵敏度、扩大测量范围、减少试剂用量。陈思强等设计自动酶联荧光免疫分析系统（VIDAS）用于快速检测冻肉中沙门氏菌和李斯特菌，结果肉眼可见，且检测灵敏度均可达 100％，特异性可达 90％以上，相对于常规细菌培养法，检验时间大大缩短，提高通关效率。

11.1.3　免疫胶体金技术

免疫胶体金检测技术（immune colloidal gold technique）是以胶体金作为示踪标记物应用于抗原抗体的一种新型的免疫标记技术。该方法主要利用胶体金颗粒的高电子密度特性，迅速稳定地吸附蛋白质而不改变其生物活性，目测法即可判断结果，可用于生物大分子的定性或半定量检测。具有以下优点：①简单快捷，反应均能在 15 min 内完成；②成本低，不需要借助特殊仪器；③应用范围广，适应于多种检测环境；④可同时进行多项检测，节约样品，降低成本；⑤标记物性质稳定，标记样品在 4 ℃贮存两年以上，且无信号衰减现象；⑥胶体金颗粒自身带有颜色，不需要加入其他发色试剂，无毒害。

胶体金颗粒为惰性颗粒，具有较好的稳定性、敏感性和精确性，与多种生物分子结合不影响其生物学活性，可人工制备。与酶相比，它不需要底物，操作步骤简单；与放射元素相比，它使用时不需特殊仪器设备，且无污染无毒害。因此，更加适用于快速检验。

1. 胶体金

胶体金是由氯金酸（$HAuCl_4$）在还原剂如白磷、抗坏血酸、枸橼酸钠、鞣酸等作用下，聚合成为特定大小的金颗粒，并因静电作用成为一种稳定的胶体状态。胶体金在弱碱环境下带负电荷，可与蛋白质分子的正电荷基团结合，且这种结合是静电结合，不影响蛋白质的性质。

胶体金是由金离子还原而成的许多单个金颗粒组成的悬浮液，胶体金颗粒是由一个基础的晶核及包围在外的双离子层构成，紧连在金核表面的是内层负离子 $AuCl_2^-$，外层正离子 H^+ 则分散在胶体间溶液中。胶体金颗粒表面所包围的阴性电荷层（zeta 电位），可以使胶体金颗粒之间相互排斥而使悬浮液保持稳定。胶体金颗粒大小不同，颜色也随之不同。最小的胶体金（2～5 nm）橙黄色，中等大小（10～20 nm）为酒红色，较大颗粒的（30～80 nm）为紫红色，肉眼即可观察。

胶体金在可见光范围内有单一光吸收峰，这个光吸收峰的波长为 510～550 nm，随胶体金颗粒大小而变化。大颗粒胶体金的波长偏向长波长，小颗粒胶体金的则偏于短波长。

2. 免疫胶体金的制备

在特定条件下，使胶体金溶液与蛋白质溶液

混合，胶体金颗粒便可把该蛋白质分子吸附在表面上，形成一种包被了该种蛋白质的示踪物或探针，若蛋白质为抗原或抗体，则称之为免疫胶体金。免疫胶体金的制备实质上是蛋白质等高分子物质被吸附到胶体金颗粒表面的包被过程，其结合机制有以下三个方面：①是带负电荷的金颗粒与蛋白质上的带正电的氨基反应；②是蛋白质通过疏水作用吸附于金颗粒表面，而胶体金主要是通过其疏水区域吸引并结合待标记蛋白的亲水性基团。因而在标记时需调节 pH 降低电荷引力强化疏水作用，促使蛋白质和胶体金结合；③是配位键通过蛋白质中半胱氨酸的硫残基与金颗粒的电子层发生配位结合。

胶体金探针所用蛋白必须要经过前处理，其目的在于：①去除高浓度的盐分。高浓度的盐分干扰蛋白与胶体金的吸附结合，或导致胶体金粒子的凝聚，因此常采用低浓度缓冲液中透析的方法去除多余的盐分；②使蛋白分子尽量分散为单体。冻干蛋白或高浓度蛋白溶液中蛋白分子多凝聚为多聚体大分子，与多个胶体金颗粒结合，从而影响标记的灵敏性；③使蛋白具有适当的分子质量。蛋白分子质量过小（30 ku）则形成的蛋白复合体不稳定，短时间内可失活。可将分子质量过小的蛋白与其他蛋白（如牛血清蛋白等）结合，制备出稳定性更佳的探针。分子质量过大时则影响探针的灵敏度。

蛋白前处理完成后，需要确定胶体金与蛋白结合的最佳 pH。只有在特定 pH 下，才能够形成结合最稳定的探针，在高浓度电解质作用下不会发生凝聚。这一步对于理化性质不确定的蛋白质更加重要。不同蛋白的适宜 pH 范围大不相同，一般选择最小适宜 pH。在确定最佳 pH 后，还需确定能够形成稳定探针的最小蛋白量。如果在制备探针时加入太多的蛋白，不仅浪费，而且容易造成探针凝聚，影响标记活性。

3. 免疫胶体金层析技术

免疫胶体金层析技术（GICA）是将免疫胶体金技术与层析分析技术有机结合起来，建立的一种快速免疫学检测技术。方法是将已知的特异性抗原（或抗体）固定于膜上作检测带，胶体金标记物一端与膜相连，另一端与样品垫相连，膜的另一端连有吸水滤纸。加入液体样品后，样品向前移动，通过含标记物的玻璃纤维，使标记物重新水化，并与胶体金标记物相互反应，然后一起移动，至检测线（T 线）。检测线上固定有特异性抗原（抗体），可截获标记物与待测的复合物，出现可直接观察到的红色结果。若样品中不含待测物，则会和标记物一起越过检测线，到达控制线（C 线），可由此判断试验的终止时间。

根据胶体金标记物的不同检测方法可以分成双抗夹心法和竞争抑制法等。

1）双抗夹心法

检测大分子物质一般采用夹心法。当被检溶液中含有一定量的胶体金抗体的对应抗原时，抗体会识别抗原分子上的抗原决定簇并与之反应，形成有胶体金粒子携带的抗体抗原复合物，并在试纸条上吸水材料的作用下，向上扩散进入硝酸纤维素膜。之后在硝酸纤维素膜的孔径中发生层析并到达硝酸纤维素膜上包被针对同一抗原的另一个抗体的位置，即检测线。此时由胶体金粒子携带来的抗体抗原复合物中抗原分子被它的对应抗体识别并结合，形成胶体金携带的抗体-抗原-抗体的夹心结构，被固定于此且显示胶体金的红色。剩余未反应的免疫胶体金粒子则继续层析到达包被有二抗的位置（控制线），可被结合固定显红色。此时结果有两个红色标志，称为阳性结果。若被检测溶液中无抗原物质或抗原含量低以致无法形成足量的复合物，则检测线处无红色，而控制线出现红色，该结果为阴性结果。若试纸条控制线无红色则说明试纸条已失效。

2）竞争抑制法

在小分子检测中，待测小分子和抗体一结合后，由于空间位阻作用，抗体二很难再和小分子另一结合位点进行特异性结合，所以小分子检测一般选择竞争法。竞争法是指当被检溶液中含有一定量以上的抗原物质时，抗原分子会识别胶体金标记抗体上的特异性部位并完全饱和地与之发生免疫反应，形成有胶体金粒子携带的抗体抗原复合物。扩散步骤与夹心法一致。当扩散到检测线时，由于胶体金粒子携带来的抗体抗原复合物中抗体分子上已无空余的特异性结合部位与检测线抗原结合，因此胶体金复合物并不在此处聚集，检测线不显红色。免疫胶体金粒子则继续层析，当到达包被有二抗的控制线时，出现红色，此时结果称为阳性结果。若被检测溶液中无抗原物质或抗原含量低不足以饱和胶体金抗体的特异性结合部位，胶体金抗体复合物到达检测线时，就会和检测线包被的抗原结合，显红色，其余未反应的免疫胶体金粒子则继续层析至控制线时，同样显红色，此结果为阴性结果。若试纸条控制线无红色则说明试纸条已失效。

4. 免疫胶体金技术在食品微生物中的应用

免疫胶体金检测技术结果直观、操作简单，在食品安全检测中有广阔的应用前景。当前主要用于牛奶中抗生素的检测，可在10 min内快速检测，可检测的抗生素种类有：β-内酰胺、四环素、磺胺二甲嘧啶、恩诺沙星和黄曲霉毒素，可检测的β-内酰胺药物有氨苄青霉素、阿莫西林、邻氯青霉素头孢噻呋、头孢霉素和青霉素G等。以抗生素磺胺甲噁唑为例，张明等将磺胺甲噁唑-卵清白蛋白固相化在检测带上检测磺胺甲噁唑，灵敏度可达50 ng/mL，整个检测可在5～10 min内完成。王喜亮等用胶体金标记磺胺嘧啶单克隆抗体作为显色剂，将磺胺嘧啶竞争物包被于硝酸纤维素层析膜上作为捕获试剂，竞争法制成胶体金免疫层析试纸对磺胺嘧啶残留的半定量检测，读条系统判定灵敏度为5 ng/mL，肉眼判定检测限灵敏度为10 ng/mL，且与其他磺胺类药物无交叉反应。结果与ELISA及HPLC具有较好的符合率。

11.2　分子生物学方法

11.2.1　核酸分子杂交技术

核酸分子杂交技术又称基因探针技术，该技术是分子生物学中DNA分析方法的基础，早在20世纪60年代就已出现，是当今分子生物学技术中应用最为广泛的一种。每一种病原体都有独特的核酸片段，通过分离和标记这些片段就可制备出探针。核酸探针即带有标记的特异DNA片段，根据碱基互补原则，可特异性地与目的DNA杂交，若样品中含有特定病原体，则探针将与目的核酸序列特异结合，最后使用特定的方法测定标记物，便可确定样品中有无特定病原体。核酸分子杂交技术具有特异性强、灵敏度高等优点，可观察定位，是一种最本质最准确的检测方法。

核酸探针是指用放射性核素或其他标记物标记的、能与特定的靶分子发生特异性相互作用的DNA或RNA片段。分成基因组DNA探针、cDNA探针、RNA探针和寡核苷酸探针四类。基因组DNA探针直接从基因组文库中筛选酶切制备，包括目的基因的全部序列或部分序列，是最常用的DNA探针。cDNA是从mRNA逆转录而来，不含内含子等非编码区，特异性高，适用于研究基因表达。RNA探针是单链探针，不会自身退火，与待测核酸的杂交效率高，杂交体稳定性好，但自身容易降解。寡核苷酸探针根据已知核酸序列人工合成，是单链DNA探针，复杂度低，长度较短，杂交快，但不如长的杂交核酸分子稳定，适用于点突变分析。

1. 核酸探针标记物

探针理想的标记物要求敏感度高、特异性强、不影响探针分子的理化特性；标记及检测方法简单、保存时间长；对环境无污染、对人体无损害；价格低易获得。

1）放射性标记物

利用放射性标记物能产生射线的特性将核素标记在核酸合成所必需的NTP或dNTP上，掺入DNA或RNA中制成探针，与待测的核酸杂交后，可通过放射自显影方法进行检测。常见的核酸探针标记物有^{32}P、^{3}H和^{35}S。常见标记方法有缺口平移法、末端标记法、随机引物延伸法和反转录标记法。

放射性标记物灵敏度高（0.5～5 pg检测水平）、特异性好、方法简单。但半衰期短、费用高、检测时间长且存在放射性污染。由于这些缺点，近年来非放射性标记物成为研究热点。

2）非放射性标记物

非放射性标记物主要利用是亲和素和生物素。亲和素是一种碱性的四聚体糖蛋白相对分子质量68000，等电点pI为10.5。每个亚基都能结合一个生物素分子。生物素由咪唑酮环和噻吩环组成，咪唑酮环是与亲和素结合的主要部位，噻吩环上有一个戊酸侧链，可通过酰胺键与核酸分子相连，构成生物素标记的核酸探针。

生物素对核酸的标记方法有掺入标记法、末端标记法和光敏生物素标记法等。与放射性元素标记的探针相比，生物素标记的探针无放射性、对人体安全可靠、灵敏度高、稳定性好、杂交时间短。但也存在不足之处，不同核酸的生物素标记过程及所用的酶不同，费用较昂贵。目前，研究发现了一种生物素衍生物——光生物素，可用作标记物。光生物素是一种可以用光照活化的生物素衍生物。在水溶液中，将光生物素醋酸盐与需要标记的核酸混合，然后用一种特殊光源进行照射，就可将生物素标记在核酸链上，形成稳定的共价结合，且标记不会影响核酸杂交。

此外，还有地高辛标记、光敏 DNP 标记、三硝基苯磺酸标记和辣根过氧化物酶标记等标记方法。

2. 核酸探针的杂交方法

1）菌落原位杂交

菌落原位杂交的原理是核酸碱基配对原则，用一段已知的核酸作为探针检测出标本中存在的相互补的核酸分子。该方法将菌落或噬菌体斑转移到硝酸纤维素滤膜上，使溶菌变形的 DNA 同滤膜原位结合。将滤膜烤干后与放射性同位素标记的探针杂交，洗去未杂交的探针后曝光观察。之所以称为原位杂交，是因为生长在培养基上的菌落或噬菌斑经转移后位置不变。

2）斑点杂交

斑点杂交是将待测样品点在硝酸纤维素膜上，变性后与标记探针结合。耗时较短、操作简单、提取的核酸不需电泳和转印，一张膜上可同时检测多个样品，便于较大规模的检测和筛选。但容易出现假阳性，需设立严格的对照样品。

3）印迹杂交

印迹杂交是指将电泳分离的样品（核酸或蛋白质）从凝胶转移到印迹膜上，然后与标记探针进行杂交的检测方法。

（1）Southern 印迹法　将电泳分离的待测 DNA 片段转移并结合到硝酸纤维素滤膜上，然后用标记的 DNA 探针杂交的一种检测方法，亦称 DNA 印迹法。可用来检测目的 DNA 的存在、大小、多态性。先将 DNA 样品用限制性内切酶酶切，然后经琼脂糖凝胶电泳分离。将凝胶泡在 NaOH 中使 DNA 变性，然后转移至硝酸纤维素滤膜上，80 ℃加热 4～6 h 使 DNA 固定。然后与放射性同位素标记的变性后的 DNA 探针杂交数小时，洗涤，将滤膜烘干后进行放射性自显影。

（2）Northern 印迹法　与 Southern 印迹类似，基本步骤是将电泳凝胶中的 RNA 转移到叠氮化的或其他化学修饰的活性滤纸上，通过共价交联作用牢固结合。区别在于 RNA 的变性方法与 DNA 不同，碱处理可导致 RNA 水解。因此，Northern 印迹前，添加一定剂量的乙二醛二甲基亚砜处理 RNA 样品和凝胶，使双链 RNA 在电泳过程中变性完全解离成单链分布在凝胶上。

3. 核酸分子杂交技术在食品微生物检测中的应用

核酸分子杂交技术是目前分子生物学中最常使用的技术之一，可用于特定病原微生物的定性和定量分析。它在食品微生物领域的应用同样广泛，主要用于食品中致病性病原菌的检测，早在 20 世纪 90 年代，美国环保总署就用其检测饮用水中大肠杆菌总数。

设计不同的探针，针对性地检测病原菌是当下的研究热点。例如 Moseley 等以生物素标记的沙门氏菌基因片段作为探针，对食品中的沙门氏菌进行检测。Kerdalli 等使用自动化酶连接的非放射性 DNA 探针，迅速准确地完成了单核细胞增生李斯特菌的检测。陈倩等应用 λrp-p 基因探针，菌落原位杂交法成功检测 ESIEC 大肠杆菌 HPI 毒力岛。在此基础上，多种基因探针试剂盒相继商品化。美国 GENE-TRAK 公司采用脱氧核糖核酸杂交筛选比色法，利用特异性的基因探针对沙门氏菌、李斯特菌和大肠杆菌进行检测。法国梅里埃公司研制的 GENE-PROBE 系统采用杂交保护分析法对食品中的金黄色葡萄球菌进行检测。它将带有标记物的基因探针与金黄色葡萄球菌的 rRNA 杂交。在选择性试剂的作用下，游离探针的发光标记物溶解，杂交基因的标记则受到保护，再加入检测试剂激活发光分子，检测光的强度，以确定金黄色葡萄球菌的数量。

核酸分子杂交技术发展至今，放射性同位素标记的核酸探针仍存在诸多问题。因此，完善非放射性标记探针、扩增及放大靶序列和探针的信号、简单化杂交方法，是未来发展方向。

11.2.2　PCR 技术

核酸分子杂交技术检测一种菌就要设计一种探针，虽然检测速度快，但要达到检测量还需对样品进行一定时间的培养，应用上受到一定限制。1985 年 Kary Mullis 等发明了扩增 DNA 或增加样品中特殊核苷酸片段数量的方法——聚合酶链式反应，即 PCR 技术，这在一定程度上解决了核酸分子杂交技术所存在的问题。随着热稳定性 TaqDNA 聚合酶和自动化热循环仪的推广使用，PCR 操作程序明显简化，应用范围更加广泛。对于食品微生物检测而言，PCR 技术可以将食品中含有的极其微量的病原菌快速检测出来，与传统的检测方法相比，特异性更强、灵敏度更高、检测时间更短。

1. PCR 反应的基本原理

PCR 反应就是模板 DNA、引物和四种脱氧核糖核苷三磷酸（dNTPs）在 DNA 聚合酶的催化作用下发生的酶促聚合反应。由变性、退火和延伸三个步骤构成。首先通过加热至 94 ℃使双链 DNA 模板变性，裂解成两条单链，然后降低温度至 55 ℃，使引物与 DNA 单链的互补序列配对结合。然后升高温度，DNA 模板—引物结合物在 Taq 聚合酶的作用下，以 dNTPs 为原料，靶序列为模板，发生酶促聚合反应，称为延伸，重复上述变性退火和延伸的循环过程。每完成一次循环可将靶序列扩增一倍，需 2～4 min，因此仅需 2～3 h 即可将目的基因扩增几百万倍。

PCR 技术具有以下特点：①特异性强；②灵敏度高，可以用来检测痕量 DNA 样品；③简单快速，数小时后即可得到足够数量的目标 DNA；④对原始材料的纯度要求低，不需要分离病毒或细菌及培养细胞；⑤可以扩增 RNA 或 cDNA；⑥具有一定程度的错误渗入，但仅占全部新扩增 DNA 分子中的一小部分，基本上不影响结果。

2. PCR 反应体系

参与 PCR 反应的物质有 PCR 扩增所需引物、TaqDNA 聚合酶、dNTPs、DNA 模板和缓冲液五种。标准 PCR 反应体系如下：

10×扩增缓冲液	10 μL
4 种 dNTP 混合物	200 μmol/L
引物	1 μmol/L
模板 DNA	0.1～2 μg
TaqDNA 聚合酶	2.5 U
Mg^{2+}	1.5 mmol/L
	加超纯水至 100 μL

1）引物

PCR 扩增的引物是指与待扩增的靶 DNA 区段两端序列互补的人工合成的寡核苷酸短片段，包括正向引物和反向引物。引物决定了 PCR 扩增片段的长度和位置。设计高效和特异性强的引物是 PCR 技术的关键，若引物设计不合理，将直接影响扩增结果，降低检测的灵敏度和特异性，甚至会导致假阳性、假阴性结果的出现。

病原微生物设计引物时，可优先针对特定序列。原核生物的 rRNA 有 3 种类型：23SrRNA、16SrRNA 和 5SrRNA，它们分别含有的 2900、1540 个和 120 个核苷酸。5SrRNA 核苷酸数量少，缺乏足够的遗传信息用于分类研究，23SrRNA 含有的核苷酸较多，分析困难。16SrRNA 长度适中，信息量较大且易于分析。16SrRNA 是细菌分类学研究中最常用、最有用的“分子钟”，长度约 1500 bp，由保守区和可变区组成，保守区能够反映物种的亲缘关系，为系统发育树的构建提供依据。可变区的变异程度与微生物的系统发育密切相关，能揭示出物种的特征核酸序列，是种属鉴定的分子基础。因此，可通过设计 16SrRNA 保守区引物，检测细菌存在与否，利用可变区序列的差异，对相同菌种不同菌株进行分类鉴定。

引物设计的一般原则：

（1）长度：至少 16 bp，通常为 18～30 bp。更短的引物一般会降低扩增的特异性，但会提高扩增的有效性；

（2）引物的解链温度：两个引物的 T_m 值相差不应大于 5 ℃；

（3）避免引物内部或引物之间形成引物二聚体（特别是引物的3′端）；

（4）G+C含量：应控制在40%～60%，4种碱基的分布也应尽可能均匀；

（5）引物的3′末端最好是G或C，但不要GC连排；

（6）引物的特异性：引物应与核酸序列数据库的其他序列无明显同源性；

（7）引物量：以产生所需结果的最低引物量为宜。

2）DNA聚合酶

DNA聚合酶能使PCR反应半自动化进行，是体系中的一个关键因素。早期的DNA聚合酶是大肠杆菌DNA聚合酶Ⅰ的Klenow大片段，它在高温下会失活，每次循环结束后都需要人工重新添加，操作复杂。1980年，研究人员在黄石国家森林公园温泉水中发现了一种水生栖热菌（*Thermus aquaticus*），其DNA聚合酶能经受高温，即Taq DNA聚合酶。热稳定的TaqDNA聚合酶推动了PCR技术的自动化，简化了操作过程。使用前需优化确定添加量，DNA聚合酶浓度过高将导致产生非特异性产物，浓度过低则合成产物量减少。

3）dNTPs

PCR反应体系中所需dNTPs包括脱氧腺苷三磷酸（dATP）、脱氧胞苷三磷酸（dCTP）、脱氧鸟苷三磷酸（dGTP）和脱氧核糖胸腺嘧啶三磷酸（dTTP）4种。dNTPs溶液呈酸性，使用时应配成高浓度再用缓冲液稀释，并调节pH至7.0～7.5。反应时4种dNTP浓度应一致。

4）缓冲液

PCR反应体系中一般使用10～50 mmol/L Tris-HCl作为缓冲液。值得注意的是，缓冲液中的Mg^{2+}浓度。Mg^{2+}影响DNA聚合酶活性和引物退火，进而影响PCR扩增的特异性和产量。当缓冲液中的Mg^{2+}浓度较高时，PCR产量增加的同时，非特异性扩增概率也增加，反之亦然。一般来说，当各dNTP浓度为0.2 mmol/L时，Mg^{2+}浓度应为1.5 mmol/L。

5）模板

模板是PCR反应的起始材料，单链或双链DNA都可直接作为PCR反应模板。若起始材料是mRNA，需在反应体系中添加逆转录酶使其转化为cDNA再使用。模板核酸的量与纯化程度直接影响PCR结果。

传统的DNA纯化方法通常采用去污剂十二烷基硫酸钠（SDS）和蛋白酶K来消化处理标本。SDS可溶解细胞膜上的脂类与蛋白质，破坏细胞膜，解离细胞中的核蛋白，与蛋白质结合共沉。蛋白酶K能水解消化蛋白质，特别是与DNA结合的组蛋白。再用有机溶剂抽提除掉蛋白质和其他细胞组分，用乙醇或异丙醇沉淀核酸，沉淀所得核酸即为PCR反应模板。提取RNA方法与DNA类似，常采用异硫氰酸胍或蛋白酶K处理样品，操作时要防止RNA酶降解RNA。

3. PCR反应条件

在标准PCR反应中主要参数条件有温度、时间和循环次数。

以三温度点法为例，PCR反应过程为：双链DNA在90～95 ℃变性，再迅速冷却至40～60 ℃，引物退火并与靶序列结合，然后快速升温至70～75 ℃，在DNA聚合酶作用下，使引物链沿模板延伸。

当温度达到93～94 ℃时，1 min足以使模板DNA变性。变性温度不宜过高，否则影响酶的活性，当温度低于93 ℃，可适当延长变性时间。变性后快速冷却至退火温度可使引物与模板特异性结合，退火的温度和时间与引物的长度、碱基组成及其浓度及靶序列长度有关。一般来说，由20个核苷酸组成、G+C含量约50%的理想引物退火温度为55 ℃，退火时间为30～60 s。延伸温度取决于DNA聚合酶的最适温度，使用TaqDNA聚合酶时，延伸温度可控制在70～75 ℃。延伸时间与片段长度有关，一般1 kb以内靶序列1 min即可，3～4 kb的需3～4 min，扩增10 kb则需15 min。PCR反应的循环次数主要取决于模板DNA浓度，一般控制在25～30次。若25～30轮扩增完成后浓度仍不够，可重新加入各种底物进一步扩增。但随着循环次数增加，非特异性产物量也增加。

4. 琼脂糖凝胶电泳检测PCR产物

琼脂糖凝胶电泳是用琼脂糖作支持介质的一

种电泳方法，兼有“分子筛”和“电泳”的双重作用。琼脂糖凝胶具有网络结构，物质分子通过时会受到阻力，大分子物质受到的阻力大。因此在凝胶电泳中，带电颗粒的分离不仅取决于净电荷的性质和数量，而且还取决于分子大小。

当DNA样品在琼脂糖凝胶中电泳时，琼脂糖凝胶中可发射荧光的溴化乙啶（EB）就会插入DNA分子中形成荧光络合物。DNA分子发射的荧光强度和样品DNA含量成正比，当用已知浓度的标准样品做对照时，可比较出待测样品浓度。

琼脂糖凝胶电泳检测PCR产物的基本步骤：①用蒸馏水将制胶工具洗干净，准备好制胶平板，架好梳子；②根据要分离的样品DNA大小配制合适浓度的琼脂糖凝胶。准确地称取一定量的琼脂糖粉至合适体积的锥形瓶中，加入一定量的电泳缓冲液（TAE）后放入微波炉加热融化，取出冷却至不烫手即可；③融化后的琼脂溶液摇晃混匀，倒入电泳槽中待凝固；④凝固后小心地拔出梳子，取出凝固好的凝胶放入电泳槽内，准备上样；⑤在电泳槽中倒入电泳缓冲液，没过胶面1 mm左右即可，去除气泡；⑥5 μL DNA样品加入1 μL上样缓冲液和1 μL核酸染料，混匀后点入凝胶孔内上样，然后接通电源，开始电泳；⑦电泳结束，关闭电源，凝胶成像仪上观察电泳位置，对比Marker判断分子大小。

5. PCR技术的基本应用类型

PCR技术的基本应用类型很多，主要包括常规PCR技术、多重PCR技术、免疫PCR技术、反转录PCR技术、实时荧光PCR技术等。

（1）多重PCR技术　多重PCR是在常规PCR基础上改良的一种新型PCR扩增技术。在同一反应体系中加入多对特异性引物同时扩增多条目的DNA片段，然后利用条带长短差异，通过凝胶成像结果进行分辨。该技术节省了反应材料和时间，已应用于遗传病诊断、转基因鉴定和病原体检测等多个领域。

（2）实时荧光PCR技术　在PCR反应体系中加入荧光基团，利用荧光信号累积实时监测整个反应进程。实时荧光PCR技术实现了传统定性到定量的优化，扩增和检测一步完成，避免交叉污染，不需后续检测的同时解决了污染环境问题，操作简单、自动化程度高，快速高通量适合大规模样品的检测。

6. PCR技术在食品微生物检测中的应用

PCR技术在食品微生物检测领域具有显著的优越性。如果采用传统方法进行检测需要经历富集、分离、观察鉴定等多个流程，至少5 d时间。若采用PCR技术，1 d内即可完成。利用PCR可以对那些人工难以培养的微生物进行检测，甚至还可以利用原位PCR技术对环境中的微生物进行原位分析鉴定，直接研究微生物群落的结构和功能。PCR技术还可用于病原微生物的快速检测，如自动化PCR检测试剂盒。多重PCR、实时荧光PCR、免疫PCR等多种技术的发展应用使得检测具有更高的灵敏度和更短的周期。如胡冰雪等利用多重PCR技术，建立了一种可同时检测荧光假单胞菌、单增李斯特菌和沙门氏菌的检测体系，且具有较高的灵敏度。Kim等以金黄色葡萄球菌特异性基因*nuc*为目的基因荧光定量检测牛奶中的金黄色葡萄球菌数量。荧光定量PCR技术可与多重PCR技术联合使用，建立一种简便的多重荧光定量PCR体系，同时定量检测几种不同致病菌。袁慕云等建立了一种同时定量检测沙门氏菌、肠炎沙门氏菌和鼠伤寒沙门氏菌的三重qPCR体系，检测下限为300 CFU/mL。此外还有沙门氏菌、大肠杆菌和金黄色葡萄球菌的三重qPCR体系，李斯特菌属和单核增生李斯特菌的双重qPCR检测体系等相继被建立。

直接快速检测食品中微生物是PCR技术的一个主要目标，但待测样品中的微生物含量往往无法达到最低检测限，需要额外的增菌过程富集靶细菌。目前，已有文献报道可将PCR技术与免疫学技术和核酸分子杂交技术结合以缩短增菌过程时间。免疫磁珠分离技术利用磁珠上的抗体与相应抗原发生特异性结合后形成抗原-抗体-磁珠免疫复合物，在磁场作用下使复合物移动，与其他物质分离，达到分离特异性抗原的目的。候楠楠等将实时定量PCR技术与免疫磁珠技术结合建立大肠杆菌O157:H7检测方法，该方法检测下限100 CFU/mL，可在1 h内完成。其他病原菌如沙门氏菌、李斯特菌、金黄色葡萄球菌等均有相关报道。

11.2.3 环介导等温扩增技术

2000年，日本学者 Notomi 等公布了一种简单快速敏感的新型恒温核酸扩增技术，即环介导等温扩增技术（loop-mediated isothermal amplification，LAMP）。传统 PCR 技术以及在此基础上发展起来的荧光 PCR、免疫 PCR 等技术虽然能够实现快速检测，但所需仪器设备价格昂贵，反应时间相对较长，使用推广中受到一定限制。而 LAMP 具有无须改变温度的优点，系统简单、操作快捷。目前，该技术已广泛应用于食品检测和生物传感领域。

1. LAMP 技术基本原理

LAMP 基于链置换原理，在恒温条件下使用 Bst2.0DNA 聚合酶催化进行反应，可分两步，即哑铃状模板构造的形成过程和扩增循环过程。涉及内部和外部两种引物，内部引物包括 FIP（由 F1c 和 F2 组成）和 BIP（由 B1c 和 B2 组成）。外部引物包括 F3 和 B3（图 11-1）。

哑铃状模板构造的形成过程，通过 LAMP 循环，在每个末端形成发夹状 DNA 作为扩增的起始。内部引物 F2 与模板互补序列 F2c 结合，在 DNA 聚合酶的作用下开始扩增，形成一条以 FIP 为新的 DNA 单链并与模板链结合形成新的 DNA。以 F3 为起始合成的 DNA 新链与模板形成双链，而原合成的以 FIP 为起始的 DNA 单链被置换下来形成一条单链，5′末端 F1 和 F1c 自我碱基配对，形成发夹结构。外部引物 B2 与模板互补序列 B2c 结合，形成以 BIP 为起始的新链，并与模板互补形成双链，同时 5′的环状结构被打开，B3 与模板上的 B3c 杂交后为起始合成新链，以 BIP 为起始的 DNA 单链从模板链上脱离下来，形成以 FIP 和 BIP 为两个末端的单链。因为 B1c 与 B1 互补，F1c 与 F1 互补，两端自然发生碱基互补配对，所以这条 DNA 单链分别在两端形成两个发夹结构，这是 LAMP 的基础结构。

LAMP 的基础结构形成后进入扩增循环阶段。首先以 F1 末端为起点，以自身为模板，进行 DNA 扩增。与此同时，FIP 引物的 F2 与环上单链 F2c 杂交，启动新一轮置换反应。以 F1 末端为起点的合成单链脱离模板而解离下来形成单链。在解离出来的单链核酸上也因互补结构存在而形成环状结构。在环状结构上形成 B2c，BIP 上的引物与其杂交，启动新一轮的扩增。最终，LAMP 的产物为若干倍茎长度的双链发夹结构和类似花状的环结构。

LMAP 技术特点如下：

（1）不需要特殊试剂，不需要预先进行双链 DNA 变性。

（2）特异性强。LAMP 反应针对靶基因的六个区段设计四条特异性引物。

（3）扩增快速高效。节省温度变化时间，反应可在 1 h 内完成，产率可达 0.5 mg/mL。

（4）灵敏度高。扩增模板可达 10 拷贝或更少。

（5）扩增 RNA 只需在原有扩增试剂中加入逆转录酶，操作简单。

（6）易于鉴定。LAMP 反应在扩增时会生成一种焦磷酸镁的衍生物，产生白色沉淀。检测结果时可直接将浑浊度作为指标，肉眼观察即可。

（7）社会效益和经济效益高。不需要昂贵的设备和试剂，可在基层机构或欠发达地区推广使用。

2. LAMP 技术操作流程

LAMP 技术操作流程简单，由反应体系的配置、扩增和检测组成。标准反应体系包含以下试剂：20 mmol/L Tris-HCl(pH 8.8)、10 mmol/L KCl、8 mmol/L $MgSO_4$、10 mmol/L$(NH_4)_2SO_4$、0.1%吐温-20、0.8 mol/L 甜菜碱、8 U Bst DNA 聚合酶、1.4 mmol/L dNTPs、1.6 μmol/L FIP、1.6 μmol/L BIP、0.2 μmol/L F3、0.2 μmol/L B3 和模板 DNA。

反应时，将以上所有试剂混合，60～65 ℃下孵育 15～60 min，再 80 ℃孵育 10 min 终止反应即可完成。若实验要求预先变性处理，可将除 DNA 聚合酶外的其余试剂混合 95 ℃下加热 5 min，在迅速转移至冰上冷却。冷却后再加入 Bst DNA 聚合酶，继续完成以上步骤。Bst DNA 聚合酶不耐热，70 ℃以上即失活，最适温度是 60～65 ℃。

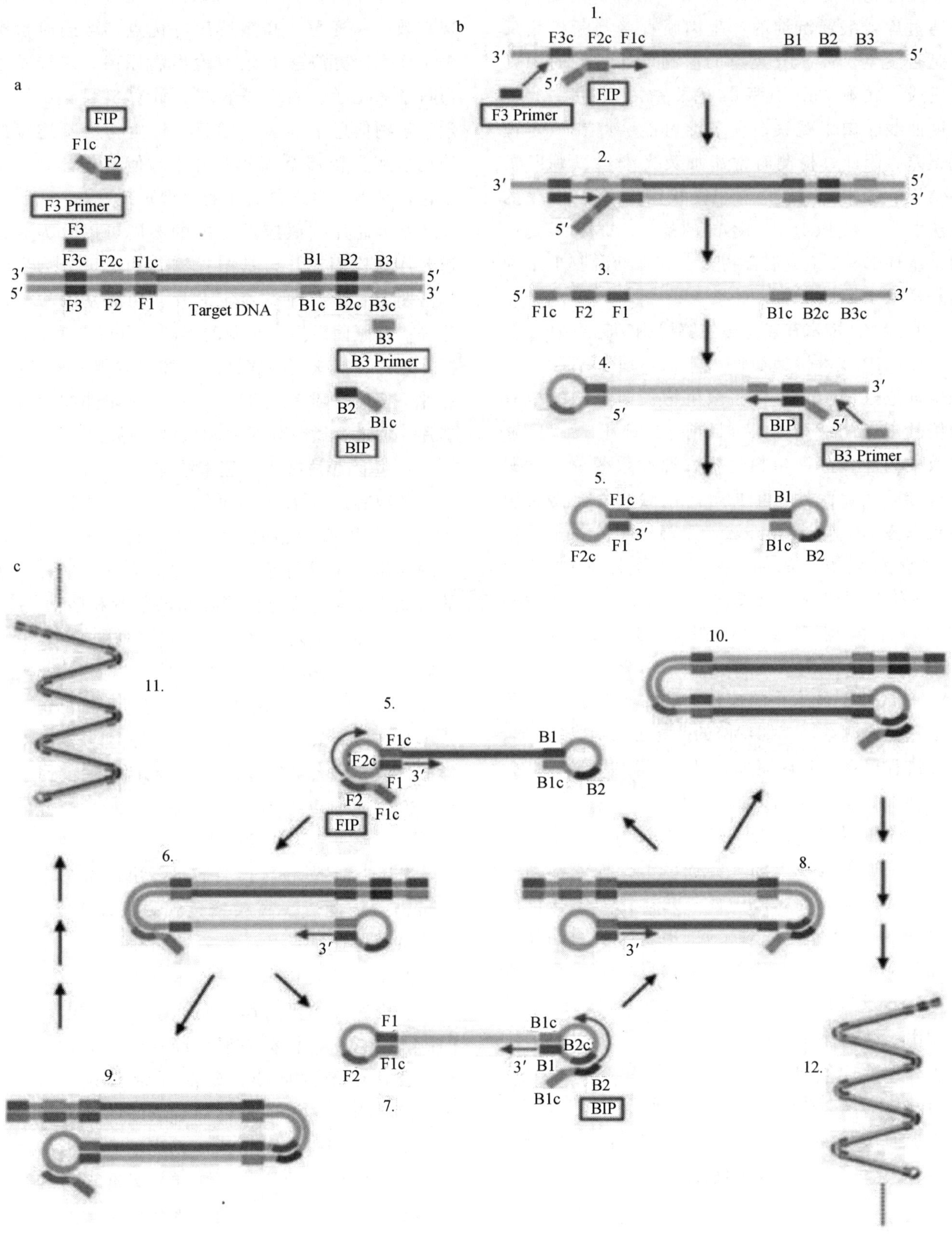

图 11-1　LAMP 反应原理示意图

反应完成后对 LAMP 扩增产物进行检测。可以通过焦磷酸镁沉淀的产生肉眼直接判断扩增反应是否发生。LAMP 反应的监测可通过实时浊度仪完成，在 400 nm 处每 6s 记录一次浑浊度，得到浊度曲线。肉眼观察白色沉淀可能会存在一定视觉误差，因此，检测时常添加荧光染料以判断扩增结果。琼脂糖凝胶电泳也是检测 LAMP 结果的方法之一。与 PCR 结果不同的是，LAMP 最终产物是茎环 DNA 组成混合物，在琼脂糖凝胶上呈现的是梯状条带。

3. LAMP 技术在食品微生物检测中的应用

LAMP 技术快速简便成本低，适合基层机构和偏远地区使用，在食品微生物快速检测领域有着极其广泛的应用前景。目前，LAMP 技术能够有效检测的食品微生物包括食源性致病菌、食源性病毒以及食源性寄生虫等。针对性地建立食源性致病菌 LAMP 检测方法，完善检测体系是近年来的研究热点。例如，袁法浒等针对沙门氏菌 *lygD* 基因建立了肠炎沙门氏菌的 LAMP 检测方法，细菌培养液检出限 2.33×10^3 CFU/mL。LAMP 检测方法日益成熟，开发商业化 LAMP 试剂盒是未来的应用方向。如杨爱华等开发了一种检测单增李斯特菌的荧光 LAMP 试剂盒，全部流程可在 2 h 内完成，可用于基层现场检测，与标准 ISO 方法相比更加快速可靠。

LAMP 技术还可与其他技术联用，充分发挥其简单快速的优点。Sara 等提出了一种嵌入到光盘的微反应器设备，使用视频光盘作为生物传感平台进行 DNA 扩增，对靶向 DNA 实时监测并通过光盘驱动激光进行光学扫描读取结果。与常规的 25 μL 反应体系相比，此方法减少至 3 μL，且表现出了高特异性和高灵敏度。Jun 等基于 LAMP 原理设计了一个集成离心微流体装置，它将 DNA 提取纯化、扩增和扩增产物检集成在一个圆盘上，极大地简化了流程，可用于食源性致病菌的检测。

11.2.4 基因芯片技术

从分子水平检测食品中微生物的方法日益成熟，但往往只针对某一种或某一类微生物，面对食源性疾病时，不够全面。因此，建立一种可以同时检测多种常见食品微生物的方法十分重要。基因芯片作为一种新型病原菌检测方法，具有快速高效、高通量、高敏感度等优点，可同时检测多个样本，更快速有效地检出病原菌。它涉及生命科学、化学、微电子技术、计算机科学、统计学、生物信息学等多个学科，将生物中不连续的分析过程，转移至固相芯片上，使其连续化、微型化，是当下多学科交叉的前沿研究热点。

基因芯片按照应用范围的不同可以分为表达谱芯片和检测芯片，其中检测芯片又可分为生物群落鉴定芯片、种类鉴定芯片、功能基因检测芯片等；按照固定探针来源的不同，可以分为 cDNA 探针芯片、寡核苷酸探针芯片和基因组 DNA 探针芯片；按照材质和功能，可以分为元件型微阵列芯片、通道型微阵列芯片和生物传感芯片。

1. 基因芯片技术的基本原理

基因芯片技术利用原位合成或显微打印方式将数以万计的核酸探针固化于支持物表面，与标记的样品分子进行杂交，通过检测每个探针分子的杂交信号强度获得待测样品的数量和序列信息。它通过微加工工艺，将大量特定序列的 DNA 片段规则排列于 2 cm^2 的硅片或玻璃片等固相载体上，构成一个二维 DNA 探针阵列，与计算机的电子芯片十分类似，故称基因芯片。其原理与核酸杂交类似，但它将大量按检测要求设计好的探针固化，仅一次杂交便可得到多种靶基因的相关信息，其实质是高度集成化的反向斑点杂交技术。

基因芯片技术具有高通量、快速全自动同步分析、高精确度、高精密度、高灵敏度的特点，但体系的建立和使用需要较大的投入。

2. 基因芯片技术

基因芯片技术操作步骤如下：首先选择合适的固相支持物，材料一般为经处理的硅片、玻璃片、瓷片或聚丙烯膜、硝酸纤维素膜、尼龙膜等。然后点样法将预先设计合成好的探针经阵列点样机定量点样于固相载体相应位置，再由紫外线交联固定得到芯片。待测样品经处理后进行核酸提取与扩增，再用荧光素进行标记，然后与芯片上的探针点杂交，最后通过扫描仪定量和荧光分布模式分析确定待测样品是否存在某些特定微生物。

探针的制备是基因芯片研究中最为关键的因素之一。目前常用的探针有寡核苷酸探针、cDNA探针和基因组DNA探针（表11-2）。寡核苷酸探针根据待测靶基因特点设计多条特异性DNA片段固定在芯片上，与经扩增、标记的靶基因杂交，根据能否检测到杂交信号判断待测基因是否存在。cDNA探针是通过PCR扩增cDNA文库中的基因，点样固定于芯片上，与带有不同荧光的对照样品cDNA片段同时杂交，对比不同标记杂交信号的变化，分析待测样品基因表达水平的变化。探针设计好后在其末端连接上10～15 bp的polydT作为连接分子臂，经修饰后的分子臂末端可连上氨基，进而与活化玻片表面上的功能基团发生反应固定在玻片上。

杂交反应是基因芯片检测的重要过程，属于固相-液相杂交。操作时先预杂交，再加入含靶基因的杂交液杂交，之后洗脱、干燥，以待检测。杂交时可将玻片上的活性基团封闭或失活，以防止标记的靶基因与玻片上探针外的其他位点发生非特异性结合，浪费样品并产生强的背景。杂交后芯片需洗涤，以除去未杂交的残留物。基因芯片的杂交过程受到很多因素影响，包括：①寡核苷酸探针密度。寡核苷酸探针密度过低时会降低杂交信号，密度过高时，由于荧光共振能在相近分子间转移，同样会明显降低杂交信号；②支持介质与杂交序列间的间隔序列长度。当间隔序列长度为15个寡核苷酸时杂交信号显著增强；③杂交序列长度。实验中20 bp的寡核苷酸探针为宜；④杂交序列中GC含量。在设计探针时应使GC含量一致；⑤杂交温度。尽量做到探针的杂交温度一致。

基因芯片技术使用中，应注意上述关键操作，优化芯片反应条件，提高芯片杂交的特异性，减少荧光染料造成的高背景，降低反应过程中非特异性杂交所造成的干扰。

3. 基因芯片技术在食品微生物检测中的应用

基因芯片可一次检测出绝大部分潜在致病菌，也可用于检测某一病原菌的多种遗传学指标，在食品微生物检测中具有良好的应用前景。近年来，许多学者利用基因芯片对常见致病菌进行了分析检测。高爽等利用基因芯片技术，以细菌16SrDNA和23SrDNA为靶序列筛选引物和探针，可在同一条件下同时检测7种水产食品中的常见肠道致病菌，检测灵敏度高，正确率可达100%。饶宝等同样根据16SrRNA基因序列设计通用引物进行基因芯片杂交，可分别鉴定出大肠杆菌、沙门氏菌和金黄色葡萄球菌。高兴等将多重PCR技术和基因芯片技术结合，建立了11种食源性致病菌的检测方法，且操作时间不超过3 h，具有良好的应用前景。

作为一种新型检测方法，基因芯片技术具有高通量、快速、准确的优点，但在实际应用中该技术仍存在不足。首先，在前期工作中，需要准确获得大量靶基因信息，工作量巨大。其次，芯片技术亟待提高，如特异性问题、假阴性假阳性问题、芯片产品质量和可靠性问题等都需要进一步解决完善。最后，基因芯片的制作工艺复杂，费用高昂。因此，在未来的研究中，应共享靶基

表11-2　cDNA探针、寡核苷酸探针和基因组DNA探针的比较

项目	cDNA探针	寡核苷酸探针	基因组DNA探针
探针来源	PCR产物	人工合成	培养提纯
探针大小	大；几百bp到2 kb	小；十几mer到70 mer	大；整个基因组
样品标记	Taq酶聚合掺入、随机引物、切刻转移、化学标记、反转录标记	Taq酶聚合掺入、随机引物、末端转移法、化学标记、反转录标记	随机引物
灵敏度	高	低	高
特异性	一般	高	低
应用	功能基因检测、病原体检测及种类鉴定、基因组差异性检测、基因表达	基因组检测、功能基因检测、病原体检测及种类鉴定、基因分型、突变检测、基因表达	生物群落检测

因数据，建立数据库。进一步简化基因芯片制作过程，降低检测成本。

11.3 电化学方法

11.3.1 电阻抗法

1. 原理

阻抗法是20世纪70年代初期发展起来的一种以电阻抗为媒介，监测微生物代谢活性为基础的快速方法。电阻抗是指交流电路中导电物质对电流所起的阻碍和抵抗作用。微生物在培养基内生长繁殖的过程中，通过新陈代谢作用使培养基中的大分子电惰性物质如碳水化合物、蛋白质和脂类等代谢为具有电活性的小分子物质，如乳酸盐、醋酸盐等。随着微生物的生长繁殖，培养基中的电活性物质逐渐累积，导致培养基的导电性增加，电阻抗随之降低。阻抗法就是利用这个原理，通过测定培养基的电阻抗随时间的变化，得到阻抗曲线图，不同的微生物在培养基中产生具有可作为诊断依据的特征性阻抗曲线。根据阻抗改变的图形对检测的细菌做鉴定。该法原多用于临床微生物的鉴定、菌血症和菌尿症等标本的快速检测等方面，现已逐步应用于食品中细菌总数、大肠杆菌、沙门氏菌、酵母菌、霉菌和支原体的检测。如法国生物梅里埃公司的Bactometer系统可用于乳制品、肉类、海产品、蔬菜、冷冻食品、糖果、糕点、饮料和化妆品中的总菌数、大肠菌群、霉菌和酵母计数，乳酸菌、嗜热菌的测定。

2. 特点

与传统方法相比，阻抗法可大大减少检验时间，快速监测食品中微生物污染，绝大部分可在24 h内鉴定出，高度污染的样品则可更早；操作简便，劳动强度低，受计算机控制，可自动进行数据的测试和分析贮存。还可进行食品工业中所需的多种微生物试验及原材料、生产线、成品的检测；结果准确，对于干扰传统平板计数的不透明样品以及小颗粒物质，检测结果不受影响。阻抗法是通过测定代谢物产生速度，将培养基中微生物数量与其活动相结合，因而在预测食品保藏质量等方面比平板计数法更具优势。目前，阻抗法在食品检测中的应用日益广泛，比其他快速方法有更多的发展空间，在某些行业如乳制品行业，可将阻抗法作为总的质控工具，进行食品微生物的快速检测。

3. 研究进展

英国科学家Stewart最早使用阻抗法对微生物进行检测。他发现当微生物污染血液后，血液的电导率会呈现持续增大的趋势。之后，德国科学家E. Warburg对受微生物污染的尿液样本进行研究，发现尿液受污染程度不同电极极化现象也存在差异。正式拉开使用阻抗法测定微生物的研究序幕。1973年，Ur与Brown最先报道了通过监测阻抗变化来检测细菌生长及对抗生素的敏感性。基于这个原理，1974年美国Bactomatic公司的Cady与Dufour成功研制出了首台基于阻抗法来连续监测细菌代谢生长的仪器——Bactometer32。此外，Wheeler与Goldschmidt使用一种四电极体系检测临床菌尿症（尿样中微生物含量高于10^5个/mL），该方法基于阻抗变化原理，选择10 Hz方波输入，直接制定电极电位与微生物含量的变化关系，对Escherichia coli K-12的检测范围为10^3～10^9个/mL。该法不适用于检测代谢物的积累，对菌尿症的检测可在15 min内完成。2012年，陈巧燕使用Bac Trac4300仪检测巴氏杀菌奶的菌落总数和大肠菌群数，共检测了58个牛奶样品，除2个样品由于稀释梯度不够而无法计数外，其余样品菌落总数分布在10～10^7CFU/mL。DT值与菌落总数的对数值相关性良好，相关系数为0.97，该法检测结果与传统细菌培养法一致，且检测时间由48 h缩短至8 h。

20世纪80年代前后有许多应用Bactometer微生物自动检测仪的研究，这些报道拓展了阻抗技术的应用领域，如临床微生物学（尿样、血样）、环境微生物学（工业废水）、食品卫生学（冷冻蔬菜、肉类、果汁饮料、乳制品等）。

在探讨阻抗法的原理时，一般将电化学池（通常盛放液体培养基）等效为各部分电阻、电容的串联或并联。

1978年Cady等初步探讨微生物生长引起阻抗变化的机理，认为微生物生长引起电极表面的双电层组成改变，使得容抗发生变化，它是影响阻抗的主要因素。在400～30000 Hz范围内的试验发现，低频时的阻抗变化最明显。House等观察到在低频（100 Hz）时电极阻抗起主要作用，在高频（10 kHz）时培养基影响最大。Felice等用Warburg频率特性模型将阻抗分解为每个电极的界面阻抗 Z_i（R_i，X_i）与培养基阻抗 R_m 等部分。在低频下直接测量界面阻抗的电阻（R_b）与容抗（X_b）成分，在高频（5 kHz上，Z_i 可忽略）下测量 R_m。由 $R_b=(2R_i+R_m)$ 及 $X_b=2X_i$，可计算出 R_i、X_i 和 R_m，重复试验得出的上述分量间最大统计离散度低于5%。2012年，张爱萍利用阻抗法快速分析了牛奶中菌落总数，她对比了分别以电导、总阻抗和双层电容作为检测参数对准确度的影响。以双层电容值作为阻抗检测参数测得的菌落总数低于其实际数目的概率较大，而以电导、总阻抗作为检测参数时误差随机分布。所以，在用阻抗法快速检测牛奶中菌落总数时应优先选用电导、总阻抗作为检测参数。

基于这种电极、培养基阻抗分离技术，奥地利SY实验室开发了一种商用仪器BacTrac™4100，它在1 kHz频率下测量电极、介质液的阻抗。此外，也有许多利用交流电导率测定微生物总数的研究。当培养基电导较低时，细菌生长电导变化明显，适合做电导分析；当培养基电导较高时，电导变化很小，而相应的极化电容变化较大，因此应借助电容分析检测细菌生长。有研究发现双电层电容比培养基电导变化更明显，检测时间更短，且与平板计数法测定结果的相关系数更高。

2003年Yang等将三电极体系用电解液电阻、法拉第阻抗、双电层电容的串并联等效，对阻抗法原理进行了较系统的研究。当电极表面不发生电化学反应时，感应电流不存在，等效电路可简化为电解液电阻与双电层电容的串联。与Felice等的研究相似，在低频（1 Hz）和高频（1 MHz）下，分别忽略电解液电阻、双电层电容的影响，由测量结果计算得出两个分量值。这个结果表明，可以同时使用电阻、电容分析技术测定微生物总数。

关于影响电容的因素，Yang等用法拉第阻抗谱技术分析Salmonella typhi-murium细胞在电极表面的吸附作用。结果表明S细胞能吸附在金电极表面，细菌细胞膜的绝缘特性使电极表面阻抗增加，并引起双层电容下降。该发现可作为对1992年Felice等试验数据的补充解释。

用阻抗法检测微生物的研究有很多，但主要成果大体上如上所述。1996年Silley与Forsythe对阻抗微生物学作了一次总结，1999年Wawerla等对阻抗法在食品卫生学上的应用进行了讨论，并提出了一些新的发展方向，以及在实际应用中还存在的问题。

11.3.2 电化学免疫传感器

1. 原理

1990年Henry等提出了免疫传感器的概念。电化学免疫传感器将生物技术与电化学技术结合起来，将抗原与抗体的特异性结合反应转换为电信号，根据抗原抗体的特异性识别实现分析测定。它兼具抗原抗体反应的高选择性和高度特异性，以及电化学反应的快速、简单、灵敏、范围广等优点。根据免疫分析过程中是否使用标记物将其分为非标记型和标记型；根据测量的电信号的不同将其分为电势型、电导型、电流型和阻抗型，其中电流型免疫传感器研究最成熟，应用最广。

2. 特点

目前，食品检测的传统仪器分析方法主要有：高效液相色谱法、气-质联用技术、气液色谱、培养计数法和血清学抗体检测法等。这些分析方法具有高灵敏度和准确度，但是普遍存在仪器价格昂贵、操作复杂、测量周期长、无法实现现场检测和需要专业操作人员等缺点。与上述检测技术相比，电化学免疫传感器具有以下特点：

（1）灵敏度高，抗原-抗体的特异性结合使免疫传感器具有高特异性；

（2）检测限低，修饰电极的纳米材料的优良的电化学性质使检出限有所降低；

（3）耗时短，一般均可在几分钟到几十分钟内完成；

（4）成本低，易于推广；

（5）仪器简单，不需要专业人员或专业培训，而且仪器轻巧，便于随时携带。

在近几十年里，电化学免疫传感器在食品安全领域中抗生素、毒素、病原微生物等的测定中，成为可替代传统检测方法且可广泛应用的潜在方法之一。

3. 电化学免疫传感器的应用

1）致病菌的检测

食品中常见的致病菌有金黄色葡萄球菌、沙门氏菌、志贺氏菌、大肠埃希氏菌和副溶血性弧菌等。传统的检测致病菌的方法有微生物培养法、平皿计数法，这些检测方法速度慢、效率低，而电化学免疫传感器快速、可靠、简单、经济，在致病菌检测方面有广泛应用。

细菌细胞的检测分两种：①检测特定的细菌种类或菌株，大多数革兰阴性细菌中富含肽聚糖、蛋白质、脂多糖以及支链酸（主要是革兰氏阳性细菌）。特异性细菌的检测是基于抗体或适配体与细菌抗原（细胞壁上的蛋白质和脂多糖）的结合。细菌抗原被特定的抗体或适配体识别，而相应的抗体或适配体则作为分子受体与纳米材料相结合从而实现特定细菌的检测。杨华等设计了一种基于多壁碳纳米管-有机配位聚合物高效固定抗体的电流型免疫传感器，将大肠杆菌抗体吸附包埋在多壁碳纳米管-有机配位聚合物中，在大肠杆菌O157：H7存在情况下，辣根过氧化氢酶标记的抗体随后特异性捕获于电极表面形成夹心结构，辣根过氧化氢酶会催化底物产生电化学信号，从而实现对大肠杆菌O157：H7的测定。多壁碳纳米管-有机配位聚合物不仅可以增加电极界面上的电子转移速率，特有的高比表面积也有助于固定抗体，提高了抗体的修饰效率和稳定性。该传感器的检测范围为67～6.7×10^{6} CFU/mL，最低检出限为40 CFU/mL，对于实际样品中大肠杆菌O157：H7的测定结果与平板计数法一致。宋新贺等设计了一种利用碳纳米管作为基底固定材料，硫化银纳米球负载金纳米粒子做电化学标记信号的无酶免疫传感器，用于检测大肠杆菌O157：H7。与传统的金纳米粒子相比，硫化银纳米球负载金纳米粒子具有较大的比表面积，使电极表面能负载更多的金纳米粒子，不仅能线性检测大肠杆菌O157：H7，还能将电化学信号放大，使传感器的响应电流更大、检测限更低。该免疫传感器的线性检测范围为1×10^{3}～1×10^{7} CFU/mL，检测限为4×10^{2} CFU/mL。赵广英等将辣根过氧化物酶标记的福氏志贺氏菌抗体吸附在多壁碳纳米管/海藻酸钠复合物修饰的四通道丝网印刷电极表面，制得了一次性电流型免疫传感器。该传感器采用四通道丝网印刷电极，克服了传统固体电极价格昂贵、预处理与再生步骤烦琐等缺点，实现一次性使用，且四通道平行检测有效缩减了分析时间，具有制备简单、价格低廉、特异性好、稳定性好、准确性高和试剂用量少等优点。在最优条件下，该传感器对福氏志贺氏菌的检测线性范围为10^{4}～10^{11} CFU/mL，检出限为3.1×10^{3} CFU/mL，有望用于福氏志贺氏菌的快速筛检。电极修饰的均一性和牢固性难以控制等常常导致电化学免疫传感器的重现性和准确性较差，为解决这一问题，马骏爽等将氧化石墨烯、纳米金电沉积在丝网印刷电极上，结合酶标抗体制成了快速检测鸡白痢沙门氏菌的免疫传感器。结果表明，纳米金和离子液体能显著改善传感器的重现性和准确性。②总菌数，即样品中所有种类的细菌总数。细菌总数的测定是依据细菌之间的共性，如静电作用下细菌细胞壁的表面电荷特性。Chemburu等构建了一种免疫流动分析装置，它集合了高度分散的碳粒子和安培计分析技术，对于牛奶和鸡肉提取物中大肠杆菌、单核增生李斯特氏菌、空肠弯曲菌的细菌数目测定下限分别为50个/mL、10个/mL、50个/mL，整个分析过程不超过30 min。另外，此系统设计巧妙，只要改变固定的抗体类型和相关试剂，就可用于更多类型致病菌的检测。

2）真菌毒素的检测

真菌毒素是真菌产生的小分子、高毒性的次级代谢产物，具有蓄积性，长期摄入会诱发癌症、突变和畸形，对人类安全构成威胁。真菌毒素对谷物及谷物食品的影响最广。常用的检测真菌毒素的仪器分析方法均需要复杂的仪器和样品前处理。而真菌毒素的电化学免疫传感器因使用特异性的抗体、适体或受体等作为亲和配体，体现出潜在的用途。近年来，电化学免疫传感器逐渐成为快速检测真菌毒素的最活跃研究领域之一，具有十分重要的经济和社会价值。以黄曲霉毒素（Aflatoxin，AF）为例，主要有AFB1、AFB2、AFM1、AFM2、AFG1、AFG2。自20世纪60年代初首次发现其具有致癌作用之后，欧盟和许多国家都制定了严格的预防措施，并规定了食品中霉菌毒素的允许检出量。

（1）电流型免疫传感器　电流型免疫传感器最初是基于酶联免疫测定法的原理，在恒电压条件下监测由于抗原抗体结合或继后反应中电流的变化。根据待测物在传感电极上产生的电流与电极表面待测物浓度之间呈正比例关系进行定量分析，再加上酶催化作用的高选择性，使其具有较高的灵敏度，成为免疫传感分析中发展最快的领域。检测方法主要有竞争法和夹心法。

竞争法分为直接竞争法和间接竞争法，直接竞争法是由于电极表面的抗原和样品中的抗原竞争结合抗体，致使电流发生改变的过程。Parker等以辣根过氧化物酶作标记，将AFM1抗体固定在丝网印刷电极上，以直接竞争法测定牛奶中的AFM1，该传感器的检测范围为3.9×10^{-4}～1 ng/mL，检出限为3.9×10^{-4} ng/mL；Tang等将BSA-AFB1复合物固定在磁性纳米颗粒$CoFe_2O_4$-SiO_2上，然后在外加磁场的作用下将BSA-AFB1聚集在电极表面，同样以直接竞争法测定红甜椒样品中的AFB1，检测范围为0.05～12 ng/mL，检出限为0.006 ng/mL，纳米材料的大的比表面积和良好的生物兼容性，增加了固定在电极上的抗体量，保持了抗体的良好生物活性，提高了传感器的灵敏度；王瑞鑫等用壳聚糖-石墨烯掺杂1-丁基-3-甲基咪唑基四氟硼酸盐作为电极修饰材料，制备了一种无标记的电流型免疫传感器，在0.1～8.1 ng/mL范围内线性关系良好，检出限为0.04 ng/mL，对花生和玉米油样品中AFB1的检测，回收率为94.73%～104.41%。该免疫传感器用成膜性好的壳聚糖大分子、高比表面积的石墨烯和生物兼容性良好的离子液体来固定抗体，石墨烯的优良导电性和特殊结构为传感器提供更多的电子传递通道，离子液体有利于改善传感器表面的导电能力和保持生物分子的活性，由这三种材料构成的复合膜有助于提高传感器的稳定性和灵敏度。抗原抗体的固定是影响传感器性能的重要因素之一，其固定方式、数量和活性等均会影响传感器的重现性、检测限和重复使用等。

由于酶标抗体的制备较为复杂，所以大多采用间接竞争法来进行检测。间接竞争法是指电极表面的抗原和样品中的抗原竞争结合抗体（一抗）后，再加入标记的二抗结合溶液中的一抗，然后加入底物测其电流变化的过程。Yun Tan等构建了一种酶催化银沉积信号放大免疫传感器，抗体上的标记物碱性磷酸酶将抗坏血酸-2-磷酸盐催化为抗坏血酸，同时银离子被还原成银沉积在金电极表面，通过测定电极表面沉积的银来间接检测出大米中的AFB1，此免疫传感器的测定范围为0.1～10 ng/mL，检出限为0.0602 ng/mL。Piermarini等利用96孔丝网印刷微电极基于同样的原理测定玉米中的AFB1，检测范围为0.05～2 ng/mL，相较于单个的丝网印刷微电极，该方法提高了分析通量，减少了分析时间，降低了分析成本。

夹心法是在样品中的抗原与固定在电极上的抗体结合之后，酶标抗体再与样品中的抗原相结合形成夹心结构，从而催化氧化还原反应，使电流发生改变。王瑞鑫等将AFB1抗体物理包埋在壳聚糖-金溶胶复合材料中，以$K_3[Fe(CN)_6]$为探针进行检测，检测范围为0.1～1.1 ng/mL，检出限低至0.05 ng/mL，但由于物理吸附的AFB1抗体在分析过程中易脱落，使传感器的灵敏度和重现性均有所降低。Zhang Xian等将BSA-AFB1固定在单层碳纳米管/壳聚糖薄膜修饰的玻碳电极上，采用双抗夹心法对玉米粉中的AFB1进行检测，其检测范围为0.01～100 ng/mL，检出限为3.5 pg/mL，远低于国家的验收标准。

（2）阻抗型免疫传感器　阻抗型免疫传感器是通过检测抗原抗体反应后引起的电子转移阻抗的变化来测定待测物。相较于其他免疫传感器，阻抗型免疫传感器通常不需要酶标抗原或抗体，也无需用二抗放大信号，极大地简化了传感器的制备。Owino JH等利用直接吸附作用将AFB1抗体固定在聚苯乙烯磺酸-聚苯胺修饰的铂电极上，抗体的固定使电子转移受阻。该传感器的检出限为0.1 mg/L，稳定性较好，但由于通过吸附作用固定的抗体量较少，使传感器的特异性差，灵敏度低，难以满足实际需求。周琳婷等将氧化石墨烯、2，5-二（2 噻吩）-1-对苯甲酸吡咯和氯金酸电沉积在金电极表面，将黄曲霉毒素 B1 抗体共价键合在导电高分子膜上，再滴涂 1，3-二丁基咪唑六氟磷酸盐离子液体于电极表面，制得了 AFB1 免疫传感器。此传感器采用含游离羧基的导电高分子膜以共价键和方式固定抗体，提高了重现性和稳定性。另外，由于石墨烯和纳米金的引入，增加了修饰层的电子转移速率和电化学活性面积，提高了传感器的灵敏度。该方法可用于花生样品中痕量 AFB1 的测定。Ma HaiHua 等用一步法将壳聚糖-AuNPs 复合纳米材料电沉积在金电极表面，再将 AFB1 抗体共价固定在电极上，抗原抗体的结合导致电子转移电阻增加，该传感器的检测范围为 0.1～30 ng/mL，检出限为 0.06 ng/mL，测量时间短，而且一步法电沉积不仅简化了传感器的制备，还提供了更多的可控性和可重复性。Maurilia P. Costa 等将 AFB1 抗体固定在多壁碳纳米管修饰的金电极上，基于抗原与抗体的特异性结合构建了一种免标记传感器。与其他纳米结构的免疫传感器相比，其制备较简单、快速，多壁碳纳米管增加了导电性和电子转移速率，提高了灵敏度，检测范围为 0.1～20 pg/g，检出限低至 0.79 pg/g，检测时间为 15 min。该传感器简单、灵敏、快速，为黄曲霉毒素的现场快速分析提供了可能。

（3）电导、电位型免疫传感器　电导型免疫传感器和电位型免疫传感器在本质上是相互关联的，最大的区别在于测量方式，电导型免疫传感器通过测定电极间电导的变化来确定待测物的浓度；而电位型免疫传感器则通过测定工作电极和参比电极之间电流为零时，电位的变化与离子活性间的关系来测量待测物。由于电导型和电位型传感器受缓冲液、离子强度等条件影响，使传感器存在特异性差等问题，在实际中未得到广泛应用。Liu Yan 等报道了一种比较少见的电导型免疫传感器，在微梳状电极上自组装纳米金、AFB1 抗体和辣根过氧化物酶后，由于抗原与抗体的特异性结合，使酶底物或电子在电极和酶的活性中心之间的传递受阻，导致电导发生改变，电导的变化与溶液中的 AFB1 之间呈线性关系，从而测得 AFB1 的浓度。该免疫传感器的检测范围为 0.5～10 ng/mL，检出限为 0.1 ng/mL。纳米金的修饰提高了传感器的灵敏度，但由于其在电极上的分布和尺寸难以控制，且自组装金粒层的机械稳定性较差，影响了传感器的可重复性。Steffen Rameil 等在丝网印刷电极上电聚合聚吡咯，物理吸附多克隆抗体，构建了一种电位型 AFM1 免疫传感器，检测范围为 0.25～2 ng/mL，检出限低至 0.04 ng/mL。

11.3.3 介电常数法

1. 原理

微生物细胞的细胞膜具有高度的绝缘性，而细胞内的溶液中却又含有大量的带电粒子，在电场力的作用下，微生物细胞会表现出一定的电学特性。另外，在培养介质中，微生物的生长代谢也会使培养介质的电学特性发生变化。

介电常数，又称为介质常数、介电系数或电容率，是表示物质的绝缘能力特性的一个系数。当电场的频率在 0.1～10 MHz 时，微生物悬浮液的介电常数是微生物体积分数的函数。在 0.1～10 MHz 的较低频率区域，两电极之间的带电粒子在电场力的作用下会向两极移动，微生物细胞内的带电粒子因受电场力作用也会向两极移动，但由于细胞膜的限制作用，电荷只能聚集在细胞膜附近，导致微生物细胞发生极化，每个微生物细胞就像一个小电容，极化现象使培养介质的电容增加。而在 0.1～10 MHz 的较高区域，由于频率变化太快，微生物细胞来不及发生极化。此时，微生物细胞不影响微生物悬浮液的电容。通过测量这两个频率下微生物悬浮液的电容差，根据电容差与微生物的体积分数之间的函数关系，获得微生物悬浮液中微生物的浓度。介电常数法主要用于微生物细胞浓度较高（≥10^7 CFU /mL）的细胞悬浮液的测定，如检测发酵过程中的微生物浓度。

2. 介电常数法在线监测微生物发酵过程

通过测量微生物悬浮液的介电常数，就可以在线、实时测定微生物发酵过程中微生物的数量，该法已广泛应用于生物发酵过程中微生物浓度的在线检测。比如，法国的 Biomass System、美国的 Biomass Monitor 等商业化介电常数检测仪器均可用于微生物发酵过程中微生物数目的检测。1995 年，惠普（Hewlett Packard）公司推出的 HPE5050A，利用感应法来检测溶液的介电常数。该仪器由两个同轴螺旋线圈构成，微生物悬浮液则分布在两个线圈之间，当在一级线圈施加电压时，二级线圈会产生感应电流，而感应电流的大小与微生物悬浮液的介电常数有关。HPE5050A 不使用电极，可减少极化阻抗对测定的影响，但由于该仪器所用的探头不能进行灭菌，还需要精确的运算过程，目前，此探头在市面上尚未销售。

11.4　仪器分析方法

11.4.1　光谱分析法

光谱分析法是通过测定待测物的某种光谱，分别由样品光谱特征谱线和特征强度进行定性和定量分析的方法。光谱分析法在食品检测分析中应用较广泛，主要包括紫外-可见分光光度法和红外光谱法。

1. 紫外-可见分光光度法

1）紫外-可见分光光度法的原理

紫外-可见分光光度法主要选择波长为 200～760 nm 的样品，对其电磁辐射进行分析，利用不同物质的分子在紫外-可见光谱区的辐射吸收不同，根据分子的这一特性来进行有效的区分辨别。紫外-可见分光光度法是一种覆盖面广、历史悠久的分析方法，在有机化学、生物化学、药品分析、食品检验、医疗卫生、环境保护、生命科学等各个领域和科研生产工作中都有着极其广泛的应用，并且能够对所测对象进行结构分析、纯度分析以及定量定性分析。其中，应用度最高的是纯度分析和定量定性分析，而定量定性分析在食品检测和食品安全中有着重大意义。紫外-可见分光光度法定量分析的基础是朗伯比尔定律，即在一定条件下，该物质的吸光度与其浓度之间呈线性关系。

2）紫外-可见分光光度法的特点

（1）入射光接近于单色光　比色法的入射光是一段谱带较宽的光谱带，而分光光度法的入射光必须接近于单色光。光电比色法的入射光是用滤光片分离出来的，分光光度法则是用棱镜或光栅分离出来的。

（2）分析对象广　对于有色化合物或与某种物质反应后能产生有色物质的化合物，以及含有不饱和键的无色化合物均可用紫外-可见分光光度法进行分析。

（3）灵敏度和准确度高　由于分光光度法的入射光是用棱镜或光栅为单色器，同时又用窄缝分出的谱带很窄的一束单色光，所以其测定的灵敏度、准确度和选择性都很高，可用于测定微量物质。

（4）选择性好，操作简便　测定含有两种或两种以上组分的样品时，不必事先分离，只要选用不同特定波长的单色光即可，操作简单易掌握。此外，紫外-可见分光光度法所用仪器结构简单，价格低廉。

3）紫外-可见分光光度法的应用

（1）在发酵食品黄曲霉毒素含量测定中的应用　黄曲霉毒素是以发霉粮食为原料或曲种的发酵食品中产生的一种强致癌毒物，简称 AF。测定黄曲霉毒素含量的方法有很多，但由于仪器或试剂昂贵，目前仍采用薄层法。薄层法虽有其自身的优势，但操作复杂、技术要求高、重现性差。干信等用紫外分光光度法测定粮、油和发酵食品中的黄曲霉毒素。水溶性样品经稀释后直接以氯仿提取，固体样品先用甲醇水-石油醚脱油提取，甲醇水提取液稀释后再以氯仿反提取。氯仿提取液脱水后进行微柱层析，杂质被氧化铝吸附，黄曲霉毒素被硅镁吸附剂吸附。在 365 nm 波长下有最大吸收，通过加标回收及质控样品测定，结果表明吸收值与 AF 的含量之间呈线性关系，该法准确可靠，具有灵敏、快速、经济等优点。

（2）在细菌计数中的应用　目前，菌液浓度常用比浊法和平皿计数法进行测定。但麦氏比浊法所用的浊度仪在常规实验室中并不普及，标准比浊管在使用中存在诸多不便。平皿计数法虽结果准确，但操作复杂、耗时较长，影响大批量检验的进度。董自艳等针对铜绿假单胞菌、大肠埃希菌和金黄色葡萄球菌计数中的不便，建立了紫外-可见分光光度计法对检测菌液进行快速计数。结果表明这3株菌株在浓度范围内菌液吸光度值与菌液浓度之间的线性关系良好。张裕民采用可见分光光度法对枯草芽孢杆菌、短小芽孢杆菌和藤黄微球菌进行快速计数，发现枯草芽孢杆菌、短小芽孢杆菌和藤黄微球菌细菌悬液的吸光度值与菌液浓度之间在浓度范围内呈现良好的线性关系，相应菌落计数结果稳定。与浊法测定细菌浓度的计数方法相比，此方法更快捷、方便，且可准确表达细菌悬液吸光度值与菌液浓度之间的线性关系，可作为日常检验中菌液计数的方法，还能有效提高应急检验的工作效率。

2. 红外光谱法

红外光根据波数范围可分成近红外（14286～4000 cm^{-1}）、中红外（4000～400 cm^{-1}）和远红外（400～50 cm^{-1}）三个波区。红外光谱法是分子吸收光谱的一种，根据不同物质会有选择性地吸收红外光区的电磁辐射来进行结构分析。物质是由不断振动的原子构成的，这些原子振动频率与红外光的振动频率相当。当用红外光照射化合物时，分子吸收红外光会发生振动能级跃迁，不同的化学键或官能团吸收频率不同，每个有机物分子只吸收与其分子振动、转动频率相一致的红外光谱。根据吸收峰位置、吸收强度可对各种吸收红外光的化合物进行定量和定性分析。

红外光谱仪的发展历经了三个阶段。第一代是最早使用的棱镜式色散型红外光谱仪，用棱镜作为分光元件，分辨率较低，对温度、湿度敏感，对环境要求苛刻。20世纪60年代出现了第二代光栅型色散式红外光谱仪，采用光栅作为色散元件，提高了仪器的分辨率，拓宽了测量波段，降低了环境要求。20世纪70年代发展起来的第三代干涉型红外光谱仪——傅立叶变换红外光谱仪，它具有较宽的测量范围、较高的测量精度、极高的分辨率以及极快的测量速度。

1）近红外光谱法

近红外光谱分析技术是一种多元素结合的现代分析技术。它将近红外光谱仪器、计算机技术、化学计量学方法和光导纤维技术相结合，采用漫反射等光学检测方法，实现快速无损的非侵入式分析。该技术在近红外光谱分析仪器的基础上，结合化学计量学光谱软件，对被测物质的各种性质或浓度进行快速的定性或定量分析并建立相关的模型。将未知的被测样品的近红外光谱带入建立的标准模型进行形状和参数比较，快速计算出待测样品的各种数据信息。在建立标准模型以及通过模型测定未知样品过程中，主要用到偏最小二乘法、多元线性回归法、主成分分析法和人工神经网络等化学计量方法。近红外光谱分析技术因其绿色、无损的检测特点，已被广泛用于农产品、食品、水果、石油化工、烟草、纺织、环保以及生物科学和现代医学诊断等领域。

（1）近红外光谱分析技术的发展　1800年，英国人Herschel在观察太阳光谱与温度上升的关系时发现了近红外线；直到19世纪80年代，Abney和Festing首次报道了700～1200 nm的近红外光谱；1930年以后，由Brackett开发的分光光度计检测到了C-H的倍频，才开始实质性的近红外光谱测定，自此近红外光谱技术进入了人们的视野。由于缺乏先进的仪器，近红外技术发展缓慢；直到20世纪50年代中后期，由于商品化仪器的出现和Norris等所做的近红外光谱技术在农副产品分析中的应用，掀起了近红外应用技术的热潮；然而到了20世纪60年代中期，随着各种新的分析技术的出现，加上经典近红外光谱分析暴露出的灵敏度低、抗干扰性差等弱点，近红外光谱分析技术进入了一个相对沉默期。直至20世纪80年代之后，计算机技术的快速发展，带动了分析仪器的数字化和化学计量学学科的发展，还通过化学计量学方法解决了光谱信息的提取和背景干扰等方面的缺陷，人们重新认识到近红外光谱的价值，近红外光谱在各个领域的应用研究也得以陆续展开，近红外技术又一次从沉睡中苏醒；进入20世纪90年代，结合数字化光谱仪器与化学计量学方法形成的现代近红外光谱技术成为发展最迅速、最引人注目的光谱分析技术，因其测量信号数字化和分析过程绿色化的特点，近红外技术步入快速发展期。

（2）近红外光谱分析技术的原理　近红外光谱主要是由物质吸收光能使分子振动从基态向高能级跃迁时产生的。它反映的是分子的振动频谱，主要测定的是含氢基团 X—H（X、C、N、O）振动的倍频和合频吸收。通过对化学基团或化学键振动的倍频和合频信息的记录，从而获得直接与分子的内部结构、官能团以及分子状态有关的定量或定性信息。近红外光谱的辐射源比中红外的能量要高得多，对样品的穿透性也较高，可以实现在不破坏样品的基础上进行测定。固体、颗粒等不透明样品在测定前也无须预处理或使用特殊的化学试剂，可直接进行分析测定，通过波谱信号得到样品有关微粒尺寸、密度、纤维直径、大分子聚合度等方面信息。

（3）近红外光谱分析技术的特点　近红外光谱分析技术之所以能发展成为一种快速、高效、适合过程在线分析的有力工具，是由其自身特点所决定的。近红外光谱的主要技术特点如下：分析速度快，测量过程大多可在 1 min 内完成；分析效率高，通过一次光谱测量与已建立的相应校正模型，可同时对样品的多个组分或性质进行测定；适用范围广，通过相应的测样器件可直接测量固体、半固体、凝胶体和液体等不同状态的样品；样品一般不需要预处理，无须使用化学试剂或高温、高压、大电流等测量条件，分析后也不会产生化学、生物或电磁污染；分析成本低；重现性好；对样品无损伤，可用于活体分析和医药临床领域；近红外光在普通光纤中的传输性良好，便于实现在线分析；操作简单，对操作人员要求不高，简单培训后即可胜任。

（4）近红外光谱分析技术的应用

①对香醋中常见杆菌的快速识别。菌落的形成是某种微生物的单一活菌株在培养基中不断自我繁殖、自我复制的过程，它是由同种的大量活菌株汇聚而成。基于特定种类的单一活菌株是菌落的基本组成单元，石吉勇等提出利用菌落的近红外光谱信息鉴别菌株类别的研究思路。首先利用近红外光谱技术直接采集醋醅中 5 种形态相似的常见杆菌（地衣芽孢杆菌、短小芽孢杆菌、嗜酸乳杆菌、枯草芽孢杆菌和醋酸杆菌）对应菌落的近红外光谱信息，并利用聚合酶链式反应技术（PCR）对 5 种杆菌进行精确鉴别后，然后利用 K-最近邻法和最小二乘支持向量机法建立 5 种杆菌的近红外光谱识别模型，结果表明当主成分为 4 时，最小二乘支持向量机模型对应的校正集识别率为 100%，预测集识别率为 97.50%。利用近红外光谱技术结合化学计量学方法，可实现镇江香醋中常见杆菌的快速识别。

②对食源性致病菌快速鉴别。食源性致病菌是引起食源性疾病的首要原因，食源性致病菌引起的食源性疾病在食品安全事件中占很大比例，对人类的身心健康和食品卫生行业的发展造成严重影响。其中，大肠杆菌、单增李斯特菌、金黄色葡萄球菌是几种典型的食源性致病细菌，在我国各省区乃至全世界检出率都很高，严重时可导致死亡。因而，建立快速、简便、特异的食源性致病菌检测方法成为研究热点。现代生物技术检测方法，如基因芯片技术、多重聚合酶链式反应技术、免疫磁珠分离技术等用于微生物的鉴定已得到广泛认可，但这些方法操作复杂，试剂昂贵，需要专业的操作人员。因此，需要研究更简易的食源性致病菌的近红外快速鉴别方法。

支持向量机是 Vapnik 在 1995 年提出的一种研究有限样本情形下统计规律机器学习技术，是一种针对小样本情况研究统计学习规律的理论，该理论的核心是通过采用结构风险最小化准则来控制学习机器的容量，从而刻画过度拟合与泛化能力之间的关系。相较于传统方法，支持向量机克服了传统方法的大样本要求与维数灾难以及局部极小问题，能够较好地解决神经网络难以解决的小样本、高维数和存在局部极小点等问题，并在处理非线性、小样本、高维数、局部极小值等模式识别问题时显示了其卓越的优越性。栢风女等将近红外光谱数据通过主成分分析法进行压缩后，采用支持向量机对 3 种食源性致病菌进行分类鉴别，结果良好。基于支持向量机的食源性致病菌近红外光谱鉴别技术，融合了近红外光谱技术的快速、环保、穿透性强与支持向量机的高泛化能力，还克服了传统方法的大样本要求等特点。

在利用近红外光谱对细菌进行鉴别分析时，光谱之间存在信息叠加与相互干扰现象，容易产生误判，在一定程度上会影响鉴别模型的准确性。贝叶斯判别分析与其他算法相比有着最小的判别错误率，考虑了总体各自出现的概率大小，具有计算效率高、精确度高和适用性强的优点。主成分分析可消除信息叠加问题和相关性不大的变量，提取特征变量。

刘建学等利用主成分分析与贝叶斯判别分析相结合作为一种改进的贝叶斯判别分析对食源性致病菌进行快速鉴别的新型方法。试验采集了大肠埃希氏菌 O157：H7、单增李斯特菌和金黄色葡萄球菌 3 种典型食源性致病菌的菌体细胞的近红外透射光谱图，分别采用主成分分析、贝叶斯判别分析和改进贝叶斯判别分析，通过对比 3 种方法的判别正确率以确定最优的食源性致病菌近红外光谱判别模型。光谱数据经矢量归一化等预处理后，选取 6000～4000 cm^{-1}波数范围具有菌株特性的谱图作为鉴别分析的研究对象，进行主成分分析，利用主成分分析法将近红外光谱信息进行压缩、降维，分别采用前 2 个主成分和前 3 个主成分进行聚类分析，能够较好地将 3 种致病菌分类，但菌种之间有交叉，分类不彻底。基于近红外光谱的贝叶斯判别方法，对训练集样本和未知样本的判别正确率分别为 78%和 75%。而基于主成分分析的改进贝叶斯判别方法，以前 2 个主成分作为贝叶斯判别分析模型的 2 个最优判别因子建立的改进贝叶斯判别分析模型，对 64 个训练样本和 16 个未知样本的判别正确率均达到 100%。说明基于近红外光谱的改进贝叶斯判别分析模型可以作为一种准确、有效的食源性致病菌快速鉴别方法。

③快速检测细菌菌落总数：传统的检测细菌菌落总数的方法有平板计数法、电阻抗法、纸片法以及滤膜法等，这些方法均存在操作过程烦琐、破坏样品、耗时长、费用昂贵等缺点，难以实现对肉制品的快速无损检测。近红外光谱技术是近几年发展起来的一项新型快捷的无损检测技术，在微生物领域有相关应用并取得了一定的成果。已有研究表明利用近红外漫反射光谱技术可以检测真空包装猪肉的系水力及生鲜猪肉的 pH。成芳等利用近红外漫反射光谱技术对猪肉肉糜进行定性判别，结果表明该方法快速判别不同部位猪肉肉糜是可行的。研究发现微生物大分子在近红外光谱区有吸收，且存在着吸收差异，从而为通过近红外光谱测定肉品中的微生物提供了理论基础。猪肉品质从新鲜、次新鲜到变质的变化，是肉品内部成分逐渐腐败及细菌菌落总数生长的过程。内部成分及细菌菌落数的变化会导致光谱扫描时吸收系数、散射系数的变化，从而实现对肉品品质的检测和鉴定。为了监控预测猪肉品质变化情况和变质程度，引入贮藏期猪肉细菌菌落总数变化规律，可监控和预测猪肉加工生产和销售过程中的品质及质量安全。谷芳等以贮藏在室温（约 15 ℃）和冷藏于 4 ℃温度下的生鲜猪肉为试验对象，使用傅立叶变换近红外光谱仪测定猪肉样品在贮藏期内的近红外光谱，同时采用常规菌落总数测定方法测定样品的细菌菌落总数，获得了猪肉细菌菌落总数对数值与近红外光谱特征值随贮藏时间的变化规律，建立了细菌菌落总数对数值的零级和一级模型，并采用主成分分析建立了基于近红外光谱特征值预测初值的猪肉细菌菌落总数对数值的动力学模型，从而获得了近红外光谱与细菌菌落总数对数值的定量模型，且具有较高的相关系数，说明可利用近红外光谱技术进行快速无损检测猪肉细菌菌落总数。该方法准确、灵敏，可用于生鲜猪肉细菌菌落总数的测定及其安全贮藏时间的预测。

2）傅立叶变换红外光谱法

（1）傅立叶变换红外光谱法的原理　傅立叶变换红外光谱法（fourier transform infrared spectroscopy，FTIR）是以 4000～400 cm^{-1}的红外光对测定对象进行照射，通过采集透过或由测定对象表面反射的光谱，经傅立叶转换得到各波数光谱透过或被吸收的量，借助适当的数据分析手段，得到检测结果的一种分析方法。

（2）傅立叶变换红外光谱法的特点　傅立叶变换红外光谱法具有高通量、低噪声和测量速度快等优点，同时红外谱线波长较长，能量小，所以不破坏样品的结构，可实现多项指标同时测定、多个样品连续测定及样品非损伤性测定等。FTIR

实现了由化学研究领域到临床医学和微生物鉴定等领域，从离体分析到在体内无损分析，具有测定时间短、灵敏度高、操作简便等优点，是实时、在线、原位分析测定的方法之一，目前已广泛应用于临床医药、生物、食品、环保、农业和化工等各个方面。

（3）傅立叶变换红外光谱法在食品微生物测定中的应用

①沙门氏菌：沙门氏菌是一类重要的食源性致病菌，广泛存在于自然界，极易污染水源、食品及畜产品，能够导致患者出现败血症、肠胃炎和伤寒等疾病，严重时甚至可导致患者死亡。沙门氏菌作为革兰氏阴性菌的一种，菌群种类较多，猪肉、鸡肉、海产品等食物均可受其污染，对人类健康构成多种危害，是近年来导致食源性疾病的最主要病原体之一，也是导致食源性疾病暴发最主要的原因，其引起的食物中毒占总食物中毒的40%～60%，最高可达90%。因此，能够快速检测食品中的沙门氏菌对人类公共安全和食品安全都具有重要意义。

沙门氏菌的传统检测方法，如分子生物学检测、生化检测、免疫学检测，耗时较长、操作过程复杂，不能及时给出食品安全性评价。而随着科学技术的发展及分子生物学的兴起发展起来的诸如PCR技术、基因芯片技术、免疫磁珠检测等现代分子生物学检测方法，虽然快速、准确、灵敏、特异性较强，但对设备、技术人员、环境要求较高，难以普及推广。杨丽君等应用傅立叶变换红外光谱技术对5种沙门氏菌在光谱上的细微差别进行有效鉴别，采集指纹图谱数据。应用化学计量学分析方法对光谱进行分析，建立了5种沙门氏菌的标准FTIR光谱数据库，基于主成分分析和分级聚类分析两种聚类分析模型，成功地对5种可疑目标沙门氏菌进行鉴定。这为FTIR技术用于细菌菌株的鉴别提供了有力证明，也说明FTIR技术结合化学计量学分析方法在细菌鉴别中具有巨大优势。

②志贺氏菌：志贺氏菌属是一类革兰氏阴性杆菌，是人类细菌性痢疾最为常见的致病菌，又称痢疾杆菌。人主要通过食用被志贺氏菌污染的食品而感染发病，以溃疡、大肠化脓性炎症以及全身中毒症状为主要临床特征。根据志贺氏菌表面抗原结构的不同，可以将志贺氏菌属分为4类，包括痢疾志贺氏菌、鲍氏志贺氏菌、福氏志贺氏菌、宋内氏志贺氏菌4个菌种。志贺氏菌的菌型分布因地域不同而有所差异，了解菌群分布与不同菌型的变迁，对于预防痢疾和制备菌苗具有重大意义。

传统的分型技术主要基于病原菌的表型如生理、生化特征等，如血清型分型、耐药性分型、噬菌体分型等，但存在分辨率低、不可重复等局限性。随着分子生物学的快速发展，基于病原菌基因特征的分子分型方法以其重复性好、特异性强、敏感性高等特点逐步取代传统表型分型方法，成为病原菌分型的趋势。比较成熟的有脉冲场凝胶电泳、多位点序列分析、扩增片段长度多态性分析、基因芯片等。然而，上述方法操作较烦琐，程序也较为复杂。因此，建立其快速、简便的分型方法具有重要的现实意义。

微生物菌体在中红外光谱（4000～400 cm^{-1}波数范围）处有特定吸收且具有很强的指纹特征。微生物干涉后的红外光谱经傅立叶变换处理便可得到傅立叶变换红外光谱。傅立叶变换红外光谱技术读取的是微生物菌体的所有组成成分化学键的振动情况，提供整个微生物菌体组成成分的光谱信息，结合化学计量学运算方法，可实现对微生物的分类、鉴定。基于此，李兆杰等运用傅立叶变换红外光谱采集4种志贺氏菌的4000～600 cm^{-1}波数范围的中红外光谱，构建其标准图谱数据库，然后应用主成分分析和分级聚类分析进行聚类分析，成功地将4种志贺氏菌进行较好分类，说明傅立叶变换红外光谱技术结合化学计量学运算方法，可以将4种志贺氏菌进行快速分型。该研究为志贺氏菌的快速分型提供了一种快速简便的方法。

③大肠杆菌：产肠毒素性大肠杆菌是引起人和动物腹泻的主要病原之一。在常规检测食品中大肠杆菌时，常用乳鼠试验来鉴定产耐热肠毒素的大肠杆菌。该方法操作复杂，耗时长，不适用于大样本的检测，而且所用的增菌方法还常常导

致质粒相关毒性的丧失。王静等应用傅立叶变换红外光谱技术对两株不同来源的大肠杆菌进行指纹图谱数据采集，用主成分分析和分级聚类分析两种聚类分析模型对光谱进行分析，结果均可将两株大肠杆菌进行成功区分，为傅立叶变换红外光谱技术对细菌的鉴别能力提供更多实验证明。

④真菌：传统的真菌分类与鉴别主要采用显微镜技术、生理生化方法或者二者相结合的方法。这些方法虽然有效，但操作复杂、费时费力，结果的准确度也不甚理想。真菌鉴定所依据的有机物特征越多，越容易区分相似种，结果也更为可靠。傅里叶变换红外光谱分辨率高，不仅可以反映微生物细胞壁、细胞膜、细胞质甚至细胞核中的蛋白质、多糖、脂质、核酸及其大分子、水分等混合成分的分子振动信息，而且能敏锐地探测分子基团及其周围环境的变化，为微生物种类和状态的鉴别提供了一个有力工具。柴阿丽等采用固体培养基培养植物病原真菌，应用衰减全反射傅立叶变换红外光谱和聚类分析方法对真菌进行鉴别，使得所测所有真菌在种水平上得到正确分类，提出了一种不同于传统真菌鉴别和分类的新方法。

11.4.2 色谱分析法

色谱分析法又被称为“色谱法”“色谱分析”“层析法”等，是一种分离分析方法，在分析化学、有机化学、生物化学等领域有很广泛的应用。色谱分析法利用不同物质在不同相态中选择性分配的原理，用流动相洗脱固定相中的混合物，这样混合物中的不同物质就会以不同的速度沿着固定相移动，达到分离的目的。色谱法具有很多优点，如灵敏度高、分离效率高、分析速度快、应用范围广、样品用量少等。色谱法主要包括凝胶色谱、气相色谱和液相色谱，其中液相色谱法的应用范围最广，技术最为成熟。

1. 液相色谱法

液相色谱法起源于西方，在各项物理及化学分析中起到关键作用。20 世纪 70 年代开始被逐渐应用到食品安全监测方面，并于 20 世纪 90 年代开始被列于国家标准检测方法中。高效液相色谱法（HPLC）是液相色谱法的一种，是在经典液相色谱的基础上引入了气相色谱理论，经过一系列改进创新快速发展起来的一种新型的食品检测技术。

1）高效液相色谱仪的组成

高效液相色谱仪一般由高压输液系统、进样系统、分离系统、检测系统和数据处理系统五部分组成。

（1）高压输液系统　高压输液系统主要包括贮液器、高压输液泵、过滤器和脱气装置等。

贮液器主要是用来盛放流动相（溶剂），溶剂的纯度要高。贮液器要耐腐蚀，对溶剂呈惰性，还应配有过滤器，以防止流动相中的颗粒进入泵内。为避免流动相从高压柱内流出时，产生气泡进入检测器使噪声增大，甚至干扰检测，液相色谱在检测前需先进行脱气处理。常用的脱气方法有吹氦脱气法、加热回流法、抽真空脱气法、超声波脱气法和在线脱气法等。

高压输液泵是高效液相色谱仪的重要部件，主要作用是驱动流动相和样品通过色谱柱和检测器。液相色谱法中常需使用填料，目前使用的填料多为小颗粒物，造成的阻力较大，因而需配以具有一定耐腐蚀性的高压泵。对高压泵的要求是流量稳定；输出压力高、稳定；流量范围宽；耐酸、碱、缓冲液腐蚀。高压泵主要有恒流泵和恒压泵两种。

梯度洗脱是利用两种或两种以上的溶剂，按照一定程序连续或间断地改变流动相配比，以达到改变流动相极性、pH 或离子强度，从而提高洗脱能力，改善分离效果的一种手段。当样品为容量因子范围很宽的混合物时，用等度洗脱时间较长，峰形扁平且不易检测，用梯度洗脱可使所有的峰都在最佳分离状态，峰形尖且窄，起到改善峰形，缩短分析时间的效果。

（2）进样系统　对进样器的要求是密封性好、死体积小、重复性好；中心进样且进样时对系统的压力、流量波动小；便于实现自动化。目前六通进样阀是应用最广泛的一种方式。

（3）分离系统　色谱柱被称为色谱分离系统的“心脏”，分离效果的好坏取决于色谱柱的选择。色谱柱应具备耐高压、耐腐蚀、密封性好、死体积小、柱效高、柱容量大、柱寿命长、分析速度快等要求。按内径的不同将色谱柱分为常规柱、快速柱和微量柱。

(4) 检测系统 检测器的作用是将色谱柱流出物中样品组成和含量的变化转化为可供检测的信号。检测器要具有较高的灵敏度和准确度，且可重复使用，这样才可以保证所获得的数据真实可靠。当前所使用的检测器种类很多，最常见的有紫外可见吸收检测器、荧光检测器、示差折光检测器、电化学检测器、化学发光检测器。

(5) 数据处理系统 早期的高效液相色谱仪用记录仪来记录色谱峰，用人工计算峰面积（A）和峰高（H）。随着计算机技术的发展，开始出现一些简单的积分仪，它可自动打印出 A、H、t_R并作一些简单的计算，但不能存储数据。现在的色谱工作站功能较多，不仅可进行色谱参数的选择和设定，仪器的自动化操作，数据的采集、存储和实时处理，还可进行数据的后处理、打印和调用等。

2）高效液相色谱法的原理

高效液相色谱法以液体作为流动相，利用高压输液系统，将不同极性溶剂以及混合溶剂、缓冲液等液体以特定流速通过进样器，将样品溶液输送到装有固定相的色谱柱，在高压条件下溶质在固定相和流动相之间进行一种持续的、反复的交换，借助不同溶质在两相间分配系数、亲和力、吸附力或分子大小不同引起排阻作用的差别分离不同的物质，在不同时间进入检测器，达到分离检测的目的。高效液相色谱法主要用于对多组分混合物的分离，由于采用高压输液系统不仅使柱色谱法达到高速化，而且分离效果大大提高。高效液相色谱法不仅应用在食品检测中，还广泛用于药品检测、临床检测以及生物等方面。

3）高效液相色谱法的优点

(1) 分析速度快，一般样品的分析可在半个小时之内完成，最快可达 5 min，最多不会超过 1 h；

(2) 分离效率高，与气相色谱法相比，其分离效率高出许多倍；

(3) 灵敏度高，其灵敏度可达到 0.01 ng，进样量可在 μL 数量级；

(4) 应用范围广，可对 70% 以上的有机化合物进行分离分析，尤其是对高沸点、热稳定性差、分子质量大的高分子化合物以及离子型化合物的分析更具优势；

(5) 色谱柱可重复利用，分析样品不被破坏、易回收等优点。

由于高效液相色谱法具有诸多优点，使其在食品安全监测方面得到广泛应用。

4）高效液相色谱法在食品微生物及微生物代谢物检测中的应用

食品中含有大量的微生物及微生物代谢物，如果食品中这些物质的含量超标，将会严重影响人们的使用安全。高效液相色谱法根据不同微生物的化学组成不同，其代谢产生的物质成分也不同，通过分析这些成分来确定微生物的种类。黄曲霉毒素是一种毒性极强的真菌毒素，目前已分离鉴定的有近 20 种，是一类化学结构相似的物质，其中以 B1、B2、G1、G2 和 M1、M2 为主。天然污染的食品中以 B1 最为多见，其毒性和致癌性也最强。林裕建立 HPLC 测定食品贮藏过程中黄曲霉毒素 B1、B2、G1、G2 含量的方法，用荧光检测器检测，结果 B1、B2、G1、G2 的最低检出浓度分别为 0.20 μg/kg、0.05 μg/kg、0.20 μg/kg、0.05 μg/kg，比国际法提高 10 倍。Maria L 利用高效液相色谱法对葡萄牙的多种酸奶产品中黄曲霉毒素的含量进行检测，结果近 20 种样品均被检出，该方法的检出限为 1×10^{-9} g/kg。黄曲霉毒素的致癌性极高，在检测黄曲霉毒素时，需先用三氯甲烷等进行处理，提取黄曲霉毒素，再过滤除掉杂质，然后过柱检测。如果与免疫亲和层析相结合，有助于提高特异性和灵敏度。杨大伟等将 PCR 与变性高效液相色谱法相结合，建立了食品中产黄曲霉毒素菌、白色念珠菌、A 型肉毒梭菌的快速检测方法，最低检测限分别为 100 CFU/mL、1.0×10^{3} CFU/mL、110 CFU/mL。

变性高效液相色谱法（DHPLC）利用离子配对逆相层析原理来分析核酸差异。离子配对试剂 TEAA 与 DNA 的磷酸基团在核酸非变性条件下形成离子配对，并吸附在非极性的固定相无孔苯乙烯、二乙烯苯共聚物上，而双链 DNA 在分离柱中的滞留时间主要由TEAA中正离子和DNA中负离子的结合力决定，因此，可利用发生错配的异源杂合双链DNA与完全匹配的同源双链DNA解链特征的差异，用离子对反向高效液相色谱法将它们分离并检测异源双链。双链DNA在适当的局部变性温度下经过分离柱时，DHPLC能灵敏地检测出带有单一碱基错配、插入、缺失等突变的核酸片段。变性高效液相色谱可用于微生物遗传高变区的检测，高变区碱基突变形成的异源双链会被高度敏感、特异地洗脱下来，各种亚种或亚型的扩增片段形成相互错开的特异波峰，借此可对同源或相近种型致病微生物进行有效鉴定区分。霍乱弧菌、副溶血性弧菌、创伤弧菌、溶藻弧菌和拟态弧菌是食品中常见的致病性弧菌。邵碧英等用多重PCR-DHPLC对这种致病性弧菌进行检测，结果与传统微生物检测方法一致，建立了可同时、快速检测多种致病性弧菌的方法，且此方法与传统微生物检测方法和MPCR-凝胶电泳法相比，具有快速、高通量等优点。

牛分枝杆菌和结核分枝杆菌有高度的同源性，仅有极少量的核苷酸序列变异，如*pncA*基因C169G的点突变和*oxyR*基因G285A，是目前这两种微生物核酸鉴定的分子基础。鉴于*pncA*基因的核酸差异与分枝杆菌的种属有密切的关系，Mohamed AM等用DHPLC建立了结核分枝杆菌和牛分枝杆菌*pncA*基因差异性特异性吸收谱图，能迅速地检测标本中是否含有这两种微生物亚型。石瑞如等分析结核分枝杆菌和牛分枝杆菌的*pncA*及*oxyR*基因的研究也有类似的结果，表明DHPLC技术对于同源微生物的鉴定有重要意义。

2. 气相色谱法

1）气相色谱法的原理

气相色谱法（gas chromatography，GC）是由英国生物化学家诺贝尔金奖获得者A. J. P. Martin等在研究液液分配色谱的基础上，于1952年所创立的。它是一种以气体作为流动相，采用冲洗法的柱色谱分离分析技术。混合样品的分离过程是在色谱柱内完成的，色谱柱常为一根管内装填固定相（固体吸附剂或表面涂渍固定液的惰性载体）的管子。汽化的样品被流动相（载气）带入色谱柱中，载气连续不断地流经色谱柱，样品中的各组分便在柱内流动相和固定相间进行反复多次分配而达到分离的目的。

2）气相色谱法的特点

气体黏度小，传质速率快，渗透性好。用气体作为流动相，能获得较高的柱效，再配以高灵敏度的检测器，能够实现多组分复杂混合物的分离和分析。所以，气相色谱法具有选择性好、灵敏度高、分离效能高、分析速度快以及应用范围广等特点，其自身特有的优越性常常吸引着大批的生物医学工作者。气相色谱法是一种超灵敏技术，可用于纳克（10^{-9}）甚至皮克（10^{-12}）级浓度的细菌成分的测定。还可在几小时内对细菌的特殊成分或产物给出定性或定量检出，促进了样品中微生物的快速鉴定。除此之外，它还具有相对一致性，细胞培养物的简单提取物就能在色谱图中给出特征产物，根据这些产物就能实现微生物的鉴定。另外，计算机与气相色谱法的联用，可使与细菌有关的特殊成分的定性、定量分析和鉴定实现自动化，有利于细菌感染的快速诊断和研究。

3）气相色谱法的应用

气相色谱法应用于微生物检测始于20世纪50年代末期。Able等于1963年首次通过细胞脂肪酸的分析来进行细菌分类。几乎同时，Oyama等又提出用裂解气相色谱法鉴定细菌。将微生物细胞经过水解、甲醇分解提取以及硅烷化、甲基化等衍生化处理后，使之分离尽可能多的化学组分供气相色谱仪进行分析。不同的微生物所得到的色谱图中，大多数峰是共性的，只有少数峰具有特征性，可被用来进行微生物鉴定，多用于常见的细菌、酵母菌、霉菌的分析测定。尤其是Reiner在这方面做了大量的工作。开始时大多集中在研究微生物的类脂成分，近年来又提出用计算机处理数据。到目前为止，利用气相色谱法已研究了细胞的各种组分、某些物质的代谢以及化学成分与细胞机能状态的关系。这些资料为微生物的鉴定分类、生化营养问题以及一系列疾病的生化本质提供了一整套完备的新方法。通过对微生物本身的化学组分或代谢产物的分析，可以将细菌甄别至科、属、种，有的还能鉴别至株。气相色谱法能够区分大肠杆菌、沙门氏菌、痢疾杆菌、霍乱弧菌和肉毒杆菌等的不同血清型，还能对不同的芽孢杆菌的芽孢和青霉菌的菌丝进行分类鉴定。另外，气相色谱法还能够区分一些用其他方法难以区分的菌型，如索氏梭菌和双酶梭菌的分类曾经是一个难题，通过对全细胞的三甲基硅烷化（TMS）衍生物的分析发现，所有双酶梭菌都有甘露糖醇，而索氏梭菌则没有，气相色谱法在判定过程中起了重要的作用。在细菌学的分析工作中，气相色谱法的主要优点在于它的灵敏度、特异性和快速性，以及检出和鉴定多成分的能力。

（1）细胞碎片的裂解气相色谱法在细菌鉴定中的应用　沙氏门菌和其他一些菌种的鉴定很费时间，所用的方法有形态学、血清学、发酵、营养需要、色素形成、染色反应和某些有机物的产生等。这些试验很费时间，而且常常要依靠主观的判断。而气相色谱法为沙氏门菌的鉴定提供了客观的方法，把细胞和细胞碎片的热降解与气相色谱分析结合起来，每个菌株都会产生各自的特征裂解图谱或“指纹”，以此来鉴定细菌。有人用沙氏门菌的全细胞和细胞碎片的裂解气相色谱法，鉴别了沙氏门菌的10种血清型，按裂解物洗脱图形的形式记录下来的裂解图谱，代表了样品热裂解后的产物。分析全细胞、细胞壁、鞭毛和DNA的裂解图谱，就能够看出各裂解图谱的差别。每种血清型都能产生各自独特的洗脱图形。海德堡和圣保罗沙氏门菌的洗脱图形之间有许多相似之处，但这两种血清型之一的洗脱图形与梦得维的亚沙氏门菌的洗脱图形之间均有许多能分辨的差别。全细胞气相色谱法可用于鉴别沙氏门菌血清型，而分析鞭毛和DNA的气相色谱数据可改善其准确性。

（2）气相色谱脂肪酸分析在细菌鉴定中的应用　现代微生物学研究表明，微生物细胞结构中普遍含有的脂肪酸成分与微生物DNA具有高度的同源性。各种微生物具有其特征性的细胞脂肪酸指纹图谱。不同微生物的脂肪酸在组成和含量上有较大差异，它和微生物的遗传变异、耐药性等有极为密切的关系。大多数革兰阳性菌中支链C15：0脂肪酸丰度很高，而在大多数革兰阴性菌中C16：0丰度较高。一些细菌如考克斯氏体属、土拉弗朗西斯菌属、假单胞菌属和分枝杆菌属细菌有其特殊的脂类，可经磷脂脂肪酸分析实现鉴定。菌体脂肪酸组成相对稳定，不受生化反应变异及质粒丢失等因素的影响。此外，磷脂不能作为细胞的贮存物质，一旦生物细胞死亡，其中的磷脂化合物就会马上消失。因此，磷脂脂肪酸可以代表微生物群落中“存活”的那部分群体。根据细胞脂肪酸的组成，一般可通过单次试验比较准确地将微生物鉴定到种。

以往普遍认为GC只能在属水平上鉴别细菌，但随着设备更新和方法的改进，GC已不仅能完成菌种鉴别，而且对于鉴定菌体细胞中一些特定的成分也有帮助。通过气相色谱脂肪酸分析鉴别表型非常相近的类鼻疽伯克霍尔德菌和非致病的泰国伯克霍尔德君，两种的脂肪酸甲酯（FAME）谱图显示，95%的类鼻疽伯克霍尔德菌菌株中存在C14：0（2—OH），而泰国伯克霍尔德菌菌株中未发现C14：0（2—OH）的存在。由此认为可将C14：0（2—OH）作为两类菌鉴别的重要参考指标。

近年来，通过对食品中分离出来的6种沙门氏菌（伊斯特尔本沙门菌、猪霍乱沙门氏菌、德尔卑沙门氏菌、阿贡纳沙门菌、彻斯特沙门菌、鸭沙门氏菌）在相同的条件下培养，离心收集细胞，提取脂肪酸并甲基化，用TLC（薄层层析）来分离纯化甲基酯，再通过气相色谱测定脂肪酸的组成。结果表明，沙门菌属中的细菌在脂肪酸的组成上主要含C12、C16、C18、C19，伊斯特尔本沙门菌、猪霍乱沙门氏菌、德尔卑沙门氏菌、阿贡纳沙门菌、彻斯特沙门菌、鸭沙门氏菌的气相色谱极其相似。这是因为它们同属于沙门菌属，然而在色谱图中它们并不是完全相同，同属不同种的菌株之间的细胞脂肪酸组成和含量表现出一定的差异。地方菌株和模式菌株具有相同的脂肪酸组分，从而建立了沙门氏菌属全细胞脂肪酸气相色谱指纹图谱，为沙门氏菌的快速鉴定提供了理论依据。

（3）气相色谱法分析细菌的代谢产物　Henis

等首次报告，根据气相色谱对特征性代谢产物的分析来检出和快速鉴定微生物。他们用乙醚提取各种细菌培养物，然后用气相色谱法分析这些提取物，得到了这些细菌的各种代谢产物的色谱图，它们就代表了被检细菌的属或种的特征。Mitruka等进一步探索了用气相色谱法鉴定细菌培养物中的特殊代谢产物，以检出和鉴定细菌的可能性。用这种方法有可能对体外培养物中生长的微生物加以区分。Moore 和 Brookst 等用气相色谱法分析培养基的方法研究了厌氧菌的发酵方式。结果表明，通过色谱图的比较，能鉴定出梭菌的菌种。一般来说，不同菌株间的产物类型及相对含量是类似的，而同株的不同批次培养结果是可重现的。Salanitro 和 Muirbead 介绍了一种关于微生物发酵培养基中挥发性（C1～C7）有机酸丁酯和非挥发性酸（乳酸、琥珀酸和延胡索酸等）酸丁酯的制备和气相色谱分析的定量方法，不论是挥发性酸，还是非挥发性酸，都能用一根单柱在 24 min 内予以检出和分离。Mitruka 用气相色谱法分析了各种需氧菌培养物中的有机酸，鉴别了多种革兰阴性和革兰阳性的需氧菌。对共 36 个 ATCC 菌株的复制样品在其消耗过的培养基中的有机酸进行了分析。结果表明，每个被检菌种的有机酸色谱图均存在明显差别，且这种方法的重现性高。各类细菌均可根据其消耗过的培养基中某些有机酸的存在与否来进行鉴别。运用气相色谱法分析培养物中细菌的糖类成分可鉴别分枝杆菌、链球菌、肺炎球菌和其他若干菌种。用气相色谱法分析厌氧菌在体外培养物中产生的脂肪酸、醇、中性化合物和其他挥发性产物已经成为常规细菌鉴定的一种辅助方法。

目前，对微生物的检测，很多部门还采用传统的分离培养、血清学检测以及分子生物学方法。传统常规的检验方法，检测时限长，过程烦琐；分子生物学方法比较复杂，要求比较高，仪器操作精度要求高。随着生物学研究由宏观逐步向微观领域发展，其研究的技术手段也相应产生了很大的变革。气相色谱法具有高选择性、高分离效能、高灵敏度、高速度以及应用范围广等特点，因此，能更好、更容易地应用于微生物的检测之中。

11.5　测试片法

11.5.1　快速测试片法的特点

测试片法是一种新型的快速检测微生物的方法，由纸片、冷水可凝胶和纸膜三部分构成，根据微生物在测试片上的生长、显色来定性/定量检测食品中的微生物。与常规的测定微生物的方法相比，快速测试片法具有以下优点：①简单、快速，常规法准备时间长，对温度要求严格，而测试片既不需要制备培养基等准备工作，也不需要增菌，直接接种在测试片上培养计数即可，大大缩短了分析时间；②检测分析后的测试片经煮沸灭菌后便可直接丢弃，减少了洗刷、消毒灭菌处理玻璃器皿和培养基等工作；③取样与接种可同时进行，避免了因延长接种时间造成细菌数量增多，更能反映出样本中真实的细菌数；④重复性好，操作简单，人为误差小，结果准确；⑤便于携带，测量少量样品时，无须配试剂，可随时进行。

11.5.2　快速测试片的基本原理

快速测试片以纸片、纸膜、胶片等为培养基载体，将特定的培养基和显色物质附着在上面，当有目标菌在上面生长时就会显色，再通过增强菌落的目视效果来进行检测，显色斑点越多表明目标微生物越多。快速测试片法将现代化学、高分子科学和微生物学集于一体，使检测结果更清晰、直观，成为微生物检测的一个主要发展方向。

11.5.3　快速测试片的应用

1. 以滤纸为载体的测试片——菌落总数测试片

筛选白色、无毒、中速、密度均匀、吸附力合格的滤纸，将滤纸裁剪成合适的尺寸，通常 4 cm×5 cm 大小。将灭菌的氯化三苯四氮唑（TTC）加到无菌的培养基后，将无菌滤纸浸入其中，根据需要控制滤纸的培养基吸附量，再用适宜的温度干燥，分装于已灭菌的聚丙烯塑料袋内，密封备用。TTC 是一种氧化还原指示剂，接受氢后可形成非水溶性的红色三苯甲酯。形成的红色点状物出现在滤纸之上，计数红点的多少，即为细菌总数。过量的 TTC 会抑制细菌的生长，因而 TTC 的用量应以不抑制菌体生长为宜。

2. 以 Petrifilm 为载体的测试片

它是由美国 3M 公司研发的一种用于菌落计数的可再生的水合物干膜，由上、下两层薄膜组成，下层是印有网格的聚乙烯薄膜且上面覆盖有培养基（培养基中含有微生物生长及生化试验所需的营养和试剂），上层是聚丙烯薄膜且上面附着有黏合剂、指示剂及冷水可溶性凝胶。常用的凝胶剂有果阿胶、黄原胶和洋豆胶等。待测样品处理后不需要增菌，直接接种在纸片上，在适宜温度下培养后直接计数。Petrifilm 测试片已通过国际组织 AOAC 的认可。由法国的两大协会 AVHA 和 ADILVA 共同创办的一个关于食品微生物检测精确度比对项目—RAEMA，自 1988 年以来，共计 450 个实验室参与，其中 15%的实验室用 Petrifilm 测试片对大肠菌群、金黄色葡萄球菌等进行检测，结果显示用 Petrifilm 测试片的检出率更高，大多数实际样本试验也显示 Petrifilm 测试片法与传统方法在统计学上无显著差异。

1）菌落总数测试片法

Petrifilm 测试片计算菌落总数的方法：揭起覆盖的胶片，将 1 mL 样品悬液滴于纸片中央后再盖回，用压板轻轻压下使样品均匀分布在接种区，静置约 1 min 待培养基中的凝胶固化后，将测试片水平置于 37 ℃恒温箱内培养。测试片培养 48±3 h 后计数，将红色菌落数作为细菌总数。目前，检测菌落总数应用最多的方法是国标方法（GB 4789.2—2016），即在需氧条件下，36 ℃ 培养 48 h，用肉眼、放大镜或菌落计数器记录平板计数琼脂上生长的微生物菌落总数。但该方法检测时间较长，且检测结果易受培养基质量和人员差异的影响。3M 公司生产的 Petrifilm™ 快速菌落总数测试片操作简便，检测时间短，结果易判读。赵立冬等分别用 3M Petrifilm™ 快速菌落总数测试片法与国标方法对 129 份熟肉样品和 166 份人工污染熟肉样品进行菌落总数检测，并对实验结果进行配对资料 t 检验、线性回归分析以及对数值差值绝对值汇总分析。结果表明两种方法检测结果一致且无统计学意义差异。与国标方法相比，Petrifilm™ 快速菌落总数测试片法的培养时间为 24 h，检测周期缩减了一半，检测效率大幅度提高；菌落在测试片上呈不同颜色，便于判断观察和计数，也易与其他不溶性杂质颗粒相区分，计数更清晰，能满足快速检测熟肉样品和人工污染熟肉样品中菌落总数的需求。

2）大肠菌群、大肠杆菌测纸片法

该测试片含 VRB（violet red bile）培养基和葡萄糖苷酸酶指示剂等。大多数大肠杆菌能产生 β-葡萄糖苷酸酶，会与培养基中的指示剂反应，在大肠杆菌菌落周围产生蓝色沉淀，而表面覆盖的胶膜可留住发酵乳糖的大肠菌群和大肠杆菌产生的气体，因而形成蓝色或蓝红色的菌落并有气泡相连者为大肠杆菌。大肠菌群菌落发酵乳糖产酸，pH 指示剂使培养基变为暗红色，所以，在红色菌落周围伴有气泡者为大肠菌群。因此，一次测试就可测出大肠杆菌和大肠菌群，带气泡的蓝色和红色菌落为大肠菌群，带气泡的蓝色菌落为大肠杆菌。对于大肠菌群的检测，目前国内的检测方法是依据中华人民共和国国家标准 GB 4789.3，但存在检测步骤多、检测时间长、不能适应产品快速检测的需要等问题。Petrifilm ™大肠菌群测试片是目前国际上获得官方认证的方法。2005 年，为修订国家食品微生物标准检验方法，将 AOAC 991.14 Petrifilm ™大肠菌群测试片法与国家标准检验方法 GB/T 4789.3 进行比较及验证试验研究。该研究项目汇总了全国疾控、商检系统和食品加工行业的 20 个实验室使用 Petrifilm ™大肠菌群测试片法的检验数据。结果表明，对于所选定的未加工和加工食品，两种方法的检测数据无统计学差异，说明 Petrifilm ™大肠菌群测试片等效于国标 GB 4789.3—2016 方法。由于 Petrifilm ™大肠菌群测试片是一种预制备的培养基，因此试验中无须人工制备培养基。另外，由于测试片能截留大肠菌群分解乳糖所产生的气体，因此可以直接确认并计数测试片上带有气泡的菌落为大肠菌群，无需挑取菌落进行后续的复发酵试验。与国标方法相比，Petrifilm ™法不仅操作简便，而且检测时间大大缩短（仅需 24 h），其使用性能得到所有合作实验室的良好评价。因此，AOAC 991.14 Petrifilm ™大肠菌群测试片法可用于各类食品中大肠菌群的快速检验。

3）霉菌酵母测试片法

该测试片由培养基、吸水凝胶和酶显色剂等组成。可随时进行抽样检测，而且操作简便，酶显色剂的放大作用使菌落提前清晰地显现出来。酵母菌的菌落较小，边界清晰，颜色均一，而霉菌菌落较大，边界模糊，有扩散现象，颜色受菌落生长的影响，且中间颜色较暗，颜色不均一。霉菌和酵母菌的计数范围为 15～150 CFU。王伟等用 Petrifilm™快速霉菌酵母测试片（RYM）法和《食品安全国家标准食品微生物学检验霉菌和酵母计数》（GB 4789.1—2016）对质控样品、标准菌株及野生菌株、酸奶样品和人工污染酸奶样品进行霉菌和酵母计数的测定，并对检测结果进行配对资料 t 检验以及对数值差值绝对值汇总分析。结果表明，两种方法的检测结果较一致，且 Petrifilm ™ RYM 法具有良好的特异性。与 GB 4789.15—2016 相比，Petrifilm ™ RYM 法的培养时间由 5 d 缩短为 48 h，提高了检测效率；霉菌和酵母菌菌落在测试片上呈不同形态，容易判断观察和直接计数。

4）金黄色葡萄球菌测试片法

由金黄色葡萄球菌引起的食物中毒在世界各国都极其普遍，由此造成的经济损失十分惨重，所以目前各国都把金黄色葡萄球菌列为法定的食品卫生检测项目。袁丹茂等利用测试片法和国标法对 242 份各类市售食品样品进行金黄色葡萄球菌检测，并进行结果对比。测试片法的特异性高，抑制杂菌生长能力强，金黄色葡萄球菌菌落在白色的测试片上呈紫红色，而大肠埃希菌、阴沟肠杆菌呈蓝色，溶血性链球菌、沙门氏菌、变形杆菌则不生长，且红色和蓝色不易混淆，便于肉眼观察判断；敏感度高，测试片法的最小检出量为 1.1×10^{-4} CFU/g（mL），比国标法提高 3 个指数，阳性检出率比国标法提高 7.5%；操作简单，方便快捷，测试片法可不经增菌直接检测，无须进行其他生化反应试验，可用于日常卫生监测工作和公共卫生突发事件处理的快速检测。

复习思考题

1. 简述免疫荧光技术原理和常用的实验方法。
2. 什么是荧光素？常见的荧光素有哪些？
3. 酶免疫技术有哪些分类？其基本原理分别是什么？
4. 酶免疫技术常用的酶及其酶标记物有哪些？
5. 简述免疫胶体金层析技术的技术路线与原理。
6. 核酸探针标记物需具备哪些条件？请举例说明实际应用中常见的标记物。
7. 简述 PCR 的原理和技术特点。
8. 什么是阻抗？影响阻抗的因素有哪些？
9. 电化学免疫传感器分为哪几类？它们之间有何区别？
10. 紫外-可见吸收光谱法的定性、定量分析的基础分别是什么？
11. 简述液相色谱仪的组成及各部件的作用。
12. 气相色谱法和液相色谱法有何不同？
13. 简述快速测试片的构成和工作原理。
14. 若以滤纸作为测试片的载体，滤纸应满足什么要求？它与以 Petrifilm 为载体的测试片有何不同？
15. TTC 是什么？它有何作用？TTC 的用量是越多越好么？简述其原因。

附　录

附录1　食品卫生微生物学检验标准

1.《食品安全国家标准　食品微生物学检验　总则》(GB 4789.1—2016)

2.《食品安全国家标准　食品微生物学检验　菌落总数测定》(GB 4789.2—2016)

3.《食品安全国家标准　食品微生物学检验　大肠菌群计数》(GB 4789.3—2016)

4.《食品安全国家标准　食品微生物学检验　沙门氏菌检验》(GB 4789.4—2016)

5.《食品安全国家标准　食品微生物学检验　志贺氏菌检验》(GB 4789.5—2012)

6.《食品安全国家标准　食品微生物学检验　致泻大肠埃希氏菌检验》(GB 4789.6—2016)

7.《食品安全国家标准　食品微生物学检验　副溶血性弧菌检验》(GB 4789.7—2013)

8.《食品安全国家标准　食品微生物学检验　空肠弯曲菌检验》(GB 4789.9—2014)

9.《食品安全国家标准　食品微生物学检验　金黄色葡萄球菌检验》(GB 4789.10—2016)

10.《食品安全国家标准　食品微生物学检验　β型溶血性链球菌检验》(GB 4789.11—2014)

11.《食品安全国家标准　食品微生物学检验　肉毒梭菌及肉毒毒素检验》(GB 4789.12—2016)

12.《食品安全国家标准　食品微生物学检验　产气荚膜梭菌检验》(GB 4789.13—2012)

13.《食品安全国家标准　食品微生物学检验　蜡样芽胞杆菌检验》(GB 4789.14—2014)

14.《食品安全国家标准　食品微生物学检验　霉菌和酵母计数》(GB 4789.15—2016)

15.《食品卫生微生物学检验　肉与肉制品检验》(GB/T 4789.17—2003)

16.《食品卫生微生物学检验　蛋与蛋制品检验》(GB/T 4789.19—2003)

17.《食品卫生微生物学检验　水产食品检验》(GB/T 4789.20—2003)

18.《食品卫生微生物学检验　冷冻饮品、饮料检验》(GB/T 4789.21—2003)

19.《食品卫生微生物学检验　调味品检验》(GB/T 4789.22—2003)

20.《食品卫生微生物学检验　冷食菜、豆制品检验》(GB/T 4789.23—2003)

21.《食品卫生微生物学检验　糖果、糕点、蜜饯检验》(GB/T 4789.24—2003)

22.《食品卫生微生物学检验　酒类检验》(GB/T 4789.25—2003)

23.《食品卫生微生物学检验　鲜乳中抗生素残留检验》(GB/T 4789.27—2008)

24.《食品安全国家标准　食品微生物学检验　培养基和试剂的质量要求》(GB 4789.28—2013)

25.《食品安全国家标准　食品微生物学检验　单核细胞增生李斯特氏菌检验》(GB 4789.30—2016)

26.《食品安全国家标准　食品微生物学检验　双歧杆菌检验》(GB 4789.34—2016)

27.《食品安全国家标准　食品微生物学检验　乳酸菌检验》(GB 4789.35—2016)

28.《出口食品中厌氧亚硫酸盐　还原梭状芽孢杆菌检测方法》(SN/T 1071—2014)

29.《出口肉及肉制品中假单胞菌属的计数方法》(SN/T 4044—2014)

30.《动物源性产品中多种抗生素残留总量检测方法　微生物代谢抑制法》(SN/T 4142—2015)

31.《贝类中甲型肝炎病毒检测方法　普通RT-PCR方法和实时荧光RT-PCR方法》(GB/T 22287—2008)

32.《口蹄疫病毒实时荧光RT-PCR检测方法》(GB/T 27528—2011)

33.《禽流感病毒通用荧光RT-PCR检测方法》(GB/T 19438.1—2004)

附录 2 微生物检验常用培养基

1. 平板计数琼脂（pLate count agar，PCA）培养基（用于菌落总数测定）

成分：胰蛋白胨 5.0 g，酵母浸膏 2.5 g，葡萄糖 1.0 g，琼脂 15.0 g，蒸馏水 1000 mL。

制法：将上述成分加于蒸馏水中，煮沸溶解，调节 pH 至 7.0±0.2。分装试管或锥形瓶，121 ℃高压灭菌 15 min。

2. 缓冲葡萄糖蛋白胨水（用于 MR 和 VP 试验）

成分：多价胨 7.0 g，葡萄糖 5.0 g，磷酸氢二钾 5.0 g，蒸馏水 1000 mL

制法：将各成分溶于蒸馏水后调节 pH 至 7.0±0.2，分装试管，每管 1 mL，121 ℃高压灭菌 15 min，备用。

3. 缓冲蛋白胨水（BPW）

成分：蛋白胨 10.0 g，氯化钠 5.0 g，磷酸氢二钠（$Na_2HPO_4 \cdot 12H_2O$）9.0 g，磷酸二氢钾 1.5 g，蒸馏水 1000 mL。

制法：将各成分加入蒸馏水中，加热搅拌至溶解，调节 pH 至 7.2±0.2，121 ℃高压灭菌 15 min。

4. 营养肉汤

成分：蛋白胨 10.0 g，牛肉膏 3.0 g，氯化钠 5.0 g，蒸馏水 1000 mL。

制法：将以上成分混合加热溶解，冷却至 25 ℃左右，调节 pH 至 7.4±0.2，分装适当的容器，121 ℃灭菌 15 min。

5. 营养琼脂小斜面

成分：蛋白胨 10.0 g，牛肉膏 3.0 g，氯化钠 5.0 g，琼脂 15～20 g，蒸馏水 1000 mL。

制法：将除琼脂以外的各成分溶解于蒸馏水内，加入 15%氢氧化钠溶液约 2 mL，调节 pH 至 7.3±0.2。加入琼脂，加热煮沸，使琼脂溶化，分装于 13 mm×130 mm 试管中，121 ℃高压灭菌 15 min。

6. 糖发酵管

成分：牛肉膏 5.0 g，蛋白胨 10.0 g，氯化钠 3.0 g，磷酸氢二钠（含 12 个结晶水）2.0 g，0.2%溴麝香草酚蓝溶液 12.0 mL，蒸馏水 1000 mL。

制法：葡萄糖发酵管按上述成分配好后，调节 pH 至 7.4±0.2。按 0.5%加入葡萄糖，分装于有一个倒置小管的小试管内，121 ℃高压灭菌 15 min。

其他各种糖发酵管可按上述成分配好后，分装每瓶 100 mL，121 ℃高压灭菌 15 min。另将各种糖类分别配成 10%溶液，同时高压灭菌。将 5 mL 糖溶液加入于 100 mL 培养基内，以无菌操作分装小试管。

注意：蔗糖不纯，加热后会自行水解，应采用过滤法除菌。

7. 三糖铁（TSI）琼脂

成分：蛋白胨 20.0 g，牛肉膏 5.0 g，乳糖 10.0 g，蔗糖 10.0 g，葡萄糖 1.0 g，硫酸亚铁铵（$FeSO_4 \cdot 6H_2O$）0.2 g，酚红 0.025 g 或 5.0 g/L 溶液 5.0 mL，氯化钠 5.0 g，硫代硫酸钠 0.2 g，琼脂 12.0 g，蒸馏水 1000 mL。

制法：除酚红和琼脂外，将其他成分加入 400 mL 蒸馏水中，煮沸溶解，调节 pH 至 7.4±0.2。另将琼脂加入 600 mL 蒸馏水中，煮沸溶解。将上述两溶液混合均匀后，再加入指示剂，混匀，分装试管，每管 2～4 mL，121 ℃高压灭菌 10 min 或 115 ℃高压灭菌 15 min，灭菌后制成高层斜面，呈橘红色。

8. 尿素琼脂

成分:蛋白胨 1.0 g,氯化钠 5.0 g,葡萄糖 1.0 g,磷酸二氢钾 2.0 g,0.4%酚红 3.0 mL,琼脂 20.0 g,蒸馏水 1000 mL,20%尿素溶液 100 mL。

制法:除尿素、琼脂和酚红外,将其他成分加入 400 mL 蒸馏水中,煮沸溶解,调节 pH 至 7.2±0.2。另将琼脂加入 600 mL 蒸馏水中,煮沸溶解。

将上述两溶液混合均匀后，再加入指示剂后分装，121 ℃高压灭菌 15 min。冷至 50～55 ℃，加入经除菌过滤的尿素溶液。尿素的最终浓度为 2%。分装于无菌试管内，制成斜面备用。

9. 赖氨酸脱羧酶试验培养基

成分：蛋白胨 5.0 g，酵母浸膏 3.0 g，葡萄糖 1.0 g，蒸馏水 1000 mL，1.6%溴甲酚紫-乙醇溶液 1.0 mL，*L*-赖氨酸或 *DL*-赖氨酸 0.5 g/100 mL 或 1.0 g/100 mL。

制法：除赖氨酸以外的成分加热溶解后，每瓶分装 100 mL，分别加入赖氨酸。*L*-赖氨酸按 0.5%加入，*DL*-赖氨酸按 1%加入。调节 pH 至 6.8±0.2。对照培养基不加赖氨酸。分装于无菌的小试管内，每管 0.5 mL，上面滴加一层液体石蜡，115 ℃高压灭菌 10 min。

10. 淀粉水解培养基

成分：牛肉膏 5.0 g，蛋白胨 10.0 g，氯化钠 5.0 g，可溶性淀粉 2.0 g，蒸馏水 1000 mL，琼脂 15～20 g。

制法：将各成分溶于蒸馏水中，调节 pH 至 7.0±0.2，121 ℃高压灭菌 15 min，备用。

11. 油脂培养基

成分：牛肉膏 5.0 g，蛋白胨 10.0 g，1.6%中性红水溶液 1.0 mL，香油或花生油 10.0 g，蒸馏水 1000 mL，琼脂 15～20 g。

制法：将各成分溶于蒸馏水中，调节 pH 至 7.2，121 ℃高压灭菌 20 min。

注意：①不能使用变质油；②油和琼脂及水先加热；③调好 pH 后，再加入中性红；④分装时需要不断搅拌，使油均匀分布于培养基中。

12. 石蕊牛乳培养基

成分：脱脂奶粉 100 g，石蕊 1.67 g，蒸馏水 1000 mL。

制法：将各成分溶于蒸馏水中，调节 pH 至 6.8，115 ℃高压灭菌 20 min。

13. 硫酸亚铁琼脂

成分：酵母浸膏 5.0 g，牛肉膏 3.0 g，蛋白胨 10.0 g，硫酸亚铁 0.2 g，硫代硫酸钠 0.3 g，氯化钠 5.0 g，琼脂 12.0 g，蒸馏水 1000 mL。

制法：将以上成分混合加热融化，调节 pH 至 7.4，115 ℃高压灭菌 15 min，取出直立待其凝固。

注意：肠杆菌科细菌测定硫化氢的产生，应采用三糖铁琼脂或本培养基。

14. 甘露醇卵黄多粘菌素琼脂

成分：蛋白胨 10.0 g，牛肉膏 1.0 g，甘露醇 10.0 g，氯化钠 10.0 g，琼脂 15～20 g，蒸馏水 950 mL，0.2%酚红溶液 13.0 mL，50.0%卵黄液 50.0 mL，多黏菌素 B 100000 IU。

制法：将前五种成分加入蒸馏水中，加热溶解，调节 pH 至 7.3±0.1，加入酚红溶液，分装烧瓶，每瓶 95 mL，121 ℃高压灭菌 15 min，临用时加热溶化琼脂，冷至 50 ℃，每瓶加入 50% 卵黄液 5 mL 及多粘菌素 B 1 mL，混匀后倾注平板。

15. 月桂基硫酸盐胰蛋白胨（Lauryl sulfate tryptose，LST）肉汤（大肠菌群计数）

成分：胰蛋白胨或胰酪胨 20.0 g，氯化钠 5.0 g，乳糖 5.0 g，磷酸氢二钾（K_2HPO_4）2.75 g，磷酸二氢钾（KH_2PO_4）2.75 g，月桂基硫酸钠 0.1 g，蒸馏水 1000 mL。

制法：将上述成分溶解于蒸馏水中，调节 pH 至 6.8±0.2。分装到有玻璃小倒管的试管中，每管 10 mL。121 ℃高压灭菌 15 min。

16. 煌绿乳糖胆盐（brilliant green lactose bile，BGLB）肉汤（大肠菌群增菌液）

成分：蛋白胨 10.0 g，乳糖 10.0 g，牛胆粉（oxgall 或 oxbile）溶液 200.0 mL，0.1% 煌绿水溶液 13.3 mL，蒸馏水 800 mL。

制法：将蛋白胨、乳糖溶于约 500 mL 蒸馏水中，加入牛胆粉溶液 200 mL（将 20.0 g 脱水牛胆粉溶于 200 mL 蒸馏水中，调节 pH 至 7.0～7.5），用蒸馏水稀释到 975 mL，调节 pH 至 7.2±0.1，再加入 0.1%煌绿水溶液 13.3 mL，用蒸馏水补足到 1000 mL，用纱布夹棉花或滤纸过滤后，分装到有玻璃小倒管的试管中，每管 10 mL。121 ℃高压灭菌 15 min。

17. 结晶紫中性红胆盐琼脂（violet red bile agar，VRBA）（大肠菌群计数）

成分：蛋白胨 7.0 g，酵母膏 3.0 g，乳糖 10.0 g，氯化钠 5.0 g，胆盐或 3 号胆盐 1.5 g，中性红 0.03 g，结晶紫 0.002 g，琼脂 15～18g，蒸馏水 1000 mL。

制法：将上述成分溶于蒸馏水中，静置几分钟，充分搅拌，调节 pH 至 7.4±0.1。煮沸 2 min，将培养基融化并恒温至 45～50 ℃，倾注平板。使用前临时制备，不得超过 3 h。

18. 四硫黄酸钠煌绿（TTB）增菌液（沙门氏菌属增菌液）

成分：基础液 900 mL，硫代硫酸钠溶液 100 mL，碘溶液 20.0 mL,煌绿水溶液 2.0 mL,牛胆盐溶液 50.0 mL。

（1）基础液：将蛋白胨 10.0 g，牛肉膏 5.0 g，氯化钠 3.0 g，加入 1000 mL 蒸馏水中，煮沸溶解，再加入碳酸钙 45.0 g，调节 pH 至 7.0±0.2，121 ℃高压灭菌 20 min。

（2）硫代硫酸钠溶液：硫代硫酸钠（$Na_2S_2O_3 \cdot 5H_2O$）50.0 g，蒸馏水加至 100 mL（121 ℃高压灭菌 20 min）。

（3）碘溶液：将 25.0 g 碘化钾充分溶解于少量的蒸馏水中，再投入 20.0 g 碘片，振摇玻瓶至碘片全部溶解为止，然后加蒸馏水至 100 mL，贮存于棕色瓶内，塞紧瓶盖备用。

（4）0.5%煌绿水溶液：将 0.5 g 煌绿，溶解于 100 mL 蒸馏水中存放于暗处，不少于 1 d，使其自然灭菌。

（5）牛胆盐溶液：将 10.0 g 牛胆盐溶于 100 mL 蒸馏水中，加热煮沸至完全溶解，121 ℃高压灭菌 20 min。

制法：临用前，按上列顺序，以无菌操作依次加入基础液中，每加入一种成分，均应摇匀后再加入另一种成分。

19. 亚硒酸盐胱氨酸（SC）增菌液（沙门氏菌增菌液）

成分：蛋白胨 5.0 g，乳糖 4.0 g，磷酸氢二钠 10.0 g，亚硒酸氢钠 4.0 g，*L*-胱氨酸 0.01 g，蒸馏水 1000 mL。

制法：除亚硒酸氢钠和 *L*-胱氨酸外，将各成分加入蒸馏水中，煮沸溶解，冷至 55 ℃以下，以无菌操作加入亚硒酸氢钠和 1 g/L 的 *L*-胱氨酸溶液 10 mL（称取 0.1 g *L*-胱氨酸，加 1 moL/L 氢氧化钠溶液 15.0 mL，使其溶解，再加无菌蒸馏水至 100 mL 即成，如为 *DL*-胱氨酸，用量应加倍）。摇匀，调节 pH 至 7.0±0.2。

20. 亚硫酸铋（BS）琼脂（沙门氏菌选择性琼脂）

成分：蛋白胨 10.0 g，牛肉膏 5.0 g，葡萄糖 5.0 g，硫酸亚铁 0.3 g，磷酸氢二钠 4.0 g，煌绿 0.025 g 或 5.0 g/L 水溶液 5.0 mL，柠檬酸铋铵 2.0 g，亚硫酸钠 6.0 g，琼脂 18～20 g，蒸馏水 1000 mL。

制法：将前三种成分加入 300 mL 蒸馏水（制作基础液），硫酸亚铁和磷酸氢二钠分别加入 20.0 mL 和 30.0 mL 蒸馏水中，柠檬酸铋铵和亚硫酸钠分别加入另一 20.0 mL 和 30.0 mL 蒸馏水中，琼脂加入 600 mL 蒸馏水中。然后分别搅拌均匀，煮沸溶解。冷至 80 ℃左右时，先将硫酸亚铁和磷酸氢二钠溶液混匀，倒入基础液中，混匀。将柠檬酸铋铵和亚硫酸钠溶液混匀，倒入基础液中，再混匀。调节 pH 至 7.5±0.2，随即倾入琼脂液中，混合均匀，冷至 50～55 ℃。加入煌绿溶液，充分混匀后立即倾注平皿。

注意：本培养基不需要高压灭菌，在制备过程中不宜过分加热，避免降低其选择性，贮于室温暗处，超过 48 h 会降低其选择性，本培养基以当天制备为宜，于第二天使用。

21. HE 琼脂（沙门氏菌属显色培养基）

成分:蛋白胨 12.0 g,牛肉膏 3.0 g,乳糖 12.0 g,蔗糖 12.0 g，水杨素 2.0 g，胆盐 20.0 g，氯化钠 5.0 g，琼脂 18～20 g，蒸馏水 1000 mL，0.4%溴麝香草酚蓝溶液 16.0 mL，Andrade 指示剂 20.0 mL，甲液 20.0 mL，乙液 20.0 mL。

（1）甲液：硫代硫酸钠 34.0 g，柠檬酸铁铵 4.0 g，蒸馏水 100 mL

（2）乙液：去氧胆酸钠 10.0 g，蒸馏水 100 mL

（3）Andrade 指示剂：将 0.5 g 酸性复红溶解于 100 mL 蒸馏水中，加入 16.0 mL 氢氧化钠溶液，数小时后，如复红褪色不全，再加氢氧化钠溶液 1～2 mL。

制法：将前面七种成分溶解于 400 mL 蒸馏水内作为基础液，将琼脂加入 600 mL 蒸馏水内。然后分别搅拌均匀，煮沸溶解。加入甲液和乙液于基础液内，调节 pH 至 7.5±0.2。再加入指示剂，并与琼脂液合并，待冷至 50～55 ℃倾注平皿。

注意：本培养基不需要高压灭菌，在制备过程中不宜过分加热，避免降低其选择性。

22. 木糖赖氨酸脱氧胆盐（XLD）琼脂（沙门氏菌属显色培养基）

成分：酵母膏 3.0 g，*L*-赖氨酸 5.0 g，木糖

3.75 g，乳糖 7.5 g，蔗糖 7.5 g，去氧胆酸钠 2.5 g，柠檬酸铁铵 0.8 g，硫代硫酸钠 6.8 g，氯化钠 5.0 g，琼脂 15.0 g，酚红 0.08 g，蒸馏水 1000 mL。

制法：除酚红和琼脂外，将其他成分加入 400 mL 蒸馏水中，煮沸溶解，调节 pH 至 7.4±0.2。另将琼脂加入 600 mL 蒸馏水中，煮沸溶解。将上述两溶液混合均匀后，再加入指示剂，待冷至 50～55 ℃倾注平皿。

注意：本培养基不需要高压灭菌，在制备过程中不宜过分加热，避免降低其选择性，贮于室温暗处。本培养基以当天制备为宜，于第二天使用。使用前必须去除平板表面上的水珠，在 37～55 ℃温度下，琼脂面向下，平板盖亦向下烘干。另外，如配制好的培养基不立即使用，在 2～8 ℃条件下可储存 2 周。

23. 氰化钾（KCN）培养基（沙门氏菌检验）

成分：蛋白胨 10.0 g，氯化钠 5.0 g，磷酸二氢钾 0.225 g，磷酸氢二钠 5.64 g，蒸馏水 1000 mL，0.5% 氰化钾 20.0 mL。

制法：将除氰化钾以外的成分加入蒸馏水中，煮沸溶解，分装后 121 ℃高压灭菌 15 min。放在冰箱内使其充分冷却。每 100 mL 培养基加入 0.5%氰化钾溶液 2.0 mL（最后浓度为 1∶10000），分装于无菌试管内，每管约 4 mL，立刻用无菌橡皮塞塞紧，放在 4 ℃冰箱内，至少可保存两个月。同时，将不加氰化钾的培养基作为对照培养基，分装试管备用。

注意：氰化钾是剧毒药，使用时应小心，切勿沾染，以免中毒。夏天分装培养基应在冰箱内进行。试验失败的主要原因多为封口不严，氰化钾逐渐分解，产生氢氰酸气体逸出，以致药物浓度降低，细菌正常生长，因而造成假阳性反应。试验时在每一环节中都要特别注意。

24. 邻硝基酚 *β-D*-半乳糖苷（ONPG）培养基（沙门氏菌检验）

成分：邻硝基酚 *β-D*-半乳糖苷（ONPG）60.0 mg，0.01 moL/L 磷酸钠缓冲液（pH 7.5）10.0 mL，1%蛋白胨水（pH 7.5）30.0 mL。

制法：将 ONPG 溶于缓冲液内，加入蛋白胨水，以过滤法除菌，分装于无菌的小试管内，每管 0.5 mL，用橡皮塞塞紧。

25. 半固体琼脂（沙门氏菌检验）

成分：牛肉膏 0.3 g，蛋白胨 1.0 g，氯化钠 0.5 g，琼脂 0.35～0.4 g，蒸馏水 100 mL。

制法：按以上成分配好，煮沸溶解，调节 pH 至 7.4±0.2。分装小试管。121 ℃高压灭菌 15 min。直立凝固备用。

注意：供动力观察、菌种保存、H 抗原位相变异试验等用。

26. 丙二酸钠培养基（沙门氏菌检验）

成分：酵母浸膏 1.0 g，硫酸铵 2.0 g，磷酸氢二钾 0.6 g，磷酸二氢钾 0.4 g，氯化钠 2.0 g，丙二酸钠 3.0 g，0.2%溴麝香草酚蓝溶液 12.0 mL，蒸馏水 1000 mL。

制法：除指示剂以外的成分溶于水中，调节 pH 至 6.8±0.2，再加入指示剂，分装试管，121 ℃高压灭菌 15 min。

27. 7.5%氯化钠肉汤（金黄色葡萄球菌增菌液）

成分：蛋白胨 10.0 g，牛肉膏 5.0 g，氯化钠 75.0 g，蒸馏水 1000 mL。

制法：将上述成分加热溶解，调节 pH 至 7.4±0.2，分装，每瓶 225 mL，121 ℃高压灭菌 15 min。

28. 血琼脂平板（金黄色葡萄球菌检验选择性培养基）

成分：豆粉琼脂（pH 7.5±0.2）100 mL，脱纤维羊血（或兔血）5～10 mL。

制法：加热溶化琼脂，冷却至 50 ℃，以无菌操作加入脱纤维羊血，摇匀，倾注平板。

29. Baird-Parker 琼脂平板（金黄色葡萄球菌检验选择性培养基）

成分：胰蛋白胨 10.0 g，牛肉膏 5.0 g，酵母膏 1.0 g，丙酮酸钠 10.0 g，甘氨酸 12.0 g，氯化锂（$LiCl \cdot 6H_2O$）5.0 g，琼脂 20.0 g，蒸馏水 950 mL。

卵黄亚碲酸钾增菌剂：将 50.0 mL 30%卵黄盐水与通过 0.22 μm 孔径滤膜过滤除菌的 10.0 mL 1%亚碲酸钾溶液混合，保存于冰箱内。

制法：将各成分加到蒸馏水中，加热煮沸至完全溶解，调节 pH 至 7.0±0.2。分装每瓶 95 mL，121 ℃高压灭菌 15 min。临用时加热溶化琼脂，冷至 50 ℃，每 95 mL 加入预热至 50 ℃的卵黄亚碲酸钾增菌剂 5 mL，摇匀后倾注平板。培养基应是致密不透明的，使用前在冰箱储存不得超过 48 h。

30. 脑心浸出液肉汤（BHI）（金黄色葡萄球菌检验）

成分：胰蛋白质胨 10.0 g，氯化钠 5.0 g，磷酸氢二钠（$12H_2O$）2.5 g，葡萄糖 2.0 g，牛心浸出液 500 mL。

制法：加热溶解，调节 pH 至 7.4±0.2，分装于 16 mm×160 mm 试管，每管 5 mL，121 ℃高压灭菌 15 min。

31. 兔血浆（金黄色葡萄球菌检验）

成分：3.8%柠檬酸钠溶液 100.0 mL，全兔血 400.0 mL。

3.8%柠檬酸钠溶液：取柠檬酸钠 3.8g，加蒸馏水 100 mL，溶解后过滤，装瓶，121 ℃高压灭菌 15 min。

制法：取 3.8%柠檬酸钠溶液 1 份，加兔全血 4 份，混好静置（或以 3000r/min 离心 30 min），使血液细胞下降，即可得血浆。

32. 志贺氏菌增菌肉汤-新生霉素（志贺氏菌增菌液）

（1）志贺氏菌增菌肉汤

成分：胰蛋白胨 20.0 g，葡萄糖 1.0 g，磷酸氢二钾 2.0 g，磷酸二氢钾 2.0 g，氯化钠 5.0 g，吐温-80（Tween-80）1.5 mL，蒸馏水 1000 mL。

制法：将以上成分混合加热溶解，冷却至 25 ℃左右，调节 pH 至 7.0±0.2，分装适当的容器，121 ℃高压灭菌 15 min。取出后冷却至 50～55 ℃，加入除菌过滤的新生霉素溶液（0.5μg/mL），分装 225 mL，备用。

注意：如不立即使用，在 2～8 ℃条件下可储存一个月。

（2）新生霉素溶液

成分：新生霉素 25.0 mg，蒸馏水 1000 mL。

制法：将新生霉素溶解于蒸馏水中，用 0.22 μm 过滤膜除菌，如不立即使用，在 2～8 ℃条件下可储存一个月。

临用时，每 225 mL 志贺氏菌增菌肉汤加入 5 mL 新生霉素溶液，混匀。

33. 麦康凯（MAC）琼脂（志贺氏菌选择性培养基）

成分：蛋白胨 20.0 g，乳糖 10.0 g，3 号胆盐 1.5 g，氯化钠 5.0 g，中性红 0.03 g，结晶紫 0.001 g，琼脂 15.0 g，蒸馏水 1000 mL。

制法：将以上成分混合加热溶解，冷却至 25 ℃左右，调节 pH 至 7.2±0.2，分装，121 ℃高压灭菌 15 min。冷却至 45～50 ℃，倾注平板。

注意：如不立即使用，在 2～8 ℃条件下可储存 2 周。

34. 葡萄糖铵培养基（志贺氏菌生化特性检验）

成分：氯化钠 5.0 g，硫酸镁（$MgSO_4 \cdot 7H_2O$）0.2 g，磷酸二氢铵 1.0 g，磷酸氢二钾 1.0 g，葡萄糖 2.0 g，琼脂 20.0 g，0.2%溴麝香草酚蓝水溶液 40.0 mL，蒸馏水 1000 mL。

制法：先将盐类和糖溶解于水中，调节 pH 至 6.8±0.2，再加琼脂加热溶解，然后加入指示剂。混合均匀后分装试管，121 ℃高压灭菌 15 min。制成斜面备用。

35. *β*-半乳糖苷酶培养基（志贺氏菌生化特性检验）

（1）液体法

成分：邻硝基苯 *β*-*D*-半乳糖苷（ONPG）60.0 mg，0.01 moL/L 磷酸钠缓冲液（pH 7.5±0.2）10.0 mL，1%蛋白胨水（pH 7.5±0.2）30.0 mL。

制法：将 ONPG 溶于缓冲液内，加入蛋白胨水，以过滤法除菌，分装于 10 mm×75 mm 试管内，每管 0.5 mL，用橡皮塞塞紧。

（2）平板法（X-GaL 法）

成分：蛋白胨 20.0 g，氯化钠 3.0 g，5-溴-4-氯-3-吲哚-*β*-*D*-半乳糖苷（X-GaL）200.0 mg，琼脂 15.0 g，蒸馏水 1000 mL。

制法：将各成分加热煮沸于 1000 mL 水中，冷却至 25 ℃左右，调节 pH 至 7.2±0.2，115 ℃高压灭菌 10 min。倾注平板，避光冷藏备用。

36. 西蒙氏柠檬酸盐培养基（蜡样芽胞杆菌和志贺氏菌生化特性检验）

成分：氯化钠 5.0 g，硫酸镁（$MgSO_4 \cdot 7H_2O$）0.2 g，磷酸二氢铵 1.0 g，磷酸氢二钾 1.0 g，柠檬酸钠 5.0 g，琼脂 20.0 g，0.2%溴麝香草酚蓝溶液 40.0 mL，蒸馏水 1000 mL。

制法：先将盐类溶解于水内，调至 pH 6.8±0.2，加入琼脂，加热溶化。然后加入指示剂，混合均匀后分装试管，121 ℃高压灭菌 15 min。制成斜面备用。

37. 黏液酸盐培养基（志贺氏菌生化特性检验）

（1）测试肉汤

成分：酪蛋白胨 10.0 g，溴麝香草酚蓝溶液 0.024 g，蒸馏水 1000 mL，5 mol/L 氢氧化钠溶液，黏液酸 10.0 g。

制法：慢慢加入 5 mol/L 氢氧化钠以溶解黏液酸，混匀。其余成分加热溶解，加入上述黏液酸，冷却至 25 ℃左右，调节 pH 至 7.4±0.2，分装试管，每管约 5 mL，121 ℃高压灭菌 10 min。

（2）质控肉汤

成分：酪蛋白胨 10.0 g，溴麝香草酚蓝溶液 0.024 g，蒸馏水 1000 mL。

制法：所有成分加热溶解，冷却至 25 ℃左右，调节 pH 至 7.4±0.2，分装试管，每管约 5 mL，121 ℃高压灭菌 10 min。

38. 肠道菌增菌肉汤（致泻大肠埃希氏增菌）

成分：蛋白胨 10.0 g，葡萄糖 5.0 g，牛胆盐 20.0 g，磷酸氢二钠 8.0 g，磷酸二氢钾 2.0 g，煌绿 0.015 g，蒸馏水 1000 mL。

制法：将以上成分混合加热溶解，冷却至 25 ℃左右，调节 pH 至 7.2±0.2，分装每瓶 30 mL，115 ℃高压灭菌 20 min。

39. 伊红-亚甲蓝（EMB）琼脂（致泻大肠埃希氏检验选择性培养基）

成分：蛋白胨 10.0 g，乳糖 10.0 g，磷酸氢二钾（K_2HPO_4）2.0 g，琼脂 15.0 g，2%伊红水溶液 20.0 mL，0.5%亚甲蓝水溶液 13.0 mL，蒸馏水 1000 mL。

制法：在 1000 mL 蒸馏水中煮沸溶解蛋白胨、磷酸盐和乳糖，加水补足，冷却至 25 ℃左右，调节 pH 至 7.1±0.2。再加入琼脂，121 ℃高压灭菌 15 min。冷却至 45～50 ℃，加入 2%伊红水溶液和 0.5%亚甲蓝水溶液，摇匀，倾注平皿。

40. BHI 肉汤（致泻大肠埃希氏检验）

成分：小牛脑浸液 200 g，牛心浸液 250 g，蛋白胨 10.0 g，氯化钠 5.0 g，葡萄糖 2.0 g，磷酸氢二钠（Na_2HPO_4）2.5 g，蒸馏水 1000 mL。

制法：按以上成分配好，加热溶解，冷却至 25 ℃左右，调节 pH 至 7.4±0.2，分装小试管，121 ℃高压灭菌 15 min。

41. 3%氯化钠碱性蛋白胨水（副溶血性弧菌增菌液）

成分：蛋白胨 10.0 g，氯化钠 30.0 g，蒸馏水 1000 mL。

制法：各种成分溶于蒸馏水中，调节 pH 至 8.5±0.2，121 ℃高压灭菌 10 min。

42. 硫代硫酸盐-柠檬酸盐-胆盐-蔗糖（TCBS）琼脂（副溶血性弧菌检验显色培养基）

成分：蛋白胨 10.0 g，酵母浸膏 5.0 g，柠檬酸钠（$C_6H_5O_7Na_3 \cdot 2H_2O$）10.0 g，硫代硫酸钠（$Na_2S_2O_3 \cdot 5H_2O$）10.0 g，氯化钠 10.0 g，牛胆汁粉 5.0 g，柠檬酸铁 1.0 g，胆酸钠 3.0 g，蔗糖 20.0 g，溴麝香草酚蓝 0.04 g，麝香草酚蓝 0.04 g，琼脂 15.0 g，蒸馏水 1000 mL。

制法：各种成分溶于蒸馏水中，调节 pH 至 8.6±0.2，加热煮沸至完全溶解。冷却至 50 ℃左右，倾注平板，备用。

43. 3%氯化钠胰蛋白胨大豆琼脂（副溶血性弧菌检验）

成分：胰蛋白胨 15.0 g，大豆蛋白胨 5.0 g，氯化钠 30.0 g，琼脂 15.0 g，蒸馏水 1000 mL。

制法：将各种成分溶于蒸馏水中，调节 pH 至 7.3±0.2，121 ℃高压灭菌 15 min。

44. 嗜盐性试验培养基（副溶血性弧菌检验）

成分：胰蛋白胨 10.0 g，氯化钠按不同量加入，蒸馏水 1000 mL。

制法：各种成分溶于蒸馏水中，调节 pH 至 7.2±0.2，共配制 5 瓶，每瓶 100 mL。每瓶分别加入不同量的氯化钠：0 g、3 g、6 g、8 g、10 g。分装试管，121 ℃高压灭菌 15 min。

45. 3%氯化钠甘露醇试验培养基（副溶血性弧菌检验）

成分：牛肉膏 5.0 g，蛋白胨 10.0 g，氯化钠 30.0 g，磷酸氢二钠（$Na_2HPO_4 \cdot 12H_2O$）2.0 g，甘露醇 5.0 g，溴麝香草酚蓝 0.024 g，蒸馏水 1000 mL。

制法：各种成分溶于蒸馏水中，调节 pH 至 7.4±0.2，分装小试管，121 ℃高压灭菌 10 min。

46. 3%氯化钠赖氨酸脱羧酶试验培养基（副溶血性弧菌检验）

成分：蛋白胨 5.0 g，酵母浸膏 3.0 g，葡萄糖 1.0 g，溴甲酚紫 0.02 g，*L*-赖氨酸 5.0 g，氯化钠 30.0 g，蒸馏水 1000 mL。

制法：除赖氨酸以外的成分溶于蒸馏水中，调节 pH 至 6.8±0.2。再按 0.5%的比例加入赖氨酸，对照培养基不加赖氨酸。分装小试管，每管 0.5 mL，121 ℃高压灭菌 15 min。

47. 3%氯化钠 MR-VP 培养基（副溶血性弧菌检验）

成分：多胨 7.0 g，葡萄糖 5.0 g，磷酸氢二钾（K_2HPO_4）5.0 g，氯化钠 30.0 g，蒸馏水 1000 mL。

制法：各种成分溶于蒸馏水中，调节 pH 至 6.9±0.2，分装小试管，121 ℃高压灭菌 15 min。

48. 我妻氏血琼脂（副溶血性弧菌检验）

成分：酵母浸膏 3.0 g，蛋白胨 10.0 g，氯化钠 70.0 g，磷酸氢二钾（K_2HPO_4）5.0 g，甘露醇 10.0 g，结晶紫 0.001 g，琼脂 15.0 g，蒸馏水 1000 mL。

制法：各种成分溶于蒸馏水中，调节 pH 至 8.0±0.2，加热至 100 ℃，保持 30 min，冷却至 45～50 ℃，与 50 mL 预先洗涤的新鲜人或兔红细胞（含抗凝血剂）混合，倾注平板。干燥平板，尽快使用。

49. 庖肉培养基（肉毒梭菌、还原梭状芽孢杆菌增菌培养）

成分：新鲜牛肉 500.0 g，蛋白胨 30.0 g，酵母浸膏 5.0 g，磷酸二氢钠 5.0 g，葡萄糖 3.0 g，可溶性淀粉 2.0 g，蒸馏水 1000 mL。

制法：称取新鲜除去脂肪与筋膜的牛肉 500.0 g，切碎，加入蒸馏水 1000 mL 和 1 moL/L 氢氧化钠溶液 25.0 mL，搅拌煮沸 15 min，充分冷却，除去表层脂肪，纱布过滤并挤出肉渣余液，分别收集肉汤和碎肉渣。在肉汤中加入成分表中其他物质并用蒸馏水补足至 1000 mL，调节 pH 至 7.4±0.1，肉渣晒至半干。在 20 mm×150 mm 试管中先加入碎肉渣 1～2cm 高，每管加入还原铁粉 0.1～0.2 g 或少许铁屑，再加入配制肉汤 15 mL，最后加入液体石蜡覆盖培养基 0.3～0.4cm，121 ℃高压蒸汽灭菌 20 min。

50. 胰蛋白酶胰蛋白胨葡萄糖酵母膏肉汤（TPGYT）（肉毒梭菌增菌培养）

成分：胰酪胨（trypticase）50.0 g，蛋白胨 5.0 g，酵母浸膏 20.0 g，葡萄糖 4.0 g，硫乙醇酸钠 1.0 g，胰酶液，蒸馏水 1000 mL。

胰酶液：称取胰酶（1∶250）1.5 g，加入 100 mL 蒸馏水中溶解，膜过滤除菌，4 ℃保存备用。

制法：将各种成分溶于蒸馏水中，调节 pH 至 7.2±0.1，分装于 20 mm×150 mm 试管中，每管 15 mL，加入液体石蜡覆盖培养基 0.3～0.4 cm，121 ℃高压蒸汽灭菌 10 min。冰箱冷藏，两周内使用。临用接种样品时，每管加入胰酶液 1.0 mL。

51. 卵黄琼脂培养基（肉毒梭菌分离与纯化）

成分：酵母浸膏 5.0 g，胰胨 5.0 g，脲胨 20.0 g，氯化钠 5.0 g，琼脂 20.0 g，卵黄乳液 15.0 mL，蒸馏水 1000 mL。

卵黄乳液：用硬刷清洗鸡蛋 2～3 个，沥干，将表面杀菌消毒，无菌打开，取出内容物，弃去蛋白，用无菌注射器吸取蛋黄，放入无菌容器中，加等量无菌生理盐水，充分混合调匀，4 ℃保存备用。

制法：各种成分溶于蒸馏水中，调节 pH 至 7.0±0.2，分装于锥形瓶中，121 ℃高压灭菌 15 min，冷却至 50 ℃左右，按每 100 mL 基础培养基加入 15 mL 卵黄乳液，充分混匀，倾注平板，35 ℃培养 24 h 进行无菌检查后，冷藏备用。

52. 含 0.6%酵母浸膏的胰酪胨大豆肉汤（TSB-YE）（单核细胞增生李斯特氏菌检验）

成分：胰胨 17.0 g，多价胨 3.0 g，酵母膏

6.0 g，氯化钠 5.0 g，磷酸氢二钾 2.5 g，葡萄糖 2.5 g，蒸馏水 1000 mL。

制法：将上述各成分加热搅拌溶解，调节 pH 至 7.2±0.2，分装，121 ℃高压灭菌 15 min，备用。

53. 0.6%酵母浸膏的胰酪胨大豆琼脂（TSA-YE）（单核细胞增生李斯特氏菌检验）

成分：胰胨 17.0 g，多价胨 3.0 g，酵母膏 6.0 g，氯化钠 5.0 g，磷酸氢二钾 2.5 g，葡萄糖 2.5 g，琼脂 15.0 g，蒸馏水 1000 mL。

制法：将上述各成分加热搅拌溶解，调节 pH 至 7.2±0.2，分装，121 ℃高压灭菌 15 min，备用。

54. 李氏增菌肉汤 LB（LB_1，LB_2）（单核细胞增生李斯特氏菌增菌液）

成分：胰胨 5.0 g，多价胨 5.0 g，酵母膏 5.0 g，氯化钠 20.0 g，磷酸二氢钾 1.4 g，磷酸氢二钠 12.0 g，七叶苷 1.0 g，蒸馏水 1000 mL。

制法：将上述成分加热溶解，调节 pH 至 7.2±0.2，分装，121 ℃高压灭菌 15 min，备用。

（1）李氏Ⅰ液（LB_1）：在 225 mL 无菌李氏增菌肉汤中加入 1%萘啶酮酸（用 0.05 moL/L 氢氧化钠溶液配制）0.5 mL，1%吖啶黄（用无菌蒸馏水配制）0.3 mL。

（2）李氏Ⅱ液（LB_2）：在 200 mL 无菌李氏增菌肉汤中加入 1%萘啶酮酸 0.4 mL，1%吖啶黄 0.5 mL。

55. PALCAM 琼脂（单核细胞增生李斯特氏菌选择培养基）

成分：酵母膏 8.0 g，葡萄糖 0.5 g，七叶苷 0.8g，柠檬酸铁铵 0.5 g，甘露醇 10.0 g，酚红 0.1 g，氯化锂 15.0 g，酪蛋白胰酶消化物 10.0 g，心胰酶消化物 3.0 g，玉米淀粉 1.0 g，肉胃酶消化物 5.0 g，氯化钠 5.0 g，琼脂 15.0 g，蒸馏水 1000 mL。

制法：将上述成分加热溶解，调节 pH 至 7.2±0.2，分装，121 ℃高压灭菌 15 min，备用。

PALCAM 选择性添加剂：多黏菌素 B 5.0 mg，盐酸吖啶黄 2.5 mg，头孢他啶 10.0 mg，无菌蒸馏水 500 mL。

制法：将 PALCAM 基础培养基溶化后冷却到 50 ℃，加入 2 mL PALCAM 选择性添加剂，混匀后倾倒在无菌的平皿中，备用。

56. SIM 动力培养基（单核细胞增生李斯特氏菌检验）

成分：胰胨 20.0 g，多价胨 6.0 g，硫酸铁铵 0.2 g，硫代硫酸钠 0.2 g，琼脂 3.5 g，蒸馏水 1000 mL。

制法：将上述各成分加热混匀，调节 pH 至 7.2±0.2，分装小试管，121 ℃高压灭菌 15 min，备用。

57. 5%～8%羊血琼脂（单核细胞增生李斯特氏菌检验）

成分：蛋白胨 1.0 g，牛肉膏 0.3 g，氯化钠 0.5 g，琼脂 1.5 g，蒸馏水 100 mL，脱纤维羊血 5～8 mL。

制法：除新鲜脱纤维羊血外，加热溶化上述各成分，121 ℃高压灭菌 15 min，晾到 50 ℃，以无菌操作加入新鲜脱纤维羊血，摇匀，倾注平板。

58. 甘露醇卵黄多黏菌素（MYP）琼脂（蜡样芽孢杆菌分离，培养）

成分：蛋白胨 10.0 g，牛肉粉 1.0 g，*D*-甘露醇 10.0 g，氯化钠 10.0 g，琼脂粉 12.0～15.0 g，0.2%酚红溶液 13.0 mL，50%卵黄液 50.0 mL，多黏菌素 B 100000 IU，蒸馏水 950 mL。

50%卵黄液：取鲜鸡蛋，用硬刷将蛋壳彻底洗净，沥干，于 70%酒精溶液中浸泡 30 min。用无菌操作取出卵黄，加入等量灭菌生理盐水，混匀后备用。

多黏菌素 B 溶液：在 50 mL 灭菌蒸馏水中溶解 500000 IU 的无菌硫酸盐多黏菌素 B。

制法：将前五种成分加入于 950 mL 蒸馏水中，加热溶解，调节 pH 至 7.3±0.1，加入酚红溶液。分装，每瓶 95 mL，121 ℃高压灭菌 15 min。临用时加热溶化琼脂，冷却至 50 ℃，每瓶加入 50%卵黄液 5 mL 和浓度为 10000 IU 的多黏菌素 B 溶液 1 mL，混匀后，倾注平板。

59. 胰酪胨大豆多黏菌素肉汤（蜡样芽孢杆菌培养）

成分：胰酪胨（或酪蛋白胨）17.0 g，植物蛋白胨（或大豆蛋白胨）3.0 g，氯化钠 5.0 g，无水磷酸氢二钾 2.5 g，葡萄糖 2.5 g，多黏菌素 B 100 IU/mL，蒸馏水 1000 mL。

制法：将前五种成分加入于蒸馏水中，加热溶解，调节 pH 至 7.3±0.2，121 ℃高压灭菌 15 min。临用时加入多黏菌素 B 溶液混匀即可。

60. 动力培养基（蜡样芽胞杆菌生物学特性检验）

成分：胰酪胨（或酪蛋白胨）10.0 g，酵母粉 2.5 g，葡萄糖 5.0 g，无水磷酸氢二钠 2.5 g，琼脂粉 3～5 g，蒸馏水 1000 mL。

制法：将所述成分于蒸馏水，调节 pH 至 7.2±0.2，加热溶解。分装每管 2～3 mL。115 ℃高压灭菌 20 min，备用。

61. 硝酸盐肉汤（蜡样芽胞杆菌生化特征检验）

成分：蛋白胨 5.0 g，硝酸钾 0.2 g，蒸馏水 1000 mL。

制法：将所述成分溶解于蒸馏水。校正 pH 至 7.4，分装每管 5 mL，121 ℃高压灭菌 15 min。

62. 酪蛋白琼脂（蜡样芽胞杆菌生化特征检验）

成分：酪蛋白 10.0 g，牛肉粉 3.0 g，无水磷酸氢二钠 2.0 g，氯化钠 5.0 g，琼脂粉 12～15 g，蒸馏水 1000 mL，0.4% 溴麝香草酚蓝溶液 12.5 mL。

制法：除溴麝香草酚蓝溶液外，将上述各成分溶于蒸馏水中加热溶解（酪蛋白不会溶解）。校正 pH 至 7.4±0.2，加入溴麝香草酚蓝溶液，121 ℃高压灭菌 15 min，倾注平板。

63. 硫酸锰营养琼脂培养（蜡样芽胞杆菌生化特征检验）

成分：胰蛋白胨 5.0 g，葡萄糖 5.0 g，酵母浸膏 5.0 g，磷酸氢二钾 4.0 g，3.08%硫酸锰（$MnSO_4 \cdot H_2O$）1.0 mL，琼脂粉 12～15 g，蒸馏水 1000 mL。

制法：将所述成分溶解于蒸馏水。校正 pH 至 7.2±0.2。121 ℃高压灭菌 15 min，备用。

64. 胰酪胨大豆羊血（TSSB）琼脂（蜡样芽胞杆菌生化特征检验）

成分：胰酪胨（或酪蛋白胨）15.0 g，植物蛋白胨（或大豆蛋白胨）5.0 g，氯化钠 5.0 g，无水磷酸氢二钾 2.5 g，葡萄糖 2.5 g，琼脂粉 12～15 g，蒸馏水 1000 mL。

制法：将所述各成分于蒸馏水中加热溶解，调节 pH 至 7.2±0.2，分装每瓶 100 mL，121 ℃高压灭菌 15 min，水浴中冷却至 45～50 ℃，每 100 mL 加入 5～10 mL 无菌脱纤维羊血，混匀后，倾注平板。

65. 溶菌酶营养肉汤（蜡样芽胞杆菌生化特征检验）

成分：牛肉粉 3.0 g，蛋白胨 5.0 g，蒸馏水 990 mL，0.1%溶菌酶溶液 10.0 mL。

0.1%溶菌酶溶液：在 65.0 mL 灭菌的 0.1 moL/L 盐酸中加入 0.1 g 溶菌酶，隔水煮沸 20 min 溶解后，再用灭菌的 0.1 moL/L 盐酸稀释至 100 mL。或者称取 0.1 g 溶菌酶溶于 100 mL 的无菌蒸馏水后，用孔径为 0.45μm 硝酸纤维膜过滤。使用前测试是否无菌。

制法：除溶菌酶溶液外，将上述成分溶解于蒸馏水。校正 pH 至 6.8±0.1，分装每瓶 99 mL。121 ℃高压灭菌 15 min。每瓶加入 0.1%溶菌酶溶液 1.0 mL，混匀后分装灭菌试管，每管 2.5 mL。

66. 明胶培养基

成分：蛋白胨 5.0 g，牛肉膏 3.0 g，明胶 120.0 g，蒸馏水 1000 mL。

制法：将所述成分混合，置于流动蒸汽灭菌器内，加热溶解，调节 pH 至 7.4～7.6，过滤。分装试管，121 ℃高压灭菌 10 min，备用。

67. 双歧杆菌琼脂培养基（双歧杆菌增菌，纯培养）

成分：蛋白胨 15.0 g，酵母浸膏 2.0 g，葡萄糖 20.0 g，可溶性淀粉 0.5 g，氯化钠 5.0 g，西红柿浸出液 400.0 mL，吐温-80 1.0 mL，肝粉 0.3 g，琼脂粉 20.0 g，加蒸馏水至 1000 mL。

半胱氨酸盐溶液：称取半胱氨酸 0.5 g，加入 1.0 mL 盐酸，使半胱氨酸全部溶解，配制成半胱氨酸盐溶液。

西红柿浸出液：将新鲜的西红柿洗净后称重切碎，加等量的蒸馏水在 100 ℃水浴中加热，搅拌

90 min，然后用纱布过滤，调节 pH 7.0±0.1，将浸出液分装后，121 ℃高压灭菌 15～20 min。

制法：将所有成分加入蒸馏水中，加热溶解，然后加入半胱氨酸盐溶液，调节 pH 至 6.8±0.1。分装，121 ℃高压灭菌 15～20 min。

68. PYG 液体培养基（双歧杆菌检验）

成分：蛋白胨 10.0 g，葡萄糖 2.5 g，酵母粉 5.0 g，半胱氨酸-HCL 0.25 g，盐溶液 20.0 mL，氯化血红素溶液 5 mg/mL 2.5 mL，维生素 K_1 溶液 0.5 mL，蒸馏水 500 mL。

（1）盐溶液：称取无水氯化钙 0.2 g，硫酸镁 0.2 g，磷酸氢二钾 1.0 g，磷酸二氢钾 1.0 g，碳酸氢钠 10.0 g，氯化钠 2.0 g，加蒸馏水至 1000 mL。

（2）氯化血红素溶液（5 mg/mL）：称取氯化血红素 0.5 g 溶于 1 moL/L 氢氧化钠 1.0 mL 中，加蒸馏水至 100 mL，121 ℃高压灭菌 15～20 min。

（3）维生素 K_1 溶液：称取维生素 K_1 1.0 g，加无水乙醇 99.0 mL，过滤除菌，避光冷藏保存。

制法：除氯化血红素溶液和维生素 K_1 溶液外，其余成分加入蒸馏水中，加热溶解，调节 pH 至 6.0±0.1，分装，121 ℃高压灭菌 15～20 min。临用时加热熔化琼脂，加入氯化血红素溶液和维生素 K_1 溶液，晾至 50 ℃使用。

69. MRS 培养基（乳酸菌菌落总数计数）

成分：蛋白胨 10.0 g，牛肉粉 5.0 g，酵母粉 4.0 g，葡萄糖 20.0 g，吐温-80 1.0 mL，磷酸氢二钾（$K_2HPO_4 \cdot 7H_2O$）2.0 g，冰醋酸钠 5.0 g，柠檬酸三铵 2.0 g，硫酸镁（$MgSO_4 \cdot 7H_2O$）0.2 g，硫酸锰（$MnSO_4 \cdot 4H_2O$）0.05 g，琼脂粉 15.0 g，蒸馏水 1000 mL。

制法：所有成分加入蒸馏水中，加热溶解，调节 pH 至 6.2±0.1，分装，121 ℃高压灭菌 15～20 min。

70. 莫匹罗星锂盐和半胱氨酸盐酸盐改良 MRS 培养基（双歧杆菌计数）

成分：莫匹罗星锂盐 50.0 mg，半胱氨酸盐酸盐 250.0 mg，1000 mL 蒸馏水。

（1）莫匹罗星锂盐储备液：称取 50.0 mg 莫匹罗星锂盐加入到 50 mL 蒸馏水中，用 0.22 μm 微孔滤膜过滤除菌。

（2）半胱氨酸盐酸盐储备液：称取 250.0 mg 半胱氨酸盐酸盐加入 50 mL 蒸馏水中，用 0.22 μm 微孔滤膜过滤除菌。

制法：将 MRS 培养基各种成分加入 950 mL 蒸馏水中，加热溶解，调节 pH，分装，121 ℃高压灭菌 15～20 min。临用时加热熔化琼脂，在水浴中冷至 48 ℃，用带有 0.22 μm 微孔滤膜的注射器将莫匹罗星锂盐储备液及半胱氨酸盐酸盐储备液制备加入熔化琼脂中，使培养基中莫匹罗星锂盐的浓度为 50 μg/mL，半胱氨酸盐酸盐的浓度为 500 μg/mL。

71. MC 培养基（Modified Chalmers 培养基）（嗜热链球菌计数）

成分：大豆蛋白胨 5.0 g，牛肉粉 3.0 g，酵母粉 3.0 g，葡萄糖 20.0 g，乳糖 20.0 g，碳酸钙 10.0 g，琼脂 15.0 g，蒸馏水 1000 mL，1%中性红溶液 5.0 mL。

制法：将上述成分加入蒸馏水中，加热溶解，调节 pH 至 6.0±0.2，加入中性红溶液。分装，121 ℃高压灭菌 15～20 min。

72. 乳酸杆菌糖发酵管（乳酸菌检验）

成分：牛肉膏 5.0 g，蛋白胨 5.0 g，酵母浸膏 5.0 g，吐温-80 0.5 mL，琼脂 1.5 g，1.6%溴甲酚紫酒精溶液 1.4 mL，蒸馏水 1000 mL。

制法：按 0.5%加入所需糖类，并分装小试管，121 ℃高压灭菌 15～20 min。

73. 七叶苷培养基（乳酸菌检验）

成分：蛋白胨 5.0 g，磷酸氢二钾 1.0 g，七叶苷 3.0 g，枸橼酸铁 0.5 g，1.6%溴甲酚紫酒精溶液 1.4 mL，蒸馏水 100 mL。

制法：将上述成分加入蒸馏水中，加热溶解，121 ℃高压灭菌 15～20 min。

74. 改良胰蛋白胨大豆肉汤培养基（β 型溶血性链球菌增菌肉汤）

成分：胰蛋白胨大豆肉汤（TSB）1000.0 mL，多黏菌素溶液 10.0 mL，萘啶酮酸钠溶液 10.0 mL。

（1）基础培养基（胰蛋白胨大豆肉汤 TSB）：将 17.0 g 胰蛋白胨，3.0 g 大豆蛋白胨，5.0 g 氯化钠，2.5 g 磷酸二氢钾（无水），2.5 g 葡萄糖，溶于 1000 mL 蒸馏水中，加热溶解，调节 pH 至 7.3±0.2，121 ℃灭菌 15 min，备用。

（2）多黏菌素溶液：称取 10.0 mg 多黏菌素 B 于 10 mL 灭菌蒸馏水中，振摇混匀，充分溶解，过滤除菌。

（3）萘啶酮酸钠溶液：称取 10.0 mg 萘啶酮酸于 10.0 mL 0.05 moL/L 氢氧化钠溶液中，振摇混匀，充分溶解，过滤除菌。

制法：在无菌条件下，将各成分进行混合，充分混匀，分装备用。

75. 哥伦比亚 CNA 血琼脂（β 型溶血性链球菌选择性培养基）

成分：胰酪蛋白胨 12.0 g，动物组织蛋白消化液 5.0 g，酵母提取物 3.0 g，牛肉提取物 3.0 g，玉米淀粉 1.0 g，氯化钠 5.0 g，琼脂 13.5 g，多黏菌素 0.01 g，萘啶酸 0.01 g，蒸馏水 1000 mL。

制法：将各成分溶于蒸馏水中，加热溶解，调节 pH 至 7.3±0.2，121 ℃高压灭菌 12 min，冷却至 50 ℃左右时，加 50 mL 无菌脱纤维绵羊血，摇匀，倒平板。

76. 哥伦比亚血琼脂（Columbia blood agar）（β 型溶血性链球菌分分离，纯化）

成分：基础培养基 1000.0 mL，无菌脱纤维绵羊血 50.0 mL。

（1）基础培养基：将 23.0 g 动物组织酶解物，1.0 g 淀粉，5.0 g 氯化钠，8～18 g 琼脂溶解于 1000 mL 蒸馏水中，加热促其溶解完全，121 ℃高压灭菌 15 min。

（2）无菌脱纤维绵羊血：在无菌操作条件下，将绵羊血加入盛有灭菌玻璃珠的容器中，振摇约 10 min，静置后除去附有血纤维的玻璃珠即可。

制法：当基础培养基的温度为 45 ℃左右时，无菌加入绵羊血，混匀。校正 pH 至 7.2±0.2。倾注 15 mL 于无菌平皿中，静置至培养基凝固。使用前需预先干燥平板。预先制备的平板未干燥时在室温放置不得超过 4 h，或在 4 ℃冷藏不得超过 7 d。

77. 胰蛋白胨大豆肉汤（Tryptone soybean broth，TSB）（β 型溶血性链球菌增菌液）

成分：胰蛋白胨 17.0 g，大豆蛋白胨 3.0 g，氯化钠 5.0 g，磷酸二氢钾（无水）2.5 g，葡萄糖 2.5 g，蒸馏水 1000 mL。

制法：将各成分溶于蒸馏水中，加热溶解，调节 pH 至 7.3±0.2，121 ℃高压灭菌 15 min，分装，备用。

78. 草酸钾血浆（β 型溶血性链球菌检验）

成分：草酸钾 0.01 g，人血 5.0 mL。

制法：草酸钾 0.01 g 放入灭菌小试管中，再加入 5.0 mL 人血，混匀，经离心沉淀，吸取上清液即草酸钾血浆。

79. Bolton 肉汤（空肠弯曲菌预增菌）

成分：基础培养基 1000.0 mL，无菌裂解脱纤维绵羊或马血 50.0 mL，抗生素溶液 5.0 mL。

（1）基础培养基：将 10.0 g 动物组织酶解物，5.0 g 乳白蛋白水解物，5.0 g 酵母浸膏，5.0 g 氯化钠，0.5 g 丙酮酸钠，0.5 g 偏亚硫酸氢钠，0.6 g 碳酸钠，1.0 g α-酮戊二酸，溶于 1000 mL 蒸馏水中，121 ℃灭菌 15 min，备用。

（2）无菌裂解脱纤维绵羊或马血：对无菌脱纤维绵羊或马血通过反复冻融进行裂解或使用皂角苷进行裂解。

（3）抗生素溶液：将 0.02 g 头孢哌酮（cefoperazone），0.02 g 万古霉素（vancomycin），0.02 g 三甲氧苄胺嘧乳酸盐（trimethoprim lactate），0.01 g 两性霉素 B（amphotercin B），0.01 g 多黏菌素 B（polymyxin B），溶解于 5.0 mL 乙醇/灭菌水混合溶液（50/50，体积分数）中。

制法：当基础培养基的温度约为 45 ℃时，无菌加入绵羊或马血和抗生素溶液，混匀，校正 pH 至 7.4±0.2（25 ℃），常温下放置不得超过 4 h，或在 4 ℃左右避光保存不得超过 7 d。

80. 改良 CCD 琼脂（空肠弯曲菌分离，纯化）

成分：基础培养基 1000.0 mL，抗生素溶液 5.0 mL

（1）基础培养基：将 10.0 g 肉浸液，10.0 g 动物组织酶解物，5.0 g 氯化钠，4.0 g 木炭，3.0 g 酪蛋白酶解物，1.0 g 去氧胆酸钠，0.25 g 硫酸亚铁，0.25 g 丙酮酸钠，8～18 g 琼脂，溶于

1000 mL 蒸馏水中，121 ℃灭菌 15 min，备用。

（2）抗生素溶液：将 0.032 g 头孢哌酮（cefoperazone），0.01 g 两性霉素 B（amphotericin B），0.01 g 利福平（rifampicin），溶解于 5.0 mL 乙醇/灭菌水混合溶液（50/50，体积分数）中。

制法：当基础培养基的温度约为 45 ℃时，加入抗生素溶液，混匀。校正 pH 至 7.4±0.2（25 ℃）。倾注 15 mL 于无菌平皿中，静置至培养基凝固。使用前需预先干燥平板。制备的平板未干燥时在室温放置不得超过 4 h，或在 4 ℃左右冷藏不得超过 7 d。

81. 哥伦比亚血琼脂（空肠弯曲菌鉴定）

成分：基础培养基 1000.0 mL，无菌脱纤维绵羊血 50.0 mL。

（1）基础培养基：将 23.0 g 动物组织酶解物，1.0 g 淀粉，5.0 g 氯化钠，8～18 g 琼脂，溶于 1000 mL 蒸馏水中，121 ℃灭菌 15 min，备用。

（2）无菌脱纤维绵羊血：在无菌操作条件下，将绵羊血倒入盛有灭菌玻璃珠的容器中，振摇约 10 min，静置后除去附有血纤维的玻璃珠即可。

制法：当基础培养基的温度为 45 ℃左右时，无菌加入绵羊血，混匀。校正 pH 至 7.3±0.2（25 ℃）。倾注 15 mL 完全培养基于无菌平皿中，静置至培养基凝固。制备的平板未干燥时在室温放置不得超过 4 h，或在 4 ℃左右冷藏不得超过 7 d。

82. 布氏肉汤（空肠弯曲菌增菌）

成分：酪蛋白酶解物 10.0 g，动物组织酶解物 10.0 g，葡萄糖 1.0 g，酵母浸膏 2.0 g，氯化钠 5.0 g，亚硫酸氢钠 0.1 g，蒸馏水 1000 mL。

制法：将各成分溶于蒸馏水中，校正 pH 至 7.0±0.2（25 ℃），121 ℃灭菌 15 min，备用。

83. Skirrow 血琼脂（空肠弯曲菌分离，纯化）

成分：基础培养基 1000.0 mL，FBP 溶液 5.0 mL，抗生素溶液 5.0 mL，无菌脱纤维绵羊血 50.0 mL。

（1）基础培养基：将 15.0 g 蛋白胨，2.5 g 胰蛋白胨，5.0 g 酵母浸膏，5.0 g 氯化钠，15.0 g 琼脂，溶于 1000 mL 蒸馏水中，121 ℃灭菌 15 min，备用。

（2）FBP 溶液：将 0.25 g 丙酮酸钠，0.25 g 焦亚硫酸钠，0.25 g 硫酸亚铁，溶于 100 mL 蒸馏水中，经 0.22 μm 滤膜过滤除菌。FBP 根据需要量现用现配，在−70 ℃储存不超过 3 个月或−20 ℃储存不超过 1 个月。

（3）抗生素溶液：将 0.032 g 头孢哌酮（cefoperazone），0.01 g 两性霉素 B（amphotericin B），0.01 g 利福平（rifampicin），溶解于 5.0 mL 乙醇/灭菌水混合溶液（50/50，体积分数）中。

（4）无菌脱纤维绵羊血：在无菌操作条件下，将绵羊血倒入盛有灭菌玻璃珠的容器中，振摇约 10 min，静置后除去附有血纤维的玻璃珠即可。

制法：当基础培养基的温度约为 45 ℃时，加入 FBP 溶液，抗生素溶液与冻融的无菌脱纤维绵羊血，混匀。校正 pH 至 7.4±0.2（25 ℃）。倾注 15 mL 于无菌平皿中，静置至培养基凝固。预先制备的平板未干燥时在室温放置不得超过 4 h，或在 4 ℃左右冷藏不得超过 7 d。

84. 胰胨-亚硫酸盐-环丝氨酸（TSC）琼脂（产气荚膜梭菌分离，纯化）

成分：胰胨 15.0 g，大豆胨 5.0 g，酵母粉 5.0 g，焦亚硫酸钠 1.0 g，柠檬酸铁铵 1.0 g，琼脂 15.0 g，蒸馏水 900 mL，*D*-环丝氨酸溶液。

D-环丝氨酸溶液：将 1.0 g *D*-环丝氨酸溶解于 200 mL 蒸馏水中，膜过滤除菌后，4 ℃冷藏保存，备用。

制法：将基础成分加热煮沸至完全溶解，调节 pH 至 7.6±0.2，分装到 500 mL 烧瓶中，每瓶 250 mL，121 ℃高压灭菌 15 min，于 50 ℃±1 ℃保温备用。临用前每 250 mL 基础溶液中加入 20.0 mL *D*-环丝氨酸溶液，混匀，倾注平皿。

85. 液体硫乙醇酸盐培养基（FTG）（产气荚膜梭菌确证）

成分：胰蛋白胨 15.0 g，*L*-胱氨酸 0.5 g，酵母粉 5.0 g，葡萄糖 5.0 g，氯化钠 2.5 g，硫乙醇酸钠 0.5 g，刃天青 0.001 g，琼脂 0.75 g，蒸馏水 1000 mL。

制法：将以上成分加热煮沸至完全溶解，冷却后调节 pH 至 7.1±0.2，分装试管，每管 10 mL，121 ℃高压灭菌 15 min。临用前煮沸或流动蒸汽加热 15 min，迅速冷却至接种温度。

86. 硝酸盐培养基

成分：蛋白胨 5.0 g，硝酸钾 0.2 g，蒸馏水 1000 mL。

制法：将以上成分加热煮沸至完全溶解，调节 pH 至 7.4，分装试管，每管 10 mL，121 ℃高压灭菌 15 min。

87. 乳糖-明胶培养基（产气荚膜梭菌确证）

成分：蛋白胨 15.0 g，酵母粉 10.0 g，乳糖 10.0 g，酚红 0.05 g，明胶 120.0 g，蒸馏水 1000 mL。

制法：加热溶解蛋白胨，酵母粉和明胶于 1000 mL 蒸馏水中，调节 pH 至 7.5±0.2，加入乳糖和酚红。分装试管，每管 10 mL，121 ℃高压灭菌 10 min。如果当天不用，放置于 4 ℃左右冷藏保存。临用前，煮沸或流动蒸汽加热 15 min，迅速冷却至接种温度。

88. 含铁牛乳培养基（产气荚膜梭菌确证）

成分：新鲜全脂牛奶 1000.0 mL，硫酸亚铁（$FeSO_4 \cdot 7H_2O$）1.0 g，蒸馏水 50 mL。

制法：将 1.0 g 硫酸亚铁溶于 50 mL 蒸馏水中，不断搅拌，缓慢加入 1000 mL 牛奶中，混匀。分装大试管，每管 10 mL，118 ℃高压灭菌 12 min。本培养基必须新鲜配制。

89. CFC 琼脂（假单胞菌属检验）

成分：基础培养基 100.0 mL，头孢菌素溶液 5.0 mL，夫西地酸钠溶液 1.0 mL。

（1）基础培养基：将 16.0 g 蛋白胨，10.0 g 酪蛋白胨，10.0 g 硫酸钾，1.4 g 氯化镁，12.0～18.0 g 琼脂，加入 1000 mL 蒸馏水中，加热搅拌至溶解，调节 pH 至 7.2，121 ℃高压灭菌 15 min。

（2）头孢菌素溶液：将 0.1 g 头孢菌素溶于 100 mL 蒸馏水中，过滤除菌。

（3）夫西地酸钠溶液：将 0.1 g 夫西地酸钠溶解于 100 mL 蒸馏水中，过滤除菌。

（4）溴化十六烷基三甲铵溶液：将 0.1 g 溴化十六烷基三甲铵溶解于 100 mL 蒸馏水中，过滤除菌。

制法：将 100 mL 基础培养基在水浴中冷却至 47 ℃±2 ℃，加入 5.0 mL 头孢菌素溶液，1.0 mL 夫西地酸钠溶液，1.0 mL 溴化十六烷基三甲铵溶液，混匀，使头孢菌素最终浓度为 50 μg/mL，夫西地酸钠最终浓度为 10 μg/mL，溴化十六烷基三甲铵最终浓度为 10 μg/mL，即配制成完全培养基。将大约 15 mL 的完全培养基倒入平皿中，使其凝固。平板使用前应在 25～50 ℃干燥箱中倒置干燥，直到平板表面没有小滴水珠出现为止。平板干燥之前，在 5 ℃±3 ℃下保存不超过 4 周。

注意：各种抑制剂溶液可以在 5 ℃±3 ℃存放 7 d。

90. 亚硫酸铁琼脂（还原梭状芽胞杆菌平板计数）

成分：胰蛋白胨 15.0 g，大豆蛋白胨 5.0 g，酵母浸膏 5.0 g，偏重亚硫酸钠（$Na_2S_2O_5$）1.0 g，柠檬酸铁铵 1.0 g，琼脂 20.0 g，蒸馏水 1000 mL。

制法：将以上成分混合加热溶化，调节 pH 至 7.6±0.1，121 ℃高压灭菌 15 min。

91. 氯化钠胰蛋白胨稀释液（亚硫酸盐还原梭状芽胞杆菌）

成分：胰蛋白胨 1.0 g，氯化钠（NaCl）8.5 g，蒸馏水 1000 mL。

制法：将以上成分混合加热溶化，调节 pH 至 7.2±0.1，121 ℃高压灭菌 15 min。

92. 马铃薯葡萄糖琼脂（霉菌和酵母菌菌落计数）

成分：马铃薯（去皮切块）300 g，葡萄糖 20.0 g，琼脂 20.0 g，氯霉素 0.1 g，蒸馏水 1000 mL。

制法：将马铃薯去皮切块加入 1000 mL 蒸馏水中。煮沸 10～20 min，用纱布过滤，补加蒸馏水至 1000 mL，加入葡萄糖和琼脂，加热溶解，分装后，121 ℃高压灭菌 15 min，备用。

93. 孟加拉红琼脂（霉菌和酵母菌菌落计数）

成分：蛋白胨 5.0 g，葡萄糖 10.0 g，磷酸二氢钾 1.0 g，硫酸镁（无水）0.5 g，琼脂 20.0 g，孟加拉红 0.033 g，氯霉素 0.1 g，蒸馏水 1000 mL。

制法：上述各成分混合，加热溶解，分装后，121 ℃灭菌 15 min，避光保存备用。

94. 溴甲酚紫葡萄糖蛋白胨培养基（鲜乳中抗生素残留检验）

成分：蛋白胨 10.0 g，葡萄糖 5.0 g，2%溴甲酚紫乙醇溶液 0.6 mL，琼脂 4.0 g，蒸馏水 1000 mL。

制法：将以上各成分混合，加热搅拌至完全溶解，调节 pH 至 7.1 ± 0.1，然后再加入 0.6 mL 2%溴甲酚紫乙醇溶液，混匀后，115 ℃高压灭菌 30 min。

附录3 微生物检验常用试剂

一、染色液

1. 革兰氏染色液

（1）结晶紫染色液

成分：结晶紫1.0 g，95%乙醇20.0 mL，1%草酸铵水溶液80.0 mL。

制法：将1.0 g结晶紫完全溶解于20.0 mL乙醇中，然后与80.0 mL 1%草酸铵溶液混合。

（2）革兰氏碘液

成分：碘 1.0 g，碘化钾 2.0 g，蒸馏水 300.0 mL。

制法：将1.0 g碘与2.0 g碘化钾先进行混合，加入蒸馏水少许，充分振摇，待完全溶解后，再加蒸馏水至300.0 mL。

（3）沙黄复染色液（2.5%）

成分：沙黄0.25 g，95%乙醇10.0 mL，蒸馏水90.0 mL。

制法：将0.25 g沙黄溶解于10.0 mL 95%乙醇中，然后用90.0 mL蒸馏水稀释。

2. 亚甲基蓝（吕氏碱性亚甲蓝）染液

A液：亚甲蓝（methyleneblue）0.3 g，95%乙醇30.0 mL。

B液：氢氧化钾0.01 g，蒸馏水100 mL。

制法：将0.3 g亚甲蓝溶于30.0 mL 95%乙醇中，配成A液。将0.01 g氢氧化钾溶于100 mL蒸馏水中，配成B液。

3. 齐氏（Ziehl）石炭酸复红染色液

A液：碱性复红（basicfuchsin）0.3 g，95%乙醇10.0 mL。

B液：石炭酸（苯酚）5.0 g，蒸馏水95 mL。

制法：将0.3 g碱性复红在研钵中研细，逐渐加入10.0 mL 95%乙醇，继续研磨使其溶解，配成A液。将5.0 g石炭酸溶解于95 mL蒸馏水中，配成B液。混合A液和B液即可。通常可将此混合液稀释5～10倍使用。稀释液易变质失效，一次不宜多配。

4. 0.5%碱性复红

成分：碱性复红0.5 g，乙醇20.0 mL，蒸馏水80.0 mL。

制法：将0.5 g碱性复红溶解于20.0 mL乙醇中，再用蒸馏水稀释至100 mL，滤纸过滤后储存备用。

5. 芽孢染色液

（1）5%孔雀绿染色液（水溶液）

成分：孔雀绿（malachite green）5.0 g，蒸馏水100 mL。

制法：将5 g孔雀绿在研钵中研细，加入少许95%乙醇溶解，再加100 mL蒸馏水。

（2）0.5%番红（沙黄）染色液

成分：番红0.5 g，95%乙醇100.0 mL。

制法：与革兰氏染色液中2.5%番红复染液相同。

6. 荚膜染色液

（1）黑色素水溶液（用于荚膜的背景染色）

成分：水溶性黑色素5.0 g（或10.0 g），蒸馏水100 mL，福尔马林（40%甲醛）0.5 mL。

制法：将5.0 g水溶性黑色素在100 mL蒸馏水中煮沸5 min，然后加入0.5 mL福尔马林作防腐剂，用玻璃棉过滤。

（2）墨汁染色液（用于荚膜的背景染色）

成分：国产绘图墨汁40.0 mL，甘油2.0 mL，液体石炭酸2.0 mL。

制法：选用上海墨水厂生产的“沪光绘图墨水”染色效果较好。先将墨汁用多层纱布过滤，取40 mL加2 mL甘油混匀后，水浴加热，再加2 mL石炭酸搅匀，冷却后备用。

（3）1%甲基紫水溶液

制法：称取甲基紫1.0 g溶解于100 mL蒸馏水中。

（4）1%结晶紫水溶液

制法：称取结晶紫1.0 g溶解于100 mL蒸馏水中。

（5）6%葡萄糖水溶液

制法：称取葡萄糖6.0 g溶解于100 mL蒸馏水中。

（6）20%硫酸铜水溶液

制法：称取硫酸铜20.0 g溶解于100 mL蒸馏水中。

7. 鞭毛染色液

（1）硝酸银鞭毛染色液

A液：单宁酸 5.0 g，$FeCl_3$ 1.5 g，福尔马林（15%）2.0 mL，NaOH（1%）1.0 mL，蒸馏水 100 mL。在冰箱内可保存3～7 d，延长保存期会产生沉淀，但用滤纸除去沉淀后，仍能使用。

B液：$AgNO_3$ 2.0 g，蒸馏水 100 mL。将 2.0 g$AgNO_3$ 溶解于 100 mL 蒸馏水中，取出 10.0 mL 备用。向其余的 90.0 mL $AgNO_3$ 溶液中滴入浓氨水，使之成为浓厚的悬浮液，再继续滴加浓氨水，直到新形成的沉淀又重新刚刚溶解为止。再将备用的 10.0 mL $AgNO_3$ 溶液慢慢滴入，则出现薄雾，但轻轻摇动后，薄雾状沉淀又消失，再滴入 $AgNO_3$ 溶液，直到摇动后仍呈现轻微而稳定的薄雾状沉淀为止。如薄雾重，说明银盐沉淀析出，不宜使用。通常在配制当天使用，次日效果欠佳，第3天则不能使用。

（2）利夫森（Leifson）氏鞭毛染色液

A液：碱性复红 1.2 g，95%乙醇 100 mL。

B液：单宁酸（鞣酸）3.0 g，蒸馏水 100 mL。

C液：1.5 g 氯化钠，蒸馏水 100 mL。

制法：将 1.2 g 碱性复红溶于 100 mL 95%乙醇中，配成A液。将 3.0 g 单宁酸溶于 100 mL 蒸馏水中，配成B液。将 1.5 g 氯化钠溶于 100 mL 蒸馏水中，配成C液。临用前将A、B、C液等量混合均匀后使用。三种溶液分别于室温下保存可保存几周，若分别置冰箱中保存，可保存数月。混合液装于密封瓶内，放置于冰箱中几周仍可使用。

（3）改良利夫森（Leifson）鞭毛染色液

A液：20%单宁酸（鞣酸）2.0 g。

B液：饱和钾明矾液（20%）2.0 mL。

C液：5%石炭酸 2.0 mL。

D液：碱性复红酒精（95%）饱和液 1.5 mL。

制法：将以上各液于染色前1～3 d，将B液加到A液中，将C液加到A，B混合液中，将D液加到A，B，C混合液中的顺序，混合均匀，立即过滤15～20次，2～3 d内使用效果较好。

8. 酵母菌死活细胞的鉴别染色液

成分：亚甲蓝 0.1 g，100 mL 0.85%生理盐水。

（1）0.1%亚甲蓝染色液

制法：称取亚甲蓝 0.1 g，溶解于 100 mL 的 0.85%生理盐水中。

（2）0.05%亚甲蓝染色液

制法：称取亚甲蓝 0.05 g，溶解于 100 mL 的 0.85%生理盐水中。

9. 酵母菌子囊孢子观察染色液

（1）5%孔雀绿染色液

成分、制法与芽孢染色液中孔雀绿染色液配法相同。

（2）95%乙醇

成分、制法与革兰氏染色液中95%乙醇相同。

（3）0.5%沙黄染色液

成分、制法与革兰氏染色液中2.5%沙黄复染色液配法相同。

10. 酵母菌液泡观察染色液

成分：中性红 0.1 g，蒸馏水 100 mL。

（1）0.1%中性红水溶液

制法：称取中性红 0.1 g，溶于蒸馏水中，定容至 100 mL。

（2）0.04%中性红水溶液

成分：中性红 0.04 g，蒸馏水 100 mL。

制法：称取中性红 0.04 g，溶于蒸馏水中，定容至 100 mL。

11. 乳酸石炭酸棉蓝染色液（用于霉菌固定和染色）

成分：石炭酸（苯酚）10.0 g，乳酸（相对密度1.21）10.0 mL，甘油 20.0 mL，棉蓝（cotton blue，又名甲基蓝）0.2 g，蒸馏水 10 mL。

制法：将 10 g 石炭酸加入 10 mL 蒸馏水中加热溶解，加入 10 mL 乳酸和 20 mL 甘油，最后加 0.2 g 棉蓝，溶解后即成。

12. 硝酸盐染色液

A液：鞣酸（单宁酸）5.0 g，氯化铁 1.5 g，蒸馏水 100 mL，1%氢氧化钠溶液 1.0 mL，15%甲醛溶液 2.0 mL。

B液：硝酸银 2.0 g，蒸馏水 100 mL。

制法：将 5.0 g 鞣酸和 1.5 g 氯化铁溶于 100 mL 蒸馏水中，随后加入 1.0 mL 1%氢氧化钠溶液和 2.0 mL 15%甲酸溶液，配成 A 液。将 2.0 g 硝酸银溶于 100 mL 蒸馏水中，配成 B 液。在 90 mL B 液中滴加浓氨水，到出现沉淀后，再滴加使其变为澄清，然后用其余 10 mL B 液小心滴加至澄清液中，至出现轻雾状为止（此操作非常关键，应格外小心）。在整个滴加过程中要边滴边加充分摇荡。配好的染色液当日有效，4 h 内效果最好。

二、 指示剂

1. 甲基红试剂（MR 试验用）

成分：甲基红 10.0 mg，95%乙醇 30.0 mL，蒸馏水 20.0 mL。

制法：将 10.0 mg 甲基红溶于 30.0 mL 95%乙醇中，然后加入 20.0 mL 蒸馏水。

2. Voges-Proskauer（V-P）试剂

（1）6% α-萘酚-乙醇溶液

成分：α-萘酚 6.0 g，无水乙醇 100 mL。

制法：取 α-萘酚 6.0 g，加无水乙醇溶解，定容至 100 mL。

（2）40%氢氧化钾溶液

成分：氢氧化钾 40.0 g，蒸馏水 100 mL。

制法：取氢氧化钾 40.0 g，加蒸馏水溶解，定容至 100 mL。

3. 靛基质（吲哚）试剂（用于吲哚试验）

（1）柯凡克试剂：将 5.0 g 对二甲氨基甲醛溶解于 75 mL 戊醇中，然后缓慢加入浓盐酸 25 mL。

（2）欧-波试剂：将 1 g 对二甲氨基苯甲醛溶解于 95 mL 95%乙醇内，然后缓慢加入浓盐酸 20 mL。

4. 溴甲酚紫指示剂

（1）1.6%溴甲酚紫乙醇（BCP）溶液

成分：溴甲酚紫 1.6 g，95%乙醇 50 mL，蒸馏水 50 mL。

制法：精确称取溴甲酚紫 1.6 g，溶于 50 mL 95%乙醇中，再加入蒸馏水 50 mL，过滤后使用。按相同方法，可以配制 1.6%溴甲酚绿（BCG）或溴麝香草酚蓝（BTB）乙醇指示剂。

（2）0.04%溴甲酚紫水溶液

成分：溴甲酚紫 0.04 g，0.01 mol/L 氢氧化钠溶液 7.4 mL，蒸馏水 92.6 mL。

制法：精确称取溴甲酚紫 0.04 g，溶于 7.4 mL 0.01 mol/L 氢氧化钠溶液中，然后加入 92.6 mL 蒸馏水，过滤。溴甲酚紫变色范围：pH 6.8～5.2，颜色由紫变黄，常用浓度为 0.04%。

5. 溴麝香草酚蓝指示剂

（1）1%溴麝香草酚蓝乙醇溶液

成分：溴麝香草酚蓝 1.0 g，95%乙醇 50 mL，蒸馏水 50 mL。

制法：精确称取溴麝香草酚蓝 1.0 g，溶于 50 mL 95%乙醇中，再加入蒸馏水 50 mL，过滤。

（2）0.2%溴麝香草酚蓝水溶液

成分：溴麝香草酚蓝 0.2 g，0.01 mol/L NaOH 6.4 mL，蒸馏水 93.6 mL。

制法：精确称取溴麝香草酚蓝 0.2 g，溶于 0.01 mo/L NaOH 6.4 mL 中，然后加入蒸馏水 93.6 mL，过滤。溴麝香草酚蓝变色范围：pH 6.0～7.6，颜色由绿变蓝，常用浓度为 0.2%。

6. 石蕊指示剂

（1）1%～2%石蕊乙醇溶液

成分：石蕊颗粒 8.0 g，40%乙醇 300 mL。

制法：先将石蕊颗粒研碎，然后倒入有一半体积的 40%乙醇溶液中，加热 1 min，倒出上层清液，再加入另一半体积的 40%乙醇溶液，再加热 1 min，倒出上层清液，将两部分溶液合并，过滤。如果总体积不足 300 mL，可添加 40%乙醇，最后加入 0.1 mol/L 盐酸溶液，搅拌，使溶液呈紫红色。

（2）2.5%石蕊水溶液

成分：石蕊 2.5 g，蒸馏水 100 mL。

制法：称取石蕊 2.5 g 溶解于 100 mL 蒸馏水中，过滤后使用。变色范围：pH 5.0～8.0，颜色由红色变蓝色。

7. 0.04%中性红指示剂

成分：中性红 0.1 g，95%乙醇 70 mL，蒸馏水定容至 250 mL。

制法：称取中性红 0.1 g，溶于 70 mL 95%乙醇中，蒸馏水定容至 250 mL。变色范围：pH 6.8～8.0，颜色由红变黄。

8. 0.5%酚酞指示剂

成分：酚酞 0.5 g，50%或 60%乙醇溶液

100 mL。

制法：称取酚酞 0.5 g，溶解于 100 mL 50%或 60%的乙醇溶液中。变色范围：pH 8.2～10.0，颜色由无色变红色。

9. 0.02%酚红指示剂

成分：酚酞 0.1 g，0.01 mol/L 氢氧化钠溶液 28.2 mL，蒸馏水定容至 500 mL。

制法：称取酚红 0.1 g，加 28.2 mL 0.01 moL/L 氢氧化钠溶液，加蒸馏水定容至 500 mL。变色范围：pH 6.8～8.4，颜色由黄色变红色。

10. 0.04%甲基橙指示剂

成分：甲基橙 0.1 g，0.1 mol/L 氢氧化钠溶液 3.0 mL，蒸馏水定容至 250 mL。

制法：称取 0.1 g 甲基橙，加 3.0 mL 0.1 mol/L 氢氧化钠，加蒸馏水定容至 250 mL。变色范围：pH 3.1～4.4，颜色由红色变橙色。

11. 亚甲蓝氧化还原指示剂

成分：0.006 mol/L 氢氧化钠，0.015%亚甲蓝溶液，6%葡萄糖溶液。

制法：使用时，将上述三种溶液等量混合，加热使亚甲蓝褪色，迅速置于厌气罐中。如溶液无色或淡蓝色，为厌气环境。

三、试剂

1. 0.85%无菌生理盐水

成分：氯化钠 8.5 g，蒸馏水 1000 mL。

制法：称取 8.5 g 氯化钠溶于 1000 mL 蒸馏水中，121 ℃高压灭菌 15 min。

2. 0.5%盐水（用于稀释血清，检验致病性大肠埃希氏菌用）

成分：氯化钠 0.5 g，蒸馏水 100 mL。

制法：将 0.5 g 氯化钠加 100 mL 蒸馏水溶解后，分装于三角瓶中，121 ℃高压灭菌 15 min。

3. 75%乙醇溶液

成分：95%乙醇 75 mL，蒸馏水 20 mL。

制法：将上述溶液混合均匀后，密封保存，随用随配。

4. 磷酸盐缓冲液

成分：磷酸二氢钾（KH_2PO_4）34.0 g，蒸馏水 500 mL。

制法：贮存液和稀释液的配制方法如下。

（1）贮存液：称取 34.0 g 的磷酸二氢钾溶于 500 mL 蒸馏水中，用大约 175 mL 的 1 mol/L 氢氧化钠溶液调节 pH 至 7.2，用蒸馏水稀释至 1000 mL 后贮存于冰箱中。

（2）稀释液：取贮存液 1.25 mL，用蒸馏水稀释至 1000 mL，分装于适宜容器中，121 ℃高压灭菌 15 min。

5. 磷酸盐缓冲液（PBS）

成分：氯化钠 7.650 g，磷酸氢二钠 0.724 g，磷酸二氢钾 0.210 g，超纯水 1000 mL。

制法：准确称取上述化学试剂，溶于 1000 mL 超纯水中，调节 pH 至 7.4。

6. 明胶磷酸盐缓冲液

成分：明胶 2.0 g，磷酸氢二钠（Na_2HPO_4）4.0 g，蒸馏水 1000 mL。

制法：将上述成分溶于 1000 mL 蒸馏水中，调节 pH 至 6.2，121 ℃高压灭菌 15 min。

7. 1 mol/L 氢氧化钠溶液

成分：氢氧化钠 40.0 g，蒸馏水 1000 mL。

制法：称取 40 g 氢氧化钠溶于 1000 mL 无菌蒸馏水中。

8. 1 mol/L 盐酸溶液

成分：浓盐酸 83.3 mL，蒸馏水 1000 mL。

制法：移取浓盐酸 83.3 mL，用无菌蒸馏水稀释至 1000 mL。

9. 0.1 mol/L 盐酸标准溶液

成分：38%浓盐酸 8.25 mL，蒸馏水定容至 1000 mL。

制法：量取 38%的浓盐酸 8.25 mL（相对密度 1.19，AR）于容量瓶中，以蒸馏水稀释定容至 1000 mL。此溶液约为 0.1 mol/L，需进一步标定（若用恒沸盐酸配制，可不标定）。

标定：取 3～5 g 无水碳酸钠（Na_2CO_3，AR），置于 ϕ5 cm 扁形称量瓶中，110 ℃干燥 2 h，放置于干燥器中冷却至室温，称取 2 份干燥的碳酸钠（每份重 0.13～0.15 g，准确至 0.0001 g），分别溶于 50 mL 蒸馏水中，加甲基橙指示剂 2 滴，用待标定的盐酸溶液滴定至橙红色，记录消耗量（V）。

$$c=\frac{m}{V\times 0.053}$$

式中：c 为盐酸溶液浓度，mol/L；m 为 Na_2CO_3 的称取质量，g；V 为消耗盐酸溶液体积，mL；0.053 为碳酸钠的毫摩尔质量，g/mmoL。

注意：2 次滴定结果平均值作为盐酸液的摩尔浓度，若 2 次滴定结果误差超过 0.2%，需重新标定。

10. 2%盐酸溶液或 2%盐酸酒精溶液

计算：相对密度 1.19 的浓盐酸溶液含 38%的 HCl，由此可算出 2.0 g HCl 需多少体积的浓盐酸。100.0 g 浓盐酸溶液含有 38.0 g HCl。设质量为 x 的浓盐酸溶液含有 2.0 g HCl，则 $x=100\times 2/38=5.26$ g；将 5.26 g 浓盐酸质量折合为浓盐酸体积，$y=5.26/1.19\approx 4.42$ mL。

成分：浓盐酸（相对密度 1.19）4.4 mL，用蒸馏水或 95%酒精定容至 100 mL。

制法：用移液管取 4.4 mL 的浓盐酸（相对密度 1.19），以蒸馏水或 95%酒精稀释定容至 100 mL，摇匀即可。同理，若相对密度为 1.16 的浓盐酸，可取 5.4 mL，以蒸馏水或 95%酒精稀释定容至 100 mL。

11. 10%盐酸溶液

成分：浓盐酸（相对密度 1.19）22.1 mL，用蒸馏水定容至 100 mL。

制法：用移液管取 22.1 mL 的浓盐酸（相对密度 1.19），以蒸馏水定容至 100 mL，摇匀即可。

12. 10%氢氧化钠溶液

成分：氢氧化钠 10.0 g，蒸馏水 100 mL。

制法：称取 10.0 g 干燥的氢氧化钠逐渐加入蒸馏水中使之溶解，最后定容至 100 mL。

13. 3%氯化钠溶液（用于制备检样稀释液，检验副溶血性弧菌用）

成分：氯化钠 30.0 g，蒸馏水 1000 mL。

制法：将 30.0 g 氯化钠溶于 1000 mL 蒸馏水中，调节 pH 至 7.2 ± 0.2，121 ℃ 高压灭菌 15 min。

14. 氧化酶试剂（用于氧化酶试验）

成分：N,N-二甲基对苯二胺盐酸盐或 N,N,N,N-四甲基对苯二胺盐酸盐 1.0 g,蒸馏水 100 mL。

制法：少量新鲜配制，于 2～8 ℃冰箱内避光保存，在 7 d 内使用。

15. ONPG 试剂

（1）缓冲液

成分：磷酸二氢钠（$NaH_2PO_4\cdot H_2O$）6.9 g，蒸馏水加至 50 mL。

制法：将磷酸二氢钠溶于蒸馏水中，调节 pH 至 7.0。缓冲液放置于冰箱中保存，温度为 2～5 ℃。

（2）ONPG 溶液

成分：邻硝基酚-*β*-*D*-半乳糖苷（ONPG）0.08g，蒸馏水 15.0 mL，缓冲液 5.0 mL。

制法：将 0.08 g ONPG 在 15.0 mL 37 ℃的蒸馏水中溶解，加入缓冲液。将 ONPG 溶液置于冰箱中保存，温度为 2～5 ℃。试验前，将所需用量的 ONPG 溶液加热至 37 ℃。

16. 胰蛋白酶溶液

成分：胰蛋白酶（1∶250）10.0 g，蒸馏水 100 mL。

制法：将 10.0 g 胰蛋白酶溶于 100 mL 蒸馏水中，膜过滤除菌，4 ℃保存备用。

17. 缓冲葡萄糖蛋白胨水（MR 和 VP 试验用）

成分：多价胨 7.0 g，葡萄糖 5.0 g，磷酸氢二钾 5.0 g，蒸馏水 1000 mL。

制法：将上述成分全部溶解后，调节 pH 至 7.0±0.2，分装试管，每管 1 mL，121 ℃高压灭菌 15 min，备用。

18. 蛋白胨水

成分：蛋白胨（或胰蛋白胨）20.0 g，氯化钠 5.0 g，蒸馏水 1000 mL。

制法：将以上成分混合加热溶解，冷却至 25 ℃左右，调节 pH 至 7.4±0.2，分装小试管，121 ℃高压灭菌 15 min。

注意：蛋白胨中应含有丰富的色氨酸。每批蛋白胨买来后，应先用已知菌种鉴定后方可使用，此试剂在 2～8 ℃条件下可储存 1 个月。

19. 3%过氧化氢溶液

成分：30%过氧化氢（H_2O_2）溶液 100 mL，蒸馏水 900 mL。

制法：吸取 100 mL 30%过氧化氢（H_2O_2）

溶液，溶于900 mL蒸馏水中，混匀，分装备用。

注意：该试剂临用时配制。

20. 青霉素G参照溶液

成分：青霉素G钾盐30.0 mg，无菌磷酸盐缓冲液适量，无抗生素的脱脂乳适量。

制法：精密称取30.0 mg青霉素G钾盐标准品，溶于无菌磷酸盐缓冲液中，使其浓度为100～1000 IU/mL。再将该溶液用灭菌的无抗生素的脱脂乳稀释至0.006 IU/mL，分装于无菌小试管中，密封备用。−20 ℃保存不超过6个月。

21. 斐林试剂

（1）斐林试剂A：溶解3.5%硫酸铜晶体（$CuSO_4 \cdot 5H_2O$）于100 mL水中，浑浊时过滤。

（2）斐林试剂B：溶解酒石酸钾钠晶体17 g于15～20 mL热水中，加入20 mL 20%的氢氧化钠，稀释至100 mL。

制法：使用时取等量斐林试剂A和斐林试剂B混合。

注意：上述2种溶液要分别贮藏。

22. 亚硝基胍（NTG）

成分：亚硝基胍10.0 mg，甲酰胺或丙酮1.0 mL，9.0 mL 0.1 mol/磷酸盐缓冲液（pH 6.0）。

制法：称取10.0 mg亚硝基胍于棕色瓶中，加1.0 mL甲酰胺或丙酮助溶，然后加pH 6.0的0.1 mol/磷酸盐缓冲液9.0 mL，配制成1 mg/mL亚硝基胍溶液（NTG母液）。

注意：使用时，取0.2 mL NTG母液，加1.8 mL菌悬液，NTG最后处理浓度为100 μg/mL。

23. 组氨酸-生物素混合液

成分：*L*-盐酸组氨酸31.0 mg，生物素49.0 mg，蒸馏水40 mL。

制法：称取31.0 mg *L*-盐酸组氨酸和49.0 mg生物素溶于40 mL蒸馏水中，备用。

24. 格里斯试剂（用于硝酸盐还原试验）

A液：对氨基苯磺酸0.5 g，溶于10%稀醋酸150 mL中，保存于棕色瓶中。

B液：α-萘胺0.5 g，溶于10%稀醋酸150 mL中，加蒸馏水20 mL，保存于棕色瓶中。

制法：临用时，A液和B液等量混合，但此液不能较长时间保存。

25. 二苯胺试剂（用于硝酸盐还原试验）

成分：二苯胺0.5 g，浓硫酸100 mL，蒸馏水20 mL。

制法：称取二苯胺0.5 g溶于100 mL浓硫酸中，再将此溶液徐徐倒入20 mL蒸馏水中，保存于棕色瓶中。

26. 10% $FeCl_3$溶液（用于苯丙氨酸脱氨酶试验）

成分：$FeCl_3 \cdot 6H_2O$ 10.0 g，蒸馏水100 mL。

制法：称取10.0 g $FeCl_3 \cdot 6H_2O$，溶于蒸馏水中，定容至100.0 mL。

27. 固体曲糖化酶活力测定用试剂

（1）斐林试剂

甲液：称取15.0 g硫酸铜（$CuSO \cdot 5H_20$），0.05 g次甲基蓝，用水溶解并稀释至1000 mL。

乙液：称取50.0 g酒石酸钾钠，54.0 g氢氧化钠，4.0 g亚铁氯化钾，用水溶解并稀释至1000 mL。

制法：测定时两者等体积混合。

注意：甲、乙液分别贮藏。

（2）0.1%标准葡萄糖溶液

成分：无水葡萄糖1.000 g±0.002 g，浓盐酸5 mL，用蒸馏水定容至1000 mL。

制法：准确称取预先于100～105 ℃，3 h干燥至恒重的无水葡萄糖（AR）（1.000±0.002）g，用蒸馏水溶解后，加5 mL浓盐酸，用蒸馏水定容至1000 mL。

（3）pH 4.6的乙酸-乙酸钠缓冲液

①2 mol/L乙酸溶液：量取118 mL冰醋酸，加蒸馏水稀释至1000 mL。

②2 mol/L乙酸钠溶液：称取272 g乙酸钠（$CH_3COONa \cdot 3H_20$），用蒸馏水溶解稀释至1000 mL。

制法：将2 mol/L乙酸溶液和2 mol/L乙酸钠溶液等体积混合，即pH 4.6的乙酸-乙酸钠缓冲液。

（4）2%可溶性淀粉溶液

成分：可溶性淀粉2.0 g，蒸馏水100 mL。

制法：准确称取预先于 100～105 ℃干燥至恒重的可溶性淀粉 2.0 g，加少量水调匀，倾入 80 mL 沸水中，继续煮沸至透明，冷却后用水定容至 100 mL。

（5）0.1 mol/L 氢氧化钠标准溶液（用于糖化酶活力测定和酸度测定）

成分：氢氧化钠 4.0 g，蒸馏水 1000 mL。

制法：称取 4.0 g 氢氧化钠，用蒸馏水溶解定容至 1000 mL，再用 0.1 mol/L 邻苯二甲酸氢钾标定。

标定：称取干燥（105～110 ℃，3 h）至恒重的基准邻苯二甲酸氢钾 0.5～0.6 g，准确至 0.0001 g，放置于 250 mL 三角瓶内，加入 50 mL 不含 CO_2 的水（或中性蒸馏水），小心摇动使其溶解。加入 2 滴 0.5%酚酞指示剂，用待标定的 0.1 mol/L 氢氧化钠溶液滴定至呈粉红色，保持 30 s 内不变色，即终点（取 80 mL pH 8.5 的磷酸缓冲溶液，加入 2 滴 0.5%酚酞指示剂，作为终点颜色的标准）。记录消耗体积（V_1），同时用 50 mL 的不含 CO_2 的水做空白试验，记录消耗体积（V_2）。

$$c=\frac{m}{[(V_1-V_2)\times 0.2042]}$$

式中：c 为氢氧化钠标准溶液的浓度，moL/L；m 为邻苯二甲酸氢钾的称取质量，g；V_1 为耗用氢氧化钠溶液体积，mL；V_2 为空白试验耗用氢氧化钠溶液体积，mL；0.2042 为邻苯二甲酸氢钾的毫摩尔质量，g/mmol。

28. 0.2%柠檬酸钠溶液（用于清除细菌表面沾染的噬菌体）

成分：柠檬酸钠（$Na_3C_6H_5O_7\cdot 11H_2O$）0.2 g，蒸馏水 100 mL。

制法：称取柠檬酸钠 0.2 g，溶于蒸馏水中，定容至 100 mL。0.1MPa 灭菌 20 min，4 ℃贮存。

29. 0.1 mol/L 氯化钙溶液

成分：氯化钙（$CaCl_2\cdot 2H_2O$）0.736 g，蒸馏水 50 mL。

制法：称取 0.736 g 氯化钙（$CaCl_2\cdot 2H_2O$），加蒸馏水使之溶解，并定容至 50 mL，0.1MPa 灭菌 15 min，4 ℃冰箱保存。

30. TE（pH 8.0）

成分：1 mol/L Tris-HCl（pH 8.0）10.0 mL，0.5 mol/L EDTA（pH 8.0）2.0 mL，灭菌去离子水 988 mL。

制法：将 1 mol/L Tris-HCl 缓冲液（pH 8.0）、0.5 mol/L EDTA 溶液（pH 8.0）加入约 800 mL 灭菌去离子水中混合均匀，再定容至 1000 mL，121 ℃高压灭菌 15 min，4 ℃保存。

31. 10×PCR 反应缓冲液

成分：1 mol/L Tris-HCl（pH 8.5）840 mL，氯化钾（KCl）37.25 g，灭菌去离子水 160 mL。

制法：将 37.25 g 氯化钾溶于 840 mL 1 mol/L Tris-HCl（pH 8.5），用灭菌去离子水定容至 1000 mL，121 ℃高压灭菌 15 min，分装后于－20 ℃保存。

32. 50×TAE 电泳缓冲液

成分：Tris 242.0 g，EDTA-2Na（$Na_2EDTA\cdot 2H_2O$）37.2 g，冰醋酸（CH_3COOH）57.1 mL，灭菌去离子水 942.9 mL。

制法：将 242.0 g Tris 和 37.2 g EDTA-2Na 溶于 800 mL 灭菌去离子水中，充分搅拌均匀；加入 57.1 mL 冰醋酸，充分溶解；用 1 mol/L NaOH 调节 pH 至 8.3，用灭菌去离子水定容至 1 L 后，室温保存。使用时稀释 50 倍即 1×TAE 电泳缓冲液。

33. 6×上样缓冲液

成分：溴酚蓝 0.5 g，二甲苯氰 FF 0.5 g，0.5 mol/L EDTA（pH 8.0）0.06 mL，甘油 360 mL，灭菌去离子水 640 mL。

制法：取 0.06 mL 0.5 mol/L EDTA（pH 8.0）溶于 500 mL 灭菌去离子水中，加入 0.5 g 溴酚蓝和 0.5 g 二甲苯氰 FF 溶解，与甘油混合，用灭菌去离子水定容至 1000.0 mL，分装后于 4 ℃保存。

34. 马尿酸钠水解试剂

（1）马尿酸钠溶液

成分：马尿酸钠 10.0 g，磷酸盐缓冲液（PBS）组分（氯化钠 8.5 g，磷酸氢二钠 8.98g，磷酸二氢钠 2.71 g，蒸馏水 1000.0 mL）。

制法：将 10.0 g 马尿酸钠溶于磷酸盐缓冲溶

液（将 8.50 g 氯化钠、8.98 g 磷酸氢二钠、2.71 g 磷酸二氢钠溶解于 1000 mL 蒸馏水中，即得）中，过滤除菌。无菌分装，每管 0.4 mL，储存于－20 ℃。

（2）3.5%（水合）茚三酮溶液（质量/体积）

成分：（水合）茚三酮（ninhydrin）1.75 g，丙酮 25.0 mL，丁醇 25.0 mL。

制备：将 1.75 g（水合）茚三酮溶解于丙酮/丁醇混合液（25∶25）中。该溶液在避光冷藏时不超过 7 d。

35. 0.1%蛋白胨水

成分：蛋白胨 1.0 g，蒸馏水 1000 mL

制法：将 1.0 g 蛋白胨溶解于 1000 mL 蒸馏水中，调节 pH 至 7.0±0.2（25 ℃），121 ℃高压灭菌 15 min。

36. 1 mol/L 硫代硫酸钠（$Na_2S_2O_3$）溶液

成分：硫代硫酸钠（无水）160.0 g，碳酸钠（无水）2.0 g，蒸馏水 1000 mL

制法：称取 160.0 g 无水硫代硫酸钠，加入 2.0 g 无水碳酸钠，溶于 1000 mL 蒸馏水中，缓缓煮沸 10 min，冷却。

37. 0.25%氯化钙（$CaCl_2$）溶液

成分：氯化钙（无水）22.2 g，蒸馏水 1000 mL。

制法：称取 22.2 g 氯化钙（无水）溶于蒸馏水中，分装备用。

38. 缓冲甘油-氯化钠溶液

成分：甘油 100 mL，氯化钠 4.2 g，磷酸氢二钾（无水）12.4 g，磷酸二氢钾（无水）4.0 g，蒸馏水 900 mL。

制法：将以上成分加热至完全溶解，调节 pH 至 7.2±0.1，121 ℃高压灭菌 15 min。配制双料缓冲甘油溶液时，使用甘油 200 mL 和蒸馏水 800 mL。

39. 淀粉水解试剂

成分：碘 1.0 g，碘化钾 2.0 g，蒸馏水 300 mL。

制法：将 1.0 g 碘与 2.0 g 碘化钾先进行混合，加入蒸馏水少许，充分振摇，待完全溶解后，再加蒸馏水，定容至 300 mL。

参考文献

[1] 栢凤女，刘建学，韩四海，等．基于支持向量机的食源性致病菌近红外光谱鉴别．食品科学，2014，35（12）：179-182.

[2] 毕滔滔，张子成．食品微生物检验．北京：中国科学技术出版社，2013.

[3] 柴阿丽，李金萍，石延霞，等．基于傅里叶变换红外光谱和聚类分析的真菌鉴别．光谱学与光谱分析，2010，30（11）：2941-2944.

[4] 柴新义．食品微生物学实验简明教程．北京：化学工业出版社，2016.

[5] 车会莲，马良．食品安全性评价综合实验．北京：中国林业出版社，2014.

[6] 陈江萍．食品微生物检测实训教程．杭州：浙江大学出版社，2011.

[7] 陈倩，刘雪云，陆峥，等．基因探针检测食品中具有 HP 工毒力岛的 ESIEC 大肠杆菌．食品科学，2000，21（7）：35-35.

[8] 陈淑范．食品微生物检测技术．北京：中国环境科学出版社，2014.

[9] 陈曦，侯玉泽，蔡齐超，等．黄曲霉毒素 M_1 免疫学检测方法研究进展．中国免疫学杂志，2015，31（03）：413-416.

[10] 陈兴都．环境微生物学实验技术．北京：中国建筑工业出版社，2017.

[11] 代群威，李琼芳，杨丽君．环境工程微生物学实验．北京：化学工业出版社，2009.

[12] 董自艳，戴翚，马仕洪，等．紫外-可见分光光度法快速确定细菌菌液的浓度．中国药品标准，2014，15（02）：120-121.

[13] 窦丽芳，李梦迪，曾爱民．双重 TaqMan 实时荧光 PCR 同时检测沙门氏菌和单核细胞增生李斯特菌方法的建立．食品安全导刊，2015（18）：140-146.

[14] 段鸿斌．食品微生物检验技术．重庆：重庆大学出版社，2015.

[15] 樊明涛．食品微生物学．郑州：郑州大学出版社，2011.

[16] 范萍，王婷，梁炎．快速检验纸片在食品微生物检测中的应用．中国医药指南，2008（19）：48-49.

[17] 范青，田世平，徐勇．丝孢酵母对苹果采后灰霉病和青霉病抑制效果的影响．中国农业科学，2001，34（2）：163-168.

[18] 冯忠华，李跃龙，陈运勤，等．胶体金免疫层析技术及其在食品安全快速检测中的应用．广东饲料，2017，12：39-40.

[19] 付丽．食品分析．重庆：重庆大学出版社，2014.

[20] 干信，郝卫翔．紫外分光光度法测定发酵食品黄曲霉毒素含量的实验研究．中国商办工业，1997（01）：37-38.

[21] 高兴，辛文文，高姗，等．11 种（株）食源性细菌基因芯片检测方法的建立．生物技术通报，2013（12）：123-128.

[22] 葛阳杨．大黄鱼源三种优势腐败菌致腐表型及其菌群互作效应研究．杭州：浙江工商大学，2016.

[23] 谷芳，曾智伟，郭康权，等．基于近红外光谱的猪肉细菌菌落总数的动力学模型．中国农业大学学报，2013，18（03）：152-156.

[24] 顾炳刚．粮油食品卫生检验，北京：中国商业出版社，2008.

[25] 郭小圣，郭皎河，李志军，等．红外光谱法表征 SBS 改性沥青研究进展．中国胶粘剂，2019，28（07）：57-62.
[26] 国家卫生和计划生育委员会，国家食品药品监督管理总局．食品安全国家标准　食品微生物学检验　单核细胞增生李斯特氏菌检验：GB 4789.30—2016. 北京：中国标准出版社，2017.
[27] 国家卫生和计划生育委员会，国家食品药品监督管理总局．食品安全国家标准　食品微生物学检验　金黄色葡萄球菌检验：GB 4789.10—2016. 北京：中国标准出版社，2017.
[28] 国家卫生和计划生育委员会，国家食品药品监督管理总局．食品安全国家标准　食品微生物学检验　肉毒梭菌及肉毒毒素检验：GB 4789.12—2016. 北京：中国标准出版社，2017.
[29] 国家卫生和计划生育委员会，国家食品药品监督管理总局．食品安全国家标准　食品微生物学检验　沙门氏菌检验：GB 4789.4—2016. 北京：中国标准出版社，2017.
[30] 国家卫生和计划生育委员会，国家食品药品监督管理总局．食品安全国家标准　食品微生物学检验　致泻大肠埃希氏菌检验：GB 4789.6—2016. 北京：中国标准出版社，2017.
[31] 国家卫生和计划生育委员会，国家食品药品监督管理总局．食品安全国家标准　食品微生物学检验　总则：GB 4789.1—2016. 北京：中国标准出版社，2017.
[32] 国家卫生和计划生育委员会．食品安全国家标准　食品微生物学检验　副溶血性弧菌：GB 4789.7—2013. 北京：中国标准出版社，2014.
[33] 国家卫生和计划生育委员会．食品安全国家标准　食品微生物学检验　蜡样芽胞杆菌检验：GB 4789.14—2014. 北京：中国标准出版社，2015.
[34] 国家卫生和计划生育委员会．食品安全国家标准　食品微生物学检验　商业无菌检验：GB 4789.26—2013. 北京：中国标准出版社，2014.
[35] 国家卫生和计划生育委员会．食品安全国家标准　食品微生物学检验　β 型溶血性链球菌检验：GB 4789.11—2014. 北京：中国标准出版社，2015.
[36] 郝涤非．微生物实验实训．武汉：华中科技大学出版社，2012.
[37] 何国庆，贾英民，丁立孝．食品微生物学．北京：中国农业大学出版社，2016.
[38] 何国庆，张伟．食品微生物检验技术．北京：中国质检出版社，2013.
[39] 何木，李保国，郭全友，等．气相色谱在食品微生物鉴定中的研究应用．工业微生物，2015，45（05）：29-33.
[40] 赫林，孔学庆，方祥．食品微生物学实验技术．3 版．北京：中国农业大学出版社，2016.
[41] 侯红漫．食品微生物检验技术．2 版．北京：中国农业出版社，2016.
[42] 胡冰雪，舒沿沿，潘道东，等．荧光假单胞菌、沙门氏菌和单增李斯特菌多重 PCR 检测方法的建立. 食品科学，2016，37（20）：209-214.
[43] 胡和，王丽荣，杭柏林．动物微生物学．北京：中国农业科学技术出版社，2006.
[44] 胡树凯．食品微生物学．北京：北京交通大学出版社，2013.
[45] 胡永金．食品微生物学．长沙：中南大学出版社，2017.
[46] 黄玲玲．一种微生物水果防腐保鲜剂的应用研究．济南：山东师范大学，2014.
[47] 惠媛媛，王毕妮，彭海霞．电化学生物传感器在黄曲霉毒素检测中的应用研究进展．食品工业科技，2019，40（02）：300-305，311.
[48] 贾洪锋．食品微生物．重庆：重庆大学出版社，2015.
[49] 雷质文，姜英辉，梁成珠，等．食源微生物检验用样品的抽取和制备手册．北京：中国标准出版社，2010.

[50] 雷质文．食品微生物实验室质量管理手册．2 版．北京：中国标准出版社，2018.
[51] 李凤梅．食品微生物检验．北京：化学工业出版社，2018.
[52] 李平兰，贺稚非．食品微生物学实验原理与技术．2 版．北京：中国农业出版社，2011.
[53] 李松涛．食品微生物学检验．北京：中国计量出版社，2005.
[54] 李伟锋．生姜提取液对鲜切苹果防腐保鲜研究：硕士论文．杨凌：西北农林科技大学，2012.
[55] 李学英，杨宪时，郭全友，等．大黄鱼腐败菌腐败能力的初步分析．食品工业科技，2009，30（6）：41-50.
[56] 李玉娟．采后短波紫外线处理对苹果抗病性及品质的影响：硕士论文．杨凌：西北农林科技大学 2015.
[57] 李兆杰，张玉春，刘玉敏，等．傅里叶变换红外光谱技术对 4 种志贺氏菌快速分型的研究．中国海洋大学学报（自然科学版），2018，48（01）：57-62.
[58] 励建荣．海水鱼类腐败机制及其保鲜技术研究进展．中国食品学报，2018，18（05）：1-12.
[59] 梁志宏．食品微生物学实验．北京：中国林业出版社，2013.
[60] 林勇．药用微生物基础．北京：化学工业出版社，2006.
[61] 刘斌．食品微生物检验，北京：中国轻工业出版社，2013.
[62] 刘程惠．鲜切苹果腐败霉菌侵染生物学机理及其臭氧防控研究．沈阳：沈阳农业大学，2016.
[63] 刘国生．微生物学实验技术．北京：科学出版社，2007.
[64] 刘宏芳，黄茁，许立铭，等．气相色谱/质谱在不同种类硫酸盐还原菌的鉴定中应用探讨．分析化学，2000（02）：190-193.
[65] 刘慧．现代食品微生物学实验技术．北京：中国轻工业出版社，2017.
[66] 刘建学，马凯旋，韩四海，等．食源性致病菌近红外光谱改进贝叶斯判别模型的建立．农产品加工，2018（12）：22-26.
[67] 刘金，张立钊，陈力力，等．秀珍菇软罐头的加工研究．食品工业，2018，39（11）：102-107.
[68] 刘莉，王涛．动物微生物及免疫．北京：化学工业出版社，2010.
[69] 刘玲，郑曌雯．紫外线处理鲜切辣椒的微生物二级模型建立．食品研究与开发，2012，33（4）：182-184.
[70] 刘娜娜．腐败希瓦氏菌致腐相关基因分析及群体感应信号分子对其调控作用的研究：硕士论文．杭州：浙江工商大学，2015.
[71] 刘素纯，贺稚非．食品微生物检验．北京：科学出版社，2013.
[72] 刘素纯，吕嘉枥，蒋立文．食品微生物实验．北京：化学工业出版社，2013.
[73] 刘兴友，李全福．食品微生物检验学．北京：中国农业科技出版社，1996.
[74] 刘艳环，朱言柱，王玉方，等．食品和动物性饲料中沙门氏菌 PCR 检测方法的建立．特产研究，2019，41（02）：42-45.
[75] 刘用成．食品微生物检验．北京：中国轻工业出版社，2012.
[76] 刘用成，食品微生物检验技术．北京：中国轻工业出版社，2012.
[77] 马健聪．PCR 技术及其在食品微生物检测中的应用．食品界，2019（8）：103-103.
[78] 马骏爽，王丹，窦文超，等．快速检测鸡白痢沙门氏菌 4 种免疫传感器的对比研究．中国预防兽医学报，2016，38（09）：719-724.
[79] 孟晶岩，王贤萍，安鸣．10 种植物组织不同浸出物对苹果腐烂病菌的抑制作用．华北农学报，2005，20（5）：85-88.

[80] 宁喜斌．食品微生物检验学．北京：中国轻工业出版社，2019.
[81] 牛天贵，张宝芹．食品微生物检验，北京：中国计量出版社，2003.
[82] 秦翠丽．食品微生物检验技术．北京：兵器工业出版社，2008.
[83] 秦艳红．微加工果蔬抗菌包装膜的制备及其应用：硕士论文．南京：南京农业大学，2016.
[84] 全桂静，雷晓燕，李辉．微生物学实验指导．北京：化学工业出版社，2010.
[85] 人力资源和社会保障部教材办公室，中国就业培训技术指导中心上海分中心，上海市职业技能鉴定中心．食品检验员．北京：中国劳动社会保障出版社，2014.
[86] 师帅．陕北特色香辣羊羊罐头加工与安全研究：硕士论文．杨凌：西北农林科技大学，2018.
[87] 石吉勇，胡雪桃，朱瑶迪，等．基于近红外光谱技术的醋醅中常见杆菌快速识别．农业机械学报，2016，47（02）：245-250.
[88] 宋新贺，王文昌，陈智栋．硫化银纳米球负载金纳米粒子信号放大的大肠杆菌 O157：H7 电化学免疫传感器．分析试验室，2017，36（10）：1122-1126.
[89] 宋遵阳．乳酸链球菌素、ε-聚赖氨酸和壳聚糖的联合使用对鲜切胡萝卜白化现象的研究：硕士论文．泰安：山东农业大学，2016.
[90] 孙丽霞．气调包装结合生物保鲜剂对冷藏大黄鱼品质及菌相的研究：硕士论文．杭州：浙江工商大学，2013.
[91] 孙岩琳．分子生物学方法在食品微生物检测中的应用研究．黑龙江科技信息，2016，（10）：118-118.
[92] 孙志文，陶光灿，罗晓琴，等．胶体金免疫层析法测定牛奶中 β-内酰胺类抗生素和三聚氰胺残留．乳业科学与技术，2012，35（3）：39-42.
[93] 汤俊琪，庞广昌，王景川．电化学免疫传感器在食品安全检测中的应用进展．理化检验（化学分册），2011，47（08）：986-990.
[94] 唐静，姜英辉，赵淑娟，等．食品加工用水微生物检测的重要性．食品安全质量检测学报，2014，12（5）：3906-3910.
[95] 万云洋．原核微生物资源和分类学词典．北京：石油工业出版社，2017.
[96] 王贝妮，尹中，徐广伟，等．阻抗法在微生物快速检测中的应用．食品科技，2012，37（01）：264-267.
[97] 王凤梅，齐艳玲．高效液相色谱法在食品卫生检测中的应用．食品安全导刊，2015（27）：97.
[98] 王国惠．环境工程微生物学实验．北京：化学工业出版社，2011.
[99] 王静，杨丽君，李兆杰，等．傅立叶变换红外光谱技术对两株大肠杆菌的鉴别．微生物学通报，2012，39（12）：1844-1850.
[100] 王瑞鑫，张微，李书国．免疫传感器在粮油中真菌毒素快速检测的应用研究进展．粮油食品科技，2015，23（04）：83-87.
[101] 王廷璞，王静．食品微生物检验技术．北京：化学工业出版社，2014.
[102] 王伟，李琴，赵红阳，等．PetrifilmTM 快速霉菌酵母测试片法与 GB 4789.15—2016 在酸奶检测中的比较．中国食品卫生杂志，2018，30（03）：253-256.
[103] 王延新，谢书宇，陈冬梅，等．电化学免疫传感器在食品安全检测中的研究进展．畜牧兽医学报，2018，49（07）：1334-1342.
[104] 魏明奎，段鸿斌．食品微生物检验技术．北京：化学工业出版社，2009.
[105] 温新宇．拮抗酵母菌的筛选、鉴定及其制剂对枇杷贮藏保鲜的影响：硕士论文．镇江：江苏大

学，2016.
[106] 翁连海．食品微生物基础与应用．北京：高等教育出版社，2010.
[107] 吴生才．快速检验纸片在食品微生物检测中的应用．现代食品，2017（10）：72-74.
[108] 吴祖芳．现代食品微生物学．杭州：浙江大学出版社，2017.
[109] 许美玲，张鑫，杨娟，等．糖水水果罐头中主要腐败微生物的分离纯化及鉴定研究．食品研究与开发 2013，23：107-109.
[110] 许振伟，许钟，杨宪时，等．鱼类腐败菌腐败能力测定方法．食品科学，2010，31(20)：355-359.
[111] 雅梅．食品微生物检验技术．2 版．北京：化学工业出版社，2015.
[112] 杨大伟．变性高效液相色谱技术在快速检测食品微生物中的应用研究：硕士论文．合肥：安徽农业大学，2011.
[113] 杨革．微生物学实验教程．2 版．北京：科学出版社，2010.
[114] 杨华，徐霞红，郭玉娜，等．基于 MOCPs-MWCNTs 的大肠杆菌电化学免疫传感器．农业机械学报，2017，48（06）：328-333.
[115] 杨丽君，李兆杰，宋晓华，等．傅立叶变换红外光谱技术对 5 种沙门氏菌的快速分类鉴定．微生物学通报，2013，40（02）：373-379.
[116] 杨柳．变性高效液相色谱技术在快速检测食品微生物中的应用研究．现代食品，2019（10）：84-86，94.
[117] 游春苹，任婧，艾连中，等．基于纳米材料的电化学传感器在乳品安全中的应用．江苏农业科学，2012，40（06）：269-272.
[118] 于军，崔生辉，李晓喻．微生物检验方法　食品安全国家标准实操指南．北京：中国医药科技出版社，2017.
[119] 袁丹茅，金建潮，陈前进，等．金黄色葡萄球菌快速检验测试片在食品检验中的应用．中国卫生工程学，2008（05）：301-302.
[120] 袁发浒，尹欢，李琦，等．肠炎沙门氏菌的 LAMP 检测方法的建立．中国酿造，2013（04）：150-153.
[121] 袁慕云，刘二龙，谢力，等．基于 TaqMan 探针三重荧光 PCR 检测沙门菌、肠炎沙门菌和鼠伤寒沙门菌．中国预防医学杂志，2015（10）：40-46.
[122] 岳晓禹，杨玉红．食品微生物检验．北京：中国农业科学技术出版社，2017.
[123] 曾小兰．食品微生物及其检验技术．北京：中国轻工业出版社，2010.
[124] 张爱萍，唐佳妮，刘东红．阻抗法检测食品中微生物的研究进展．食品工业科技，2011，32（02）：436-439.
[125] 张爱萍，唐佳妮，孟瑞锋，等．电化学法快速检测微生物的发展现状及趋势．生物技术进展，2011，1（05）：342-346.
[126] 张力．自组装法制备丁香酚纳米微粒及其在冷鲜肉保鲜中的应用：硕士论文．杨凌：西北农林科技大学，2017.
[127] 张敏．乳酸菌素 BM-1 物保鲜膜制备及在冷鲜肉保鲜中抑菌性研究：硕士论文．北京：北京农学院，2017.
[128] 张学杰．高压对鲜切生菜品质与微生物的影响及机理研究：博士论文．北京：中国农业科学院，2012.
[129] 张勇兵．气相色谱法在微生物检测中的应用．实用预防医学，2008（01）：291-293.
[130] 张裕民．可见分光光度法对 3 种细菌计数的研究．中国药事，2015，29（10）：1066-1068.

[131] 赵广英，詹学佳．基于多壁碳纳米管/海藻酸钠 4-SPCE 福氏志贺氏菌酶免疫传感器的研究．中国食品学报，2010，10（04）：60-66.
[132] 赵贵明．食品微生物实验室工作指南．北京：中国标准出版社，2005.
[133] 赵国鹏．液相色谱检测技术在食品检测中的应用．现代食品，2019（17）：92-94.
[134] 赵立冬，赵红阳，石业娇，等．3MTM PetrifilmTM 快速菌落总数测试片法与食品中菌落总数检测国标方法（GB 4789.2—2010）的比较．中国微生态学杂志，2018，30（10）：1203-1210，1216.
[135] 赵文雅．紫外-可见分光光度法在食品检测及食品安全分析中的应用．建材与装饰，2018（10）：175-176.
[136] 中华人民共和国卫生部．食品安全国家标准 食品微生物学检验 乳与乳制品检验：GB 4789.18—2010. 北京：中国标准出版社，2010.
[137] 中华人民共和国卫生部．食品安全国家标准 食品微生物学检验 志贺氏菌检验：GB 4789.5—2012. 北京：中国标准出版社，2012.
[138] 中华人民共和国卫生部．食品卫生微生物学检验 蛋与蛋制品检验：GB/T 4789.19—2003. 北京：中国标准出版社，2004.
[139] 中华人民共和国卫生部．食品卫生微生物学检验 调味品检验：GB/T 4789.22—2003. 北京：中国标准出版社，2004.
[140] 中华人民共和国卫生部．食品卫生微生物学检验 冷冻饮品、饮料检验：GB/T 4789.21—2003. 北京：中国标准出版社，2004.
[141] 中华人民共和国卫生部．食品卫生微生物学检验 冷食菜、豆制品检验：GB/T 4789.23—2003. 北京：中国标准出版社，2004.
[142] 中华人民共和国卫生部．食品卫生微生物学检验 肉与肉制品检验：GB/T 4789.17—2003. 北京：中国标准出版社，2004.
[143] 中华人民共和国卫生部．食品卫生微生物学检验 水产食品检验：GB/T 4789.20—2003. 北京：中国标准出版社，2004.
[144] 中华人民共和国卫生部．食品卫生微生物学检验 糖果、糕点、蜜饯检验：GB/T 4789.24—2003. 北京：中国标准出版社，2004.
[145] 周红丽，张滨，刘素纯．食品微生物检验实验技术．北京：中国质检出版社，中国标准出版社，2012.
[146] 朱景松．一种八宝粥软罐头中致腐微生物的分离鉴定及与控制相关的特性研究：硕士论文．保定：河北农业大学，2015.
[147] 朱军莉，冯立芳，王彦波，等．基于细菌群体感应的生鲜食品腐败机制．中国食品学报，2017，17（03）:225-234.
[148] G B Martínez-Hernández，F Artés-Hernández，P A Gómez，*et al*. Combination of electrolysed water，UV-C and superatmospheric O2 packing for improving fresh-cut broccoli quality. Postharvest Biology & Technology，2013，76：125-134.
[149] [美] J M Jay，M J Loessner，D A Golden. 现代食品微生物学．7 版．何国庆，丁立孝，宫春波，译．北京：中国农业大学出版社，2008.
[150] Tomita N，Mori Y，Kanda H，*et al*. Loop-mediated isothermal amplification（LAMP）of gene sequences and simple visual detection of products. Natuer Protocols，2008，3（5）：877-882.
[151] [英] W F Harrigan. 食品微生物实验室手册．3 版．李卫华，译．北京：中国轻工业出版社，2004.